科学与工程计算技术丛书

谢中华 / 编著

MATLAB数学建模

方法与应用

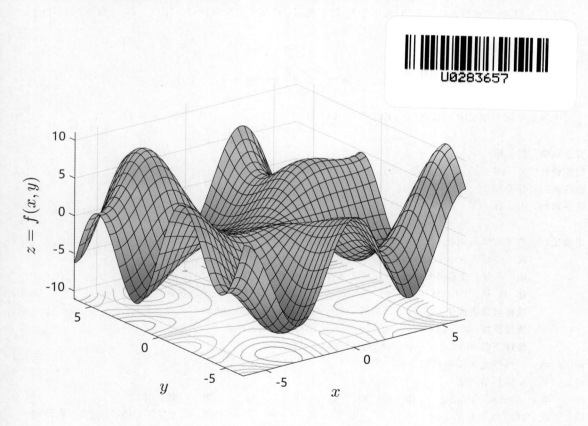

清华大学出版社

北京

内 容 简 介

本书主要介绍常用数学建模方法及其 MATLAB 实现与应用,内容包括 MATLAB 数组运算、MATLAB 程序设计、MATLAB 数据管理、MATLAB 绘图与可视化、MATLAB 符号计算、MATLAB 数值计算、多项式与插值拟合、常用统计及优化建模方法与 MATLAB 求解、人工神经网络方法、排队论方法、以层次分析法和模糊评价法为代表的多指标综合评价方法、MATLAB 图像处理基础、Simulink 建模与仿真、全国大学生数学建模竞赛真题解析等内容。同时,为便于学习,本书免费提供所有程序代码、数据文件、教学课件、补充习题等资料。

本书可以作为高等院校学生数学建模或与数学实验相关课程的教材或教学参考书,也可作为从事数学建模应用的研究人员的参考用书。

图书在版编目(CIP)数据

MATLAB 数学建模方法与应用/谢中华编著. —北京:清华大学出版社,2023.1(2024.11重印)
(科学与工程计算技术丛书)
ISBN 978-7-302-61214-8

Ⅰ.①M… Ⅱ.①谢… Ⅲ.①Matlab 软件-应用-数学模型 Ⅳ.①O141.4

中国版本图书馆 CIP 数据核字(2022)第 114089 号

责任编辑:刘 星
封面设计:吴 刚
责任校对:韩天竹
责任印制:宋 林

出版发行:清华大学出版社
   网 址:https://www.tup.com.cn,https://www.wqxuetang.com
   地 址:北京清华大学学研大厦 A 座   邮 编:100084
   社 总 机:010-83470000   邮 购:010-62786544
   投稿与读者服务:010-62776969,c-service@tup.tsinghua.edu.cn
   质量反馈:010-62772015,zhiliang@tup.tsinghua.edu.cn
   课件下载:https://www.tup.com.cn,010-83470236
印 装 者:三河市龙大印装有限公司
经 销:全国新华书店
开 本:188mm×260mm 印 张:30   字 数:778 千字
版 次:2023 年 1 月第 1 版   印 次:2024 年 11 月第 3 次印刷
印 数:3001～4000
定 价:119.00 元

产品编号:095517-01

数学是一门研究现实世界数量关系和空间形式的科学,很多人在学习数学类课程的时候,都会有疑惑:数学为什么那么难？学习数学有什么用？数学的难体现在大多数的数学知识都很抽象,让人很难联系实际。其实数学正是来源于实际,是从实际中抽象出来的。如果能够尝试用抽象的数学知识去解决实际问题,那么一切将变得具象起来,数学会变得更有意思,数学的学习也会更简单。在人类的发展历史上,有许多科学家用数学模型来描述客观世界,促进了人类文明的发展,诸如17世纪牛顿提出的万有引力定律,20世纪爱因斯坦提出的广义相对论,这些都是数学成功应用的典范。

将数学应用于实际,这正是数学建模所要研究的内容。现如今,数学已经应用于日常生活的方方面面,数学建模也越来越受到人们的重视,绝大多数高校都开设数学建模课程,以此提高学生应用数学知识解决实际问题的能力,甚至有些中小学也在尝试开展数学建模活动。放眼世界,每年都会有大大小小的各类数学建模竞赛活动,比较著名的有"全国大学生数学建模竞赛""中国研究生数学建模竞赛""美国大学生数学建模竞赛"。笔者每年都要指导学生参加这些竞赛活动,也多次获得优异的成绩。

用数学知识解决实际问题通常包括两个基本步骤:首先,需要把问题进行抽象,用数学的语言去描述,即在一定的合理假设下建立合适的数学模型;其次,建立数学模型后,需要选择合适的工具求解模型。这里的求解并不只是简单的公式推导,大多数情况下不能靠手算实现,需要借助于计算机软件来实现。

笔者在指导学生参加数学建模竞赛的过程中,也切身体会到学生面临的最大困难往往并不是建立模型,而是不会编写程序求解模型。在众多的科学计算软件中,MATLAB是求解数学模型的利器。相比于其他软件,MATLAB有"草稿纸式"的编程语言,还有包罗万象的工具箱,易学易用,用户不仅可以调用其内部函数作"傻瓜式"的计算,还可以根据自己的算法进行扩展编程。

本书将结合数学建模案例全面介绍常用的数学建模方法及其MATLAB实现。相比于其他同类型的著作,本书的特色是双系统性,对数学建模方法与MATLAB编程语言的介绍都是自成系统的,当然也是紧密结合的。本书既可作为MATLAB从基础到提高的教程,也可作为数学建模与数学实验的教程。

数学学科的分支有很多,这也就决定了数学建模的方法也有很多。对比近些年的数学建模竞赛赛题不难发现,数学建模所要解决的实际问题往往是开放性的,并没有一个标准答案,解决问题的过程也是比较复杂的,会用到多种不同的建模方法。大致总结一下,常用的数学模型与建模方法包括积分模型、代数方程模型、常微分方程模型、偏微分方程模型、回归模型、线性规划模型、非线性规划模型、多目标规划模型、整数规划模型、图与网络优化模型、多项式与插值拟合方法、基本概率统计方法、方差分析方法、聚类分析方法、判别分析与模式识别方法、主成分分析法、遗传算法、模拟退火算法、粒子群算法、蚁群算法、人工神经网络方法、排队论方法、层次分析法、模糊综合评价法、图像处理方法、Simulink建模仿真方法等。针对具体问题,如何从众多的建模方法中选择合适的方法,建立合适的数学模型,这是让很多人颇感困惑的问题,笔者希望本书中大量的案例能给读者带来启发。

笔者长期从事本科生"数学建模与数学实验""数据分析与数学软件实践""高等数学""线

前言

性代数""概率论与数理统计"课程，以及硕士研究生"工程数学"课程和博士研究生"应用数学基础"等课程的教学。在教学中，笔者把 MATLAB 和数学建模方法引入课堂，深受学生欢迎。本书也是笔者长期教学经验的总结。

本书章节是这样安排的：第 1 章，MATLAB 数组运算；第 2 章，MATLAB 程序设计；第 3 章，MATLAB 数据管理；第 4 章，MATLAB 绘图与可视化；第 5 章，MATLAB 符号计算；第 6 章，MATLAB 数值计算；第 7 章，多项式与插值拟合；第 8 章，常用优化建模方法与 MATLAB 求解；第 9 章，常用统计建模方法与 MATLAB 求解；第 10 章，人工神经网络方法；第 11 章，排队论方法；第 12 章，多指标综合评价方法；第 13 章，MATLAB 图像处理基础；第 14 章，Simulink 建模与仿真；第 15 章，全国大学生数学建模竞赛真题解析。在章节顺序的安排上，以 MATLAB 软件为切入点，结合大量案例循序渐进地介绍常用的数学建模方法及其MATLAB 实现，最后通过真题解析进行实战演练。相信通过本书的学习，读者一定能够在短时间内提高解决实际问题的能力，成为数学建模的高手！

配套资源

本书为读者免费提供所有程序代码、数据文件、教学课件、补充习题等资料，读者可扫描此处二维码下载。这些程序代码在 MATLAB R2020a（即 MATLAB 9.8）下经过了验证，均能够正确执行，读者可将自己的 MATLAB 更新至较新的版本，以免出现不必要的问题。

配套资源

在本书的写作过程中，笔者得到了天津工业大学汪晓银教授，天津科技大学汽车大数据与智能技术实验室的林业教授、韩愈副教授和洪良副教授，MathWorks 公司工程师卓金武，MATLAB 中文论坛管理员 Smile（吕凌曦）和 MATLAB 技术论坛管理员 Dynamic（詹惠崇）的支持与鼓励，在此，向他们表示最真诚的谢意！

本书的写作得到了天津科技大学理学院和数学系领导及同事们的支持与鼓励，樊志、张大克、邱玉文、王霞、邢化明、王玉杰、丁玉梅、崔家峰、刘寅立、贾学龙、王洪武、张立东、孟祥波、廖嘉、夏国坤和孙明晶为本书提出了宝贵的修改意见，在此一并表示最诚挚的感谢！

最后，还要感谢我的妻子、女儿和儿子，他们默默地为我付出，支持我顺利完成本书的写作，在此，向他们表示最衷心的感谢！

由于笔者水平有限，书中的疏漏和不当之处，恳请广大读者和同行批评指正，联系方式见配套资源。

谢中华

2022 年 9 月

目录

目录

目录

目录

目录

1.1　MATLAB 工作界面布局

　　用户启动 MATLAB 后，将出现如图 1.1-1 所示工作界面，可以看到整个工作界面被分成了几个子窗口（不同版本的工作界面布局会稍有不同）。以 MATLAB 9.x 版本的界面为例，左侧"当前文件夹"（Current Directory）窗口显示了当前路径"C:\Users\xiezhh\Documents\MATLAB"下的所有文件。界面中间面积最大的窗口是命令行窗口（Command Window），该窗口左上角的"＞＞"是 MATLAB 命令提示符，在它的后面可以输入 MATLAB 命令，然后按 Enter 键即可执行所输入的命令并返回相应的结果。命令提示符前面的 f_x 图标是一个快捷查询按钮，单击该图标可以快速查询 MATLAB 各工具箱中函数的用法。工作界面的左下角是工作区（Workspace）窗口，用来管理 MATLAB 内存空间中的变量，在命令行窗口定义过的变量都会在这里显示出来。工作界面的右侧是"命令历史记录"（Command History）窗口，在命令行窗口用过的命令会在这里显示出来，通过双击某条历史命令可以重新运行该命令。

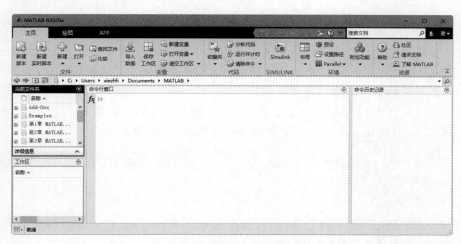

图 1.1-1　MATLAB 9.x 版本工作界面布局

　　MATLAB 工作界面上包含"主页"、"绘图"和"APP"三个标签页，不同标签页对应的工具栏图标是不一样的。"主页"标签页的工具栏中集成了 MATLAB 常用的工具选项按钮；"绘图"标签页的工具栏中集成了可视化的绘图按钮；"APP"标签页的工具栏中集成了 MATLAB 自带的可视化分析工具。单击"主页"标签页的工具栏中的"布局"按钮，在弹出的下拉菜单中通过勾选（或取消勾选）各选项，可改变 MATLAB 工作界面布局。如果工作界面布局已经改变，通过"布局"→"默认"选项可恢复默认工作界面布局。

1.2　变量的定义与数据类型

MATLAB 是一种面向对象的高级编程语言，在 MATLAB 中，用户可以在需要的地方很方便地定义一个变量，就像在草稿纸上写符号一样随意，并且根据用户不同的需要，还可以定义不同类型的变量。

1.2.1　变量的定义与赋值

MATLAB 中定义变量所用变量名必须以英文字母打头，可用字符包括英文字母、数字和下画线，变量名区分大小写，长度不超过 63 个字符。例如 a2_bcd、Xiezhh_0、xiezhh_0 均为合法变量名，其中 Xiezhh_0 和 xiezhh_0 表示两个不同的变量。

变量的赋值可以采用直接赋值和表达式赋值，例如：

```
>> x = 1                          % 直接赋值
x =
    1

>> y = 1 + 2 + sqrt(9)            % 表达式赋值
y =
    6

>> z = 'Hello World !!!'          % 定义字符型变量
z =
Hello World !!!
```

以上命令通过直接赋值定义了数值型变量 x 和字符型变量 z，通过表达式赋值定义了变量 y。这里定义的变量 x、y、z 在 MATLAB 中都被作为二维数组保存，因为 MATLAB 中的运算都是以数组为基本运算单元的。

MATLAB 中的默认变量名为 ans，它是 answer 的缩写。如果用户未指定变量名，MATLAB 将用 ans 作为变量名来存储计算结果，例如：

```
>> (7189 + (1021 - 913) * 80)/64^0.5      % 加、减、乘、除、乘方运算
ans =
    1.9786e + 03
```

在变量名默认的情况下，计算结果被赋给变量 ans。变量值的表示用到了科学记数法，这里 ans 的值为 1.9786×10^3。

1.2.2　MATLAB 中的常量

MATLAB 中提供了一些特殊函数，它们的返回值是一些有用的常量，如表 1.2-1 所示。

表 1.2-1　MATLAB 中的特殊函数或常量列表

特殊函数(或常量)	说　明
pi	圆周率 $\pi(=3.1415926\cdots)$
i 或 j	虚数单位,$\sqrt{-1}$
inf 或 Inf	无穷大,正数除以 0 的结果
NaN 或 nan	非数(或不定量),$0/0$、$\inf/\inf$、$0*\inf$ 或 $\inf-\inf$ 的结果
eps	浮点运算的相对精度,$\varepsilon=2^{-52}$
realmin	最小的正浮点数,2^{-1022}
realmax	最大的正浮点数,$(2-\varepsilon)2^{1023}$
version	MATLAB 版本信息字符串,例如 7.14.0.739(R2012a)

　　MATLAB 包罗万象的工具箱中提供了丰富的 MATLAB 函数,如果用函数名作为变量名进行赋值,就会造成该函数失效。例如可以通过重新赋值的方式改变以上特殊函数或常量的值,但一般情况下不建议这么做,以免引起错误,并且这种错误很难被检查出来。

　　如果用户不小心对某个函数名进行了赋值,可通过以下两种方式恢复该函数的功能。

　　(1) 调用 clear 或 clearvars 函数清除一个或多个变量,释放变量所占用内存,例如:

```
>> pi                          % 查看圆周率的值
ans =
    3.1416

>> pi = 1                      % 对变量 pi 重新赋值
pi =
    1

>> clear pi                    % 清除变量 pi
>> pi
ans =
    3.1416
```

　　(2) 在工作区子窗口中选中需要删除的变量,右击,利用右键菜单中的"删除"(Delete)选项删除变量,如图 1.2-1 所示。

　　如果用户对 clear 进行赋值,则 clear 函数有可能失效,以上第一种删除变量的方式可能会出错,此时可通过以上第二种方式恢复 clear 函数的功能。

```
>> pi = 1;                     % 定义变量 pi
>> clear = 2;                  % 定义变量 clear
>> clear pi          % 清除变量 pi,此命令可能会出错
Error: "clear" was previously used as a variable,
conflicting with its use here as the name of a function or
command.
See MATLAB Programming, "How MATLAB Recognizes Function Calls
That …
```

图 1.2-1　删除变量示意图

1.2.3　MATLAB 中的关键字

　　作为一种编程语言,MATLAB 中为编程保留了一些关键字:break、case、catch、classdef、

continue、else、elseif、end、for、function、global、if、otherwise、parfor、persistent、return、spmd、switch、try、while,这些关键字在程序编辑窗口中会以蓝色显示,它们是不能作为变量名的,否则会出现错误。用户在不知道哪些字为关键字的情况下,可用 iskeyword 函数进行判断,例如:

```
>> iskeyword('for')
ans =
     1

>> iskeyword('xiezhh')
ans =
     0
```

1.2.4 数据类型

MATLAB 的基本数据类型如图 1.2-2 所示。

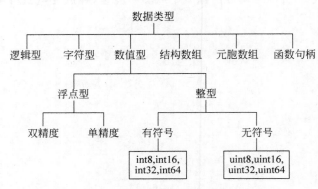

图 1.2-2 MATLAB 基本数据类型

MATLAB 中 提 供 了 whos、class、isa、islogical、ischar、isnumeric、isfloat、isinteger、isstruct、iscell、iscellstr 等函数,用来查看数据类型,例如:

```
>> x = 1;
>> y = 1 + 2 + sqrt(9);
>> z = 'Hello World !!!';
>> whos
  Name      Size          Bytes    Class        Attributes
  x         1x1           8        double
  y         1x1           8        double
  z         1x16          32       char
```

以上返回的结果中列出了工作区中所有的变量及其大小(size)、占用字节(byte)和类型(class)等信息。

1.2.5 数据输出格式

MATLAB 中数值型数据的输出格式可以通过 format 命令指定,下面以圆周率 π 的显示为例介绍各种输出格式,如表 1.2-2 所示。

表 1.2-2　MATLAB 中数值型数据的输出格式

格　式	说　明
format short	固定短格式,4 位小数。例 3.1416
format long	固定长格式,15 位小数(双精度);7 位小数(单精度)。例 3.141592653589793
format short e	浮点短格式,4 位小数。例 3.1416e+000
format long e	浮点长格式,15 位小数(双精度);7 位小数(单精度)。例 3.141592653589793e+000
format short g	固定或浮点短格式,4 位小数。例 3.1416
format long g	固定或浮点长格式,14～15 位小数(双精度);7 位小数(单精度)。例 3.14159265358979
format short eng	科学记数法短格式,4 位小数,3 位指数。例 3.1416e+000
format long eng	科学记数法长格式,16 位有效数字,3 位指数。例 3.14159265358979e+000
format +	以"+"号显示
format bank	固定的美元和美分格式。例 3.14
format hex	十六进制格式。例 400921fb54442d18
format rat	分式格式,分子和分母取尽可能小的整数。例 355/113
format compact	压缩格式(或紧凑格式),不显示空白行,比较紧凑。例 >> format compact >> pi ans = 　3.141592653589793
format loose	自由格式(或宽松格式),显示空白行,比较宽松。例 >> format loose >> pi ans = 　3.141592653589793

1.3　常用函数

　　MATLAB 中包含了很多的工具箱,每一个工具箱中又有很多现成的函数,在学习 MATLAB 的过程中很难把每一个函数都搞明白,其实这样做也没有太大的意义,因为 MATLAB 自带的帮助系统能够给我们提供大多数函数的详细的使用说明。虽然记住每一个函数不太现实,但是有一些常用函数最好还是能记住,例如表 1.3-1 中列出的函数。

表 1.3-1　MATLAB 常用函数列表

函　数　名	说　明	函　数　名	说　明
abs	绝对值或复数的模	sqrt	平方根函数
exp	指数函数	log	自然对数
log2	以 2 为底的对数	log10	以 10 为底的对数
round	四舍五入到最接近的整数	ceil	向正无穷方向取整
floor	向负无穷方向取整	fix	向零方向取整
rem	求余函数	mod	取模函数
sin	正弦函数	cos	余弦函数

函 数 名	说 明	函 数 名	说 明
tan	正切函数	cot	余切函数
asin	反正弦函数	acos	反余弦函数
atan	反正切函数	acot	反余切函数
real	求复数实部	imag	求复数虚部
angle	求相位角	conj	求共轭复数
mean	求均值	std	求标准差
max	求最大值	min	求最小值
var	求方差	cov	求协方差
corrcoef	求相关系数	range	求极差
sign	符号函数	plot	画线图

当然 MATLAB 中基本的常用函数还有很多，这里就不一一列举了，仅用下面的例子说明其中一些函数的用法。

```
>> x = [1   -1.65   2.2   -3.1];          % 生成一个向量 x
>> y1 = abs(x)                            % 求 x 中元素的绝对值
y1 =
     1.0000    1.6500    2.2000    3.1000

>> y2 = sin(x)                            % 求 x 中元素的正弦函数值
y2 =
     0.8415   -0.9969    0.8085   -0.0416

>> y3 = round(x)                          % 对 x 中元素作四舍五入取整运算
y3 =
     1    -2     2    -3

>> y4 = floor(x)                          % 对 x 中元素向负无穷方向取整
y4 =
     1    -2     2    -4

>> y5 = ceil(x)                           % 对 x 中元素向正无穷方向取整
y5 =
     1    -1     3    -3

>> y6 = min(x)                            % 求 x 中元素的最小值
y6 =
   -3.1000

>> y7 = mean(x)                           % 求 x 中元素的平均值
y7 =
   -0.3875

>> y8 = range(x)                          % 求 x 中元素的极差(最大值减最小值)
y8 =
    5.3000

>> y9 = sign(x)                           % 求 x 中元素的符号
y9 =
     1    -1     1    -1
```

上面定义的变量 x 是一个由 4 个元素构成的行向量,这种定义方式后面还会有详细的讨论。y1～y9 是通过常用函数定义的 9 个新变量,其变量取值是相应函数的返回值。

【说明】 在一条命令的后面可以加上英文下的分号,也可以不加,加上分号表示不显示中间结果。另外在 MATLAB 中可以根据需要随时加上注释,注释内容的前面要加上"%"号。

1.4 数组的定义

在 MATLAB 中,基本的运算单元是数组,本节主要介绍数组的定义。向量作为一维数组,矩阵作为二维数组,有着最为广泛的应用,所以本节先介绍向量和矩阵的定义,然后介绍多维数组、元胞数组、结构体数组、数据集数组和表格型数组的定义。

1.4.1 向量的定义

1. 逐个输入向量元素

```
x = [x1 x2 x3 …]                    % 定义行向量,空格分隔
x = [x1, x2, x3,…]                  % 定义行向量,逗号分隔
x = [x1; x2; x3;…]                  % 定义列向量,分号分隔
x = [x1, x2, x3,…]'                 % 通过行向量转置定义列向量
```

【例 1.4-1】 定义行向量 $x = \begin{bmatrix} 1 & 0 & 2 & -3 & 5 \end{bmatrix}$。

```
>> x = [1,0,2,-3 5]                 % 定义行向量
x =
    1    0    2    -3    5
```

【例 1.4-2】 定义列向量 $y = \begin{bmatrix} 5 & 2 & 0 \end{bmatrix}^T$。

```
>> y = [5;2;0]
y =
    5
    2
    0
```

2. 规模化定义向量

【例 1.4-3】 通过冒号运算符定义向量。

利用冒号运算符定义向量的一般格式如下:

```
x = 初值:步长:终值
```

若步长为 1,可省略不写,例如:

```
>> x = 1:10                         % 定义一个向量 x,步长为 1
x =
    1    2    3    4    5    6    7    8    9    10
```

```
>> y = 1:2:10                           % 定义一个向量 y,步长为 2
y =
     1    3    5    7    9
```

【例 1.4-4】 通过 linspace 函数来生成等间隔向量。

linspace 函数的调用格式如下:

```
x = linspace(初值, 终值, 向量长度)
```

下面调用 linspace 函数定义向量 x:

```
>> x = linspace(1, 10, 10)              % 调用 linspace 函数定义向量 x
x =
     1    2    3    4    5    6    7    8    9    10
```

1.4.2　矩阵的定义

在 MATLAB 中定义一个矩阵,通常可以直接按行方式输入每个元素:同一行中的元素用英文输入下的逗号或者用空格符来分隔,且空格个数不限;不同的行之间用英文输入下的分号分隔,且所有元素处于同一方括号"[ ]"内。除了按行方式输入之外,还可以通过拼凑和变形来定义新的矩阵,也可以通过特殊函数定义新的矩阵。

1. 按行方式逐个输入矩阵元素

【例 1.4-5】 定义空矩阵(没有元素的矩阵)。

```
>> X = [ ]
X =
     [ ]
```

【例 1.4-6】 定义矩阵 $A = \begin{bmatrix} 1 & 2 & 3 \\ 4 & 5 & 6 \\ 7 & 8 & 9 \end{bmatrix}$。

```
>> A = [1, 2, 3;4  5  6;7  8, 9]        % 定义一个 3 行 3 列的矩阵 A
A =
     1    2    3
     4    5    6
     7    8    9
```

2. 向量与矩阵的相互转换

向量和矩阵之间可以相互转换,转换命令如下:

```
x = A(:)                                % 矩阵 A 转为列向量 x
A = reshape(x, [m, n])                  % 将长度为 m * n 的向量 x 转为 m 行 n 列的矩阵
```

【例 1.4-7】 把例 1.4-6 中的矩阵 A 转为向量。

```
>> x = A(:)'                          % 把矩阵 A 转为行向量
x =
     1     4     7     2     5     8     3     6     9
```

【例 1.4-8】 定义长度为 18 的向量,将其转为 3 行 6 列的矩阵。

```
>> y = 1:18 ;                         % 定义长度为 18 的向量 y
>> B = reshape(y, [3, 6])            % 把 y 转为 3 行 6 列的矩阵 B
B =
     1     4     7    10    13    16
     2     5     8    11    14    17
     3     6     9    12    15    18
```

3. 拼凑和复制矩阵

【例 1.4-9】 把多个向量拼凑为矩阵。

```
>> x1 = 1:3;                          % 定义一个向量 x1
>> x2 = 4:6;                          % 定义一个向量 x2
>> C = [x1; x2]                      % 将行向量 x1 和 x2 拼凑成矩阵 C
C =
     1     2     3
     4     5     6
```

【例 1.4-10】 按照指定阵列把小矩阵复制为大矩阵。

```
>> A = [1, 2;3, 4];                   % 定义 2 * 2 的矩阵 A
>> B = repmat(A,[2,3])              % 把矩阵 A 复制 2 行 3 列,构造矩阵 B
B =
     1     2     1     2     1     2
     3     4     3     4     3     4
     1     2     1     2     1     2
     3     4     3     4     3     4
```

4. 定义字符矩阵

【例 1.4-11】 定义字符矩阵。

```
>> x = ['abc'; 'def'; 'ghi']    % 定义一个 3 行 3 列的字符矩阵
x =
abc
def
ghi

>> size(x)    % 查看字符矩阵 x 的行数和列数
ans =
     3     3
```

5. 定义复数矩阵

【例 1.4-12】 定义复数矩阵。

```
>> x = 2i + 5                        % 定义一个复数 x
x =
   5.0000 + 2.0000i

>> y = [1  2  3;4  5  6] * i + 7      % 定义一个复数矩阵 y
y =
   7.0000 + 1.0000i   7.0000 + 2.0000i   7.0000 + 3.0000i
   7.0000 + 4.0000i   7.0000 + 5.0000i   7.0000 + 6.0000i

>> a = [1  2;3  4];                   % 定义一个矩阵 a
>> b = [5  6;7  8];                   % 定义一个矩阵 b
>> c = complex(a,b)                   % 以 a 为实部、b 为虚部生成复数矩阵
c =
   1.0000 + 5.0000i   2.0000 + 6.0000i
   3.0000 + 7.0000i   4.0000 + 8.0000i
```

6. 定义符号矩阵

【例 1.4-13】 定义符号矩阵。

```
>> syms a b c d                       % 定义符号变量 a,b,c,d
>> x = [a  b; c  d]                   % 定义符号矩阵 x
x =
[ a, b]
[ c, d]

>> y = [1  2  3;4  5  6];
>> y = sym(y)                         % 将数值矩阵转化为符号矩阵
y =
[ 1, 2, 3]
[ 4, 5, 6]

>> z = sym('a%d%d',[2,3])             % 定义2行3列的符号矩阵,元素符号用 a 表示,带两个整数下标
z =
[ a11, a12, a13]
[ a21, a22, a23]
```

1.4.3 特殊矩阵

　　MATLAB 中提供了几个生成特殊矩阵的函数,例如 zeros 函数生成零矩阵,ones 函数生成 1 矩阵,eye 函数生成单位矩阵,diag 函数生成对角矩阵,rand 函数生成[0,1]上均匀分布的随机数矩阵,magic 函数生成魔方矩阵。具体调用格式如表 1.4-1 所示。

表 1.4-1　特殊矩阵函数

函　数　名	调　用　格　式	
zeros	B = zeros(n)	%生成 n×n 零矩阵
	B = zeros(m,n)	%生成 m×n 零矩阵
	B = zeros([m n])	%生成 m×n 零矩阵
	B = zeros(m,n,p,…)	%生成 m×n×p×…零矩阵或数组
	B = zeros([m n p,…])	%生成 m×n×p×…零矩阵或数组
	B = zeros(size(A))	%生成与矩阵 A 相同大小的零矩阵

续表

函　数　名	调　用　格　式	
ones	Y = ones(n)	%生成 n×n 的 1 矩阵
	Y = ones(m,n)	%生成 m×n 的 1 矩阵
	Y = ones([m n])	%生成 m×n 的 1 矩阵
	Y = ones(m,n,p,…)	%生成 m×n×p×…的 1 矩阵或数组
	Y = ones([m n p…])	%生成 m×n×p×…的 1 矩阵或数组
	Y = ones(size(A))	%生成与矩阵 A 相同大小的 1 矩阵
eye	Y = eye(n)	%生成 n×n 单位矩阵
	Y = eye(m,n)	%生成 m×n 单位矩阵
	Y = eye([m n])	%生成 m×n 单位矩阵
	Y = eye(size(A))	%生成与矩阵 A 相同大小的单位矩阵
diag	X = diag(v,k)	%以向量 v 为第 k 条对角线上的元素生成对角矩阵
	X = diag(v)	%以向量 v 为主对角线元素生成对角矩阵
	v = diag(X,k)	%返回矩阵 X 的第 k 条对角线上的元素
	v = diag(X)	%返回矩阵 X 的主对角线上的元素
rand	Y = rand	%生成一个均匀分布随机数
	Y = rand(n)	%生成 n×n 随机数矩阵
	Y = rand(m,n)	%生成 m×n 随机数矩阵
	Y = rand([m n])	%生成 m×n 随机数矩阵
	Y = rand(m,n,p,…)	%生成 m×n×p×…随机数矩阵或数组
	Y = rand([m n p…])	%生成 m×n×p×…随机数矩阵或数组
	Y = rand(size(A))	%生成与矩阵 A 相同大小的随机数矩阵
magic	M = magic(n)	%生成 n×n 魔方矩阵

【例 1.4-14】　生成特殊矩阵。

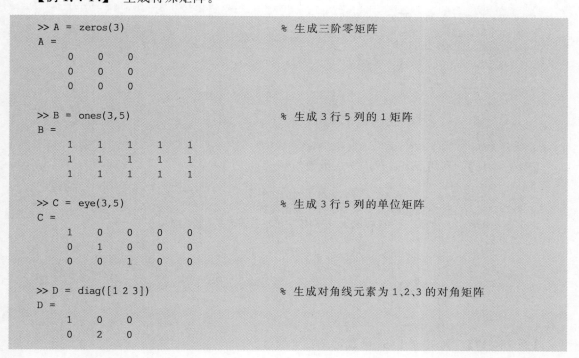

```
>> A = zeros(3)              % 生成三阶零矩阵
A =
     0     0     0
     0     0     0
     0     0     0


>> B = ones(3,5)            % 生成 3 行 5 列的 1 矩阵
B =
     1     1     1     1     1
     1     1     1     1     1
     1     1     1     1     1


>> C = eye(3,5)             % 生成 3 行 5 列的单位矩阵
C =
     1     0     0     0     0
     0     1     0     0     0
     0     0     1     0     0


>> D = diag([1 2 3])        % 生成对角线元素为 1、2、3 的对角矩阵
D =
     1     0     0
     0     2     0
```

```
         0     0     3
>> E = diag(D)          % 提取方阵 D 的对角线元素
E =
     1
     2
     3

>> F = rand(3)          % 生成三阶随机矩阵
F =
    0.8147    0.9134    0.2785
    0.9058    0.6324    0.5469
    0.1270    0.0975    0.9575

>> G = magic(3)          % 生成三阶魔方矩阵
G =
     8     1     6
     3     5     7
     4     9     2
```

1.4.4　高维数组

除了可以定义矩阵这种二维数组之外,还可以定义三维甚至更高维数组。例如表 1.4-1 中的 zeros、ones 和 rand 函数均可以生成高维数组。当然在 MATLAB 中也可以通过直接赋值的方式定义高维数组,还可以通过 cat、reshape 和 repmat 等函数定义高维数组。

【例 1.4-15】　通过直接赋值的方式定义三维数组。

```
% 定义一个 2 行, 2 列, 2 页的三维数组
>> x(1:2, 1:2, 1) = [1  2; 3  4];
>> x(1:2, 1:2, 2) = [5  6; 7  8]
x(:,:,1) =
     1     2
     3     4
x(:,:,2) =
     5     6
     7     8
```

【例 1.4-16】　利用 cat 函数定义三维数组。

```
>> A1 = [1  2; 3  4];    % 定义一个 2 行 2 列的矩阵 A1
>> A2 = [5  6; 7  8];    % 定义一个 2 行 2 列的矩阵 A2
>> A = cat(3, A1, A2)    % 把 A1 和 A2 按照第三维拼接,构造三维数组 A
A(:,:,1) =
     1     2
     3     4
A(:,:,2) =
     5     6
     7     8
```

【例 1.4-17】　利用 reshape 函数定义三维数组。

```
>> x = reshape(1:12, [2, 2, 3])          % 调用 reshape 函数定义三维数组 x
x(:,:,1) =
     1     3
     2     4
x(:,:,2) =
     5     7
     6     8
x(:,:,3) =
     9    11
    10    12
```

【例 1.4-18】 利用 repmat 函数定义三维数组。

```
% 调用 repmat 函数将一个 2 * 2 的矩阵复制 2 页,得到一个 2 * 2 * 2 的三维数组
>> x = repmat([1  2; 3  4], [1,1,2])
x(:,:,1) =
     1     2
     3     4
x(:,:,2) =
     1     2
     3     4
```

1.4.5 访问数组元素

对于一个数组,可以指定下标访问其元素,也可以通过逻辑索引矩阵访问其元素。

1. 多下标访问数组元素

多下标访问数组元素的一般命令如下:

```
>> x = A(id1,id2,id3,...)                 % 访问数组 A 的第 id1 行、id2 列、id3 页 … 的元素
```

【例 1.4-19】 利用行标、列标和冒号运算符访问数组元素。

```
>> x = [1  2  3;4  5  6;7  8  9];         % 定义一个 3 行 3 列的矩阵 x
x =
     1     2     3
     4     5     6
     7     8     9

>> y1 = x(1, 2)                           % 访问矩阵 x 的第 1 行、第 2 列的元素
y1 =
     2

>> y2 = x(2:3, 1:2)                       % 访问矩阵 x 的第 2~3 行、第 1~2 列的元素
y2 =
     4     5
     7     8

>> y3 = x(1, :)                           % 访问矩阵 x 的第 1 行的元素
```

```
y3 =
     1     2     3
>> y4 = x(:, 1:2)                    % 访问矩阵 x 的第 1~2 列的元素
y4 =
     1     2
     4     5
     7     8
>> x(2,:) = [ ]                      % 删除矩阵 x 的第 2 行元素
x =
     1     2     3
     7     8     9
```

2. 单下标访问数组元素

单下标访问数组 A 的第 i 个元素相当于访问 A 所转成的向量的第 i 个元素,可以把单下标理解为序标。单下标访问数组元素的一般命令如下:

```
>> x = A(id)                         % 访问数组 A 的第 id 个元素
```

【例 1.4-20】 指定序标,访问数组元素。

```
>> x = [1  2  3;4  5  6;7  8  9];    % 定义一个 3 行 3 列的矩阵 x
>> y5 = x(3:6)                       % 访问矩阵 x 按列拉长之后向量的第 3~6 个元素
y5 =
     7     2     5     8
```

3. 通过逻辑索引访问数组元素

逻辑索引是使用 0 和 1 构成的数组从其他数组中提取所需元素,这时逻辑数组必须和要索引的数组大小一样。

【例 1.4-21】 访问数组中满足某种条件的元素。

```
>> A = rand(3)                       % 定义三阶随机矩阵 A
A =
    0.9572    0.1419    0.7922
    0.4854    0.4218    0.9595
    0.8003    0.9157    0.6557

>> x = A(A > 0.5)                    % 访问 A 中大于 0.5 的元素
x =
    0.9572
    0.8003
    0.9157
    0.7922
    0.9595
    0.6557
```

1.4.6 定义元胞数组

元胞数组(cell array)可以将不同类型、不同大小的数组放在同一个数组(即元胞数组)里,

MATLAB中可以采用直接赋值的方式定义元胞数组,也可以利用cell函数来定义。

【例1.4-22】 直接赋值定义元胞数组。

```
% 定义元胞数组,注意外层用的是花括号,而不是方括号
>> c1 = {[1  2; 3  4], 'xiezhh', 10; [5  6  7], ['abc'; 'def'], 'I LOVE MATLAB'}
c1 =
    [2x2 double]    'xiezhh'        [        10]
    [1x3 double]    [2x3 char]      'I LOVE MATLAB'
```

上面定义了一个2行3列共6个单元的元胞数组c1,这6个单元是相互独立的,用来存储不同类型的变量,这就好比同一个旅馆中的6个不同的房间,不同房间中的成员互不干扰,和平共处。

【例1.4-23】 用cell函数来定义元胞数组。

cell函数的调用格式如下:

```
c = cell(m, n, p, …)          % 生成m×n×p×…的空元胞数组
c = cell([m n p …])           % 生成m×n×p×…的空元胞数组
```

下面调用cell函数定义元胞数组c2:

```
>> c2 = cell(2,4)              % 定义2行4列的空元胞数组
c2 =
    []      []      []      []
    []      []      []      []
>> c2{2, 3} = [1  2  3]        % 为第2行第3列的元胞赋值
c2 =
    []      []      []            []
    []      []      [1x3 double]  []
```

【例1.4-24】 元胞数组的访问。

访问元胞数组C的第i行第j列的元胞,用命令$C(i, j)$,注意用的是圆括号;访问元胞数组C的第i行第j列的元胞里的元素,用命令$C\{i, j\}$,注意用的是花括号。celldisp函数可以显示元胞数组里的所有内容。

```
% 定义一个2行3列的元胞数组c
>> c = {[1    2], 'xie', 'xiezhh'; 'MATLAB', [3    4; 5    6], 'I LOVE MATLAB'}
c =
    [1x2 double]    'xie'           'xiezhh'
    'MATLAB'        [2x2 double]    'I LOVE MATLAB'
>> c(2, 2)                     % 访问c的第2行第2列的元胞
ans =
    [2x2 double]
>> c{2, 2}                     % 访问c的第2行第2列的元胞里面的内容
ans =
    3    4
    5    6
% 定义2行2列的元胞数组c
>> c = {[1  2],  'xiezhh'; 'MATLAB', [3  4; 5  6]};
>> celldisp(c)                % 显示c的所有元胞里的元素
c{1,1} =
    1    2
c{2,1} =
```

```
     MATLAB
c{1,2} =
    xiezhh
c{2,2} =
    3    4
    5    6
```

1.4.7　定义结构体数组

结构体变量是具有指定字段,每一字段有相应取值的变量。可以采用直接赋值的方式定义结构体数组(struct array),也可以利用 struct 函数来定义。

【例 1.4-25】　直接赋值定义结构体数组。

```
% 通过直接赋值方式定义一个 1 行 2 列的结构体数组
>> struct1(1).name = 'xiezhh';
>> struct1(2).name = 'heping';
>> struct1(1).age = 31;
>> struct1(2).age = 22;
>> struct1
struct1 =
1x2 struct array with fields:
    name
    age
```

【例 1.4-26】　用 struct 函数来定义结构体数组。

struct 函数的常用调用格式如下:

```
s = struct('field1', values1, 'field2', values2, …)
```

其中,field$i$ 参数用来指定字段名,values$i$ 参数为元胞数组,用来指定字段取值。例如:

```
>> struct2 = struct('name', {'xiezhh', 'heping'}, 'age',{31, 22})    % 定义结构体数组
struct2 =
1x2 struct array with fields:
    name
    age
>> struct2(1).name                          %结构体数组 struct2 的 name 字段的访问
ans =
    xiezhh
```

1.4.8　定义数据集数组

数据集是 MATLAB 中的一种数据类型,在统计分析中有重要应用。可通过 dataset 函数来定义数据集数组(dataset array)。

【例 1.4-27】　用 dataset 函数把工作区中的变量定义为数据集数组。

```
>> Name = {'Smith';'Johnson';'Williams';'Jones';'Brown'};    % 定义 Name 变量
>> Age = [38;43;38;40;49];                                   % 定义 Age 变量
```

```
>> Height = [71;69;64;67;64];                              % 定义 Height 变量
>> Weight = [176;163;131;133;119];                         % 定义 Weight 变量
>> BP = [124 93; 109 77; 125 83; 117 75; 122 80];          % 定义 BP 变量
>> D = dataset({Age,'Age'},{Height,'Height'},{Weight,'Weight'},...
        {BP,'BloodPressure'},'ObsNames',Name)              % 定义数据集数组

D =
               Age      Height     Weight     BloodPressure
    Smith      38        71         176        124        93
    Johnson    43        69         163        109        77
    Williams   38        64         131        125        83
    Jones      40        67         133        117        75
    Brown      49        64         119        122        80

>> x = D(1,:)                                              % 访问数据集的第一行
x =
               Age      Height     Weight     BloodPressure
    Smith      38        71         176        124        93

>> y = double(x)                                           % 把数据集转为双精度型
y =

    38       71       176       124       93

>> H = D.Height                                            % 访问数据集的 Height 变量
H =

    71
    69
    64
    67
    64
```

1.4.9　定义表格型数组

表格型数组(table class array)是 MATLAB R2013b(MATLAB 8.2)中才开始有的一种数据类型,在统计分析中有重要应用,在未来版本中将取代数据集类型,可通过 table 函数来定义表格型数组。

【例 1.4-28】　用 table 函数把工作区中的变量定义为表格型数组。

```
>> Name = {'Smith';'Johnson';'Williams';'Jones';'Brown'}; % 定义 Name 变量
>> Age = [38;43;38;40;49];                                 % 定义 Age 变量
>> Height = [71;69;64;67;64];                              % 定义 Height 变量
>> Weight = [176;163;131;133;119];                         % 定义 Weight 变量
>> BloodPressure = [124 93; 109 77; 125 83; 117 75; 122 80]; % 定义 BloodPressure 变量
>> T = table(Age,Height,Weight,BloodPressure,...           % 定义表格型数组
        'RowNames',Name)
T =
  5×4 table

               Age      Height     Weight     BloodPressure
               ___      _____     _____     _____

    Smith      38        71         176        124        93
    Johnson    43        69         163        109        77
```

```
        Williams      38      64      131     125     83
        Jones         40      67      133     117     75
        Brown         49      64      119     122     80

>> T1 = T(4,:)                          % 访问表格型数组的第 4 行
T1 =
  1×4 table

                Age     Height    Weight    BloodPressure

        Jones    40       67        133      117      75

>> T2 = T(:,2:3)                        % 访问表格型数组的第 2 列和第 3 列
T2 =
  5×2 table

                Height    Weight

        Smith      71       176
        Johnson    69       163
        Williams   64       131
        Jones      67       133
        Brown      64       119
>> H = T.Height                         % 访问表格型数组的 Height 变量
H =
    71
    69
    64
    67
    64
```

1.4.10 几种数组的转换

如表 1.4-2 所示,MATLAB 中提供了一些数组转换函数,用来做不同类型数组之间的相互转换。

表 1.4-2 MATLAB 中的数组转换函数

函 数 名	说 明	函 数 名	说 明
num2str	数值转为字符	cell2struct	将元胞数组转换为结构体数组
str2num	字符转为数值	struct2cell	将结构体数组转换为元胞数组
str2double	字符转为双精度值	cellstr	根据字符型数组创建字符串元胞数组
int2str	整数转为字符	array2table	将同构数组转换为表
mat2str	矩阵转为字符	table2array	将表转换为同构数组
str2mat	字符转为矩阵	cell2table	将元胞数组转换为表
mat2cell	将矩阵分块,转换为元胞数组	table2cell	将表转换为元胞数组
cell2mat	将元胞数组转换为矩阵	struct2table	将结构体数组转换为表
num2cell	将数值型数组转换为元胞数组	table2struct	将表转换为结构体数组

以上函数名中的 2 英文发音为"two",用来表示"to"。关于这些函数的调用格式,请读者自行查阅 MATLAB 的帮助,这里仅举一例。

【例 1.4-29】 不同类型数组转换示例。

```
>> A1 = rand(60,50);                    % 生成 60 行 50 列的随机矩阵
% 将矩阵 A1 进行分块,转为 3 行 2 列的元胞数组 B1,
% mat2cell 函数的第 2 个输入[10 20 30]用来指明行的分割方式,
% mat2cell 函数的第 3 个输入[25 25]用来指明列的分割方式
>> B1 = mat2cell(A1, [10 20 30], [25 25])
B1 =
    [10x25 double]    [10x25 double]
    [20x25 double]    [20x25 double]
    [30x25 double]    [30x25 double]


>> C1 = cell2mat(B1);                   % 将元胞数组 B1 转为矩阵 C1
>> isequal(A1,C1)                       % 判断 A1 和 C1 是否相等,返回结果为 1,说明 A1 和 C1 相等
ans =
     1


>> A2 = [1 2 3 4;5 6 7 8;9 10 11 12];   % 定义 3 行 4 列的矩阵 A2
>> B2 = num2cell(A2)                    % 将数值型矩阵 A2 转为元胞数组 B2
B2 =
    [1]     [2]     [3]     [4]
    [5]     [6]     [7]     [8]
    [9]    [10]    [11]    [12]


% 定义 2 行 3 列的元胞数组 C
>> C = {'Heping', 'Tianjin', 22;  'Xiezhh', 'Xingyang', 31}
C =
    'Heping'     'Tianjin'     [22]
    'Xiezhh'     'Xingyang'    [31]


>> fields = {'Name', 'Address', 'Age'};  % 定义字符串元胞数组 fields
% 把 fields 中的字符串作为字段,将元胞数组 C 转为 2x1 的结构体数组 S
>> S = cell2struct(C, fields, 2)
S =
2x1 struct array with fields:
    Name
    Address
    Age


>> CS = struct2cell(S)                  % 把结构体数组 S 转为 3 行 2 列的元胞数组 CS
CS =
    'Heping'        'Xiezhh'
    'Tianjin'       'Xingyang'
    [    22]     [    31]


>> isequal(C,CS')                       % 判断 C 和 CS 的转置是否相等,返回结果为 1,说明 C 和 CS 的转置相等
ans =
     1


>> x = [1;2;3;4;5];                     % 定义列向量 x
>> x = cellstr(num2str(x));             % 将数值向量 x 转为字符向量,然后构造元胞数组
>> y = strcat('xiezhh', x, '.txt')      % 拼接字符串,构造字符串元胞数组
y =
    'xiezhh1.txt'
    'xiezhh2.txt'
```

```
        'xiezhh3.txt'
        'xiezhh4.txt'
        'xiezhh5.txt'

>> TS = struct2table(S)          % 把结构体数组 S 转为 2 行 3 列的表 TS
TS =
  2 × 3 table
        Name           Address       Age
    _____  _____  _____

    {'Heping'}     {'Tianjin'}    22
    {'Xiezhh'}     {'Xingyang'}   31
```

1.5 矩阵运算

1.5.1 矩阵的算术运算

1. 矩阵的加减

对于同型(行数和列数分别相同)矩阵,可以通过运算符"＋"和"－"完成加减运算。

【例 1.5-1】 矩阵的加减运算。

```
>> A = [1  2; 3  4];             % 定义一个矩阵 A
>> B = [5  6; 7  8];             % 定义一个矩阵 B
>> C = A + B                     % 求矩阵 A 和 B 的和
C =

     6      8
    10     12

>> D = A - B
D =
    - 4     - 4
    - 4     - 4
```

2. 矩阵的乘法

矩阵的乘法有直接相乘($A_{p \times q} * B_{q \times s}$)和点乘($A_{p \times q} \cdot * B_{p \times q}$)两种。其中直接相乘要求前面矩阵的列数等于后面矩阵的行数,否则会出现错误。而点乘表示的是两个同型矩阵的对应元素相乘。

【例 1.5-2】 矩阵乘法。

```
>> A = [1  2  3; 4  5  6];            % 定义一个矩阵 A
>> B = [1  1  1  1; 2  2  2  2; 3  3  3  3];   % 定义一个矩阵 B
>> C = A * B                         % 求矩阵 A 和 B 的乘积
C =
    14     14     14     14
    32     32     32     32

>> D = [1  1  1; 2  2  2];            % 定义一个矩阵 D
>> E = A. * D                        % 求矩阵 A 和 D 的对应元素的乘积
```

```
E =
    1    2    3
    8   10   12
```

3. 矩阵的除法

矩阵的除法包括左除($A\backslash B$)、右除(A/B)和点除($A./B$)三种。一般情况下，$x = A\backslash b$ 是方程组 $A*x = b$ 的解，而 $x = b/A$ 是方程组 $x*A = b$ 的解，$x = A./B$ 表示同型矩阵 A 和 B 对应元素相除。

【例1.5-3】 矩阵除法。

```
>> A = [2 3 8;1 -2 -4;-5 3 1];   % 定义一个矩阵A
>> b = [-5;3;2];                  % 定义一个向量b
>> x = A\b                        % 求方程组A*x = b的解
x =
    1
    3
   -2

>> B = A;                         % 定义矩阵B等于A
>> C = A./B                       % 矩阵A与B的对应元素相除
C =
    1    1    1
    1    1    1
    1    1    1
```

4. 矩阵的乘方(^)与点乘方(.^)

矩阵的乘方要求矩阵必须是方阵，有以下3种情况。

（1）矩阵 A 为方阵，x 为正整数，$A\hat{}x$ 表示矩阵 A 自乘 x 次。

（2）矩阵 A 为方阵，x 为负整数，$A\hat{}x$ 表示矩阵 A^{-1} 自乘 $-x$ 次。

（3）矩阵 A 为方阵，x 为分数，例如 $x = m/n$，$A\hat{}x$ 表示矩阵 A 先自乘 m 次，然后对结果矩阵开 n 次方。

矩阵的点乘方不要求矩阵为方阵，有以下2种情况。

（1）A 为矩阵，x 为标量，$A.\hat{}x$ 表示对矩阵 A 中的每一个元素求 x 次方。

（2）A 和 x 为同型矩阵，$A.\hat{}x$ 表示对矩阵 A 中的每一个元素求 x 中对应元素次方。

【例1.5-4】 矩阵乘方与点乘方。

```
>> A = [1 2;3 4];                 % 定义矩阵A
>> B = A^2                        % B = A*A
B =
    7   10
   15   22

>> C = A.^2                       % A中元素作平方
C =
    1    4
    9   16
```

```
>> D = A .^ A                          % 求A中元素的对应元素次方
D =
     1      4
    27    256
```

1.5.2 矩阵的关系运算

矩阵的关系运算是通过比较两个同型矩阵的对应元素的大小关系,或者比较一个矩阵的各元素与某一标量之间的大小关系,返回一个逻辑矩阵(1 表示真,0 表示假)。关系运算的运算符有:"＜"(小于)、"＜＝"(小于或等于)、"＞"(大于)、"＞＝"(大于或等于)、"＝＝"(等于)、"～＝"(不等于)6 种。

【例 1.5-5】 矩阵的关系运算。

```
>> A = [1  2; 3  4];                    % 定义矩阵A
>> B = [2  2; 2  2];                    % 定义矩阵B
>> C1 = A > B
C1 =
     0      0
     1      1

>> C2 = A ～ = B
C2 =
     1      0
     1      1

>> C3 = A >= 2
C3 =
     0      1
     1      1
```

1.5.3 矩阵的逻辑运算

矩阵的逻辑运算包括如下几种。

(1)逻辑"或"运算,运算符为"|"。A|B 表示同型矩阵 A 和 B 的或运算,若 A 和 B 的对应元素至少有一个非 0,则相应的结果元素值为 1,否则为 0。

(2)逻辑"与"运算,运算符为"&"。A&B 表示同型矩阵 A 和 B 的与运算,若 A 和 B 的对应元素均非 0,则相应的结果元素值为 1,否则为 0。

(3)逻辑"非"运算,运算符为"～"。～A 表示矩阵 A 的非运算,若 A 的元素值为 0,则相应的结果元素值为 1,否则为 0。

(4)逻辑"异或"运算。xor(A,B)表示同型矩阵 A 和 B 的异或运算,若 A 和 B 的对应元素均为 0 或均非 0,则相应的结果元素值为 0,否则为 1。

(5)先决或运算,运算符为"‖"。对于标量 A 和 B,A‖B 表示当 A 非 0 时,结果为 1,不用再执行 A 和 B 的逻辑或运算;只有当 A 为 0 时,才执行 A 和 B 的逻辑或运算。

(6)先决与运算,运算符为"&&"。对于标量 A 和 B,A&&B 表示当 A 为 0 时,结果为

0,不用再执行 A 和 B 的逻辑与运算；只有当 A 非 0 时,才执行 A 和 B 的逻辑与运算。

【例 1.5-6】 矩阵的逻辑运算。

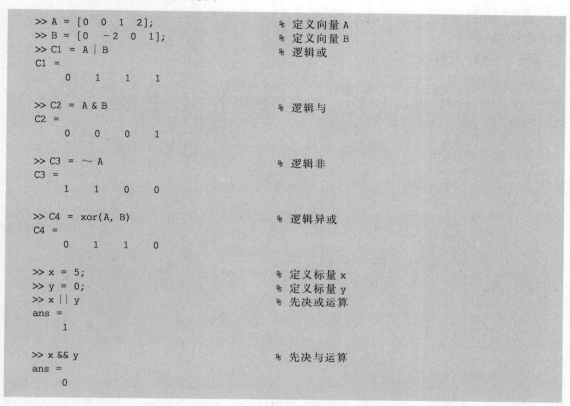

```
>> A = [0  0  1  2];              % 定义向量 A
>> B = [0  -2  0  1];             % 定义向量 B
>> C1 = A | B                     % 逻辑或
C1 =
      0    1    1    1

>> C2 = A & B                     % 逻辑与
C2 =
      0    0    0    1

>> C3 = ~ A                       % 逻辑非
C3 =
      1    1    0    0

>> C4 = xor(A, B)                 % 逻辑异或
C4 =
      0    1    1    0

>> x = 5;                         % 定义标量 x
>> y = 0;                         % 定义标量 y
>> x || y                         % 先决或运算
ans =
      1

>> x && y                         % 先决与运算
ans =
      0
```

【说明】 先决或运算以及先决与运算可用来提高程序的运行效率。如果 A 是一个计算量较小的表达式,B 是一个计算量较大的表达式,则首先判断 A 对减少计算量是有好处的,因为先决运算有可能不对表达式 B 进行计算,这样就能节省程序运行时间,提高程序的运行效率。

1.5.4 矩阵的其他常用运算

1. 矩阵的转置

矩阵的转置包括转置(A.')和共轭转置(A')两种。对于实矩阵,两种转置是相同的。

【例 1.5-7】 矩阵的转置。

```
>> A = [1  2  3;4  5  6;7  8  9]      % 定义矩阵 A
A =
      1    2    3
      4    5    6
      7    8    9

>> B = A'                             % 矩阵转置
B =
      1    4    7
      2    5    8
      3    6    9
```

2. 矩阵的翻转

flipud 和 fliplr 函数分别可以实现矩阵的上下和左右翻转,rot90 函数可以实现将矩阵按逆时针 90°旋转。

【例 1.5-8】 矩阵的翻转。

```
>> A = [1  2  3; 4  5  6; 7  8  9];      % 定义矩阵 A
>> B1 = flipud(A)                        % 矩阵上下翻转
B1 =
     7     8     9
     4     5     6
     1     2     3

>> B2 = fliplr(A)                        % 矩阵左右翻转
B2 =
     3     2     1
     6     5     4
     9     8     7

>> B3 = rot90(A)                         % 矩阵按逆时针旋转 90°
B3 =
     3     6     9
     2     5     8
     1     4     7
```

3. 方阵的行列式

MATLAB 中提供了 det 函数,用来求方阵的行列式,这里的方阵可以是数值矩阵,也可以是符号矩阵,因为 MATLAB 符号工具箱也有 det 函数。

【例 1.5-9】 方阵的行列式。

```
>> A = [1  2; 3  4];                     % 定义矩阵 A
>> d1 = det(A)                           % 求数值矩阵 A 的行列式
d1 =
    - 2

>> syms a b c d                          % 定义符号变量
>> B = [a  b; c  d];                     % 定义符号矩阵 B
>> d2 = det(B)                           % 求符号矩阵 B 的行列式
d2 =
    a * d - b * c
```

4. 逆矩阵与广义伪逆矩阵

利用 inv 函数可以求方阵 A 的逆矩阵 A^{-1},这里的矩阵 A 可以是数值矩阵,也可以是符号矩阵。pinv 函数可用来求一般矩阵(可以不是方阵)的广义伪逆矩阵,关于广义伪逆矩阵的定义请查看 pinv 函数的帮助。

【例 1.5-10】 逆矩阵与广义伪逆矩阵。

```
>> A = [1  2; 3  4];              % 定义矩阵 A
>> Ai = inv(A)                    % 求 A 的逆矩阵
Ai =
    - 2.0000     1.0000
      1.5000    - 0.5000

>> syms a b c d                   % 定义符号变量
>> B = [a  b; c  d];              % 定义符号矩阵 B
>> Bi = inv(B)                    % 求符号矩阵 B 的逆矩阵
Bi =
[  d/(a*d−b*c),  −b/(a*d−b*c)]
[ −c/(a*d−b*c),   a/(a*d−b*c)]

>> C = [1  2  3; 4  5  6];        % 定义矩阵 C
>> Cpi = pinv(C)                  % 求 C 的广义伪逆矩阵
Cpi =
    - 0.9444     0.4444
    - 0.1111     0.1111
      0.7222    - 0.2222

>> D = C * Cpi * C                % 验证广义伪逆矩阵
D =
    1.0000     2.0000     3.0000
    4.0000     5.0000     6.0000
```

5. 方阵的特征值与特征向量

MATLAB 中求方阵的特征值与特征向量的函数是 eig 函数,这里的方阵可以是数值矩阵,也可以是符号矩阵。

【例 1.5-11】 方阵的特征值与特征向量。

```
>> A = [5  0  4; 3  1  6; 0  2  3];    % 定义矩阵 A
>> d = eig(A)                          % 求数值矩阵 A 的特征值向量 d
d =
    - 1.0000
      3.0000
      7.0000
>> [V, D] = eig(A)                     % 求数值矩阵 A 的特征值矩阵 D 与特征向量矩阵 V
V =
    - 0.2857     0.8944     0.6667
    - 0.8571     0.0000     0.6667
      0.4286    - 0.4472     0.3333
D =
    - 1.0000          0          0
           0     3.0000          0
           0          0     7.0000
>> [Vs, Ds] = eig(sym(A))             % 求符号矩阵的特征值矩阵 Ds 与特征向量矩阵 Vs
Vs =
[  2,     1,   − 2]
[  2,     3,     0]
[  1,  − 3/2,    1]
Ds =
[  7,   0,   0]
[  0,  − 1,   0]
[  0,   0,   3]
```

6. 矩阵的迹和矩阵的秩

【例 1.5-12】 矩阵的迹和矩阵的秩。

```
>> A = [1  2  3;4  5  6;7  8  9];        % 定义矩阵 A
>> t = trace(A)                          % 求矩阵的迹
t =
    15

>> r = rank(A)                           % 求矩阵的秩
r =
    2
```

有关数组运算的函数还有很多,限于篇幅这里不再赘述。

2.1　MATLAB 语言的流程结构

MATLAB 作为一种程序设计语言提供了多种流程控制结构，包括条件控制结构、循环结构和 try-catch 试探结构，其中条件控制结构包括：if-else-end 条件转移结构、switch-case 开关结构；循环结构包括：for 循环和 while 循环。除此之外，MATLAB 还提供了 input、keyboard、break、continue、return 和 pause 等流程控制函数。下面将结合具体例子进行介绍。

2.1.1　条件控制结构

1. if-else-end 条件转移结构

if-else-end 条件转移结构的一般形式如下：

```
if    条件 1
    语句组 1
elseif    条件 2
    语句组 2
… …
elseif    条件 m
    语句组 m
else
    语句组 m + 1
end
```

根据实际需要，可以对上述一般形式进行灵活改动，例如可以用 if-end 形式，也可以用 if-else-end 形式，还可做成嵌套形式。

【例 2.1-1】　交互式输入 3 个实数，判断以这 3 个数为边长能否构成三角形，若构成三角形，利用海伦公式求其面积。

MATLAB 代码如下：

```
A = input('请输入三角形的三条边:'); % 交互式输入一个包含三个元素的
                                    % 向量
if A(1) + A(2) > A(3) & A(1) + A(3) > A(2) & A(2) + A(3) > A(1)
    p = (A(1) + A(2) + A(3)) / 2;
    s = sqrt(p * (p - A(1)) * (p - A(2)) * (p - A(3)));
                                    % 用海伦公式求三角形面积
```

```
        disp(['该三角形面积为:'num2str(s)]);        % 显示计算结果
    else
        disp('不能构成一个三角形.')
    end
```

将上面的代码复制粘贴到 MATLAB 命令行窗口运行后出现提示信息"请输入三角形的三条边:",在光标闪动的地方输入[3，4，5],按 Enter 键后出现信息"该三角形面积为：6"。

【说明】　代码中的 input 函数是交互式输入函数,可以实现交互式输入,disp 函数用来在 MATLAB 命令行窗口显示信息,num2str 函数可以将数字转换成字符串,类似的函数还有 str2num、int2str、mat2str、str2mat、str2double 等(参见表 1.4-2)。

2. switch-case 开关结构

switch-case 开关结构的一般形式如下：

```
switch 表达式
    case  值1
        语句组1
    case  值2
        语句组2
    … …
    case  值m
        语句组m
    otherwise
        语句组m + 1
end
```

【例 2.1-2】　交互式输入一个数,根据输入的值来决定在屏幕上显示的内容。

```
num = input('请输入一个数:');        % 交互式输入一个数
switch num                          % 根据 num 的不同取值显示不同的信息
    case - 1
        disp('I am a teacher.');
    case 0
        disp('I am a student.');
    case 1
        disp('You are a teacher.');
    otherwise
        disp('You are a student.');
end
```

2.1.2　循环结构

1. for 循环

for 循环的一般形式如下：

```
for 循环变量 = Vector
    循环体语句
end
```

在 for 循环语句结构中,Vector 为一个向量,循环变量每次从 Vector 向量中取一个值,执行一次循环体语句,如此反复,直到执行完 Vector 向量中最后一个元素所对应的最后一次循环,然后循环结束。

2. while 循环

while 循环的一般形式如下:

```
while   条件
    循环体语句
end
```

while 循环先判断某一条件是否成立,若成立,执行一次循环体语句,然后接着判断,如此反复,直到因条件不成立而结束循环。

3. 循环嵌套

如果一个循环结构的循环体又包括另一个循环结构,就称为循环的嵌套,或称为多重循环结构。多重循环的嵌套层数可以是任意的。可以按照嵌套层数,分别叫作二重循环、三重循环等。处于内部的循环叫作内循环,处于外部的循环叫作外循环。

【例 2.1-3】 令 $y = f(n) = \sum_{i=1}^{n} i^2$,求使得 $y \leqslant 2000$ 的最大的正整数 n 和相应的 y 值。

```
% 程序 1:for 循环
y = 0;
for i = 1:inf
    y = y + i^2;
    if   y > 2000
        break;                          % 跳出循环
    end
end
n = i - 1
y = y - i^2

% 程序 2:while 循环
y = 0;
i = 0;
while  y <= 2000
    i = i + 1;
    y = y + i^2;
end
n = i - 1
y = y - i^2
```

两段程序的运行结果均为: $n = 17, y = 1785$。

2.1.3 try-catch 试探结构

try-catch 试探结构的一般形式如下:

```
try
    语句组 1
catch ME
    语句组 2
end
```

该结构首先执行语句组 1,如果不发生错误,则不用执行语句组 2,如果执行语句组 1 的过程中发生错误,那么语句组 2 就会被执行,同时,ME 记录了发生错误的相关信息。

【例 2.1-4】 两矩阵相乘时要求两矩阵的维数相容,即第一个矩阵的列数等于第二个矩阵的行数,否则会出错。下面代码实现先求两矩阵的乘积,若出错,显示出错信息。

```
A = [1,2,3;4,5,6]; B = [7,8,9;10,11,12]; % 定义矩阵 A 和 B
try
    X = A * B
catch ME
    disp(ME.message);                    % 显示出错原因
end
```

运行以上代码,将在屏幕上显示如下信息:

用于矩阵乘法的维度不正确。请检查并确保第一个矩阵中的列数与第二个矩阵中的行数匹配。要执行按元素相乘,请使用 '.*'。

2.1.4 break、continue、return 和 pause 函数

1. break 函数

break 函数只能用在 for 或 while 循环结构的循环体语句中,它的功能是跳出 break 函数所在层循环,通常与 if 语句结合使用。

2. continue 函数

continue 函数也只能用在 for 或 while 循环结构的循环体语句中,它的功能是跳过当步循环直接执行下一次循环,通常与 if 语句结合使用。

3. return 函数

return 函数的用法比较灵活,通常用在某个函数体里面。根据需要,可以用在函数体的任何地方,其功能是跳出正在调用的函数,通常与 if 语句结合使用。

4. pause 函数

pause 函数用来实现暂停功能,其调用格式和功能如下:

```
pause          %暂停程序的执行,等待用户按任意键继续
pause(n)       %暂停程序的执行,n 秒后继续,n 为非负实数
pause on       %开启暂停功能,使后续 pause 和 pause(n)指令可以执行
pause off      %关闭暂停功能,不执行后续 pause 和 pause(n)指令
```

2.2　编写自己的 MATLAB 程序

在学习使用 MATLAB 的过程中,不可避免地要根据问题的需要编写 MATLAB 代码(简称 M 代码),将 M 代码保存成扩展名为".m"的文件,称之为 M 文件。M 文件通常在程序编辑窗口(或称脚本编辑窗口)中编写,也可在记事本、写字板等文本编辑工具中编写,只需保存成 M 文件即可。在 MATLAB 9.x 版本中,单击工作界面工具栏中的■图标可打开程序编辑窗口,如图 2.2-1 所示。

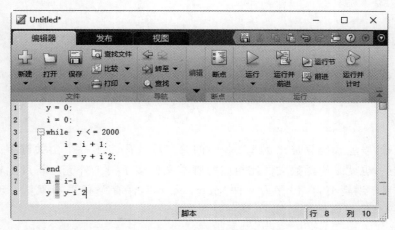

图 2.2-1　程序编辑窗口

2.2.1　脚本文件

所谓的脚本文件,就是将一些 MATLAB 命令简单地堆砌在一起保存成的 M 文件。例如将例 2.1-1 中的 M 代码复制粘贴到 MATLAB 程序编辑窗口,单击保存快捷按钮■即可保存成脚本文件,保存路径采用默认即可。注意脚本文件的文件名要以英文字母打头,否则会出现错误。单击程序编辑窗口上的运行按钮■,或者在 MATLAB 命令行窗口输入脚本文件的文件名后按 Enter 键,即可运行脚本文件,在命令行窗口查看运行结果。

2.2.2　函数文件

函数文件就是按照一定格式编写的、可由用户指定输入和输出参数进行调用的 M 文件。函数文件由关键字 function 引导,其格式如下:

```
function [out1, out2, …] = funname(in1, in2, …)
注释说明部分(%号引导的行)
函数体
```

其中 out1,out2,…为输出参数列表,in1,in2,…为输入参数列表,funname 为函数名。

【说明】　函数输出参数列表中提到的变量要在函数体中予以赋值,函数名与变量名的命名规则相同,另外函数名应与文件名相同(调用函数时是用文件名进行调用的,两者不相同时会造成调用错误),并且自编函数不要与内部函数重名,否则极易引起错误。

【例 2.2-1】 编写 MATLAB 函数,对于指定的 m,求使得 $y = \sum_{i=1}^{n} i^2 \leqslant m$ 的最大的正整数 n 和相应的 y 值。

```
function [n,y] = SumLeq(m)
%   令 y = 1^2 + 2^2 + … + n^2,求使得 y <= m 的最大的 n 和相应的 y
%   Copyright xiezhh

y = 0;                          % 为 y 赋初值
i = 0;                          % 为 i 赋初值
while y <= m
    i = i + 1;
    y = y + i^2;
end
n = i - 1;                      % 求 n 的值
y = y - i^2;                    % 求 y 的值
```

从结构上看,以上代码只是比例 2.1-3 中的第二段代码多了一个由关键字 function 引导的“函数声明行”,也就是说函数文件比相应的脚本文件多了一个外壳。将以上代码复制粘贴到 MATLAB 程序编辑窗口,保存为文件“SumLeq. m”,保存路径采用默认。现在就可以在 MATLAB 命令行窗口调用该函数了,例如:

```
>> [n,y] = SumLeq(3000)
n =
    20

y =
        2870
```

这里把 3000 作为 SumLeq 函数的输入参数,求出了使得 $y = \sum_{i=1}^{n} i^2 \leqslant 3000$ 的最大的正整数 $n = 20$ 和相应的 $y = 2870$。

2.2.3 匿名函数

建立匿名函数的一般格式如下:

```
fun = @ (arg1, arg2, …) expr
```

其中 expr 为函数表达式,arg1,arg2,…为输入参数列表,fun 为返回的函数句柄。

【例 2.2-2】 建立匿名函数 $f(x,y) = \cos(x)\sin(y)$,并求其在 $x = [0,1,2]$,$y = [-1,0,1]$ 处的函数值。

```
>> fun1 = @(x,y) cos(x). * sin(y)        % 创建匿名函数
fun1 =
    @(x,y)cos(x). * sin(y)
```

```
>> x = [0,1,2];                          % 定义向量 x
>> y = [-1,0,1];                         % 定义向量 y
>> z = fun1(x,y)                         % 计算函数值
z =
   -0.8415      0     -0.3502
```

需要注意的是,上面代码中用到了点乘,这样做是为了使得所创建的匿名函数支持向量运算。

【例 2.2-3】　根据下面函数表达式编写匿名函数,并计算函数在 $x=[-0.5,0,0.5]$ 处的函数值。

$$f(x) = \begin{cases} \sin(\pi x^2), & -1 \leqslant x < 0 \\ \mathrm{e}^{1-x}, & x \geqslant 0 \end{cases}$$

```
>> fun2 = @(x)(x>=-1 & x<0).*sin(pi*x.^2)+(x>=0).*exp(1-x);   % 创建匿名函数
>> fun2([-0.5,0,0.5])                                          % 计算函数值

ans =

   0.7071    2.7183    1.6487
```

该例中的函数为分段函数,在编写这类函数时,最简洁的方式是利用向量的逻辑运算。

2.2.4　子函数与嵌套函数

1. 子函数(subfunction)

通常在一个 MATLAB 主函数的内部会调用一些其他的 MATLAB 函数,我们把被调用的函数称为该主函数的子函数,子函数可以是 MATLAB 自带的内部函数,也可以是自编的外部函数;可以是以 function 打头的函数,也可以是匿名函数。当子函数是自编函数时,子函数通常位于主函数的函数体的后面,当然也可以把子函数放在主函数的函数体里面,做成嵌套函数的形式。

【说明】　子函数内部出现的变量的作用范围仅限于该子函数内部,也就是说,子函数不能与主函数或其他子函数共享它内部出现的变量。

2. 嵌套函数(nested functions)

把一个或多个子函数放到同一个主函数的函数体内部而构成的函数称为嵌套函数。像循环的嵌套一样,嵌套函数可以是一层嵌套,也可以是多层嵌套,其一般形式如下。

1) 单层嵌套

```
% 一嵌一
function x = A(p1, p2)
…
   function y = B(p3)
   …
   end
```

```
    …
    end

    % 一嵌多
    function x = A(p1, p2)
    …
        function y = B(p3)
        …
        end

        function z = C(p4)
        …
        end
    …
    end
```

2）多层嵌套

```
function x = A(p1, p2)
…
    function y = B(p3)
    …
        function z = C(p4)
        …
        end
    …
    end
…
end
```

【说明】　嵌套函数的各函数必须以 end 结束，这与非嵌套函数的要求是不同的。在嵌套函数中不能把函数嵌套进 if-else-end、switch-case、for、while 和 try-catch 等语句结构中。

【例 2.2-4】　通过嵌套函数的方式编写函数 $y = \sqrt{(x+1)^2 + e^x} - 1$。

```
function y = mainfun(x)
% 通过嵌套函数的方式编写函数
y = subfun1(x) + subfun2(x);
    % 子函数 1
    function y1 = subfun1(x1)
        y1 = (x1 + 1)^2;
    end
    % 子函数 2
    function y2 = subfun2(x2)
        y2 = exp(x2);
    end
y = subfun3(y);
end
% % ---------------------------------------------
% % 子函数 3
% % ---------------------------------------------
function y = subfun3(x)
y = sqrt(x) - 1;
end
```

上述函数就是一个嵌套函数,它的主函数中自定义了 3 个子函数:subfun1、subfun2 和 subfun3,其中子函数 subfun1 和 subfun2 嵌套在主函数的函数体内,而子函数 subfun3 则跟在主函数的函数体后面。

将以上代码复制粘贴到 MATLAB 的程序编辑窗口并保存成函数文件"mainfun.m",然后在 MATLAB 命令行窗口的命令提示符">>"后面输入 mainfun(1),按 Enter 键后即可看到结果(ans = 1.5920)。

2.2.5 函数的递归调用

在程序设计中,函数的递归调用是充满技巧的。所谓的递归调用就是一个函数在其内部调用其自身,不是所有函数都能自己调用自己,比较经典的递归调用案例就是阶乘的计算,这里不过多讨论阶乘的计算,另举一例进行说明。

【例 2.2-5】 斐波那契数列,又称黄金分割数列,在数学上,斐波那契数列是以递归的方法来定义的:

$$F_0 = 0, F_1 = 1, F_n = F_{n-1} + F_{n-2} (n \geqslant 2)$$

根据上述定义设计斐波那契数列的递归调用函数如下:

```
function  y = fibonacci(n)
% 生成斐波那契数列的第 n 项

if (n < 0) | (round(n) ~ = n) | ~isscalar(n)
    warning('输入参数应为非负整数标量');
    y = [ ];
    return;
elseif n < 2
    y = n;
else
    y = fibonacci(n - 2) + fibonacci(n - 1);
end
```

2.2.6 MATLAB 常用快捷键和快捷命令

1. MATLAB 常用快捷键

MATLAB 中常用的快捷键及其说明如表 2.2-1 所示。

表 2.2-1 MATLAB 中常用的快捷键及其说明

快 捷 键	说 明	用 在 何 处
方向键 ↑	调出历史命令中的前一个命令	命令行窗口(Command Window)
方向键 ↓	调出历史命令中的后一个命令	
Tab 键	输入几个字符,然后按 Tab 键,会弹出前面包含这几个字符的所有 MATLAB 函数,方便查找所需函数	
Ctrl+C	中断程序的运行,用于耗时过长程序的紧急中断	

续表

快 捷 键	说　　明	用在何处
Tab 键或 Ctrl＋]	增加缩进（对多行有效）	
Ctrl＋[	减少缩进（对多行有效）	
Ctrl＋I	自动缩进（即自动排版，对多行有效）	
Ctrl＋R	注释（对多行有效）	程序编辑窗口（Editor）
Ctrl＋T	去掉注释（对多行有效）	
F12 键	设置或清除断点	
F5 键	运行程序	

【说明】 把光标放在命令提示符的后面，然后按方向键"↑"，可以调出最近用过的一条历史命令，反复按方向键"↑"，可以调出所有历史命令。如果先在命令提示符后输入命令的前几个字符，然后按方向键"↑"，可以调出最近用过的前面包含这几个字符的历史命令，反复按方向键"↑"，可以调出所有这样的历史命令。

方向键"↑"和"↓"配合使用可以调出上一条或下一条历史命令。

当 MATLAB 程序运行时间过长而不想再等待时，可以在 MATLAB 命令行窗口按组合键"Ctrl＋C"紧急中断程序的运行。

在程序编辑窗口使用 Tab 键以及"Ctrl＋]""Ctrl＋[""Ctrl＋I""Ctrl＋R""Ctrl＋T"等快捷键之前，应先选中一行或多行代码。

2. MATLAB 常用快捷键命令

MATLAB 命令行窗口中常用的快捷命令如表 2.2-2 所示。

表 2.2-2　命令行窗口中常用的快捷命令及其说明

快捷命令	说　　明	快捷命令	说　　明
help	查找 MATLAB 函数的帮助	cd	返回或设置当前工作路径
lookfor	按关键词查找帮助	dir	列出指定路径的文件清单
doc	查看帮助页面	whos	列出工作空间窗口的变量清单
clc	清除命令行窗口中的内容	class	查看变量类型
clear	清除内存变量	which	查找文件所在路径
clf	清空当前图形窗口	what	列出当前路径下的文件清单
cla	清空当前坐标系	open	打开指定文件
edit	新建一个空白的程序编辑窗口	type	显示 M 文件的内容
save	保存变量	more	使显示内容分页显示
load	载入变量	exit/quit	退出 MATLAB

浏览历年数学建模竞赛赛题可以发现,这些赛题总是附有大量的数据,在用 MATLAB 进行编程计算时,不可避免地要涉及数据的导入导出问题。通常情况下,数据文件为记事本文件(TXT 文件)和 Excel 文件,本章通过具体案例介绍 MATLAB 与这两种类型的文件之间的数据交换。

3.1 利用数据导入向导导入数据

MATLAB 中提供了基于界面操作的数据导入向导,可以很方便地导入外部数据。不同版本下,数据导入向导的界面及使用方法不尽相同,这里以 MATLAB R2020a(即 MATLAB 9.8)版本为例,介绍数据导入向导的使用方法。

3.1.1 利用数据导入向导导入 TXT 文件

数据导入向导适合导入排列整齐、文字说明在数据前面的数据文件,见下例。

【例 3.1-1】 TXT 文件"2006 平均气温.txt"中包含以下内容:

```
1-15   主要城市平均气温 (2006 年)
单位:摄氏度
城市   1月2月3月4月5月6月7月8月9月10月11月12月
北京   -1.9 -0.9 8.0 13.5 20.4 25.9 25.9 26.4 21.8 16.1 6.7 -1.0
天津   -2.7   -1.4   7.5   13.2   20.3   26.4   25.9   26.4   21.3   16.2
6.5   -1.7
石家庄   -0.9   1.6   10.3   15.1   21.3   27.4   27.0   25.9   21.8   17.8
8.0  0.4
太原   -3.6   -0.4   6.8   14.5   19.1   23.2   25.7   23.1   17.4   13.4
4.4   -2.5
… …
```

如图 1.1-1 所示,单击 MATLAB 工作界面上的导入数据(Import Data)图标🗁,弹出如图 3.1-1 所示界面。

选择数据文件"2006 平均气温.txt",然后单击"打开"按钮,弹出如图 3.1-2 所示界面。该界面用来导入 TXT 数据文件,一切操作都是可视化的。当用户选择的数据文件中包含可读取的数据时,数据预览区会显示相应的数据。导入类型中有 5 个选项:表、列向量、数值矩阵、字符串数组和

图 3.1-1　数据文件选择界面

元胞数组。在导入范围编辑框中,用户可以指定数据所在的单元格区域,形如"A4:M34"。界面的中上偏右区域是导入规则编辑区,通过单击规则条目后面的"+"或"-",可增加或删除一个规则条目。图 3.1-2 中显示的默认规则条目为"用非数 NaN 替换无法导入的元胞",表示在导入数据时将无法导入的数据用 NaN 代替。用户可通过"替换"和"无法导入的元胞"后面的下拉菜单查看可用的规则条目,并通过设置适当的规则条目来替换或过滤某些行和列。界面的左上角区域是列分隔符设置区,默认情况下,数据导入向导会自动识别数据文件中的列分隔符,不需要用户设定,当然用户也可以通过列分隔符设置区的下拉菜单和单选框自定义列分隔符,若改变列分隔符,导入结果可能会随之改变。当用户设置好输出类型、导入范围和导入规则后,只需单击导入按钮即可将数据导入 MATLAB 工作空间。如果选择导入列向量,则每列数据对应一个变量,默认变量名为 VarName$i$,$i(i=1,2,\cdots)$为列序号;如果选择导入表、数值矩阵、字符串数组或元胞数组,则将全部数据导入为一个变量,默认变量名为 untitled。用户可在变量名编辑区输入自定义变量名。

在用户通过图 3.1-2 所示界面导入数据的同时,MATLAB 执行一系列读取数据的代码,这些代码也是可视化的。单击"操作类型"下拉菜单,可以看到 4 个选项:导入数据、生成实时脚本、生成脚本和生成函数。其中"导入数据"选项用来导入数据,其功能相当于单击导入按钮;"生成脚本"选项用来生成与界面操作相关的脚本文件;"生成函数"选项用来生成与界面操作相关的函数文件,这些文件中均包含了与界面操作相对应的 MATLAB 代码,可作为标准函数使用。

3.1.2　利用数据导入向导导入 Excel 文件

【例 3.1-2】　把 Excel 文件"概率统计成绩.xls"中的数据导入 MATLAB 工作空间。文件中的数据格式如图 3.1-3 所示。

单击 MATLAB 工作界面上的导入数据(Import Data)图标，弹出如图 3.1-1 所示界面。选择数据文件"概率统计成绩.xls",然后单击"打开"按钮,弹出如图 3.1-4 所示界面,该界

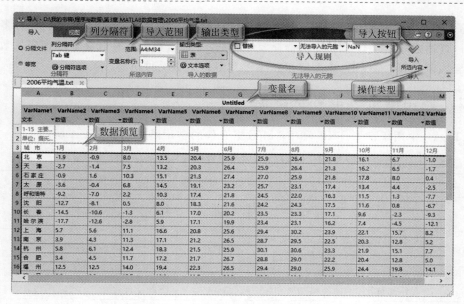

图 3.1-2 数据导入向导界面(TXT)

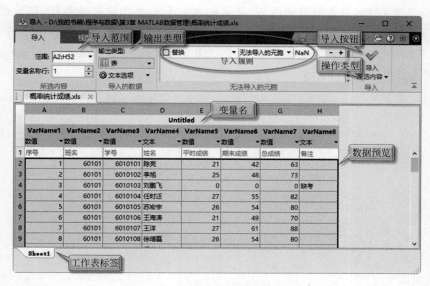

图 3.1-3 Excel 数据表格

图 3.1-4 数据导入向导界面(Excel)

面用来导入 Excel 电子表格,一切操作也都是可视化的。当用户的 Excel 文件中有多个非空工作表时,可通过单击工作表标签来选择要导入的工作表,数据预览区会显示相应的数据。导入类型、导入范围、导入规则、导入按钮和操作类型的使用说明同上。

3.2　调用函数读取外部数据

MATLAB 中用于读取 TXT 和 Excel 数据文件的常用函数如表 3.2-1 所示。

表 3.2-1　MATLAB 中读取数据文件的常用函数

函　数　名	说　明	函　数　名	说　明
load	从文本文件导入数据到 MATLAB 工作空间	fopen	打开文件,获取打开文件的信息
importdata	从文本文件或特殊格式二进制文件(如图片、AVI 视频等)读取数据	fclose	关掉一个或多个打开的文件
readmatrix	从数据文件中读取数据	fgets	读取文件中的下一行,包括换行符
readtable	读取外部数据,创建表格型数组	fgetl	读取文件中的下一行,不包括换行符
sscanf	按指定格式从字符串中读取数据	fscanf	按指定格式从文本文件中读取数据
xlsread	从 Excel 文件中读取数据	textscan	按指定格式从文本文件或字符串中读取数据

3.2.1　调用 readmatrix 函数读取 TXT 数据文件

readmatrix 函数的调用格式如下:

```
A = readmatrix(filename)
A = readmatrix(filename,opts)
A = readmatrix(___,Name,Value)
```

filename 为字符串,用来指定文件名,若文件名中不包含文件完整路径,则数据文件一定得在当前目录或 MATLAB 搜索路径下才行。opts 为文件导入选项,是由 detectImportOptions 函数所创建的 SpreadsheetImportOptions、DelimitedTextImportOptions 或 FixedWidthImportOptions 对象,具体创建方法可参考如下示例:

```
>> opts = detectImportOptions('学生信息数据.txt')    % 创建文件导入选项
opts =
  DelimitedTextImportOptions - 属性:
  格式 属性:
                    Delimiter: {','}
                   Whitespace: '\b\t '
                   LineEnding: {'\n'  '\r'  '\r\n'}
                 CommentStyle: {}
    ConsecutiveDelimitersRule: 'split'
        LeadingDelimitersRule: 'keep'
              EmptyLineRule: 'skip'
                   Encoding: 'GB18030'
  替换 属性:
                  MissingRule: 'fill'
```

```
              ImportErrorRule: 'fill'
            ExtraColumnsRule: 'addvars'
    变量导入 属性:
                VariableNames: {'Name', 'Age', 'Height'... and 1 more}
                VariableTypes: {'char', 'double', 'double'... and 1 more}
        SelectedVariableNames: {'Name', 'Age', 'Height'... and 1 more}
              VariableOptions: Show all 4 VariableOptions
    Access VariableOptions sub-properties using setvaropts/getvaropts
        PreserveVariableNames: false
    位置 属性:
                    DataLines: [2 Inf]
            VariableNamesLine: 1
              RowNamesColumn: 0
            VariableUnitsLine: 0
    VariableDescriptionsLine: 0
    要显示该表的预览,请使用 preview
>> preview('学生信息数据.txt',opts)          % 预览文件中的数据
ans =
  5×4 table
      Name         Age      Height      Weight
     _____     ___      _____      _____

     {'和平' }      18        170         65
     {'谢润和' }     16        160         52
     {'韩宇浩' }     15        160         50
     {'金志文' }     20        175         70
     {'邓泽楷' }     15        172         56
```

Name 和 Value 是可选的、成对出现的参数名和参数值,用来设置读取数据的选项。例如,将 Name 和 Value 分别设置为'NumHeaderLines' 和 5,则表示表格数据的前五行是标题行。

【例 3.2-1】 TXT 文件"两段数据与文字.txt"中包含以下内容:

```
这是两行头文件,
你可以选择跳过,读取后面的数据.
1.096975,  0.635914,  4.045800,  4.483729,  3.658162,  7.635046
6.278964,  7.719804,  9.328536,  9.727409,  1.920283,  1.388742
6.962663,  0.938200,  5.254044,  5.303442,  8.611398,  4.848533
这里还有两行文字说明和两行数据,
看你还有没有办法!
5.472155,  1.386244,  1.492940
8.142848,  2.435250,  9.292636
```

本文件中有两段数据和两段文字说明,数据间用逗号作为分隔符,这是包含数值和文本混合类型的数据文件,默认情况下,readmatrix 将数据作为数值数组导入,数据间的文本及不等长部分将以 NaN(缺失数据)填充。

```
>> data = readmatrix('两段数据与文字.txt')        % 读取记事本文件中的数据矩阵
data =
    1.0970   0.6359   4.0458   4.4837   3.6582   7.6350
    6.2790   7.7198   9.3285   9.7274   1.9203   1.3887
    6.9627   0.9382   5.2540   5.3034   8.6114   4.8485
```

```
          NaN       NaN       NaN       NaN       NaN       NaN
          NaN       NaN       NaN       NaN       NaN       NaN
       5.4722    1.3862    1.4929       NaN       NaN       NaN
       8.1428    2.4352    9.2926       NaN       NaN       NaN

>> d1 = data(1:3,:)                                    % 提取第一段数据
d1 =
       1.0970    0.6359    4.0458    4.4837    3.6582    7.6350
       6.2790    7.7198    9.3285    9.7274    1.9203    1.3887
       6.9627    0.9382    5.2540    5.3034    8.6114    4.8485
>> d2 = data(6:7,1:3)                                  % 提取第二段数据
d2 =
       5.4722    1.3862    1.4929
       8.1428    2.4352    9.2926
```

3.2.2 调用 textscan 函数读取 TXT 数据文件

调用 textscan 函数读取数据的一般步骤是：调用 fopen 函数按指定格式打开文件，并获取文件标识符，调用 textscan 函数读取文件内容，然后调用 fclose 函数关闭文件。

1. 调用 fopen 函数打开文件

fopen 函数用于打开一个文件，也可用于获取已打开文件的信息。默认情况下，fopen 函数以读写二进制文件方式打开文件。fopen 函数用于打开文本文件的调用格式如下：

```
fid = fopen(filename, permission)
```

上述代码以指定方式打开一个文件。参数 filename 是一个字符串，用来指定文件名，可以包含完整路径，也可以只包含部分路径（在 MATLAB 搜索路径下）。permission 也是一个字符串，用来指定打开文件的方式，可用的方式如表 3.2-2 所示。

表 3.2-2 打开文本文件的方式列表

允许的打开方式 （permission）	说　　明
'rt'	以只读方式打开文件，这是默认情况
'wt'	以写入方式打开文件，若文件不存在，则创建新文件并打开，原文件内容会被清除
'at'	以写入方式打开文件或创建新文件，在原文件内容后续写新内容
'r+t'	以同时支持读、写方式打开文件
'w+t'	以同时支持读、写方式打开文件或创建新文件，原文件内容会被清除
'a+t'	以同时支持读、写方式打开文件或创建新文件，在原文件内容后续写新内容
'At'	以续写方式打开文件或创建新文件，写入过程中不自动刷新文件内容，适合对磁带介质文件的操作
'Wt'	以写入方式打开文件或创建新文件，原文件内容会被清除，写入过程中不自动刷新文件内容，适合对磁带介质文件的操作

输出值 fid 是文件标识符（file identifier），它作为其他低级 I/O（Input/Output）函数的输入参数。文件打开成功时，fid 为正整数，不成功时 fid 为 −1。

2. 调用 fcolse 函数关闭文件

对 fopen 函数打开的文件操作结束后,应将其关闭,否则会影响其他操作。fcolse 函数用于关闭文件,其调用格式如下:

```
status = fclose(fid)
status = fclose('all')
```

第 1 种调用用来关闭文件标识符 fid 指定的文件,第 2 种调用用来关闭所有被打开的文件。若操作成功,返回 status 为 0,否则为 −1。

3. 调用 textscan 函数读取数据

textscan 函数用来以指定格式从文本文件或字符串中读取数据。它提供了丰富的数据转换格式,能从文件的任何地方开始读取数据,能更好地处理大型数据。其调用格式如下。

(1) C = textscan(fid, 'format')。

输入参数 fid 为 fopen 函数返回的文件标识符。format 用来指定数据转换格式,它是一个字符串,包含一个或多个转换指示符。返回值 C 是一个元胞数组,format 中包含的转换指示符的个数决定了 C 中元胞的数目。

转换指示符是由"%"号引导的特殊字符串,基本的转换指示符如表 3.2-3 所示。用户还可以在"%"号和指示符之间插入数字,用来指定数据的位数或字符的长度。对于浮点数(%n,%f, %f32, %f64),还可以指定小数点右边的位数。textscan 函数支持的字段宽度设置如表 3.2-4 所示。

表 3.2-3　textscan 函数支持的基本转换指示符

字段类型	指　示　符	说　　　明
有符号整型	%d	32 位
	%d8	8 位
	%d16	16 位
	%d32	32 位
	%d64	64 位
无符号整型	%u	32 位
	%u8	8 位
	%u16	16 位
	%u32	32 位
	%u64	64 位
浮点数	%f	64 位(双精度)
	%f32	32 位(单精度)
	%f64	64 位(双精度)
	%n	64 位(双精度)
字符串	%s	字符串
	%q	字符串,可能是由双引号括起来的字符串
	%c	任何单个字符,可以是分隔符

字 段 类 型	指 示 符	说 明
模式匹配字符串	%[…]	读取和方括号中字符相匹配的字符,直到首次遇到不匹配的字符或空格时停止。若要包括"]"自身,可用"%[]…]"。例如,%[mus] 会把 'summer ' 读作 'summ'
	%[^…]	读取和方括号中字符不匹配的字符,直到首次遇到匹配的字符或空格时停止。若要排除"]"自身,可用"%[]…]"。例如,%[^xrg] 会把 'summer ' 读作 'summe'

表 3.2-4　textscan 函数支持的字段宽度设置

指 示 符		说 明
%Nc		读取 N 个字符,包括分隔符。例如,%9c 会把 'Let's Go!' 读作 'Let's Go!'
%Ns　　%Nn %Nq　　%Nd… %N[…]　%Nu… %N[^…]　%Nf…		读取 N 个字符或数字(小数点也算一个数字),直到遇到第 1 个分隔符,不论是什么分隔符。 例如,%5f32 会把 '473.238' 读作 473.2
%N.Dn %N.Df…		读取 N 个数字(小数点也算一个数字),直到遇到第 1 个分隔符,不论是什么分隔符。返回的数字有 D 位小数。例如,%7.2f 会把 '473.238' 读作 473.23

对于每一个数值型转换指示符(例如%f),textscan 函数返回一个 K×1 的数值型向量作为 C 的一个元胞,这里的 K 为读取指定文件时该转换指示符被使用的次数。对于每一个字符型转换指示符(例如%s),textscan 函数返回一个 K×1 的字符元胞数组作为 C 的一个元胞。%Nc 会返回一个 K×N 的字符数组作为 C 的一个元胞。

通常情况下,textscan 函数按照用户设定的转换指示符来读取文件中的相应类型字段的全部内容。用户还可设置需要跳过的字段和部分字段,用来忽略某些类型的字段或字段的一部分,可用的设置如表 3.2-5 所示。

表 3.2-5　跳过某些字段或部分字段的转换指示符

指 示 符	说 明
% * …	跳过某些字段,不生成这些字段的输出。 例如,'%s % * s %s %s % * s % * s %s' 把字符串 'Blackbird singing in the dead of night' 转换成具有 4 个元胞的输出,元胞中字符串分别为 'Blackbird'、'in'、'the'、'night'
% * n…	忽略字段中的前 n 个字符,n 为整数,其值小于或等于字段中字符个数。例如,% * 4s 把 'summer '读作 'er'
指定字符	忽略字段中指定的字符。例如,Level%u8 把 'Level1' 读作 1,或者 %u8Step 把 '2Step'读作 2

(2) C = textscan(fid, 'format', N)。

重复使用 N 次由 format 指定的转换指示符,从文件中读取数据。fid 和 format 的说明同上。N 为整数,当 N 为正整数时,表示重复次数,当 N 为−1 时,表示读取全部文件。

(3) C = textscan(fid, 'format', param, value, …)。

利用可选的成对出现的参数名与参数值来控制读取文件的方式。fid 和 format 的说明同上。字符串 param 用来指定参数名,value 用来指定参数的取值。可用的参数名与参数值如

表 3.2-6 所示。

表 3.2-6 textscan 函数支持的参数名与参数值列表

参 数 名	参 数 值（设定值）	默 认 值
BufSize	最大字符串长度,单位是 byte	4095
CollectOutput	取值为整数,若不等于 0(即为真),则将具有相同数据类型的连续元胞连接成一个数组	0(假)
CommentStyle	忽略文本内容的标识符号,可以是单个字符串(如'%'),也可以是由两个字符串构成的元胞数组(如{'/ * ', ' * /'})。若为单个字符串,则该字符串后面的在同一行上的内容会被忽略。若为元胞数组,则两个字符串中间的内容会被忽略	无
Delimiter	分隔符	空格
EmptyValue	空缺数字字段的填补值	NaN
EndOfLine	行结尾符号	从文件中识别：\n, \r, or \r\n
ExpChars	指数标记字符	'eEdD'
HeaderLines	跳过的行数(包括剩余的当前行)	0
MultipleDelimsAsOne	取值为整数,若不等于 0(即为真),则将连在一起的分隔符作为一个单一的分隔符。只有设定了 delimiter 选项,它才是有效的	0(假)
ReturnOnError	取值为整数,用来确定读取或转换失败时的行为。若非 0(即为真),则直接退出,不返回错误信息,输出读取的字段。若为 0(即为假),则退出并返回错误信息,此时没有输出	1(真)
TreatAsEmpty	在数据文件中被作为空值的字符串,可以是单个字符串或字符串元胞数组。只能用于数字字段	无
Whitespace	作为空格的字符	'\b\t'

（4） C = textscan(fid, 'format', N, param, value, …)。

结合了第 2 种和第 3 种调用格式,可以同时设定读取格式的重复使用次数和某些特定的参数。

（5） C = textscan(str, …)。

从字符串 str 中读取数据。第 1 个输入参数 str 是普通字符串,不再是文件标识符,除此之外,其余参数的用法与读取文本文件时相同。

（6） [C, position] = textscan(…)。

读取文件或字符串中的数据 C,并返回扫描到的最后位置 position。若读取的是文件,position 就是读取结束后文件指针的当前位置,等于 ftell(fid) 的返回值。若读取的是字符串,position 就是已经扫描过的字符的个数。

【例 3.2-2】 TXT 文件"体测成绩数据.txt"中包含以下内容：

序号	身高	体重	肺活量	肥胖程度
1	168.4	74.2	4686	肥胖
2	162.3	50.3	3275	较低体重

3	177.1	63.8	3867	正常体重
4	169.8	48.7	3327	营养不良
5	174	71.5	2805	超重
6	161.9	52.1	3625	较低体重
7	178.3	53.8	3678	营养不良
8	159.9	55.2	3007	正常体重
9	162.1	57.7	2800	正常体重
10	171.2	72.2	1609	肥胖

调用 textscan 函数读取该文件的 MATLAB 命令如下:

```
>> fid = fopen('体测成绩数据.txt');        % 打开数据文件,返回文件标识符
% 按指定格式读取数据,并将相同类型的连续列进行合并
>> data1 = textscan(fid,'%d %f %f %d %s','HeaderLines',1,'CollectOutput',1)
data1 =
    [10x1 int32]    [10x2 double]    [10x1 int32]    {10x1 cell}

>> data1{2}                              % 查看读到的数据
ans =
  168.4000   74.2000
  162.3000   50.3000
  177.1000   63.8000
  169.8000   48.7000
  174.0000   71.5000
  161.9000   52.1000
  178.3000   53.8000
  159.9000   55.2000
  162.1000   57.7000
  171.2000   72.2000

>> fclose(fid);                          % 关闭文件
```

上述命令中的数据转换格式为'%d %f %f %d %s',textscan 函数将第 1 和第 4 列数据读为 32 位整型数据,将第 2 和第 3 列数据读为 64 位双精度浮点型数据,将第 5 列读为字符型数据。读到的数据保存在元胞数组 data1 中。通过设置 CollectOutput 参数值为 1,可将读取到的具有相同数据类型的连续列(第 2 和第 3 列)合并输出。

【例 3.2-3】 TXT 文件"教师信息数据.txt"中包含以下内容:

```
Name: xiezh Age: 18 Height: 170 Weight: 65 kg
Name: molih Age: 16 Height: 160 Weight: 52 kg
Name: liaoj Age: 15 Height: 160 Weight: 50 kg
Name: lijun Age: 20 Height: 175 Weight: 70 kg
Name: xiagk Age: 15 Height: 172 Weight: 56 kg
```

调用 textscan 函数可以非常灵活地读取这种文字与数据交替出现的数据文件,参见下面的 MATLAB 命令。

```
>> fid = fopen('教师信息数据.txt','r'); % 以只读方式打开文件:教师信息数据.txt
% 调用 textscan 函数以指定格式从文件中读取数据,用空格('')作分隔符,并将相同类型的列合并
>> A = textscan(fid, '% * s % s % * s %d % * s %d % * s %d % * s',...
'delimiter', ' ', 'CollectOutput',1)
A =
```

```
    {5x1 cell}    [5x3 int32]

>> A{1,1}                          % 查看 A 的第 1 行、第 1 列的元胞中的数据
ans =
    'xiezh'
    'molih'
    'liaoj'
    'lijun'
    'xiagk'

>> A{1,2}                          % 查看 A 的第 1 行、第 2 列的元胞中的数据
ans =
          18        170        65
          16        160        52
          15        160        50
          20        175        70
          15        172        56

>> fclose(fid);                    % 关闭文件
```

3.2.3 调用 fgetl 和 sscanf 函数读取 TXT 数据文件

fgetl 函数用来读取文件中的一行内容,并删除换行符。sscanf 函数用来从字符串中读取格式化数据。将 fgetl 和 sscanf 函数配合使用,可从 TXT 数据文件中逐行读取数据。

【例 3.2-4】 调用 fgetl 和 sscanf 函数逐行读取 TXT 文件"教师信息数据.txt"中的数值型数据。

```
>> fid = fopen('教师信息数据.txt','r');  % 以只读方式打开文件:教师信息数据.txt
>> k = 1;
>> while ～feof(fid)                      % 用 while 循环逐行读取数据
    str = fgetl(fid);                    % 读取一行内容
    % 忽略姓名字符串,读取该行中的整型数据(年龄、身高和体重)
    data(k,:) = sscanf(str,'Name: % * s Age: % d Height: % d Weight: % d kg')';
    k = k + 1;
end
>> fclose(fid);                          % 关闭文件
>> data                                  % 查看读取的数据

data =
    18    170    65
    16    160    52
    15    160    50
    20    175    70
    15    172    56
```

【说明】 feof 函数用来判断是否到达文件末尾。调用格式如下:

```
eofstat = feof(fid)
```

输入参数 fid 为文件标识符。当到达文件末尾时,输出 eofstat = 1,否则 eofstat 为 0。

3.2.4　调用 xlsread 函数读取 Excel 数据文件

　　xlsread 函数用来读取 Excel 工作表中的数据。原理是这样的,当用户系统安装有 Excel 时,MATLAB 创建 Excel 服务器,通过服务器接口读取数据。当用户系统没有安装 Excel 或 MATLAB 不能访问 COM 服务器时,MATLAB 利用基本模式(basic mode)读取数据,即把 Excel 文件作为二进制映像文件读取进来,然后读取其中的数据。xlsread 函数的调用格式 如下。

　　(1) num = xlsread(filename)。

　　读取由 filename 指定的 Excel 文件中第 1 个工作表中的数据,返回一个双精度矩阵 num。 输入参数 filename 是由单引号括起来的字符串。

　　当 Excel 工作表的顶部或底部有一个或多个非数字行(如图 3.1-3 中的第 1 行),左边或右 边有一个或多个非数字列(如图 3.1-3 中的第 H 列)时,在输出中不包括这些行和列。例如, xlsread 会忽略一个电子表格顶部的文字说明。

　　如图 3.1-3 中的第 D 列,它是一个处于内部的列。对于内部的行或列,即使它有部分非数 字单元格,甚至全部都是非数字单元格,xlsread 也不会忽略这样的行或列。在读取的矩阵 num 中,非数字单元格位置用 NaN 代替。

　　(2) num = xlsread(filename,−1)。

　　在 Excel 界面中打开数据文件,允许用户交互式选取要读取的工作表以及工作表中需要 导入的数据区域。这种调用会弹出一个提示界面,提示用户选择 Excel 工作表中的数据区域。 在某个工作表上单击并拖动鼠标即可选择数据区域,然后单击提示界面上的"确定"按钮即可 导入所选区域的数据。

　　(3) num = xlsread(filename,sheet)。

　　用参数 sheet 指定读取的工作表。sheet 可以是单引号括起来的字符串,也可以是正整 数。当是字符串时,用来指定工作表的名字;当是正整数时,用来指定工作表的序号。

　　(4) num = xlsread(filename,range)。

　　用参数 range 指定读取的单元格区域。range 是字符串,为了区分 sheet 和 range 参数, range 参数必须包含冒号,形如 'C1:C2' 的表示区域的字符串。若 range 参数中没有冒号, xlsread 就会把它作为工作表的名字或序号,这有可能导致错误。

　　(5) num = xlsread(filename,sheet,range)。

　　同时指定工作表和工作表区域。此时 range 参数可以是 Excel 文件中定义的区域的 名字。

　　【例 3.2-5】　用 xlsread 函数读取文件"概率统计成绩.xls"第 1 个工作表中区域 A2:H4 的数据。命令及结果如下:

```
% 读取文件"概率统计成绩.xls"第 1 个工作表中单元格 A2:H4 中的数据
% 第一种方式:
>> num1 = xlsread('概率统计成绩.xls', 'A2:H4')          % 返回读取的数据矩阵 num1
num1 =
        1      60101      6010101      NaN      21      42      63
        2      60101      6010102      NaN      25      48      73
        3      60101      6010103      NaN       0       0       0
```

```
% 第二种方式:
>> num2 = xlsread('概率统计成绩.xls', 1, 'A2:H4')        % 返回读取的数据矩阵 num2
num2 =
           1      60101     6010101      NaN      21      42      63
           2      60101     6010102      NaN      25      48      73
           3      60101     6010103      NaN       0       0       0

% 第三种方式:
>> num3 = xlsread('概率统计成绩.xls', 'Sheet1', 'A2:H4')   % 返回读取的数据矩阵 num3
num3 =
           1      60101     6010101      NaN      21      42      63
           2      60101     6010102      NaN      25      48      73
           3      60101     6010103      NaN       0       0       0
```

(6) num = xlsread(filename, sheet, range, 'basic')。

用基本模式(basic mode)读取数据。当用户系统没有安装 Excel 时,用这种模式导入数据导入功能会受限,range 参数的值会被忽略,可以设定 range 参数的值为空字符串(''),而 sheet 参数必须是字符串,此时读取的是整个工作表中的数据。

(7) [num, txt] = xlsread(filename, …)。

返回数字矩阵 num 和文本数据 txt。txt 是一个元胞数组,txt 中与数字对应位置的元胞为空字符串"''"。例如:

```
>> [num4,text4] = xlsread('概率统计成绩.xls', 'Sheet1', 'A2:H4')
num4 =
           1   60101   6010101   NaN   21   42   63
           2   60101   6010102   NaN   25   48   73
           3   60101   6010103   NaN    0    0    0

text4 =
    '陈亮'      ''      ''      ''      ''
    '李旭'      ''      ''      ''      ''
    '刘鹏飞'    ''      ''      ''    '缺考'
```

3.2.5 调用 readtable 函数创建数据表

1.4.9节介绍了用 table 函数把工作空间中的变量定义为表格型数组,这里介绍用 readtable 函数读取外部数据文件,创建表格型数组。readtable 函数是 MATLAB R2013b(8.2)版本才有的函数。

【例 3.2-6】 TXT 文件"学生信息数据.txt"中包含以下内容:

```
Name,   Age,   Height,   Weight
和平,     18,    170,      65
谢润和,   16,    160,      52
韩宇浩,   15,    160,      50
金志文,   20,    175,      70
邓泽楷,   15,    172,      56
```

用 readtable 函数读取该文件中的数据,创建表格型数组。

```
>> T = readtable('学生信息数据.txt','Delimiter',',','ReadRowNames',true)
T =

              Age    Height    Weight
            _____    _____    _____

    和平      18      170        65
    谢润和    16      160        52
    韩宇浩    15      160        50
    金志文    20      175        70
    邓泽楷    15      172        56
```

【例 3.2-7】 用 readtable 函数读取文件"概率统计成绩.xls"中的数据,创建表格型数组。

```
>> T = readtable('概率统计成绩.xls','ReadRowNames',true);
% 修改表格中变量名称
>> T.Properties.VariableNames = {'x1','x2','x3','x4','x5','x6','x7'}
T =

            x1           x2          x3       x4    x5    x6     x7
          _____     _____     _____    ___   ___   ___   _____

    1     60101     6.0101e+06     '陈亮'     21    42    63    ''
    2     60101     6.0101e+06     '李旭'     25    48    73    ''
    3     60101     6.0101e+06     '刘鹏飞'    0     0     0    '缺考'
    4     60101     6.0101e+06     '任时迁'   27    55    82    ''
    5     60101     6.0101e+06     '苏宏宇'   26    54    80    ''
    6     60101     6.0101e+06     '王海涛'   21    49    70    ''
    ... ...
```

3.3　把数据写入文件

MATLAB 中用于写数据到文件的函数如表 3.3-1 所示。

表 3.3-1　MATLAB 中写数据到文件的常用函数

函　数　名	说　　　明
save	将工作空间中的变量写入文件
dlmwrite	按指定格式将数据写入文本文件
fprintf	按指定格式把数据写入文件
xlswrite	把数据写入 Excel 文件
writetable	把表格数据写入文件

在 MATLAB 7.x 版本中,选择 File 菜单下的 Save Workspace As 选项,在 MATLAB 8.x 及以后的版本中,单击工作界面上的保存工作区图标█,均可将 MATLAB 工作空间里的所有变量导出到 MAT 文件(扩展名为".mat")。下面介绍 save 和 xlswrite 函数的用法。

3.3.1　调用 save 函数保存计算结果

save 函数用来将工作空间中的变量写入文件,调用格式如表 3.3-2 所示。

表 3.3-2　save 函数的调用格式

调　用　格　式	说　　　明
save(filename)	把工作空间中的所有变量数据写入二进制文件(MAT 文件)
save(filename,variables)	只把变量 variables 数据写入二进制文件

续表

调用格式	说　　明
save（filename, variables, fmt）	把变量数据写入文件,用字符串 fmt 指定文件格式,fmt 的可用取值如下: '－mat'　　　　　　　　　　:二进制 mat 文件(默认情形) '－ascii'　　　　　　　　　:8 位精度文本文件 '－ascii','－tabs'　　　　:以制表符为分隔符的 8 位精度文本文件 '－ascii','－double'　　　:16 位精度文本文件 '－ascii','－double','－tabs' :以制表符为分隔符的 16 位精度文本文件
save（filename, variables, version）	把变量数据写入二进制文件,用 version 指定文件版本,其可用字符串包括: '－v7.3','－v7','－v6','－v4'
save（filename, variables, '－append'）	以续写方式把变量数据写入文件,不会覆盖文件中已有数据
save filename variables	不同于函数调用格式,这是命令行调用格式,也能把变量数据写入文件

表 3.3-2 中的输入参数 filename 为字符串变量,用来指定目标文件的文件名,可以包含路径,若不指定路径,则自动保存到 MATLAB 当前文件夹。variables 为变量名字符串,形如 'Var1','Var2',…。

【例 3.3-1】　定义多个变量,调用 save 函数将它们写入二进制文件"SaveDataToFile.mat"。

```
>> x = 1:3;                                          % 定义向量 x
>> y = [1 2 3;4 5 6;7 8 9];                          % 定义矩阵 y
>> S = struct('Name',{'谢中华','xzh'},'Age',{20,10}); % 定义结构体数组 S
>> ds = dataset('XLSFile','概率统计成绩.xls');        % 定义数据集数组 ds
>> save('SaveDataToFile.mat');                       % 以函数调用格式保存所有变量
>> save SaveDataToFile.mat;                          % 以命令行调用格式保存所有变量
>> save('SaveDataToFile1.mat','y','S');              % 以函数调用格式保存变量 y 和 S
>> save SaveDataToFile1.mat  y  S                    % 以命令行调用格式保存变量 y 和 S
```

对于用 save 函数保存的数据文件,可用 load 函数重新加载,例如:

```
>> clear;                          % 清除工作空间中的所有变量
>> load SaveDataToFile.mat         % 重新加载 SaveDataToFile.mat 中保存的变量数据
```

3.3.2　调用 xlswrite 函数把数据写入 Excel 文件

xlswrite 函数用来将数据矩阵 M 写入 Excel 文件,它有以下 7 种调用格式:

```
xlswrite(filename, M)
xlswrite(filename, M, sheet)
xlswrite(filename, M, range)
xlswrite(filename, M, sheet, range)
status = xlswrite(filename, …)
[status, message] = xlswrite(filename, …)
xlswrite filename M sheet range
```

其中前 6 种为函数调用格式,最后一种为命令行调用格式。参数 filename 为字符串变量,用来指定文件名和文件路径。若 filename 指定的文件不存在,则创建一个新文件,文件的扩展名决定了 Excel 文件的格式。若扩展名为".xls",则创建一个 Excel 97-2003 下的文件,若扩展名为".xlsx"".xlsb"或".xlsm",则创建一个 Excel 2007 格式的文件。

M 可以是一个 $m \times n$ 的数值型矩阵或字符型矩阵,也可以是一个 $m \times n$ 的元胞数组,此时每一个元胞只包含一个元素。由于不同版本的 Excel 所能支持的最大行数和列数是不一样的,所以能写入的最大矩阵的大小取决于 Excel 的版本。

Sheet 用来指定工作表,可以是代表工作表序号的正整数,也可以是代表工作表名称的字符串。需要注意的是,Sheet 参数中不能有冒号。若由 Sheet 指定的工作表不存在,则在所有工作表的后面插入一个新的工作表。若 Sheet 为正整数,并且大于工作表的总数,则追加多个空的工作表直到工作表的总数等于 Sheet。这两种情况都会产生一个警告信息,表明增加了新的工作表。

range 用来指定单元格区域。对于 xlswrite 函数的第 3 种调用,range 参数必须包含冒号,形如 'C1:C2' 的表示单元格区域的字符串。当同时指定 sheet 和 range 参数时(如第 4 种调用),range 可以是形如'A2'的形式。range 指定的单元格区域的大小应与 M 的大小相匹配,若单元格区域超过了 M 的大小,则多余的单元格用"♯N/A"填充,若单元格区域比 M 的大小还要小,则只写入与单元格区域相匹配的部分数据。

输出 status 反映了写操作完成的情况,若成功完成,则 status 等于 1(真);否则,status 等于 0(假)。只有在指定输出参数的情况下,xlswrite 函数才返回 status 的值。

输出 message 中包含了写操作过程中的警告和错误信息,它是一个结构体变量,有两个字段:message 和 identifier。其中 message 是包含警告和错误信息的字符串,identifier 也是字符串,包含了警告和错误信息的标识符。

【例 3.3-2】 生成一个 10×10 的随机数矩阵,将它写入 Excel 文件"10 阶随机数矩阵.xls"的第 2 个工作表的"D6:M15"区域。

```
>> x = rand(10);                    % 生成一个 10 行 10 列的随机矩阵
% 把矩阵 x 写入文件"10 阶随机数矩阵.xls"的第 2 个工作表中的单元格区域 D6:M15,并返回操作信息
>> [s,t] = xlswrite('10 阶随机数矩阵.xls', x, 2, 'D6:M15')

s =

    1

t =

      message: ''
   identifier: ''
```

上面返回的操作信息变量 s = 1,变量 t 的 message 字段为空,说明操作成功,没有出现任何警告,数据被写入文件"10 阶随机数矩阵.xls"的指定位置。

【例 3.3-3】 定义一个元胞数组,将它写入 Excel 文件"测试数据.xls"的自命名工作表的指定区域。

```
>> x = {1,60101,6010101,'陈亮',63,'';2,60101,6010102,'李旭',73,'';3,60101,...
        6010103,'刘鹏飞',0,'缺考'}      % 定义一个元胞数组
```

```
x =
    [1]    [60101]    [6010101]    '陈亮'      [63]      ''
    [2]    [60101]    [6010102]    '李旭'      [73]      ''
    [3]    [60101]    [6010103]    '刘鹏飞'    [ 0]      '缺考'

% 把元胞数组 x 写入文件"测试数据.xls"的指定工作表(xiezhh)中的单元格区域 A3:F5
>> xlswrite('测试数据.xls', x, 'xiezhh', 'A3:F5')
Warning: Added specified worksheet.
> In xlswrite>activate_sheet at 285
  In xlswrite>ExecuteWrite at 249
  In xlswrite at 207
```

上面写入数据的操作返回了一个警告信息："Warning：Added specified worksheet"，说明文件"测试数据.xls"中指定的工作表 xiezhh 不存在，此时新插入一个名称为 xiezhh 的工作表。

在对数据进行计算分析时,图形能非常直观地展现数据所包含的规律,而 MATLAB 提供了非常丰富的绘图函数,并且能通过多种属性设置绘制出各种各样的图形,本章将对交互式绘图、图形对象与图形对象句柄、常用绘图函数及其应用、图形的修饰与美化、基于函数句柄绘图、图形的复制和输出以及 Gif 格式动画制作等内容进行详细介绍。

4.1 交互式绘图

4.1.1 可视化绘图工具

MATLAB 工作界面的绘图标签页下有很多可视化的绘图工具(按钮),如图 4.1-1 所示。默认情况下,这些绘图按钮均为灰色不可用状态,一旦用鼠标在 MATLAB 工作区中选择了可用的绘图数据,则相应的绘图按钮将变为高亮可用状态。

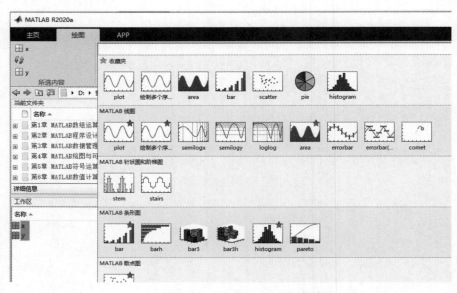

图 4.1-1 MATLAB 可视化绘图工具

4.1.2　交互式绘图案例

【例 4.1-1】　利用可视化绘图工具绘制正弦函数在$[0,2\pi]$内的图像。

在用可视化绘图工具进行交互式绘图之前,需要将绘图数据导入 MATLAB 工作区。为此,运行如下代码定义绘图数据:

```
>> x = linspace(0,2 * pi,30);
>> y = sin(x);
```

如图 4.1-2 所示,在工作区中选择绘图变量 x,然后按住 Ctrl 键,再选择绘图变量 y,随后在绘图标签页单击绘图按钮，即可得到正弦函数在$[0,2\pi]$内的图像。

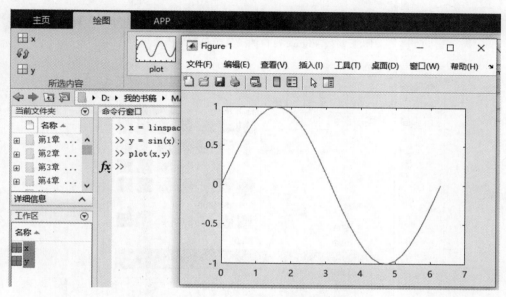

图 4.1-2　MATLAB 交互式绘图示意图

4.1.3　交互式编辑图形

如图 4.1-3 所示,可利用 Figure 窗口中"工具"菜单和"插入"菜单下的选项编辑图形。单击"工具"菜单下的"编辑绘图"选项,Figure 窗口中的图形对象变为可编辑状态,此时选中线条,右击,将弹出用于编辑线条对象属性的右键菜单,如图 4.1-4 所示。通过该右键菜单中的选项可以编辑线条对象的颜色、线型、线宽、标记(描点符号)、标记大小等属性。当然也可单击"打开属性检查器"选项,在弹出的属性检查器窗口(如图 4.1-5 所示)中交互式编辑线条对象更多的属性。这里将颜色(Color)属性值设为蓝色(红、绿、蓝灰度值分别为 0、0.45 和 0.74);将线型(LineStyle)属性值设为"--"(虚线);将线宽(LineWidth)属性值设为 2;将标记(Marker)属性值设为"o"(空心圆圈);将标记大小(MarkerSize)属性值设为 8;将标记边界颜色(MarkerEdgeColor)属性值设为红色;将标记面板颜色(MarkerFaceColor)属性值设为黄色。

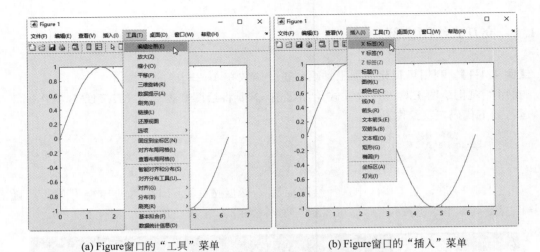

(a) Figure窗口的"工具"菜单   (b) Figure窗口的"插入"菜单

图 4.1-3   Figure 窗口的工具菜单和插入菜单

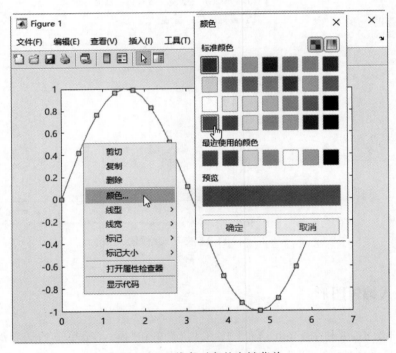

图 4.1-4   线条对象的右键菜单

    类似地,还可以选中坐标框,右击打开用于编辑坐标系对象属性的右键菜单,或者通过该右键菜单的"打开属性检查器"选项打开坐标系对象的属性检查器,如图 4.1-6 所示。这里勾选坐标系对象的 X 轴主网格(XGrid)、Y 轴主网格(YGrid)、X 轴次网格(XMinorGrid)和 Y 轴次网格(YMinorGrid)等属性。经过以上步骤得到的图形如图 4.1-7 所示。

    下面利用 Figure 窗口中"插入"菜单下的选项进一步编辑图形。单击"X 标签"选项,在 X 轴下方的编辑框中输入 X 轴标签"x";单击"Y 标签"选项,在 Y 轴右侧的编辑框中输入 Y 轴标签"Y = sin(x)";单击"标题"选项,在坐标轴上方的编辑框中输入图形标题"这是一条正弦

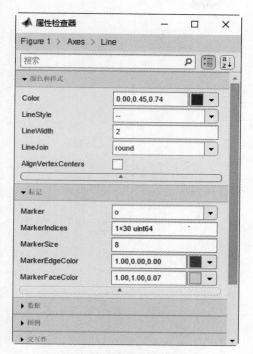

图 4.1-5　线条对象的属性检查器

图 4.1-6　坐标系对象的属性检查器

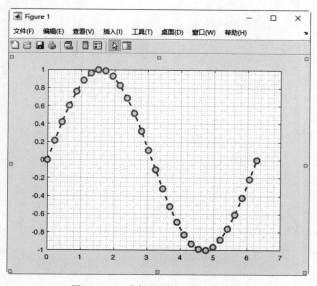

图 4.1-7　编辑后的正弦函数图形

曲线",然后选中标题,右击,在弹出的右键菜单中可修改标题文字属性(如字型和文本颜色等);单击"图例"选项,默认在坐标系的右上角加入图例;单击"文本箭头"选项,在坐标系的合适位置拖出文本箭头,在箭头末端的编辑框中输入文本内容"Y = sin(x)"。经过以上步骤得到的图形如图 4.1-8 所示。

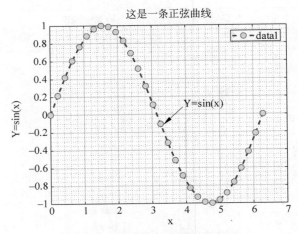

图 4.1-8　编辑后的正弦函数图形

4.1.4　生成绘图代码

在交互式绘图并编辑图形的过程中,针对用户的每一步操作,MATLAB 都在执行相应的代码。单击 Figure 窗口中"文件"菜单下的"生成代码"选项,可生成如下绘图代码:

```
function createfigure(X1, Y1)
% CREATEFIGURE(X1, Y1)
%   X1:   x 数据的向量
%   Y1:   y 数据的向量

%   由 MATLAB 于 11 - Mar - 2021 13:14:23 自动生成

% 创建 figure
figure1 = figure;

% 创建 axes
axes1 = axes('Parent',figure1);
hold(axes1,'on');

% 创建 plot
plot(X1,Y1,'MarkerFaceColor',[1 1 0.066666666666667],...
    'MarkerEdgeColor',[1 0 0],...
    'MarkerSize',8,...
    'Marker','o',...
    'LineWidth',2,...
    'LineStyle',' -- ',...
    'Color',[0 0.450980392156863 0.741176470588235]);

% 创建 ylabel
ylabel({'Y = sin(x)'});

% 创建 xlabel
xlabel({'x'});
```

```
% 创建 title
title({'这是一条正弦曲线'},'FontSize',18,'FontName','隶书');

box(axes1,'on');
% 设置其余坐标区属性
set(axes1,'XGrid','on','XMinorGrid','on','YGrid','on','YMinorGrid','on');
% 创建 legend
legend(axes1,'show');

% 创建 textarrow
annotation(figure1,'textarrow',[0.564285714285714 0.512499999999999],...
    [0.545238095238098 0.478571428571432],'String',{'Y = sin(x)'});
```

将以上代码保存为函数文件"createfigure.m"，在 MATLAB 命令窗口中调用该函数并传递绘图数据，也可绘制相同的图形。

4.2　图形对象与图形对象句柄

4.2.1　句柄式图形对象

在 MATLAB 命令窗口通过 figure 命令可以新建一个图形窗口，如图 4.2-1 所示。

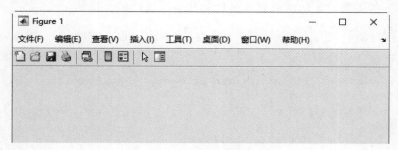

图 4.2-1　空图形窗口

可以看到这是一个空的图形窗口，利用 plot 函数可在这个图形窗口中画一个线条，利用 surf 函数可以画一个曲面，利用 text 函数可以加一条注释等。这里的图形窗口、线条、曲面和注释等都被看作 MATLAB 中的图形对象，所有这些图形对象都可以通过一个被称为"句柄值"的参数加以控制，例如可以通过一个线条的句柄值来修改线条的颜色、宽度和线型等属性。这里所谓的"句柄值"其实就是一种数据类型，每个图形对象都对应一个唯一的句柄值，它就像一个指针，与图形对象一一对应。例如可以通过命令 h＝figure 返回一个图形窗口的句柄值。

MATLAB 中绘制出的所有图形对象都是显示在计算机屏幕上的，计算机屏幕在 MATLAB 中被作为根对象（root 对象），规定根对象的句柄值为 0。由 figure 命令创建的图形窗口（figure 对象）是直接显示在屏幕上的，root 对象与 figure 对象就具有父子关系，root 对象是 figure 对象的父对象（Parent），而 figure 对象就是 root 对象的子对象（Children）。类似地，figure 对象也有子对象，例如在 figure 对象中绘制的坐标系（axes 对象）就是其子对象，而坐标系中绘制的图形对象则是 axes 对象的子对象。具有父子关系的图形对象可以互相控制。图形对象之间的继承关系如图 4.2-2 所示。

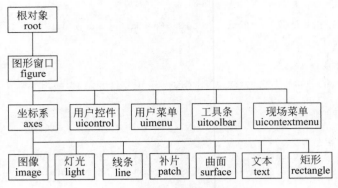

图 4.2-2　图形对象继承关系图

在同时具有多个 figure 对象时,可以用 gcf 命令返回当前 figure 对象的句柄;在同时具有多个 axes 对象时,可以用 gca 命令返回当前 axes 对象的句柄。还可以用 gco 命令返回当前活动对象的句柄,用 gcbo 命令返回当前调用对象的句柄。

4.2.2　获取图形对象属性名称和属性值

get 函数用来获取图形对象的属性名称和属性值。在 MATLAB 中通过命令 get(h)可以获取句柄值为 h 的图形对象的所有属性名称和相应的属性值。例如:

```
>> h = line([0 1],[0 1]);            % 绘制一条直线,并返回其句柄值赋给变量 h
>> get(h)                            % 获取句柄值为 h 的图形对象的所有属性名及相应属性值
       AlignVertexCenters : 'off'
               Annotation: [1×1 matlab.graphics.eventdata.Annotation]
             BeingDeleted: 'off'
               BusyAction: 'queue'
            ButtonDownFcn: ''
                 Children: [0×0 GraphicsPlaceholder]
                 Clipping: 'on'
                    Color: [0 0.4470 0.7410]
                CreateFcn: ''
                DeleteFcn: ''
              DisplayName: ''
         HandleVisibility: 'on'
                  HitTest: 'on'
            Interruptible: 'on'
                 LineJoin: 'round'
                LineStyle: '-'
                LineWidth: 0.5000
                   Marker: 'none'
          MarkerEdgeColor: 'auto'
          MarkerFaceColor: 'none'
            MarkerIndices: [1 2]
               MarkerSize: 6
                   Parent: [1×1 Axes]
            PickableParts: 'visible'
```

```
           Selected : 'off'
  SelectionHighlight : 'on'
                Tag : ''
               Type : 'line'
      UIContextMenu : [0 × 0 GraphicsPlaceholder]
           UserData : [ ]
            Visible : 'on'
              XData : [0 1]
              YData : [0 1]
              ZData : [1 × 0 double]
```

4.2.3　设置图形对象属性值

用户可以通过设置特定图形对象的属性来控制其行为和外观。在 MATLAB 中可用命令 "set(h，'属性名称'，'属性值')"或者"h.属性名 ＝ 属性值"设置句柄值为 h 的图形对象的指定属性名称的属性值。例如：

```
>> subplot(1, 2, 1);                    % 绘制1行2列子图中的第1个
>> h1 = line([0 1],[0 1]);              % 绘制一条直线,并返回其句柄值赋给变量 h1
>> text(0, 0.5, '未改变线宽');            % 在(0, 0.5)处加注释
>> subplot(1, 2, 2);                    % 绘制1行2列子图中的第2个
>> h2 = line([0 1],[0 1]);              % 绘制一条直线,并返回其句柄值赋给变量 h2
>> set(h2, 'LineWidth', 3)              % 设置线宽为3
% 或者 h2.LineWidth = 3;
>> text(0, 0.5, '已改变线宽');            % 在(0, 0.5)处加注释
```

上面代码对应的图形如图 4.2-3 所示,可以看到图中直线的线宽发生了变化。

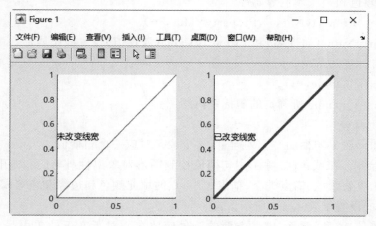

图 4.2-3　属性设置效果对比图

4.3　常用绘图函数及其应用

4.3.1　线图与散点图

MATLAB 中用来绘制线图和散点图的常用函数如表 4.3-1 所示。

表 4.3-1 绘制线图和散点图的常用函数

函 数 名	说 明	函 数 名	说 明
plot	二维线图	errorbar	带有误差棒的线图
plot3	三维线图	stairs	阶梯图
loglog	对数坐标图	stackedplot	多变量堆叠图
semilogx	X 轴半对数坐标图	scatter	二维散点图
semilogy	Y 轴半对数坐标图	scatter3	三维散点图
polarplot	极坐标图	gscatter	分组散点图
polarscatter	极坐标中的散点图	gplotmatrix	分组散点图矩阵

下面重点介绍 plot 函数的用法。

1. plot 函数

plot 函数用来绘制二维线图,其调用格式如下。

(1) plot(Y)。

绘制 Y 的各列,每列对应一条线,如果 Y 是实数矩阵,横坐标为下标;如果 Y 是复数矩阵,横坐标为实部,纵坐标为虚部。

(2) plot(X1,Y1,…)。

绘制(Xi, Yi)对应的所有线条,自动确定线条颜色。Xi 和 Yi 可以同为同型矩阵,同为等长向量,也可以一个是矩阵,另一个是相匹配的向量。画图时自动忽略虚部。

(3) plot(X1,Y1,LineSpec,…)。

绘制(X1,Y1)对应的线条,并由 LineSpec 参数设置线型、线宽、线条颜色、描点类型、描点大小、点的填充颜色和边缘颜色等属性。

(4) plot(…,'PropertyName',PropertyValue,…)。

利用 PropertyName(属性名)和 PropertyValue(属性值)设置线条属性。可用的属性名及属性值请读者自行查阅帮助。

(5) plot(axes_handle,…)。

在句柄值 axes_handle 所确定的坐标系内绘图。

(6) h = plot(…)。

返回 line 图形对象句柄的一个列向量,一个线条对应一个句柄值。

在用 plot 绘制二维线图时,除了用句柄值控制图形对象属性外,还可以用 LineSpec 参数设置线型、线宽、线条颜色、描点类型、描点大小、点的填充颜色和边缘颜色等属性。其中线型、描点类型、颜色的设置如表 4.3-2 所示。

需要说明的是,线型、颜色、描点类型的符号应放在一对英文下的单引号中,没有顺序限制,也可以默认,例如可以这样"plot(…,'ro-- '),plot(…,'--ro '),plot(…,'ro')"。当描点类型默认时,不进行描点,当描点类型为"."、"x"、"+"、" * "时,描出的点不具有填充效果,其余描点类型均具有填充效果,此时可以通过设置 MarkerFaceColor 和 MarkerEdgeColor 属性的取值分别设置点的填充颜色和边缘颜色,这两个属性的取值同表 4.3-2 中颜色属性的取值,也可以为包含 3 个元素(分别对应红、绿、蓝三原色的灰度值)的向量。还可以通过设置 LineWidth 属性的取值(实数)来更改线宽,通过设置 MarkerSize 属性的取值(实数)来改变描点大小。

表 4.3-2　线型、描点类型、颜色参数表

类　别	符　号	说　　明	类　别	符　号	说　　明
线型	—	实线(默认)	描点类型	.	点
	— —	虚线		o	圆
	:	点线		×	叉号
	—.	点画线		+	加号
颜色	r	红		*	星号
	g	绿		∨	下三角形
	b	蓝(默认)		∧	上三角形
	c	青		>	右三角形
	m	品红		<	左三角形
	y	黄		s	方形
	k	黑		d	菱形
	w	白		p	五角星
				h	六角星

【例 4.3-1】　给定 9 个点的横纵坐标数据(如表 4.3-3 所示),用 plot 函数绘制线图和散点图。

表 4.3-3　9 个点的横纵坐标数据

x	1	2	3	4	5	6	7	8	9
y	0	2.5	3	2.5	1	2.5	3	2.5	0

```
>> x = 1:9;                              % 定义横坐标向量
>> y = [ 0 2.5 3 2.5 1 2.5 3 2.5 0 ];    % 定义纵坐标向量
>> subplot(1,2,1)                        % 绘制两个子图中的第 1 个
>> plot(x,y)                             % 绘制线图
>> subplot(1,2,2)                        % 绘制两个子图中的第 2 个
>> plot(x,y,'*')                         % 绘制散点图
```

上面代码对应的图形如图 4.3-1 所示。

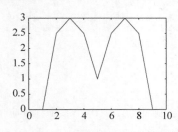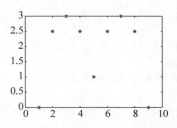

图 4.3-1　给定坐标点绘制线图与散点图

【例 4.3-2】　用 plot 函数绘制正弦函数 $y = \sin x$ 在 $[0, 2\pi]$ 内的图像。

```
>> x = 0 : 0.25 : 2*pi;    % 产生一个从 0 到 2pi,步长为 0.25 的向量
>> y = sin(x);             % 计算 x 中各点处的正弦函数值
```

```
>> subplot(1,2,1)                           % 绘制两个子图中的第 1 个
>> plot(x,y,'--o');                         % 绘制正弦函数图像,蓝色虚线,描点类型为圆

>> subplot(1,2,2)                           % 绘制两个子图中的第 2 个
% 绘制正弦函数图像,红色实线,描点类型为圆,线宽为 2,描点大小为 8
% 点的边缘颜色为黑色,填充颜色的红绿蓝灰度值为[0.49, 1, 0.63]
>> plot(x, y, '-ro',...
                'LineWidth',2,...
                'MarkerEdgeColor','k',...
                'MarkerFaceColor',[0.49,  1,   0.63],...
                'MarkerSize',8)
>> xlabel('X');                             % 为 X 轴加标签
>> ylabel('Y');                             % 为 Y 轴加标签
```

上面代码对应的图形如图 4.3-2 所示。

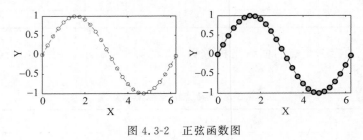

图 4.3-2   正弦函数图

【说明】   plot 函数的第 4 种调用中的属性名(PropertyName)和属性值(PropertyValue)可以通过 get 函数来获取。

2. loglog 函数

【例 4.3-3】   用 loglog 函数绘制 $y = e^x$, $0.1 \leqslant x \leqslant 100$ 对应的双对数坐标图。

```
>> x = logspace(-1,2);                      % 生成对数间隔向量
>> y = exp(x);                              % 计算函数值
>> loglog(x, y, '-s')                       % 绘制双对数坐标图
>> grid on                                  % 添加网格线
>> xlabel('X');  ylabel('Y');               % 为 X 轴、Y 轴加标签
```

上面代码对应的图形如图 4.3-3 所示。

3. semilogx 和 semilogy 函数

【例 4.3-4】   用 semilogx 或 semilogy 函数绘制 $y = 10^x (0 \leqslant x \leqslant 10)$ 对应的半对数坐标图。

```
>> x = 0 : 0.1 : 10;                        % 生成等间隔向量
>> y = 10.^x;                               % 计算函数值
>> semilogy(x,y)                            % 绘制半对数坐标图
>> xlabel('X');  ylabel('Y');               % 为 X 轴、Y 轴加标签
```

上面代码对应的图形如图 4.3-4 所示。

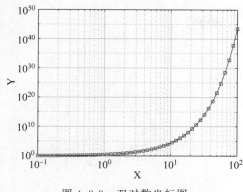

图 4.3-3　双对数坐标图

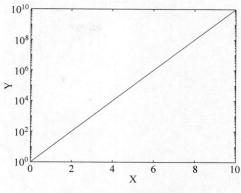

图 4.3-4　半对数坐标图

4. polarplot 函数

【例 4.3-5】　用 polarplot 函数绘制 $r = \sin(2\theta)\cos(2\theta)$ $(0 \leqslant \theta \leqslant 2\pi)$ 对应的极坐标图。

```
>> t = 0 : 0.01 : 2 * pi;          % 生成等间隔角度向量
>> r = sin(2 * t). * cos(2 * t);   % 计算长度值
>> polarplot(t, r, '--r')          % 绘制极坐标图
```

上面代码对应的图形如图 4.3-5 所示。

5. scatter 函数

【例 4.3-6】　用 scatter 函数绘制 $\begin{cases} x = \mathrm{e}^{\theta}\sin(100\theta) \\ y = \mathrm{e}^{\theta}\cos(100\theta) \end{cases}$ $(0 \leqslant \theta \leqslant 1)$ 对应的散点图。

```
>> theta = linspace(0,1,500);        % 生成等间隔角度向量
>> x = exp(theta). * sin(100 * theta);   % 计算 x 坐标
>> y = exp(theta). * cos(100 * theta);   % 计算 y 坐标
>> sz = linspace(1,100,500);         % 生成等间隔向量,用来控制每个散点的大小
>> scatter(x,y,sz,theta);            % 绘制散点图,用角度值控制每个散点的颜色
>> xlabel('X');  ylabel('Y');        % 为 X 轴、Y 轴加标签
```

上面代码对应的图形如图 4.3-6 所示。

6. yyaxis 函数

yyaxis 函数用来创建具有公共 x 轴的双 y 轴图。

【例 4.3-7】　绘制 $y_1 = 200\mathrm{e}^{-0.05x}\sin x$ 和 $y_2 = 0.8\mathrm{e}^{-0.5x}\sin(10x, x \in [0,20])$ 对应的双 y 轴图。

```
>> x = 0:0.01:20;                    % 定义横坐标向量
>> y1 = 200 * exp( - 0.05 * x). * sin(x);   % 计算函数 1 的值
```

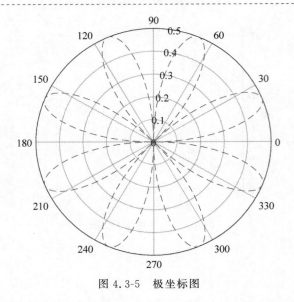

图 4.3-5　极坐标图

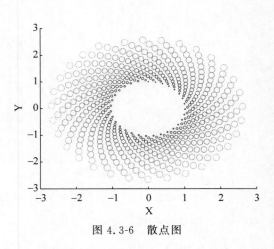

图 4.3-6　散点图

```
>> y2 = 0.8 * exp( − 0.5 * x). * sin(10 * x);      % 计算函数 2 的值
>> yyaxis left                                    % 创建左 y 轴
>> plot(x,y1,' -- ');                             % 绘制函数 1 的图形
>> xlabel('X');                                   % 添加 x 轴的标签
>> ylabel('Left  Y');                             % 添加左 y 轴的标签
>> yyaxis right                                   % 创建右 y 轴
>> plot(x,y2);                                    % 绘制函数 2 的图形
>> ylabel('Right  Y');                            % 添加右 y 轴的标签
>> legend('Left Y','Right Y')                     % 添加图例
```

上面代码对应的图形如图 4.3-7 所示。

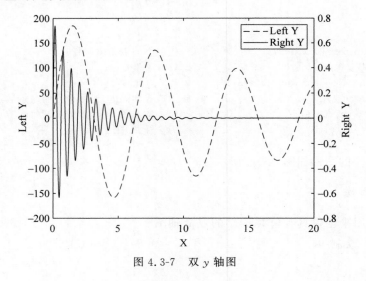

图 4.3-7　双 y 轴图

7. stackedplot 函数

stackedplot 函数用来绘制具有公共 x 轴的多个变量的堆叠图。

【例 4.3-8】 从文件"中国石化历史股票价格.xlsx"中读取中国石化的历史股票价格数据,用 stackedplot 函数绘制开盘价、最高价、最低价和收盘价关于日期的多变量堆叠图。

```
% 读取表格型数据,保持原变量名不变
>> T = readtable('中国石化历史股票价格.xlsx','PreserveVariableNames',1)
T =
  1094×5 table
      日 期        开盘价    最高价    最低价    收盘价
    ──────────────────────────────────────────────────
    2012 − 07 − 20   6.14     6.14     6.06     6.07
    2012 − 07 − 20   6.13     6.14     6.06     6.07
    2012 − 07 − 19    6       6.15     5.99     6.12
    2012 − 07 − 18   5.94      6       5.91     5.99
    2012 − 07 − 17   5.91     5.96     5.91     5.94
    2012 − 07 − 16   5.96      6       5.91     5.92
    2012 − 07 − 13   5.86     5.99     5.85     5.95
… …
>> T = table2timetable(T);            % 将表转换为时间表
>> stackedplot(T)                     % 绘制多变量堆叠图
```

上面代码对应的图形如图 4.3-8 所示。

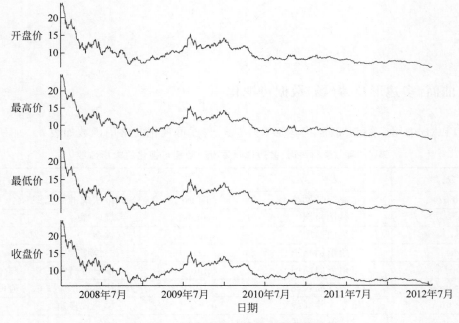

图 4.3-8　具有公共 x 轴的多变量堆叠图

8. plot3 函数

plot3 函数用来绘制三维线图。

【例 4.3-9】 用 plot3 函数绘制三维螺旋线 $\begin{cases} x = 20\sin\theta \\ y = 20\cos\theta, 0 \leqslant \theta \leqslant 10\pi. \\ z = \theta \end{cases}$

```
>> t = linspace(0, 10 * pi, 300);              % 定义角度向量
>> x = 20 * sin(t);                            % 计算 x 坐标
>> y = 20 * cos(t);                            % 计算 y 坐标
>> z = t;                                      % 计算 z 坐标
>> plot3(x, y, z, 'r', 'linewidth', 2);        % 绘制三维螺旋线,红色实线,线宽为 2
>> grid on                                     % 添加参考网格线
>> xlabel('X');                                % 添加 x 轴的标签
>> ylabel('Y');                                % 添加 y 轴的标签
>> zlabel('Z');                                % 添加 z 轴的标签
```

上面代码对应的图形如图 4.3-9 所示。

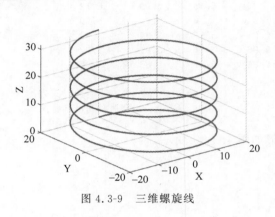

图 4.3-9   三维螺旋线

4.3.2   曲面、多边形及体(场)数据可视化

MATLAB 中用来绘制曲面、多边形及体(场)数据可视化的常用函数如表 4.3-4 所示。

表 4.3-4   绘制曲面、多边形及体(场)数据可视化的常用函数

函　数　名	说　　明	函　数　名	说　　明
meshgrid	生成矩形网格	surfnorm	带法线的曲面图
mesh	三维网格图	cylinder	旋转面
surf	三维曲面图	sphere	球面
trimesh	三角形网格图	slice	立体切片图
trisurf	三角形曲面图	contourslice	带有等高线的切片图
contour	平面等高线图	isosurface	从体数据中提取等值面数据
contourf	填充式等高线图	patch	填充式多边形
contour3	三维等高线图	area	区域图
quiver	二维箭头	fill	填充式二维多边形
quiver3	三维箭头	fill3	填充式三维多边形

1. 矩形网格与三角形网格

在调用 MATLAB 函数绘制三维曲面之前,应先产生三维曲面对应的网格点坐标,常用的网格点有矩形网格点和三角形网格点,如图 4.3-10 所示。

MATLAB 中提供的 meshgrid 函数可以进行网格划分,产生用于三维绘图的网格数据,

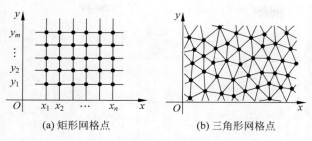

(a) 矩形网格点   (b) 三角形网格点

图 4.3-10 网格点示意图

其调用格式如下：

```
[X,Y] = meshgrid(x,y)        % 用向量 x 和 y 分别对 x 轴和 y 轴方向进行划分,产生网格矩阵 X 和 Y
[X,Y] = meshgrid(x)          % 用同一个向量 x 分别对 x 轴和 y 轴方向进行划分,产生网格矩阵 X 和 Y
[X,Y,Z] = meshgrid(x,y,z)    % 用向量 x、y、z 分别对 x、y、z 轴方向进行划分,产生三维网格数组 X、Y、Z
```

【**例 4.3-10**】 调用 meshgrid 函数生成网格矩阵,并用 plot 函数画出平面网格图形。

```
% 根据 x 轴的划分(1:4)和 y 轴的划分(2:5)产生网格数据 x 和 y
>> [x,y] = meshgrid(1:4, 2:5)
x =
     1     2     3     4
     1     2     3     4
     1     2     3     4
     1     2     3     4

y =
     2     2     2     2
     3     3     3     3
     4     4     4     4
     5     5     5     5
>> plot(x, y, 'r',x', y', 'r', x, y, 'k.','markersize',18);    % 绘制平面网格
>> axis([0 5 1 6]);                                            % 设置坐标轴的范围
>> xlabel('X');  ylabel('Y');                                 % 为 X 轴和 Y 轴加标签
```

上面代码对应的图形,如图 4.3-11 所示。

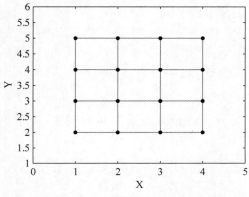

图 4.3-11 矩形网格点示意图

MATLAB 中没有直接提供生成三角形网格的函数,为此,笔者编写了 trigrid 函数,用来

生成矩形区域内的三角形网格,其源代码如下:

```
function [t,x,y] = trigrid(xv,yv,n)
% [t,x,y] = trigrid(xv,yv) 生成矩形区域内的三角形网格
%    xv --- x坐标范围,形如[xmin,xmax]
%    yv --- y坐标范围,形如[ymin,ymax]
%    n  --- 网格密度参数,大于或等于1的数,n越大网格越密
%    x  --- 三角形网格点的x坐标
%    y  --- 三角形网格点的y坐标
%    t  --- 多行3列的矩阵,每行对应一个三角形的三个顶点索引编号
%           第i个三角形的三个顶点坐标:[x(t(i,1)),y(t(i,1))]
%                                      [x(t(i,2)),y(t(i,2))]
%                                      [x(t(i,3)),y(t(i,3))]
% Example:
%    [t,x,y] = trigrid([0,4 * pi],40);

if nargin == 1
    yv = xv;
    n = 30;
elseif nargin == 2
    if numel(yv) == 1
        n = yv;
        yv = xv;
    else
        n = 30;
    end
end
if numel(xv) ~= 2 || numel(yv) ~= 2 || n < 1
    warning('请输入正确的参数!')
    x = [ ]; y = [ ]; t = [ ];
    return;
end

xmin = min(xv); xmax = max(xv);
ymin = min(yv); ymax = max(yv);
R = [3,4,xmin,xmax,xmax,xmin,ymin,ymin,ymax,ymax]';
g = decsg(R);
model = createpde;
geometryFromEdges(model,g);
Hmax = min(xmax - xmin,ymax - ymin)/n;
gMesh = generateMesh(model,'GeometricOrder','linear','Hmax',Hmax);
p = gMesh.Nodes;
x = p(1,:);
y = p(2,:);
t = gMesh.Elements';
```

【例4.3-11】 调用自编 trigrid 函数生成三角形网格,并用 triplot 函数画出平面网格图形。

```
>> [t,x,y] = trigrid([0,10],10);        % 生成矩形区域[0,10,0,10]内的三角形网格
>> triplot(t,x,y);                      % 绘制平面网格
>> xlabel('X');  ylabel('Y');           % 为 X 轴和 Y 轴加标签
```

上面代码对应的图形如图 4.3-12 所示。

2. 矩形网格图和曲面图

在矩形网格点的基础上,mesh 函数用来绘制三维网格图,而 surf 函数用来绘制三维曲面图。网格图和曲面图是有区别的,网格图只绘制带有颜色的网格曲线,每一个小网格面都不着色,而曲面图的网格线和网格面都是着色的。

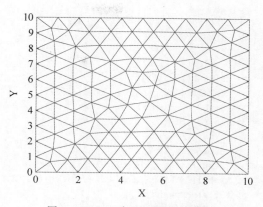

图 4.3-12 三角形网格点示意图

【例 4.3-12】 分别调用 mesh 和 surf 函数绘制曲面 $z = \cos x \sin y$ $(-\pi \leqslant x, y \leqslant \pi)$ 的图像。

```
>> t = linspace( - pi,pi,20);          % 等间隔产生从 - pi 到 pi 包含 20 个元素的向量 x
>> [X, Y] = meshgrid(t);               % 产生矩形网格矩阵 X 和 Y
>> Z = cos(X). * sin(Y);               % 计算网格点处曲面上的 Z 值

>> subplot(1, 2, 1);                    % 绘制 1 行 2 列子图中的第 1 个
>> mesh(X, Y, Z);                       % 绘制网格图
>> title('mesh');                       % 添加标题

>> subplot(1, 2, 2);                    % 绘制 1 行 2 列子图中的第 2 个
>> surf(X, Y, Z);                       % 绘制曲面图
>> alpha(0.5);                          % 设置透明度为半透明
>> title('surf');                       % 添加标题
```

上面代码对应的图形如图 4.3-13 所示。

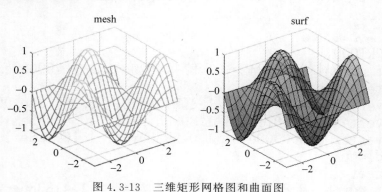

图 4.3-13 三维矩形网格图和曲面图

3. 三角形网格图和三角形曲面图

在三角形网格点的基础上,trimesh 函数用来绘制三角形网格图,而 trisurf 函数用来绘制三角形曲面图。

【例 4.3-13】 分别调用 trimesh 和 trisurf 函数绘制曲面 $z = \sin(x + \sin y) - x/10$ $(0 \leqslant x, y \leqslant 4\pi)$ 的图像。

```
>> [t,x,y] = trigrid([0,4 * pi]);                % 生成矩形区域[0,4 * pi,0,4 * pi]内的三角形网格
>> z = sin(x + sin(y)) - x/10;                   % 计算网格点处曲面上的 Z 值

>> subplot(1, 2, 1);                             % 绘制 1 行 2 列子图中的第 1 个
>> trimesh(t,x,y,z);                             % 绘制三角形网格图
>> xlabel('X'); ylabel('Y'); zlabel('Z');        % 添加坐标轴标签
>> title('trimesh');                             % 添加标题
>> view(35,55);                                  % 设置视点位置:方位角 35°,仰角 55°

>> subplot(1, 2, 2);                             % 绘制 1 行 2 列子图中的第 2 个
>> trisurf(t,x,y,z);                             % 绘制三角形曲面图
>> xlabel('X'); ylabel('Y'); zlabel('Z');        % 添加坐标轴标签
>> title('trisurf');                             % 添加标题
>> view(35,55);                                  % 设置视点位置:方位角 35°,仰角 55°
```

上面代码对应的图形如图 4.3-14 所示。

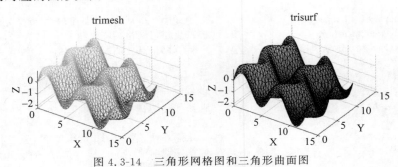

图 4.3-14　三角形网格图和三角形曲面图

【例 4.3-14】　现有某圆环状产品的加工数据,见文件"RingProduct.txt",数据格式如图 4.3-15 所示。试读取文件中的数据,绘制三角形网格曲面图。

```
solid PRT0001
  facet normal 9.853242e-01 8.164629e-02 -1.499003e-01
    outer loop
      vertex 8.272912e+01 1.458738e+01 -6.981634e+00
      vertex 8.384071e+01 1.399054e+01 -1.380086e-15
      vertex 8.500000e+01 1.040950e-14 -1.167128e-15
    endloop
  endfacet
  facet normal 9.865088e-01 8.174445e-02 1.418386e-01
    outer loop
      vertex 8.398732e+01 1.028548e-14 7.043314e+00
      vertex 8.500000e+01 1.040950e-14 -1.167128e-15
      vertex 8.384071e+01 1.399054e+01 -1.380086e-15
```

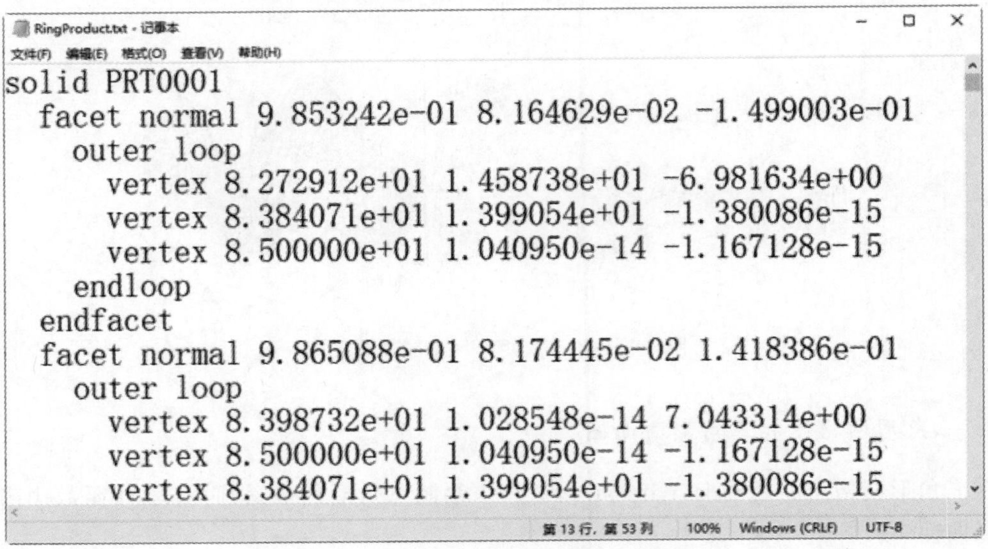

图 4.3-15　某圆环状产品的加工数据

分析:文件"RingProduct.txt"中存储的是若干三角形面片的法向量和顶点坐标数据,每

一个"facet normal"后面跟的三个浮点数构成一个法向量,每一个"vertex"后面跟的三个浮点数构成一个顶点的坐标,连续的三个顶点构成一个三角形面片。本例首先要做的是从文件中读取所有顶点的坐标数据,并构造每一个三角形面片的顶点索引编号,然后绘制三角形网格曲面图。相应的代码如下:

```
>> fid = fopen('RingProduct.txt','r');          % 以只读方式打开文件,并返回文件标识符
>> data = [ ];                                  % 定义空矩阵
>> while ~feof(fid)                             % 通过循环逐行读取数据
     str = fgetl(fid);                          % 读取一行内容
     if contains(str, 'vertex')                 % 若该行包含字符串'vertex',则读取数据
         data = [data; sscanf(str, '% * s %f %f %f')'];  % 按指定格式读取3个浮点数
     end
end
>> fclose(fid);                                 % 读取结束,关闭文件

>> x = data(:,1); y = data(:,2); z = data(:,3);  % 从读取的数据矩阵中提取x,y,z坐标
>> n = numel(x);                                % 顶点个数
>> t = reshape(1:n,[3,n/3])';                   % 构造每一个三角形面片的顶点索引编号
>> trisurf(t,x,y,z);                            % 绘制三角形网格曲面图
>> xlabel('X');  ylabel('Y');  zlabel('Z');     % 添加坐标轴标签
>> axis equal                                   % 设置坐标轴显示比例相同
```

上面代码对应的图形如图 4.3-16 所示。

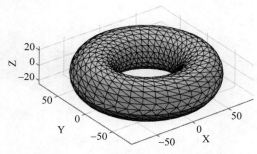

图 4.3-16 某圆环状产品的示意图

4. 等高线图与向量场图

【例 4.3-15】 分别调用 contour、contourf、contour3 和 surfnorm 函数绘制 $z = x\mathrm{e}^{-(x^2+y^2)}$($-2 \leqslant x, y \leqslant 2$)的平面等高线图、平面填充式等高线图、三维等高线图和带法线的曲面图,并在平面等高线图上叠加梯度场。

```
>> [X,Y] = meshgrid(-2:0.2:2);                  % 生成区域[-2,2,-2,2]内的矩形网格矩阵
>> Z = X.*exp(-X.^2 - Y.^2);                    % 计算网格点处曲面上的Z值
>> [DX,DY] = gradient(Z,0.2,0.2);               % 计算网格点处的梯度值

>> subplot(2,2,1)                               % 绘制2行2列子图中的第1个
>> contour(X,Y,Z,'ShowText','on');              % 绘制平面等高线图,并显示等高线上的高度值
>> hold on ;                                    % 开启图形保持,允许叠加绘图
>> quiver(X,Y,DX,DY);                           % 绘制由梯度方向箭头构成的梯度场
>> title('contour')                             % 添加标题
```

```
>> subplot(2,2,2)                      % 绘制 2 行 2 列子图中的第 2 个
>> contourf(X,Y,Z,'ShowText','on');    % 绘制平面填充式等高线图
>> title('contourf')                   % 添加标题

>> subplot(2,2,3)                      % 绘制 2 行 2 列子图中的第 3 个
>> contour3(X,Y,Z,'ShowText','on');    % 绘制三维等高线图
>> title('contour3')                   % 添加标题

>> subplot(2,2,4)                      % 绘制 2 行 2 列子图中的第 4 个
>> surfnorm(X,Y,Z)                     % 绘制带法线的曲面图
>> title('surf')                       % 添加标题
```

上面代码对应的图形如图 4.3-17 所示。

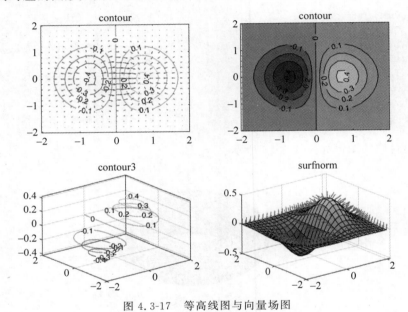

图 4.3-17　等高线图与向量场图

5. 四维数据的立体切片图和等值面图

【例 4.3-16】　绘制三元函数 $V(x,y,z)=\cos x+\cos y+\cos z(-\pi\leqslant x,y,z\leqslant\pi)$ 的立体切片图与 0 等值面图。

```
>> [X,Y,Z] = meshgrid(linspace(-pi,pi,30));   % 生成三维网格数组
>> V = cos(X) + cos(Y) + cos(Z);              % 计算网格点处的函数值
>> subplot(1,2,1)                             % 绘制 1 行 2 列子图中的第 1 个
% 绘制立体切面图,在 x=-1 和 x=1 处绘制与 x 轴正交的切片平面,在 y=0 处绘制与 y 轴正交的切
片平面
% 在 z=0 处绘制与 z 轴正交的切片平面
>> slice(X,Y,Z,V,[-1,1],0,0);                 
>> shading interp                             % 设置着色方式为插值着色
>> alpha(0.5);                                % 设置透明度为半透明
>> xlabel('X'); ylabel('Y'); zlabel('Z');     % 添加坐标轴标签
>> title('立体切片图')                        % 添加标题

>> subplot(1,2,2)                             % 绘制 1 行 2 列子图中的第 2 个
```

```
>> fv = isosurface(X,Y,Z,V,0);                        % 从体数据中提取 0 等值面数据
>> p = patch(fv);                                     % 绘制等值面
>> isonormals(X,Y,Z,V,p);                             % 基于三维体数据重新计算等值面法向量

>> set(p,'FaceColor','r','EdgeColor','none');         % 设置面的颜色为红色,边线的颜色为无色
>> view(3);                                           % 设置三维视角
>> xlabel('X'); ylabel('Y'); zlabel('Z');             % 添加坐标轴标签
>> title('等值面图')                                   % 添加标题
>> camlight                                           % 在照相机位置创建光源
>> lighting gouraud                                   % 计算顶点法向量并在各个面中进行线性
                                                      % 插值以修改表面颜色
```

上面代码对应的图形如图 4.3-18 所示。

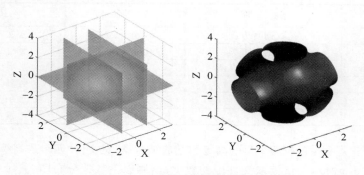

图 4.3-18 立体切片图和等值面图

6. 球面与旋转面

【例 4.3-17】 调用 sphere 函数生成球面 $(x-1)^2+(y-1)^2+(z-1)^2=100$,调用 cylinder 函数绘制曲线 $y=2+\cos(z)$ 绕 z 轴旋转形成的旋转面,称为哑铃面。

```
% 绘制球面,半径为 10,球心 (1,1,1)
>> subplot(1,2,1);                                    % 绘制 1 行 2 列子图中的第 1 个
>> [x,y,z] = sphere;                                  % 产生单位球面网格数据
>> surf(10 * x + 1,10 * y + 1,10 * z + 1);            % 绘制球面
>> axis equal;                                        % 设置坐标轴显示比例相同
>> title('球面')                                       % 添加标题

% 绘制 y = 2 + cos(z) 绕 z 轴旋转形成的旋转面
>> subplot(1,2,2);                                    % 绘制 1 行 2 列子图中的第 2 个
>> z = linspace(0,2 * pi,30);                         % 定义角度向量 z
>> [X,Y,Z] = cylinder(2 + cos(z));                    % 产生旋转面网格数据
>> surf(X,Y,Z);                                       % 绘制旋转面
>> title('哑铃面')                                     % 添加标题
```

上面代码对应的图形如图 4.3-19 所示。

4.3.3 数据分布图

MATLAB 中用来绘制数据分布图的常用函数如表 4.3-5 所示。

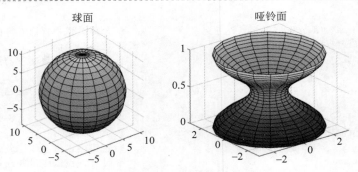

图 4.3-19　球面与旋转面

表 4.3-5　绘制数据分布图的常用函数

函 数 名	说 明	函 数 名	说 明
histogram	一元数据直方图	wordcloud	云文字图
histogram2	二元数据直方图	bar	竖直二维柱状图
scatterhistogram	带直方图的散点图	barh	水平二维柱状图
pie	二维饼图	bar3	竖直三维柱状图
pie3	三维饼图	bar3h	水平三维柱状图
heatmap	热图	pareto	帕累托图

【例 4.3-18】　现有某高校四个班的高等数学成绩数据,见文件"四个班高等数学成绩.xlsx",部分数据如表 4.3-6 所示。试读取文件中的数据,绘制以下数据分布图。

表 4.3-6　四个班高等数学成绩(部分)

序　号	学　号	姓　名	班　级	平时成绩	期中成绩	期末成绩	总 成 绩
1	18010101	安东辰	180101	27.8	65	63	73
2	18010102	陈梦杰	180101	30	75	76	83
3	18010104	段熙玉	180101	28	30	54	56
4	18010105	高熙	180101	27.6	24	69	58
5	18010106	韩登享	180101	28	50	72	70
6	18010107	胡光雨	180101	30	81	90	89
7	18010108	靳树恒	180101	28	65	86	80
8	18010109	李杰	180101	30	23	15	44
9	18010110	李相	180101	28	47	63	66
10	18010111	梁宇森	180101	27.8	57	64	70
……	……	……	……	……	……	……	……

1. 期中成绩与期末成绩的二元数据直方图

```
% 读取 Excel 表格数据,并保持中文变量名不变
>> T = readtable('四个班高等数学成绩.xlsx','PreserveVariableNames',1);
>> x = T.('期中成绩');                    % 获取期中成绩数据
>> y = T.('期末成绩');                    % 获取期末成绩数据

>> figure;                               % 创建 figure 窗口
>> histogram2(x,y,[15,15]);              % 绘制二元数据直方图
>> xlabel('期中成绩');                    % 添加 x 轴标签
>> ylabel('期末成绩');                    % 添加 y 轴标签
```

```
>> zlabel('频数');                    % 添加 z 轴标签
>> title('二元数据直方图');          % 添加标题
>> view(52,35);                        % 设置视点位置,方位角为 52°,仰角为 35°
```

上面代码对应的图形如图 4.3-20 所示。

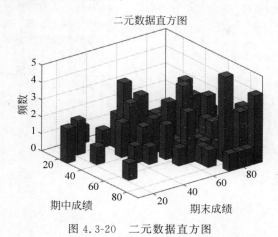

图 4.3-20　二元数据直方图

2. 期中成绩与期末成绩的带直方图的散点图

```
>> figure;
% 以班级为分组变量,绘制期中成绩与期末成绩的带直方图的散点图
>> s = scatterhistogram(T,'期中成绩','期末成绩','GroupVariable','班级');
>> s.LegendVisible = 'on';             % 显示图例
>> s.MarkerStyle = {'o','+','*','>'};  % 设置 4 组散点的描点符号
>> title('带直方图的散点图');          % 添加标题
```

上面代码对应的图形如图 4.3-21 所示。

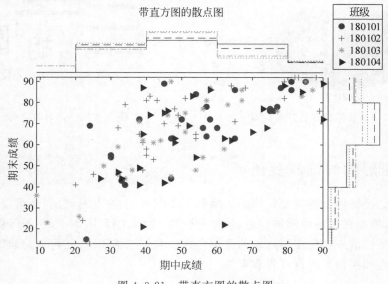

图 4.3-21　带直方图的散点图

3. 总成绩按分数段统计的饼图

```
>> figure;                                      % 创建 figure 窗口
>> ts = T.('总成绩');                           % 获取总成绩数据
>> N = histcounts(ts,[0,60,70,80,90,101]);      % 对总成绩按分数段统计人数
>> prc = 100 * N/sum(N);                         % 计算各分数段人数比例
>> prc = num2str(prc(:),'%2.2f%%');             % 将比例数据转为字符串
>> str = {'0~59';'60~69';'70~79';'80~89';'90~100'};
                                                % 构造表示分数段的字符串元胞数组
>> str = strcat(str,'占',prc);                  % 拼接字符串
>> pie3(N,str)                                   % 绘制三维饼图
>> title('三维饼图');                            % 添加标题
```

上面代码对应的图形如图 4.3-22 所示。

4. 姓名数据的云文字图

```
>> figure;                                      % 创建 figure 窗口
>> NameStr = T.('姓名');                        % 获取姓名数据
>> wordcloud(NameStr);                          % 绘制姓名数据的云文字图,以查看高频文字
>> title('云文字图');                           % 添加标题
```

上面代码对应的图形如图 4.3-23 所示。

图 4.3-22　总成绩数据的三维饼图　　　　图 4.3-23　姓名数据的云文字图

4.4　图形的修饰与美化

现在我们已经能够绘制一些常用的二维和三维图形了,在此基础上,还可以对图形进行一些修饰与美化,例如在图形中添加标题、坐标轴标签、文本注释、图例、颜色条等图形元素,通过设置图形对象属性值来控制图形对象的显示样式。对于三维图形,还可以对绘图色彩、渲染效果、透明度、灯光和视角等进行设置和调整。

4.4.1 图形修饰与美化的常用函数

MATLAB 中对图形进行修饰与美化的常用函数如表 4.4-1 所示。

表 4.4-1 MATLAB 中对图形进行修饰与美化的常用函数

函 数 名	说 明	函 数 名	说 明
hold	开启或关闭坐标系的图形保持功能	colorbar	添加颜色条
axis	设置坐标轴范围和纵横比	annotation	创建注释对象
box	显示或隐藏坐标区边框	subplot	绘制子图
grid	显示或隐藏坐标区网格线	colormap	设置颜色映像矩阵
title	添加标题	shading	调整着色方式
xlabel	添加 X 轴标签	alpha	调整面图透明度
ylabel	添加 Y 轴标签	hidden	设置网格图透视效果
zlabel	添加 Z 轴标签	light	添加光源
text	添加文本注释	lighting	设置光照算法
gtext	交互式添加文本注释	material	设置图形表面的材质(反光效果)
legend	添加图例	view	设置视点位置

4.4.2 二维图形的修饰与美化

1. hold 函数：开启或关闭坐标系的图形保持功能

调用格式：

```
hold  on            % 开启图形保持功能,允许在当前坐标系叠加绘制多个图形对象
hold  off           % 关闭图形保持功能
```

2. axis 函数：设置坐标轴范围和纵横比

调用格式：

```
axis  on            % 显示当前坐标线、刻度线和坐标轴标签
axis  off           % 关闭当前坐标线、刻度线和坐标轴标签
axis([xmin xmax ymin ymax])      % 设置当前 x 轴和 y 轴的显示范围
axis([xmin xmax ymin ymax zmin zmax cmin cmax])  % 设置当前坐标轴的显示范围和颜色范围
lim = axis          % 返回当前坐标轴的显示范围
axis auto           % 自动计算当前坐标轴的范围
axis manual         % 固定当前坐标轴的显示范围,当设置 hold on 时,后续绘图不改变坐
                    % 标轴的显示范围
axis tight          % 限定当前坐标轴的范围为数据的范围,即坐标轴中没有多余的部分
axis fill           % 使当前坐标轴充满整个矩形位置
axis ij             % 使用矩阵坐标系,坐标原点在左上角
axis xy             % 使用笛卡儿坐标系(默认),坐标原点在左下角
axis equal          % 设置当前坐标轴的纵横比,使在每个方向的数据单位都相同
axis image          % 效果与 axis equal 同,只是图形区域刚好紧紧包围图像数据
axis square         % 设置当前坐标轴区域为正方形(或立方体形、三维情形)
```

```
axis vis3d                          % 固定纵横比属性,以便进行三维图形对象的旋转
axis normal                         % 自动调整坐标轴的纵横比和刻度单位,使图形适合显示
axis(axes_handles,…)                % 设置句柄 axes_handles 所对应坐标系的坐标轴范围和纵横比
```

3. box 函数:显示或隐藏坐标区边框

调用格式:

```
box on                              % 显示当前坐标区边框
box off                             % 不显示当前坐标区边框
box                                 % 改变当前坐标区边框的显示状态
box(axes_handle,…)                  % 改变句柄值为 axes_handle 的坐标系的边框显示状态
```

4. grid 函数:显示或隐藏坐标区网格线

调用格式:

```
grid on                             % 显示当前坐标区内主网格线
grid off                            % 清除当前坐标区内主网格线和次网格线
grid                                % 改变当前坐标区内主网格线的显示状态
grid(axes_handle,…)                 % 改变句柄值为 axes_handle 的坐标系的网格线显示状态
grid minor                          % 开启次网格
```

5. title 函数:添加标题

调用格式:

```
title('string')                     % 用 string 所代表的字符作为当前坐标系的标题
title(…,'PropertyName',PropertyValue,…)  % 设置标题属性
title(axes_handle,…)                % 为句柄 axes_handles 所对应的坐标系设置标题
h = title(…)                        % 设置标题并返回相应 text 对象句柄
```

6. xlabel、ylabel 和 zlabel 函数:分别为 x、y 和 z 轴添加标签

调用格式:与 title 函数同。

7. text 函数:在坐标系中添加文本对象(text 对象)

调用格式:

```
text(x,y,'string')                  % 在点(x, y)处添加 string 所对应的字符串
text(x,y,z,'string')                % 在点(x, y, z)处添加字符串(三维情形)
text(x,y,z,'string','PropertyName',PropertyValue…)  % 在(x,y,z)处添加字符,并设置属性
h = text(…)                         % 返回一个或多个文本对象句柄
```

8. gtext 函数:在当前坐标系中交互式添加文本对象

调用格式:

```
gtext('string')                                % 按下鼠标左键或右键,交互式在当前坐标系中加入字符串
gtext({'string1','string2','string3',…})       % 一键加入多个字符串,位于不同行
gtext({'string1';'string2';'string3';…})       % 加入多个字符串,每次按键只加入一个字符串
h = gtext(…)                                    % 返回由 gtext 创建的文本对象句柄
```

9. legend 函数:在坐标系中添加图例框

常用调用格式:

```
legend('string1','string2',…)        % 在当前坐标系中用不同字符串为每组数据进行标注
legend(…,'Location',location)        % 用 location 设置图例框的位置,其中 location 的取值为
% 'North','South','East','West','NorthEast','NorthWest'… 等表示方向的字符串,所标注方位同
% 地图,默认位置为图形右上角
```

10. colorbar 函数:在坐标系中添加颜色条

常用调用格式:

```
colorbar                           % 在当前坐标系右侧添加颜色条
colorbar(location)                 % 在当前坐标系指定位置添加颜色条
colorbar(axes_handle, …)           % 在句柄 axes_handles 所对应的坐标系中添加颜色条
h = colorbar(…)                    % 返回颜色条对象的句柄
colorbar('off')                    % 删除当前坐标系中的颜色条
```

11. annotation 函数:在图形窗口中创建注释对象(annotation 对象)

常用调用格式:

```
annotation(annotation_type)        % 在当前图形窗口创建指定类型的注释对象
annotation('line',x,y)             % 创建从(x(1), y(1))到(x(2), y(2))的线注释对象
annotation('arrow',x,y)            % 创建从(x(1), y(1))到(x(2), y(2))的箭头注释对象
annotation('doublearrow',x,y)      % 创建从(x(1), y(1))到(x(2), y(2))的双箭头注释对象
annotation('textarrow',x,y)        % 创建从(x(1),y(1))到(x(2),y(2))的带文本框的箭头注释对象
annotation('textbox',[x y w h])    % 创建文本框注释对象,左下角坐标(x,y),宽 w,高 h
annotation('ellipse',[x y w h])    % 创建椭圆形注释对象
annotation('rectangle',[x y w h])  % 创建矩形注释对象
annotation(figure_handle, …)       % 在句柄值为 figure_handle 的图形窗口创建注释对象
annotation(…,'PropertyName',PropertyValue,…)    % 创建并设置注释对象的属性
anno_obj_handle = annotation(…)    % 返回注释对象的句柄
```

【说明】　　annotation 对象的父对象是 figure 对象,上面提到的坐标(x,y)是标准化的坐标,即整个图形窗口(figure 对象)左下角为$(0,0)$,右上角为$(1,1)$。宽度 w 和高度 h 也都是标准化的,其取值在$[0,1]$区间。

12. subplot 函数:绘制子图,即在图形窗口中以平铺的方式创建多个坐标系

常用调用格式:

```
h = subplot(m,n,p)
```

将当前图形窗口分为 m 行 n 列个绘图子区，在第 p 个子区创建 axes 对象，作为当前 axes 对象，并返回该 axes 对象的句柄值 h。绘图子区的编号顺序从上到下，从左至右。读者可结合前面的例 4.3-15 进行理解。

【例 4.4-1】 在同一个图形窗口内绘制多条曲线，设置不同的属性，并添加图例。

```
>> t = linspace(0,2 * pi,60);          % 等间隔产生一个从 0 到 2pi 的包含 60 个元素的向量
>> x = cos(t);                         % 计算 t 中各点处的余弦函数值
>> y = sin(t);                         % 计算 t 中各点处的正弦函数值
>> plot(t,x,':','LineWidth',2);        % 绘制余弦曲线,蓝色点线,线宽为 2
>> hold on;                            % 开启图形保持功能
>> plot(t,y,'r-.','LineWidth',3);      % 绘制正弦曲线,红色点画线,线宽为 3
>> plot(x,y,'k','LineWidth',2.5);      % 绘制单位圆,黑色实线,线宽为 2.5
>> axis equal;                         % 设置坐标轴的纵横比相同
>> xlabel('X');                        % 为 X 轴加标签
>> ylabel('Y');                        % 为 Y 轴加标签
% 为图形添加图例框,图例框的位置在图形右上角(默认位置)
>> legend('x = cos(t)','y = sin(t)','单位圆','Location','NorthEast');
```

上面代码所对应的图形如图 4.4-1 所示。

【例 4.4-2】 绘制函数 $f(x) = -x\cos(5e^{1-x^2})$ $(x \in [-2,2])$ 的图形，并加以修饰。

```
>> x = linspace( - 2, 2, 200);         % 等间隔产生一个从 - 2 到 2 的包含 200 个元素的向量
>> y = - x. * cos(5 * exp(1-x.^2));    % 计算函数值
>> plot(x,y, 'k', 'linewidth', 2);     % 绘制函数图形,线宽为 2,颜色为黑色
% 在当前图形窗口加入带箭头的文本标注框
>> h = annotation( 'textarrow', [0.5875, 0.6536], [0.2929, 0.4095]);
% 设置文本标注框中显示的字符串,并设字号为 15
>> set(h, 'string','f(x) = - xcos(5e^{1-x^2})', 'fontsize', 15);
% 为图形加标题,设字号为 18,字体加粗
>> h = title('这是一条很美的曲线', 'fontsize', 18, 'fontweight', 'bold');
>> h. Position = [0, 1.4]);            % 设置标题的位置
>> axis([ - 2, 2, - 2, 2]);            % 设置坐标轴的显示范围
>> xlabel('X');                        % 为 X 轴加标签
>> ylabel('Y');                        % 为 Y 轴加标签
```

上面代码所对应的图形如图 4.4-2 所示。

彩色图片

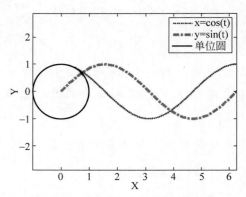

图 4.4-1 绘制多条曲线并修饰图形

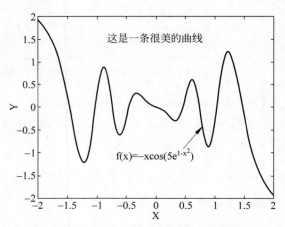

图 4.4-2 带有箭头注释对象的图形

13. 利用图形对象属性修饰图形

前面已经介绍过 get 函数和 set 函数的用法,实际上通过 set 函数设置图形对象属性可以更为灵活地对图形进行修饰。在 MATLAB R2014b 及更高版本中,还可通过以下方式设置图形对象属性:

```
h.属性名 = 属性值
```

其中,h 为图形对象的句柄。

【例 4.4-3】 绘制 $y = \sin x (x \in [0, 2\pi])$ 的图形,并通过 axes 对象属性修改坐标系的显示样式。

```
>> x = linspace( - pi,pi,60);          % 等间隔产生一个从 - pi 到 pi 的包含 60 个元素的向量
>> y = sin(x);                         % 计算各点处的正弦函数值
>> h = plot(x,y);                      % 绘制正弦函数图像
>> grid on;                            % 添加主网格线
>> set(h,'Color','k','LineWidth',2);   % 设置线条颜色为黑色,线宽为 2

% 自定义 X 轴坐标刻度标签 XtickLabel,它是一个元胞数组
>> XTickLabel = { ' - \pi', ' - \pi/2', '0', '\pi/2', '\pi'};

% 通过 axes 对象属性修改当前坐标轴的刻度位置与刻度标签
>> set(gca,'XTick', - pi:pi/2:pi,...   % 标记 X 轴刻度位置
           'XTickLabel',XTickLabel,... % 标记 X 轴自定义刻度标签
           'TickDir','out');           % 设置刻度短线在坐标框外面

% 为 X 轴加标签,并设置标签位置
>> xlabel( ' - \pi \leq \Theta \leq \pi',...
    'Position',[2.3, - 0.4]);

% 为 Y 轴加标签,并设置标签位置和旋转角度
>> ylabel('sin(\Theta)',...
    'Position',[ - 1,0.5],...
    'Rotation',90);

% 在指定位置处添加带左箭头的文本信息,并设置水平对齐方式为左对齐
>> text(2 * pi/9,sin(2 * pi/9),'\leftarrow sin(2\pi \div 9)',...
        'HorizontalAlignment','left')
>> axis([ - 3.5, 3.5, - 1.1, 1.1]);    % 设置坐标轴的显示范围
>> ax = gca;                           % 返回当前坐标系对象的句柄
>> ax.XAxisLocation = 'origin';        % 设置 x 轴过原点
>> ax.YAxisLocation = 'origin';        % 设置 y 轴过原点
>> box off;                            % 隐藏坐标区边框
```

以上命令绘制的图形如图 4.4-3 所示。上述命令中 gca 用来返回当前 axes 对象的句柄,然后调用 set 函数设置当前 axes 对象的相关属性。其中 XTick 属性用来设置 X 轴标记刻度的具体位置,其属性值是一个向量;XTickLabel 属性用来设置 X 轴标记刻度的符号,其属性值是一个元胞数组(每个元素表示一个刻度符号)。

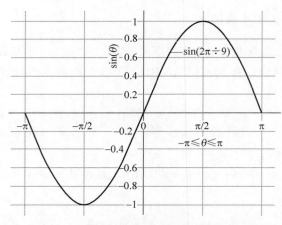

图 4.4-3　利用图形对象属性修饰图形示意图

4.4.3　三维图形的修饰与美化

前面提到的二维图形的修饰和添加注释的方法对于三维图形同样适用,除此之外,还可以对三维图形的绘图色彩、渲染效果、透明度、灯光和视角等进行设置。

1. 绘图色彩调整

colormap 函数可以根据颜色映像矩阵对图形对象的色彩进行调整。所谓的颜色映像矩阵就是一个 $k \times 3$ 的矩阵,k 行表示有 k 种颜色,每行 3 个元素分别代表红、绿、蓝三原色的灰度值,取值均在 $[0,1]$ 区间。colormap 函数的调用格式如下。

(1) colormap(map):设置 map 为当前颜色映像矩阵,map 的设置有两种,可以人为指定一个元素值均在 $[0,1]$ 区间的 $k \times 3$ 的矩阵,也可以用 MATLAB 自带的 18 种颜色映像矩阵。在 MATLAB 命令窗口分别运行 autumn、bone、colorcube、cool、copper、flag、gray、hot、hsv、jet、lines、parula、pink、prism、spring、summer、white 和 winter 函数,就可得到这 18 种颜色映像矩阵,这 18 个矩阵都是 256×3 的矩阵,也就是说每一个自带的颜色映像矩阵可以设置 256 种不同的颜色,如果觉得颜色过多或过少,还可以通过类似 autumn(m) 的命令产生 $m \times 3$ 的颜色映像矩阵。若 map 取 MATLAB 自带的颜色映像矩阵,colormap(autumn) 和 colormap autumn 都是合法的命令,其他类似。

(2) colormap('default'):恢复当前颜色映像矩阵为默认值。

(3) cmap = colormap:获取当前颜色映像矩阵。

(4) colormap(ax,…):设置句柄值为 ax 的坐标系的颜色映像矩阵。

需要注意的是,在同一个坐标系内绘制多个图形对象时,利用 colormap 命令会使得多个图形对象共用一个颜色映像矩阵,故不能为每一个图形对象设置不同的颜色,此时可以利用图形对象的 FaceColor 属性为不同的对象设置不同的颜色。

2. 着色方式调整

有了颜色之后,颜色的着色效果可以通过 shading 函数来调整,shading 函数的调用格式如下。

（1）shading flat：平面着色，同一个小网格面和相应的线段用同一种颜色着色。

（2）shading faceted：类似于 shading flat，平面着色，只是网格线都用黑色，这是默认着色方式。

（3）shading interp：通过颜色插值方式着色。

（4）shading(axes_handle,…)：为句柄值为 axes_handle 的坐标系内的图形对象设置着色方式。

3. 透明度调整

可以通过 alpha 函数调整图形对象的透明度，其最简单的调用格式为：alpha(alpha_data)，其中 alpha_data 是一个介于 0 和 1 的数，alpha_data = 0 表示完全透明，alpha_data = 1 表示完全不透明，alpha_data 的值越接近于 0，透明度越高。

通过设置图形对象的 FaceAlpha 属性的属性值，可以单独调整某个图形对象的透明度。FaceAlpha 属性的属性值的说明同上面的 alpha_data。

除了可以如上调整图形对象的透明度之外，在绘制三维网格图时，还可以通过 hidden 函数调整网格图的透视效果，其调用格式如下：

```
hidden off                          % 透视被网格图遮挡的图形
hidden on                           % 消隐被网格图遮挡的图形
```

【说明】 hidden 函数只能用来设置三维网格图的透视效果，不能用来设置三维面图的透视效果，可以通过透明度调整的办法设置三维面图的透视效果。

【例 4.4-4】 三维图形的透视效果，如图 4.4-4 所示。

```
>> figure;                          % 创建新的图形窗口
>> [X,Y,Z] = sphere;                % 产生单位球面的三维网格数据
>> surf(X,Y,Z);                     % 绘制单位球面
>> colormap(lines);                 % 根据颜色映像矩阵对图形对象的色彩进行调整
>> shading interp                   % 调整颜色的渲染效果
>> hold on;                         % 开启图形保持
>> mesh(2 * X,2 * Y,2 * Z)          % 绘制半径为 2 的球面网格图
>> hidden off                       % 调整网格图的透视效果，使其透明
>> axis equal                       % 设置坐标轴显示比例相同
>> axis off                         % 隐藏坐标轴

>> figure;                          % 创建新的图形窗口
>> surf(X,Y,Z, 'FaceColor', 'r');   % 绘制红色单位球面
>> hold on;                         % 开启图形保持
>> surf(2 * X,2 * Y,2 * Z, 'FaceAlpha',0.4);   % 绘制半径为 2 的球面,并设置透明度值为 0.4
>> axis equal                       % 设置坐标轴显示比例相同
>> axis off                         % 隐藏坐标轴
```

4. 光源设置与属性调整

用 light 函数可在当前坐标系中建立一个光源，该函数的调用格式如下。

（1）light('PropertyName',propertyvalue,…)：建立一个光源，并设置光源属性和属性值。光源对象的主要属性有：'Position'、'Color'和'Style'，'Position'是位置属性，设置光源位

(a) 网格图的透视效果图　　　(b) 面图的透视效果图

图 4.4-4　网格图和面图的透视效果图

置,其属性值为三个元素的向量$[x, y, z]$,即光源的三维坐标;'Color'是颜色属性,设置光源颜色,其属性值可以是代表颜色的字符(如表 4.3-2 所示),也可以是由红、绿、蓝三原色的灰度值组成的向量;'Style'是光源类型属性,设置光源类型,其取值为字符串 'infinite' 或 'local',分别表示平行光源和点光源。

(2) handle = light(…):建立一个光源,并获取其句柄值 handle,之后可以通过 get(handle)查看光源的所有属性,也可以通过 set(handle, 'PropertyName', propertyvalue, …)设置光源的属性值。

5. 设置光照算法

建立光源之后,可使用 lighting 函数设置光照算法,使用方法如下。

(1) lighting flat:在图形对象的每个面上产生均匀分布的光照,是光照模式的默认设置。

(2) lighting gouraud:计算顶点法向量并在各个面中作线性插值修改表面颜色。

(3) lighting none:关闭光照。

6. 图形表面对光照反射属性设置

众所周知,不同材质的物体对光照的反射效果是不同的。MATLAB 中提供了 material 函数,用来设置图形表面的材质属性,从而控制图形表面对光照的反射效果。material 函数的调用格式如下。

(1) material shiny:镜面效果,使图形对象有相对较高的镜面反射,镜面反射光的颜色仅取决于光源颜色。

(2) material dull:类似于木质表面效果,使图形对象有更多的漫反射,反射光的颜色仅取决于光源颜色。

(3) material metal:金属表面效果,使图形对象有非常高的镜面反射和非常低的环境光及漫反射,反射光的颜色取决于光源颜色和图形表面的颜色。

(4) material([ka kd ks n sc]):用 ka、kd 和 ks 分别设置图形对象的环境光、漫反射和镜面反射的强度,用镜面反射指数 n 控制镜面亮点的大小,用 sc 设置镜面反射颜色的反射系数。ka、kd、ks、n 和 sc 均为标量,sc 的取值在 0 和 1 范围内。

(5) material default:恢复 ka、kd、ks、n 和 sc 的默认值。

7. 调整视点位置

如图 4.4-5 所示,在绘制三维图形时,视点的位置决定了坐标轴的方向,从不同的视点来看,图形对象之间也可能有不同的遮挡关系。

view 函数用来调整视点位置,其调用格式如下。

(1) view(az,el):设置三维绘图的视角,方位角 az 表示从 y 轴负向开始绕 z 轴旋转的度数,逆时针旋转时 az 取正值;el 表示相对于 xoy 平面的仰角,在 xoy 平面的上方取正值,在 xoy 平面的下方取负值。

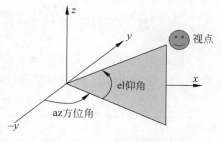

图 4.4-5　视点位置示意图

(2) view([x,y,z]):设置视点的三维直角坐标 $[x, y, z]$。

(3) view(2):设置默认的二维视角,az = 0,el = 90。

(4) view(3):设置默认的三维视角,az = −37.5,el = 30。

(5) view(ax,…):设置句柄值为 ax 的坐标系的视角。

(6) [az,el] = view:返回当前方位角和仰角。

【例 4.4-5】　绘制一个花瓶,并进行修饰,生成的花瓶效果如图 4.4-6 所示。

```
>> zi = 0:pi/20:2 * pi;                              % 生成母线上的 z 坐标
>> yi = 2 + sin(zi);                                  % 计算母线上的 y 坐标
>> [x,y,z] = cylinder(yi,100);                        % 产生花瓶的三维网格数据
>> surf(x,y,z);                                        % 绘制三维面图
>> xlabel('X'); ylabel('Y'); zlabel('Z');             % 为坐标轴加标签
>> set(gca, 'color', 'none');                          % 设置坐标面的颜色为无色
>> set(gca, 'XColor',[0.5 0.5 0.5]);                   % 设置 x 轴的颜色为灰色
>> set(gca, 'YColor',[0.5 0.5 0.5]);                   % 设置 y 轴的颜色为灰色
>> set(gca, 'ZColor',[0.5 0.5 0.5]);                   % 设置 z 轴的颜色为灰色
>> shading interp;                                     % 设置渲染属性
>> colormap(copper);                                   % 设置颜色映像矩阵
>> light('Position',[ − 4 − 1 0]);                     % 在( − 4, − 1, 0)点处建立一个光源
>> lighting gouraud;                                   % 设置光照模式
>> material metal;                                     % 设置面的反射属性
>> hold on;
>> plot3( − 4, − 1,0, 'p', 'markersize', 18);          % 在光源位置画一个五角星,大小为 18
% 添加文本注释,14 号字,粗体
>> text( − 4, − 1,0, '光源', 'fontsize',14, 'fontweight', 'bold');
```

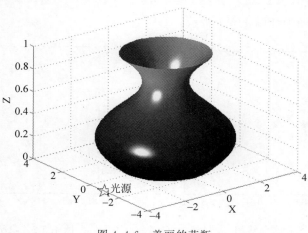

图 4.4-6　美丽的花瓶

4.5 基于函数句柄绘图

前面各节介绍的绘图函数都是基于离散的坐标数据进行绘图的,除此之外,MATLAB 中还提供了一系列基于函数句柄绘图的函数,如表 4.5-1 所示。

表 4.5-1 基于函数句柄绘图的 MATLAB 函数

函 数 名	说 明	函 数 名	说 明
fplot	绘制平面曲线	ezpolar	绘制极坐标函数图
fplot3	绘制三维曲线	ezplot	绘制平面曲线
fmesh	绘制三维网格图	ezplot3	绘制三维曲线
fsurf	绘制三维面图	ezmesh	绘制三维网格图
fcontour	绘制等高线图	ezsurf	绘制三维面图
fimplicit	绘制平面隐函数图	ezcontour	绘制等高线图
fimplicit3	绘制三维隐函数图	ezcontourf	绘制填充式等高线图
		ezsurfc	绘制带有等高线的三维面图

注：以 f 开头的是 MATLAB 较新版本里提供的绘图函数,以 ez 开头的是 MATLAB 较老版本中提供的函数。

【例 4.5-1】 绘制显函数 $f(x) = -x\cos(5\mathrm{e}^{1-x^2})(x \in [-2,2])$ 的图形。

```
>> fun1 = @(x) - x. * cos(5 * exp(1 - x.^2));        % 定义匿名函数,返回函数句柄
>> fplot(fun1,[ - 2,2],'r * - ','MarkerEdgeColor','b');  % 绘制显函数图形
>> xlabel('x');                                      % 添加 x 轴标签
>> ylabel('y = f(x)');                               % 添加 y 轴标签
```

上面代码对应的图形如图 4.5-1 所示。

【例 4.5-2】 绘制隐函数 $5x^2 - 6|x| \cdot y + 5y^2 = 128(x \in [-8,8], y \in [-6,8])$ 的图形。

```
>> fun2 = @(x,y)5 * x.^2 - 6 * abs(x). * y + 5 * y.^2 - 128;  % 定义二元匿名函数
>> fimplicit(fun2,[ - 8,8, - 6,8],'r');               % 绘制隐函数图形
>> xlabel('x');                                      % 添加 x 轴标签
>> ylabel('y = f(x)');                               % 添加 y 轴标签
```

上面代码对应的图形如图 4.5-2 所示。

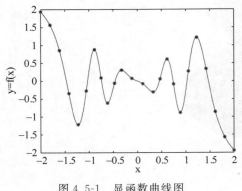

图 4.5-1 显函数曲线图

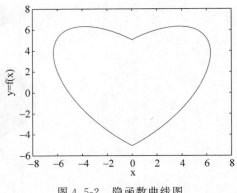

图 4.5-2 隐函数曲线图

【例 4.5-3】　绘制隐函数 $\left(x^2+\dfrac{9}{4}y^2+z^2-1\right)^3-x^2z^3-\dfrac{9}{80}y^2z^3=0\,(x,y,z\in[-2,2])$ 的图形。

```
% 定义三元匿名函数
>> fun3 = @(x,y,z)(x.^2 + 9/4 * y.^2 + z.^2 - 1).^3 - x.^2. * z.^3 - 9/80 * y.^2. * z.^3;
% 绘制隐函数图形
>> fimplicit3(fun3,[-2,2,-2,2,-2,2],'FaceColor','r','EdgeColor','none');
>> xlabel('x'); ylabel('y'); zlabel('z = f(x,y)');      % 添加坐标轴标签
>> camlight;                                            % 在照相机位置添加光源
>> axis equal;                                          % 设置坐标轴显示比例相同
```

上面代码对应的图形如图 4.5-3 所示。

【例 4.5-4】　绘制参数方程形式函数 $\begin{cases} x=r\cos\alpha\sin\beta \\ y=r\sin\alpha\sin\beta \\ z=r\cos\beta \end{cases}$ 的图形，其中，$r=2+\sin(7\alpha+5\beta)$，$0<\alpha<2\pi,0<\beta<\pi$。

```
>> r = @(s,t) 2 + sin(7. * s + 5. * t);       % 定义匿名函数 r = r(s,t)
>> x = @(s,t) r(s,t). * cos(s). * sin(t);      % 定义匿名函数 x = x(s,t)
>> y = @(s,t) r(s,t). * sin(s). * sin(t);      % 定义匿名函数 y = y(s,t)
>> z = @(s,t) r(s,t). * cos(t);                % 定义匿名函数 z = z(s,t)
>> h = fsurf(x,y,z,[0, 2 * pi, 0, pi]);        % 绘制曲面图,并返回句柄
>> h. FaceAlpha = 0.7                          % 设置曲面的透明度值为 0.7
>> colorbar;                                   % 添加颜色条
>> xlabel('x'); ylabel('y'); zlabel('z = f(x,y)');   % 添加坐标轴标签
>> view(-49,76);                               % 设置视点位置
```

上面代码对应的图形如图 4.5-4 所示。

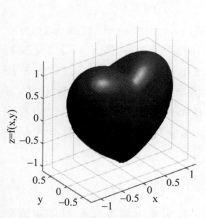

图 4.5-3　隐函数曲面图

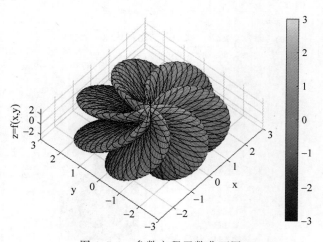

图 4.5-4　参数方程函数曲面图

【例 4.5-5】　绘制显函数 $f(x,y)=x\sin y-y\cos x\,(-2\pi<x,y<2\pi)$ 的等高线图。

```
>> fun5 = @(x,y) x. * sin(y) - y. * cos(x);         % 定义二元匿名函数
>> fcontour(fun5,[-2 * pi 2 * pi],'LineWidth', 2);  % 绘制等高线图
>> grid on;                                         % 显示主网格线
>> xlabel('x'); ylabel('y');                        % 添加坐标轴标签
```

上面代码对应的图形如图 4.5-5 所示。

【例 4.5-6】 绘制显函数 $f(x,y)=x\sin y-y\cos x$（$-2\pi<x,y<2\pi$）带等高线的曲面图。

```matlab
>> fun5 = @(x,y) x. * sin(y) - y. * cos(x);          % 定义二元匿名函数
>> fsurf(fun5, [- 2 * pi 2 * pi], 'ShowContours', 'on');   % 绘制带等高线的曲面图
>> xlabel('x'); ylabel('y'); zlabel('z = f(x,y)');     % 添加坐标轴标签
```

上面代码对应的图形如图 4.5-6 所示。

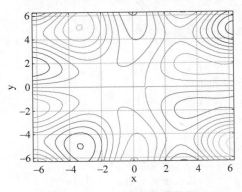

图 4.5-5　二元函数等高线图

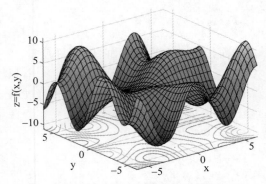

图 4.5-6　带等高线的曲面图

4.6　图形的复制和输出

用户在 MATLAB 中绘制出所需图形之后，通常需要将图形打印出来，导出到文件，或者复制到剪贴板，以便在其他应用程序中使用。本节介绍 MATLAB 中图形的复制和输出。

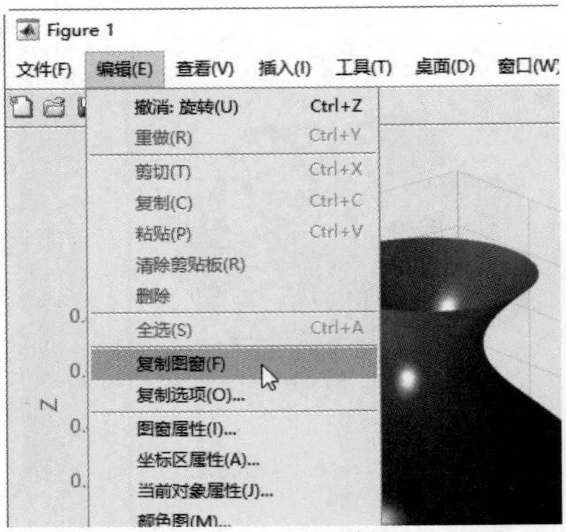

1. 把图形复制到剪贴板

如图 4.6-1 所示，图形窗口的"编辑"（Edit）菜单下有"复制图窗"（Copy Figure）和"复制选项"（Copy Options）两个菜单项。选择"复制图窗"，可将图形窗口中的图形复制到剪贴板，进而可以将剪贴板上的图形粘贴到其他应用程序中。选择"复制选项"，可以通过界面操作对复制选项进行设置。

2. 把图形导出到文件

在 MATLAB 中通过界面操作可以很方便地把图形窗口中的图形保存为各种标准格式的图像文件。图形窗口的 File 菜单下有 Save、

图 4.6-1　复制图形到剪贴板

Save As 和 Export Setup 三个选项，均可用来将图形窗口中的图形导出到文件。

图形首次保存时，选择 File 菜单下的 Save 或 Save As 选项，弹出图形保存界面，如图 4.6-2 所示。在图形保存界面中，用户可以设定文件名，选择保存路径和保存类型。设置完毕后单击"保存"按钮即可。

图 4.6-2　图形保存界面

【说明】　若将图形保存成扩展名为 ".fig" 的文件,则还可在 MATLAB 中打开并重新进行编辑。

4.7　制作 GIF 格式动画

在浏览网页的时候,我们会看到好多很炫的动画,它们大多都是 GIF 格式的图片。GIF 是英文 Graphics Interchange Format(图形交换格式)的缩写,它是美国一家著名的在线服务机构(CompuServe 公司)在 1987 年开发的图像文件格式。GIF 格式是一种基于 LZW 算法的连续色调的无损压缩格式,其压缩率一般在 50% 左右,最多支持 256 种色彩的图像。GIF 格式动画占用磁盘空间较少,因其小巧得到了广泛的应用。

其实 GIF 格式动画是将多幅图像保存为一个图像文件,从而形成动画。MATLAB 中制作 GIF 动画要用到 getframe、frame2im、rgb2ind 和 imwrite 函数,getframe 函数用来抓取当前图形窗口或坐标系中的图像,frame2im 函数和 rgb2ind 函数用来将抓取的图像转为索引图像(参见 13.1 节),imwrite 函数用来将索引图像写入 GIF 格式动画。

【说明】　imwrite 函数不能将真彩图像(RGB 图像)写入 GIF 格式动画,必须先将真彩图像转为索引图像或灰度图像,然后才能写入。关于真彩图像、索引图像和灰度图像的定义,请读者自行参阅 13.1 节的内容。

下面以一个例子来说明以上函数的调用方法。

【例 4.7-1】　制作小球绕螺旋线运动的 GIF 格式动画,静态图如图 4.7-1 所示。

```matlab
>> filename = 'Ball.gif';              % 定义文件名
>> t = linspace(0, 10 * pi, 100);      % 生成一个等间隔行向量
>> x = [20 * sin(t),zeros(1,10)];      % 计算螺旋线 X 轴坐标数据
>> y = [20 * cos(t),20 * ones(1,10)];  % 计算螺旋线 Y 轴坐标数据
>> z = [t,linspace(10 * pi,0,10)];     % 螺旋线 Z 轴坐标数据
>> plot3(x, y, z, 'r', 'linewidth', 2); % 绘制三维螺旋线
>> hold on                             % 开启图形保持
```

```
%  绘制初始位置的小球,并返回其句柄值,以方便后面对其进行控制
>> h = plot3(0,20,0, '.', 'MarkerSize',40);
>> xlabel('X'); ylabel('Y'); zlabel('Z');          %  添加坐标轴标签
>> axis([ - 25, 25, - 25, 25, 0, 40]);             %  设置坐标轴范围
>> view( - 210,30);                                %  设置视角(方位角 - 210°,仰角 30°)

%  通过循环把多幅图片写入 GIF 文件 Ball.gif
>> for i = 1:length(x)
       %  通过设置对象 h 的坐标属性来更新小球的位置
       set(h, 'xdata',x(i), 'ydata',y(i), 'zdata',z(i));
       drawnow;                                    %  刷新屏幕
       pause(0.05);                                %  暂停 0.05 秒
       f = getframe(gcf);                          %  抓取当前图形窗口中的图形作为一帧
       IM = frame2im(f);                           %  把抓取的帧转为图像数据
       [IM,map] = rgb2ind(IM,256);                 %  把真彩图像转为索引图像

       if i == 1
           %  把第一幅图像写入 GIF 文件 Ball.gif
           imwrite(IM,map,filename, 'gif', 'Loopcount',inf,'DelayTime',0.1);
       else
           %  把后续各幅图像以续写模式依次写入 GIF 文件 Ball.gif
           imwrite(IM,map,filename, 'gif', 'WriteMode', 'append', 'DelayTime',0.1);
       end
   end
```

上述代码中用到了 for 循环和 if-else-end 等流程控制语句,以及执行暂停功能的 pause 函数,关于它们的介绍请参考 2.1 节。

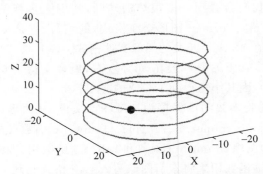

图 4.7-1 小球绕螺旋线运动的 GIF 格式动画的静态图

第5章 MATLAB 符号计算

符号计算又称计算机代数，通俗地说就是用计算机推导数学公式，如对表达式进行因式分解、化简、微分、积分、解代数方程、求解常微分方程等。与数值计算不同，符号计算对操作对象不进行离散化和近似化处理，因此其计算结果是完全准确而没有误差的。

MATLAB 是通过调用第三方软件进行符号计算的，在 MATLAB R2008b(MATLAB 7.7)之前，MATLAB 符号计算引擎是基于 Maple 内核的，从 MATLAB R2008b 开始，符号计算引擎开始采用 MuPAD 内核。对于普通的 MATLAB 用户，符号计算引擎的改变并没有带来什么不同，用户只需要调用 MATLAB 函数进行符号运算即可。本章结合具体案例介绍 MATLAB 符号计算。

5.1 符号对象和符号表达式

符号对象和符号表达式是 MATLAB 进行符号计算的基本元素，要进行符号计算首先要创建符号对象，对符号对象进行数学上的运算操作便得到符号表达式。

5.1.1 创建符号对象

MATLAB 中提供了 sym 和 syms 函数，用来创建符号对象，其用法参见下例。

【例 5.1-1】 调用 sym 和 syms 函数创建符号对象。

```
>> a = sym('6.01');            % 定义符号常数
>> b = sym('b','real');        % 定义实数域上的符号变量
>> A = [1, 2; 3, 4];           % 定义数值矩阵
>> B = sym(A);                 % 把数值矩阵转为符号矩阵
>> C = sym('c%d%d',[3,4])      % 定义 3 行 4 列的符号矩阵
C =
[ c11, c12, c13, c14]
[ c21, c22, c23, c24]
[ c31, c32, c33, c34]
>> syms  x  y                  % 同时定义多个复数域上的符号变量
>> syms  z  positive           % 定义正实数域上的符号变量
>> syms  f(x,y)                % 定义符号函数
>> f(x,y) = x + y^2;           % 指定符号函数表达式
```

```
>> c = f(1, 2)                    % 计算符号函数在(1,2)点处的函数值
c =
   5
>> zv = solve(z^2 == 1, z)        % 求方程 z^2 = 1 的解(只有大于零的解)
zv =
   1
>> syms  z                        % 撤销对符号变量取值域的限定,将其恢复为复数域上的符号变量
>> zv = solve(z^2 == 1, z)        % 求方程 z^2 = 1 的解(有两个解)
zv =
   1
  -1
```

由例 5.1-1 可知,sym 函数可用来创建单个符号对象,而 syms 函数可用来创建多个符号对象。关于 sym 和 syms 函数的详细用法,读者可以参考其帮助文档。

5.1.2　符号变量取值域的限定

从例 5.1-1 可以看出,MATLAB 中定义的符号变量有取值域的限定,不同的取值域会对符号计算的结果造成不同影响,默认情况下均为复数域。在调用 sym 或 syms 函数定义符号变量时,可通过附加 real 或 positive 改变符号变量的取值域,除此之外,还可调用 assume 和 assumeAlso 函数对符号变量取值域实行更为精细的控制。

【例 5.1-2】　解不等式 $x^2 > 12$,其中 x 为整数变量,并满足 $0 < x < 5$。

```
>> syms x                         % 定义符号变量
>> assume(x > 0 & x < 5);         % 对符号变量的取值域进行限定,0 < x < 5
>> assumeAlso(x, 'integer');      % 对符号变量的取值域增加别的限定,x 取整数
>> assumptions(x)                 % 查看符号变量取值域的限定
ans =
[ in(x, 'integer'), 0 < x, x < 5]
>> result = solve(x^2 > 12)       % 求解不等式
result =
4
>> syms  x                        % 重新定义符号变量,以撤销对符号变量取值域的限定
```

若需撤销对符号变量取值域的限定,将其恢复为复数域上的符号变量,只需用命令"syms 变量名"重新定义符号变量即可。

【说明】　在 MATLAB R2018a 及其以前的版本中,若需撤销对符号变量取值域的限定,将其恢复为复数域上的符号变量,可用命令"syms 变量名 clear"实现,单纯用命令"clear 变量名"只是从 MATLAB 工作区中删除了变量,并没有改变符号计算引擎 MuPAD 中变量取值域的限定。

5.1.3　创建符号表达式

对符号对象进行各种运算(算术运算、关系运算、逻辑运算),即可创建符号表达式。

1. 符号计算中的算术运算与转置

由于 MATLAB 采用了重载(overload)技术,使得用来构成符号表达式的运算符,无论在拼写还是在使用方法上,都与数值计算中的运算符完全相同。常用的算术运算符与转置符如

表 5.1-1 所示。

表 5.1-1　符号计算中的算术运算符与转置符

运　算　符	说　明	运　算　符	说　明
＋	加	.＊	点乘
－	减	./	右点除
＊	乘	.\	左点除
/	右除	.∧	点乘方
\	左除	'	共轭转置
∧	乘方	.'	非共轭转置

【例 5.1-3】　在符号对象的基础上通过算术运算创建符号表达式。

```
>> syms a b c x y z              % 定义多个符号变量
>> f1 = a＊x^2+b＊x－c;          % 创建符号表达式 f1
>> f2 = sin(x)＊cos(y);          % 创建符号表达式 f2
>> f3 = (x＋y)/z;                % 创建符号表达式 f3
>> f4 = [x＋1, x^2; x^3, x^4]    % 创建符号表达式矩阵 f4
f4 =
[ x + 1, x^2]
[ x^3, x^4]
>> f5 = f4'                      % 符号表达式矩阵的共轭转置(')
f5 =
[ conj(x) + 1, conj(x)^3]
[ conj(x)^2, conj(x)^4]
>> f6 = f4.'                     % 符号表达式矩阵的转置(.')
f6 =
[ x + 1, x^3]
[  x^2, x^4]
```

2. 符号计算中的关系运算

符号计算中的关系运算符如表 5.1-2 所示。

表 5.1-2　符号计算中的关系运算符

运　算　符	说　明	运　算　符	说　明
＝＝	等于	<＝	小于或等于
>＝	大于或等于	<	小于
>	大于	～＝	不等于

3. 符号计算中的逻辑运算

符号计算中的逻辑运算符如表 5.1-3 所示。

表 5.1-3　符号计算中的逻辑运算符

运　算　符	说　明
|	逻辑或
&	逻辑与
～	逻辑非
xor	逻辑异或

【例 5.1-4】 在符号对象的基础上通过算术运算、关系运算和逻辑运算创建符号表达式。

```
>> syms x y                          % 定义符号变量
>> f1 = abs(x) >= 0                  % 创建符号表达式
f1 =
0 <= abs(x)
>> f2 = x^2 + y^2 == 1               % 创建符号表达式
f2 =
x^2 + y^2 == 1
>> f3 = ~(y - sqrt(x) > 0)           % 创建符号表达式
f3 =
~0 < y - x^(1/2)
>> f4 = x > 0 | y < -1               % 创建符号表达式
f4 =
0 < x | y < -1
>> f5 = x > 0 & y < -1               % 创建符号表达式
f5 =
0 < x & y < -1
```

通过算术运算、关系运算和逻辑运算创建的符号表达式是由逻辑运算符连接的一系列等式或不等式。利用 isAlways 函数或 logical 函数可判断等式或不等式是否成立,利用 isequaln 函数可判断两个符号表达式是否相等,它们均返回逻辑型结果。

【例 5.1-5】 isAlways、logical 和 isequaln 函数的用法示例。

```
>> syms x                            % 定义符号变量
>> f = abs(x) >= 0;                  % 创建符号表达式
>> result1 = isAlways(f)             % 判断不等式|x|>=0是否成立
result1 =
     1
>> result2 = isequaln(abs(x), x)     % 判断|x|是否等于 x
result2 =
     0
>> assume(x > 0);                    % 限定 x > 0
>> result3 = isequaln(abs(x), x)     % 重新判断|x|是否等于 x
result3 =
     1
>> syms x                            % 撤销对符号变量取值域的限定
```

5.1.4 符号表达式的常用运算

这里要介绍的符号表达式的常用运算包括:因式(或因子)分解、合并同类项、对指定项展开、提取符号多项式系数、提取分式的分子和分母、对符号表达式进行化简、对符号分式进行约分、复合函数、嵌套多项式等,用到的 MATLAB 函数如表 5.1-4 所示。

表 5.1-4 符号表达式的常用运算函数

函 数 名	说 明	函 数 名	说 明
factor	因式(或因子)分解	horner	嵌套多项式
collect	合并同类项	simplify	对符号表达式进行化简
expand	对指定项展开	simplifyFraction	对符号分式进行约分

函 数 名	说 明	函 数 名	说 明
combine	把相同的代数结构结合在一起	compose	复合函数
coeffs	提取符号多项式系数	finverse	反函数
numden	提取分式的分子和分母	pretty	美化显示符号表达式

【例 5.1-6】 因式(或因子)分解。

(1) 对 $f = x^3 - y^3$ 进行因式分解；(2)对符号数 12345678901234567890 进行因子分解。

```
>> syms x y                                  % 定义符号变量
>> f = factor(x^3 - y^3)                     % 对符号表达式进行因式分解
f =
[ x - y, x^2 + x * y + y^2]
>> fa = factor(sym('12345678901234567890'))  % 对符号数进行因子分解
fa =
[ 2, 3, 3, 5, 101, 3541, 3607, 3803, 27961]
```

【例 5.1-7】 把 $f = (x + y)(x^2 + y^2 + 1)$ 按变量 y 合并同类项。

```
>> syms x y                         % 定义符号变量
>> f = (x + y) * (x^2 + y^2 + 1);   % 定义符号表达式
>> collect(f, y)                    % 对符号表达式按变量 y 合并同类项
ans =
y^3 + x * y^2 + (x^2 + 1) * y + x * (x^2 + 1)
```

【例 5.1-8】 把符号表达式展开。

(1) $f_1 = \cos(x + y)$；(2) $f_2 = (a + b) e^{(a - b)^2}$。

```
>> syms x y a b                                % 定义符号变量
>> f = [cos(x + y); (a + b) * exp((a - b)^2)]; % 定义符号表达式向量
>> expand(f)                                   % 把符号表达式展开
ans =
  cos(x) * cos(y) - sin(x) * sin(y)
  a * exp(a^2) * exp(b^2) * exp(-2 * a * b) + b * exp(a^2) * exp(b^2) * exp(-2 * a * b)
```

【例 5.1-9】 对符号表达式进行化简。

(1) $f_1 = \sqrt{\dfrac{4}{x^2} + \dfrac{4}{x} + 1}$； (2) $f_2 = \cos(3\arccos(x))$。

```
>> syms x                                             % 定义符号变量
>> f1 = sqrt(4/x^2 + 4/x + 1);                        % 定义符号表达式
>> g1 = simplify(f1)                                  % 按默认设置进行化简
g1 =
((x + 2)^2/x^2)^(1/2)
>> g2 = simplify(f1,'IgnoreAnalyticConstraints',1)    % 忽略分析约束进行化简
g2 =
(x + 2)/x
>> pretty(g2)                                         % 把符号表达式显示为数学公式形式
x + 2
-----
```

```
      x
>> f2 = cos(3 * acos(x));                    % 定义符号表达式
>> g3 = simplify(f2, 'Steps', 4)             % 进行4步化简
g3 =
    4 * x^3 - 3 * x
```

【说明】 pretty 函数用来美化符号表达式在屏幕上的显示样式,把符号表达式显示为数学公式的形式。在 MATLAB R2006b 及其以后的版本中,用户可利用实时编辑器窗口进行符号计算,结果展示更为直观,如图 5.1-1 所示。

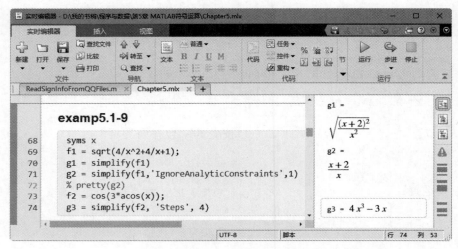

图 5.1-1　MATLAB 实时编辑器窗口

【例 5.1-10】 已知 $f(x)=e^x$,$g(x)=\sin x$,求复合函数 $y=f(g(x))$,并计算 $f(g(\pi))$。

```
>> syms f(x) g(x)                     % 定义符号函数
>> f(x) = exp(x);                     % 定义符号函数表达式
>> g(x) = sin(x);                     % 定义符号函数表达式

>> y1(x) = f(g(x))                    % 求复合函数(方法1)
y1(x) =
  exp(sin(x))

>> y2(x) = compose(f,g)              % 求复合函数(方法2)
y2(x) =
  exp(sin(x))

>> y = y1(pi)                        % 计算复合函数在 x = pi 处的函数值
y =
  1
```

【例 5.1-11】 求符号函数 $f(x)=e^{\sin x}$ 的反函数。

```
>> syms f(x)                         % 定义符号函数
>> f(x) = exp(sin(x));               % 定义符号函数表达式
>> g(x) = finverse(f(x))             % 求符号函数的反函数
g(x) =
    asin(log(x))
```

5.1.5　符号运算中的转换操作

1. 符号数与数值型数(或字符)的转换

当利用符号计算得到计算结果时,有时需要将其转化为数值型结果,以便在后续数值计算中加以利用。符号数与数值型数(或字符)的转换函数如表 5.1-5 所示。

表 5.1-5　符号数与数值型数(或字符)的转换函数

函　数　名	说　　明	函　数　名	说　　明
sym	创建符号对象	int8, int16, int32, int64	把符号矩阵转为有符号整型矩阵
double	把符号矩阵转为双精度矩阵	uint8, uint16, uint32, uint64	把符号矩阵转为无符号整型矩阵
eval	执行 MATLAB 运算	poly2sym	根据系数向量得到符号多项式
single	把符号矩阵转为单精度矩阵	sym2poly	根据符号多项式得到系数向量
vpa	按指定的有效数字位数来显示符号数值对象	char	把符号对象转为字符串

【例 5.1-12】　计算符号函数 $f(x) = \ln(5.2)e^x$ 在 $x = 3$ 处的函数值。

```
>> syms f(x)                         % 定义符号函数
>> f(x) = log(sym(5.2)) * exp(x);    % 指定符号函数表达式
>> y = f(3)                          % 计算符号函数在 x = 3 处的函数值
y =
    exp(3) * log(26/5)
>> y1 = double(y)                    % 把符号数转为双精度数
y1 =
    33.1142
>> y2 = vpa(y,10)                    % 以 10 位有效数字形式显示符号数
y2 =
    33.1141937
>> x = 3;                            % 指定 x 的值
>> y3 = eval(f)                      % 执行 MATLAB 运算,得到函数值
y3 =
    33.1142
```

2. 符号表达式中的变量替换

MATLAB 中提供了 subs 函数,用来对符号表达式中的变量(或符号项)进行替换。

【例 5.1-13】　把符号表达式 $f = a\sin(x) + b$ 中的 a 和 b 分别换为 2 和 5,并把 $\sin(x)$ 换为 $\ln(y)$。

```
>> syms a b x y                      % 定义符号变量
>> f = a * sin(x) + b;               % 定义符号表达式
>> f1 = subs(f,sin(x),log(y))        % 符号项替换
f1 =
b + a * log(y)
% 变量替换方式一
```

```
>> f2 = subs(f1,[a,b],[2,5])                % 同时替换变量a和b的值
f2 =
    2 * log(y) + 5
% 变量替换方式二
>> f3 = subs(f1,{a,b},{2,5})                % 同时替换变量a和b的值
f3 =
    2 * log(y) + 5
```

【例 5.1-14】 把符号表达式 $f = a\sin(x) + b$ 中的 a 和 b 分别换为 2 和 5，并求 f 在 $x = 1,2,3$ 三点处的值。

```
>> syms a b x                         % 定义符号变量
>> f = a * sin(x) + b;                % 定义符号表达式
>> y = subs(f, {a,b,x}, {2, 5, 1:3})  % 同时替换多个符号变量的值
y =
    [ 2 * sin(1) + 5, 2 * sin(2) + 5, 2 * sin(3) + 5]
>> y = double(y)                      % 将计算结果转为双精度值
y =
    6.6829    6.8186    5.2822
```

3. 将符号表达式转为函数

当通过符号计算得到一个表达式时，希望把它转化成关于其中某个变量的函数，这里的函数可以是符号函数，也可以是匿名函数或 M 文件函数。MATLAB 中的 symfun 函数用来将符号表达式转为符号函数，matlabFunction 函数用来将符号表达式转为匿名函数或 M 文件函数。

【例 5.1-15】 把符号表达式 $a\sin(x) + b$ 转为关于 x 的符号函数 $f(x)$，并求其在 $x = 1,2,3$ 三点处的函数值。

```
>> syms a b x
>> f(x) = symfun(a * sin(x) + b, x);    % 把符号表达式转为符号函数
>> y = f(1:3)
y =
    [ b + a * sin(1), b + a * sin(2), b + a * sin(3)]
```

【例 5.1-16】 创建符号表达式 $f = a(x+b)^c + d$，并将 a,b,c,d 分别替换为 $2, -1, 1/2, 3$，并将替换后表达式转为 x 的函数 $f(x)$，然后求函数在 $x = 10$ 处的函数值。

```
>> syms a b c d x                              % 定义符号变量
>> f = a * (x+b)^c + d;                        % 定义符号表达式
>> g = subs(f,{a,b,c,d},{2, -1,sym(1/2),3});   % 同时替换多个变量
>> FunFromSym1 = matlabFunction(g)             % 将符号表达式转为匿名函数
FunFromSym1 =
    @(x)sqrt(x - 1.0). * 2.0 + 3.0
>> y = FunFromSym1(10)                          % 调用匿名函数计算函数值
y =
    9
% 将符号表达式转为 M 文件函数 FunFromSym2.m
>> matlabFunction(g, 'file',[pwd, '\FunFromSym2.m'],...
    'vars',{'x'}, 'outputs',{'y'});
>> y = FunFromSym2(10)                          % 调用 M 文件函数计算函数值
y =
    9
```

本例中由符号表达式转化成的 M 文件函数 FunFromSym2.m 的代码如下：

```
function y = FunFromSym2(x)
% FUNFROMSYM2
%     Y = FUNFROMSYM2(X)

%     This function was generated by the Symbolic Math Toolbox version 8.5.
%     12 - Apr - 2021 09:58:54

y = sqrt(x - 1.0). * 2.0 + 3.0;
```

5.1.6　符号函数绘图

根据符号表达式或符号函数进行绘图的 MATLAB 函数如表 5.1-6 所示。

表 5.1-6　根据符号表达式或符号函数进行绘图的 MATLAB 函数

函　数　名	说　　明	函　数　名	说　　明
fplot	绘制平面曲线	ezpolar	绘制极坐标函数图
fplot3	绘制三维曲线	ezplot	绘制平面曲线
fmesh	绘制三维网格图	ezplot3	绘制三维曲线
fsurf	绘制三维面图	ezmesh	绘制三维网格图
fcontour	绘制等高线图	ezsurf	绘制三维面图
fimplicit	绘制平面隐函数图	ezcontour	绘制等高线图
fimplicit3	绘制三维隐函数图	ezcontourf	绘制填充式等高线图
		ezmeshc	绘制带有等高线的三维网格图
		ezsurfc	绘制带有等高线的三维面图

注：以 f 开头的函数是 MATLAB 较新版本里提供的绘图函数，以 ez 开头的函数是 MATLAB 较老版本中提供的绘图函数。

【例 5.1-17】　绘制函数 $f(x) = \dfrac{1}{\ln|x|}$ 在 $x \in [-6,6]$ 上的图形。

```
>> syms f(x)                                          % 定义符号函数
>> f(x) = 1/log(abs(x));                              % 指定符号函数表达式
>> fplot(f,[-6,6]);                                   % 绘制函数图形
>> xlabel('x');                                       % 添加 x 轴标签
>> ylabel('$ $ f(x) = \frac{1}{ln|x|} $ $ ','Interpreter','Latex');   % 添加 y 轴标签
```

以上命令做出的函数图形如图 5.1-2 所示。

【例 5.1-18】　绘制函数 $f(x,y) = \begin{cases} \dfrac{xy}{x^2 + y^2}, & x^2 + y^2 \neq 0 \\ 0, & x^2 + y^2 = 0 \end{cases}$ 在 $-1 \leqslant x, y \leqslant 1$ 上的图形。

```
>> syms f(x,y)                                        % 定义符号函数
>> f(x,y) = x * y/(x^2 + y^2);                        % 指定符号函数表达式
>> fsurf(f,[-1,1,-1,1])                               % 绘制函数图形
>> xlabel('x');ylabel('y');zlabel('z');               % 添加坐标轴标签
>> hold on                                            % 开启图形保持
>> plot3(0,0,0,'r.','MarkerSize',20)                 % 绘制原点
>> title(' $ f(x,y) = \frac{xy}{x^2 + y^2} $ ','Interpreter','latex')   % 添加标题
>> view(127,34)                                       % 设置视点位置
```

以上命令做出的函数图形如图 5.1-3 所示。

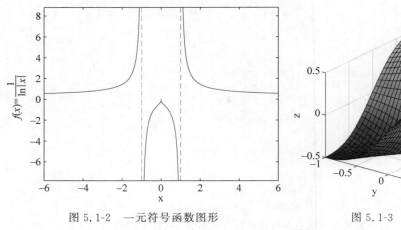

图 5.1-2　一元符号函数图形

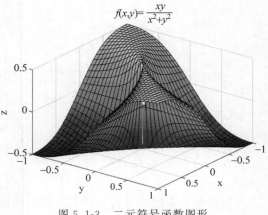

图 5.1-3　二元符号函数图形

5.2　符号微积分

MATLAB 符号计算功能强大,可以解决高等数学中大多数微积分问题,而且求解命令简单,符合人们求解问题的思路。

5.2.1　极限、导数和级数的符号计算

MATLAB 中完成极限、导数和级数符号计算的函数如表 5.2-1 所示。

表 5.2-1　求极限、导数和级数的 MATLAB 函数

函　数　名	使　用　示　例	说　　　明
limit	limit(f,x,a)	求极限 $\lim\limits_{x \to a} f(x)$
	limit(f,x,a,'left')	求左极限 $\lim\limits_{x \to a^-} f(x)$
	limit(f,x,a,'right')	求右极限 $\lim\limits_{x \to a^+} f(x)$
diff	diff(f,x,n)	求 n 阶导数 $f^{(n)}(x)$
jacobian	jacobian(f,v)	求多元向量函数 $f(v)$ 的 Jacobian 矩阵
taylor	taylor(f, x, x_0, 'Order', n)	把 $f(x)$ 在 $x=x_0$ 处作 $n-1$ 阶泰勒展开
symsum	symsum(f,k,a,b)	求 $\sum\limits_{k=a}^{b} f_k$

【例 5.2-1】　求下列极限。

$(1) \lim\limits_{n \to \infty} \dfrac{(-1)^n}{(n+1)^2}$；$(2) \lim\limits_{x \to 0^-} \dfrac{\sin ax}{ax}$；$(3) \lim\limits_{x \to \infty} \left(1 - \dfrac{2}{x}\right)^{kx}$；$(4) \lim\limits_{\substack{x \to b \\ y \to c}} \dfrac{a}{1 + x^2 + y^2}$。

```
>> syms n a b c k x y          % 定义符号变量
>> xn = (−1)^n/(n+1)^2;         % 数列通项
>> L1 = limit(xn,n,inf)         % 求数列极限
```

```
L1 =
     0

>> f1 = sin(a * x)/(a * x);           % 定义符号表达式
>> L2 = limit(f1,x,0,'left')          % 求函数极限
L2 =
     1

>> f2 = (1 - 2/x)^(k * x);            % 定义符号表达式
>> L3 = limit(f2,x,inf)               % 求函数极限
L3 =
     exp( - 2 * k)

>> f3 = a/(1 + x^2 + y^2);            % 定义符号表达式
>> L4 = limit(limit(f3,x,b),y,c)      % 求函数极限
L4 =
     a/(b^2 + c^2 + 1)
```

【例 5.2-2】 求显函数和隐函数的导数。

(1) 已知 $f(x) = \sin^2 x$，求 $f'(1)$ 和 $f''(x)$；(2) 已知 $\cos(x + \sin y) = \sin y$，求 $\dfrac{\mathrm{d}y}{\mathrm{d}x}$。

```
>> syms x y                           % 定义符号变量
>> f(x) = sin(x)^2;                   % 定义一元符号函数
>> df = diff(f,x)                     % 求一阶导函数
df(x) =
     2 * cos(x) * sin(x)

>> df_1 = df(1)                       % 求一阶导数值
df_1 =
     2 * cos(1) * sin(1)

>> ddf = diff(f,x,2)                  % 求二阶导函数
ddf(x) =
     2 * cos(x)^2 - 2 * sin(x)^2

>> F(x,y) = cos(x + sin(y)) - sin(y); % 定义二元符号函数
>> dy = - diff(F,x)/diff(F,y)         % 隐函数求导
dy(x, y) =
     - sin(x + sin(y))/(cos(y) + sin(x + sin(y)) * cos(y))
```

【例 5.2-3】 求 $f(x_1, x_2) = \begin{bmatrix} x_1 + x_2 \\ x_2 \ln(x_1) \end{bmatrix}$ 的 Jacobian 矩阵：$\begin{bmatrix} \dfrac{\partial f_1}{\partial x_1} & \dfrac{\partial f_1}{\partial x_2} \\ \dfrac{\partial f_2}{\partial x_1} & \dfrac{\partial f_2}{\partial x_2} \end{bmatrix}$。

```
>> syms x1 x2                         % 定义符号变量
>> f = [x1 + x2;x2 * log(x1)];        % 定义符号表达式向量
>> v = [x1;x2];                       % 定义自变量向量
>> jac = jacobian(f,v)                % 求 Jacobian 矩阵
jac =
     [    1,      1]
     [ x2/x1, log(x1)]
```

【例 5.2-4】 求函数 $f(x)=e^x$ 在 $x=0$ 处展开的 5 阶 Maclaurin 公式（函数在 $x=0$ 处的泰勒公式称为函数的 Maclaurin 公式）。

```
>> syms x                              % 定义符号变量
>> f = exp(x);                         % 定义符号表达式
>> g = taylor(f, x, 0, 'Order', 6)     % 泰勒展开
g =
    x^5/120 + x^4/24 + x^3/6 + x^2/2 + x + 1
```

【例 5.2-5】 求下列无穷级数。

(1) $\displaystyle\sum_{k=3}^{+\infty} \frac{k-2}{2^k}$；(2) $\displaystyle\sum_{k=1}^{+\infty} \left[\frac{1}{(2k+1)^2}, \frac{(-1)^k}{3^k}\right]$。

```
>> syms k                              % 定义符号变量
>> f1 = (k-2)/2^k;                     % 级数的一般项
>> s1 = symsum(f1,k,3,inf)             % 级数求和
s1 =
    1/2

>> f2 = [1/(2*k+1)^2, (-1)^k/3^k];     % 定义向量形式的一般项
>> s2 = symsum(f2,k,1,inf)             % 级数求和
s2 =
    [ pi^2/8 - 1, -1/4]
```

5.2.2 符号积分计算

MATLAB 中提供了 int 函数，用来求符号函数的积分，其调用格式如下：

```
intf = int(f,x)        % 求以 x 为自变量的函数 f 的不定积分
intf = int(f,x,a,b)    % 求以 x 为自变量的函数 f 从 a 到 b 的定积分
```

【例 5.2-6】 求下列积分。

(1) $\displaystyle\int x\ln(ax)\,\mathrm{d}x$；(2) $\displaystyle\int_{-1}^{1} \sqrt{1-x^2}\,\mathrm{d}x$；(3) $\displaystyle\int_{-\infty}^{+\infty} e^{-\frac{x^2}{2}}\,\mathrm{d}x$；(4) $\displaystyle\int_{1}^{2}\int_{x}^{2x}\int_{xy}^{2xy} \frac{(x+y)}{z}\,\mathrm{d}z\,\mathrm{d}y\,\mathrm{d}x$。

```
>> syms x y z a                        % 定义符号变量
>> F = int(x*log(a*x),x)               % 求不定积分
F =
    (x^2*(log(a*x) - 1/2))/2

>> f1 = sqrt(1-x^2);                    % 定义符号表达式
>> s1 = int(f1,x,-1,1)                  % 求定积分
s1 =
    pi/2

>> f2 = exp(-x^2/2);                    % 定义符号表达式
```

```
>> s2 = int(f2,x, - inf,inf)                    % 求反常积分
s2 =
    2^(1/2) * pi^(1/2)

>> f3 = (x + y)/z;                              % 定义符号表达式
>> s3 = int(int(int(f3,z,x * y,2 * x * y),y,x,2 * x),x,1,2)   % 求多重积分
s3 =
    (35 * log(2))/6

>> s4 = double(s3)                              % 符号数转为双精度数
s4 =
    4.0434
```

5.3 符号方程求解

5.3.1 符号代数方程求解

MATLAB 中提供了 solve 函数,用来求解代数方程的符号解。solve 函数不仅可以求解单个线性/非线性方程,而且还可以求解线性/非线性方程组。它的调用格式如下:

```
[y1, …, yN] = solve(eqns, vars, Name, Value)
```

【例 5.3-1】 求解下列方程。

(1) $x^3 - 2x^2 + 4x = 8$;(2)$\sin x + \cos 2x = 1$;(3)$x + x\mathrm{e}^x - 10 = 0$。

```
>> syms x
>> Result1 = solve(x^3 - 2 * x^2 + 4 * x == 8, x)      % 求解多项式方程
Result1 =
    2
 - 2i
    2i

>> Result2 = solve(sin(x) + cos(2 * x) == 1, x)       % 求解三角函数方程
Result2 =
        0
     pi/6
(5 * pi)/6

% 求解三角函数方程,并返回参数及其条件
>> [Result3,params,conditions] = solve(sin(x) + cos(2 * x) == 1,...
x, 'ReturnConditions',true)

Result3 =                                        % 方程的所有解,其中带有参数 k
           pi * k
      pi/6 + 2 * pi * k
(5 * pi)/6 + 2 * pi * k

params =                                          % 参数 k
k
```

```
conditions =                                    % 参数 k 满足的条件(k 均为整数)
in(k, 'integer')
in(k, 'integer')
in(k, 'integer')

>> Result4 = solve(x + x * exp(x) == 10, x)     % 求解超越方程
警告: Unable to solve symbolically. Returning a numeric solution using vpasolve.

Result4 =                                       % 没有找到符号解,返回最接近的数值解
    1.6335061701558463841931651789789
```

【说明】　对于本例,在求解三角函数方程时,方程的解通常具有周期性,默认情况下,solve 函数只返回一个周期上的解,可将 ReturnConditions 参数值设为 true,使其返回所有解。在求解第三个方程时,solve 函数返回了一个警告信息,这是因为 solve 函数没有找到符号解,此时返回最接近的数值解。

【例 5.3-2】　求解方程组 $\begin{cases} x^{-3} + y^{-3} = 28 \\ x^{-1} + y^{-1} = 4 \end{cases}$。

```
>> syms x y                            % 定义符号变量
>> [X,Y] = solve([1/x^3 + 1/y^3 == 28, 1/x + 1/y == 4], [x,y])   % 求解方程组
X =
    1
   1/3

Y =
   1/3
    1
```

5.3.2　符号常微分方程求解

MATLAB 中求解符号常微分方程的函数是 dsolve,其调用格式如下:

```
[y1, …, yN] = dsolve(eqns, conds, Name, Value)
```

【例 5.3-3】　求解常微分方程 $\dfrac{\mathrm{d}^2 y}{\mathrm{d}x^2} = x + y$。

```
>> syms y(x)                     % 定义符号函数 y(x)
>> Y = dsolve(diff(y,2) == x + y)   % 求解常微分方程
Y =
    C2 * exp(x) - x + C1 * exp(-x)
```

上述结果中的 C1、C2 都是任意常数。

【例 5.3-4】　求解初值问题: $\dfrac{\mathrm{d}y}{\mathrm{d}t} = 1 + y^2$, $y(0) = 1$。

```
>> syms y(t)                     % 定义符号函数 y(t)
>> Y = dsolve(diff(y) == 1 + y^2, y(0) == 1)   % 求解初值问题
```

```
Y =

    tan(t + pi/4)

% 考虑分析上的约束,求解更具一般意义的解
>> Y = dsolve(diff(y) == 1 + y^2, y(0) == 1, …
    'IgnoreAnalyticConstraints', false)
Y =

    piecewise(in(C1, 'integer'), tan(t + pi/4 + pi * C1))
```

【说明】　本例演示了 dsolve 函数的两种调用方法,其中第二种调用用到了 IgnoreAnalyticConstraints 参数,其字面意思是"忽略分析上的约束",这是出于一些求解结果在一般性上的考虑。譬如下面表达式: $\ln e^x$,通常我们认为其等于 x,这是基于默认 x 为实数情况下得出的结论。如果 $x = 2\pi i$,则 $\ln e^{2\pi i} = \ln 1 = 0$ 而不是等于 $2\pi i$。上述 IgnoreAnalyticConstraints 有两个参数值可供选择: true 和 false。默认情况下为 true,此时不对所求结果进行一般意义上的推广,所求解在最一般意义条件下可能不成立,但仍满足原始微分方程以及定解条件。而如果选择 false,dsolve 返回的解(前提是能够求得解析解)在最一般意义下也会成立,但是会增加求不出统一的解析表达式的概率。

【例 5.3-5】　求解两点边值问题: $xy'' - 3y' = x^2$, $y(1) = 0$, $y(5) = 0$,并绘制解曲线。

```
>> syms y(x)                                        % 定义符号函数
% 求解两点边值问题
>> Y = dsolve(x * diff(y,2) - 3 * diff(y) == x^2, [y(1) == 0, y(5) == 0])
Y =

    (31 * x^4)/468 - x^3/3 + 125/468

>> h = fplot(Y,[-1,6]);                             % 绘制解曲线
>> set(h, 'color', 'k', 'LineWidth', 2, 'LineStyle', '--');    % 设置解曲线的属性
>> hold on;                                         % 开启图形保持
>> plot([1 5],[0,0], 'p', 'color', 'r', 'markersize',12);     % 画微分方程的两个边值点
>> text(1,1,'y(1) = 0');                            % 图上标注边值条件
>> text(4,1,'y(5) = 0');
>> title('');                                       % 设置标题为空
>> hold off;                                        % 关闭图形保存
```

上述代码得到的图形如图 5.3-1 所示。

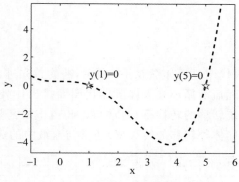

图 5.3-1　两点边值问题的解曲线

【例 5.3-6】 求解两点边值问题：$xy'' - 3y' = x^2$，$y(1) = 0$，$y'(5) = 1$。

```
>> syms y(x)                              % 定义符号函数
>> Dy = diff(y);                          % 求符号函数的一阶导函数
>> eq = x * diff(y,2) - 3 * Dy == x^2;    % 定义符号微分方程
>> Y = dsolve(eq, [y(1) == 0, Dy(5) == 1]) % 求解常微分方程
Y =
    (13 * x^4)/250 - x^3/3 + 211/750
```

【例 5.3-7】 求解常微分方程组 $\begin{cases} \dfrac{\mathrm{d}x}{\mathrm{d}t} = y \\ \dfrac{\mathrm{d}y}{\mathrm{d}t} = -x \end{cases}$。

```
>> syms x(t)  y(t)                        % 定义符号函数
>> [X, Y] = dsolve(diff(x) == y, diff(y) == -x) % 求解常微分方程组
X =
    C1 * cos(t) + C2 * sin(t)

Y =
    C2 * cos(t) - C1 * sin(t)
```

上述结果中的 C1、C2 都是任意常数。

5.4 建模案例选讲——药物中毒的施救方案

5.4.1 问题描述

一名儿童一次性误服 11 片治疗哮喘病的、剂量为 100mg/片的氨茶碱片，到达医院就诊时，距服药时刻已过去两个小时，此时孩子已出现呕吐、头晕等不良症状。按照药品使用说明书，氨茶碱的成人用量是每次 100～200mg，儿童用量是 3～5mg/kg，如果过量服用，可使血药浓度（单位容积血液中的药量）过高，当血药浓度达到 100μg/ml 时，会出现严重中毒，达到 200μg/ml 则可致命。接诊医生需要根据专业知识迅速判断孩子的中毒状况，选择合理的施救方案。

5.4.2 问题分析

人体服用药物后的吸收代谢过程如图 5.4-1 所示，药物首先进入胃肠道，再由胃肠道的外壁进入血液循环系统，然后随血液循环被人体脏器代谢而排出体外。血液系统对药物的吸收率（药物从胃肠道向血液系统转移的转移率）通常与胃肠道中的药量成正比，血液系统对药物的排除率（药物从血液系统向体外转移的转移率）通常与血液中的药量成正比。

图 5.4-1 口服药物的吸收代谢过程

接诊医生需要根据药物的吸收代谢规律及时计算出孩子入院时的血药浓度,以此选择接下来的施救方案。如果血药浓度达到危险的水平,可选的临床施救方案包括:口服活性炭和体外血液透析,前者通过口服活性炭来吸附药物,可使血液中药物的排除率增至原来(人体自身)的 2 倍,后者通过在体外对血液进行过滤,可使血液中药物的排除率增至原来的 6 倍。

5.4.3 模型假设与符号约定

为了判断孩子的中毒状况,需要建立数学模型,求出胃肠道和血液系统中药量随时间变化的规律。这里把 t 时刻胃肠道中的药量记为 $x(t)$,血液系统中的药量记为 $y(t)$,以孩子误服药物的时刻为 $t=0$ 时刻。在此基础上给出如下模型假设。

(1) 由于药物从胃肠道向血液系统转移的转移率与胃肠道中的药量 $x(t)$ 成正比,这里记比例系数为 $\lambda(\lambda>0)$,并假设总剂量为 1100mg 的药物在 $t=0$ 时刻全部进入胃肠道,即 $x(0)=1100$。

(2) 由于血液系统中药物的排除率与血液系统中的药量 $y(t)$ 成正比,这里记比例系数为 $\mu(\mu>0)$,并假设 $t=0$ 时刻血液系统中药量为 0,即 $y(0)=0$。

(3) 假设任意 t 时刻,血液系统中的药物分布是均匀的。

(4) 在药物总量确定的情况下,血药浓度与血液总量有关。人体血液总量约占体重的 7%～8%(L/kg),即每千克体重约有 70～80ml 血液,一个体重为 50～60kg 的成年人的血液总量为 4000ml 左右。假设误服药物儿童的血液总量为成人的一半,约为 2000ml。

(5) 比例系数 λ 和 μ 可由氨茶碱吸收和排除的半衰期确定,从药品说明书可知,氨茶碱吸收的半衰期约为 5h,即 $x(5)=x(0)/2$,排除的半衰期约为 6h,若只考虑血液系统对药物的排除,则有 $y(t+6)=y(t)/2$。

5.4.4 模型建立

由假设(1)可知,$x(0)=1100$,随着药物从胃肠道向血液系统的转移,胃肠道中药量 $x(t)$ 会逐渐下降,其下降速度 $\dfrac{\mathrm{d}x}{\mathrm{d}t}$ 与 $x(t)$ 成正比(比例系数 $\lambda>0$),从而建立微分方程模型:

$$\frac{\mathrm{d}x}{\mathrm{d}t}=-\lambda x,x(0)=1100 \tag{5.4-1}$$

由假设(2)可知,$y(0)=0$,从 $t=0$ 开始,药物从胃肠道向血液系统转移(血液系统吸收药物),同时血液系统启动对药物的排除,血液系统中的药量 $y(t)$ 先增后减。$y(t)$ 因吸收作用而增长的速度为 λx,因排除作用而减少的速度与 $y(t)$ 成正比(比例系数 $\mu>0$),所以 $y(t)$ 满足微分方程:

$$\frac{\mathrm{d}y}{\mathrm{d}t}=\lambda x-\mu y,y(0)=0 \tag{5.4-2}$$

5.4.5 模型求解

求解式(5.4-1)和式(5.4-2)的 MATLAB 代码及结果如下:

```
>> syms x(t) y(t) lambda mu                               % 定义符号函数及参数
>> equ = [diff(x) == - lambda * x, diff(y) == lambda * x - mu * y];   % 定义微分方程
>> cond = [x(0) == 1100, y(0) == 0];                      % 定义初值条件
>> [x(t), y(t)] = dsolve(equ, cond)                       % 求解微分方程
x(t) =
      1100e^-λt
y(t) =
      1100λe^-μt     1100λe^-λt
      ─────────  ─  ─────────
        λ - μ          λ - μ
```

由以上代码可知：

$$x(t) = 1100e^{-\lambda t} \tag{5.4-3}$$

$$y(t) = \frac{1100\lambda}{\lambda - \mu}(e^{-\mu t} - e^{-\lambda t}) \tag{5.4-4}$$

接下来由氨茶碱吸收和排除的半衰期确定比例系数 λ 和 μ。由于氨茶碱吸收的半衰期约为 5h，可知 $x(5) = x(0)/2$，即 $1100e^{-5\lambda} = 1100/2$，解得 $\lambda = (\ln 2)/5 \approx 0.1386$。

为了根据氨茶碱排除的半衰期确定 μ，不考虑血液系统对药物的吸收，只考虑血液系统对药物的排除，此时 $\dfrac{dy}{dt} = -\mu y$，假设 τ 时刻血液系统中的药量 $y(\tau) = a$，解得 $y(t) = ae^{-\mu(t-\tau)}$，$t \geq \tau$。由于氨茶碱排除的半衰期约为 6h，可知 $y(\tau + 6) = y(\tau)/2$，即 $ae^{-6\mu} = a/2$，解得 $\mu = (\ln 2)/6 \approx 0.1155$。

求解 λ 和 μ 的 MATLAB 代码如下：

```
>> lambda = solve(x(5) == x(0)/2)                         % 求解血液对药物的吸收率系数
lambda =
      log(2)
      ──────
        5
>> syms y2(t) mu tau a                                    % 定义符号函数及参数
>> y2(t) = dsolve(diff(y2) == - mu * y2, y2(tau) == a)    % 求解微分方程
y2(t) =
      ae^-μt e^μτ
>> mu = solve(y2(tau + 6) == y2(tau)/2, mu)               % 求解血液对药物的排除率
mu =
      log(2)
      ──────
        6
```

将 λ 和 μ 的值代入式(5.4-3)和式(5.4-4)可得：

$$x(t) = 1100e^{-(\ln 2)t/5} \tag{5.4-5}$$

$$y(t) = 6600(e^{-(\ln 2)t/6} - e^{-(\ln 2)t/5}) \tag{5.4-6}$$

5.4.6 结果与分析

下面根据模型求解结果绘制 $x(t)$ 和 $y(t)$ 随时间变化的曲线(如图 5.4-2 所示)，并计算孩子就诊时($t = 2$)的血药含量，从而判断孩子的中毒状况。

根据模型假设(4)和问题描述，孩子的血液总量为 2000ml，当血药浓度达到 $100\mu g/ml$，即血液中药物含量达到 200mg 时，会出现严重中毒，当血药浓度达到 $200\mu g/ml$，即血液中药物

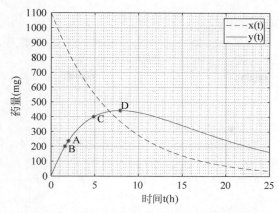

图 5.4-2 胃肠道中的药量 $x(t)$ 和血液系统中的药量 $y(t)$

含量达到 400mg 时则可致命。将 $t=2$ 代入式(5.4-6)可得 $y(2)=236.5588$mg,由此可知孩子就诊时(图 5.4-2 中 A 点)已经出现严重中毒。结合图 5.4-2 可知,若不及时进行施救,血液中药物含量将在一段时间后超过 400mg,这将会危及孩子性命。

进一步地,还可根据模型式(5.4-6)计算血液中药物含量分别达到 200mg 和 400mg 的具体时刻,以及在不进行施救的情况下血液中药物含量达到峰值的时刻和相应的峰值。记血液中药物含量分别达到 200mg、400mg 和峰值的具体时刻分别为 t_B,t_C 和 t_D,则有

$$y(t_B)=200, y(t_C)=400, y'(t_D)=0 \qquad (5.4\text{-}7)$$

求解式(5.4-7)并绘图的 MATLAB 代码如下:

```
>> y2h = double(subs(y,2))                    % t = 2h 时血液中药量
y2h =
  236.5588
>> tB = double(solve(y(t) == 200))            % 严重中毒时刻
tB =
    1.6090
>> tC = double(solve(y(t) == 400))            % 致命中毒时刻
tC =
    4.8648
>> tD = double(solve(diff(y) == 0))           % 不加施救情形下,血药量达到峰值时刻
tD =
    7.8910
>> ymax = double(subs(y,tD))                  % 最大血药量
ymax =
  442.0653


% 结果可视化
>> figure                                     % 创建 figure 窗口
>> fplot(x,[0,25],'b-- ')                      % 胃肠道中药量变化曲线
>> hold on                                    % 开启图形保持
>> fplot(y,[0,25],'r')                         % 血液中药量变化曲线
>> grid on                                    % 添加主网格线
>> set(gca,'XMinorGrid','on','YMinorGrid','on') % 添加次网格线
>> xlabel('时间 t(h)'); ylabel('药量(mg)');    % 添加坐标轴标签
>> plot([2,tB,tC,tD],[y2h,200,400,ymax],'b* ') % 绘制各时刻标记点
>> text([2,tB,tC,tD] + 0.5,[y2h,200,400,ymax],...
   {'A','B','C','D'})                         % 添加标记点的文本标注
>> legend('x(t)','y(t)')                       % 添加图例
```

由以上求解结果可知血液中药量 $y(t)$ 在 $t_B = 1.6090\text{h}$ 达到 200mg，在 $t_C = 4.8648\text{h}$（到达医院后 2.8648h）达到 400mg，在 $t_D = 7.8910\text{h}$（到达医院后 5.8910h）达到峰值 442.0653mg。以上各状态分别对应图 5.4-2 中 B、C、D 点。

5.4.7　施救方案

模型计算结果表明，若不及时进行施救，孩子会有生命危险，因此需要选择合适的施救方案。下面针对口服活性炭和体外血液透析两种施救方案，重新计算血液中药量的变化规律。

1. 口服活性炭

假设孩子到达医院时 $(t=2)$ 即开始施救，施救中 $(t \geqslant 2)$ 血液里的药量记为 $z(t)$。由于口服活性炭可使血液中药物的排除率增至原来（人体自身）的 2 倍，则血液中药物的排除率与血液中药量的比例系数将变为原来的 2 倍，即 $\mu = (\ln 2)/3$，新的模型为

$$\begin{cases} \dfrac{\mathrm{d}x}{\mathrm{d}t} = -\lambda x, & x(0) = 1100 \\[2mm] \dfrac{\mathrm{d}z}{\mathrm{d}t} = \lambda x - \mu z, & t \geqslant 2, z(2) = 236.5588 \\[2mm] \lambda = \dfrac{\ln 2}{5}, & \mu = \dfrac{\ln 2}{3} \end{cases} \tag{5.4-8}$$

求解模型式 (5.4-8) 的 MATLAB 代码如下：

```
% ————————— 施救方案:口服活性炭 —————————
>> syms x(t) z(t)                                    % 定义符号函数
>> lambda = log(2)/5;                                % 定义 lambda
>> mu = 2 * log(2)/6;                                % 定义 mu
>> eq2 = [diff(x) == - lambda * x,diff(z) == lambda * x - mu * z]; % 定义微分方程
>> cond2 = [x(0) == 1100,z(2) == 236.5588];          % 定义初值条件
>> [x(t),z(t)] = dsolve(eq2,cond2);                  % 求解微分方程
>> z = vpa(z,5)                                       % 以 5 位有效数字形式显示
z(t) =
     1650.0 * exp( - 0.13863 * t) - 1609.5 * exp( - 0.23105 * t)

% 结果可视化
>> figure                                            % 创建 figure 窗口
>> fplot(x,[0,25], 'b-- ')                           % 胃肠道中药量变化曲线
>> hold on                                           % 开启图形保持
>> fplot(y,[0,25], 'r- .')                           % 血液中药量变化曲线(不施救)
>> fplot(z,[2,25], 'k')                              % 血液中药量变化曲线(施救)
>> grid on                                           % 添加主网格线
>> set(gca, 'XMinorGrid', 'on', 'YMinorGrid', 'on')  % 添加次网格线
>> xlabel('时间 t(h)');  ylabel('药量(mg)');          % 添加坐标轴标签
>> legend('x(t)', 'y(t)', 'z(t)')                    % 添加图例

>> t4 = double(solve(diff(z) == 0))                  % 施救情形下,血药量达到峰值时刻
t4 =
   5.2582
>> zmax = double(subs(z,t4))                          % 最大血药量
zmax =
  318.3973
```

由以上代码可知：

$$z(t) = 1650e^{-0.13863t} - 1609.5e^{-0.23105t}, \quad t \geqslant 2 \tag{5.4-9}$$

$x(t)$，$y(t)$，$z(t)$ 随时间变化的曲线如图 5.4-3 所示。由 $z'(t) = 0$ 解得 $t = 5.2582$，相应的 $z(t) = 318.3973$。很显然，经口服活性炭施救后，血液中药量 $z(t)$ 在 $t = 5.2582\text{h}$ 时达到峰值 318.3973mg，远低于 $y(t)$ 的峰值（442.0653mg）和致命水平（400mg）。

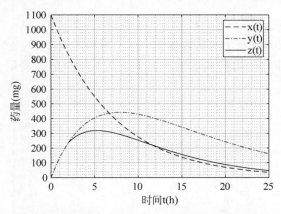

图 5.4-3　经口服活性炭施救后血液系统中的药量 $z(t)$

2. 体外血液透析

由于体外血液透析可使血液中药物的排除率增至原来（人体自身）的 6 倍，则血液中药物的排除率与血液中药量的比例系数将变为原来的 6 倍，即 $\mu = \ln 2$，新的模型为：

$$\begin{cases} \dfrac{\mathrm{d}x}{\mathrm{d}t} = -\lambda x, & x(0) = 1100 \\[2mm] \dfrac{\mathrm{d}z}{\mathrm{d}t} = \lambda x - \mu z, & t \geqslant 2, z(2) = 236.5588 \\[2mm] \lambda = \dfrac{\ln 2}{5}, & \mu = \ln 2 \end{cases} \tag{5.4-10}$$

求解模型式(5.4-10)的 MATLAB 代码如下：

```
% ---------------- 施救方案:体外血液透析 -----------------
>> syms x(t) z(t)                                    % 定义符号函数
>> lambda = log(2)/5;                                % 定义 lambda
>> mu = 6 * log(2)/6;                                % 定义 mu
>> eq2 = [diff(x) == - lambda * x,diff(z) == lambda * x - mu * z]; % 定义微分方程
>> cond2 = [x(0) == 1100,z(2) == 236.5588];          % 定义初值条件
>> [x(t),z(t)] = dsolve(eq2,cond2);                  % 求解微分方程
>> z = vpa(z,5)                                      % 以5位有效数字形式显示
z(t) =
    275.0 * exp( - 0.13863 * t) + 112.59 * exp( - 0.69315 * t)

% 结果可视化
>> figure                                            % 创建 figure 窗口
>> fplot(x,[0,25], 'b-- ')                           % 胃肠道中药量变化曲线
>> hold on                                           % 开启图形保持
>> fplot(y,[0,25], 'r - .')                          % 血液中药量变化曲线(不施救)
```

```
>> fplot(z,[2,25],'k')                              % 血液中药量变化曲线(施救)
>> grid on                                          % 添加主网格线
>> set(gca,'XMinorGrid','on','YMinorGrid','on')     % 添加次网格线
>> xlabel('时间 t(h)');   ylabel('药量(mg)');        % 添加坐标轴标签
>> legend('x(t)','y(t)','z(t)')                     % 添加图例
```

由以上代码可知：

$$z(t) = 275\mathrm{e}^{-0.13863t} - 112.59\mathrm{e}^{-0.69315t}, \quad t \geqslant 2 \tag{5.4-11}$$

$x(t)$，$y(t)$，$z(t)$随时间变化的曲线如图 5.4-4 所示。很显然，经体外血液透析施救后，血液中药量 $z(t)$ 关于时间 t 单调递减，说明体外血液透析的救治方案是十分有效的。

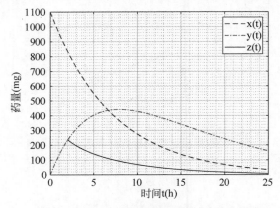

图 5.4-4　经体外血液透析施救后血液系统中的药量 $z(t)$

由以上计算可知两种施救方案均能有效地将血液中药量降至致命水平以下，虽然体外血液透析可使血液中药量下降更快，但其治疗成本较高，并且存在安全风险，综合考虑，应该选择口服活性炭方案。

第6章 MATLAB数值计算

在实际应用中,符号计算具有很大的局限性,很多微积分问题或方程求解问题不能用符号计算解决,此时就要用到数值计算,借助数值计算方法,可以求出问题的满足一定精度要求的近似解。相对于符号计算来说,数值计算具有更为广泛的应用,而数值计算也是 MATLAB 的优势所在。本章结合具体案例介绍 MATLAB 的常用数值计算方法,包括微积分问题的数值解、代数方程与方程组的数值解、常微分方程与方程组的数值解、偏微分方程与方程组的数值解。

6.1 微积分问题的数值解

本节介绍离散数据求差分及导数、离散数据求积分、一元或多元函数的数值积分。

6.1.1 离散数据求差分及导数

MATLAB 中提供了 diff 函数和 gradient 函数。diff 函数用来根据离散数据求差分,gradient 函数用来基于离散数据求一元或多元函数的梯度。它们的用法如表 6.1-1 所示。

表 6.1-1   diff 和 gradient 函数的用法

函 数 名	调用格式	说　明
diff	dx = diff(X)	求一阶差分,当 X 为向量时,dx = X(2:end)$-$X(1:end$-$1),即 dx 中的元素是由 X 中的每个元素减去前面相邻的元素得到,dx 的元素个数比 X 的元素个数少一个;当 X 是矩阵时,dx = X(2:end,:)$-$X(1:end$-$1,:)
	dx = diff(X, n)	求 n 阶差分
gradient	FX = gradient(F,h)	基于离散数据求一元函数的梯度,FX 是与 F 等长的向量,其中: FX(1) = (F(2)$-$F(1))/h FX(end) = (F(end)$-$F(end$-$1))/h FX(2:end$-$1) = (F(3:end)$-$F(1:end$-$2))/(2*h)
	[FX, FY] = gradient (F,h1,h2)	基于离散数据求二元函数的梯度,FX、FY 是与 F 同样大小的矩阵,FX 为 X 方向的梯度,FY 为 Y 方向的梯度

【例 6.1-1】 已知 $y = \sin x$,以 $h = 0.01$ 为步长,产生该函数在区间 $[0, 2\pi]$ 上的离散数据,并求数值导数。

```
>> h = 0.01;                                          % 步长变量
>> x = 0:h:2 * pi;                                    % 自变量向量
>> y = sin(x);                                        % 计算函数值向量

>> dy_dx1 = diff(y)./diff(x);                         % 调用 diff 函数求数值导数
>> dy_dx2 = gradient(y,h);                            % 调用 gradient 函数求数值导数

>> figure;                                            % 创建空白的图形窗口
>> plot(x,y);                                         % 绘制正弦函数曲线
>> hold on;                                           % 开启图形保持
>> plot(x(1:end − 1),dy_dx1,'k:');                    % 绘制导函数曲线
>> plot(x,dy_dx2,'r−− ');                             % 绘制导函数曲线
>> legend('y = sin(x)','导函数曲线(diff)','导函数曲线(gradient)');   % 添加图例
>> xlabel('x'); ylabel('正弦曲线及导函数曲线');          % 添加坐标轴标签
```

以上代码中分别调用 diff 和 gradient 函数根据离散数据求正弦函数的数值导数,绘制的正弦函数及导函数曲线如图 6.1-1 所示,可以看到两条导函数曲线基本重合。

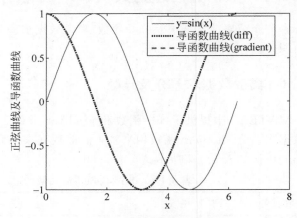

图 6.1-1　正弦函数及导函数曲线

【说明】 计算数值导数时,自变量的增量(步长)会对计算结果造成很大的影响,为保证计算精度,应选择合适的步长。在可以进行符号计算的情况下,应谨慎使用数值导数。

6.1.2　离散数据求积分

trapz 函数和 cumtrapz 函数用来根据离散数据求数值积分(梯形公式算法),其中 trapz 函数用来求通常意义下的积分,cumtrapz 函数用来求累积积分,它们的调用格式如下:

```
Q = trapz(X,Y)                          % 通常 X 和 Y 为等长向量
Z = cumtrapz(X,Y)
```

【例 6.1-2】 产生单位圆圆周上的离散数据,根据这些离散数据求单位圆面积。

```
% 生成 60 组离散数据,求单位圆面积
>> t1 = linspace(0,2 * pi,60);          % 角度向量
```

```
>> x1 = cos(t1); y1 = sin(t1);        % 计算单位圆圆周上离散点的 x 和 y 坐标
>> s1 = abs(trapz(x1,y1))             % 根据离散数据求单位圆面积
s1 =
    3.1357

% 生成 200 组离散数据,求单位圆面积
>> t2 = linspace(0,2 * pi,200);
>> x2 = cos(t2); y2 = sin(t2);
>> s2 = abs(trapz(x2,y2))
s2 =
    3.1411

% 生成 2000 组离散数据,求单位圆面积
>> t3 = linspace(0,2 * pi,2000);
>> x3 = cos(t3); y3 = sin(t3);
>> s3 = abs(trapz(x3,y3))
s3 =
    3.1416
```

由以上代码及结果可以看到,增加离散点的个数,可以提高数值积分的计算精度。

6.1.3 一元或多元函数的数值积分

求一元或多元函数的数值积分的 MATLAB 函数如表 6.1-2 所示。

表 6.1-2 求一元或多元函数的数值积分的 MATLAB 函数

函 数 名	调 用 格 式	说 明
integral	q = integral(fun,xmin,xmax,Name,Value)	一重积分
integral2	q = integral2(fun,xmin,xmax,ymin,ymax,Name,Value)	二重积分
integral3	q = integral3(fun,xmin,xmax,ymin,ymax,zmin,zmax,Name,Value)	三重积分

integral2 和 integral3 函数均可以用来求规则区域和一般区域上的数值积分。在各函数的调用格式中,fun 参数用来指定被积函数对应的函数句柄,被积函数必须支持向量运算,即给定向量形式的输入,能返回向量形式的输出。另外可通过成对出现的参数及参数值(Name/Value)设置积分算法以及控制计算精度,具体参数说明请读者查阅 MATLAB 帮助文档。

【例 6.1-3】 求下列积分:

(1) $\int_0^1 e^{-x^2} dx$; (2) $\int_{-1}^2 dx \int_{x-2}^{2-\sin x} x \cdot \sqrt{10 - y^2} dy$; (3) $\int_1^2 dx \int_x^{2x} dy \int_{xy}^{2xy} xyz dz$ 。

```
>> fun1 = @(x)exp(- x.^2);            % 定义一元被积函数
>> s1 = integral(fun1,0,1)            % 一重数值积分
s1 =
    0.7468

>> fun2 = @(x,y)x. * sqrt(10 - y.^2); % 定义二元被积函数
>> yfun1 = @(x)x - 2;                 % 变量 y 的积分下限函数
>> yfun2 = @(x)2 - sin(x);            % 变量 y 的积分上限函数
>> s2 = integral2(fun2, - 1,2,yfun1,yfun2)  % 二重数值积分
s2 =
```

```
      3.9087
>> fun3 = @(x,y,z)x. * y. * z;                    % 定义三元被积函数
>> yfun1 = @(x)x;                                 % 变量 y 的积分下限函数
>> yfun2 = @(x)2 * x;                             % 变量 y 的积分上限函数
>> zfun1 = @(x,y)x. * y;                          % 变量 z 的积分下限函数
>> zfun2 = @(x,y)2 * x. * y;                      % 变量 z 的积分上限函数
>> s3 = integral3(fun3,1,2,yfun1,yfun2,zfun1,zfun2)   % 三重数值积分
s3 =
      179.2969
```

【例 6.1-4】 求下列积分：

$$(1) \int_{0.2}^{1} 2y \mathrm{e}^{-y^2} \left(\int_{-1}^{1} \frac{\mathrm{e}^{-x^2}}{x^2 + y^2} \mathrm{d}x \right)^2 \mathrm{d}y ; \quad (2) \int_{0}^{1} \left(\int_{0}^{1} \left(\int_{0}^{1} \left(\int_{0}^{1} \mathrm{e}^{x_1 x_2 x_3 x_4} \mathrm{d}x_4 \right) \mathrm{d}x_3 \right) \mathrm{d}x_2 \right) \mathrm{d}x_1 。$$

```
>> fxy = @(x,y)exp( - x.^2)./(x.^2 + y.^2);       % 定义二元函数
% 对于给定的 y,定义内层计算函数,用来计算内层积分的平方
>> fy1 = @(y)integral(@(x)fxy(x,y), - 1,1)^2;
>> fy2 = @(y)arrayfun(@(t)fy1(t),y);              % 使内层运算函数支持向量运算
>> fun1 = @(y)2 * y. * exp( - y.^2). * fy2(y);    % 定义外层积分的被积函数
>> s1 = integral(fun1,0.2,1)                      % 计算外层积分
s1 =
   10.2135
```

```
>> fun2 = @(x1,x2,x3,x4)exp(x1. * x2. * x3. * x4);   % 定义四元函数
% 对于给定的 x1,定义匿名函数,用来计算关于 x2,x3,x4 的三重积分
>> f_x1 = @(x1)integral3(@(x2,x3,x4)fun2(x1,x2,x3,x4),0,1,0,1,0,1);
>> f_x1 = @(x1)arrayfun(@(t)f_x1(t),x1);          % 使上面定义的匿名函数支持向量运算
>> s2 = integral(f_x1,0,1)                        % 计算关于变量 x1 的积分
s2 =
    1.0694
```

【说明】 上述代码中的 arrayfun 函数用来把某个函数作用到数组的每一个元素上,使得函数可以支持数组运算。例 6.1-4 的第 2 个积分是四重积分,程序中把 integral 和 integral3 结合使用,进行求解。对于更多重的积分计算问题,可灵活运用表 6.1-2 中的数值积分函数进行计算。

6.2 代数方程与方程组的数值解

MATLAB 中用数值方法求解方程(组)的函数及运算符如表 6.2-1 所示。

表 6.2-1 MATLAB 中用数值方法求解方程(组)的函数及运算符

函数名(或运算符)	调 用 格 式	说 明
\	A\b	左除,线性方程组 $Ax=b$ 的最小二乘解
/	b/A	右除,线性方程组 $xA=b$ 的最小二乘解
roots	r = roots(p)	多项式方程数值解,p 为降幂排列的多项式系数向量
fzero	[x,fval] = fzero(fun,x0,options)	求解一元非线性方程的数值解
fsolve	[x,fval] = fsolve(fun,x0,options)	求解一般多元非线性方程(组)的数值解

需要注意的是,在实际应用这些函数解决问题时,应注意函数适用的范围,譬如虽然 fsolve 既可以求解非线性方程,也可以求解线性方程,但是真正求解线性方程的时候通常用右除和左除,它们比 fsolve 高效很多。同理,在求解多项式方程时用 roots 函数而不要用 fzero,求解一般的一元非线性方程时 fzero 函数而不要用 fsolve,等等。

fzero 和 fsolve 函数调用格式中的参数说明如下。

➤ fun:目标函数,简单表达式的函数一般用匿名函数表示,复杂的用函数文件的函数句柄形式给出。

➤ x0:优化算法初始迭代解,一般根据经验或者猜测给出。

➤ options:优化参数设置(具体设置请参考 MATLAB 帮助文档)。

➤ x:最优解输出(或最后迭代解)。

➤ fval:最优解(或最后迭代解)对应的目标函数值。

【例 6.2-1】 求解线性方程组 $\begin{cases} x_1 - x_2 + 2x_3 - 3x_4 = 3 \\ -2x_1 + 2x_2 + x_3 + x_4 = -1 \\ -x_1 + x_2 + 8x_3 - 8x_4 = 6 \end{cases}$。

```
>> A = [1 -1 2 -3;-2 2 1 1;-1 1 8 -8];      % 定义系数矩阵
>> b = [3;-1;6];                             % 定义常数向量
>> x = A\b                                   % 通过左除求解最小二乘解
x =
         0
   -2.0000
    2.0000
    1.0000
```

【例 6.2-2】 求解多项式方程 $2x^3 - 3x^2 + 5x - 10 = 0$。

```
>> p = [2, -3, 5, -10];                      % 定义系数向量,按照降幂排列
>> x = roots(p)                              % 求解多项式方程
x =
    1.7279 + 0.0000i
   -0.1139 + 1.6973i
   -0.1139 - 1.6973i
```

【例 6.2-3】 绘制函数 $f(x) = -x\sin(5e^{1-x^2})$ 在区间 $[-1,1]$ 上的图像,并求其在区间 $[0.2, 0.4]$ 内的零点。

```
>> fun = @(x) -x.* sin(5 * exp(1 - x.^2));   % 定义匿名函数
>> figure;                                    % 新建图形窗口
>> fplot(fun,[-1 1]);                         % 绘制函数图像
>> grid on;                                    % 显示参考网格
>> [x,fval] = fzero(fun,[0.2,0.4])            % 求函数在[0.2,0.4]内的零点
x =
    0.2800

fval =
    1.3717e-16

>> hold on;                                    % 开启图形保持
```

```
>> plot(x,fval,'ko');                          % 在函数图像上绘制所求零点
>> xlabel('x');                                % x轴标签
>> ylabel('$$ y = -xsin(5e^{1-x^2}) $$','Interpreter','latex');   % y轴标签
```

上述代码求解出的零点及函数图像如图 6.2-1 所示。

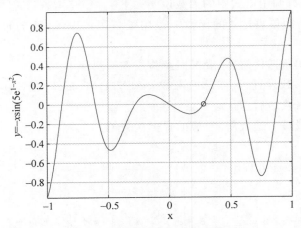

图 6.2-1 函数在指定区间内的零点

【例 6.2-4】 求解多元非线性方程组 $\begin{cases} x_1 - x_2 - \mathrm{e}^{-x_1} = 0 \\ -x_1 + 2x_2 - \mathrm{e}^{-x_2} = 0 \end{cases}$。

```
% 用匿名函数形式定义目标函数,其输出为每个方程的左端项构成的列向量
>> fun = @(X)[X(1) - X(2) - exp(-X(1)); -X(1) + 2*X(2) - exp(-X(2))];
>> x0 = [1,1];                                  % 设置变量初值为[1,1]
>> options = optimset('Display','iter');        % 显示迭代过程
>> [x,fval] = fsolve(fun,x0,options)            % 求解方程组
```

Iteration	Func-count	f(x)	Norm of step	First-order optimality	Trust-region radius
0	3	0.534912		1.86	1
1	6	9.94309e-05	0.246218	0.022	1
2	9	1.48246e-10	0.00925912	1.76e-05	1
3	12	8.81718e-22	1.49255e-05	2.1e-11	1

```
Equation solved.

fsolve completed because the vector of function values is near zero
as measured by the default value of the function tolerance, and
the problem appears regular as measured by the gradient.

<stopping criteria details>

x =
    1.1132    0.7847

fval =
    1.0e-10 *
    -0.2351
    -0.1814
```

【说明】 在调用 fsolve 函数求解多元非线性方程(组)时,应把多个未知变量放到一起构成一个向量 X,作为目标函数的输入变量,目标函数中用到第 i 个变量时,用 $X(i)$ 表示。另外在编写目标函数时,需要把每一个方程的右端化为 0,然后把每一个方程的左端项放到一起构成一个列向量,作为目标函数的输出变量。

【例 6.2-5】 近些年来,世界范围内频发的一些大地震给我们带来了巨大的伤痛,痛定思痛,我们应该为减少震后灾害做些事情。

当地震发生时,震中位置的快速确定对第一时间展开抗震救灾起到非常重要的作用,而震中位置可以通过多个地震观测站点接收到地震波的时间推算得到。这里假定地面是一个平面,在这个平面上建立坐标系,如图 6.2-2 所示。图中给出了 10 个地震观测站点(A~J)的坐标位置。

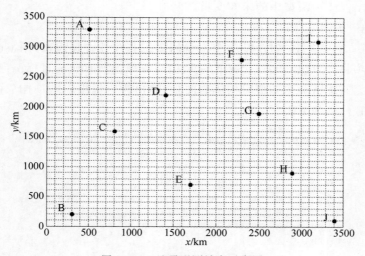

图 6.2-2 地震观测站点示意图

某年 4 月 1 日某时在某一地点发生了一次地震,图 6.2-2 中 10 个地震观测站点均接收到了地震波,观测数据如表 6.2-2 所示。

表 6.2-2 地震观测站坐标及接收地震波时间

地震观测站	横坐标 x/km	纵坐标 y/km	接收地震波时间
A	500	3300	4 月 1 日 9 时 21 分 9 秒
B	300	200	4 月 1 日 9 时 19 分 29 秒
C	800	1600	4 月 1 日 9 时 14 分 51 秒
D	1400	2200	4 月 1 日 9 时 13 分 17 秒
E	1700	700	4 月 1 日 9 时 11 分 46 秒
F	2300	2800	4 月 1 日 9 时 14 分 47 秒
G	2500	1900	4 月 1 日 9 时 10 分 14 秒
H	2900	900	4 月 1 日 9 时 11 分 46 秒
I	3200	3100	4 月 1 日 9 时 17 分 57 秒
J	3400	100	4 月 1 日 9 时 16 分 49 秒

假定地震波在各种介质和各个方向的传播速度均相等,并且在传播过程中保持不变。请根据表 6.2-2 中的数据确定这次地震的震中位置、震源深度以及地震发生的时间(不考虑时区

因素,建议时间以分为单位)。

(1) 建立数学模型。

假设震源三维坐标为(x_0, y_0, z_0),这里的 z_0 取正值,设地震发生的时间为 4 月 1 日 9 时 t_0 分,地震波传播速度为 v_0(单位:km/s)。用$(x_i, y_i, 0)(i=1,2,\cdots,10)$分别表示地震观测站点 A~J 的三维坐标,用 $T_i(i=1,2,\cdots,10)$ 分别表示地震观测站点 A~J 接收到地震波的时刻,这里的 $T_i(i=1,2,\cdots,10)$ 表示 9 时 T_i 分接收到地震波。根据题设条件和以上假设建立变量 T_i 关于 x_i, y_i 的数学模型如下:

$$T_i = t_0 + \frac{\sqrt{(x_i - x_0)^2 + (y_i - y_0)^2 + z_0^2}}{60 v_0}, \quad i = 1, 2, \cdots, 10 \tag{6.2-1}$$

其中,x_0, y_0, z_0, v_0, t_0 为模型中的未知变量。

(2) 模型求解。

式(6.2-1)是一个包含 10 个方程、5 个变量的多元非线性方程组,可用 fsolve 函数进行求解。首先通过移项将方程组右端均化为 0,然后编写方程组所对应的目标函数,函数应有一个输入和一个输出。其输入为未知变量构成的向量,输出为方程组左端项构成的列向量。模型求解的 MATLAB 代码如下:

```
% 定义地震观测站位置坐标及接收地震波时间数据矩阵[x,y,Minutes,Seconds]
>> xyt = [500      3300      21      9
          300       200      19     29
          800      1600      14     51
         1400      2200      13     17
         1700       700      11     46
         2300      2800      14     47
         2500      1900      10     14
         2900       900      11     46
         3200      3100      17     57
         3400       100      16     49];
>> x = xyt(:,1);                            % 地震观测站点的 x 坐标
>> y = xyt(:,2);                            % 地震观测站点的 y 坐标
>> Minutes = xyt(:,3);                      % 接收到地震波的分钟时刻
>> Seconds = xyt(:,4);                      % 接收到地震波的秒钟时刻
>> T = Minutes + Seconds/60;               % 接收到地震波的总时刻(已转化为分)
% 方程组所对应的目标函数(匿名函数)
>> modelfun = @(b) sqrt((x - b(1)).^2 + (y - b(2)).^2 + b(3).^2)/(60 * b(4)) + b(5) - T;
>> b0 = [1000 100 10 1 1];                  % 定义变量初值向量
% 不显示中间迭代过程,并设置优化算法(Levenberg - Marquardt)
>> options = optimoptions('fsolve', 'Display', 'none',...
       'Algorithm', 'Levenberg - Marquardt');
% 调用 fsolve 函数求解模型
>> [Bval,Fval] = fsolve(modelfun,b0,options)

Bval =
   1.0e + 03 *
    2.2005    1.3999    0.0351    0.0030    0.0070

Fval =
     0.0066
    - 0.0064
```

```
    - 0.0001
    - 0.0050
      0.0049
      0.0048
    - 0.0022
      0.0010
    - 0.0036
    - 0.0000
```

由上述代码可知,目标函数的输入参数 b 是一个包含 5 个分量的向量,分别对应式(6.2-1)中的参数 x_0,y_0,z_0,v_0,t_0。由模型求解结果可知:

$$\begin{cases} x_0 = 2200.5 \\ y_0 = 1399.9 \\ z_0 = 35.1 \\ v_0 = 3 \\ t_0 = 7 \end{cases}$$

也就是说,地震发生的时间为某年 4 月 1 日 09 时 07 分,震中位于 $x_0 = 2200.5$,$y_0 = 1399.9$ 处,震源深度 35.1km。

6.3 常微分方程与方程组的数值解

在数学建模中,微分方程模型是非常常见的一类数学模型,大部分的常微分方程模型不能通过符号计算的方法进行求解,这就需要利用数值方法进行求解。MATLAB 中提供了一系列求解常微分方程数值解的函数。这些函数可以求解非刚性问题、刚性问题、隐式微分方程、微分代数方程等初值问题,也可以求解延迟微分方程以及边值问题等。本节以案例形式介绍上述各类型微分方程的求解方法。

6.3.1 初值问题求解

求解常微分方程各种初值问题的 MATLAB 函数如表 6.3-1 所示。

表 6.3-1 微分方程初值问题求解函数

函 数 名	问题类型	统一调用格式及参数说明
ode45	非刚性微分方程	$[T, Y] = solver(odefun, tspan, y0, options)$
ode23	非刚性微分方程	$sol = solver(odefun, [t0\ tf], y0, \cdots)$
ode113	非刚性微分方程	参数说明:
		odefun:微分方程(组)函数的句柄;
ode15s	刚性微分方程	tspan:微分方程(组)的求解时间区间 $[t0, tf]$(或时间点构成的向量);
ode23s	刚性微分方程	y0:微分方程(组)的初值,即所有状态变量在 t0 时刻的值;
ode23t	适度刚性微分方程	options:一个结构体数组,用来设置求解参数;
		T:时间点组成的列向量;
ode23tb	刚性微分方程	Y:解矩阵,每一行对应 T 中相应时间点的微分方程(组)的解;
ode15i	隐式微分方程	sol:以结构体的形式返回解

表 6.3-1 中的 ode45 函数采用 5 级 4 阶 Runge-Kutta 算法求微分方程数值解,是大多数情况下的首选函数。表中所谓刚性、非刚性问题最直观的判别方法就是从解在某段时间区间内的变化来看:非刚性问题的解变化相对缓慢;而刚性问题则不然,其解只有在时间间隔很小时才会稳定,只要时间间隔略大,其解就会不稳定。对于刚性问题不适合用 ode45 函数来求解,如果硬要用 ode45 函数来求解的话,达到指定精度所耗费的时间往往会非常长。

【例 6.3-1】 猫追老鼠问题:一只猫凭着敏锐的视觉发现其正东方向 $c(10)$ m 处有一只老鼠,该老鼠正沿着墙根以 $b(8)$ m/s 的速度向正北方向奔跑,猫立即以最大速度 $a(14)$ m/s 前往追捕。在猫追捕老鼠的过程中,猫前进的速度方向始终保持指向老鼠,求猫的运动轨迹。

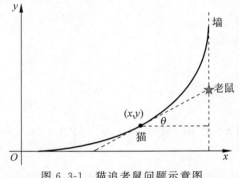

图 6.3-1　猫追老鼠问题示意图

(1) 建立数学模型。

如图 6.3-1 所示,以猫的初始位置为原点,以猫和老鼠的初值位置的连线为 x 轴建立平面直角坐标系。设任意 t 时刻猫所在位置的坐标为 (x,y),此时老鼠所在位置的坐标为 (c,bt)。

由于猫前进的速度方向始终保持指向老鼠,设 t 时刻猫的前进方向与 x 轴的夹角为 θ,则

$$\frac{\mathrm{d}x}{\mathrm{d}t} = a\cos\theta, \qquad \frac{\mathrm{d}y}{\mathrm{d}t} = a\sin\theta$$

由几何关系可知:

$$\cos\theta = \frac{c-x}{\sqrt{(c-x)^2 + (bt-y)^2}}$$

$$\sin\theta = \frac{bt-y}{\sqrt{(c-x)^2 + (bt-y)^2}}$$

从而得到此问题的微分方程模型如下:

$$\begin{cases} \dfrac{\mathrm{d}x}{\mathrm{d}t} = \dfrac{a(c-x)}{\sqrt{(c-x)^2 + (bt-y)^2}} \\[4mm] \dfrac{\mathrm{d}y}{\mathrm{d}t} = \dfrac{a(bt-y)}{\sqrt{(c-x)^2 + (bt-y)^2}} \\[4mm] x(0)=0, y(0)=0 \end{cases} \qquad (6.3\text{-}1)$$

(2) 模型求解。

求解模型式(6.3-1)的 MATLAB 程序如下:

```
>> a = 14;b = 8;c = 10;                                    % 参数赋值
>> f = @(t,x)sqrt((c-x(1))^2 + (b*t-x(2))^2);              % 模型中共同的分母函数
>> fun = @(t,x)[a*(c-x(1))/f(t,x);a*(b*t-x(2))/f(t,x)];    % 微分方程组函数
>> tspan = linspace(0,1.06,100);                           % 时间向量
>> x0 = [0;0];                                             % 状态变量初值
>> [t,x] = ode45(fun,tspan,x0);                            % 求解微分方程组

% 绘图命令
>> figure;                                                 % 新建图形窗口
>> hpoint1 = line(0,0,'Color',[0 0 1],'Marker',...         % 猫的初始位置(实心圆点)
    '.','MarkerSize',40);
>> hpoint2 = line(c,0,'MarkerFaceColor',[0 1 0],...        % 老鼠的初始位置(五角星)
```

```
            'Marker','p','MarkerSize',15);
>> hline = line(0,0,'Color',[1 0 0],'linewidth',2);      % 猫的运动轨迹线
>> line([c c],[0 c],'LineWidth',2);                      % 墙所对应直线
>> hcat = text(-0.8,0,'猫','FontSize',12);               % 用文本字符标记猫的位置
>> hmouse = text(c+0.3,0,'鼠','FontSize',12);            % 用文本字符标记老鼠的位置
>> xlabel('X'); ylabel('Y');                             % 添加坐标轴标签
>> axis([0 c+1 0 9.5]);                                  % 设置坐标轴显示范围
% 猫追老鼠的动画演示
>> for i = 1:size(x,1)
    ymouse = t(i)*b;                                     % t(i)时刻老鼠的y坐标
    set(hpoint1,'xdata',x(i,1),'ydata',x(i,2));          % 更新猫的位置
    set(hpoint2,'xdata',c,'ydata',ymouse);               % 更新老鼠的位置
    set(hline,'xdata',x(1:i,1),'ydata',x(1:i,2));        % 更新猫的运动轨迹线
    set(hcat,'Position',[x(i,1)-0.8,x(i,2),0]);          % 更新猫的标记字符位置
    set(hmouse,'Position',[c+0.3,ymouse,0]);             % 更新老鼠的标记字符位置
    pause(0.1);                                          % 暂停0.1s
end
```

运行上述程序即可求得任意 t 时刻($t \in [0,1.06]$)猫和老鼠所在位置的坐标,并以动画形式对猫追老鼠的过程进行仿真。这里给出仿真过程中不同时刻的几张截图,如图 6.3-2 所示。图 6.3-2(d)给出了猫追老鼠过程中猫和老鼠的运动轨迹。

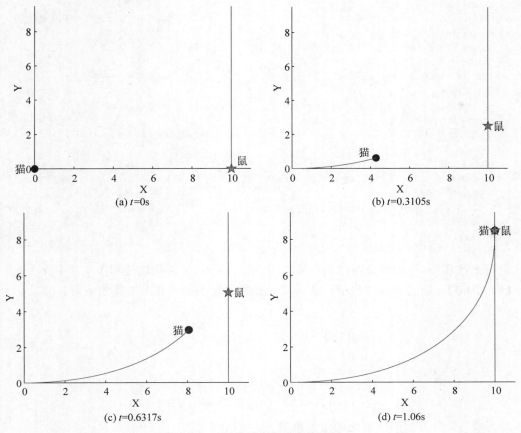

图 6.3-2 猫追老鼠动态演示图

【例 6.3-2】 二阶微分方程：求如下微分方程的解，求解时间区间为 $[0,30]$，并绘图：

$$\begin{cases} \dfrac{\mathrm{d}^2 x}{\mathrm{d} t^2} - \mu(1-x^2)\dfrac{\mathrm{d}x}{\mathrm{d}t} + x = 0 \\ x(0) = 1, \quad x'(0) = 0 \end{cases}$$

其中，μ 为方程中的参数，求解时可分别取 $\mu=1,2,3$。

这是一个二阶微分方程，需要经过变量替换将其化为一阶微分方程组进行求解。令 $y_1 = x, y_2 = \dfrac{\mathrm{d}x}{\mathrm{d}t}$，原方程可化成如下一阶微分方程组：

$$\begin{bmatrix} \dfrac{\mathrm{d}y_1}{\mathrm{d}t} \\ \dfrac{\mathrm{d}y_2}{\mathrm{d}t} \end{bmatrix} = \begin{bmatrix} y_2 \\ \mu(1-y_1^2)y_2 - y_1 \end{bmatrix}, \quad \begin{bmatrix} y_1(0) \\ y_2(0) \end{bmatrix} = \begin{bmatrix} 1 \\ 0 \end{bmatrix} \tag{6.3-2}$$

求解模型式(6.3-2)的 MATLAB 程序如下：

```
>> fun = @(t,y,mu)[y(2);mu * (1 - y(1)^2) * y(2) - y(1)];    % 微分方程组函数
>> tspan = [0,30];                                           % 时间区间
>> y0 = [1 0];                                               % 状态变量初值
>> ColorOrder = {'r','b','k'};                               % 颜色字符
>> LineStyle = { '-', '--', ':'};                            % 线型字符
>> figure; ha1 = axes; hold on;                              % 创建 figure 窗口和坐标系
>> figure; ha2 = axes; hold on;
% 针对不同的参数 mu,通过循环求解微分方程组
>> for mu = 1:3
    [t,y] = ode45(fun,tspan,y0,[ ],mu);                      % 求解微分方程组
    % 绘制解曲线
    plot(ha1,t,y(:,1),'color',ColorOrder{mu}, 'LineStyle',LineStyle{mu});
    % 绘制平面相轨迹
    plot(ha2,y(:,1),y(:,2),'color',ColorOrder{mu}, 'LineStyle',LineStyle{mu});
end
>> xlabel(ha1,'t'); ylabel(ha1,'x(t)');                      % 坐标轴标签
>> legend(ha1,'\mu = 1','\mu = 2','\mu = 3');                % 图例
>> hold off                                                  % 关闭图形保持
>> xlabel(ha2,'位移'); ylabel(ha2,'速度');                   % 坐标轴标签
>> legend(ha2,'\mu = 1','\mu = 2','\mu = 3');                % 图例
>> hold off
```

运行上述程序，得到微分方程解曲线如图 6.3-3 所示，平面相轨迹如图 6.3-4 所示。

【例 6.3-3】 隐式微分方程组：用 ode15i 函数求下列隐式微分方程组的解：

$$\begin{cases} y_1' - y_2 = 0 \\ y_2'\sin(y_4) + (y_4')^2 + 2y_1 y_3 - y_1 y_2' y_4 = 0 \\ y_3' - y_4 = 0 \\ y_1 y_2' y_4' + \cos(y_4') - 3y_2 y_3 = 0 \\ y_1(0)=1, y_2(0)=0, y_3(0)=0, y_4(0)=1 \end{cases}$$

(1) 编写微分方程组所对应的匿名函数。

隐式微分方程组对应的匿名函数应有 3 个输入参数，分别是时间 t、状态变量 y 和一阶导数 y'。相应的 MATLAB 代码如下：

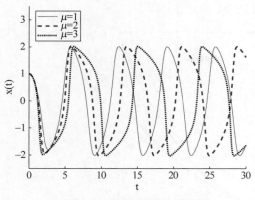

图 6.3-3　微分方程解曲线图

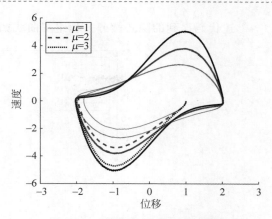

图 6.3-4　微分方程平面相轨迹图

```
% 隐式微分方程组对应的匿名函数
>> fun = @(t,y,dy)[dy(1) - y(2);
                   dy(2) * sin(y(4)) + dy(4)^2 + 2 * y(1) * y(3) - y(1) * dy(2) * y(4);
                   dy(3) - y(4);
                   y(1) * dy(2) * dy(4) + cos(dy(4)) - 3 * y(2) * y(3)];
```

（2）确定一阶导数的初值。

在调用 ode15i 函数求解隐式微分方程组时,需要给出状态变量及其一阶导数的初值。本例中只给出了状态变量的初值,状态变量一阶导数的初值可在猜测的基础上通过 decic 函数确定,参见如下代码:

```
>> t0 = 0;                              % 自变量的初值
>> y0 = [1;0;0;1];                      % 状态变量初值向量 y0
% fix_y0 用来指定初值向量 y0 的元素是否可以改变。1 表示对应元素不能改变,0 表示可以改变
>> fix_y0 = [1;1;1;1]; % 本例中 y0 的值都给出了,因此都不能改变,所有 fix_y0 全为 1
>> dy0 = [0;3;1;0];                     % 猜测一下一阶导数 dy 的初值 dy0
% 由于本例中一阶导数 dy 的初值 dy0 是猜测的,都可以改变,因此 fix_dy0 全部为 0
>> fix_dy0 = [0;0;0;0];
% 调用 decic 函数来决定 y 和 dy 的初值
>> [y02,dy02] = decic(fun,t0,y0,fix_y0,dy0,fix_dy0);
```

（3）求解微分方程组并绘图。

求解微分方程组并绘图的 MATLAB 代码如下:

```
% 求解微分方程组
>> [t,y] = ode15i(fun,[0,5],y02,dy02);          % y02 和 dy02 由 decic 输出
% 结果图示
>> figure;
>> plot(t,y(:,1),'k- ','linewidth',2);
>> hold on
>> plot(t,y(:,2),'k-- ','linewidth',2);
>> plot(t,y(:,3),'k- .','linewidth',2);
>> plot(t,y(:,4),'k:','linewidth',2);
% 图例,自动选择最佳位置
>> L = legend('y_1(t)','y_2(t)','y_3(t)','y_4(t)','Location','best');
>> set(L,'fontname','Times New Roman');         % 设置图例字体
>> xlabel('t');ylabel('y(t)');                  % 添加坐标轴标签
```

上述代码得到的隐式微分方程组解曲线如图 6.3-5 所示。

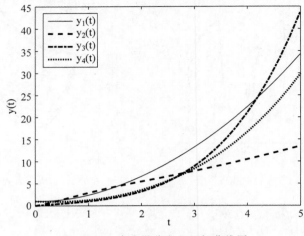

图 6.3-5　隐式微分方程组解曲线图

6.3.2　延迟微分方程(DDE)求解

延迟微分方程是指微分方程表达式依赖某些状态变量过去一些时刻的状态,形如:

$$y' = f(t, y, y(t-t_1), \quad y(t-t_2), \cdots, y(t-t_n))　(6.3-3)$$

其中,$t_1, t_2, \cdots, t_n > 0$,是时间延迟项,既可以是常数也可以是关于 t 和 y 的函数,当是常数的时候可以用 dde23 来求解,当是 t 和 y 的函数的时候可以用 ddesd 来求解。ddesd 也可以求解 t_1,$t_2, \cdots, t_n$ 为常数的情形,这时候的用法和 dde23 类似。下面结合例子说明 dde23 和 ddesd 的用法。

【例 6.3-4】　延迟微分方程组:求解下面的延迟微分方程:

$$\begin{bmatrix} y'_1 \\ y'_2 \\ y'_3 \end{bmatrix} = \begin{bmatrix} 0.5y_3(t-3) + 0.5y_2(t)\cos(t) \\ 0.3y_1(t-1) + 0.7y_3(t)\sin(t) \\ y_2(t) + \cos(2t) \end{bmatrix}$$

当 $t \leqslant 0$ 时,$y_1(t) = 0$,$y_2(t) = 0$,$y_3(t) = 1$。

dde23 函数的调用格式如下:

```
sol = dde23(ddefun, lags, history, tspan, options)
```

其中,ddefun 为式(6.3-3)右端项对应的函数句柄;lags 是存储各延迟常数的向量,本例状态变量 $y_1(t)$ 和 $y_3(t)$ 分别存在时间为 1 和 3 的延迟,lags=[1,3];history 是描述 $t \leqslant t_0$ 时的状态变量的值的函数,可以为函数句柄或常数向量;tspan 以及 options 的意义同其他 ode 求解函数。sol 为返回的求解结果,是一个结构体变量。其中 sol.x 是时间变量采样值,而 sol.y 为状态变量求解值。

(1) 编写微分方程组所对应的 M 函数。

延迟微分方程组对应的 M 函数形如:

```
function  dydt = ddefun (t, y, Z)
…… ……
```

该函数有 3 个输入参数,分别是时间 t、状态变量 y 和状态变量延迟值 $y(t-\tau)$ 的近似 Z。Z 的第 j 列上的第 i 个元素是对延迟为 τ_j 的状态变量 y_i 的估计(即 $y_i(t-\tau_j)$),这里的 τ_j 是 lags 变量的第 j 个元素。本例相应的 MATLAB 代码如下:

```matlab
function dy = ddefun(t,y,Z)
y1d = Z(:,1);                              % 对所有延迟为 lags(1)的状态变量的近似
y3d = Z(:,2);                              % 对所有延迟为 lags(2)的状态变量的近似
% y3(t-3)的时间延迟了 lags(2),而 y3 又是第三个状态变量,因此 y3(t-3)用 y3d(3)
% 来表示.同理,y1(t-1)用 y1d(1)来表示.因此得到 dy 的如下表达式
dy = [0.5 * y3d(3) + 0.5 * y(2) * cos(t);
      0.3 * y1d(1) + 0.7 * y(3) * sin(t);
      y(2) + cos(2 * t)];
end
```

(2) 求解微分方程组并绘图。

求解微分方程组并绘图的 MATLAB 代码如下:

```matlab
>> lags = [1,3];                           % 延迟常数向量
>> history = [0,0,1];    % 小于初值时的历史函数
>> tspan = [0,8];                          % 时间区间
% 方法一:调用 dde23 函数求解
>> sol = dde23(@ddefun,lags,history,tspan);
% 方法二:调用 ddesd 函数求解
% sol = ddesd(@ddefun,lags,history,tspan);

% 画图呈现结果
>> figure;
>> plot(sol.x,sol.y(1,:),'k - ','linewidth',2);
>> hold on
>> plot(sol.x,sol.y(2,:),'k - .','linewidth',2);
>> plot(sol.x,sol.y(3,:),'k - * ','linewidth',1);
>> hold off
% 图例,自动选择最佳位置
>> L = legend('y_1(t)','y_2(t)','y_3(t)','Location','best');
>> set(L,'fontname','Times New Roman');    % 设置图例字体
>> xlabel('t');ylabel('y(t)');             % 添加坐标轴标签
```

运行上述代码得到的延迟微分方程组解曲线如图 6.3-6 所示。

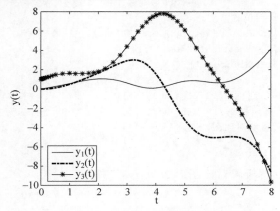

图 6.3-6　延迟微分方程组解曲线图

【**例 6.3-5**】 求解如下延迟微分方程:

$$\begin{bmatrix} y'_1 \\ y'_2 \end{bmatrix} = \begin{bmatrix} y_2(t) \\ -y_2(\exp(1-y_2(t)))y_2(t)^2\exp(1-y_2(t)) \end{bmatrix}$$

其中,求解时间范围为 tspan = [0.1, 5]。

该延迟微分方程具有如下解析解:$y_1(t)=\ln(t)$,$y_2(t)=\dfrac{1}{t}$,因此可以作为时间小于初值时的历史函数,同时也方便验证求解的结果。利用 ddesd 函数求解的代码如下:

```matlab
function examp6_3_5
    function v = ddex3hist(t)
        % 历史函数
        v = [ log(t); 1./t];
    end
    function d = ddex3delay(t,y)
        % 延迟函数
        d = exp(1 - y(2));
    end
    function dydt = ddex3de(t,y,Z)
        % 延迟微分方程函数.由于只有一个延迟项,因此 Z 为 1 列的向量,y2(exp(1-y2(t)))延迟
        % 了 exp(1-y2(t)),而 y2 又是第二个状态变量,因此 y2(exp(1-y2(t)))用 Z(2)来表示
        dydt = [ y(2); -Z(2) * y(2)^2 * exp(1 - y(2))];
    end
t0 = 0.1;
tfinal = 5;
tspan = [t0, tfinal];                              % 求解时间范围
sol = ddesd(@ddex3de,@ddex3delay,@ddex3hist,tspan);
% 准确解
texact = linspace(t0,tfinal);
yexact = ddex3hist(texact);
% 以下画图呈现结果
figure;
plot(sol.x,sol.y(1,:),'o','markersize',7);
hold on
plot(sol.x,sol.y(2,:),' * ','markersize',7);
plot(texact,yexact(1,:),'k- ','linewidth',2);
plot(texact,yexact(2,:),'k:','linewidth',2);
% 图例,位置自动选择最佳位置
L = legend('{\ity}_1,ddesd','{\ity}_2,ddesd','{\ity}_1,解析解',...
    '{\ity}_2,解析解','Location','best');
set(L,'fontname','Times New Roman');
hold off
xlabel( '\fontname{隶书}时间 t','fontsize',16);
ylabel( '\fontname{隶书}y 的解','fontsize',16);
title('ddesd 求解和解析解对比图');
end
```

ddesd 求解的结果和解析解对比图形如图 6.3-7 所示。

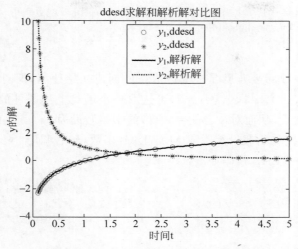

图 6.3-7　延迟不为常数的 DDE 求解示例

6.3.3　边值问题求解

前面讨论的 ode 系列函数只能用来求解初值问题,但是在实际应用中经常遇到一些边值问题,即求解微分方程满足给定边界条件的解。譬如热传导问题,初值时候的热源状态已知,一定时间后温度达到均匀,再比如两端端点固定的弦振动问题。边值问题的求解需要用到 MATLAB 中的 bvp4c 函数和 bvp5c 函数,它们的用法完全相同,只是控制误差的方式不同,下面结合例子进行介绍。

【例 6.3-6】　求解边值问题 $\begin{cases} y''=2y'\cos(t)-y\sin(4t)-\cos(3t) \\ y(0)=1,y(4)=2 \end{cases}$ 在 $t\in[0,4]$ 上的解。

（1）将二阶微分方程化为一阶微分方程组。

首先进行变量替换,令 $y_1(t)=y(t),y_2(t)=y_1'(t)$,则例中二阶微分方程可化为如下标准形式：

$$\begin{bmatrix} y_1' \\ y_2' \end{bmatrix}=\begin{bmatrix} y_2 \\ 2y_2\cos(t)-y_1\sin(4t)-\cos(3t) \end{bmatrix} \tag{6.3-4}$$

（2）编写微分方程组所对应的匿名函数。

编写式(6.3-4)所对应的匿名函数,相应的 MATLAB 代码如下：

```
% 微分方程组所对应的匿名函数
>> BvpOdeFun   = @(t,y)[y(2)
                    2 * y(2) * cos(t) - y(1) * sin(4 * t) - cos(3 * t)];
```

（3）编写边界条件所对应的匿名函数。

在用 MATLAB 求解边值问题时,需编写边界条件所对应的 MATLAB 函数。首先将本例边值条件化为标准形式 $y_1(0)-1=0,y_1(4)-2=0$,然后编写匿名函数如下：

```
% 边界条件所对应的匿名函数
% 边界条件为 y1(0) = 1, y1(4) = 2,这里 0 和 4 分别对应 y 的下边界和上边界
```

```
% 这里 ylow(1)表示 y1(0),yup(1)表示 y1(4),类似的 y2(0)和 y2(4)分别用 ylow(2)和 yup(2)表示
>> BvpBcFun = @(ylow,yup)[ylow(1) - 1; yup(1) - 2];
```

（4）创建初始猜测。

求解边值问题的一个重要步骤是根据边值条件创建初始猜测，即对状态变量表达做出初始假设。本例中由于 $y_1(0)=1,y_1(4)=2$，可选取一个满足上述条件的函数 $y_1(t)=1+t/4$ 作为对 $y_1(t)$ 的初始假设，从而对 $y_2(t)=y_1'(t)$ 的初始假设为 $y_2(t)=1/4$。在对状态变量做出初始假设后，还需要把初始假设编写成 MATLAB 函数，然后调用 bvpinit 函数生成初始解。以上步骤所对应的 MATLAB 代码如下：

```
>> T = linspace(0,4,10);               % 生成时间向量,为调用 bvpinit 生成初始解做准备
>> BvpYinit = @(t)[ 1 + t/4; 1/4 ];     % 对状态变量 y 做出初始假设,编写对应的匿名函数
>> solinit = bvpinit(T,BvpYinit);       % 调用 bvpinit 函数生成初始解
```

（5）求解微分方程组并绘图。

在初始解基础上调用 bvp4c（或 bvp5c）函数求解微分方程组并绘图的 MATLAB 代码如下：

```
>> sol = bvp4c(BvpOdeFun,BvpBcFun,solinit);              % 调用 bvp4c 求解,也可以换成 bvp5c
>> tint = linspace(0,4,100);
>> Stint = deval(sol,tint);  % 根据得到的 sol 利用 deval 函数求出[0,4]区间内更多其他的解

% 画图呈现结果
>> figure;
>> plot(tint,Stint(1,:),'k - ','linewidth',2);
>> hold on
>> plot(tint,Stint(2,:),'k:','linewidth',2);
>> L = legend('y_1(t)','y_2(t)','Location','best');      % 图例,自动选择最佳位置
>> set(L,'fontname','Times New Roman');                  % 设置图例字体
>> xlabel('t');ylabel('y(t)');                           % 添加坐标轴标签
```

运行上述代码得到的边值问题解曲线如图 6.3-8 所示。

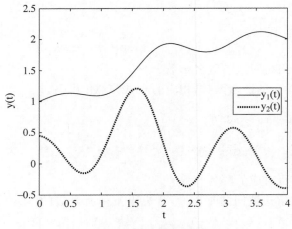

图 6.3-8　边值问题解曲线图

6.4　偏微分方程与方程组的数值解

如果一个微分方程中出现多元函数的偏导数,或者说如果未知函数和几个变量有关,而且方程中出现未知函数对几个变量的导数,那么这种微分方程就是偏微分方程(Partial Differential Equation,PDE)。相对于常微分方程,偏微分方程的求解更加复杂,常用的数值解法包括有限差分法和有限元法。本节结合案例介绍基于 MATLAB 的偏微分方程与方程组的数值解法。

6.4.1　偏微分方程的基本概念

偏微分方程的一般形式如下:

$$F(x_1,\cdots,x_n,u,t,\frac{\partial u}{\partial x_1},\cdots,\frac{\partial u}{\partial x_n},\frac{\partial u}{\partial t},\cdots,\frac{\partial^m u}{\partial t^{m_0}\partial x_1^{m_1}\partial x_2^{m_2}\cdots\partial x_n^{m_n}})=0 \qquad (6.4\text{-}1)$$

其中,$\boldsymbol{x}=(x_1,x_2,\cdots,x_n)$ 为空间变量,t 为时间变量,$u(\boldsymbol{x},t)=u(x_1,x_2,\cdots,x_n,t)$ 为待求的未知函数(状态变量)。最常见的偏微分方程有四类:双曲型方程、抛物型方程、椭圆型方程和本征值方程。

1. 双曲型(hyperbolic equation)方程

设 $u=u(x,t)$,双曲型方程的一般形式为:

$$m\frac{\partial^2 u}{\partial t^2}-\nabla(c\,\nabla u)+au=f(x,t) \qquad (6.4\text{-}2)$$

特别地,当 m,c 为非零常数,$a=0$ 时,式(6.4-2)变为 $\frac{\partial^2 u}{\partial t^2}=b^2\Delta u+f_1(\boldsymbol{x},t)$,这就是在外力 $f_1(\boldsymbol{x},t)$ 作用下的受迫波动方程,进一步若 $f_1(\boldsymbol{x},t)=0$,式(6.4-2)变为自由波动方程 $\frac{\partial^2 u}{\partial t^2}=b^2\Delta u$。

2. 抛物型(parabolic equation)方程

抛物型方程的一般形式为:

$$\text{d}\frac{\partial u}{\partial t}-\nabla(c\,\nabla u)+au=f(\boldsymbol{x},t) \qquad (6.4\text{-}3)$$

特别地,当 c,d 为非零常数,$a=0$ 时,式(6.4-3)变为 $\frac{\partial u}{\partial t}=b^2\Delta u+f_1(\boldsymbol{x},t)$,这就是在外部热源 $f_1(\boldsymbol{x},t)$ 作用下的热传导方程,进一步若 $f_1(\boldsymbol{x},t)=0$,式(6.4-3)变为齐次热传导方程 $\frac{\partial u}{\partial t}=b^2\Delta u$。

3. 椭圆型(elliptic equation)方程

椭圆型方程的一般形式为:

$$-\nabla(c\,\nabla u)+au=f(\boldsymbol{x},t) \qquad (6.4\text{-}4)$$

特别地,当 c 为非零常数,$a=0$ 时,式(6.4-4)变为最简单的位势方程 $\Delta u = f_1(\boldsymbol{x}, t)$,进一步若 $f_1(\boldsymbol{x}, t) = 0$,式(6.4-4)变为齐次拉普拉斯(Laplace)方程 $\Delta u = 0$。

4. 本征值(eigenvalue equation)方程

本征值方程的一般形式为:

$$-\nabla(c\,\nabla u) + au = \lambda du \quad 或 \quad -\nabla(c\,\nabla u) + au = \lambda^2 mu \tag{6.4-5}$$

5. 偏微分方程的定解条件

为求解偏微分方程,通常需要附加若干条件,称之为定解条件,定解条件包括初值条件和边值条件。初始时刻 $t=0$ 对应的条件称为初值条件。用 Ω 表示偏微分方程的求解区域,Γ 表示求解区域 Ω 的边界,$u = u(\boldsymbol{x}, t)$ 在 Γ 上所满足的条件称为边值条件(或边界条件)。MATLAB 中支持的常用边值条件有以下 3 种。

(1) Dirichlet 边值条件。

$$hu\big|_{\Gamma} = r \tag{6.4-6}$$

(2) 广义 Neumann 边值条件。

$$\frac{\partial u}{\partial n} \cdot (c\,\nabla u) + qu\bigg|_{\Gamma} = g \tag{6.4-7}$$

(3) 混合边值条件:对于相同的边界区域,偏微分方程组中的某些方程满足 Dirichlet 边值条件,而其他方程则满足 Neumann 边值条件。

其中,h, r, q, g 可以是常数,也可以是 $\boldsymbol{x}, u, t$ 的函数,$\dfrac{\partial u}{\partial n}$ 是状态变量 u 在边界上的外法线方向向量。根据定解条件的不同,偏微分方程定解问题分为初值问题、边值问题和初边值混合问题。

6.4.2　有限差分法

利用差分近似地代替微分,可将微分方程化为差分方程的形式,即可求得方程的数值解。

1. 椭圆型方程的差分形式

【例 6.4-1】 已知一个正方形的温度场 $[0,1] \times [0,1]$,其边界条件为在 y 轴的一边上温度为 0,其他各边上的温度为 1。各点处的温度值 $u(x,y)$ 满足 Laplace 方程,将区域分为 50×50 等份,用有限差分法求解各点处的温度,并绘图。

本例对应的偏微分方程定解问题如下:

$$\begin{cases} \dfrac{\partial^2 u}{\partial x^2} + \dfrac{\partial^2 u}{\partial y^2} = 0 \\ u(0,y) = 0, u(1,y) = 1 \\ u(x,0) = 1, u(x,1) = 1 \end{cases}, \quad 0 \leqslant x, y \leqslant 1 \tag{6.4-8}$$

利用二阶导数的中心差分公式 $\dfrac{\partial^2 u}{\partial x^2} \approx \dfrac{u(x+\Delta x, y) - 2u(x,y) + u(x-\Delta x, y)}{(\Delta x)^2}$,将式(6.4-8)中的偏微分方程化为:

$$\frac{u(x+\Delta x,y)-2u(x,y)+u(x-\Delta x,y)}{(\Delta x)^2}+\frac{u(x,y+\Delta y)-2u(x,y)+u(x,y-\Delta y)}{(\Delta y)^2}=0$$

$$(6.4\text{-}9)$$

根据问题描述将 x,y,u 离散化，记 $\Delta x=\Delta y=h$，$x_{i+1}=x_i+\Delta x$，$y_{j+1}=y_j+\Delta y$，$u_{i,j}=u(x_i,y_j)$，其中 $i,j=1,2,\cdots,50$。可得式(6.4-9)对应的显式差分方程为：

$$u_{i,j}=\frac{1}{4}(u_{i+1,j}+u_{i-1,j}+u_{i,j+1}+u_{i,j-1}),\quad i,j=2,3,\cdots,50 \qquad (6.4\text{-}10)$$

由问题描述可知边界各点处温度已知，而内点处温度未知，设内点 (x_i,y_j) 处的温度为 $\bar{u}_{i,j}$，由式(6.4-10)可建立多元线性方程组，共 49×49 个方程，从而可以求得各内点处的温度。求解本例的 MATLAB 代码如下：

```
>> u1 = ones(1,49);                              % 定义长度为 49 的 1 向量
%   根据差分方程构造目标函数(方程组)
>> objfun = @(u)([u(2:end,:);u1] + [u1;u(1:end-1,:)] + ...
             [u(:,2:end),u1'] + [0 * u1',u(:,1:end-1)])/4 - u;
>> U0 = rand(49);                                % 生成随机数作为变量初值
>> [Uin,Error] = fsolve(objfun,U0);              % 求解内点温度
>> U = zeros(size(U0) + 2);                       % 定义 51 * 51 的零矩阵
>> U(:,end) = 1;                                  % y = 1 对应的边界赋值
>> U(1,:) = 1;                                    % x = 0 对应的边界赋值
>> U(end,:) = 1;                                  % x = 1 对应的边界赋值
>> U(2:end-1,2:end-1) = Uin;                      % 根据求解结果对内部点赋值
>> [X,Y] = meshgrid(linspace(0,1,51));            % 生成网格点坐标
>> figure;                                        % 新建图形窗口
>> surf(X,Y,U);                                   % 绘制温度曲面图
>> xlabel('X'); ylabel('Y'); zlabel('U(X,Y)');    % 添加坐标轴标签
```

运行上述代码，可求得各点处的温度，绘制的温度曲面图如图 6.4-1 所示。

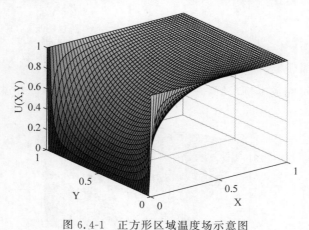

图 6.4-1   正方形区域温度场示意图

2. 抛物型方程的差分形式

这里以一维热传导方程 $\frac{\partial u}{\partial t}=b^2\Delta u$ 为例，介绍抛物型方程的差分形式。首先利用一阶和二阶导数的差分公式将其化为差分形式：

$$\frac{u(x,t+\Delta t)-u(x,t)}{\Delta t}=b^2\frac{u(x+\Delta x,t)-2u(x,t)+u(x-\Delta x,t)}{(\Delta x)^2} \tag{6.4-11}$$

然后将 x,t,u 离散化，记 $x_{i+1}=x_i+\Delta x,t_{j+1}=t_j+\Delta t,u_{i,j}=u(x_i,t_j),r=\dfrac{\Delta t}{(\Delta x)^2}b^2$，

$i,j=1,2,\cdots,n-1$，可得式(6.4-11)对应的显式差分方程为：

$$u_{i,j+1}=(1-2r)u_{i,j}+r(u_{i+1,j}+u_{i-1,j}) \tag{6.4-12}$$

【例 6.4-2】 求解如下细杆传热方程的定解问题，要求将 x 和 t 的范围 $[0,1]$ 都分为 100 份，用有限差分法求各时刻细杆上各点处的温度，并绘图。

$$\begin{cases}\dfrac{\partial u}{\partial t}=0.001\dfrac{\partial^2 u}{\partial x^2}\\ u(x,t)\big|_{t=0}=x\\ u(x,t)\big|_{x=0}=\sin t,u(x,t)\big|_{x=1}=\cos t\end{cases}, \quad 0<t<1,0<x<1$$

根据问题描述可知 $\Delta x=\Delta t=0.01$，记 $x_i=i\Delta x,t_j=j\Delta t,u_{i,j}=u(x_i,t_j)$，由式(6.4-12)可得本问题的显式差分方程为 $u_{i,j+1}=(1-0.2)u_{i,j}+0.1(u_{i+1,j}+u_{i-1,j})$。由定解条件可知 $u_{i,1}=x_i,u_{1,j}=\sin t_j,u_{100,j}=\cos t_j$。求解本问题的 MATLAB 代码如下：

```
>> U = zeros(100);                              % 初值矩阵
>> t = (1:100)/100; x = t;                      % t 和 x 的划分向量
>> U(1,:) = sin(t);                             % 下边界条件
>> U(end,:) = cos(t);                           % 上边界条件
>> U(:,1) = x;                                  % 初值条件
>> b2 = 0.001; dx = 0.01;dt = 0.01;r = b2 * dt/dx^2;  % 参数
% 差分方程求解
>> for j = 1:99
       U(2:99,j+1) = (1-2*r)*U(2:99,j) + r*(U(3:100,j) + U(1:98,j));
end
>> [T,X] = meshgrid(t);                         % 网格矩阵
>> figure;                                      % 新建图形窗口
>> surf(T,X,U);                                 % 绘制面图
>> xlabel('T');  ylabel('X');  zlabel('U(T,X)');  % 坐标轴标签
```

运行上述代码即可完成本例求解，并得到如图 6.4-2 所示的热传导过程示意图。

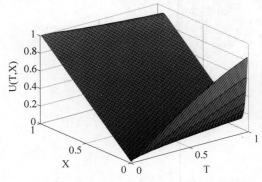

图 6.4-2　细杆上的热传导过程示意图

3. 双曲型方程的差分形式

考虑如下一维波动方程：

$$\begin{cases} \dfrac{\partial^2 u}{\partial t^2} = b^2 \Delta u \\[2mm] u(x,t)\big|_{t=0} = \varphi(x), \dfrac{\partial u}{\partial t}(x,t)\bigg|_{t=0} = \psi(x) \end{cases}$$

利用二阶中心差分公式将上述一维波动方程化为差分形式：

$$\frac{u(x,t+\Delta t) - 2u(x,t) + u(x,t-\Delta t)}{(\Delta t)^2} = b^2 \frac{u(x+\Delta x,t) - 2u(x,t) + u(x-\Delta x,t)}{(\Delta x)^2}$$

$$(6.4\text{-}13)$$

然后将 x,t,u 离散化，记 $x_{i+1} = x_i + \Delta x$，$t_{j+1} = t_j + \Delta t$，$u_{i,j} = u(x_i,t_j)$，$c = b^2 \left(\dfrac{\Delta t}{\Delta x}\right)^2$，$i,j = 1,2,\cdots,n-1$，可得式(6.4-13)对应的显式差分方程为：

$$u_{i,j+1} = 2(1-c)u_{i,j} + c(u_{i+1,j} + u_{i-1,j}) - u_{i,j-1} \qquad (6.4\text{-}14)$$

在通过迭代求解式(6.4-14)时，需要知道前两个时刻各点处的 u 值。由初值条件可得第一个时刻各点处的 u 值为：

$$u_{i,1} = u(x_i,0) = \varphi(x_i) = \varphi_i \qquad (6.4\text{-}15)$$

由式(6.4-14)得 $u_{i,2} = 2(1-c)u_{i,1} + c(u_{i+1,1} + u_{i-1,1}) - u_{i,0}$，再结合初值条件可知 $\dfrac{\partial u_{i,1}}{\partial t} = \dfrac{u_{i,2} - u_{i,0}}{2\Delta t} = \psi_i$，从而得 $u_{i,0} = u_{i,2} - 2\psi_i \Delta t$，进而可得第二个时刻各点处的 u 值为：

$$u_{i,2} = \frac{1}{2}\left[2(1-c)u_{i,1} + c(u_{i+1,1} + u_{i-1,1}) + 2\psi_i \Delta t\right] \qquad (6.4\text{-}16)$$

由式(6.4-14)、式(6.4-15)和式(6.4-16)即可求得一维波动方程的数值解。

【例 6.4-3】 求解如下弦振动方程的定解问题。要求取 x 和 t 的步长均为 $1/300$，用有限差分法求各时刻弦上各点处的位移，并绘图。

$$\begin{cases} \dfrac{\partial^2 u}{\partial t^2} = 0.03\dfrac{\partial^2 u}{\partial x^2} \\[2mm] u(x,t)\big|_{t=0} = \dfrac{x(1-x)}{10}, \dfrac{\partial u}{\partial t}(x,t)\bigg|_{t=0} = \sin(2\pi x), \quad t>0, 0<x<1 \\[2mm] u(x,t)\big|_{x=0} = \sin t, u(x,t)\big|_{x=1} = 0 \end{cases}$$

根据以上原理，编写用于求解本例的 MATLAB 代码如下：

```
>> u = zeros(301);                        % 定义零矩阵
>> dt = 1/300; c = 0.03;                  % 参数
>> x = linspace(0,1,301); t = x;          % t 和 x 的划分向量
>> u(:,1) = x. * (1-x)/10;                % 初值
>> u(1,:) = sin(t);                       % 边值
>> v = sin(2 * pi * x);                   % 初速度
% 计算 u(i,2)
>> u(2:300,2) = (1-c) * u(2:300,1) + ···
     1/2 * c * (u(3:301,1) + u(1:299,1)) + v(2:300)' * dt;
>> figure;                                % 新建图形窗口
>> h = plot(x,u(:,1));                     % 绘制初始弦曲线
```

```
>> axis([-0.1,1.1,-1,1]);                          % 设置坐标轴范围
>> xlabel('x');ylabel('U(x)');                     % 坐标轴标签
% 用有限差分法求解方程,并动态展示求解结果
>> for j = 3:301
        u(2:300,j) = 2*(1-c)*u(2:300,j-1) + c*(u(3:301,j-1) + …
            u(1:299,j-1)) - u(2:300,j-2);
        set(h, 'YData',u(:,j));                    % 更新弦上各点位移
        pause(0.1);                                % 暂停 0.1 秒
    end
```

运行上述代码,可动态展示求解结果,这里只截取 6 个时刻的解曲线,如图 6.4-3 所示。

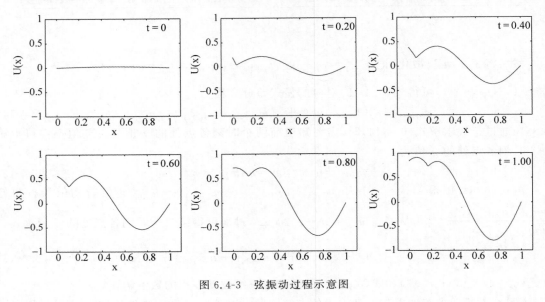

图 6.4-3　弦振动过程示意图

6.4.3　偏微分方程求解函数

　　MATLAB 偏微分方程工具箱中提供了大量的函数,用来求偏微分方程数值解,其中常用的函数如表 6.4-1 所示。

表 6.4-1　求偏微分方程数值解的 MATLAB 函数

函　数　名	说　　明	函　数　名	说　　明
createpde	创建 PDE 模型	interpolateSolution	把 PDE 模型求解结果插值到任意点
geometryFromEdges	创建求解区域的二维几何描述	pdegplot	绘制 PDE 模型的求解区域
specifyCoefficients	指定 PDE 模型中的系数	pdeplot	二维偏微分方程求解结果可视化
applyBoundaryCondition	添加边界条件	pdeplot3D	三维偏微分方程求解结果可视化
importGeometry	导入三维几何描述	pdemesh	绘制网格图
setInitialConditions	设置初值条件	pdesurf	绘制曲面图

函 数 名	说　　明	函 数 名	说　　明
generateMesh	创建三角形或四面体网格	pdecont	绘制等高线图
solvepde	求解 PDE 模型	pdetool	偏微分方程可视化求解工具
solvepdeeig	求解本征值问题	pdepe	求解一维抛物型方程和椭圆型方程

solvepde 函数是求解偏微分方程模型的通用函数,所能求解的偏微分方程的标准形式为:

$$m \frac{\partial^2 u}{\partial t^2} + d \frac{\partial u}{\partial t} - \nabla(c \ \nabla u) + au = f \qquad (6.4\text{-}17)$$

其中,m,d,c,a,f 是模型参数,可以是常数,也可以是 x,u,t 的函数。显然,式(6.4-17)是三类常见偏微分方程(双曲型方程、抛物型方程和椭圆型方程)的通用写法。求解式(6.4-17)的一般步骤如下。

➤ 调用 createpde 函数创建微分方程模型。

➤ 调用 geometryFromEdges 或 importGeometry 函数创建求解区域的几何描述。

➤ 调用 applyBoundaryCondition 函数添加边值条件。

➤ 调用 generateMesh 函数划分网格。

➤ 调用 specifyCoefficients 函数设置方程中的参数 m,d,c,a,f。

➤ 调用 setInitialConditions 函数设置初值条件。

➤ 调用 solvepde 函数进行求解。

➤ 结果可视化。

6.4.4　双曲型偏微分方程求解实例

【例 6.4-4】　求解中心受力的被迫波动方程:

$$\begin{cases} \dfrac{\partial^2 u}{\partial t^2} - b^2 \left(\dfrac{\partial^2 u}{\partial x^2} + \dfrac{\partial^2 u}{\partial y^2} \right) = f(x,y,t) \\ u(x,y,t)\big|_{t=0} = 0, \dfrac{\partial u}{\partial t}(x,y,t)\bigg|_{t=0} = 0, \quad 0 < t \leqslant 20, -1 \leqslant x,y \leqslant 1 \\ \dfrac{\partial u}{\partial n}\bigg|_{\partial\Omega} = g = 0 \end{cases}$$

其中,$b^2 = 0.01$,$f(x,y,t) = \begin{cases} 5\sin(1.7t), & x^2 + y^2 = 0 \\ 0, & x^2 + y^2 \neq 0 \end{cases}$。

(1) 创建微分方程模型。

本例只有一个微分方程,可用如下命令创建包含一个方程的微分方程模型:

```
>> model = createpde(1);                    % 创建包含一个方程的微分方程模型
```

(2) 创建求解区域的二维几何描述并绘图。

由于 $-1 \leqslant x,y \leqslant 1$,故可用如下代码创建正方形求解区域,如图 6.4-4 所示。

```
>> geometryFromEdges(model,@squareg);              % 创建正方形求解区域
>> figure;                                          % 新建图形窗口
>> pdegplot(model,'EdgeLabels','on');               % 绘制求解区域,并显示边界标签
>> axis equal;                                       % 设置坐标轴的纵横比相同
>> axis([ - 1.1,1.1, - 1.1,1.1]);                   % 设置坐标轴的显示范围
```

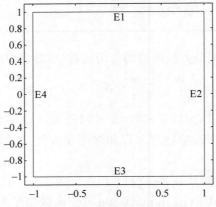

图 6.4-4　求解区域的二维几何描述

【**说明**】　前面在创建正方形求解区域时,用到了 MATLAB 自带的 squareg 函数,求解区域的横纵坐标范围均为[−1,1]。若求解区域较为复杂或横纵坐标范围有变化时,读者可参考以下代码创建自定义求解区域:

```
>> model = createpde;                               % 创建微分方程模型
% 创建自定义求解区域
% 3 为矩形编号,4 是边数,矩形区域顶点 x 坐标为[0,1,1,0],y 坐标为[0,0,1,1]
>> R1 = [3,4,0,1,1,0,0,0,1,1]';
% 1 为圆形编号,[0.5,0.5]是圆心坐标,0.1 是圆半径
>> C1 = [1,0.5,0.5,0.1]';
>> C1 = [C1; zeros(numel(R1) − numel(C1),1)];       % 在 C1 后面补 0,使其与 R1 等长
>> geom = [R1,C1];
>> ns = (char('R1','C1'))';                          % 求解区域名称
>> sf = 'R1 − C1';                                   % 构造求解区域的公式
>> g = decsg(geom,sf,ns);                            % 创建几何体
>> geometryFromEdges(model,g);                       % 创建自定义求解区域
>> pdegplot(model,'EdgeLabels','on');                % 绘制求解区域,并显示边界标签
>> axis equal;                                       % 设置坐标轴的纵横比相同
>> axis([ - 0.1,1.1, - 0.1,1.1]);                   % 设置坐标轴的显示范围
```

上述代码创建的求解区域是中心挖掉一个圆形的正方形区域。

(3) 添加边值条件。

本例边值条件为 Neumann 边值条件,MATLAB 命令如下:

```
% 设置左右边界的边值条件
>> applyBoundaryCondition(model,'Edge',[2,4],'g',0);
% 设置上下边界的边值条件
>> applyBoundaryCondition(model,'Edge',[1,3],'g',0);
```

（4）划分网格。

运行如下命令对求解区域进行网格划分，如图 6.4-5 所示。

```
>> Me = generateMesh(model,'Hmax',0.08,'GeometricOrder','linear');   % 划分网格
>> figure;                                          % 创建图形窗口
>> pdeplot(model);                                  % 显示网格图
>> axis equal;                                      % 设置坐标轴的纵横比相同
>> axis([−1.1,1.1, −1.1,1.1]);                      % 设置坐标轴的显示范围
```

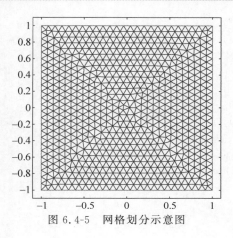

图 6.4-5 网格划分示意图

（5）编写外力函数。

本例是中心受力的被迫波动方程，外力函数是一个分段函数，对应的 M 函数代码如下：

```
function f = framp0(location, state)
% location   --- 包含如下字段的结构体变量
%     location.x --- x坐标
%     location.y --- y坐标
%     location.z --- z坐标
% state   --- 包含如下字段的结构体变量
%     state.u     --- 状态变量 u
%     state.ux   --- u 对 x 的一阶偏导
%     state.uy   --- u 对 y 的一阶偏导
%     state.uz   --- u 对 z 的一阶偏导
%     state.time --- 时间变量

f = 5 * sin(1.7 * state.time). * (location.x.^2 + location.y.^2 <= 0.001);
end
```

（6）设置方程参数和初值条件。

```
% 设置方程参数
>> specifyCoefficients(model,'m',1,'d',0,'c',0.01,'a',0,'f',@framp0);
% 初值条件
>> u0 = 0;                                          % u 的初值
>> ut0 = 0;                                         % u 对 t 的一阶导数的初值
>> setInitialConditions(model,u0,ut0);             % 设置初值条件
```

（7）方程求解。

```
>> tlist = linspace(0,20,61);                       % 定义时间向量
```

```
>> u1 = solvepde(model,tlist);                    % 方程求解
```

这里求出的 u1 是一个多行 61 列的矩阵,每一列对应一个时刻的解。

(8) 结果可视化。

```
>> [X,Y] = meshgrid(linspace( - 1,1,60));          % 对 x,y 轴进行矩形网格划分
>> Uxy = interpolateSolution(u1,X,Y,1:numel(tlist)); % 把求解结果插值到矩形网格点
>> U = reshape(Uxy(:,1),size(X));                  % 把第一个时刻的插值结果转为矩阵
>> figure;                                         % 新建图形窗口
>> h = surf(X,Y,U);                                % 绘制第一个时刻的插值曲面
>> axis([ - 1.1,1.1, - 1.1,1.1, - 0.8,0.8]);       % 设置坐标轴的显示范围
>> view( - 30,70);                                 % 设置视点位置
>> colormap(jet);                                  % 设置颜色矩阵
>> shading interp;                                 % 插值染色
>> camlight;                                        % 在照相机位置加入光源
>> lighting gouraud;                               % 设置光照模式
>> xlabel('x');ylabel('y'),zlabel('u');            % 添加坐标轴标签
% 水波扩散的动态展示
>> for i = 1:numel(tlist)
    U = reshape(Uxy(:,i),size(X));                % 把第 i 个时刻的插值结果转为矩阵
    set(h, 'ZData',U);                            % 更新坐标,绘制第 i 个时刻的插值面图
    pause(0.1);                                    % 暂停 0.1s
end
```

运行上述代码,可得到水波扩散的动态效果图,这里只截取 4 个时刻的解,如图 6.4-6 所示。

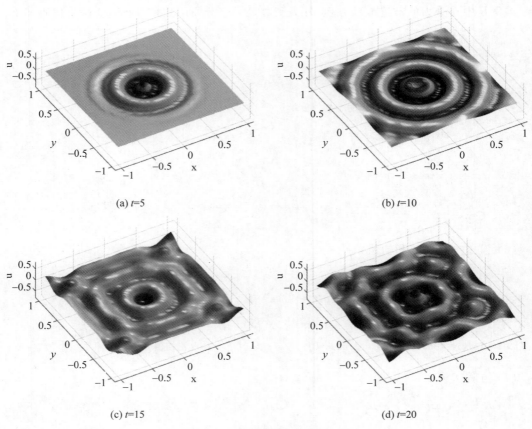

(a) $t=5$ (b) $t=10$

(c) $t=15$ (d) $t=20$

图 6.4-6 水波扩散的动态效果图

【例 6.4-5】　求解两端固定的膜振动方程：

$$
\begin{cases}
\dfrac{\partial^2 u}{\partial t^2} = \dfrac{\partial^2 u}{\partial x^2} + \dfrac{\partial^2 u}{\partial y^2} \\[2mm]
u(x,y,t)\big|_{t=0} = \arctan\left(\cos\dfrac{\pi x}{2}\right),\ \dfrac{\partial u}{\partial t}(x,y,t)\bigg|_{t=0} = 3\sin(\pi x)\,\mathrm{e}^{\cos(\pi y)},\quad 0 < t \leqslant 6, -1 < x,y < 1 \\[2mm]
u(x,y,t)\big|_{x=\pm 1} = 0,\ \dfrac{\partial u}{\partial n}\bigg|_{y=\pm 1} = g = 0
\end{cases}
$$

（1）创建微分方程模型。

```matlab
>> model2 = createpde(1);                              % 创建包含一个方程的微分方程模型
```

（2）创建求解区域的二维几何描述并绘图。

```matlab
>> geometryFromEdges(model2,@squareg);                 % 创建正方形求解区域
>> figure;                                             % 新建图形窗口
>> pdegplot(model2,'EdgeLabels','on');                 % 绘制求解区域,并显示边界标签
>> axis equal;                                         % 设置坐标轴的纵横比相同
>> axis([-1.1,1.1,-1.1,1.1]);                          % 设置坐标轴的显示范围
```

（3）添加边值条件。

```matlab
 % 设置左右边界的边值条件(Dirichlet 边值条件)
>> applyBoundaryCondition(model2,'Edge',[2,4],'u',0);
 % 设置上下边界的边值条件(Neumann 边值条件)
>> applyBoundaryCondition(model2,'Edge',[1,3],'g',0);
```

（4）划分网格。

```matlab
>> Me = generateMesh(model2,'Hmax',0.1,'GeometricOrder','linear');   % 划分网格
```

（5）设置方程参数及初值条件并求解。

```matlab
>> specifyCoefficients(model2,'m',1,'d',0,'c',1,'a',0,'f',0);    % 设置方程参数
>> u0fun = @(location)atan(cos(pi/2 * location.x));              % 定义 u 的初值函数
 % 定义 u 对 t 的一阶导数的初值函数
>> ut0fun = @(location)3 * sin(pi * location.x). * exp(cos(pi * location.y));
>> setInitialConditions(model2,u0fun,ut0fun);                   % 设置初值条件

>> tlist = linspace(0,6,41);                                    % 定义时间向量
>> u2 = solvepde(model2,tlist);                                 % 方程求解
```

（6）结果可视化。

```matlab
>> XY = u2.Mesh.Nodes';                                % 获取三角网格点坐标
>> Tri = u2.Mesh.Elements';                            % 获取三角面片顶点编号
>> UXY = u2.NodalSolution;                             % 获取三角网格点对应的求解结果
>> figure;                                             % 新建图形窗口
>> h = trisurf(Tri,XY(:,1),XY(:,2),UXY(:,1));          % 绘制三角形网格曲面图
>> axis([-1.1,1.1,-1.1,1.1,-3,3]);                     % 设置坐标轴范围
>> xlabel('x');ylabel('y');zlabel('u(x,y)');           % 添加坐标轴标签
 % 膜振动的动态展示
>> for i = 1:numel(tlist)
    set(h(1),'Vertices',[XY(:,1),XY(:,2),UXY(:,i)]);   % 更新网格点 u 坐标
    pause(0.1);                                        % 暂停 0.1 秒
 end
```

依次运行上述各段代码,可得到各个时刻方程的解,并绘制出膜振动的动态效果图,这里只截取 4 个时刻的解,如图 6.4-7 所示。

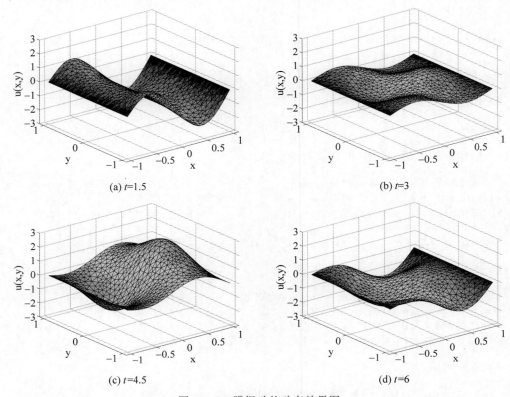

图 6.4-7　膜振动的动态效果图

6.4.5　抛物型偏微分方程求解实例

【例 6.4-6】　求解二维热传导方程:

$$\begin{cases} \dfrac{\partial u}{\partial t} = \dfrac{\partial^2 u}{\partial x^2} + \dfrac{\partial^2 u}{\partial y^2} \\ u(x,y,t)\big|_{t=0} = \varphi(x,y) \end{cases} , \quad 0 < t \leqslant 0.1, x^2 + y^2 \leqslant 1$$

其中,$\varphi(x,y) = \begin{cases} 1, & x^2 + y^2 \leqslant 0.4^2 \\ 0, & 0.4^2 \leqslant x^2 + y^2 \leqslant 1 \end{cases}$

求解本例的 MATLAB 代码如下:

```
% 1. 创建包含一个方程的微分方程模型
>> model3 = createpde(1);                    % 创建包含一个方程的微分方程模型

% 2. 创建圆形求解区域,如图 6.4-8 所示
>> geometryFromEdges(model3,@circleg);
>> pdegplot(model3,'EdgeLabels','on');       % 绘制求解区域,并显示边界标签
>> axis equal;                                % 设置坐标轴的纵横比相同
>> axis([-1.1,1.1,-1.1,1.1]);                % 设置坐标轴的显示范围
```

```
% 3. 设置边值条件(Dirichlet 边值条件)
>> NumEdges = model3.Geometry.NumEdges;                    % 求解区域边界数
>> applyBoundaryCondition(model3,'Edge',1:NumEdges,'u',0);

% 4. 划分网格
>> generateMesh(model3,'Hmax',0.02,'GeometricOrder','linear');

% 5. 设置方程参数
>> specifyCoefficients(model3,'m',0,'d',1,'c',1,'a',0,'f',0);

% 6. 设置初值条件
>> u0fun = @(location)sqrt(location.x.^2 + location.y.^2) <= 0.4;  % 定义 u 的初值函数
>> setInitialConditions(model3,u0fun);                     % 设置初值条件

% 7. 方程求解
>> tlist = linspace(0,0.1,21);                             % 定义时间向量
>> u3 = solvepde(model3,tlist);                            % 方程求解

% 8. 结果可视化
>> U = u3.NodalSolution;                                   % 获取三角形网格点对应的求解结果
>> figure;                                                 % 新建图形窗口
>> umax = max(U(:));                                       % 最高温度
>> umin = min(U(:));                                       % 最低温度
% 热扩散的动态展示
>> for i = 1:numel(tlist)
      pdeplot(model3,'XYData',U(:,i));                     % 绘制温度分布图
      caxis([umin, umax]);                                 % 设置坐标系颜色范围
      axis equal;                                          % 设置坐标轴的纵横比相同
      axis([-1.1,1.1,-1.1,1.1]);                           % 设置坐标轴的显示范围
      xlabel('x');ylabel('y');                             % 添加坐标轴标签
      pause(0.1);                                          % 暂停 0.1s
  end
```

运行上述代码,即完成本例方程的求解,并根据求解结果绘制热扩散动态效果图,$t=0.02$时的静态效果图如图 6.4-9 所示。

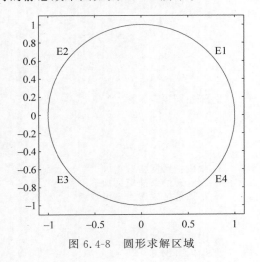

图 6.4-8　圆形求解区域

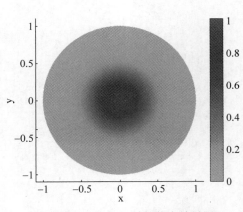

图 6.4-9　$t=0.02$ 时的静态效果图

6.4.6 椭圆型偏微分方程求解实例

【例6.4-7】 求解三维泊松方程(带有稳定热源的稳定温度场):

$$
\begin{cases}
-\left(\dfrac{\partial^2 u}{\partial x^2}+\dfrac{\partial^2 u}{\partial y^2}+\dfrac{\partial^2 u}{\partial z^2}\right)=\ln\left(1+x+\dfrac{y}{1+z}\right) \\
u(x,y,z)\Big|_{\substack{x=0 \\ x=100}}=0,\ u(x,y,z)\Big|_{\substack{z=0 \\ z=50}}=0 \qquad 0\leqslant x\leqslant100,0\leqslant y\leqslant20,0\leqslant z\leqslant50 \\
\dfrac{\partial u}{\partial n}\Big|_{y=0}=-1,\ \dfrac{\partial u}{\partial n}\Big|_{y=20}=1
\end{cases}
$$

求解本例的 MATLAB 代码如下:

```
% 1. 创建包含一个方程的微分方程模型
>> model4 = createpde;

% 2. 从外部文件导入求解区域的几何描述,如图6.4-10所示
>> importGeometry(model4, 'Block.stl');
>> figure;                                          % 新建图形窗口
>> h = pdegplot(model4, 'FaceLabels', 'on');        % 绘制求解区域
>> h(1).FaceAlpha = 0.5;                             % 设置透明度值为0.5

% 3. 设置边值条件
% x = 0, x = 100, z = 0, z = 50 所对应的边值条件
>> applyBoundaryCondition(model4, 'Face', 1:4, 'u', 0);
% y = 0 所对应的边值条件
>> applyBoundaryCondition(model4, 'Face', 6, 'g', -1);
% y = 20 所对应的边值条件
>> applyBoundaryCondition(model4, 'Face', 5, 'g', 1);

% 4. 划分网格
>> generateMesh(model4);

% 5. 设置方程参数
>> f = @(location, state)log(1 + location.x + location.y./(1 + location.z));
>> specifyCoefficients(model4, 'm', 0, 'd', 0, 'c', 1, 'a', 0, 'f', f);

% 6. 方程求解
>> u4 = solvepde(model4);

% 7. 结果可视化
>> p = u4.Mesh.Nodes;                                % 三角网顶点坐标
% 对x,y,z坐标轴进行网格划分
>> xi = linspace(min(p(1,:)), max(p(1,:)), 60);
>> yi = linspace(min(p(2,:)), max(p(2,:)), 60);
>> zi = linspace(min(p(3,:)), max(p(3,:)), 60);
>> [X, Y, Z] = meshgrid(xi, yi, zi);                 % 生成矩形网格数据
>> V = interpolateSolution(u4, X, Y, Z);             % 把求解结果插值到矩形网格点
>> V = reshape(V, size(X));                          % 把插值结果转为三维数组

>> figure
>> slice(X, Y, Z, V, xi, yi, zi);                    % 绘制切片图
>> shading interp;                                   % 插值染色
```

```
>> alpha(0.5);                                      % 设置透明度
>> xlabel('x'); ylabel('y'); zlabel('z');          % 坐标轴标签
>> colorbar;                                        % 添加颜色条
>> axis equal;                                      % 设置坐标轴的纵横比相同
```

　　运行上述代码，即完成本例方程的求解，并根据求解结果绘制带有稳定热源的稳定温度场温度分布图，如图 6.4-11 所示。

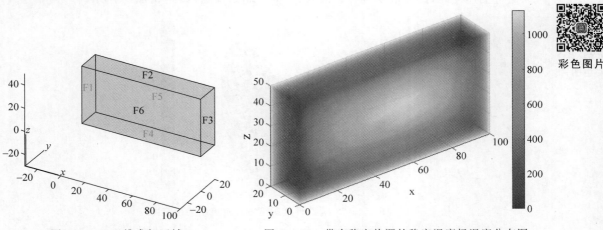

彩色图片

图 6.4-10　三维求解区域　　　　　　图 6.4-11　带有稳定热源的稳定温度场温度分布图

【例 6.4-8】　求解最小表面问题：

$$\begin{cases} -\nabla\left(\dfrac{1}{\sqrt{1+|\nabla u|^2}}\,\nabla u\right)=0, & \Omega=\{(x,y)\,|\,x^2+y^2\leqslant 1\} \\ u(x,y)\big|_{x^2+y^2=1}=x^2 \end{cases}$$

求解本例的 MATLAB 代码如下：

```
% 1. 创建包含一个方程的微分方程模型
>> model5 = createpde;

% 2. 创建圆形求解区域
>> geometryFromEdges(model5,@circleg);

% 3. 设置边值条件
>> boundaryfun = @(location,state)location.x.^2;       % 定义边界函数
>> NumEdges = model5.Geometry.NumEdges;                % 求解区域边界数
>> applyBoundaryCondition(model5,'Edge',1:NumEdges,...
        'u',boundaryfun,'Vectorized','on');            % 设置边值条件

% 4. 划分网格
>> generateMesh(model5,'Hmax',0.1,'GeometricOrder','linear');

% 5. 设置方程参数
>> c = @(location,state)1./sqrt(1 + state.ux.^2 + state.uy.^2);
>> specifyCoefficients(model5,'m',0,'d',0,'c',c,'a',0,'f',0);

% 6. 方程求解
```

```
>> u5 = solvepde(model5);

% 7. 结果可视化
>> figure;                                    % 新建图形窗口
>> U = u5.NodalSolution;                       % 获取三角形网格点对应的求解结果
>> pdeplot(model5,'xydata',U,'zdata',U);       % 求解结果可视化
```

运行上述代码,即完成本例方程的求解,并绘制结果图,如图 6.4-12 所示。

彩色图片

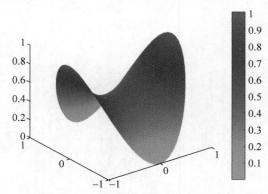

图 6.4-12   非线性椭圆型方程求解结果示意图

6.4.7   pdepe 函数应用实例

pdepe 函数用来求解一维抛物型方程或椭圆型方程的初值或边值问题,其调用格式如下:

```
sol = pdepe(m,@pdefun,@pdeic,@pdebc,x,t)
```

1. 微分方程描述函数 pdefun

输入参数@pdefun 是微分方程的描述函数,方程的标准型如式(6.4-18)所示。

$$c\left(x,t,u,\frac{\partial u}{\partial x}\right)\frac{\partial u}{\partial t}=x^{-m}\frac{\partial}{\partial x}\left[x^{m}f\left(x,t,u,\frac{\partial u}{\partial x}\right)\right]+s\left(x,t,u,\frac{\partial u}{\partial x}\right) \qquad (6.4\text{-}18)$$

函数 pdefun 由用户编写,形如:

```
function [c,f,s] = pdefun(x,t,u,du)
… …
```

pdefun 函数的输出参数 c,f,s 即为标准型方程中的三个已知函数。输入参数 du 表示 u 对 x 的一阶导数。

2. 初值条件描述函数 pdeic

输入参数@pdeic 是微分方程的初值条件描述函数,其标准形式为 $u(x,t_0)=u_0$。函数 pdeic 由用户编写,形如:

```
function  u0 = pdeic(x)
… …
```

3. 边值条件描述函数 pdebc

输入参数@pdebc 是微分方程的边值条件描述函数,其标准形式为:

$$p(x,t,u) + q(x,t,u) \cdot f\left(x,t,u,\frac{\partial u}{\partial x}\right) = 0 \tag{6.4-19}$$

函数 pdebc 由用户编写,形如:

```
function [pa,qa,pb,qb] = pdebc(xa,ua,xb,ub,t)
… …
```

其中,xa,xb 分别表示下边界和上边界条件中的变量 x 值,ua,ub 分别表示下边界和上边界条件中的变量 u 值,pa,pb 分别表示下边界和上边界条件中的 $p(x,t,u)$ 函数值,qa,qb 分别表示下边界和上边界条件中的 $q(x,t,u)$ 函数值。

【说明】 函数 pdepe 的输出 sol 是一个三维数组,sol(i,j,k) 表示自变量分别取 $t(i)$,$x(j)$ 时 u_k 的值。

【例 6.4-9】 求解如下偏微分方程组:

$$\begin{cases} \dfrac{\partial u_1}{\partial t} = a_1^2 \dfrac{\partial^2 u_1}{\partial x^2} + e^{u_2-u_1} - e^{u_1-u_2} \\[2mm] \dfrac{\partial u_2}{\partial t} = a_2^2 \dfrac{\partial^2 u_2}{\partial x^2} + e^{u_1-u_2} - e^{u_2-u_1} \\[2mm] u_1(x,t)\big|_{t=0} = 1, u_2(x,t)\big|_{t=0} = 0 \\[2mm] \dfrac{\partial u_1}{\partial x}\bigg|_{x=0} = 0, u_2(x,t)\big|_{x=0} = 0 \\[2mm] u_1(x,t)\big|_{x=1} = 1, \dfrac{\partial u_2}{\partial x}\bigg|_{x=1} = 0 \end{cases}$$

其中,$a_1^2 = \dfrac{1}{80}$,$a_2^2 = \dfrac{1}{91}$。

(1) 将微分方程组化为标准形式。

首先把微分方程组化为如下标准形式:

$$\begin{pmatrix} 1 \\ 1 \end{pmatrix} \cdot \frac{\partial}{\partial t} \begin{pmatrix} u_1 \\ u_2 \end{pmatrix} = \frac{\partial}{\partial x} \begin{pmatrix} a_1^2 \dfrac{\partial u_1}{\partial x} \\[3mm] a_2^2 \dfrac{\partial u_2}{\partial x} \end{pmatrix} + \begin{pmatrix} e^{u_2-u_1} - e^{u_1-u_2} \\[2mm] e^{u_1-u_2} - e^{u_2-u_1} \end{pmatrix} \tag{6.4-20}$$

由式(6.4-18)和式(6.4-20)可知:

$$m = 0, \quad u = \begin{pmatrix} u_1 \\ u_2 \end{pmatrix}, \quad c = \begin{pmatrix} 1 \\ 1 \end{pmatrix}, \quad f = \begin{pmatrix} a_1^2 \dfrac{\partial u_1}{\partial x} \\[3mm] a_2^2 \dfrac{\partial u_2}{\partial x} \end{pmatrix}, \quad s = \begin{pmatrix} e^{u_2-u_1} - e^{u_1-u_2} \\[2mm] e^{u_1-u_2} - e^{u_2-u_1} \end{pmatrix} \tag{6.4-21}$$

(2) 编写微分方程的描述函数 pdefun。

由式(6.4-21)编写微分方程的描述函数 pdefun,相应的 MATLAB 代码如下:

```
function [c,f,s] = pdefun(x,t,u,du)
% 微分方程的描述函数
c = [1;1];
f = [1/80;1/91]. * du;
y = u(1) - u(2);
F = exp(y) - exp(-y);
s = [-F; F];
end
```

（3）编写初值条件描述函数 pdeic。

结合本例给出的初值条件，编写初值条件描述函数 pdeic，相应的 MATLAB 代码如下：

```
function u0 = pdeic(x)
% 初值条件描述函数
u0 = [1; 0];
end
```

（4）编写边值条件描述函数 pdebc。

本例给出的边值条件为$\frac{\partial u_1}{\partial x}(0,t)=0$，$u_2(0,t)=0$，$u_1(1,t)=1$，$\frac{\partial u_2}{\partial x}(1,t)=0$，首先根据式（6.4-19）将其化为如下标准形式：

$$\begin{cases} \text{下边界：} \begin{pmatrix} 0 \\ u_2 \end{pmatrix} + \begin{pmatrix} 1 \\ 0 \end{pmatrix} \cdot \begin{pmatrix} a_1^2 \dfrac{\partial u_1}{\partial x} \\ a_2^2 \dfrac{\partial u_2}{\partial x} \end{pmatrix} = \begin{pmatrix} 0 \\ 0 \end{pmatrix} \\[4ex] \text{上边界：} \begin{pmatrix} u_1 - 1 \\ 0 \end{pmatrix} + \begin{pmatrix} 0 \\ 1 \end{pmatrix} \cdot \begin{pmatrix} a_1^2 \dfrac{\partial u_1}{\partial x} \\ a_2^2 \dfrac{\partial u_2}{\partial x} \end{pmatrix} = \begin{pmatrix} 0 \\ 0 \end{pmatrix} \end{cases} \qquad (6.4\text{-}22)$$

然后由式（6.4-22）编写边值条件描述函数 pdebc，相应的 MATLAB 代码如下：

```
function [pa,qa,pb,qb] = pdebc(xa,ua,xb,ub,t)
% 边值条件描述函数
pa = [0;ua(2)];
qa = [1;0];
pb = [ub(1)-1;0];
qb = [0;1];
end
```

（5）方程求解与可视化。

```
>> m = 0;                                      % 方程中的 m 参数
>> x = linspace(0,1,30);                       % 定义 x 向量
>> t = linspace(0,2,30);                       % 定义 t 向量
>> sol = pdepe(m,@pdefun,@pdeic,@pdebc,x,t);   % 方程求解
>> u1 = sol(:,:,1); u2 = sol(:,:,2);           % 分别提取 u1 和 u2 的结果
% 结果可视化
>> figure;
>> surf(x,t,u1);                               % 绘制 u1 关于 x 和 t 的三维曲面
>> title('u1(x,t)'); xlabel('Distance x'); ylabel('Time t')
```

```
>> figure;
>> surf(x,t,u2);                                         % 绘制 u2 关于 x 和 t 的三维曲面
>> title('u2(x,t)'); xlabel('Distance x'); ylabel('Time t')
```

运行上述代码,即可完成本例求解,并绘制求解结果示意图,如图 6.4-13 所示。

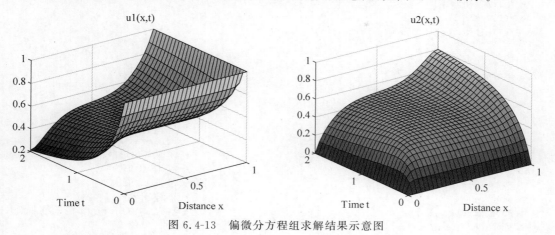

图 6.4-13　偏微分方程组求解结果示意图

【说明】　此例为一维抛物型偏微分方程组,可以通过引入 $0 \cdot \dfrac{\partial^2 u_1}{\partial y^2}$ 和 $0 \cdot \dfrac{\partial^2 u_2}{\partial y^2}$,将其改造为二维抛物型偏微分方程组,然后调用 solvepde 函数进行求解,相应的 MATLAB 代码如下:

```
% 1. 创建包含两个方程的微分方程模型
>> model6 = createpde(2);

% 2. 创建正方形求解区域
% 其中 3 为矩形编号,4 为边数,矩形区域顶点 x 坐标为[0,1,1,0],y 坐标为[0,0,1,1]
>> R1 = [3,4,0,1,1,0,0,0,1,1]';
>> geom = R1;
>> ns = char('R1')';                                    % 求解区域名称
>> sf = 'R1';                                            % 构造求解区域的公式
>> g = decsg(geom,sf,ns);                                % 创建几何体
>> geometryFromEdges(model6,g);                          % 创建自定义求解区域
>> figure;                                               % 新建图形窗口
>> pdegplot(model6,'EdgeLabels','on');                   % 绘制求解区域,并显示边界标签
>> axis equal;                                           % 设置坐标轴的纵横比相同
>> axis([-0.1,1.1,-0.1,1.1]);                            % 设置坐标轴的范围

% 3. 设置边值条件(Dirichlet 边值条件)
% u1 的右边界对应的边值条件
>> applyBoundaryCondition(model6,'Edge',2,'u',1,'EquationIndex',1);
% u2 的左边界对应的边值条件
>> applyBoundaryCondition(model6,'Edge',4,'u',0,'EquationIndex',2);

% 4. 划分网格
>> Me = generateMesh(model6,'Hmax',0.1,'GeometricOrder','linear');

% 5. 设置方程参数
>> m = 0;
```

```
>> d = 1;
>> c = [1/80;0;0;1/91;0;0];
>> a = 0;
>> specifyCoefficients(model6,'m',m,'d',d,'c',c,'a',a,'f',@ffun);

% 6. 设置初始条件
>> u0 = [1;0];
>> setInitialConditions(model6,u0);

% 7. 方程求解
>> tlist = linspace(0,2,31);                              % 定义时间向量
>> u6 = solvepde(model6,tlist);                           % 方程求解

% 8. 结果可视化
>> xi = Me.Nodes(1,:);                                    % 三角形网格点 x 坐标
>> [xi,id] = sort(xi);                                    % 对 x 坐标从小到大排序
>> U = u6.NodalSolution;                                  % 获取三角形网格点对应的求解结果
>> U1 = squeeze(U(id,1,:))';                              % 获取 u1 值
>> U2 = squeeze(U(id,2,:))';                              % 获取 u2 值
>> figure;                                                % 新建图形窗口
>> surf(xi,tlist,U1);                                     % 绘制 u1 关于 x 和 t 的三维曲面
>> shading interp;                                        % 插值染色
>> title('u1(x,t)'); xlabel('Distance x'); ylabel('Time t');    % 添加标题与轴标签

>> figure;                                                % 新建图形窗口
>> surf(xi,tlist,U2);                                     % 绘制 u2 关于 x 和 t 的三维曲面
>> shading interp;                                        % 插值染色
>> title('u2(x,t)'); xlabel('Distance x'); ylabel('Time t');    % 添加标题与轴标签
```

上述程序中用到的 ffun 函数的源代码如下：

```
function f = ffun(location,state)
% 例 6.4 - 9 的 f 函数
% location   --- 包含如下字段的结构体变量
%     location.x --- x 坐标
%     location.y --- y 坐标
%     location.z --- z 坐标
% state   --- 包含如下字段的结构体变量
%     state.u --- 状态变量 u
%     state.ux   --- u 对 x 的一阶偏导
%     state.uy   --- u 对 y 的一阶偏导
%     state.uz   --- u 对 z 的一阶偏导
%     state.time --- 时间变量

n = numel(location.x);                                    % 网格点个数
u1 = state.u(1);                                          % u1
u2 = state.u(2);                                          % u2
f = [exp(u2 - u1) - exp(u1 - u2);exp(u1 - u2) - exp(u2 - u1)]. * ones(1,n);
end
```

6.4.8 偏微分方程可视化求解工具

　　MATLAB 偏微分方程工具箱中提供了求解偏微分方程的可视化工具 pdetool，用来求解常见的二阶偏微分方程，但不能求解方程组。本节利用可视化工具，基于界面操作，求解

例 6.4-4 中的二维波动方程。

1. 打开界面并绘制求解区域

在 MATLAB 命令窗口运行 pdetool 命令,打开如图 6.4-14 所示界面。单击 Options 菜单的 Axes Limits 选项,在弹出的界面中设置坐标轴的范围,如图 6.4-15 所示。单击 Options 菜单的 Grid 选项,在坐标平面内绘制参考网格。在主界面上单击 □ 图标,然后拖动鼠标画出求解区域,双击该求解区域,弹出如图 6.4-16 所示的求解区域设置界面,更改对话框中的参数,可设置求解区域的精确范围。

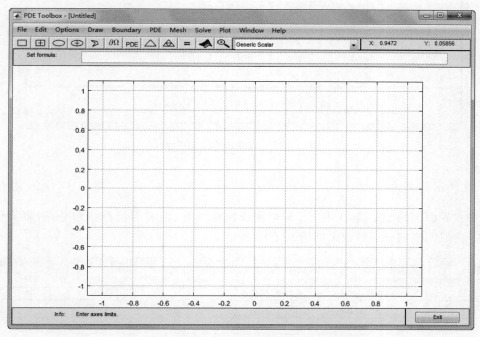

图 6.4-14　偏微分方程可视化求解工具主界面

图 6.4-15　坐标区域设置界面

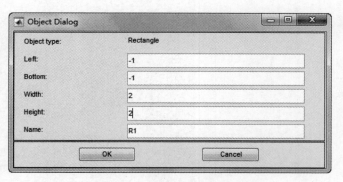

图 6.4-16　求解区域设置界面

2. 设置边界条件

单击 Boundary 菜单的 Boundary Mode 选项,进入边界模式,然后单击 Boundary 菜单的

Show Edge Labels 选项,显示边界标签。双击某条边界线,弹出如图 6.4-17 所示的边界条件设置界面,通过该界面可设置每条边界对应的边界条件。

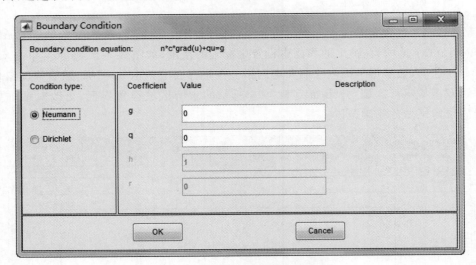

图 6.4-17　边界条件设置界面

3. 建立网格划分

单击主界面上的 △ 或 △ 图标,即可完成网格划分,前者为粗网格划分,后者为精细网格划分。完成网格划分后的效果如图 6.4-18 所示。

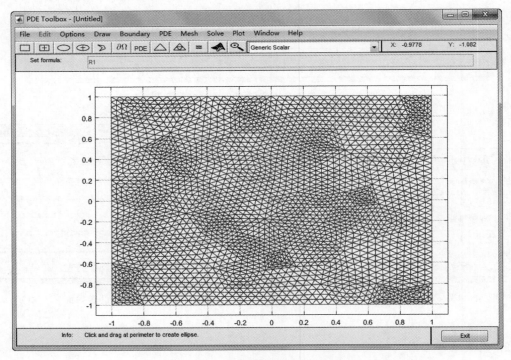

图 6.4-18　完成网格划分后的主界面

4. 设置方程类型和方程参数

单击主界面上的 PDE 图标,弹出如图 6.4-19 所示的方程类型和参数设置界面,如图示设置好相关参数即可。其中,framp 是外力函数对应的函数名,不同于例 6.4-4 中的 framp0 函数,framp 函数的源代码如下:

```
function f = framp(p,t,u,time)
% p     --- 三角网顶点坐标
% t     --- 三角网顶点编号
% u     --- u(x,y,t)
% time --- 时间
n = size(t,2);                          % 网格个数
f = zeros(1,n);                         % 定义 0 向量
it1 = t(1,:);                           % 每一个网格上第 1 个顶点编号
it2 = t(2,:);                           % 每一个网格上第 2 个顶点编号
it3 = t(3,:);                           % 每一个网格上第 3 个顶点编号
xpts = (p(1,it1) + p(1,it2) + p(1,it3))/3;     % 每一个网格中心点 x 坐标
ypts = (p(2,it1) + p(2,it2) + p(2,it3))/3;     % 每一个网格中心点 y 坐标
[~,id] = min(xpts.^2 + ypts.^2);        % 寻找位于求解区域的中心的网格
f(id) = 5 * sin(1.7 * time);            % 函数赋值
end
```

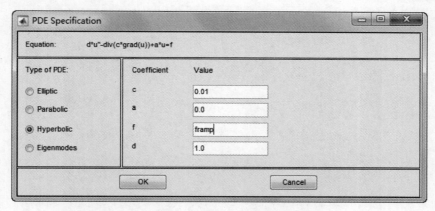

图 6.4-19 方程类型和参数设置界面

5. 设置求解参数(时间、初值和终止容限)

单击 Solve 菜单的 Parameters 选项,在弹出的求解参数设置界面中设置时间、初值和终止容限等相关参数,如图 6.4-20 所示。

6. 方程求解与结果可视化

单击主界面上的 = 图标,或单击 Solve 菜单的 Solve PDE 选项,即可完成求解,求解结束后的主界面如图 6.4-21 所示。

单击主界面上的 ✎ 图标,或单击 Plot 菜单的 Parameters 选项,弹出如图 6.4-22 所示的结果可视化设置界面。如图示勾选相关选项,并设置相关参数,然后单击该界面上的 plot 按钮,即可绘制求解结果对应的动态效果图。

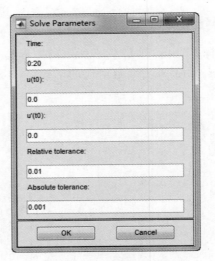

图 6.4-20　求解参数设置界面

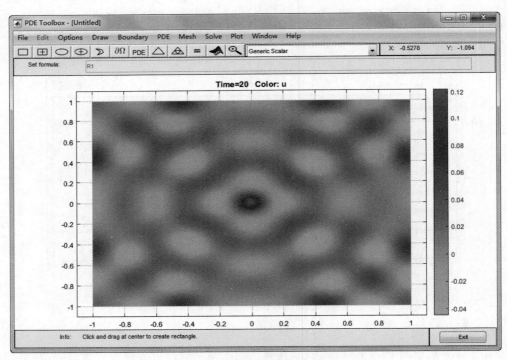

图 6.4-21　求解结束后的主界面

7. 导出结果

导出求解相关结果的方法如下。

➤ 单击 File 菜单的 Export Image 选项，可导出结果图片。

➤ 单击 Draw 菜单的 Export Geometry 选项，可导出几何描述数据。

➤ 单击 PDE 菜单的 Export PDE Coefficients 选项，可导出方程系数。

➤ 单击 Mesh 菜单的 Export Mesh 选项，可导出网格数据。

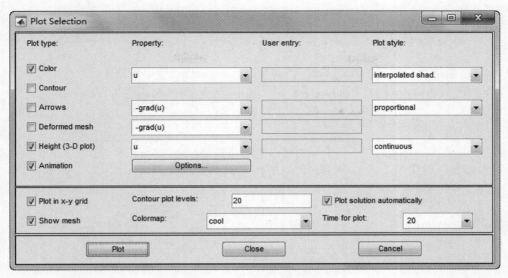

图 6.4-22 结果可视化设置界面

➤ 单击 Solve 菜单的 Export Solution 选项,可导出求解结果。

➤ 单击 Plot 菜单的 Export Movie 选项,可导出电影动画。

➤ 单击 File 菜单的 Save 或 Save As 选项,可生成与界面操作相关的 MATLAB 程序。

6.5 建模案例选讲

6.5.1 球场灯光照明问题

1. 问题描述

【例 6.5-1】 在一个边长为 20m 的正方形球场的四个角安装 4 盏功率均为 1kW 的照明灯,它们离地面的高度分别为 7m、9m、8m 和 10m。在漆黑的夜晚,当 4 盏灯同时开启时,球场内不同地点的亮度是不一样的,试建立数学模型,计算球场内最暗的点和最亮的点的位置。

2. 模型建立

建立如图 6.5-1 所示的坐标系,正方形球场的四个顶点分别记为 O,A,B,C,假设四盏灯均可看成是点光源,其位置分别记为 P_1, P_2, P_3, P_4,球场内任意一点记为 $P(x,y)$。由已知给出如下假设:

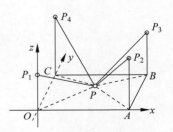

图 6.5-1 球场灯光照明示意图

$$a = |OA| = |AB| = |BC| = |CO| = 20$$
$$h_1 = |OP_1| = 7, \quad h_2 = |AP_2| = 9, h_3 = |BP_3| = 8, h_4$$
$$= |CP_4| = 10$$

记 P_1,P_2,P_3,P_4 到点 P 的距离分别为 $r_1 = |P_1P|, r_2 = |P_2P|, r_3 = |P_3P|, r_4 = |P_4P|$,各光源到点 P 的光线与 xoy 平面的夹角分别记为 $\alpha_1 = \angle P_1PO, \alpha_2 = \angle P_2PA, \alpha_3 = \angle P_3PB, \alpha_4 = \angle P_4PC$,各光源的功率分别记为 p_1, p_2, p_3, p_4,在点 P 的照度分别记为 I_1,

I_2, I_3, I_4，则

$$I_1 = k \cdot \frac{p_1 \sin\alpha_1}{r_1^2}, I_2 = k \cdot \frac{p_2 \sin\alpha_2}{r_2^2}, I_3 = k \cdot \frac{p_3 \sin\alpha_3}{r_3^2}, I_4 = k \cdot \frac{p_4 \sin\alpha_4}{r_4^2} \quad (6.5\text{-}1)$$

其中，k 是由量纲单位决定的比例系数，不妨令 $k = 1$。由图 6.5-1 可知：

$$\sin\alpha_1 = h_1/r_1, \sin\alpha_2 = h_2/r_2, \sin\alpha_3 = h_3/r_3, \sin\alpha_4 = h_4/r_4$$

$$r_1 = \sqrt{h_1^2 + x^2 + y^2}, r_2 = \sqrt{h_2^2 + (a-x)^2 + y^2}$$

$$r_3 = \sqrt{h_3^2 + (a-x)^2 + (a-y)^2}, r_4 = \sqrt{h_4^2 + x^2 + (a-y)^2}$$

因为各盏灯的功率均为 1kW，可知 $p_1 = p_2 = p_3 = p_4 = 1$，于是：

$$I_1 = \frac{h_1}{\sqrt{(h_1^2 + x^2 + y^2)^3}}, \quad I_2 = \frac{h_2}{\sqrt{(h_2^2 + (a-x)^2 + y^2)^3}}$$

$$I_3 = \frac{h_3}{\sqrt{(h_3^2 + (a-x)^2 + (a-y)^2)^3}}, \quad I_4 = \frac{h_4}{\sqrt{(h_4^2 + x^2 + (a-y)^2)^3}}$$

从而可得点 P 的总照度为：

$$I(x,y) = I_1 + I_2 + I_3 + I_4 = \frac{7}{\sqrt{(49 + x^2 + y^2)^3}} + \frac{9}{\sqrt{(81 + (20-x)^2 + y^2)^3}} +$$

$$\frac{8}{\sqrt{(64 + (20-x)^2 + (20-y)^2)^3}} + \frac{10}{\sqrt{(100 + x^2 + (20-y)^2)^3}} \quad (6.5\text{-}2)$$

3. 模型求解

求解照度函数 $I(x,y)$ 在区域 $0 \leqslant x, y \leqslant 20$ 内的最小值点和最大值点，即可求得球场内最暗的点和最亮的点的位置。为此首先绘制照度函数曲面，结合图形直观地分析 $I(x,y)$ 在区域 $0 \leqslant x, y \leqslant 20$ 内的取值情况。

1）绘制照度函数曲面

运行下面的代码，绘制照度函数曲面，如图 6.5-2 所示。

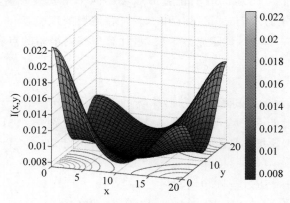

图 6.5-2　照度函数曲面

```
>> syms a h1 h2 h3 h4 x y              % 定义符号变量
>> r1 = sqrt(h1^2 + x^2 + y^2);        % 定义 r1 的符号表达式
```

```
>> r2 = sqrt(h2^2 + (a-x)^2 + y^2);              % 定义 r2 的符号表达式
>> r3 = sqrt(h3^2 + (a-x)^2 + (a-y)^2);          % 定义 r3 的符号表达式
>> r4 = sqrt(h4^2 + x^2 + (a-y)^2);              % 定义 r4 的符号表达式
>> Ixy = h1/r1^3 + h2/r2^3 + h3/r3^3 + h4/r4^3;  % 定义照度函数 Ixy 的符号表达式
>> Ixy = subs(Ixy,{a,h1,h2,h3,h4},{20,7,9,8,10}); % 把各参数值代入照度函数
>> figure;                                        % 新建图形窗口
>> fsurf(Ixy,[0,20,0,20],'ShowContours','on');    % 绘制照度函数曲面
>> xlabel('x');ylabel('y');zlabel('I(x,y)');      % 添加坐标轴标签
>> colorbar;                                       % 添加颜色条
>> view(19,18);                                    % 设置视点位置
```

2）求解照度函数的极值点

从图 6.5-2 可以看出，照度函数 $I(x,y)$ 在区域 $0 \leqslant x,y \leqslant 20$ 内有多个局部极小值点和极大值点，求出这些极值点并对比它们及球场 4 个顶点处的照度值，即可求得球场内最暗的点和最亮的点。照度函数 $I(x,y)$ 的极值点满足：

$$\begin{cases} \dfrac{\partial I(x,y)}{\partial x}=0 \\[2mm] \dfrac{\partial I(x,y)}{\partial y}=0 \end{cases} \tag{6.5-3}$$

方程（6.5-3）的解析解是难以求出的，需要通过数值计算求出其数值解。下面在符号计算的基础上，将 $\dfrac{\partial I}{\partial x}$ 和 $\dfrac{\partial I}{\partial y}$ 转为匿名函数，然后基于多个初始点，调用 fsolve 函数求方程（6.5-3）的多组解，即照度函数 $I(x,y)$ 在区域 $0 \leqslant x,y \leqslant 20$ 内的多个局部极值点。相应的代码及结果如下：

```
>> dx = diff(Ixy,x);                     % 求 I(x,y)对 x 的偏导
>> dy = diff(Ixy,y);                     % 求 I(x,y)对 y 的偏导
>> dxfun = matlabFunction(dx);           % 将符号表达式 dx 转为匿名函数
>> dyfun = matlabFunction(dy);           % 将符号表达式 dy 转为匿名函数
>> Ixyfun = matlabFunction(Ixy);         % 将符号表达式 Ixy 转为匿名函数

% 由于 I(x,y)对 x 和 y 的偏导值较小,为保证求解精度,在定义方程组时将偏导乘上惩罚因子 1000
>> eq = @(x)1000 * [dxfun(x(1),x(2));dyfun(x(1),x(2))];  % 定义待解方程组
>> Xg = fsolve(eq,[10,10]);              % 基于初值[10,10]求解方程
>> X1 = fsolve(eq,[0,0]);                % 基于初值[0,0]求解方程
>> X2 = fsolve(eq,[20,0]);               % 基于初值[20,0]求解方程
>> X3 = fsolve(eq,[20,20]);              % 基于初值[20,20]求解方程
>> X4 = fsolve(eq,[0,20]);               % 基于初值[0,20]求解方程
>> X = [Xg;X1;X2;X3;X4;0,0;20,0;20,20;0,20];  % 把求解结果与球场顶点进行拼接
>> Ival = Ixyfun(X(:,1),X(:,2));         % 求各极值点及球场顶点处照度值
>> id = (1:9)';                          % 定义序号向量
>> xi = X(:,1);                          % 获取 x 坐标向量
>> yi = X(:,2);                          % 获取 y 坐标向量
>> VarNames = {'序号','x坐标','y坐标','照度值 I'};  % 定义变量名元胞数组

% 定义表格,以方便查看求解结果
>> Result = table(id,xi,yi,Ival,'VariableNames',VarNames)
Result =
  9 × 4 table
```

序号	x 坐标	y 坐标	照度值 I
1	9.8191	10.245	0.0074792
2	0.10408	0.10476	0.022484
3	19.72	0.29239	0.014288
4	19.822	19.823	0.017678
5	0.45241	19.566	0.011935
6	0	0	0.022471
7	20	0	0.014252
8	20	20	0.017656
9	0	20	0.01188

由以上结果可知,球场内点(9.8191,10.245)处最暗,其照度值为 0.0074792,点 (0.10408,0.10476)处最亮,其照度值为 0.022484。

3)求解结果可视化

为使求解结果更为直观,接下来将上述结果中前 5 个点(极值点)绘制到照度函数曲面上, 如图 6.5-3 所示,相应的代码如下:

```
>> figure;                                              % 新建图形窗口
>> fsurf(Ixy,[0,20,0,20],'ShowContours','on');          % 绘制照度函数曲面
>> xlabel('x');ylabel('y');zlabel('I(x,y)');            % 添加坐标轴标签
>> colorbar;                                             % 添加颜色条
>> view(19,18);                                          % 设置视点位置
>> hold on                                               % 图形保持
>> stem3(X(1:5,1),X(1:5,2),Ival(1:5),'ro','filled');    % 绘制 5 个极值点
```

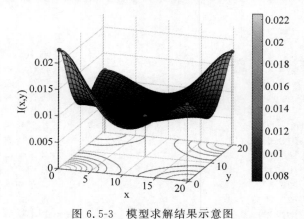

图 6.5-3　模型求解结果示意图

6.5.2　传染病模型

本节介绍几个常用的传染病模型及 MATLAB 求解方法。

1. 指数增长模型

模型假设条件如下。

(1) 设时刻 t 的患病者人数为 $x(t)$,并假设 $x(t)$ 是连续、可微函数。

（2）假设每个患病者每天有效接触（足以使人致病的接触）的人数为常数 λ。

根据假设，从 t 到 $t+\Delta t$ 患病者人数的增量为：

$$x(t+\Delta t)-x(t)=\lambda x(t)\Delta t$$

记 $t=0$ 时患病者人数为 x_0，则可建立如下微分方程模型：

$$\frac{\mathrm{d}x}{\mathrm{d}t}=\lambda x, \quad x(0)=x_0 \tag{6.5-4}$$

模型式（6.5-4）的解析解为 $x(t)=x_0\mathrm{e}^{\lambda t}$，相应的求解代码及结果如下：

```
>> syms x(t) lambda x0                          % 定义符号函数和符号变量
>> x(t) = dsolve(diff(x) == lambda * x, x(0) == x0)   % 求模型的符号解(解析解)
x(t) =                                          % 求解结果
      x0 * exp(lambda * t)
```

结果表明，随着时间 t 的增加，患病者人数 $x(t)$ 会无限增长，这显然是不符合实际的。造成这种现象的原因在于：患病者有效接触的人群中包括健康者和患病者，而只有缺乏免疫力的健康者才会被感染为患病者。接下来将人群分为**易感者**（Susceptible）和**患病者**（Infective），建立 SI 模型。

2. SI 模型

模型假设条件如下。

（1）假设在疾病传播期间所考察地区的总人数 N 保持不变，不考虑生死和人口迁移。时刻 t 易感者（缺乏免疫力的健康者）和患病者（有传染性的病人）在总人数中所占比例分别记为 $S(t)$ 和 $I(t)$，则 $S(t)+I(t)=1$。

（2）假设每个患病者每天有效接触的人数为 λ（称为**日接触率**），当患病者与易感者有效接触时，易感者被感染为患病者。

根据假设，每个患病者每天有效接触的人群中易感者人数为 $\lambda S(t)$，因此每天将有 $\lambda S(t)NI(t)$ 个易感者被感染为患病者。于是从 t 到 $t+\Delta t$ 易感者和患病者人数的增量分别为：

$$N[S(t+\Delta t)-S(t)]=-\lambda S(t)NI(t)\Delta t, \quad N[I(t+\Delta t)-I(t)]=\lambda S(t)NI(t)\Delta t$$

记 $t=0$ 时易感者和患病者比例分别为 S_0 和 I_0，则可建立如下微分方程模型：

$$\begin{cases} \dfrac{\mathrm{d}S}{\mathrm{d}t}=-\lambda SI, \quad \dfrac{\mathrm{d}I}{\mathrm{d}t}=\lambda SI \\ S(0)=S_0, \quad I(0)=I_0, S_0+I_0=1 \end{cases} \tag{6.5-5}$$

由于 $S(t)+I(t)=1$，式（6.5-5）还可写作：

$$\frac{\mathrm{d}I}{\mathrm{d}t}=\lambda I(1-I), \quad I(0)=I_0 \tag{6.5-6}$$

模型式（6.5-6）的解析解为：

$$I(t)=\frac{I_0\mathrm{e}^{\lambda t}}{I_0\mathrm{e}^{\lambda t}-I_0+1} \tag{6.5-7}$$

相应的求解代码及结果如下：

```
>> syms I(t) lambda I0                          % 定义符号函数与符号变量
>> I(t) = dsolve(diff(I) == lambda * I * (1-I),I(0) == I0);   % 求模型的解析解
```

```
>> I = simplify(I)                                        % 对结果进行化简
I(t) =                                                     % 求解结果
    (I0 * exp(lambda * t))/(I0 * exp(lambda * t) - I0 + 1)
```

这里令 $\lambda=1, I_0=0.02$,在此基础上还可以调用 ode45 函数求模型式(6.5-6)的数值解,相应的求解代码如下:

```
>> ts = 0:0.5:15;                                         % 定义时间向量
>> I0 = 0.02;                                             % I(t)的初值
>> lambda = 1;                                            % 日接触率
>> SIFun = @(t,I)lambda * I .* (1-I);                     % 定义模型对应的匿名函数
>> [t,It] = ode45(SIFun,ts,I0);                           % 调用 ode45 函数求解模型
 % 结果可视化
>> figure                                                 % 新建图窗
>> St = 1-It;                                             % 易感者比例
>> plot(t,St,'--b',t,It,'r','LineWidth',2);              % 绘制 S(t)和 I(t)曲线
>> grid on                                                % 显示网格线
>> xlabel('时间/天');                                     % 添加 x 轴标签
>> legend('易感者 S(t)', '患病者 I(t)','Location','best')  % 添加图例
```

基于数值解绘制的 $S(t)$ 和 $I(t)$ 曲线如图 6.5-4 所示。由图 6.5-4 及式(6.5-7)可知,当 $t \to \infty$ 时,$I(t) \to 1$,即所有人终将被感染,全部变为患病者,这显然是不符合实际的,原因在于 SI 模型中没有考虑到患者是可以治愈的,它认为易感者只能变为患病者,患病者不能再变为易感者。接下来考虑患病者可以被治愈的情况,继续对模型作出改进。

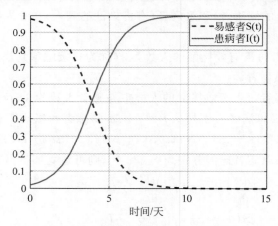

图 6.5-4　SI 模型的 $S(t)$ 和 $I(t)$ 曲线

3. SIS 模型

有些传染病(如痢疾)愈后免疫力很低,可以假定无免疫性,即患病者被治愈变为健康者后,还可以被感染重新变为患病者。针对这种类型的传染病,在 SI 模型假设的基础上,另外假设每天被治愈的患病者占患病者总数的比例为常数 μ(称为**日治愈率**),则从 t 到 $t+\Delta t$ 患病者人数的增量为:

$$N\left[I(t+\Delta t)-I(t)\right]=\lambda S(t)NI(t)\Delta t-\mu NI(t)\Delta t$$

于是可将 SI 模型修正为如下的 SIS 模型:

$$\frac{\mathrm{d}I}{\mathrm{d}t}=\lambda I(1-I)-\mu I, \quad I(0)=I_0 \tag{6.5-8}$$

模型式(6.5-8)的解析解为：

$$I(t)=\begin{cases} \dfrac{I_0 \mathrm{e}^{(\lambda-\mu)t}(\lambda-\mu)}{\lambda-\mu-I_0\lambda+I_0\lambda \mathrm{e}^{(\lambda-\mu)t}}, & \lambda \neq \mu \\[4mm] \dfrac{I_0}{I_0\lambda t+1}, & \lambda = \mu \end{cases} \tag{6.5-9}$$

相应的求解代码及结果如下：

```
>> syms I(t) lambda mu I0                          % 定义符号函数和符号变量
% 当 lambda ≠ mu 时
>> I1(t) = dsolve(diff(I) == lambda * I * (1 - I) - mu * I,I(0) == I0); % 求模型的解析解
>> I1 = simplify(I1,'Steps',326)                   % 对结果进行 326 步化简
I1(t) =

     I0 e^{λt - μt}(λ - μ)
  ──────────────────────────
  λ - μ - I0 λ + I0 λe^{λt - μt}


% 当 lambda = mu 时
>> I2(t) = dsolve(diff(I) == - lambda * I^2,I(0) == I0)   % 求模型的解析解
I2(t) =
        I0
     ──────────
     I0 λt + 1
```

这里令 $\lambda=1, \mu=0.3, I_0=0.02$，在此基础上还可以调用 ode45 函数求模型式(6.5-8)的数值解，相应的求解代码如下：

```
>> ts = 0:0.5:15;                                  % 定义时间向量
>> I0 = 0.02;                                      % I(t)的初值
>> lambda = 1;                                     % 日接触率
>> mu = 0.3;                                       % 日治愈率
>> SISFun = @(t,I)lambda * I. * (1 - I) - mu * I;  % 定义模型对应的匿名函数
>> [t,It] = ode45(SISFun,ts,I0);                   % 调用 ode45 函数求解模型
% 结果可视化
>> figure                                          % 新建图窗
>> St = 1 - It;                                    % 易感者比例
>> plot(t,St,'-- b',t,It,'r','LineWidth',2);       % 绘制 S(t)和 I(t)曲线
>> grid on                                         % 显示网格线
>> xlabel('时间/天');                               % 添加 x 轴标签
>> legend('易感者 S(t)', '患病者 I(t)','Location','best')  % 添加图例
```

基于数值解绘制的 S(t)和 I(t)曲线如图 6.5-5 所示。

4. SIR 模型

有些传染病(如天花、肝炎等)愈后免疫力很强，可以假定被治愈的患病者获得了终身免疫力，他们既非易感者，也非患病者，称为**康复者**(Recovered)，因此接下来要建立的模型称为 SIR 模型，其模型假设条件如下。

(1) 假设总人数 N 保持不变，人群分为易感者、患病者和病愈免疫的康复者。时刻 t 三类人在总人数中所占比例分别记为 $S(t)$、$I(t)$ 和 $R(t)$，则 $S(t)+I(t)+R(t)=1$。

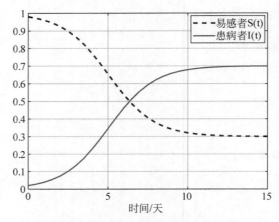

图 6.5-5　SIS 模型的 $S(t)$ 和 $I(t)$ 曲线

（2）假设患病者的日接触率为 λ，日治愈率为 μ。

根据模型假设，从 t 到 $t+\Delta t$ 三类人人数的增量分别为：

$$N\left[S(t+\Delta t)-S(t)\right]=-\lambda S(t)NI(t)\Delta t$$

$$N\left[I(t+\Delta t)-I(t)\right]=\lambda S(t)NI(t)\Delta t-\mu NI(t)\Delta t$$

$$N\left[R(t+\Delta t)-R(t)\right]=\mu NI(t)\Delta t$$

记 $t=0$ 时易感者、患病者和康复者的比例分别为 S_0、I_0 和 R_0，则可建立如下微分方程模型：

$$\begin{cases} \dfrac{\mathrm{d}S}{\mathrm{d}t}=-\lambda SI, & \dfrac{\mathrm{d}I}{\mathrm{d}t}=\lambda SI-\mu I, & \dfrac{\mathrm{d}R}{\mathrm{d}t}=\mu I \\ S(0)=S_0, & I(0)=I_0, & R(0)=R_0, S_0+I_0+R_0=1 \end{cases} \tag{6.5-10}$$

根据模型式（6.5-10）无法求出 $S(t)$、$I(t)$ 和 $R(t)$ 的解析解，接下来令 $\lambda=1$，$\mu=0.3$，$S_0=0.98$，$I_0=0.02$，$R_0=0$，在此基础上调用 ode45 函数求模型式（6.5-10）的数值解，相应的求解代码如下：

```matlab
>> ts = 0:0.5:25;                                   % 定义时间向量
>> S0 = 0.98;                                       % S(t)的初值
>> I0 = 0.02;                                       % I(t)的初值
>> R0 = 0;                                          % R(t)的初值
>> lambda = 1;                                      % 日接触率
>> mu = 0.3;                                        % 日治愈率
>> SIRFun = @(t,SIR)[ - lambda * SIR(1). * SIR(2);...
    lambda * SIR(1). * SIR(2) - mu * SIR(2);mu * SIR(2)];   % 定义模型对应的匿名函数
>> [t,SIR] = ode45(SIRFun,ts,[S0,I0,R0]);           % 调用 ode45 函数求解模型
% 结果可视化
>> figure                                           % 新建图窗
>> St = SIR(:,1);                                   % 易感者比例
>> It = SIR(:,2);                                   % 患病者比例
>> Rt = SIR(:,3);                                   % 康复者比例
>> plot(t,St,' -- b',t,It, 'r',t,Rt, ':k','LineWidth',2);   % 绘制 S(t)、I(t)和 R(t)曲线
>> grid on                                          % 显示网格线
>> xlabel( '时间/天 ');                             % 添加 x 轴标签
>> legend( '易感者 S(t)', '患病者 I(t)',...
    '康复者 R(t)','Location','best')                % 添加图例
```

基于数值解绘制的 $S(t)$、$I(t)$ 和 $R(t)$ 曲线如图 6.5-6 所示。

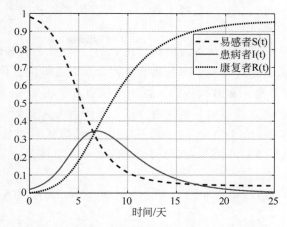

图 6.5-6　SIR 模型的 $S(t)$、$I(t)$ 和 $R(t)$ 曲线

5. SIRS 模型

有些传染病(如流感、新冠肺炎等)愈后免疫力具有时效性,即康复者获得的免疫力不能终身保持,过一段时间后,康复者会丧失免疫力,再次成为易感者。针对这种类型的传染病,在 SIR 模型假设的基础上,另外假设每天丧失免疫力的康复者占康复者总数的比率为 γ(称为**日丧失免疫率**),则从 t 到 $t+\Delta t$ 三类人人数的增量分别为:

$$N\left[S(t+\Delta t)-S(t)\right]=-\lambda S(t)NI(t)\Delta t+\gamma NR(t)\Delta t$$
$$N\left[I(t+\Delta t)-I(t)\right]=\lambda S(t)NI(t)\Delta t-\mu NI(t)\Delta t$$
$$N\left[R(t+\Delta t)-R(t)\right]=\mu NI(t)\Delta t-\gamma NR(t)\Delta t$$

于是可将 SIR 模型修正为如下 SIRS 模型:

$$\begin{cases} \dfrac{\mathrm{d}S}{\mathrm{d}t}=-\lambda SI+\gamma R, \quad \dfrac{\mathrm{d}I}{\mathrm{d}t}=\lambda SI-\mu I, \quad \dfrac{\mathrm{d}R}{\mathrm{d}t}=\mu I-\gamma R \\ S(0)=S_0, \quad I(0)=I_0, \quad R(0)=R_0, \quad S_0+I_0+R_0=1 \end{cases} \tag{6.5-11}$$

根据模型式(6.5-11)无法求出 $S(t)$、$I(t)$ 和 $R(t)$ 的解析解,读者可以对参数 $\lambda, \mu, \gamma, S_0$, I_0, R_0 赋值,然后调用 ode45 函数求模型的数值解。

6. SEIR 模型

有些传染病具有一定的潜伏期,并且潜伏期也具有传染性。如 SARS 潜伏期一般为 $2\sim10$ 天,乙脑的潜伏期为 $4\sim21$ 天,新冠肺炎(COVID-19)的潜伏期为 $7\sim14$ 天。通常情况下,接触过患病者的人首先会成为没有明显症状的感染者,即**潜伏者**(Exposed),然后部分潜伏者会转化为患病者,假设潜伏者具有传染性。针对此类传染病,接下来建立 SEIR 模型,其模型假设条件如下。

(1) 假设总人数 N 保持不变,人群分为易感者、潜伏者、患病者和病愈免疫的康复者。时刻 t 四类人在总人数中所占比例分别记为 $S(t)$、$E(t)$、$I(t)$ 和 $R(t)$,则 $S(t)+E(t)+I(t)+R(t)=1$。

(2) 假设每个患病者每天有效接触的人数为 λ,当患病者与易感者有效接触时,易感者被感染为潜伏者。

（3）假设每个潜伏者每天有效接触的人数为 α，当潜伏者与易感者有效接触时，易感者被感染为潜伏者。

（4）假设每天转为患病者的潜伏者占潜伏者总数的比例（称为**日转阳率**）为 β。

（5）假设每天被治愈获得终身免疫力的患病者占患病者总数的比例为常数 μ。

根据假设，每个患病者每天有效接触的人群中易感者人数为 $\lambda S(t)$，因此每天将有 $\lambda S(t) NI(t)$ 个易感者因接触患病者被感染为潜伏者；每个潜伏者每天有效接触的人群中易感者人数为 $\alpha S(t)$，因此每天将有 $\alpha S(t) NE(t)$ 个易感者因接触潜伏者被感染为潜伏者；每天有 $\beta NE(t)$ 个潜伏者转为患病者；每天有 $\mu NI(t)$ 个患病者被治愈变为康复者。于是，从 t 到 $t+\Delta t$ 四类人人数的增量分别为：

$$N\left[S(t+\Delta t)-S(t)\right]=-\lambda S(t)NI(t)\Delta t-\alpha S(t)NE(t)\Delta t$$
$$N\left[E(t+\Delta t)-E(t)\right]=\lambda S(t)NI(t)\Delta t+\alpha S(t)NE(t)\Delta t-\beta NE(t)\Delta t$$
$$N\left[I(t+\Delta t)-I(t)\right]=\beta NE(t)\Delta t-\mu NI(t)\Delta t$$
$$N\left[R(t+\Delta t)-R(t)\right]=\mu NI(t)\Delta t$$

记 $t=0$ 时易感者、潜伏者、患病者和康复者的比例分别为 S_0、E_0、I_0 和 R_0，则可建立如下微分方程模型：

$$\begin{cases} \dfrac{\mathrm{d}S}{\mathrm{d}t}=-\lambda SI-\alpha SE,\dfrac{\mathrm{d}E}{\mathrm{d}t}=\lambda SI+\alpha SE-\beta E,\dfrac{\mathrm{d}I}{\mathrm{d}t}=\beta E-\mu I,\dfrac{\mathrm{d}R}{\mathrm{d}t}=\mu I \\ S(0)=S_0,E(0)=E_0,I(0)=I_0,R(0)=R_0,S_0+E_0+I_0+R_0=1 \end{cases} \tag{6.5-12}$$

根据模型式(6.5-12)无法求出 $S(t)$、$E(t)$、$I(t)$ 和 $R(t)$ 的解析解，读者可以对模型中的参数 $\lambda,\mu,\alpha,\beta,S_0,E_0,I_0,R_0$ 赋值，然后调用 ode45 函数求模型的数值解。

6.5.3　冰镇西瓜问题

1. 问题描述

【**例 6.5-2**】　在炎炎夏日里，冰镇西瓜是人们最常吃的消暑佳品，很多人在享受冰爽的西瓜的同时，却很少关注这样一个问题：把一个温热的西瓜放入冰箱的冷藏室，多长时间能够冻透（西瓜的中心温度、表皮温度和冷藏室温度保持一致）？本例参考自"毕导（bxt_thu）"的微信公众号文章"吃了几十个西瓜后，我终于发明了能避开所有西瓜籽的科学吃瓜法"。

2. 问题分析

把一个温热的西瓜放入冰箱的冷藏室，由于西瓜的温度高于冰箱冷藏室的温度，西瓜与冷藏室空气之间就会产生热量的交换，热量不断从西瓜内部传向冷藏室，直到西瓜的中心温度、表皮温度和冷藏室温度保持一致，因此冰镇西瓜问题就是一个三维空间的热传导问题。接下来将在一定的假设条件下，根据能量守恒定律与傅里叶定律，建立冰镇西瓜的热传导方程。

傅里叶定律：在导热现象中，单位时间内沿截面法线方向通过单位面积的热量与温度梯度成正比，即：

$$\vec{q}=-\lambda\cdot\frac{\partial T}{\partial n}\cdot\vec{n}$$

其中,λ 为导热系数,$\dfrac{\partial T}{\partial n} \cdot \vec{n}$ 为温度梯度,负号表示热量传递的方向与温度升高的方向相反。

3. 模型假设

为了简化问题,作出如下假设。

(1)假设西瓜是一个半径为 $R(\mathrm{m})$ 的理想球体,并假设各部分是均匀的,密度记为 $\rho(\mathrm{kg/m^3})$。

(2)假设西瓜为无籽西瓜,瓜皮和瓜瓤的导热性能是完全一致的,其导热系数记为 λ(W/(m·K)),比热容记为 C_p(J/(kg·K))。

(3)假设冰箱冷藏室是一个温度为 T_∞ 的稳定温度场。

(4)西瓜放入冷藏室的时刻记为 $t=0$ 时刻,假设零时刻西瓜各部分的温度是均匀的,记为 T_0。

(5)假设热量只沿西瓜的半径方向从瓜心向瓜皮传递。

(6)西瓜与冷藏室内静止冷空气的对流换热系数记为 h(W/(m²·K))。

【**说明**】 导热系数是指在稳定传热条件下,1m 厚的材料,两侧表面的温差为 1 开氏度(K)或 1 摄氏度(℃),在单位时间内,通过 1 平方米面积传递的热量。比热容是指当单位质量物质吸收或放出热量引起温度升高或降低时,温度每升高 1K(或 1℃)所吸收的热量或每降低 1K(或 1℃)所放出的热量。稳定温度场是指各点温度不随时间变化的温度场。西瓜与空气的对流换热系数是指当西瓜表面与附近空气温差 1K(或 1℃)时,在单位时间内,单位面积上通过对流与附近空气交换的热量。

4. 模型建立

以瓜心为原点建立空间直角坐标系,如图 6.5-7 所示。西瓜内任意一点记为 A,在球面坐标系下,A 点坐标记为 (r,φ,θ),其中,r 为原点(瓜心)到 A 点的距离,φ 为 OA 与 z 轴正向的夹角(称为天顶角),θ 为 OA 在 xOy 平面上的投影线与 x 轴正向的夹角(称为方位角)。t 时刻 A 点处的温度记为 $T(r,t)$。

如图 6.5-8 所示,在球面坐标系下,考虑由 r,φ,θ 各取得微小增量 $\mathrm{d}r,\mathrm{d}\varphi,\mathrm{d}\theta$ 所构成的微元体,可把这个微元体看作长方体,沿 φ 方向的长为 $r\mathrm{d}\varphi$,沿 θ 方向的宽为 $r\sin\varphi\mathrm{d}\theta$,沿 r 方向的高为 $\mathrm{d}r$,从而可知微元体的下底面 $ABCD$ 的面积为:

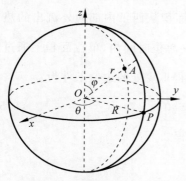

图 6.5-7 球面坐标示意图

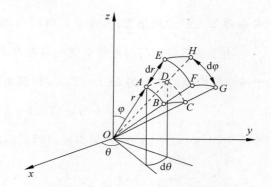

图 6.5-8 球面坐标系下的体积微元

$$\mathrm{d}s = r\mathrm{d}\varphi \cdot r\sin\varphi\mathrm{d}\theta = r^2\sin\varphi\mathrm{d}\varphi\mathrm{d}\theta$$

微元体的体积为:

$$dv = ds \cdot dr = r^2 \sin\varphi \, d\varphi \, d\theta \, dr.$$

接下来考察 dt 时间内微元体中热量的传递过程,根据模型假设可知热量沿 r 方向从下底面 $ABCD$ 流入微元体,从上底面 $EFGH$ 流出微元体。由傅里叶定律可知,dt 时间内,从下底面 $ABCD$ 流入微元体的热量为:

$$Q_r = -\lambda \cdot \frac{\partial T}{\partial r} \cdot ds \, dt = -\lambda \cdot \frac{\partial T}{\partial r} \cdot r^2 \sin\varphi \, d\varphi \, d\theta \, dt$$

从上底面 $EFGH$ 流出微元体的热量记为 Q_{r+dr},则:

$$\frac{Q_{r+dr} - Q_r}{dr} = \frac{\partial Q_r}{\partial r} = -\lambda \frac{\partial}{\partial r}\left(r^2 \frac{\partial T}{\partial r}\right) \sin\varphi \, d\varphi \, d\theta \, dt$$

于是可得经 r 方向流入微元体的净热量为:

$$Q_r - Q_{r+dr} = \lambda \frac{\partial}{\partial r}\left(r^2 \frac{\partial T}{\partial r}\right) \sin\varphi \, d\varphi \, d\theta \, dt \, dr$$

在 dt 时间内,微元体中热力学能的增量(由于微元体温度变化所耗费的能量)为:

$$\rho \, dv \, C_p \frac{\partial T}{\partial t} dt = \rho C_p \frac{\partial T}{\partial t} r^2 \sin\varphi \, d\varphi \, d\theta \, dr \, dt$$

由能量守恒可知 $\rho \, dv \, C_p \dfrac{\partial T}{\partial t} dt = Q_r - Q_{r+dr}$,从而:

$$\rho C_p \frac{\partial T}{\partial t} = \lambda \frac{1}{r^2} \frac{\partial}{\partial r}\left(r^2 \frac{\partial T}{\partial r}\right) \tag{6.5-13}$$

令 $a = \dfrac{\lambda}{\rho C_p}$(称为热扩散系数),则式(6.5-13)还可写作:

$$\frac{1}{a} \frac{\partial T}{\partial t} = \frac{1}{r^2} \frac{\partial}{\partial r}\left(r^2 \frac{\partial T}{\partial r}\right) \tag{6.5-14}$$

模型的初值条件:根据模型假设可知模型的初值条件为:

$$T(r,t)\big|_{t=0} = T_0 \tag{6.5-15}$$

模型的边值条件:在西瓜内部越接近瓜心的地方,沿 r 方向温度的变化率越小,假设瓜心处的边值条件为:

$$\frac{\partial T}{\partial r}\bigg|_{r=0} = 0 \tag{6.5-16}$$

考虑西瓜表面的热量传递,在单位时间内,通过单位面积从西瓜内部向外流出的热量为 $-\lambda \dfrac{\partial T}{\partial r}$。由于西瓜表面与附近冷空气的温差为 $T - T_\infty$,在单位时间内,单位面积上通过对流与附近冷空气交换的热量为 $h(T - T_\infty)$,根据能量守恒可得瓜皮处的边值条件为:

$$h(T - T_\infty) + \lambda \frac{\partial T}{\partial r}\bigg|_{r=R} = 0 \tag{6.5-17}$$

综合式(6.5-14)~(6.5-17)可得冰镇西瓜的热传导方程如下:

$$\begin{cases} \dfrac{1}{a} \dfrac{\partial T}{\partial t} = \dfrac{1}{r^2} \dfrac{\partial}{\partial r}\left(r^2 \dfrac{\partial T}{\partial r}\right) \\ T(r,t)\big|_{t=0} = T_0 \\ \dfrac{\partial T}{\partial r}\bigg|_{r=0} = 0, \, h(T - T_\infty) + \lambda \dfrac{\partial T}{\partial r}\bigg|_{r=R} = 0 \end{cases} , \quad t > 0, 0 < r < R \tag{6.5-18}$$

5. 模型求解

式(6.5-18)是一个一维抛物型偏微分方程,可调用 6.4.7 节中介绍的 pdepe 函数进行求解,具体步骤如下。

1) 参数赋值

假设西瓜的初始温度为 $T_0=32℃$,冰箱冷藏室的温度 $T_∞=6℃$,西瓜的半径 $R=9$cm,密度 $ρ=918$ kg/m^3,导热系数 $λ=0.48$ W/(m·K),比热容 $C_p=3990$ J/(kg·K),西瓜与冷藏室静止冷空气的对流换热系数 $h=5$ W/(m^2·K)。

2) 编写微分方程的描述函数

pdepe 函数所能求解的偏微分方程的标准型如式(6.4-18)所示,结合式(6.5-14)可知标准模型中的 c,f,s 参数分别为 $\frac{1}{a}$,$\frac{\partial T}{\partial r}$ 和 0,由此编写微分方程的描述函数 pdefun2,相应的 MATLAB 代码如下:

```
function [c,f,s] = pdefun2(r,t,T,dT)
% 冰镇西瓜模型的偏微分方程描述函数
% r  --- 距瓜心的距离
% t  --- 时间
% T  --- 温度
% dT --- 温度 T 对距离 r 的偏导

k = 0.48;                        % 西瓜的导热系数 [w/(m·K)]
p = 918;                         % 西瓜的密度 [kg/m^3]
Cp = 3990;                       % 热容 [J/(kg·K)]
a = k/(p * Cp);                  % 西瓜的热扩散系数 [m^2/s]
c = 1/a;                         % 标准模型中的 c 参数
f = dT;                          % 标准模型中的 f 参数
s = 0;                           % 标准模型中的 s 参数
end
```

3) 编写初值条件描述函数

由式(6.5-15)编写初值条件描述函数 pdeic2,相应的 MATLAB 代码如下:

```
function T0 = pdeic2(r)
% 冰镇西瓜模型的初值条件描述函数
% r --- 距瓜心的距离

T0 = 32;                         % 西瓜的初始温度
end
```

4) 编写边值条件描述函数

首先根据式(6.4-19)将式(6.5-16)和式(6.5-17)中的边值条件化为标准形式:

$$\begin{cases} 下边界:0+1\cdot\dfrac{\partial T}{\partial r}=0 \\ \\ 上边界:h(T-T_∞)+λ\dfrac{\partial T}{\partial r}=0 \end{cases} \qquad (6.5\text{-}19)$$

然后由式(6.5-19)编写边值条件描述函数 pdebc2,相应的 MATLAB 代码如下:

```
function [pa,qa,pb,qb] = pdebc2(ra,Ta,rb,Tb,t)
% 冰镇西瓜模型的边值条件描述函数
% ra,rb   --- 下边界和上边界条件中的 r 值
% Ta,Tb   --- 下边界和上边界条件中的 T 值
% t       --- 时间
% pa,pb   --- 下边界和上边界条件中的 p 函数值
% qa,qb   --- 下边界和上边界条件中的 q 函数值

h = 5;                    % 西瓜与静止冷空气的对流换热系数 [w/(m^2·K)]
Tinf = 6;                 % 终极温度 [℃]，即冰箱冷藏室温度
k = 0.48;                 % 西瓜的导热系数 [w/(m·K)]
pa = 0;
qa = 1;
pb = h*(Tb - Tinf);
qb = k;
end
```

5）调用 pdepe 函数求解模型

在[0,9]上等间隔取 41 个点定义距离向量 r，在[0,10]上等间隔取 41 个点定义时间向量 t，然后调用 pdepe 函数求解模型，相应的 MATLAB 代码如下：

```
>> m = 2;                              % 方程中的 m 参数
>> r = linspace(0,9,41)/100;           % 定义距离向量 r
>> t = linspace(0,10,41) * 3600;       % 定义时间向量 t
>> T = pdepe(m,@pdefun2,@pdeic2,@pdebc2,r,t);   % 模型求解
```

模型求解结果 T 是一个 41×41 的矩阵，每一行对应一个时间，每一列对应一个距离。

6）结果可视化

（1）温度 T 关于距离 r 和时间 t 的三维曲面。

运行下面的代码绘制温度 T 关于距离 r 和时间 t 的三维曲面，如图 6.5-9 所示。

```
>> figure;                             % 新建图窗
>> surf(r * 100,t/3600,T);             % 绘制温度 T 关于距离 r 和时间 t 的三维曲面
>> colorbar;                           % 添加颜色条
>> zlim([min(T(:)) - 2,max(T(:)) + 2]);  % 设置 Z 坐标显示范围
>> xlabel('距离 r (cm)');              % x 轴标签
>> ylabel('时间 t (h)')                % y 轴标签
>> zlabel('温度 T (℃)');               % z 轴标签
>> view(116,33);                       % 设置视点位置
>> text(8, - 0.5,34.5,'开始冷藏','Rotation',40);  % 添加文字说明
>> text(0,5,26,'瓜心');                % 添加文字说明
>> text(7,2,10.5,'瓜皮');              % 添加文字说明
```

图 6.5-9 反映了在 10 小时的冷冻过程中，西瓜内任意点处的温度变化情况，可以看出经过 10 个小时的冷冻，西瓜表面达到 11.5℃，瓜心处达到 14.4℃，西瓜还没有冻透。

（2）西瓜等效切面温度扩散动画。

前面讨论的温度 T 是距离 r 和时间 t 的函数，由图 6.5-7 可知直角坐标与球面坐标的转换关系如下：

$$x = r\sin\varphi\cos\theta, \quad y = r\sin\varphi\sin\theta, \quad z = r\cos\varphi$$

从而可将温度 T 转换为空间三维坐标 x, y, z 和时间 t 的函数。由图 6.5-7 可知 xOy 平

面将西瓜分为上下两部分,切面如图 6.5-10 所示,切面上每条半径对应一个方位角,每个同心圆半径对应一个距离值,并且同一个圆上各点温度相同。接下来将前面的求解结果转化为各时刻等效切面的温度分布,并绘制西瓜等效切面温度扩散动画。

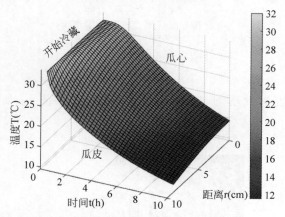

图 6.5-9　温度 T 关于距离 r 和时间 t 的三维曲面

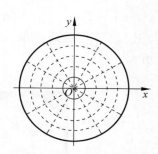

图 6.5-10　西瓜在 xOy 平面上的切面

在 $[0,9]$ 上等间隔取 41 个点定义距离向量 $\boldsymbol{r}=(r_1 \quad r_2 \quad \cdots \quad r_{41})$,在 $[0,2\pi]$ 上等间隔取 61 个点定义方位角向量 $\boldsymbol{\theta}=(\theta_1 \quad \theta_2 \quad \cdots \quad \theta_{61})$,在 $[0,10]$ 上等间隔取 41 个点定义时间向量 $\boldsymbol{t}=(t_1 \quad t_2 \quad \cdots \quad t_{41})$,记 $t=t_i$ 时刻与距离向量对应的温度向量为 $\mathbf{TR}_i=(T_{i1} \quad T_{i2} \quad \cdots \quad T_{i41})$,令 $\varphi=\dfrac{\pi}{2}$,可得 $t=t_i$ 时刻等效切面上的网格点坐标与温度值如下:

$$\boldsymbol{X}=\boldsymbol{r}^{\mathrm{T}}\cos\boldsymbol{\theta}, \quad \boldsymbol{Y}=\boldsymbol{r}^{\mathrm{T}}\sin\boldsymbol{\theta}, \quad \boldsymbol{T}_i=\mathbf{TR}_i^{\mathrm{T}}(1 \quad 1 \quad \cdots \quad 1)_{1\times61} \tag{6.5-20}$$

基于式(6.5-20)绘制西瓜等效切面温度扩散动画的 MATLAB 代码如下:

```
>> theta = linspace(0,2 * pi,61);                    % 定义方位角向量
>> X = 100 * r' * cos(theta);                        % 等效切面上网格点 x 坐标
>> Y = 100 * r' * sin(theta);                        % 等效切面上网格点 y 坐标
>> Ti = T(1,:)' * ones(size(theta));                 % 等效切面上网格点温度
>> xmin = min(X(:)) - 1; xmax = max(X(:)) + 1;       % 计算宽泛的 x 范围
>> ymin = min(Y(:)) - 1; ymax = max(Y(:)) + 1;       % 计算宽泛的 y 范围
>> X_bac = linspace(xmin,xmax,50);
>> Y_bac = linspace(ymin,ymax,50);
>> [X_bac,Y_bac] = meshgrid(X_bac,Y_bac);            % 生成矩形区域网格点
>> figure;                                           % 新建图窗
>> Tinf = 6;                                         % 冰箱冷藏室温度
>> surf(X_bac,Y_bac,Tinf * ones(size(X_bac)),...     % 绘制背景温度面
     'FaceColor','interp','EdgeColor','none');
>> hold on;                                          % 开启图形保持
% 绘制零时刻西瓜等效温度切面
>> hs = surf(X,Y,Ti,'FaceColor','interp','EdgeColor','none');
>> axis equal;                                       % 设置坐标轴显示比例相同
>> axis([xmin,xmax,ymin,ymax])                       % 设置坐标范围
>> xlabel('X'); ylabel('Y');                         % 添加坐标轴标签
>> caxis([Tinf,max(T(:))]);                          % 设置坐标区的颜色图范围
>> colorbar;                                         % 添加颜色条
>> view(2);                                          % 平面视角
```

```
>> ht = title(['冷藏 ',num2str(t(1)/3600,'%2.1f'),'小时后']);  % 添加标题

% 通过循环绘制各时刻西瓜等效温度切面
>> for i = 2:numel(t)
       Ti = T(i,:)' * ones(size(theta));          % 第 i 个时刻等效切面上网格点温度
       set(hs,'ZData',Ti);                         % 更新等效切面上网格点温度值
       set(ht,'String',['冷藏 ',num2str(t(i)/3600,'%2.1f'),'小时后']);  % 更新标题
       pause(0.2);                                 % 暂停 0.2s
   end
```

运行上述代码,可得到西瓜等效切面温度扩散动画,这里只截取 4 个时刻的图形,如图 6.5-11 所示。

彩色图片

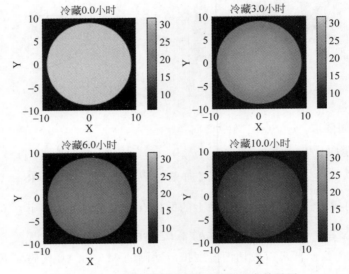

图 6.5-11　西瓜等效切面温度扩散动态效果图

第7章 多项式与插值拟合

在很多实际问题中,往往会涉及很多变量,需要研究变量之间的关系,很多时候变量之间的关系是不确定的,需要用一个函数来近似表示这种关系。当函数形式简单,并且易于写出含参数的解析表达式时,可以利用第9章介绍的回归分析方法求解未知参数,从而得出具体的回归方程来描述变量间的不确定性关系。然而,通常情况下我们很难写出函数的解析表达式,例如股票历史价格的拟合、海岸线拟合、地形曲面拟合等。此时可借助于多项式拟合或插值拟合方法,根据已给的变量观测数据,构造出一个易于计算的简单函数来描述变量间的不确定性关系,还可以利用该函数计算非数据节点处的变量近似值。本章将结合具体案例介绍用多项式与插值方法进行数据拟合。

7.1 多项式拟合

7.1.1 多项式拟合的数学模型

对于因变量(响应变量)y 和自变量 x 的 $m(m > n)$ 次独立的观测(x_i, y_i),$i = 1, 2, \cdots, m$,通常可用如下的 n 次多项式模型来拟合 y 和 x 之间的关系:

$$\begin{cases} y_i = p_1 x_i^n + p_2 x_i^{n-1} + \cdots + p_n x_i + p_{n+1} + \varepsilon_i \\ \varepsilon_i \overset{iid}{\sim} N(0, \sigma^2) \end{cases}, \quad i = 1, 2, \cdots, m$$

$$(7.1\text{-}1)$$

其中,$p_1, p_2, \cdots, p_{n+1}$ 为未知参数,ε_i 为随机误差。

7.1.2 多项式拟合的 MATLAB 实现

1. polyfit 函数的用法

MATLAB 中提供了 polyfit 函数,用来作多项式曲线拟合,求解式(7.1-1)中的未知参数。polyfit 函数的常用调用格式如下:

```
>> [p,s] = polyfit(x,y,n)
```

其中,输入参数 x 为自变量观测值向量,y 为因变量观测值向量,n 为正整数,用来指定多项式的阶数。输出参数 p 为多项式方程中系数向量的估计值,p 是一个 1×(n+1) 的行向量,按降幂排列,s 是一个结构体变量,其 normr 字段值为残差(真实 y 值与拟合的 y 值之差)的模,该值越小,表示拟合越精确。

2. polyval 函数的用法

MATLAB 中提供了 polyval 函数,用来根据多项式系数向量计算多项式的值,其常用调用格式如下:

```
>> y = polyval(p,x)
```

其中,输入参数 p 为多项式的系数向量,按降幂排列,x 为用户指定的自变量取值向量。输出参数 y 是与 x 等长的向量。

3. poly2sym 函数的用法

MATLAB 中提供了 poly2sym 函数,用来把多项式系数向量转为符号多项式,其常用调用格式如下:

```
>> r = poly2sym(p)
```

其中,输入参数 p 是按降幂排列的多项式系数向量,输出参数 r 是多项式的符号表达式。

7.1.3 多项式拟合案例

【例 7.1-1】 现有我国 2007 年 1 月至 2011 年 11 月的食品零售价格分类指数数据,如表 7.1-1 所示。数据来源:中华人民共和国国家统计局网站月度统计数据。

表 7.1-1 食品零售价格分类指数数据

序 号	统计月度	上年同月＝100			上年同期＝100		
		全国	城市	农村	全国	城市	农村
1	2007 年 1 月	104.9	104.4	105.9	104.9	104.4	105.9
2	2007 年 2 月	105.8	105.2	106.9	105.3	104.8	106.4
3	2007 年 3 月	107.7	107.4	108.3	106.1	105.7	107
4	2007 年 4 月	106.9	106.6	107.6	106.3	105.9	107.2
...	...	...	...	...	...	...	...
59	2011 年 11 月	108.7	108.8	108.6	112.2	112	112.6

以上数据保存在文件"食品零售价格.xls"中,下面根据以上 59 组统计数据研究全国食品零售价格分类指数(上年同月 ＝ 100)和时间之间的关系。

1. 数据的散点图

用序号表示时间,记为 x,用 y 表示全国食品零售价格分类指数(上年同月＝100)。由于 x 和 y 均为一维变量,可以先从 x 和 y 的散点图上直观地观察它们之间的关系,然后再进行进一步的分析。

通过以下命令从文件"食品零售价格.xls"中读取变量 x 和 y 的数据,然后作出 x 和 y 的观测数据的散点图(如图 7.1-1 所示)。

```
>> [Data,Textdata] = xlsread('食品零售价格.xls');  % 从 Excel 文件中读取数据
>> x = Data(:,1);                                  % 提取 Data 的第 1 列,即时间数据(观测序号)
>> y = Data(:,3);                                  % 提取 Data 的第 3 列,即价格指数数据
>> timestr = Textdata(3:end,2);        % 提取 timestr 的第 2 列的第 3 至最后一行,即文本时间数据
>> figure;                                         % 新建图窗
>> plot(x,y,'k.','Markersize',15);                 % 绘制 x 和 y 的散点图
>> set(gca,'XTick',1:2:numel(x),'XTickLabel',timestr(1:2:end));   % 设置 X 轴刻度标签
>> set(gca,'XTickLabelRotation',-30);              % 旋转 X 轴刻度标签(避免过于拥挤)
>> xlabel('时间(x)');                               % 给 X 轴加标签
>> ylabel('食品零售价格分类指数');                    % 给 Y 轴加标签
```

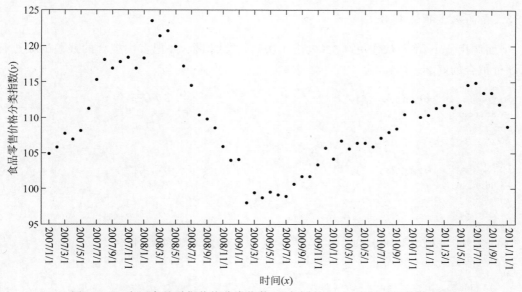

图 7.1-1 全国食品零售价格分类指数(上年同月 = 100)和时间的散点图

散点图表明 x 和 y 的非线性趋势比较明显,可以用多项式曲线进行拟合。

2. 四次多项式拟合

首先作 4 次多项式拟合,模型如下:

$$\hat{y} = p_1 x^4 + p_2 x^3 + p_3 x^2 + p_4 x + p_5 \tag{7.1-2}$$

其中 p_1,p_2,p_3,p_4,p_5 为未知参数。下面调用 polyfit 函数求解方程中的未知参数,调用 poly2sym 函数显示多项式的符号表达式。

```
>> [p4,S4] = polyfit(x,y,4)            % 调用 polyfit 函数求解方程中的未知参数
p4 =
  -0.0001    0.0096   -0.3985    5.5635    94.2769

S4 =
      R: [5x5 double]                  % X 的范德蒙德矩阵的 QR 分解的三角因子
     df: 54                           % 自由度
```

```
    normr: 21.0375                        %  残差的模

>> r = poly2sym(p4);                      % 根据多项式系数向量 p 生成多项式的符号表达式 r
>> r = vpa(r,5)                           % 将多项式的符号表达式 r 中的系数保留 5 位有效数字
r =
 - 0.000074268 * x^4 + 0.0096077 * x^3 - 0.39845 * x^2 + 5.5635 * x + 94.277
```

从输出的结果看，系数向量的估计值为 $\hat{p} = [-0.0001, 0.0096, -0.3985, 5.5635,$ $94.2769]$，从而可以写出 y 关于 x 的 4 次多项式方程如下：

$$\hat{y} = -0.0001x^4 + 0.0096x^3 - 0.3985x^2 + 5.5635x + 94.2769 \qquad (7.1\text{-}3)$$

上述多项式方程与 poly2sym 函数得出的符号多项式不完全一致，这是由于舍入误差造成的。

3. 更高次多项式拟合

下面调用 polyfit 函数作更高次（大于 4 次）多项式拟合，并把多次拟合的残差的模进行对比，评价拟合的好坏。

```
>> [p5,S5] = polyfit(x,y,5);              % 5 次多项式拟合
>> S5.normr                               % 查看残差的模
ans =
    21.0359

>> [p6,S6] = polyfit(x,y,6);              % 6 次多项式拟合
>> S6.normr                               % 查看残差的模
ans =
    16.7662

>> [p7,S7] = polyfit(x,y,7);              % 7 次多项式拟合
>> S7.normr                               % 查看残差的模
ans =
    12.3067

>> [p8,S8] = polyfit(x,y,8);              % 8 次多项式拟合
>> S8.normr                               % 查看残差的模
ans =
    11.1946

>> [p9,S9] = polyfit(x,y,9);              % 9 次多项式拟合
>> S9.normr                               % 查看残差的模
ans =
    10.4050
```

上述结果表明，随着多项式次数的提高，残差的模呈下降趋势，单纯从拟合的角度来说，拟合精度会随着多项式次数的提高而提高。

4. 拟合效果图

在以上拟合结果的基础上，可以调用 polyval 函数计算给定自变量 x 处的因变量 y 的预测值，从而绘制拟合效果图，从拟合效果图上直观地看出拟合的准确性。

```
>> figure;                              % 新建一个图形窗口
>> plot(x,y, 'k. ', 'Markersize',15);   % 绘制 x 和 y 的散点图
>> set(gca, 'XTick',1:2:numel(x), 'XTickLabel',timestr(1:2:end));   % 设置 X 轴刻度标签
>> set(gca, 'XTickLabelRotation', - 90);   % 旋转 X 轴刻度标签(避免过于拥挤)
>> xlabel('时间(x)');                    % 给 X 轴加标签
>> ylabel('食品零售价格分类指数');        % 给 Y 轴加标签
>> hold on;
>> yd4 = polyval(p4,x);                 % 计算 4 次多项式拟合的预测值
>> yd6 = polyval(p6,x);                 % 计算 6 次多项式拟合的预测值
>> yd8 = polyval(p8,x);                 % 计算 8 次多项式拟合的预测值
>> yd9 = polyval(p9,x);                 % 计算 9 次多项式拟合的预测值
>> plot(x,yd4, 'k: + ');                % 绘制 4 次多项式拟合曲线
>> plot(x,yd6, 'k -- s ');              % 绘制 6 次多项式拟合曲线
>> plot(x,yd8, 'k - .d ');              % 绘制 8 次多项式拟合曲线
>> plot(x,yd9, 'k - p ');               % 绘制 9 次多项式拟合曲线
% 插入图例
>> legend('原始散点','4 次多项式拟合','6 次多项式拟合','8 次多项式拟合','9 次多项式拟合')
```

以上命令作出的拟合效果图如图 7.1-2 所示,可以看出高阶多项式能很好地拟合波动比较明显的数据,但是也仅限于拟合,如果用拟合得到的高阶多项式去预测样本数据以外的值,很可能会得到不合理的结果。

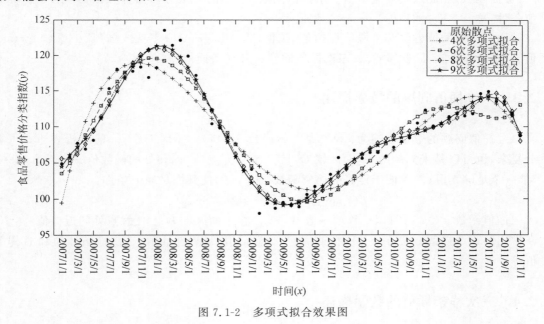

图 7.1-2　多项式拟合效果图

7.2　插值问题的数学描述

7.2.1　什么是插值

在通过天文观测数据研究天体的运行规律时,人们希望通过天体在若干已知时刻的位置数据,计算天体在另一些时刻的位置,在这个过程中就提出了插值方法。所谓插值就是在已知离散数据的基础上补插连续函数,使得这条连续曲线(或曲面)通过全部已知的离散数据点,利

用插值方法可通过函数在有限个点处的取值状况,估算出函数在其他点处的近似值。

插值方法有着非常重要的应用,它是数据处理、函数逼近、图像处理和计算机几何造型等常用的工具,又是导出其他许多数值方法(如数值积分、非线性方程求根、微分方程数值解等)的依据。

7.2.2 一维插值问题的数学描述

已知某一元函数 $y = g(x)$($g(x)$ 的解析表达式可能十分复杂,也可以是未知的)在区间 $[a,b]$ 上 $n+1$ 个互异点 x_i 处的函数值 y_i,$i = 0,1,\cdots,n$,还知道 $g(x)$ 在 $[a,b]$ 上有若干阶导数,如何求出 $g(x)$ 在 $[a,b]$ 上任一点 x 处的近似值? 这就是所谓的一维插值问题。

一维插值方法的基本思想是:根据 $g(x)$ 在区间 $[a,b]$ 上 $n+1$ 个互异点 x_i(称为节点)处的函数值 y_i,$i = 0,1,\cdots,n$,求一个足够光滑、简单便于计算的函数 $f(x)$(称为插值函数)作为 $g(x)$ 的近似表达式,使得:

$$f(x_i) = y_i, \quad i = 0,1,\cdots,n \tag{7.2-1}$$

然后计算 $f(x)$ 在区间 $[a,b]$(称为插值区间)上点 x(称为插值点)的值作为原函数 $g(x)$(称为被插函数)在此点处的近似值。求插值函数 $f(x)$ 的方法称为插值方法,式(7.2-1)称为插值条件,称 (x_i,y_i),$i = 0,1,\cdots,n$ 为型值点。

常用的一维插值方法有分段线性插值、拉格朗日(Lagrange)多项式插值、牛顿(Newton)插值、Hermite 插值、最近邻插值、三次样条插值和 B 样条插值等。

7.2.3 二维插值问题的数学描述

二维插值问题的数学描述为:已知某二元函数 $z = G(x,y)$($G(x,y)$ 的解析表达式可能十分复杂,也可以是未知的)在平面区域 D 上 N 个互异点 (x_i,y_i) 处的函数值 z_i,$i = 1,2,\cdots,N$,求一个足够光滑、简单便于计算的插值函数 $f(x,y)$,使其满足插值条件:

$$f(x_i,y_i) = z_i, \quad i = 1,2,\cdots,N \tag{7.2-2}$$

由插值函数 $f(x,y)$ 可以计算原函数 $G(x,y)$ 在平面区域 D 上任意点处的近似值。

常用的二维插值方法有分片线性插值、双线性插值、最近邻插值、三次样条插值和 B 样条插值等。

7.2.4 三次样条插值的数学描述

前面提到了样条插值,它是应用非常广泛的一种插值方法,在诸如机械加工等工程技术领域中有着举足轻重的作用,这种插值方法不仅能保证插值函数在插值节点上的连续性,还能确保插值函数在插值节点上的光滑性。下面给出三次样条插值的数学描述。

对于给定的数据表格(如表 7.2-1 所示):

表 7.2-1 插值节点列表

x	x_0	x_1	$\cdots$	x_n
$y = g(x)$	y_0	y_1	$\cdots$	y_n

其中,$a=x_0<x_1<\cdots<x_n=b$。要求构造一个函数 $S(x)$,使其满足下面三个条件。

(1) $S(x)$,$S'(x)$,$S''(x)$ 在 $[a,b]$ 上连续。

(2) $S(x)$ 在每个子区间 $[x_i,x_{i+1}]$,$i=0,2,\cdots,n-1$ 上为三次多项式:

$$S(x)=c_{i1}(x-x_i)^3+c_{i2}(x-x_i)^2+c_{i3}(x-x_i)+c_{i4} \tag{7.2-3}$$

(3) $S(x_i)=y_i$,$i=0,1,\cdots,n$。

满足条件(1)和(2)的函数 $S(x)$ 称为节点 $x_0,x_1,\cdots,x_n$ 上的**三次样条函数**。求一个满足条件(3)的三次样条插值函数,这样的问题就是所谓的**三次样条插值问题**。

由式(7.2-3)可知,在每个子区间 $[x_i,x_{i+1}]$,$i=0,2,\cdots,n-1$ 上,$S(x)$ 都有 4 个待定系数。因此,要确定整个三次样条插值函数 $S(x)$,必须确定 $4n$ 个系数。条件(1)和(3)共提供了 $4n-2$ 个方程,还缺少两个方程,应提供两个附加条件。这两个附加条件通常在区间 $[a,b]$ 的两个端点处给出,称之为**边界条件**。边界条件应根据实际问题的要求提出,其类型很多,常见的边界条件类型有以下四种。

(1) 给定端点处的一阶导数,即 $S'(x_0)=g'(x_0)$,$S'(x_n)=g'(x_n)$。

(2) 给定端点处的二阶导数,即 $S''(x_0)=g''(x_0)$,$S''(x_n)=g''(x_n)$,特别地,$S''(x_0)=S''(x_n)=0$ 称为**自然边界条件**。满足自然边界条件的样条函数称为**自然样条函数**。

(3) 当 $y=g(x)$ 是以 $b-a$ 为周期的周期函数时,自然要求 $S(x)$ 也是周期函数,此时的边界条件为 $S^{(i)}(x_0+0)=S^{(i)}(x_n-0)$,$i=0,1,2$,称之为**周期边界条件**。

(4) 三阶导数满足 $S^{(3)}(x_0)=S^{(3)}(x_1)$,$S^{(3)}(x_n)=S^{(3)}(x_{n-1})$,称为**非纽结边界条件**(not-a-knot end condition)。

7.3 MATLAB 常用插值函数

MATLAB 中提供的常用插值函数如表 7.3-1 所示。

表 7.3-1　MATLAB 常用插值函数

函 数 名	说 明	函 数 名	说 明
griddedInterpolant	网格节点插值通用函数	interpn	多维网格节点插值
scatteredInterpolant	散乱节点插值通用函数	griddata	二维或三维散乱节点插值
interp1	一维插值	griddatan	多维散乱节点插值
interp2	二维网格节点插值	spline,csape,csapi,csaps,cscvn	三次样条插值
interp3	三维网格节点插值	spapi,spaps,spap2	B样条插值

7.4 插值拟合案例

7.4.1 一维插值

griddedInterpolant、interp1、spline 、csape、csapi、csaps、cscvn 、spapi、spaps 和 spap2 函数均可作一维插值,本节只介绍 interp1 和 csape 函数的用法。

1. interp1 函数的用法

interp1 函数用来作一维插值,其常用调用格式如下:

```
>> yi = interp1(x,Y,xi,method)
>> pp = interp1(x,Y,method,'pp')
```

其中,输入参数 x 为节点坐标(即已知的自变量值),x 必须是向量(长度为 n,不包含重复值);Y 是与 x 对应的原函数值,可以是与 x 等长的向量,也可以是矩阵(每一列与 x 等长);xi 是用户另外指定的插值点横坐标,可以是标量、向量或多维数组;method 参数是字符串变量,用来指定所用的插值方法,可用的取值如表 7.4-1 所示。输出参数 yi 是与 xi 对应的拟合值;pp 是分段多项式形式的插值结果,它是一个结构体变量,包含了节点坐标、各子区间多项式系数等信息,可将 pp 作为 ppval 函数的输入,计算插值点处的函数值,用法为:yi = ppval(pp,xi)。

表 7.4-1   method 参数取值列表

method 参数取值	说 明
'linear'	线性插值(默认)
'nearest'	最近邻插值
'next'	下一个近邻点插值
'previous'	上一个近邻点插值
'spline'	三次样条插值
'pchip'	分段三次 Hermite 插值
'cubic'	立方插值,同 'pchip'
'v5cubic'	MATLAB 5.x 版本中用到的立方插值算法,该算法不能做外推,即不能计算超出节点 x 取值范围的插值点 xi 处的函数值

【例 7.4-1】   在加工机翼的过程中,已有机翼断面轮廓线上的 20 组坐标点数据,如表 7.4-2 所示,其中 (x,y_1) 和 (x,y_2) 分别对应轮廓线的上下线。假设需要得到 x 坐标每改变 0.1 时的 y 坐标,试通过插值方法计算加工所需的全部数据,并绘制机翼断面轮廓线,求加工断面的面积。

表 7.4-2   机翼断面轮廓线上的坐标数据

x	0	3	5	7	9	11	12	13	14	15
y_1	0	1.8	2.2	2.7	3.0	3.1	2.9	2.5	2.0	1.6
y_2	0	1.2	1.7	2.0	2.1	2.0	1.8	1.2	1.0	1.6

从表 7.4-2 可以看出,机翼断面轮廓线是封闭曲线,为保证轮廓线的光滑性,应分别对上线和下线进行三次样条插值,相应的 MATLAB 代码如下:

```
>> x0 = [0,3,5,7,9,11,12,13,14,15];                    % 插值节点
>> y01 = [0,1.8,2.2,2.7,3.0,3.1,2.9,2.5,2.0,1.6];      % 上线 y 坐标
>> y02 = [0,1.2,1.7,2.0,2.1,2.0,1.8,1.2,1.0,1.6];      % 下线 y 坐标
>> x = 0:0.1:15;                                        % 插值点 x 坐标
>> ysp1 = interp1(x0,y01,x,'spline');                  % 对上线作三次样条插值,返回 y 值计算结果
>> ysp2 = interp1(x0,y02,x,'spline');                  % 对下线作三次样条插值,返回 y 值计算结果
>> figure;                                             % 新建图形窗口
>> plot([x0,x0],[y01,y02],'o');                        % 绘制插值节点图像
>> hold on;                                             % 开启图形保持
>> plot(x,ysp1,'r',x,ysp2,'r');                        % 绘制三次样条插值曲线
>> xlabel('X')                                         % X 轴标签
>> ylabel('Y')                                         % Y 轴标签
>> legend('插值节点','三次样条插值','location','northwest')   % 图例
```

运行上述命令就可得到 x 坐标每改变 0.1 时的 y 坐标 ysp1（上线 y 值）和 ysp2（下线 y 值），由于数据过长，此处不予显示。由三次样条插值得到的机翼断面轮廓线如图 7.4-1 所示。

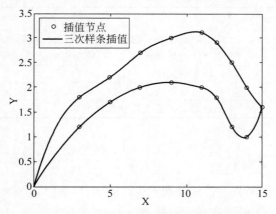

图 7.4-1　机翼断面轮廓线的三次样条插值

通过三次样条插值得到机翼断面轮廓线上的坐标点之后，可由离散数据积分法计算加工断面的面积（上线与 X 轴围成的图形面积减去下线与 X 轴围成的图形面积），相应的 MATLAB 代码及结果如下：

```
% 上线与 X 轴围成的图形面积减去下线与 X 轴围成的图形面积
>> S = trapz(x,ysp1) - trapz(x,ysp2)
S =
    11.3444
```

上面调用 trapz 函数，求出了机翼加工断面的面积为 11.3444。

2. csape 函数的用法

csape 函数用来作指定边界条件的一维、二维和高维三次样条插值。其常用调用格式如下：

```
>> pp = csape(x,y,conds)
```

其中，输入参数 x 与 y 是等长的向量，用来指定节点的横纵坐标。输出参数 pp 是分段多项式形式的插值结果，它是一个结构体变量，包含了节点坐标、各子区间多项式系数等信息，可将 pp 作为 ppval 或 fnval 函数的输入，计算插值点处的函数值，还可将 pp 作为 fnplt 函数的输入，绘制插值图形。

输入参数 conds 用来指定边界条件，conds 可以是字符串，也可以是包含两个元素的数值型行向量，若是字符串，此时两端点具有类型相同的边界条件，其可用的取值及说明如表 7.4-3 所示。若参数 conds 为包含两个元素的数值型行向量，则可以分别为两端点设置不同类型的边界条件，其中第一个元素用来设置左端点边界条件，第二个元素用来设置右端点边界条件。conds 的元素值为 0、1 或 2，表示导数的阶数，若没有设定 conds 的取值，或 conds 的元素值不等于 0、1 或 2，则强制取为 1。例如 conds $=[2,1]$，表示给定左端点处的二阶导数值和右端点处的一阶导数值，相应的导数值可在额外参数（csape 函数的第 4 个输入参数）中给出，也可在输入参数 y 中给出，此时 y 的第一个元素就是给定的二阶导数值，最后一个元素就是给定的一阶导数值,也就是说 y 的长度可以比 x 的长度大 2。

表 7.4-3 conds 参数取值列表

conds 参数取值	说　明
'complete'或'clamped'	给定端点处的一阶导数值,默认为拉格朗日边界条件
'not-a-knot'	非纽结边界条件,csapi 函数使用的就是这种边界条件
'periodic'	周期边界条件
'second'	给定端点处的二阶导数值,默认为[0,0],同'variational'情形
'variational'	设定端点处的二阶导数值为 0

【例 7.4-2】 函数 $f(x)=\begin{cases}\sin(\pi x/2), & -1\leqslant x<1\\ x\,\mathrm{e}^{1-x^2}, & \text{其他}\end{cases}$ 在定义区间上连续,但是在 $x=1$ 和 $x=-1$ 处不可导。试根据函数表达式分别产生区间[0,1]和[1,3]上的离散数据,然后作三次样条插值,使得区间[0,3]上的三次样条函数 $S(x)$ 在 $x=1$ 处可导,且满足 $S'(0)=1,S'(1)=0,S''(3)=0.01$。

分析:题目中给出了区间端点处的导数值,也就是说给出了三次样条插值的边界条件。在区间[0,1]上作插值时,给定了两端点处的一阶导数值,边界条件为 $S'(0)=1,S'(1)=0$。在区间[1,3]上作插值时,给定了左端点处的一阶导数值和右端点处的二阶导数值,边界条件为 $S'(1)=0,S''(3)=0.01$。

根据以上分析编写三次样条插值的 MATLAB 程序如下:

```matlab
% 根据函数表达式定义匿名函数
>> fun = @(x)sin(pi * x/2). * (x >= -1&x < 1) + x. * exp(1 - x.^2). * (x >= 1 | x < -1);
% % ---------------- 区间[0,1]上的三次样条插值 ----------------
>> x01 = linspace(0,1,6);                      % 区间[0,1]上的插值节点
>> y01 = fun(x01);                             % 区间[0,1]上的插值节点对应函数值
>> x1 = linspace(0,1,20);                      % 区间[0,1]上的插值点横坐标
>> pp1 = csape(x01,[1,y01,0], 'complete');     % 有边界条件的三次样条插值
>> y1 = fnval(pp1,x1);                         % 计算区间[0,1]上的插值点纵坐标
% % ---------------- 区间[1,3]上的三次样条插值 ----------------
>> x02 = linspace(1,3,8);                      % 区间[1,3]上的插值节点
>> y02 = fun(x02);                             % 区间[1,3]上的插值节点对应函数值
>> x2 = linspace(1,3,30);                      % 区间[1,3]上的插值点横坐标
>> pp2 = csape(x02,[0,y02,0.01],[1,2]);        % 有边界条件的三次样条插值
>> y2 = fnval(pp2,x2);                         % 计算区间[1,3]上的插值点纵坐标
% % ----------------------- 绘图 -----------------------
>> figure;                                     % 新建图形窗口
>> plot([x01,x02],[y01,y02], 'ko');            % 绘制插值节点图像
>> hold on;                                    % 开启图形保持
>> plot([x1,x2],fun([x1,x2]), 'k', 'linewidth',2);   % 绘制原函数图像
>> plot([x1,x2],[y1,y2], ' -- ', 'linewidth',2);     % 绘制三次样条插值图像
>> xlabel('X');                                % X 轴标签
>> ylabel('Y = f(x)');                         % Y 轴标签
>> legend('插值节点','原函数图像','三次样条插值');   % 图例
```

由以上命令不难看出,在区间[0,1]上进行三次样条插值的时候,conds 参数的取值为'complete',此时通过[1,y01,0]给定了两端点处的一阶导数值;在区间[1,3]上进行三次样条插值的时候,conds 参数的取值为[1,2],此时通过[0,y02,0.01]给定了左端点处的一阶导数

值和右端点处的二阶导数值。

运行以上命令得到插值结果对应的图形，如图 7.4-2 所示。由图可以看出原函数 $f(x)$ 在 $x=1$ 处不可导，而指定了边界条件的三次样条插值函数在 $x=1$ 处是光滑的（即可导）。

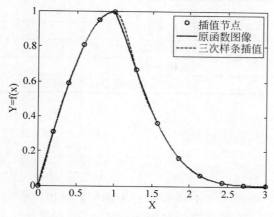

图 7.4-2 有边界条件的三次样条插值

7.4.2 二维插值

二维插值分为网格节点插值和散乱节点插值，插值节点为网格节点的插值称为网格节点插值，如图 7.4-3(a)所示，插值节点不是网格节点的插值称为散乱节点插值，如图 7.4-3(b)所示。

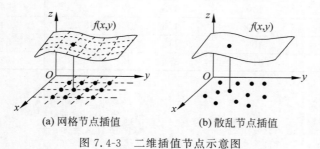

图 7.4-3 二维插值节点示意图

1. 网格节点插值

griddedInterpolant、interp2、csape、csapi、spapi、csaps、spaps 和 spap2 函数均可作二维和高维网格节点插值，本节只介绍 griddedInterpolant 和 interp2 函数的用法。

（1）griddedInterpolant 函数的用法。

griddedInterpolant 函数的常用调用格式如下：

```
>> F = griddedInterpolant({x1,x2}, Y, method)
>> values = F({xq1,xq2})
```

其中，输入参数 x1 和 x2 为插值节点坐标向量；Y 是与插值节点对应的函数值矩阵；xq1、xq2 为用户指定的插值点坐标向量；method 参数是字符串变量，用来指定所用的插值方法，可用的取值如表 7.4-4 所示。输出参数 F 是网格节点插值类变量，values 是计算得到的与 xq1、xq2 对应的拟合函数值。

表 7.4-4　method 参数取值列表

method 参数取值	说　　明
'nearest'	最近邻插值
'linear'	线性插值（默认）
'spline'	三次样条插值
'cubic'	立方插值，若插值节点不等间距，此法同 'spline'

（2）interp2 函数的用法。

interp2 函数的常用调用格式如下：

```
>> ZI = interp2(X,Y,Z,XI,YI,method)
```

其中，输入参数 X、Y 是由 meshgrid 函数产生的网格插值节点的坐标（不能有重复节点）矩阵；Z 是相应的原函数值，X、Y、Z 是同型矩阵；XI、YI 是用户指定的插值点坐标，可以是同型矩阵，也可以是向量（XI 为行向量，YI 为列向量）；method 参数用来指定所用的插值方法，可用的取值如表 7.4-4 所示。输出参数 ZI 是与 XI 和 YI 对应的插值矩阵。

【例 7.4-3】　在一丘陵地带测量高程，x 和 y 方向每隔 100m 测一个点，得高程数据如表 7.4-5 所示，试用插值方法拟合出地形曲面。

表 7.4-5　丘陵地带高程数据　　　　　　　　　　　　　　（m）

高程		x				
		100	200	300	400	500
y	100	450	478	624	697	636
	200	420	478	630	712	698
	300	400	412	598	674	680
	400	310	334	552	626	662

```
>> x = 100:100:500;                            % 节点 x 坐标向量
>> y = 100:100:400;                            % 节点 y 坐标向量
>> [X,Y] = meshgrid(x,y);                      % 网格节点坐标矩阵
>> Z = [450     478     624     697     636
        420     478     630     712     698
        400     412     598     674     680
        310     334     552     626     662];   % 网格节点处原函数值
>> xd = 100:20:500;                            % 插值点 x 坐标向量
>> yd = 100:20:400;                            % 插值点 y 坐标向量
>> [Xd1,Yd1] = meshgrid(xd,yd);                % 网格插值点坐标矩阵 1
>> [Xd2,Yd2] = ndgrid(xd,yd);                  % 网格插值点坐标矩阵 2

>> figure;                                     % 新建图形窗口
% -------------- 调用 interp2 函数作三次样条插值 --------------------
>> Zd1 = interp2(X,Y,Z,Xd1,Yd1,'spline');
>> subplot(1,2,1);                             % 子图 1
>> surf(Xd1,Yd1,Zd1);                          % 绘制 interp2 函数得到的地形图
>> xlabel('X'); ylabel('Y'); zlabel('Z'); title('interp2')  % 轴标签和标题

% -------------- 调用 griddedInterpolant 函数作三次样条插值 --------------------
```

```
>> F = griddedInterpolant({x,y},Z','spline');
>> Zd2 = F(Xd2,Yd2);
>> subplot(1,2,2);                          % 子图 2
>> surf(Xd2,Yd2,Zd2);                       % 绘制 griddedInterpolant 函数得到的地形图
>> xlabel('X'); ylabel('Y'); zlabel('Z'); title('griddedInterpolant')
```

针对例 7.4-3 中的高程数据,上述 MATLAB 程序中分别调用了 interp2 和 griddedInterpolant 函数作二维网格节点插值,拟合出的地形曲面如图 7.4-4 所示。

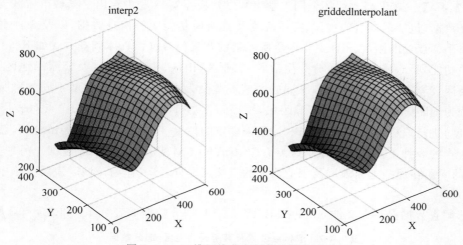

图 7.4-4 二维网格节点插值地形曲面图

【说明】 上述程序中用到了两种网格数据,一种是由 meshgrid 函数产生,另一种是由 ndgrid 函数产生,ndgrid 函数用来产生 n 维网格数据。需要注意的是这两个函数产生的网格数据是有区别的,对于二维网格节点插值来说,两个函数产生的网格数据是互为转置的。在计算网格点处的函数值时,interp2 函数用到的是由 meshgrid 函数产生的网格数据,而 griddedInterpolant 函数用到的是由 ndgrid 函数产生的网格数据。另外在调用插值函数做插值时,节点处原函数值矩阵 Z 的输入方式也是有区别的,interp2 函数用到的是 Z,而 griddedInterpolant 函数用到的是 Z 的转置。

2. 散乱节点插值

scatteredInterpolant 和 griddata 函数均可用来作二维散乱节点插值。它们的常用调用格式如表 7.4-6 所示。

表 7.4-6 二维散乱节点插值的 MATLAB 函数

函 数 名	常用调用格式及参数说明
griddata	ZI = griddata(x,y,z,XI,YI,method) 返回插值点 XI、YI 处的近似函数值矩阵 ZI。输入参数 x、y 是节点坐标向量,z 是相应的原函数值向量。XI、YI 是用户指定的插值点坐标,可以是同型矩阵,也可以是向量(XI 为行向量,YI 为列向量)。method 参数用来指定所用的插值方法,其可用取值为:'linear' 线性插值(默认)、'nearest' 最近邻插值、'natural' 自然近邻插值、'cubic' 立方值插值、'v4' MATLAB 4 中用到的插值方法

函 数 名	常用调用格式及参数说明
scatteredInterpolant	F = scatteredInterpolant (x, y, z, method) 返回散乱节点插值类变量 F。x、y、z 的说明同上。此时由 ZI = F(XI,YI)计算插值点 XI、YI 处的近似函数值 ZI。method 参数用来指定所用的插值方法,其可用取值为 'natural'、'linear'、'nearest'

【例 7.4-4】 2011 高教社杯全国大学生数学建模竞赛 A 题中给出了某城市城区土壤地质环境调查数据,包括采样点的位置、海拔高度及其所属功能区等信息数据,以及 8 种主要重金属元素在采样点处的浓度、8 种主要重金属元素的背景值数据。具体调查方式如下。

按照功能划分,城区一般可分为生活区、工业区、山区、主干道路区及公园绿地区等,分别记为 1 类区、2 类区、……、5 类区,不同的区域环境受人类活动影响的程度不同。将所考察的城区划分为间距 1km 左右的网格子区域,按照每平方千米(km^2)1 个采样点对表层土(0~10cm 深度)进行取样、编号,并用 GPS 记录采样点的位置。应用专门仪器测试分析,获得了每个样本所含的 8 种主要化学元素(As、Cd、Cr、Cu、Hg、Ni、Pb、Zn)的浓度数据。另一方面,按照 2km 的间距在那些远离人群及工业活动的自然区取样,将其作为该城区表层土壤中元素的背景值。

全部调查数据保存在文件 cumcm2011A.xls 中,部分数据如表 7.4-7 和表 7.4-8 所示。

表 7.4-7 取样点位置及其所属功能区(部分数据)

编 号	x/m	y/m	海拔/m	功 能 区
1	74	781	5	4
2	1373	731	11	4
3	1321	1791	28	4
4	0	1787	4	2
5	1049	2127	12	4
…	…	…	…	…
319	7653	1952	48	5

表 7.4-8 8 种主要重金属元素的浓度(部分数据)

编 号	As/(μg/g)	Cd/(ng/g)	Cr/(μg/g)	Cu/(μg/g)	Hg/(ng/g)	Ni/(μg/g)	Pb/(μg/g)	Zn/(μg/g)
1	7.84	153.80	44.31	20.56	266.00	18.20	35.38	72.35
2	5.93	146.20	45.05	22.51	86.00	17.20	36.18	94.59
3	4.90	439.20	29.07	64.56	109.00	10.60	74.32	218.37
4	6.56	223.90	40.08	25.17	950.00	15.40	32.28	117.35
5	6.35	525.20	59.35	117.53	800.00	20.20	169.96	726.02
…	…	…	…	…	…	…	…	…
319	9.35	156.00	57.36	31.06	59.00	25.80	51.03	95.90

试根据调查数据中给出的采样点坐标和 8 种主要重金属元素的浓度数据绘制 Cd 元素的空间分布图。

```
%  读取第一个工作表中 B4:D322 单元格中的数据,即采样点坐标数据
>> xyz = xlsread('cumcm2011A.xls',1,'B4:D322');
%  读取第二个工作表中 C4:C322 单元格中的数据,即采样点 Cd 元素浓度数据
>> Cd = xlsread('cumcm2011A.xls',2,'C4:C322');
>> x = xyz(:,1);                          % 采样点 x 坐标
>> y = xyz(:,2);                          % 采样点 y 坐标
>> z = xyz(:,3);                          % 采样点 z 坐标
>> xd = linspace(min(x),max(x),60);       % 插值点 x 坐标向量
>> yd = linspace(min(y),max(y),60);       % 插值点 y 坐标向量
>> [Xd,Yd] = meshgrid(xd,yd);             % 网格插值点坐标矩阵
% ------------ 调用 griddata 函数作散乱节点插值 --------------
>> Zd1 = griddata(x,y,z,Xd,Yd);           % 对海拔数据进行插值
>> Cd1 = griddata(x,y,Cd,Xd,Yd);          % 对浓度数据进行插值
>> figure;                                % 新建图形窗口
>> subplot(1,2,1);                        % 子图 1
>> surf(Xd,Yd,Zd1,Cd1);                   % 绘制 Cd 元素的空间分布图,颜色为第 4 维
>> shading interp;                        % 设置着色方式(插值着色)
>> xlabel('X'); ylabel('Y'); zlabel('Z'); title('griddata'); % 轴标签及标题
>> colorbar;                              % 添加颜色条

% ------------ 调用 scatteredInterpolant 函数作散乱节点插值 -------------
>> F1 = scatteredInterpolant(x,y,z,'linear','none');   % 对海拔数据进行插值
>> Zd2 = F1(Xd,Yd);                       % 计算插值点处的海拔高度
>> F2 = scatteredInterpolant(x,y,Cd,'linear','none');  % 对浓度数据进行插值
>> Cd2 = F2(Xd,Yd);                       % 计算插值点处的 Cd 浓度
>> subplot(1,2,2);                        % 子图 2
>> surf(Xd,Yd,Zd2,Cd2);                   % 绘制 Cd 元素的空间分布图,颜色为第 4 维
>> shading interp;                        % 设置着色方式(插值着色)
>> xlabel('X'); ylabel('Y'); zlabel('Z');title('scatteredInterpolant');
>> colorbar;                              % 添加颜色条
```

由于调查数据中给出的采样点坐标和重金属元素浓度数据都不是网格数据,为了绘制 Cd 元素的空间分布图,上面程序中调用 griddata 和 scatteredInterpolant 函数分别对海拔和 Cd 元素浓度作散乱节点插值,计算出插值点(指定网格点)上的海拔高度和 Cd 元素浓度,然后绘制 Cd 元素空间分布图,如图 7.4-5 所示,它是一种四维图,插值点的坐标(x,y 及海拔)为前三维,插值点处重金属元素的浓度为第 4 维。为了直观,图中用颜色表示第四维,越接近黄色的区域其 Cd 元素浓度越高,越接近蓝色的区域则其 Cd 元素浓度越低,这样就形象地展示了 Cd 元素在三维空间中的分布情况。

彩色图片

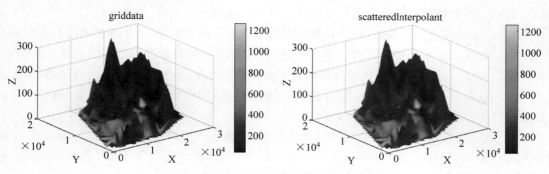

图 7.4-5　Cd 元素空间分布图

7.4.3　高维插值

所谓的高维插值是指维数高于二维的插值,高维插值同样分为网格节点插值和散乱节点插值,用到的 MATLAB 函数包括 griddedInterpolant、scatteredInterpolant、interp3、griddatan、csape、csapi、spapi、csaps、spaps 和 spap2。

【例7.4-5】　现有某温度场1000个点处的温度观测数据(见数据文件"温度场.xlsx"),试作三维散乱节点插值,求出任意指定点处的温度值。为了观察温度值在空间中的分布情况,绘制立体切片图和800℃等温面图。

```
>> data = xlsread('温度场.xlsx');                % 读取温度场数据
>> x = data(:,1);                               % x 坐标
>> y = data(:,2);                               % y 坐标
>> z = data(:,3);                               % z 坐标
>> v = data(:,4);                               % 温度值
>> xi = linspace(min(x),max(x),60);             % x 轴网格划分
>> yi = linspace(min(y),max(y),60);             % y 轴网格划分
>> zi = linspace(min(z),max(z),60);             % z 轴网格划分
>> [Xd,Yd,Zd] = meshgrid(xi,yi,zi);             % 三维网格点坐标
>> F = scatteredInterpolant(x,y,z,v);           % 散乱节点插值
>> Vd = F(Xd,Yd,Zd);                            % 计算网格点处温度拟合值

>> id = [1:15:60,60];                           % 设置切片位置下标(每轴 5 个切片)
>> figure;                                      % 新建图窗
>> slice(Xd,Yd,Zd,Vd,xi(id),yi(id),zi(id));     % 绘制切片图
>> shading interp;                              % 插值染色
>> alpha(0.5);                                  % 设置透明度
>> xlabel('x');ylabel('y');zlabel('z')          % 轴标签
>> axis equal                                   % 设置各轴显示比例相同
>> colorbar;                                    % 添加颜色条

>> figure;                                      % 新建图窗
>> MyIsosurface(Xd,Yd,Zd,Vd,800);               % 绘制 800℃ 等温面图
```

上述代码中调用 scatteredInterpolant 函数得到了散乱节点插值类变量 F,然后根据 F 计算 $60 \times 60 \times 60$ 的插值点处的温度拟合值,限于篇幅,此处结果从略。

由于温度场涉及四维数据,无法直接绘制每一点处的温度图像,为了观察温度值在空间中的分布情况,在三个坐标轴上各取 5 个切片,然后调用 slice 函数绘制温度场的立体切片图,结果如图 7.4-6 所示。切片上颜色的分布代表了温度值的分布,颜色越接近黄色的区域(温度场的中心区域)其温度越高,越接近蓝色的区域则温度越低,图中添加了一个颜色条,读者可以此进行对比,读出空间区域内温度值的大小。

为了进一步观察函数值在空间中的分布情况,上面代码中调用自编函数 MyIsosurface 绘制 800℃ 等温面图,结果如图 7.4-7 所示。所谓的等温面就是温度值等于某个常数的空间点构成的曲面。等温面上的颜色仅仅是为了视觉效果,并没有特别的意义。

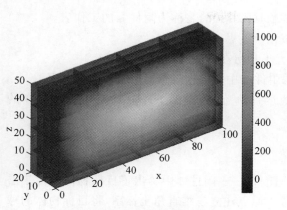

彩色图片

图 7.4-6　温度场的立体切片图　　　　　　图 7.4-7　800℃等温面图

自编函数 MyIsosurface 的源代码如下：

```
function MyIsosurface(X,Y,Z,V,value)
% 绘制函数 V = V(x,y,z)的等值面图
% MyIsosurface(X,Y,Z,V,value) 参数 X,Y,Z 为三维点坐标,V 为相应的函数值,X,Y,Z,V
%                  是相同规模的数组,value用来指定等值面对应函数值
% CopyRight:xiezhh(谢中华)  2012.2.15

cdata = smooth3(rand(size(V)),'box',5);        % 三维数据平滑
p = patch(isosurface(X,Y,Z,V,value));          % 绘制等值面
isonormals(X,Y,Z,V,p);                         % 计算等值面顶点的法线
isocolors(X,Y,Z,cdata,p);                      % 计算等值面颜色
% 设置面着色方式为插值着色,设置边线的颜色为无色
set(p,'FaceColor','interp','EdgeColor','none');
view(3);                                       % 三维视角
axis equal ;                                   % 设置坐标轴显示比例相同
% axis off;                                    % 不显示坐标轴
xlabel('x');ylabel('y');zlabel('z');
camlight; lighting phong;                      % 设置光照和光照模式
```

7.5　建模案例选讲

7.5.1　声呐定位问题

1．问题描述

【例 7.5-1】　在以声呐定位为主要科目的军事演习中,为了搜寻目标,从某静止潜艇向其斜上方海域(方位角 $\theta \in [0,\pi]$,仰角 $\varphi \in [0,\pi/4]$)发射扫描声呐,扫描结果显示在该海域发现某目标物体,初步测得目标物体上目标点的方位角、仰角以及与潜艇的距离,见数据文件"声呐扫描数据.xlsx"的名称为附件 1 的工作表。

发现目标后,为了定位和追踪目标,随即向目标物体所在区域发射更为密集的扫描声呐,进一步测得目标物体上目标点的方位角、仰角以及与潜艇的距离,见"声呐扫描数据.xlsx"的名称为附件 2 的工作表。在随后的追踪定位中,潜艇记录下 10 个不同时刻目标物体上目标点

的方位角、仰角以及与潜艇的距离,见"声呐扫描数据.xlsx"的名称为附件3的工作表。

试根据附件数据,通过数学建模的方法完成以下问题。

(1) 根据附件1中的数据估算目标物体的大小和所在的大致区域。

(2) 假设目标物体是一个球形物体,试根据附件2中的数据计算球心坐标和球半径。

(3) 根据附件3中的数据计算目标物体的运行轨迹,并预测下一时刻目标物体所在的位置。

2. 问题分析

由问题描述可知潜艇的位置是固定不变的,附件1～附件3中给出了目标物体相对于潜艇的球面坐标数据。为建模方便,以潜艇的位置为原点建立三维直角坐标系,将目标物体的球面坐标转换为三维直角坐标,然后基于三维直角坐标求解问题1～问题3。

针对问题1,根据附件1可得目标物体上多个目标点的三维直角坐标数据,从而可用包围目标物体的最小长方体(称为外包络长方体)描述目标物体所在的大致区域,并用外包络长方体的体积估算目标物体的大小。

针对问题2,根据附件2可得目标物体上多个目标点的三维直角坐标数据,由于目标物体是一个球形物体,从而根据球面方程建立多元线性方程组,求得目标物体的球心坐标和球半径。

针对问题3,根据附件3可得10个不同时刻目标物体上多个目标点的三维直角坐标数据,进而求得10个不同时刻目标物体的球心坐标,然后建立球心坐标关于时间的多项式模型,并利用该多项式模型预测下一时刻目标物体所在的位置。

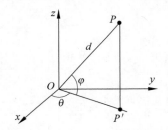

图 7.5-1 球面坐标与三维直角坐标转换
关系示意图

3. 模型建立与求解

以潜艇的位置为原点建立空间直角坐标系,如图7.5-1所示。目标物体上任一目标点记为 P,点 P 在 xOy 平面上的投影点记为 P'。在球面坐标系下,P 点坐标记为 (d,φ,θ),其中,d 为原点(潜艇)到 P 点的距离,φ 为 OP 与 xOy 平面的夹角(称为仰角),θ 为 OP 在 xOy 平面上的投影线 OP' 与 x 轴正向的夹角(称为方位角)。假设 P 点的三维直角坐标为 (x,y,z),则有:

$$x = d\cos\varphi\cos\theta, y = d\cos\varphi\sin\theta, z = d\sin\varphi \qquad (7.5\text{-}1)$$

1) 问题1的求解

由式(7.5-1)并结合附件1可得目标物体上多个目标点的三维直角坐标数据,从而求得目标物体的外包络长方体的体积与具体位置。相应的 MATLAB 代码与结果如下:

```
>> AEd = xlsread('声呐扫描数据.xlsx',1);            % 读取数据
>> [x1,y1,z1] = sph2cart(AEd(:,1),AEd(:,2),AEd(:,3));   % 球面坐标转三维直角坐标
>> xyz_Range = minmax([x1,y1,z1]');                % 计算外包络长方体的位置
>> T1 = table(xyz_Range(:,1),xyz_Range(:,2),...     % 以表格形式显示计算结果
    'VariableNames',{'最小值','最大值'},...
    'RowNames',{'x','y','z'})
T1 =
  3×2 table
```

```
          最小值      最大值
         ────────    ────────
   x     - 319.41    - 312.88
   y      533.81      542.48
   z      274.32      284.1

>> V = range(x1) * range(y1) * range(z1)          % 计算外包络长方体的体积
V =
   553.4114
```

由上述结果可知目标物体的外包络长方体的体积为 553.41m^3，坐标范围为 $-319.41 \leqslant x \leqslant -312.88$，$533.81 \leqslant y \leqslant 542.48$，$274.32 \leqslant z \leqslant 284.1$。

2）问题 2 的模型与求解

由式(7.5-1)并结合附件 2 可得目标物体上多个目标点的三维直角坐标数据。目标物体上第 i 个目标点记为 $P_i(x_i,y_i,z_i)$，$i=1,2,\cdots,100$，假设目标物体的球心坐标为 (x_0,y_0,z_0)，球半径为 r，则有：

$$(x_i - x_0)^2 + (y_i - y_0)^2 + (z_i - z_0)^2 = r^2, \quad i=1,2,\cdots,100 \tag{7.5-2}$$

令 $\alpha = r^2 - (x_0^2 + y_0^2 + z_0^2)$，式(7.5-2)变形为：

$$(x_i^2 + y_i^2 + z_i^2) \cdot \frac{1}{\alpha} - 2x_i \cdot \frac{x_0}{\alpha} - 2y_i \cdot \frac{y_0}{\alpha} - 2z_i \cdot \frac{z_0}{\alpha} = 1, \quad i=1,2,\cdots,100 \tag{7.5-3}$$

令 $\beta_1 = 1/\alpha$，$\beta_2 = x_0/\alpha$，$\beta_3 = y_0/\alpha$，$\beta_4 = z_0/\alpha$，记：

$$\mathbf{A} = \begin{bmatrix} x_1^2 + y_1^2 + z_1^2 & -2x_1 & -2y_1 & -2z_1 \\ x_2^2 + y_2^2 + z_2^2 & -2x_2 & -2y_2 & -2z_2 \\ \vdots & \vdots & \vdots & \vdots \\ x_{100}^2 + y_{100}^2 + z_{100}^2 & -2x_{100} & -2y_{100} & -2z_{100} \end{bmatrix}, \quad \boldsymbol{\beta} = \begin{bmatrix} \beta_1 \\ \beta_2 \\ \beta_3 \\ \beta_4 \end{bmatrix}, \quad \mathbf{B} = \begin{bmatrix} 1 \\ 1 \\ \vdots \\ 1 \end{bmatrix}_{100 \times 1}$$

可得式(7.5-3)的矩阵表示形式：

$$\mathbf{A}\boldsymbol{\beta} = \mathbf{B} \tag{7.5-4}$$

式(7.5-4)是一个四元线性方程组，由此解得 $\beta_1,\beta_2,\beta_3,\beta_4$，进而可得目标物体的球心坐标和球半径为：

$$x_0 = \frac{\beta_2}{\beta_1}, \quad y_0 = \frac{\beta_3}{\beta_1}, \quad z_0 = \frac{\beta_4}{\beta_1}, \quad r = \sqrt{\frac{1}{\beta_1} + \frac{\beta_2^2 + \beta_3^2 + \beta_4^2}{\beta_1^2}} \tag{7.5-5}$$

求解式(7.5-4)和式(7.5-5)的 MATLAB 代码与结果如下：

```
>> AEd = xlsread('声呐扫描数据.xlsx',2);              % 读取数据
>> [x2,y2,z2] = sph2cart(AEd(:,1),AEd(:,2),AEd(:,3));   % 球面坐标转三维直角坐标
>> A = [x2.^2 + y2.^2 + z2.^2, - 2 * x2, - 2 * y2, - 2 * z2];   % 定义方程组的系数矩阵
>> B = ones(size(x2));                              % 定义方程组的常数向量
>> beta = A\B;                                      % 求解线性方程组
>> xyz0 = beta(2:4)/beta(1);                        % 计算球心坐标
>> r = sqrt(1/beta(1) + xyz0' * xyz0);              % 计算球半径
>> T2 = table(xyz0(1),xyz0(2),xyz0(3),r,...         % 以表格形式显示计算结果
       'VariableNames',{'x0','y0','z0','r'})
T2 =
  1×4 table
```

	x0	y0	z0	r
	-316.64	539.47	279.74	4.813

由上述结果可知目标物体的球心坐标为 $x_0=-316.64, y_0=539.47, z_0=279.74$，球半径 $r=4.81$。

3）问题3的模型与求解

针对问题3，首先根据附件3计算10个不同时刻目标物体上多个目标点的三维直角坐标，然后绘制散点图（如图7.5-2所示），观察目标物体的运行轨迹。

```
>> AEd = xlsread('声呐扫描数据.xlsx',3);              % 读取数据
>> [x3,y3,z3] = sph2cart(AEd(:,2),AEd(:,3),AEd(:,4));  % 球面坐标转三维直角坐标
>> figure;                                           % 新建图窗
>> plot3(x3,y3,z3,'.');                               % 绘制散点图
>> grid on;                                           % 显示主网格线
>> axis equal;                                        % 设置各轴显示比例相同
>> xlabel('x(m)'); ylabel('y(m)'); zlabel('z(m)');    % 添加坐标轴标签
```

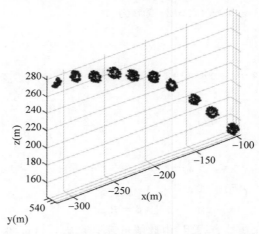

图 7.5-2   各时刻目标物体上多个目标点的散点图

接下来利用问题2中的模型计算10个不同时刻目标物体的球心坐标，相应的 MATLAB 代码与结果如下：

```
>> t = AEd(:,1);                                     % 提取时间数据
>> D = zeros(10,3);                                  % 预定义球心坐标矩阵
>> for i = 1:10                                      % 通过循环计算各时刻球心坐标
      id = (t == i);                                 % 第 i 个时刻的逻辑索引向量
      xi = x3(id); yi = y3(id); zi = z3(id);         % 第 i 个时刻目标点的三维坐标
      A = [xi.^2+yi.^2+zi.^2, -2*xi, -2*yi, -2*zi];  % 定义方程组的系数矩阵
      B = ones(size(xi));                            % 定义方程组的常数向量
      beta = A\B;                                     % 求解线性方程组
      D(i,:) = beta(2:4)/beta(1);                     % 计算球心坐标
  end
>> t = (1:10)';                                      % 定义时间向量
>> T3 = table(t,D(:,1),D(:,2),D(:,3),...             % 以表格形式显示计算结果
      'VariableNames',{'t','x','y','z'})
```

```
T3 =
  10 × 4 table
       t          x           y           z
      ___       _____       _____      _____
       1       − 316.64     539.47      279.74
       2       − 292.78     538.48      278.54
       3       − 268.93     538.77      269.32
       4       − 244.71     539.17      265.1
       5       − 220.53     541.11      252.66
       6       − 196.38     539.43      243.37
       7       − 172.19     542.28      223.85
       8       − 148.27     537.88      200.41
       9       − 124.1      540.77      175.22
      10       − 99.927     538.9       148.42
```

由上述结果及图 7.5-2 可知,在 10 个不同时刻,目标物体球心的 y 坐标值相差不大,可认为 y 与时间 t 无关,因此可用 y 的均值表示任意时刻目标物体球心的 y 坐标。与 y 坐标不同,x 和 z 坐标均随时间变化而变化,还需分别建立 x 和 z 关于时间 t 的多项式模型,用以预测下一时刻($t=11$)目标物体所在的位置。

由图 7.5-3 可知 x 和 t 呈线性相关关系,z 和 t 呈非线性相关关系。

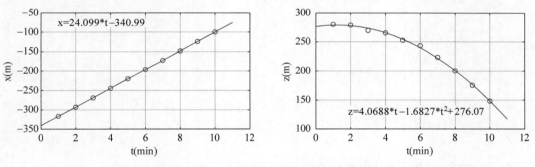

图 7.5-3　x 和 z 关于时间 t 的拟合曲线

接下来对 x 和 t 作一次多项式拟合,对 z 和 t 作二次多项式拟合,相应的多项式模型如下:

$$\hat{x} = p_1 t + p_2 \tag{7.5-6}$$

$$\hat{z} = q_1 t^2 + q_2 t + q_3 \tag{7.5-7}$$

其中,p_1, p_2, q_1, q_2, q_3 为未知参数。求解模型式(7.5-6)和式(7.5-7)的 MATLAB 代码与结果如下:

```
>> p1 = polyfit(T3.t, T3.x, 1);                  % 对 x 和 t 进行一次多项式拟合
>> p2 = polyfit(T3.t, T3.z, 2);                  % 对 z 和 t 进行二次多项式拟合
>> str1 = char(vpa(poly2sym(p1,sym('t')),5));    % 根据求解结果构造多项式字符串
>> str1 = [ 'x = ',str1];
>> str2 = char(vpa(poly2sym(p2,sym('t')),5));    % 根据求解结果构造多项式字符串
>> str2 = [ 'z = ',str2];
>> tnew = linspace(0,11,30);                     % 定义新的时间向量
>> xnew = polyval(p1,tnew);                      % 计算拟合的 x 坐标
>> znew = polyval(p2,tnew);                      % 计算拟合的 z 坐标
>> figure;                                       % 新建图窗
>> subplot(1,2,1);                               % 绘制第一个子图
```

```
>> plot(T3.t, T3.x, 'ko');                        % 绘制 x 和 t 的散点
>> hold on;                                        % 开启图形保持
>> plot(tnew, xnew, 'b');                          % 绘制 x 和 t 的拟合直线
>> text(1, - 70, str1);                            % 在指定位置添加多项式表达式
>> grid on;                                         % 显示主网格线
>> xlabel('t(min)'); ylabel('x(m)');               % 添加坐标轴标签

>> subplot(1,2,2);                                 % 绘制第二个子图
>> plot(T3.t, T3.z, 'ko');                         % 绘制 z 和 t 的散点
>> hold on;                                         % 开启图形保持
>> plot(tnew, znew, 'b');                          % 绘制 z 和 t 的拟合曲线
>> text(1,130, str2);                              % 在指定位置添加多项式表达式
>> grid on;                                         % 显示主网格线
>> xlabel('t(min)'); ylabel('z(m)');               % 添加坐标轴标签

% 预测目标物体下一时刻的位置
>> tnext = 11;                                      % 定义下一个时刻
>> xnext = polyval(p1,tnext);                      % 计算 t = 11 时的 x 坐标
>> ynext = mean(T3.y);                             % 计算 t = 11 时的 y 坐标
>> znext = polyval(p2,tnext);                      % 计算 t = 11 时的 z 坐标
>> T = table(tnext,xnext,ynext,znext,...           % 以表格形式显示计算结果
      'VariableNames',{'t','x','y','z'})
T =
   1×4 table
    t         x          y          z

   ___    _____    _____    _____

   11     - 75.904    539.63     117.22
```

运行以上代码可得 x 和 t 的拟合直线,以及 z 和 t 的拟合曲线,如图 7.5-3 所示。同时可得 $t=11$ 时刻,目标物体的球心坐标为 $x=-75.90$,$y=539.63$,$z=117.22$。

7.5.2　土地面积测量问题

1. 问题描述

【例 7.5-2】　现有河南省省界线上 242 个点的经纬度坐标数据(见数据文件"河南省省界线经纬度坐标.xlsx"),这些点在省界线上按顺时针顺序排列,试根据这些数据计算河南省的占地面积。

2. 问题分析

把地球看作一个半径为 R 的球体,河南省省界线是球面上的一条连续的封闭曲线,本问题可抽象为计算三维球面上由任意封闭曲线所围成的球面区域的面积。球面上任意封闭曲线均可将整个球面分为两部分,这里的面积是指两部分中较小部分的面积。

3. 模型假设

假设地球是半径为 $R=6371\mathrm{km}$ 的光滑球体,球面上任意封闭曲线所围成的球面区域记为 D。

4. 模型建立

以地球球心为原点建立空间直角坐标系,如图 7.5-4 所示。球面区域 D 内任意一点记为 P,假设 P 点的三维直角坐标为 (x,y,z),经纬度坐标分别为 θ 和 φ,显然:

$$x = R\cos\varphi\cos\theta, \quad y = R\cos\varphi\sin\theta, \quad z = R\sin\varphi$$

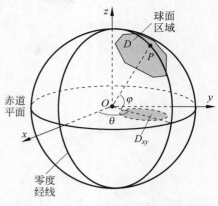

图 7.5-4　球面上封闭曲线所围成的区域

假设区域 D 在上半球面内,D 在 xOy 平面上的投影区域记为 D_{xy}。由于球心为原点,上半球面方程为 $z = \sqrt{R^2 - x^2 - y^2}$,从而:

$$\frac{\partial z}{\partial x} = \frac{-x}{\sqrt{R^2 - x^2 - y^2}}, \quad \frac{\partial z}{\partial y} = \frac{-y}{\sqrt{R^2 - x^2 - y^2}}$$

于是:

$$\sqrt{1 + \left(\frac{\partial z}{\partial x}\right)^2 + \left(\frac{\partial z}{\partial y}\right)^2} = \frac{R}{\sqrt{R^2 - x^2 - y^2}}$$

由空间曲面面积的计算公式可得球面区域 D 的面积为:

$$S_D = \iint\limits_{D_{xy}} \sqrt{1 + (\partial z/\partial x)^2 + (\partial z/\partial y)^2}\, \mathrm{d}x\,\mathrm{d}y = \iint\limits_{D_{xy}} \frac{R}{\sqrt{R^2 - x^2 - y^2}}\,\mathrm{d}x\,\mathrm{d}y \tag{7.5-8}$$

在实际计算时,由于 D_{xy} 是 xOy 平面上的一个不规则区域,模型式(7.5-8)的求解将变得十分困难,并且当球面区域 D 跨越了赤道时,投影区域 D_{xy} 会自相重叠,根据式(7.5-8)会得到错误的结果。

5. 模型改进

为了消除区域 D 在球面上所处位置对计算结果的影响,接下来在球面上任取一点(例如零度经线与 x 轴的交点)作为参照点,计算区域 D 内任意一点相对于该参照点的方位角和球心角,然后基于方位角和球心角,利用微元法建立二重积分模型。

如图 7.5-5 所示,记零度经线与 x 轴的交点为 A,以 A 点为参照点,记 P 点相对于 A 点的方位角为 ω,球心角为 ϕ。由 Haversine 公式可得:

$$\phi = 2\arcsin\left(\sqrt{\sin^2\left(\frac{\varphi}{2}\right) + \cos(\varphi)\sin^2\left(\frac{\theta}{2}\right)}\right) \tag{7.5-9}$$

其中,θ 和 φ 分别为 P 点的经度和纬度。在球面三角形 NAP 中,由球面余弦公式可得:

$$\cos\left(\frac{\pi}{2} - \varphi\right) = \cos\frac{\pi}{2} \cdot \cos\phi + \sin\frac{\pi}{2} \cdot \sin\phi \cdot \cos\omega \tag{7.5-10}$$

从而可得:

$$\omega = \arccos\left(\frac{\sin\varphi}{\sin\phi}\right) \tag{7.5-11}$$

【说明】　球面上 P 点相对于 A 点的方位角是指从 A 点的指北子午线起依顺时针方向至大圆弧 $\overset{\frown}{AP}$ 间的夹角。

如图 7.5-6 所示,考虑由 ϕ,ω 各取得微小增量 $\mathrm{d}\phi,\mathrm{d}\omega$ 所构成的面积微元 $\mathrm{d}s$,可把该面积

微元看作长方形,沿 ϕ 方向的宽为 $R\mathrm{d}\phi$,沿 ω 方向的长为 $|AC|\cdot\mathrm{d}\omega=R\sin\phi\mathrm{d}\omega$,从而 $\mathrm{d}s=R^2\sin\phi\mathrm{d}\phi\mathrm{d}\omega$。假设球面区域 D 对应的 ϕ,ω 取值区域为 $D_{\phi\omega}$,以 $\mathrm{d}s$ 为被积表达式在区域 $D_{\phi\omega}$ 上积分,可得球面区域 D 的面积为:

$$S_D = \iint\limits_{D_{\phi\omega}} R^2\sin\phi\mathrm{d}\phi\mathrm{d}\omega \tag{7.5-12}$$

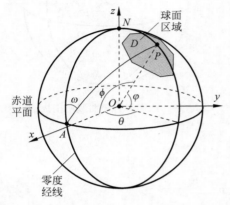

图 7.5-5　P 点相对于 A 点的方位角与球心角

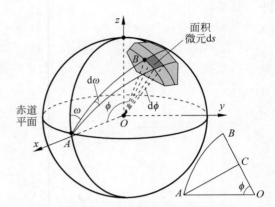

图 7.5-6　微元法求面积示意图

在实际计算时,由于 $D_{\phi\omega}$ 仍是一个不规则区域,模型式(7.5-12)是一个不规则区域上的二重积分,其求解依然十分困难。为求解方便,接下来将利用格林公式将以上二重积分化为沿区域 $D_{\phi\omega}$ 边界的曲线积分。

格林定理:设闭区域 D 由分段光滑的曲线 L 围成,函数 $P(x,y)$ 及 $Q(x,y)$ 在 D 上具有一阶连续偏导数,则有:

$$\iint\limits_{D}\left(\frac{\partial Q}{\partial x}-\frac{\partial P}{\partial y}\right)\mathrm{d}x\mathrm{d}y=\oint_{L}Pdx+Qdy \tag{7.5-13}$$

其中,L 是 D 的取正向的边界曲线。公式(7.5-13)叫作格林公式。

令 $P(\phi,\omega)=0,Q(\phi,\omega)=1-\cos\phi$,则 $\dfrac{\partial Q}{\partial\phi}-\dfrac{\partial P}{\partial\omega}=\sin\phi$,由格林公式可得:

$$S_D = R^2\oint_{L_{\phi\omega}}(1-\cos\phi)\mathrm{d}\omega \tag{7.5-14}$$

其中,$L_{\phi\omega}$ 是 $D_{\phi\omega}$ 的取正向的边界曲线。

6. 模型求解

1) 基于离散数据积分

假设 L 是球面区域 D 的边界曲线,已知 L 上 n 个点的经度和纬度坐标 $\theta_i,\varphi_i,i=1,2,\cdots,n$,由式(7.5-9)和式(7.5-11)可得 n 个点相对于 A 点的方位角和球心角分别为 $\omega_i,\phi_i,i=1,2,\cdots,n$。由中点积分公式可得:

$$S_D \approx R^2\sum_{i=1}^{n-1}\left[1-\cos\left(\frac{\phi_i+\phi_{i+1}}{2}\right)\right](\omega_{i+1}-\omega_i) \tag{7.5-15}$$

2) 顺序节点插值

本问题中给出了河南省省界线上 242 个点的经纬度坐标数据,基于这 242 个点并利用式

(7.5-15)可计算得河南省的占地面积,但是计算精度不高。为了提高计算精度,接下来调用 spline 函数作顺序节点插值,在河南省省界线上插出 1000 个点的经纬度坐标数据,然后基于这 1000 个点并利用式(7.5-15)计算河南省的占地面积,相应的 MATLAB 代码与结果如下:

```matlab
>> data = xlsread('河南省省界线经纬度坐标.xlsx');    % 读取省界线经纬度数据
>> lat = data(:,1);                                 % 提取纬度数据
>> lon = data(:,2);                                 % 提取经度数据
>> L = sqrt(diff(lon).^2 + diff(lat).^2);           % 计算相邻两点间距离
>> L = cumsum([0;L]);                               % 计算累积距离(曲线长)
>> Li = linspace(0,max(L),1000);                    % 定义包含 1000 个元素的线长向量
>> lati = spline(L,lat,Li);                         % 用三次样条插值计算纬度
>> loni = spline(L,lon,Li);                         % 用三次样条插值计算经度
>> R = 6371;                                        % 地球半径
>> lat0 = 0; lon0 = 0;                              % 参照点的纬度和经度
>> lati(end+1) = lati(1);                           % 纬度首尾相接
>> loni(end+1) = loni(1);                           % 经度首尾相接
% 计算省界线上各点相对于参照点的方位角 w 和球心角 phi
>> [phi,w] = distance('gc',lat0,lon0,lati,loni);
>> phi = phi*pi/180;  w = w*pi/180;                 % 度转弧度
>> ds = (1-cos((phi(1:end-1)+phi(2:end))/2)).*diff(w);  % 待加和项
>> SD1 = R^2*abs(sum(ds))                           % 计算河南省占地面积(方法 1)
SD1 =
   1.6597e+05
% 调用 MATLAB 自带的 areaint 函数计算河南省占地面积(方法 2)
>> SD2 = areaint(lati,loni,R)
SD2 =
   1.6597e+05
```

由以上结果可知,基于省界线上 1000 个插值点并利用式(7.5-15)计算得到的河南省占地面积为 16.597 万平方千米,这与河南省的实际占地面积 16.7 万平方千米是非常接近的。

【说明】 areaint 是 MATLAB 自带的函数,用来计算球面上任意多边形区域的面积,其计算原理见式(7.5-15)。

在工程技术、经济管理、国防建设及日常生活等诸多领域中，人们经常遇到这样的最优决策问题：在给定条件下寻找最优方案。这里的最优有多种含义，例如成本最小、收益最大、利润最多、距离最短、时间最少、空间最小等，即在资源给定时寻找最好的目标，或在目标确定情况下使用最少的资源。上述这种决策问题称为最优化问题。本章介绍常用优化建模方法与MATLAB 求解，主要内容包括线性规划和混合整数线性规划、无约束和有约束的非线性规划、多目标规划、图与网络优化和常用智能优化算法。

8.1　求解最优化问题的 MATLAB 函数

MATLAB 中提供了优化工具箱和全局优化工具箱，用来求解最优化问题，部分常用函数如表 8.1-1 所示。

表 8.1-1　求解最优化问题的 MATLAB 函数

类　别		函　数　名	说　明
线性优化	线性规划	linprog	求解线性规划
	混合整数线性规划	intlinprog	求解混合整数线性规划
非线性优化	无约束的非线性规划	fminsearch	求解无约束多元函数的最小值
		fminunc	求解无约束多元函数的最小值
	有约束的非线性规划	fminbnd	求解一元函数在给定区间上的最小值
		fmincon	求解多元函数在给定约束条件下的最小值
		fseminf	求解半无限约束多元非线性函数的最小值
	二次规划	quadprog	求解二次规划
	多目标规划	fgoalattain	求解多目标达到问题
		fminimax	求解最大最小问题
最小二乘法	线性最小二乘法	lsqlin	求解带有约束的线性最小二乘问题
		lsqnonneg	求解非负线性最小二乘问题
		mldivide（或左除 \）	求线性方程 $Ax = B$ 的最小二乘解
	非线性最小二乘法	lsqcurvefit	基于最小二乘法求解非线性曲线拟合问题

续表

类　别		函　数　名	说　明
最小二乘法	非线性最小二乘法	lsqnonlin	求解非线性最小二乘问题(非线性数据拟合)
全局优化算法	遗传算法	ga	利用遗传算法求函数的最小值
		gamultiobj	利用遗传算法求解多目标优化问题
	模式搜索算法	patternsearch	利用模式搜索算法求函数的最小值
	粒子群算法	particleswarm	利用粒子群算法求函数的最小值
	模拟退火算法	simulannealbnd	利用模拟退火算法求函数的最小值
	全局搜索算法	GlobalSearch	利用全局搜索算法求优化问题的全局最优解
	多起点搜索算法	MultiStart	利用多起点搜索算法求优化问题的局部最优解
图与网络优化	创建一个图	graph	创建一个无向图
		digraph	创建一个有向图
	最短路	shortestpath	求两节点之间的最短路
		shortestpathtree	求多个节点之间的最短路
	最大流	maxflow	求解网络最大流问题
	最小生成树	minspantree	求最小生成树

8.2　线性规划和混合整数线性规划

8.2.1　线性规划和混合整数线性规划的标准型

　　一般地,求线性目标函数在线性约束条件下的最大值或最小值的问题,统称为线性规划问题。满足线性约束条件的解叫做可行解,由所有可行解组成的集合叫作可行域。

　　线性规划问题的标准数学模型(简称为标准型)为:

$$\min_{x} \quad z = \boldsymbol{f}^{\mathrm{T}} \boldsymbol{x}$$

$$\text{s. t.} \begin{cases} \boldsymbol{A} \cdot \boldsymbol{x} \leqslant \boldsymbol{b} \\ \boldsymbol{Aeq} \cdot \boldsymbol{x} = \boldsymbol{beq} \\ \boldsymbol{lb} \leqslant \boldsymbol{x} \leqslant \boldsymbol{ub} \end{cases} \tag{8.2-1}$$

其中,$\boldsymbol{f}$ 为目标函数中决策变量 $\boldsymbol{x} = (x_1, x_2, \cdots, x_n)^{\mathrm{T}}$ 的系数值向量,$\boldsymbol{A}$ 为线性不等式约束的系数矩阵,$\boldsymbol{b}$ 为线性不等式约束的右端常数向量,$\boldsymbol{Aeq}$ 为线性等式约束的系数矩阵,$\boldsymbol{beq}$ 为线性等式约束的右端常数向量,$\boldsymbol{lb}$ 为决策变量 $\boldsymbol{x}$ 的下界值向量,$\boldsymbol{ub}$ 为决策变量 $\boldsymbol{x}$ 的上界值向量。

　　混合整数线性规划问题的标准数学模型为:

$$\min_{x} \quad z = \boldsymbol{f}^{\mathrm{T}} \boldsymbol{x}$$

$$\text{s. t.} \begin{cases} \boldsymbol{A} \cdot \boldsymbol{x} \leqslant \boldsymbol{b} \\ \boldsymbol{Aeq} \cdot \boldsymbol{x} = \boldsymbol{beq} \\ \boldsymbol{lb} \leqslant \boldsymbol{x} \leqslant \boldsymbol{ub} \\ \boldsymbol{x}_{\text{intcon}} \text{ 为整数变量} \end{cases} \tag{8.2-2}$$

式(8.2-2)中的 $\boldsymbol{f}$、$\boldsymbol{A}$、$\boldsymbol{b}$、$\boldsymbol{Aeq}$、$\boldsymbol{beq}$、$\boldsymbol{lb}$ 和 $\boldsymbol{ub}$ 同式(8.2-1),intcon 是取值为整数的决策变量的下标。目标函数下方由花括号括起来的部分为约束条件,"s. t."是"subject to"的简写,可译为"使得…满足…"。

【说明】 （1）若目标函数为最大化问题 $\max z = \boldsymbol{f}^{\mathrm{T}}\boldsymbol{x}$，则由 $\min z = -\boldsymbol{f}^{\mathrm{T}}\boldsymbol{x}$ 可化为最小化问题；

（2）若约束条件为 $\boldsymbol{A} \cdot \boldsymbol{x} \geqslant \boldsymbol{b}$，则 $-\boldsymbol{A} \cdot \boldsymbol{x} \leqslant -\boldsymbol{b}$。

8.2.2 linprog 和 intlinprog 函数的用法

MATLAB 中提供了 linprog 和 intlinprog 函数，分别用来求解线性规划和混合整数线性规划，它们的常用调用格式如下：

```
>> [x, fval] = linprog(f, A, b, Aeq, beq, lb, ub, options)
>> [x, fval] = intlinprog(f, intcon, A, b, Aeq, beq, lb, ub, x0, options)
```

其中，输入参数 f，A，b，Aeq，beq，lb，ub 的说明与上文相同，x0 为决策变量的初始值向量，intcon 是取值为整数的决策变量的下标值构成的向量，options 是用来设置优化选项（例如优化算法、终止容限等）的参数。输出参数 x 为最优解，fval 为目标函数的最优值。

8.2.3 线性规划和混合整数线性规划的案例

【例 8.2-1】 某厂生产 A,B,C 三种产品，每种产品生产需经过三道工序：选料、提纯和调配。根据现有的生产条件，可确定各工序有效工时、单位产品耗用工时及利润如表 8.2-1 所示。试问应如何安排各种产品的周产量，才能获得最大利润？

表 8.2-1 各工序有效工时、单位产品耗用工时及利润列表

工　序	单位产品耗用工时(h/kg)			每周有效工时(h)
	A	B	C	
选料	1.1	1.2	1.4	4600
提纯	0.5	0.6	0.6	2100
调配	0.7	0.8	0.6	2500
利润(元/kg)	12	14	13	

1. 模型建立

这是一个典型的线性规划问题，若用 x_1,x_2,x_3 分别表示产品 A,B,C 的周产量(kg)，z 表示每周获得的利润(元)，则可建立该问题的数学模型如下：

$$\max z = 12x_1 + 14x_2 + 13x_3$$

$$\mathrm{s.\,t.} \begin{cases} 1.1x_1 + 1.2x_2 + 1.4x_3 \leqslant 4600 \\ 0.5x_1 + 0.6x_2 + 0.6x_3 \leqslant 2100 \\ 0.7x_1 + 0.8x_2 + 0.6x_3 \leqslant 2500 \\ x_1 \geqslant 0, \quad x_2 \geqslant 0, x_3 \geqslant 0 \end{cases} \tag{8.2-3}$$

上述模型中 x_1,x_2,x_3 称为决策变量，$z = 12x_1 + 14x_2 + 13x_3$ 为目标函数，它是决策变量的线性函数。本例是求在诸多线性约束下的目标函数的最大值点与相应的最大值。

2. 模型求解

首先将模型式(8.2-3)中的目标函数化为标准形式：$\min z = -12x_1 - 14x_2 - 13x_3$，然后编写求解程序如下：

```
>> f = [-12, -14, -13];                          % 目标函数中决策变量的系数值向量
>> A = [1.1, 1.2, 1.4; 0.5, 0.6, 0.6; 0.7, 0.8, 0.6];  % 线性不等式约束的系数矩阵
>> b = [4600; 2100; 2500];                       % 线性不等式约束的右端常数向量
>> Aeq = [];                                     % 线性等式约束的系数矩阵
>> beq = [];                                     % 线性等式约束的右端常数向量
>> lb = [0; 0; 0];                               % 决策变量的下界值向量
% 调用 linprog 函数求解最优解和最优值
>> [x,fval] = linprog(f,A,b,Aeq,beq,lb)
x =
    1.0e + 03 *                                  % 科学计数法形式最优解
     0.7500
     1.2500
     1.6250

fval =                                           % 最优值
    - 47625
```

由上述结果可知当 A, B, C 三种产品的周产量分别为 $x_1 = 750\text{kg}, x_2 = 1250\text{kg}, x_3 = 1625\text{kg}$ 时，该厂获得最大利润 47625 元。

【例 8.2-2】 求解下列混合整数规划问题：

$$\min z = 8x_1 + x_2$$

$$\text{s.t.} \begin{cases} x_1 + 2x_2 \geqslant -14 \\ -4x_1 - x_2 \leqslant -30 \\ 2x_1 + x_2 \leqslant 20 \\ 2x_1 - x_2 = 3 \\ 0 \leqslant x_1 \leqslant 6, \quad 0 \leqslant x_2 \leqslant 9, \quad x_2 \text{ 取整数} \end{cases} \tag{8.2-4}$$

首先将模型式(8.2-4)中的线性不等式约束 $x_1 + 2x_2 \geqslant -14$ 化为标准形式：$-x_1 - 2x_2 \leqslant 14$，然后编写求解程序如下：

```
>> f = [8;1];                                    % 目标函数中决策变量的系数值向量
>> intcon = 2;                                   % 取整变量的序号值向量
>> A = [-1, -2;  -4, -1;  2,1];                  % 线性不等式约束的系数矩阵
>> b = [14; -30; 20];                            % 线性不等式约束的右端常数向量
>> Aeq = [2, -1];                                % 线性等式约束的系数矩阵
>> beq = 3;                                      % 线性等式约束的右端常数向量
>> lb = [0; 0];                                  % 决策变量的下界值向量
>> ub = [6; 9];                                  % 决策变量的上界值向量
% 调用 intlinprog 函数求解最优解和最优值
>> [x, fval] = intlinprog(f,intcon,A,b,Aeq,beq,lb,ub)
x =                                              % 最优解
    5.5000
    8.0000

fval =                                           % 最优值
    52.0000
```

本例最优解为 $x_1 = 5.5, x_2 = 8$，最优值为 $z = 52$。

8.3 非线性规划

8.3.1 无约束的非线性规划

1. 无约束的非线性规划的标准型

无约束的非线性规划的标准型为：

$$\min_{x} f(\boldsymbol{x}) = f(x_1, x_2, \cdots, x_n), \quad x_1, x_2, \cdots, x_n \in \mathbf{R} \tag{8.3-1}$$

其中，$f(\boldsymbol{x})$ 为目标函数，$\boldsymbol{x} = (x_1, x_2, \cdots, x_n)^{\mathrm{T}}$ 为决策变量。

2. fminsearch 和 fminunc 函数的用法

fminsearch 和 fminunc 函数用来求解形如式(8.3-1)的无约束非线性规划问题，它们的常用调用格式如下：

```
>> [x, fval] = fminsearch(fun, x0, options)
>> [x, fval] = fminunc(fun, x0, options)
```

其中，输入参数 fun 为目标函数句柄，x0 为决策变量的初始值向量，options 是用来设置优化选项的参数。输出参数 x 为最优解，fval 为目标函数的最优值。

fminsearch 和 fminunc 函数采用不同的算法求解无约束最优化问题，前者用对偶单纯形算法，适用于求解不可导或不连续的优化问题，后者用基于梯度的算法，适用于求解可导的优化问题。

【例 8.3-1】 求解下列无约束最优化问题：

$$\min f(\boldsymbol{x}) = \mathrm{e}^{x_1}(4x_1^2 + 2x_2^2 + 4x_1 x_2 + 2x_2 + 1) \tag{8.3-2}$$

本例求解程序及结果如下：

```
 % 编写目标函数对应的匿名函数，其输入参数 x 是由多个决策变量构成的向量
>> fun = @(x)exp(x(1)) * (4 * x(1)^2 + 2 * x(2)^2 + 4 * x(1) * x(2) + 2 * x(2) + 1);
>> x0 = [ - 1, 1];                        % 定义初值向量
>> [x,f] = fminsearch(fun,x0)            % 调用 fminsearch 函数求解最优解和最优值
x =                                       % 最优解
    0.5000   - 1.0000

f =                                       % 最优值
   5.1425e - 10

>> [x,f] = fminunc(fun,x0)               % 调用 fminunc 函数求解最优解和最优值
x =                                       % 最优解
    0.5000   - 1.0000

f =                                       % 最优值
   3.6609e - 16
```

由上述结果可知，两个函数求得的解还是有差异的，但都是满足精度要求的。

由于式(8.3-2)中的目标函数是二元函数,可运行如下代码绘制其图形(如图 8.3-1 所示)并标注最优点:

```
% 为绘图需要,编写二元匿名函数
>> fun = @(x,y)exp(x). * (4 * x.^2 + 2 * y.^2 + 4 * x. * y + 2 * y + 1);
>> figure
>> ezmesh(fun, [0,1, - 2,0]);                      % 绘制三维网格图
>> hold on;
>> plot3(x(1),x(2), f, 'r * ', 'MarkerSize', 12);   % 绘制最优点
>> view( - 47,6)                                    % 设置视角
```

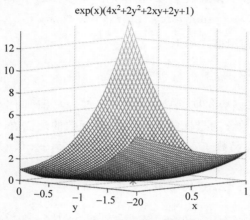

图 8.3-1   无约束最优化求解结果验证图

从图 8.3-1 可以看出本例求出的最优解是目标函数的全局最优解。

【说明】   对于非线性规划问题,其目标函数对应的匿名函数通常只有一个输入参数,是由多个决策变量构成的向量。

8.3.2   有约束的非线性规划

1. 有约束的非线性规划的标准型

有约束的非线性规划的标准型为:

$$\min_{x} f(x)$$

$$\text{s.t.} \begin{cases} \left.\begin{matrix} A \cdot x \leqslant b \\ Aeq \cdot x = beq \end{matrix}\right\} \text{线性约束} \\ \left.\begin{matrix} c(x) \leqslant 0 \\ ceq(x) = 0 \end{matrix}\right\} \text{非线性约束} \\ lb \leqslant x \leqslant ub \end{cases} \qquad (8.3\text{-}3)$$

其中,$f(x)$ 为目标函数,$x = (x_1, x_2, \cdots, x_n)^{\mathrm{T}}$ 为决策变量,A 为线性不等式约束的系数矩阵,b 为线性不等式约束的右端常数向量,Aeq 为线性等式约束的系数矩阵,beq 为线性等式约束的右端常数向量,$c(x)$ 为非线性不等式约束的左端项,$ceq(x)$ 为非线性等式约束的左端项,lb 为决策变量 x 的下界值向量,ub 为决策变量 x 的上界值向量。

2. fmincon 和 fminbnd 函数的用法

fmincon 函数用来求解形如式(8.3-3)的有约束的非线性规划问题,其常用调用格式如下:

```
>> [x, fval] = fmincon(fun, x0, A, b, Aeq, beq, lb, ub, nonlcon, options)
```

其中,输入参数 fun 为目标函数句柄,x0 为决策变量的初始值向量,A,b,Aeq,beq,lb,ub 的说明与上文相同,nonlcon 是非线性约束函数的句柄,options 是用来设置优化选项的参数。输出参数 x 为最优解,fval 为目标函数的最优值。

fminbnd 函数用来求解一元函数 $f(x)$ 在指定区间 $[x_1, x_2]$ 的最小值问题:

$$\min_x f(x) \text{ s.t. } x_1 \leqslant x \leqslant x_2 \tag{8.3-4}$$

fminbnd 函数的常用调用格式如下:

```
>> [x, fval] =  fminbnd(fun, x1, x2, options)
```

其中,输入参数 fun 为目标函数句柄,x1 为区间下端点,x2 为区间上端点,options 是用来设置优化选项的参数。输出参数 x 为最优解,fval 为目标函数的最优值。

【例 8.3-2】 求解一元函数 $f(x) = e^{-0.1x} \sin^2 x - 0.5(x+0.1)\sin x$ 在区间 $[-10, 10]$ 上的最小值点与最小值。

求解本例并绘图的 MATLAB 代码如下:

```
>> fun = @(x)exp(-0.1*x).*sin(x).^2-0.5*(x+0.1).*sin(x);   % 定义匿名函数
>> [x1,f1] = fminbnd(fun,-10,10)              % 求解目标函数在区间[-10,10]上的极小值
x1 =                                          % 最优解
    2.5148
f1 =                                          % 最优值
   -0.4993

>> [x2,f2] = fminbnd(fun,6,10)                % 求解目标函数在区间[6,10]上的极小值
x2 =                                          % 最优解
    8.0236
f2 =                                          % 最优值
   -3.5680

>> figure
>> ezplot(fun,[-10,10])                       % 绘制函数图形
>> hold on
>> plot(x1,f1,'ro')                           % 标记最优点
>> plot(x2,f2,'r*')                           % 标记最优点
>> grid on                                    % 绘制参考网格线
```

本例求解结果如图 8.3-2 所示。可知目标函数在区间 $[-10, 10]$ 上有多个局部最小值点,在调用 fminbnd 函数进行求解时,只能求出局部最优解,只有设置合适的区间,才能求得目标函数在区间 $[-10, 10]$ 上的全局最小值点。

【例 8.3-3】 求解下列非线性规划问题:

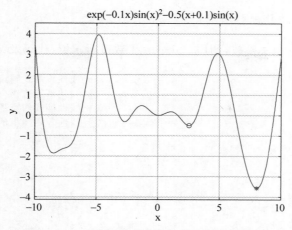

图 8.3-2　一元函数在指定区间上的最小值示意图

$$\min f(\boldsymbol{x}) = e^{x_1}(4x_1^2 + 2x_2^2 + 4x_1x_2 + 2x_2 + 1)$$

$$\text{s. t.}\begin{cases} 2x_1 + x_2 \leqslant 4 \\ 3x_1 + 5x_2 \leqslant 10 \\ x_1 - 2x_2 = -1 \\ 1 - x_1x_2 \leqslant 0 \\ x_1x_2 - 1.5 \leqslant 0 \\ x_1^2 + x_2^2 - 3 = 0 \\ x_1 \geqslant 0, x_2 \geqslant 0 \end{cases} \tag{8.3-5}$$

式(8.3-5)已经是标准形式的非线性规划模型,求解步骤如下。

1. 编写非线性约束函数

在 MATLAB 程序编辑窗口编写如下非线性约束函数:

```
function [c,ceq] = nlinconfun(x)
 %  非线性约束函数
 %  输入参数 x 为由多个决策变量构成的向量
 %  输出参数 c 为由非线性不等式约束的左端项构成的列向量
 %  输出参数 ceq 为由非线性等式约束的左端项构成的列向量
c = [1 - x(1) * x(2);x(1) * x(2) - 1.5];
ceq = x(1)^2 + x(2)^2 - 3;
end
```

将以上代码保存为函数文件 nlinconfun.m。

2. 编写目标函数对应的匿名函数

```
 %  编写目标函数对应的匿名函数,其输入参数 x 为由多个决策变量构成的向量
>> fun = @(x)exp(x(1)) * (4 * x(1)^2 + 2 * x(2)^2 + 4 * x(1) * x(2) + 2 * x(2) + 1);
```

3. 调用 fmincon 函数进行求解

这里定义线性约束相关参数，调用 fmincon 函数进行求解，代码及结果如下：

```
>> A = [2,1; 3,5];                              % 线性不等式约束的系数矩阵
>> b = [4; 10];                                 % 线性不等式约束的常数向量
>> Aeq = [1, -2];                               % 线性等式约束的系数矩阵
>> beq = -1;                                     % 线性等式约束的常数项
>> x0 = [1, 1];                                 % 初值向量
>> lb = [0; 0];                                 % 下界向量
>> ub = [inf; inf];                             % 上界向量
% 调用 fmincon 函数进行求解
>> [x,fval] = fmincon(fun,x0,A,b,Aeq,beq,lb,ub,@nlinconfun)
x =                                             % 最优解
    1.2967    1.1483                            .

fval =                                          % 最优值
    68.0776
```

8.4   多目标规划

8.4.1   最大最小问题

1. 最大最小问题的标准型

最大最小问题的标准型为：

$$\min_{x}\{\max(f_1(\boldsymbol{x}),f_2(\boldsymbol{x}),\cdots,f_m(\boldsymbol{x}))\}$$

$$\text{s. t.}\begin{cases}\boldsymbol{A}\cdot\boldsymbol{x}\leqslant\boldsymbol{b}\\\boldsymbol{Aeq}\cdot\boldsymbol{x}=\boldsymbol{beq}\end{cases}\left.\right\}\text{线性约束}\\\begin{cases}c(\boldsymbol{x})\leqslant0\\ceq(\boldsymbol{x})=0\end{cases}\left.\right\}\text{非线性约束}\\\boldsymbol{lb}\leqslant\boldsymbol{x}\leqslant\boldsymbol{ub}\end{cases} \tag{8.4-1}$$

其中，$f_1(\boldsymbol{x}),f_2(\boldsymbol{x}),\cdots,f_m(\boldsymbol{x})$ 为多目标函数，$\boldsymbol{x}=(x_1,x_2,\cdots,x_n)^{\mathrm{T}}$ 为决策变量，$\boldsymbol{A}$ 为线性不等式约束的系数矩阵，$\boldsymbol{b}$ 为线性不等式约束的右端常数向量，$\boldsymbol{Aeq}$ 为线性等式约束的系数矩阵，$\boldsymbol{beq}$ 为线性等式约束的右端常数向量，$c(\boldsymbol{x})$ 为非线性不等式约束的左端项，$ceq(\boldsymbol{x})$ 为非线性等式约束的左端项，$\boldsymbol{lb}$ 为决策变量 $\boldsymbol{x}$ 的下界值向量，$\boldsymbol{ub}$ 为决策变量 $\boldsymbol{x}$ 的上界值向量。

2. fminimax 函数的用法

fminimax 函数用来求解形如式(8.4-1)的最大最小问题，其常用调用格式如下：

```
>> [x, fval] = fminimax(fun, x0, A, b, Aeq, beq, lb, ub, nonlcon, options)
```

其中，输入参数 fun 为目标函数句柄，x0 为决策变量的初始值向量，A，b，Aeq，beq，lb，ub 的说明与上文相同，nonlcon 是非线性约束函数的句柄，options 是用来设置优化选项的参

数。输出参数 x 为最优解,fval 为目标函数的最优值向量。

【例 8.4-1】 垃圾处理厂选址问题。已知 A,B,C,D,E 五个城市的位置分布如图 8.4-1 所示,坐标如表 8.4-1 所示。现计划在 A,B,C,D,E 五个城市之间建造一个垃圾处理厂 P,使得五个城市将垃圾运往垃圾处理厂 P 的运输成本尽可能的相差不大,求 P 点坐标。

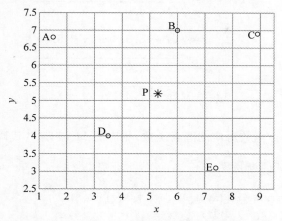

图 8.4-1 垃圾处理厂选址示意图

表 8.4-1 城市坐标

城市	x 坐标	y 坐标
A	1.5	6.8
B	6.0	7.0
C	8.9	6.9
D	3.5	4.0
E	7.4	3.1

(1)模型建立。

由于运输成本主要由城市与垃圾处理厂之间的距离决定,所以垃圾处理厂 P 的选址目标是使得五个城市到 P 点的距离尽量相近。如果把五个城市与垃圾处理厂的距离之和最小化作为优化目标,可能会造成某个城市到垃圾处理厂的距离明显大于其他四个城市到垃圾处理厂的距离,在某种意义上造成不公平,即中国名言"不患寡而患不均"。为使得公平性最大化,应使得各城市与垃圾处理厂的距离差异化最小,也就是使得五个城市与垃圾处理厂的最大距离达到最小,这就是一个最大最小问题。

记垃圾处理厂 P 点坐标为 (x,y),可由平面上两点间距离公式计算出 A、B、C、D、E 五个城市到 P 的距离分别为:

$$f_1 = d_{A \to P} = \sqrt{(x-1.5)^2 + (y-6.8)^2}$$

$$f_2 = d_{B \to P} = \sqrt{(x-6.0)^2 + (y-7.0)^2}$$

$$f_3 = d_{C \to P} = \sqrt{(x-8.9)^2 + (y-6.9)^2}$$

$$f_4 = d_{D \to P} = \sqrt{(x-3.5)^2 + (y-4.0)^2}$$

$$f_5 = d_{E \to P} = \sqrt{(x-7.4)^2 + (y-3.1)^2} \tag{8.4-2}$$

根据前面的分析可以建立垃圾处理厂选址问题的数学模型如下：

$$\min_{x,y}\{\max(f_1,f_2,\cdots,f_5)\}$$

$$\text{s. t.}\begin{cases}f_1=\sqrt{(x-1.5)^2+(y-6.8)^2}\\f_2=\sqrt{(x-6.0)^2+(y-7.0)^2}\\f_3=\sqrt{(x-8.9)^2+(y-6.9)^2}\\f_4=\sqrt{(x-3.5)^2+(y-4.0)^2}\\f_5=\sqrt{(x-7.4)^2+(y-3.1)^2}\end{cases}\qquad(8.4\text{-}3)$$

（2）模型求解。

首先编写模型的目标函数对应的匿名函数，相应的 MATLAB 代码如下：

```
% 以匿名函数形式编写目标函数
% code by xiezhh
>> minimaxMyfun = @(x)sqrt([(x(1) - 1.5)^2 + (x(2) - 6.8)^2;
   (x(1) - 6.0)^2 + (x(2) - 7.0)^2;
   (x(1) - 8.9)^2 + (x(2) - 6.9)^2;
   (x(1) - 3.5)^2 + (x(2) - 4.0)^2;
   (x(1) - 7.4)^2 + (x(2) - 3.1)^2]);
```

然后调用 fminimax 函数进行求解，相应的 MATLAB 代码及结果如下：

```
% 调用 fminimax 函数求解模型(8.4 - 3)的代码
>> x0 = [0.0; 0.0];                        % 设置初始迭代点
% 调用 fminimax 函数求解
>> [x,fval] = fminimax(minimaxMyfun,x0)
x =
    5.2093                                  % 最优解
    6.1608

fval =                                       % 最优解对应的各目标函数值向量
    3.7640
    1.1530
    3.7640
    2.7551
    3.7640
```

由计算结果可知，fminimax 函数求出的最优解为 $x=(5.2093,6.1608)$，也就是说垃圾处理厂的最佳建设位置坐标为 $(5.2093,6.1608)$。

（3）模型扩展。

在实际规划问题中，规划目标还可能同时受到其他因素制约。如图 8.4-2 所示，在原问题上附加约束：A，B，C，D，E 五个城市之间有一条高速公路（图中虚线所示），该公路的直线方程为 $y=x-2.5$，为方便转运垃圾，垃圾处理厂需要紧邻公路。

增加约束之后，该问题的数学模型为：

$$\min_{x,y}\{\max(f_1,f_2,\cdots,f_5)\}$$

$$\text{s. t.}\ x-y=2.5\qquad(8.4\text{-}4)$$

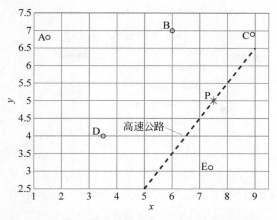

图 8.4-2　带有高速公路的垃圾处理厂选址示意图

相应于原问题,扩展问题中添加了一个线性等式约束。求解此问题的完整的 MATLAB 代码及结果如下:

```
% 以匿名函数形式编写目标函数
% code by xiezhh
>> minimaxMyfun = @(x)sqrt([(x(1) - 1.5)^2 + (x(2) - 6.8)^2;
   (x(1) - 6.0)^2 + (x(2) - 7.0)^2;
   (x(1) - 8.9)^2 + (x(2) - 6.9)^2;
   (x(1) - 3.5)^2 + (x(2) - 4.0)^2;
   (x(1) - 7.4)^2 + (x(2) - 3.1)^2]);

>> x0 = [0.0; 0.0];                        % 设置初始选代点
>> Aeq = [1, -1];                          % 线性等式约束的系数矩阵
>> beq = 2.5;                              % 线性等式约束的常数项

% 调用 fminimax 函数求解模型(8.4 - 4)
>> [x, fval] = fminimax(minimaxMyfun, x0, [ ], [ ], Aeq, beq)
x =                                        % 最优解
    5.4000
    2.9000

fval =                                     % 最优解对应的各目标函数值向量
    5.5154
    4.1437
    5.3151
    2.1954
    2.0100
```

由以上结果可知,此时垃圾处理厂的最佳建设位置坐标为(5.4000,2.9000)。

8.4.2　多目标达到问题

1. 多目标达到问题的标准型

同时优化多个目标函数达到预定目标值的问题为多目标达到问题,它的标准型为:

$$\min_{x,\gamma} \gamma$$

$$\text{s. t.} \begin{cases} F(x) - \mathbf{weight} \cdot \gamma \leqslant \mathbf{Goal} \\ \mathbf{A} \cdot \mathbf{x} \leqslant \mathbf{b} \\ \mathbf{Aeq} \cdot \mathbf{x} = \mathbf{beq} \\ c(\mathbf{x}) \leqslant 0 \\ ceq(\mathbf{x}) = 0 \\ \mathbf{lb} \leqslant \mathbf{x} \leqslant \mathbf{ub} \end{cases} \tag{8.4-5}$$

其中，$F(x)$ 为多目标函数，$\mathbf{x} = (x_1, x_2, \cdots, x_n)^{\mathrm{T}}$ 为决策变量，$\mathbf{weight}$ 为权重向量，$\mathbf{Goal}$ 为预定目标值向量，γ 为达到因子（或达到系数），$\mathbf{A}$ 为线性不等式约束的系数矩阵，$\mathbf{b}$ 为线性不等式约束的右端常数向量，$\mathbf{Aeq}$ 为线性等式约束的系数矩阵，$\mathbf{beq}$ 为线性等式约束的右端常数向量，$c(\mathbf{x})$ 为非线性不等式约束的左端项，$ceq(\mathbf{x})$ 为非线性等式约束的左端项，$\mathbf{lb}$ 为决策变量 $\mathbf{x}$ 的下界值向量，$\mathbf{ub}$ 为决策变量 $\mathbf{x}$ 的上界值向量。

若令 $\mathbf{weight} = \mathbf{Goal}$，则由 $F(x) - \mathbf{weight} \cdot \gamma \leqslant \mathbf{Goal}$ 可得 $\dfrac{F(x) - \mathbf{Goal}}{\mathbf{Goal}} \leqslant \gamma$，这里的 γ 可理解为达到因子，通过最小化 γ，可同时使多个目标函数尽可能接近预定目标值。

2. fgoalattain 函数的用法

fgoalattain 函数用来求解形如式(8.4-5)的多目标达到问题，其常用调用格式如下：

```
>> [x,fval] = fgoalattain(fun,x0,goal,weight,A,b,Aeq,beq,lb,ub,nonlcon,options)
```

其中，输入参数 fun 为目标函数句柄，x0 为决策变量的初始值向量，goal，weight，A，b，Aeq，beq，lb，ub 的说明与上文相同，nonlcon 是非线性约束函数的句柄，options 是用来设置优化选项的参数。输出参数 x 为最优解，fval 为目标函数的最优值向量。

【说明】 weight 是用来控制目标函数和预定目标值之间相对大小关系的权重向量，若 weight 值为正数，fgoalattain 函数试图约束目标函数小于预定目标值。为使多个目标函数具有相同的达到率，应将 weight 设为 goal 的绝对值。若将 weight 的一个元素设为 0，则相应的目标约束变为硬约束，即相应的目标函数达到预定目标值。

【例 8.4-2】 某化工厂拟生产两种新产品 A 和 B，其生产设备费用分别为：A，2 万元/吨；B，5 万元/吨。这两种产品均会造成环境污染，由环境污染所造成的损失可折算为：A，4 万元/吨；B，1 万元/吨。由于条件限制，工厂生产产品 A 和 B 的最大生产能力分别为每月 5 吨和 6 吨，而市场需要这两种产品的总量每月不少于 7 吨。试问工厂应如何安排生产计划，在满足市场需要的前提下，使设备投资和环境污染损失均达最小。该工厂决策认为，这两个目标中环境污染应优先考虑，设备投资的目标值为 20 万元，环境污染损失的目标为 12 万元。

(1) 模型建立。

设 A，B 产品的月产量分别为 x_1, x_2（单位：吨），则可建立如下数学模型：

$$\min_{x,\gamma} \gamma$$

$$\text{s. t.} \begin{cases} \begin{bmatrix} 2x_1 + 5x_2 \\ 4x_1 + x_2 \end{bmatrix} - \mathbf{weight} \cdot \gamma \leqslant \begin{bmatrix} 20 \\ 12 \end{bmatrix} \\ -x_1 - x_2 \leqslant -7 \\ 0 \leqslant x_1 \leqslant 5 \\ 0 \leqslant x_2 \leqslant 6 \end{cases} \tag{8.4-6}$$

由于环境污染需要优先考虑，这里可取 **weight** $=\begin{bmatrix} 20 \\ 0 \end{bmatrix}$。

（2）模型求解。

求解此问题的完整的 MATLAB 代码及结果如下：

```
% 以匿名函数形式编写目标函数
>> fun = @(x)[2 * x(1) + 5 * x(2); 4 * x(1) + x(2)];
>> goal = [20,12];                          % 目标值向量
>> weight = [20,0];                         % 权重向量
>> A = [-1, -1];                            % 线性不等式约束的系数矩阵
>> b = -7;                                  % 线性不等式约束的常数项
>> lb = [0,0];                              % 下界向量
>> ub = [5,6];                              % 上界向量
>> x0 = [2,3];                              % 初值向量
% 调用 fgoalattain 进行求解
>> [x,fval] = fgoalattain(fun,x0,goal,weight,A,b,[ ],[ ],lb,ub)
x =                                         % 最优解
    1.6667      5.3333

fval =                                      % 最优解对应的多目标函数值向量
    30.0000
    12.0000
```

由以上结果可知，A，B 产品的月产量分别为 1.6667 吨和 5.3333 吨，对应的设备投资和环境污染损失分别为 30 万元和 12 万元。

8.5　图与网络优化

8.5.1　图与网络的基本概念

1. 图的定义

由若干个不同的点（称之为**顶点**或**节点**）与其中某些顶点的连线（称之为**边**）构成的某种结构称为**图**，记为 $G=(V,E)$。其中，$V=\{v_1,v_2,\cdots,v_n\}$ 称为**顶点集**，其元素是图 G 的顶点；$E=\{e_1,e_2,\cdots,e_m\}$ 称为边集，其元素是图 G 的边。

2. 有向图与无向图

在图 G 中，由有序顶点 (v_i,v_j) 构成的有方向的边称为**有向边**（或**弧**），由无序顶点构成的无方向的边称为**无向边**。每一条边都是有向边的图称为**有向图**，如图 8.5-1 所示。每一条边都是无向边的图称为**无向图**，如图 8.5-2 所示。既有有向边又有无向边的图称为**混合图**，如图 8.5-3 所示。

3. 赋权图

若将图 G 的每一条边 e 都对应一个实数 $\omega(e)$，则称 $\omega(e)$ 为该边的**权**，并称图 G 为**赋权图**

或**网络**,如图 8.5-2 所示。

4. 其他常用术语

(1) **环**:两端点相同的边称为环,如图 8.5-3 中的边 e_7。

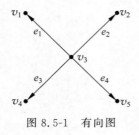

图 8.5-1　有向图

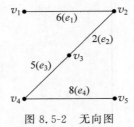

图 8.5-2　无向图

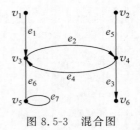

图 8.5-3　混合图

(2) **多重边**:若两个顶点之间有多于一条边相连,则称这些边为多重边,如图 8.5-3 中的边 e_2 和 e_4。

(3) **简单图**:既没有环也没有多重边的图称为简单图,如图 8.5-1 和图 8.5-2 所示。

(4) **图的阶**:图 G 的顶点数称为它的阶,记为 $|V|$。

(5) **顶点的度**:与顶点 v 关联的边数称为该顶点的度,记为 $d(v)$。在有向图中,以顶点 v 为起点的有向边数称为 v 的**出度**,记为 $d^+(v)$;以顶点 v 为终点的有向边数称为 v 的**入度**,记为 $d^-(v)$。

(6) **链**:图 G 中顶点与边交替出现的有限序列 $Q = v_1 e_1 v_2 e_2 v_3 \cdots v_{k-1} e_{k-1} v_k$ 称为连接 v_1 和 v_k 的一条链。例如,图 8.5-3 中的序列 $v_1 e_1 v_3 e_2 v_4 e_3 v_6$ 是连接 v_1 和 v_6 的一条链。

(7) **路**:无重复内部顶点的链称为**初级链**(或**路**)。例如,图 8.5-3 中的链 $v_1 e_1 v_3 e_2 v_4 e_3 v_6$ 是从 v_1 到 v_6 的一条路。

(8) **回路**:闭合的路称为回路。例如,图 8.5-3 中的路 $v_3 e_2 v_4 e_4 v_3$ 是一个回路。

(9) **圈**:闭合的链称为圈。例如,图 8.5-3 中的闭合链 $v_3 e_2 v_4 e_4 v_3$ 是一个圈。

(10) **连通图**:若图 G 中任意两个顶点之间至少有一条链,则称 G 为连通图。

(11) **子图**:由图 $G = (V, E)$ 中的若干顶点和边构成的图 $G_1 = (V_1, E_1)$ 称为 G 的子图,这里 $V_1 \subseteq V$,$E_1 \subseteq E$。特别地,若 $V_1 = V$,则称 G_1 为 G 的**生成子图**。

(12) **树与生成树**:无圈的连通图称为树。若 $G_1 = (V_1, E_1)$ 是连通图 $G = (V, E)$ 的生成子图,并且 G_1 是树,则称 G_1 为 G 的生成树,如图 8.5-4 和图 8.5-5 所示。

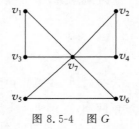

图 8.5-4　图 G

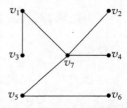

图 8.5-5　图 G 的生成树

8.5.2　图的矩阵表示

在对图与网络进行编程计算时,需要把图中的信息用矩阵来表示,通常用邻接矩阵表示顶点与顶点之间的邻接关系,用关联矩阵表示顶点与边之间的关联关系,用权矩阵表示各条边上的某种数量关系。

1. 邻接矩阵

对于 n 阶无向图 G,其邻接矩阵记为 $\boldsymbol{A} = (a_{ij})_{n \times n}$,其中:

$$a_{ij} = \begin{cases} 1, & \text{若 } v_i \text{ 与 } v_j \text{ 相邻} \\ 0, & \text{若 } v_i \text{ 与 } v_j \text{ 不相邻} \end{cases}$$

对于 n 阶有向图 $G = (V, E)$,其邻接矩阵记为 $\boldsymbol{A} = (a_{ij})_{n \times n}$,其中:

$$a_{ij} = \begin{cases} 1, & \text{若边}(v_i, v_j) \in E \\ 0, & \text{若边}(v_i, v_j) \notin E \end{cases}$$

例如,图 8.5-1 所示有向图及图 8.5-2 所示无向图的邻接矩阵分别为:

$$\boldsymbol{A}_1 = \begin{pmatrix} 0 & 0 & 0 & 0 & 0 \\ 0 & 0 & 0 & 0 & 0 \\ 1 & 1 & 0 & 1 & 1 \\ 0 & 0 & 0 & 0 & 0 \\ 0 & 0 & 0 & 0 & 0 \end{pmatrix}, \quad \boldsymbol{A}_2 = \begin{pmatrix} 0 & 1 & 0 & 0 & 0 \\ 1 & 0 & 1 & 0 & 0 \\ 0 & 1 & 0 & 1 & 0 \\ 0 & 0 & 1 & 0 & 1 \\ 0 & 0 & 0 & 1 & 0 \end{pmatrix}$$

2. 关联矩阵

一个有 k 条边的 n 阶无向图的关联矩阵记为 $\boldsymbol{M} = (m_{ij})_{n \times k}$,其中:

$$m_{ij} = \begin{cases} 1, & \text{若 } v_i \text{ 与 } e_j \text{ 相关联} \\ 0, & \text{若 } v_i \text{ 与 } e_j \text{ 不关联} \end{cases}$$

一个有 k 条边的 n 阶有向图的关联矩阵记为 $\boldsymbol{M} = (m_{ij})_{n \times k}$,其中:

$$m_{ij} = \begin{cases} 1, & \text{若 } v_i \text{ 是 } e_j \text{ 的起点} \\ -1, & \text{若 } v_i \text{ 是 } e_j \text{ 的终点} \\ 0, & \text{若 } v_i \text{ 与 } e_j \text{ 不关联} \end{cases}$$

例如,图 8.5-1 所示有向图及图 8.5-2 所示无向图的关联矩阵分别为:

$$\boldsymbol{M}_1 = \begin{pmatrix} -1 & 0 & 0 & 0 \\ 0 & -1 & 0 & 0 \\ 1 & 1 & 1 & 1 \\ 0 & 0 & -1 & 0 \\ 0 & 0 & 0 & -1 \end{pmatrix}, \quad \boldsymbol{M}_2 = \begin{pmatrix} 1 & 0 & 0 & 0 \\ 1 & 1 & 0 & 0 \\ 0 & 1 & 1 & 0 \\ 0 & 0 & 1 & 1 \\ 0 & 0 & 0 & 1 \end{pmatrix}$$

3. 权矩阵

对于 n 阶无向赋权图 $G = (V, E, \boldsymbol{W})$,其权矩阵记为 $\boldsymbol{W} = (\omega_{ij})_{n \times n}$,其中:

$$\omega_{ij} = \begin{cases} \omega(v_i, v_j), & \text{若 } v_i \text{ 与 } v_j \text{ 相邻} \\ \infty, & \text{若 } v_i \text{ 与 } v_j \text{ 不相邻} \\ 0, & \text{若 } i = j \end{cases}$$

对于 n 阶有向赋权图 $G = (V, E, \boldsymbol{W})$,其权矩阵记为 $\boldsymbol{W} = (\omega_{ij})_{n \times n}$,其中:

$$\omega_{ij} = \begin{cases} \omega(v_i, v_j), & \text{若边}(v_i, v_j) \in E \\ \infty, & \text{若边}(v_i, v_j) \notin E \\ 0, & \text{若} i = j \end{cases}$$

例如,图 8.5-2 所示无向赋权图的权矩阵为:

$$\boldsymbol{W} = \begin{pmatrix} 0 & 6 & \infty & \infty & \infty \\ 6 & 0 & 2 & \infty & \infty \\ \infty & 2 & 0 & 5 & \infty \\ \infty & \infty & 5 & 0 & 8 \\ \infty & \infty & \infty & 8 & 0 \end{pmatrix}$$

8.5.3 最小生成树

树是一类特殊的图,在实际生活中有着非常广泛的应用,例如用于输电网络或交通网络设计、分子结构建模等方面。

1. 最小生成树的概念

对于赋权图 G,称各边的权数之和最小的生成树为 G 的**最小生成树**,各边的权数之和最大的生成树为 G 的**最大生成树**。

求赋权图的最小生成树的算法有 Kruskal 算法和 Prim 算法。

2. Kruskal 算法

Kruskal(1956)提出了 Kruskal 算法,其基本思想是:最初把图的 n 个顶点看作 n 棵分离的部分树,每棵树只有一个顶点,通过迭代,每一次添加一条权值尽可能小的边,使得两个分离的部分树合成一棵树,重复此过程,直到 n 个顶点生成一棵树为止,便得到最小生成树。

设赋权图 G 的顶点集为 $\boldsymbol{V} = \{v_1, v_2, \cdots, v_n\}$,边集为 $E = \{e_1, e_2, \cdots, e_m\}$。Kruskal 算法的具体步骤如下。

(1) 把 G 的所有边按照权值从小到大排列,排序后的边集记为 E_1,令 $E_2 = \Phi$(空集);

(2) 若 E_2 中的边数 $|E_2| = n - 1$,则停止迭代,输出 E_2,否则转下一步;

(3) 从 E_1 中选取第一条边 (u, v),即权值最小的边,并从 E_1 中删除该边;

(4) 若 $E_2 \bigcup (u, v)$ 有圈,则转(3),否则转下一步;

(5) 令 $E_2 = E_2 \bigcup (u, v)$,转(2)。

3. Prim 算法

Prim(1957)提出了 Prim 算法,其基本思想:从赋权图 $G = (V, E)$ 的某一顶点 u_0 出发,选择与其关联的具有最小权值的边 (u_0, v),将其顶点加入生成树的顶点集合 U 中。以后每一步从一个顶点在 U 中而另一个顶点不在 U 中的各条边中选择权值最小的边 (u, v),把它的顶点加入集合 U 中,重复此过程,直到图 G 的所有顶点都加入集合 U 中为止,便得到最小生成树。

4. minspantree 函数的用法

minspantree 函数用来求赋权图的最小生成树,其常用调用格式如下:

```
>> [T, pred] = minspantree(G, Name, Value)
```

其中,输入参数 G 是赋权图对象,Name 和 Value 是成对出现的控制参数与参数值。输出参数 T 是所求最小生成树,pred 是节点索引向量。

【例 8.5-1】 现计划在 A,B,C,D,E 五个城市之间架设电话线,已知各城市间架设电话线的费用(万元)如表 8.5-1 所示,表中"—"表示无电话线。求解最优架设方案,使得总费用最小。

表 8.5-1　五个城市间架设电话线的费用表

城　　市	A	B	C	D	E
A	0	2	3	5	4
B	2	0	1	—	4
C	3	1	0	4	—
D	5	—	4	0	2
E	4	4	—	2	0

求解本例的 MATLAB 代码如下:

```
% 定义带权邻接矩阵
>> W = [0  2  3  5  4
        2  0  1  0  4
        3  1  0  4  0
        5  0  4  0  2
        4  4  0  2  0];
>> G = graph(W,{'A','B','C','D','E'});        % 创建无向赋权图 G
>> x = [0  -1  -1   1  1];                     % 自定义节点 x 坐标(不是必须定义)
>> y = [0   1  -1  -1  1];                     % 自定义节点 y 坐标(不是必须定义)
% 绘制图 G 对应的图形
>> figure;                                     % 新建图窗
>> p = plot(G, 'XData', x, 'YData', y,...
      'EdgeLabel', G.Edges.Weight,...          % 标注各条边上的权值
      'EdgeColor', 'k');                       % 设置边的颜色为黑色
>> T = minspantree(G);                         % 求最小生成树
>> highlight(p, T, 'NodeColor', 'r',...        % 设置最小生成树节点颜色为红色
      'EdgeColor', 'b',...                     % 设置最小生成树边的颜色为蓝色
      'LineStyle', '--',...                    % 设置最小生成树边的线型为虚线
      'LineWidth', 2)                          % 设置最小生成树边的线宽为 2
>> axis off                                    % 不显示坐标轴
```

运行上述代码,求解结果如图 8.5-6 所示,图中虚线即为所求最小生成树,最小费用为 9 万元。

【说明】 在 MATLAB 中定义权矩阵或带权的邻接矩阵时,不相邻顶点间对应的权值应设置为 0。

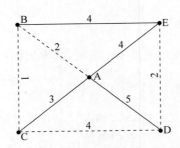

图 8.5-6　最小生成树问题求解结果示意图

8.5.4　最短路

最短路问题是图论理论的一个经典问题。寻找最短路径就是在指定网络中两节点间找一条距离最小的路。最短路不仅仅指一般地理意义上的距离最短，还可以引申到其他的度量，如时间、费用、线路容量等。生活中的很多实际问题均可化为最短路问题，例如管路铺设、旅行路线的选择、厂区布局和设备更新等。

1. 最短路的概念

在赋权图 G 中，从顶点 u 到顶点 v 的具有最小权值的路称为 u 到 v 的**最短路**。

求赋权图的最短路的算法有 Dijkstra 算法和 Floyd 算法。

2. Dijkstra 算法

设 $G=(V,E,W)$ 为 n 阶赋权图，$W=(\omega_{ij})_{n\times n}$ 为权矩阵。当 G 中的各边权值 ω_{ij} 均非负时，可用 Dijkstra 算法（Dijkstra 于 1959 年提出）求从顶点 u_0（始点）到顶点 v_0（终点）的最短路。这里用 $l(v)$ 表示从 u_0 到任一顶点 v 的最短距离，用 S 表示迭代过程中由选取到的顶点构成的集合，$\bar{S}=V-S$ 表示由其余顶点构成的集合。Dijkstra 算法的具体步骤如下。

(1) 令 $l(u_0)=0, l(v)=\infty, v\neq u_0, S=\{u_0\}$；

(2) 若 $S=V$，则停止迭代，否则转下一步；

(3) 设 u 是刚添加到 S 中的顶点，对任意的顶点 $v\in\{v|(u,v)\in E, v\in\bar{S}\}$，若 $l(u)+\omega(u,v)<l(v)$，令 $l(v)=l(u)+\omega(u,v)$，然后转下一步，否则直接转下一步；

(4) 计算 $\min\limits_{v\in\bar{S}}\{l(v)\}$，把达到这个最小值的顶点记为 u，令 $S=S\cup\{u\}$，转(2)。

当迭代结束时，最终得到的 $l(v)$ 即是从 u_0 到任一顶点 v 的最短距离，通过反向追踪 $l(v)$ 对应的路径，就可得到从 u_0 到任一顶点 v 的最短路。

3. Floyd 算法

设 $G=(V,E,W)$ 为 n 阶赋权图，$W=(\omega_{ij})_{n\times n}$ 为权矩阵，当 G 中的各边权值 ω_{ij} 出现负值时，可用 Floyd 算法（Floyd 于 1962 年提出）求任意两个顶点间的最短路。具体步骤如下。

(1) 令 $l=0$，构造矩阵 $\boldsymbol{D}^{(l)}=(d_{ij}^{(l)})=\boldsymbol{W}$；

(2) 计算 $\boldsymbol{D}^{(l+1)}=(d_{ij}^{(l+1)})$，其中，$d_{ij}^{(l+1)}=\min\limits_{k}\{d_{ij}^{(l)}, d_{ik}^{(l)}+d_{kj}^{(l)}\}$，$i,j=1,2,\cdots,n$；

（3）若 $d_{ij}^{(l+1)}=d_{ij}^{(l)}$，$i,j=1,2,\cdots,n$，则停止迭代，输出$\boldsymbol{D}^{(l+1)}$，否则令 $l=l+1$，然后转（2）。

当迭代结束时，最终得到的 $\boldsymbol{D}$ 即是任意两个顶点间的最短距离构成的矩阵，通过反向追踪 d_{ij} 对应的路径，就可得到从顶点 v_i 到 v_j 的最短路。

4. shortestpath 函数的用法

shortestpath 函数用来求赋权图中任意两顶点间的最短路，其常用调用格式如下：

```
>> [P,d,edgepath] = shortestpath(G,s,t,'Method',algorithm)
```

其中，输入参数 G 是赋权图对象，s 为源节点（始点），t 为目标节点（终点），algorithm 用来设置求解算法。输出参数 P 是所求最短路对应的节点向量，d 是最短路对应的最短距离，edgepath 是最短路中各边对应的索引向量。

【例 8.5-2】 求如图 8.5-7 所示赋权图中从顶点 v1 到 v8 的最短路和最短距离。

求解本例的 MATLAB 代码及结果如下：

```
>> s = [1,1,1,2,2,3,3,3,3,4,5,5,6,6,7];        % 各条边的起点向量
>> t = [2,3,4,3,5,4,5,6,7,7,6,8,7,8,8];        % 各条边的终点向量
>> w = [2,8,1,6,1,7,5,1,2,9,3,8,4,6,3];        % 各条边的权值向量
>> x = [0,1,1,1,3,3,3,4];                       % 自定义节点 x 坐标
>> y = [1,2,1,0,2,1,0,1];                       % 自定义节点 y 坐标
>> nodename = {'v1','v2','v3','v4','v5','v6','v7','v8'};  % 节点名称
>> G = graph(s,t,w,nodename);                   % 创建无向赋权图 G
>> figure;                                      % 新建图窗
>> p = plot(G,'XData',x,'YData',y,...           % 绘制图 G 对应的图形
       'EdgeLabel',G.Edges.Weight);
>> axis off                                     % 不显示坐标轴
% 计算从第一个顶点到第八个顶点的最短路和最短距离
>> [path1,d] = shortestpath(G,1,8)
path1 =                                         % 最短路对应的节点向量
     1    2    5    8
d =                                             % 最短距离
    11

>> highlight(p,path1,'NodeColor','r',...        % 设置最小生成树节点颜色为红色
       'EdgeColor','b',...                      % 设置最小生成树边的颜色为蓝色
       'LineStyle','--',...                     % 设置最小生成树边的线型为虚线
       'LineWidth',2)                           % 设置最小生成树边的线宽为 2

% 计算从第一个顶点到其他各顶点的最短路和最短距离
>> [TR,D] = shortestpathtree(G,1)
TR =
    Edges: [7×2 table]
    Nodes: [8×1 table]
D =
     0    2    7    1    3    6    9    11
```

运行上述代码，求解结果如图 8.5-8 所示，图中虚线即为所求最短路，即 v1→v2→v5→v8，最短距离为 11。上述代码中还调用 shortestpathtree 函数计算了从第一个顶点到其他各顶点的最短路和最短距离，D 向量的各个元素分别是从第一个顶点到相应顶点的最短距离。

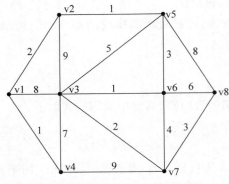

图 8.5-7 例 8.5-2 对应的赋权图

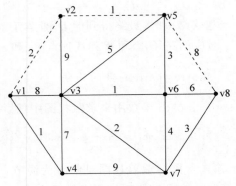

图 8.5-8 例 8.5-2 最短路示意图

【例 8.5-3】 选址问题 1。某城市要建造一个消防站,为该市所属的七个区(v1~v7)服务,七个区的相对位置及距离如图 8.5-9 所示。问:消防站应建在哪个区,才能使它到最远区的路径最短?

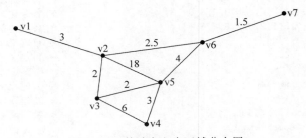

图 8.5-9 某城市七个区域分布图

分析:根据问题要求,需要先求出每个候选区 v_i 的最远服务距离,即 v_i 到其余各顶点的最短距离中的最大值。在七个区中,最远服务距离最小的区即为消防站的选址。

求解本问题的 MATLAB 代码及结果如下:

```matlab
% 定义带权邻接矩阵
>> W = [0 3 0 0 0 0 0
        3 0 2 0 18 2.5 0
        0 2 0 6 2 0 0
        0 0 6 0 3 0 0
        0 18 2 3 0 4 0
        0 2.5 0 0 4 0 1.5
        0 0 0 0 0 1.5 0];
>> nodename = {'v1', 'v2', 'v3', 'v4', 'v5', 'v6', 'v7'};    % 节点名称
>> G = graph(W, nodename);                                    % 创建无向赋权图 G
>> figure;                                                    % 新建图窗
% 绘制图 G 对应的图形(如图 8.5-9 所示)
>> plot(G, 'EdgeLabel', G.Edges.Weight,...
        'EdgeColor', 'k',...
        'LineWidth', 2,...
        'MarkerSize', 8,...
        'NodeFontSize', 12,...
        'EdgeFontSize', 12)
% 通过循环计算每个区的最远服务距离
```

```
>> D = zeros(1,7);
>> for i = 1:7
      [~,Di] = shortestpathtree(G,i);          % 计算 vi 到其余各顶点的最短距离
      D(i) = max(Di);
   end

>> D                                           % 查看每个区的最远服务距离
D =
    10.0000    7.0000    6.0000   10.0000    7.0000    7.0000    8.5000
```

运行上述代码得到的向量 D 包含 7 个元素，分别是七个区的最远服务距离，由于 D 的第三个元素最小，故应将消防站建在第三个区，即 v3 处。

【例 8.5-4】 选址问题 2。某矿区有七个采矿点，如图 8.5-10 所示。已知各采矿点每天的产矿量（图中各顶点后面括号中的数字，单位：吨）和每条路径上的运输费率（图中每条边上标注的数字，单位：元/吨）。现要从这七个采矿点中选择一个来建造选矿厂，问：选矿厂应建在哪一个采矿点，才能使各采矿点将所产的矿运到选矿厂的总运费最小？

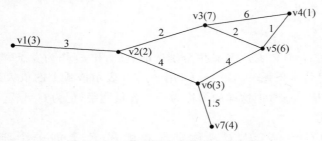

图 8.5-10 某矿区七个采矿点分布图

分析：用每条路径上的运输费率作为距离，假设选矿厂建在 vi 点，则其余各顶点的产矿量与其到 vi 的最短距离的乘积之和（即总运费）应该是所有顶点中最小的。

求解本问题的 MATLAB 代码及结果如下：

```
>> s = [1,2,2,3,3,4,5,6];                % 各条边的起点向量
>> t = [2,3,6,4,5,5,6,7];                % 各条边的终点向量
>> w = [3,2,4,6,2,1,4,1.5];              % 各条边的权值向量（即运输费率）
>> a = [3,2,7,1,6,3,4];                  % 各采矿点产矿量
% 节点名称
>> nodename = {'v1(3)','v2(2)','v3(7)','v4(1)','v5(6)','v6(3)','v7(4)'};
>> G = graph(s,t,w,nodename);            % 创建无向赋权图 G
>> figure;                               % 新建图窗
% 绘制图 G 对应的图形（如图 8.5-10 所示）
>> plot(G,'EdgeLabel',G.Edges.Weight,...
        'EdgeColor','k',...
        'LineWidth',2,...
        'MarkerSize',8,...
        'NodeFontSize',12,...
        'EdgeFontSize',12)
% 通过循环计算每个采矿点作为候选点对应的总运费
>> D = zeros(1,7);
>> for i = 1:7
      [~,Di] = shortestpathtree(G,'all',i);    % 计算其余各顶点到 vi 的最短距离
```

```
    D(i) = sum(a.*Di);              % 计算总运费
end

>> D                                % 查看每个采矿点作为候选点对应的总运费
D =
    146    86    82    102    78    106    133
```

运行上述代码得到的向量 D 包含 7 个元素,分别是七个采矿点作为候选点对应的总运费,由于 D 的第五个元素最小,故应将选矿厂建在第五个采矿点,即 v5 处。

8.5.5　最大流

最大流问题,是网络流理论研究的一个基本问题,求网络中一个可行流,使其流量达到最大,这种流称为最大流,这个问题称为网络最大流问题。最大流问题是一类应用极为广泛的问题,例如在交通网络中有人流、车流、货物流,供水网络中有水流,金融系统中现金流,等等。

1. 最大流的相关概念

(1) 容量网络。

给定一个有向图 $G = (V, E)$,在 V 中分别选取点 v_s 和 v_t 作为发点(源)和收点(汇),其余的点称为中间点。对每一条弧 $(v_i, v_j) \in E$,用 $c_{ij} \geqslant 0$ 表示该弧上的最大通过能力,即流量的上限,称为该弧的容量。通常把这样的图称为一个容量网络,记为 $G = (V, E, C)$。

(2) 流与可行流。

对于容量网络 $G = (V, E, C)$,称定义在弧集 E 上的一个非负实值函数 $f = \{f(v_i, v_j) | (v_i, v_j) \in E\}$ 为网络 G 上的一个流,其中,$f_{ij} = f(v_i, v_j)$ 是弧 (v_i, v_j) 上的流量。满足以下条件的流称为 G 的可行流。

① 容量限制。对每一条弧 $(v_i, v_j) \in E$,有 $0 \leqslant f_{ij} \leqslant c_{ij}$。

② 中间点平衡条件。对每一个中间点 $v_i \in V$,流入量等于流出量,即 $\displaystyle\sum_{(v_k, v_i) \in E} f_{ki} = \displaystyle\sum_{(v_i, v_j) \in E} f_{ij}$。

③ 发点和收点平衡条件。发点的净流出量等于收点的净流入量,即:

$$\sum_{(v_s, v_j) \in E} f_{sj} - \sum_{(v_j, v_s) \in E} f_{js} = \sum_{(v_j, v_t) \in E} f_{jt} - \sum_{(v_t, v_j) \in E} f_{tj} = V(f)$$

这里 $V(f)$ 称为从发点 v_s 到收点 v_t 的总流量,最大流问题就是求一个可行流,使 $V(f)$ 达到最大。

2. maxflow 函数的用法

maxflow 函数用来求容量网络的最大流问题,其常用调用格式如下:

```
>> [mf,GF,cs,ct] = maxflow(G,s,t,algorithm)
```

其中,输入参数 G 是赋权图对象,s 为发点(始点),t 为收点(终点),algorithm 用来设置求解算法。输出参数 mf 是所求最大流量;GF 是流对应的有向图,它包含的节点与 G 相同,但仅包含 G 的具有非零流的边;cs 是 G 的最小割的源节点索引或名称;ct 是 G 的最小割的目标节点索引或名称。

【例 8.5-5】 某石油公司拥有一个输油管道网络，使用这个网络可以把石油从开采地运送到一些销售地，这个网络的一部分如图 8.5-11 所示。由于管道直径的变化，它的各段管道(v_i,v_j)的最大流量c_{ij}（万加仑/小时）也是不一样的。如果使用这个网络系统从开采地v_1向销售地v_7运送石油，问每小时最多能运送多少加仑石油？

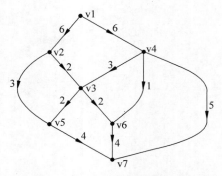

图 8.5-11　某石油公司的输油管道系统

分析：可将此问题看作网络最大流问题，也可根据问题描述建立线性规划模型。设弧(v_i,v_j)上的实际流量为f_{ij}，网络上的总流量为F，则求解最大流量的线性规划模型如式(8.5-1)所示。

$$\max F = f_{12} + f_{14}$$

$$\text{s. t.}\begin{cases} f_{12} = f_{23} + f_{25} \\ f_{14} = f_{43} + f_{46} + f_{47} \\ f_{23} + f_{43} = f_{35} + f_{36} \\ f_{25} + f_{35} = f_{57} \\ f_{36} + f_{46} = f_{67} \\ f_{57} + f_{67} + f_{47} = f_{12} + f_{14} \\ 0 \leqslant f_{ij} \leqslant c_{ij}, \quad i,j = 1,2,\cdots,7 \end{cases} \quad (8.5\text{-}1)$$

下面调用 maxflow 函数求解此问题，相应的代码及结果如下：

```
>> s = [1,1,2,2,3,3,4,4,4,5,6];           % 各条边的起点向量
>> t = [2,4,3,5,5,6,3,6,7,7,7];           % 各条边的终点向量
>> w = [6,6,2,3,2,2,3,1,5,4,4];           % 各条边的权值向量(即容量)
>> nodename = {'v1','v2','v3','v4','v5','v6','v7'};  % 节点名称
>> G = digraph(s,t,w,nodename);           % 创建有向赋权图 G
>> figure;                                % 新建图窗
% 绘制图 G 对应的图形(如图 8.5-11 所示)
>> H = plot(G,'EdgeLabel',G.Edges.Weight,...
        'EdgeColor','k',...
        'LineWidth',2,...
        'MarkerSize',8,...
        'NodeFontSize',12,...
        'EdgeFontSize',12)
% 求网络的最大流量 mf 及其所对应的有向图 GF
>> [mf,GF] = maxflow(G,1,7)
mf =
    11
GF =
  digraph - 属性:
    Edges: [10×2 table]
    Nodes: [7×0 table]

>> GF.Edges                               % 查看最大流量对应的弧的信息
ans =
```

```
       10 × 2 table
       EndNodes      Weight
       _____      _____

        1    2         5
        1    4         6
        2    3         2
        2    5         3
        3    5         1
        3    6         1
        4    6         1
        4    7         5
        5    7         4
        6    7         2

>> H.EdgeLabel = {};                          % 重设各条弧的标签为空
>> highlight(H,GF,'EdgeColor','b',...         % 设置最大流量对应的弧的颜色为蓝色
     'LineStyle','-- ',...                    % 设置最大流量对应的弧的线型为虚线
     'LineWidth',2);                          % 设置最大流量对应的弧的线宽为2
>> st = GF.Edges.EndNodes;                    % 返回最大流量对应的弧的顶点序号
>> labeledge(H,st(:,1),st(:,2),GF.Edges.Weight);  % 重设各条弧的标签为实际流量
```

运行上述代码得到的最大流量为 mf = 11,可知每小时最多能运送 11 万加仑石油。网络中各条弧的实际流量如图 8.5-12 所示,分别为 $f_{12}=5$, $f_{14}=6$, $f_{23}=2$, $f_{25}=3$, $f_{35}=1$, $f_{36}=1$, $f_{43}=0$, $f_{46}=1$, $f_{47}=5$, $f_{57}=4$, $f_{67}=2$。

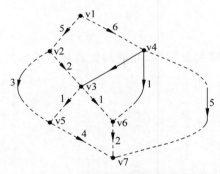

图 8.5-12　最大流问题求解结果示意图

8.6　常用智能优化算法

8.6.1　遗传算法

1. 遗传算法的基本原理

遗传算法(Genetic Algorithm,GA)是由美国 Michigan 大学的 J. Holland 教授在 1975 年首先提出的,它是一类借鉴生物界的遗传进化规律(适者生存,优胜劣汰遗传机制)演化而来的随机化搜索算法。与传统搜索算法不同,遗传算法从一组随机产生的称为"种群(Population)"的初始解开始搜索过程。种群中的每个个体是问题的一个解,称为"染色体

(chromosome)"。染色体是一串符号,比如一个二进制字符串。这些染色体在后续迭代中不断进化,称为遗传。在每一代中用"适应度(fitness)"来测量染色体的好坏,生成的下一代染色体称为后代(offspring)。后代是由前一代染色体通过交叉(crossover)或者变异(mutation)运算形成的。

在新一代形成过程中,根据适应度的大小选择部分后代,淘汰部分后代,从而保持种群大小是常数。适应度高的染色体被选中的概率较高,这样经过若干代之后,算法收敛于最好的染色体,它很可能就是问题的最优解或次优解。

2. 遗传算法的流程图

遗传算法的流程图如图 8.6-1 所示。

3. 遗传算法的相关术语

(1) 染色体(基因链码)。

生物的性状是由生物的遗传基因的链码所决定的。使用遗传算法时,需要把问题的每一个解编码(如二进制编码)成为一个基因链码。例如:假设 26 是问题的一个解,可用 26 的二进制形式 11010 表示这个解对应的基因链码,链码中的每一位代表一个基因。一个基因链码就是一个个体。

(2) 适应度。

个体对环境的适应程度叫作适应度。为了体现染色体的适应能力,引入了对问题中的每一个染色体都能进行度量的函数,叫适应度函数。这个函数可用来计算个体在群体中被选择的概率。

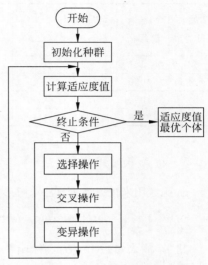

图 8.6-1　遗传算法的流程图

4. 遗传算法的三种操作

(1) 选择操作。

选择的目的是从当前群体中选出优良的个体,使它们有机会作为父代从而产生新的更优良的个体。判断个体优良与否的准则就是各自的适应度值,个体适应度越高,其被选择的机会就越大。通常采用和适应度值成比例的概率方法进行选择,把每个个体的适应度值 f_i 在适应度值之和中所占的比例 $\dfrac{f_i}{\sum\limits_i f_i}$ 作为相应的选择概率。

(2) 交叉操作。

许多生物体的繁衍是通过染色体的交叉完成的。遗传算法中把交叉作为一个操作算子,选择群体中的两个个体,随机地选取一个截断点,把两个基因链码断开处的后半部分相互交换,从而产生两个新的个体。例如:

$$
\begin{array}{lll}
 & \text{双亲} & \text{后代} \\
x_1 = 26: & 110\mid 10 & 11011 \quad x_1' = 27 \\
x_2 = 19: & 100\mid 11 & 10010 \quad x_2' = 18
\end{array}
$$

（3）变异操作。

在生物体的繁衍过程中变异是一个重要步骤。与生物体基因的变异类似，在遗传算法中，随机选取基因链码中的某一位并改变它的值，就可产生新的个体。例如：

$$26:11010 \rightarrow 11110 = 30$$

【例 8.6-1】 利用遗传算法求函数 $f(x) = x^2$ 在区间 $[0, 31]$ 上最大值的计算流程，如表 8.6-1 所示。

表 8.6-1　用遗传算法求函数最大值的计算流程

初始种群 x_i	初始种群编码	适应度 $f_i = x_i^2$	选择概率 $f_i / \sum_i f_i$	随机选择个体数目	随机选择交叉位置	重新配对交叉操作	新一代群体	x_i 值	适应度 $f_i = x_i^2$	…
13	01101	169	0.14	1	4	0110|1	01100	12	144	…
24	11000	576	0.49	2	4，2	1100|0	11001	25	625	…
8	01000	64	0.06	0	—	11|000	11011	27	729	…
19	10011	361	0.31	1	2	10|011	10000	16	256	…

5. ga 函数的用法

ga 函数用来根据遗传算法求解形如式（8.3-3）的非线性优化问题，其常用的调用格式如下：

```
>> [x, fval] = ga(fun, nvars, A, b, Aeq, beq, lb, ub, nonlcon, options)
```

其中，输入参数 fun 为目标函数句柄，nvars 为决策变量的个数，A，b，Aeq，beq，lb，ub 的说明与上文相同，nonlcon 是非线性约束函数的句柄，options 是用来设置优化选项的参数。输出参数 x 为最优解，fval 为目标函数的最优值。

【例 8.6-2】 利用遗传算法求解一元函数 $f(x) = e^{-0.1x} \sin^2 x - 0.5(x+0.1)\sin x$ 在区间 $[-10, 10]$ 上的最小值点与最小值。

```
>> fun = @(x)exp( - 0.1 * x). * sin(x).^2 - 0.5 * (x + 0.1). * sin(x);%  定义匿名函数
>> lb = - 10;                                              %  决策变量下界
>> ub = 10;                                                %  决策变量上界
>> [x1,fval1] = ga(fun,1,[ ],[ ],[ ],[ ],lb,ub)            %  调用 ga 函数进行求解
x1 =                                                       %  最优解
    8.0236
fval1 =                                                    %  最优值
   - 3.5680

>> [x2,fval2] = fminbnd(fun,lb,ub)                         %  调用 fminbnd 函数进行求解
x2 =                                                       %  最优解
    2.5148
fval2 =                                                    %  最优值
   - 0.4993

>> x0 = 0;                                                 %  决策变量初值
>> [x3,fval3] = fmincon(fun,x0,[ ],[ ],[ ],[ ],lb,ub)      %  调用 fmincon 函数进行求解
x3 =                                                       %  最优解
    0.0508
fval3 =                                                    %  最优值
   - 0.0013
```

上述代码中分别调用 ga 函数、fminbnd 函数和 fmincon 函数对问题进行求解,基于遗传算法的 ga 函数求出了问题的全局最优解,而基于传统优化算法的 fminbnd 和 fmincon 函数只求出了问题的局部最优解。

8.6.2　模拟退火算法

早在 1953 年,美国物理学家 Metropolis 等在用 Monte Carlo 方法迭代求解统计力学方程时,就提出了一种随机寻优算法,由于其计算步骤类似于固体物质的退火过程,故被称为模拟退火算法(Simulated Annealing,SA)。1983 年,Kirkpatrick 等注意到固体物质的退火过程与一般组合优化问题的相似性,将这种随机寻优算法成功应用于一般组合优化问题的求解,使之成为一种通用的全局优化算法。

1. 物理退火过程

将固体物质加热至熔点,然后以某种退温方式进行冷却,使得物体分子在每一温度时,能够有足够时间找到安顿位置,随着温度的降低,最终可达到最低能态(结晶状态),此时系统最安稳。这一过程称为退火(annealing)。物理退火过程包含以下三个阶段。

(1)加温过程。其目的是增强粒子的热运动,使其偏离原来的平衡位置。当温度足够高时,固体将熔化为液体,从而消除系统原先可能存在的非均匀态,也使系统的能量增大。

(2)等温过程。在绝热环境下,使系统状态自由变化,当自由能达到最小时,系统达到平衡态。

(3)冷却过程。降低温度,使粒子的热运动减弱并趋于有序,系统能量逐渐下降,得到晶体结构。

2. Metropolis 准则

固体在给定温度下达到热平衡的过程(等温过程)可以用 Monte Carlo 方法进行模拟,为简化模拟过程,Metropolis 等(1953)提出了 Metropolis 准则,即每次迭代以一定的概率接受新状态。对于给定的温度 T,物质从状态 i 转移到状态 j 的状态转移概率依式(8.6-1)进行计算。

$$p_{ij} = \begin{cases} 1, & E_j < E_i \\ e^{-\frac{E_j - E_i}{bT}}, & E_j \geqslant E_i \end{cases} \tag{8.6-1}$$

其中,E_i、E_j 分别为状态 i 和 j 的能量,b 为 Boltzmann 常数。Metropolis 准则表明,若 $E_j < E_i$,则接受状态 j 作为新的当前状态,否则,以概率 $e^{-\frac{E_j - E_i}{bT}}$ 接受状态 j。

如图 8.6-2 所示,从 A 点出发求解函数 $y = f(x)$ 的最小值点,如果采用梯度下降法,当迭代到达点 B 时,求解过程就结束了,因为无论朝哪个方向努力,结果只会越来越大,最终只能求得局部最优解。如果在迭代过程中引入随机因素,每次迭代以一定的状态转移概率来接受一个比当前解要差的解,则有可能会跳出这个局部的最优解,达到全局的最优解(C 点)。

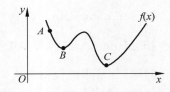

图 8.6-2　Metropolis 准则示意图

3. 模拟退火算法的步骤与流程图

利用模拟退火算法求解优化问题 $\min f(x)$ 的步骤如下。

(1) 随机给定初始状态 x,设定合理的退火策略(即初始化参数值,包括初始温度 T、每个温度下的迭代次数、降温规律等)。

(2) 令 $x'=x+\Delta x$(Δx 为随机扰动),计算 $\Delta f=f(x')-f(x)$。

(3) 若 $\Delta f<0$,则接受 x' 为新的状态,否则,以概率 $p=\mathrm{e}^{-\frac{\Delta f}{bT}}$ 接受 x'。具体做法是产生 $0\sim1$ 的随机数 a,若 $p>a$,则接受 x' 为新的状态,否则,仍停留在状态 x。

(4) 重复(2)、(3)步直至达到设定的迭代次数或者系统达到平衡状态。

(5) 按照(1)步给定的退火降温规律,降低温度,重置迭代次数,再重复执行(2)~(4)步,直至 $T=0$ 或某一预定的终止低温 T_f。

以上步骤对应的算法流程图如图 8.6-3 所示。

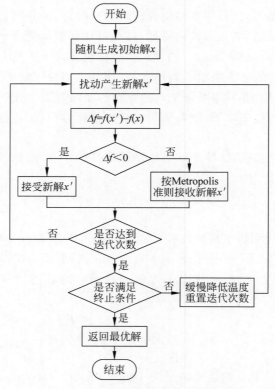

图 8.6-3 模拟退火算法的流程图

4. simulannealbnd 函数的用法

simulannealbnd 函数用来根据模拟退火算法求解形如 $\min_{x} f(\boldsymbol{x})\,\mathrm{s.\,t.}\ \mathbf{lb}\leqslant \boldsymbol{x}\leqslant\mathbf{ub}$ 的非线性优化问题,其常用的调用格式如下:

```
>> [x,fval] = simulannealbnd(fun,x0,lb,ub,options)
```

其中,输入参数 fun 为目标函数句柄,x0 是决策变量 x 的初值向量,lb 是决策变量 x 的下界值向量,ub 为决策变量 x 的上界值向量,options 是用来设置优化选项的参数。输出参数 x 为最优解,fval 为目标函数的最优值。

【例 8.6-3】 利用模拟退火算法求解一元函数 $f(x) = e^{-0.1x} \sin^2 x - 0.5(x+0.1)\sin x$ 在区间 $[-10,10]$ 上的最小值点与最小值。

```
>> fun = @(x)exp(-0.1*x).*sin(x).^2-0.5*(x+0.1).*sin(x);   % 定义匿名函数
>> x0 = 0;                                     % 决策变量初值
>> lb = -10;                                   % 决策变量下界
>> ub = 10;                                    % 决策变量上界
>> [x,fval] = simulannealbnd(fun,x0,lb,ub)     % 调用 simulannealbnd 函数进行求解
x =
    8.0234
fval =
   -3.5680
```

由以上结果可知基于模拟退火算法的 simulannealbnd 函数求出了问题的全局最优解。

8.6.3 粒子群算法

粒子群算法,也称粒子群优化算法或鸟群觅食算法(Particle Swarm Optimization,PSO),是由 Kennedy 和 Eberhart 于 1995 年提出的,最初用来模拟鸟群捕食的过程。假设有一群鸟在捕食,其中的一只发现了食物,则其他一些鸟会跟随这只鸟飞向食物处,而另外一些鸟会去寻找更好的食物源。在捕食的整个过程中,鸟会综合利用自身的经验和群体的信息来寻找食物,粒子群算法从鸟群的这种行为得到启示,并将其用于优化问题的求解。也就是说把在某个区域内寻找某个函数的最优值问题看作鸟群觅食行为,将区域中的每个点看作一只鸟,称为粒子(particle),每个粒子都有自己的位置和速度,还有一个由目标函数决定的适应度值,在迭代求解过程中,每个粒子会根据自身的历史最优位置和群体的历史最优位置调整自己的当前位置。

1. 粒子群算法的数学原理

假设搜索空间是 D 维的,群体中共有 N 个粒子,第 i 个粒子的位置可表示为一个 D 维向量:

$$\boldsymbol{X}_i = (x_{i1}, x_{i2}, \cdots, x_{iD}), \quad i = 1, 2, \cdots, N \tag{8.6-2}$$

第 i 个粒子的"飞行"速度也是一个 D 维向量,记为:

$$\boldsymbol{V}_i = (v_{i1}, v_{i2}, \cdots, v_{iD}), \quad i = 1, 2, \cdots, N \tag{8.6-3}$$

第 i 个粒子迄今为止搜索到的历史最优位置称为个体极值(personal best),记为:

$$\boldsymbol{P}_{\text{best}} = (p_{i1}, p_{i2}, \cdots, p_{iD}), \quad i = 1, 2, \cdots, N \tag{8.6-4}$$

整个粒子群迄今为止搜索到的最优位置称为全局极值(global best),记为:

$$\boldsymbol{P}_g = (p_{g1}, p_{g2}, \cdots, p_{gD}) \tag{8.6-5}$$

粒子群算法初始化为一群随机粒子(随机解),然后通过迭代搜索最优解,在每一次迭代中,粒子通过跟踪两个极值($\boldsymbol{P}_{\text{best}}$ 和 $\boldsymbol{P}_g$)来更新自己的位置和速度,具体迭代公式如下:

$$v_{id}(k+1) = \omega v_{id}(k) + c_1 r_1 [p_{id}(k) - x_{id}(k)] + c_2 r_2 [p_{gd}(k) - x_{id}(k)] \tag{8.6-6}$$

$$x_{id}(k+1) = x_{id}(k) + v_{id}(k+1) \tag{8.6-7}$$

其中,ω 为惯性因子,c_1 为自我认知因子,c_2 为社会认知因子,r_1,r_2 是$[0,1]$上的均匀分布随机数,$k=1,2,\cdots,M$ 为迭代序号,M 为预先设定的最大迭代次数,$i=1,2,\cdots,N$ 为粒子序号,$d=1,2,\cdots,D$ 为维度序号。

式(8.6-6)的右端项由三部分构成,下面从社会学的角度分别对三部分作出解释。

第一部分称为惯性项(也称记忆项),反映了粒子的运动习惯,代表粒子有维持自己先前速度的趋势。

第二部分称为自身认知项,反映了粒子对自身历史经验的记忆,代表粒子有向自身历史最优位置逼近的趋势。

第三部分称为社会认知项,反映了粒子间协同合作与知识共享的群体历史经验,代表粒子有向群体或邻域历史最优位置逼近的趋势。

2. 粒子群算法的流程

综上所述,可得基本粒子群算法的流程如下。

(1) 设定参数,初始化粒子群(随机指定粒子位置和速度)。

(2) 计算每个粒子的适应度。

(3) 对每个粒子,将其当前适应度值与其历史最优位置P_{best} 的适应度值作比较,如果当前值更优,则用当前位置更新P_{best}。

(4) 对每个粒子,将其当前适应度值与群体历史最优位置P_{g} 的适应度值作比较,如果当前值更优,则用当前位置更新P_{g}。

(5) 根据式(8.6-6)更新粒子的速度,根据式(8.6-7)更新粒子的位置。

(6) 若未满足迭代终止条件则转第(2)步,否则停止迭代,得到最优解。

3. particleswarm 函数的用法

particleswarm 函数用来根据粒子群算法求解形如$\min_{x} f(x)$ s. t. $\mathbf{lb} \leqslant \mathbf{x} \leqslant \mathbf{ub}$ 的非线性优化问题,其常用的调用格式如下:

```
>> [x,fval] = particleswarm (fun,nvars,lb,ub,options)
```

其中,输入参数 fun 为目标函数句柄,nvars 为决策变量的个数,lb 是决策变量 x 的下界值向量,ub 为决策变量 x 的上界值向量,options 是用来设置优化选项的参数。输出参数 x 为最优解,fval 为目标函数的最优值。

【例 8.6-4】 利用粒子群算法求解一元函数 $f(x) = \mathrm{e}^{-0.1x} \sin^2 x - 0.5(x+0.1)\sin x$ 在区间$[-10,10]$上的最小值点与最小值。

```
>> fun = @(x)exp(-0.1*x).*sin(x).^2-0.5*(x+0.1).*sin(x);   % 定义匿名函数
>> nvars = 1;                                              % 决策变量个数
>> lb = -10;                                               % 决策变量下界
>> ub = 10;                                                % 决策变量上界
>> [x,fval] = particleswarm(fun,nvars,lb,ub)              % 调用particleswarm函数进行求解
x =
    8.0236
fval =
   -3.5680
```

由以上结果可知基于粒子群算法的 particleswarm 函数求出了问题的全局最优解。

【例 8.6-5】　利用多种优化算法求下列非线性优化问题：

$$\max f(x_1,x_2)=1+x_1\sin(4\pi x_1)+x_2\sin(4\pi x_2)+\frac{\sin(6\sqrt{x_1^2+x_2^2})}{6\sqrt{x_1^2+x_2^2}+10^{-16}}$$

$$\text{s. t. } -1\leqslant x_1,x_2\leqslant 1 \tag{8.6-8}$$

```matlab
>> rng(2);                                    % 控制随机数生成器
% 定义目标函数
>> fun1 = @(x) - (1 + x(1) * sin(4 * pi * x(1)) + x(2) * sin(4 * pi * x(2)) + ...
    sin(6 * sqrt(x(1)^2 + x(2)^2))/(6 * sqrt(x(1)^2 + x(2)^2 + 10^(-16))));
>> x0 = rand(1,2);                            % 初值
>> lb = [-1, -1];                             % 下界
>> ub = [1,1];                                % 上界
>> A = [ ]; b = [ ]; Aeq = [ ]; beq = [ ];    % 线性约束参数
>> [x1,f1] = fmincon(fun1,x0,A,b,Aeq,beq,lb,ub)   % 传统解法(内点法)
x1 =
    0.6264    0.1550
f1 =
    -1.5981


>> [x2,f2] = ga(fun1,2,A,b,Aeq,beq,lb,ub)     % 遗传算法
x2 =
    -0.6409   -0.6410
f2 =
    -2.1188


>> [x3,f3] = simulannealbnd(fun1,x0,lb,ub)    % 模拟退火算法
x3 =
    -0.6409    0.6411
f3 =
    -2.1188


>> [x4,f4] = particleswarm(fun1,2,lb,ub)      % 粒子群算法
x4 =
    -0.6410   -0.6410
f4 =
    -2.1188


% 绘制求解结果示意图
>> [X,Y] = meshgrid(linspace(-1,1,200));      % 定义网格数据
% 重新定义函数
>> fun2 = @(x,y)1+x. * sin(4 * pi * x) + y. * sin(4 * pi * y) + ...
    sin(6 * sqrt(x.^2 + y.^2))./(6 * sqrt(x.^2 + y.^2 + 10^(-16)));
>> Z = fun2(X,Y);                             % 计算网格点处函数值
>> figure;                                    % 新建图窗
>> surf(X,Y,Z);                               % 绘制目标函数曲面
>> shading interp                             % 插值染色
>> camlight                                   % 添加光源
>> hold on;
% 绘制几种解法得出的最优点
>> h1 = plot3(x1(1),x1(2),fun2(x1(1),x1(2)),'r * ');   % 红色星号
```

```
>> h2 = plot3(x2(1),x2(2),fun2(x2(1),x2(2)),'rp');        % 红色五角星
>> h3 = plot3(x3(1),x3(2),fun2(x3(1),x3(2)),'r>');        % 红色三角
>> h4 = plot3(x4(1),x4(2),fun2(x4(1),x4(2)),'ro');        % 红色三角
% 添加图例
>> legend([h1,h2,h3,h4],{'内点法','遗传算法','模拟退火算法','粒子群算法'})
>> xlabel('x');ylabel('y');zlabel('z');                    % 坐标轴标签
```

由以上结果可知 ga 函数（遗传算法）、simulannealbnd 函数（模拟退火算法）和 particleswarm 函数（粒子群算法）求出了问题的全局最优解，而 fmincon（内点法）只是求出了问题的一个局部最优解。本例求解结果示意图如图 8.6-4 所示。

彩色图片

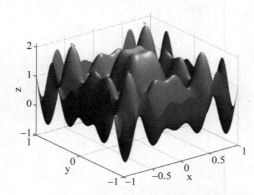

图 8.6-4　多种优化算法求解结果示意图

【例 8.6-6】　球场灯光照明问题。在一个边长为 20m 的正方形球场的四个角安装 4 盏功率均为 1kW 的照明灯，它们离地面的高度分别为 7m、9m、8m 和 10m。在漆黑的夜晚，当 4 盏灯同时开启时，球场内不同地点的亮度是不一样的，试建立数学模型，计算球场内最暗的点和最亮的点的位置。

本例在 6.5 节中已经讨论过，基于 6.5 节的分析可建立如式（8.6-9）所示的非线性优化模型，用来求解球场内最暗的点的位置。

$$\min I(x,y) = \frac{7}{\sqrt{(49+x^2+y^2)^3}} + \frac{9}{\sqrt{(81+(20-x)^2+y^2)^3}} +$$

$$\frac{8}{\sqrt{(64+(20-x)^2+(20-y)^2)^3}} + \frac{10}{\sqrt{(100+x^2+(20-y)^2)^3}}$$

$$\text{s.t.} \, 0 \leqslant x, \quad y \leqslant 20 \tag{8.6-9}$$

将式（8.6-9）中的 min 修改为 max，即可用来求解球场内最亮的点的位置。由于 $I(x,y)$ 在区域 $0 \leqslant x, y \leqslant 20$ 内有多个局部极值点，用传统方法很难一下子求出 $I(x,y)$ 在区域 $0 \leqslant x, y \leqslant 20$ 内的全局最小值点，这里用粒子群算法和遗传算法进行求解，相应的代码与结果如下：

```
>> h = [7,9,8,10];                                        % 灯离地面的高度向量
>> v = [0,0; 20,0; 20,20; 0,20]';                         % 球场顶点坐标矩阵
>> ObjFun = @(x)sum(h./sqrt((h.^2 + sum((x(:)-v).^2)).^3)); % 总照度函数
>> lb = [0,0];                                            % 下界向量
>> ub = [20,20];                                          % 上界向量
>> [x1,fval1] = particleswarm(ObjFun,2,lb,ub)             % 用粒子群算法求最暗的点
x1 =
```

```
      9.8191   10.2451
fval1 =
      0.0075

>> ObjFun2 = @(x) - ObjFun(x);          % 求解最亮点的目标函数
>> [x2,fval2] = ga(ObjFun2,2,[ ],[ ],[ ],[ ],lb,ub)    % 用遗传算法求最亮的点
x2 =
      0.1041      0.1048
fval2 =
      - 0.0225
```

由以上结果可知,球场内点(9.8191,10.2451)处最暗,其照度值为0.0075,点(0.1041,0.1048)处最亮,其照度值为0.0225,这与6.5.1节的例6.5-1的结果是一致的。

8.6.4 蚁群算法

蚁群算法(Ant Colony Optimization,ACO),又称蚂蚁算法,是一种用来在图中寻找优化路径的概率型算法。它最早是由意大利学者Marco Dorigo于1992年在他的博士论文中提出的,其灵感来源于蚂蚁在寻找食物过程中发现最优路径的行为。

1. 蚁群觅食的基本原理

单只蚂蚁很弱小,几乎没有视力,但是在"信息素"的作用下,由众多蚂蚁构成的蚁群却很强大,表现出复杂的智能行为,它们能够在黑暗的世界中找到食物,而且能够找到一条从巢穴到食物的最短路径。

蚂蚁在寻找食物源的过程中,会在其经过的路径上释放一种信息素,并能够感知其他蚂蚁释放的信息素,它们会以较大的概率优先选择信息素浓度较高的路径,随着时间的推移,信息素还会逐渐挥发消散。在一开始的时候,由于地面上没有信息素,因此蚂蚁们的行走路径是随机的。蚂蚁们在行走的过程中会不断释放信息素,标识自己的行走路径。随着时间的推移,有若干只蚂蚁找到了食物,此时便存在若干条从巢穴到食物的路径。由于蚂蚁的行为轨迹是随机分布的,因此在单位时间内,短路径上的蚂蚁数量比长路径上的蚂蚁数量要多,从而蚂蚁留下的信息素浓度也就越高,这样就形成一个正反馈。最终,蚂蚁们能够找到一条从巢穴到食物源的最优路径(即最短路径)。

2. 蚁群算法求解TSP问题的基本原理

旅行商问题(Traveling Salesman Problem,TSP)是一个经典的组合优化问题。经典的TSP可以描述为:一个商品推销员要去若干城市推销商品,该推销员从一个城市出发,需要经过所有城市后,回到出发地,中途不能再次回到已经访问过的城市。应如何选择行进路线,以使总的行程最短。基于蚂蚁寻找食物时的最短路径选择问题,可以构造人工蚁群,解决TSP的路径优化问题。

(1) 符号假设。

用蚁群算法求解TSP问题的符号约定如表8.6-2所示。

表 8.6-2　用蚁群算法求解 TSP 问题的符号约定

符　　号	说　　明
n	城市的数量
m	蚁群中蚂蚁的数量
$N_{\max}$	最大迭代次数
l_{ij}	城市 i 和城市 j 之间的路径
d_{ij}	城市 i 和城市 j 之间的距离
$\tau_{ij}(t)$	t 时刻路径 l_{ij} 上的信息素浓度
η_{ij}	启发式因子（路径 l_{ij} 上的能见度），反映蚂蚁由城市 i 转移到城市 j 的启发程度，通常 $\eta_{ij}=1/d_{ij}$
$\Delta\tau_{ij}^{k}$	在一次迭代中，第 k 只蚂蚁留在路径 l_{ij} 上的信息素
$P_{ij}^{k}(t)$	t 时刻第 k 只蚂蚁从城市 i 转移到城市 j 的概率
tabu_k	第 k 只蚂蚁的禁忌表，用来记录第 k 只蚂蚁已访问过的城市
allowed_k	$\text{allowed}_k=\{1,2,\cdots,\text{n}\}-\text{tabu}_k$，第 k 只蚂蚁下一步将要访问的城市的集合
L_k	第 k 只蚂蚁完成一次周游所走路径的总长度
α	表征信息素重要程度的参数
β	表征启发式因子重要程度的参数
ρ	信息素挥发系数
Q	信息素增加强度系数

（2）求解步骤。

利用蚁群算法求解 TSP 问题的步骤如下。

① 初始化参数。

将 m 只蚂蚁随机地放到 n 个城市，同时将每只蚂蚁的禁忌表 tabu_k 的第一个元素设置为它当前所在的城市。将所有路径上的初始信息素浓度设置为某一常数，即 $\tau_{ij}(0)=C$。

② 确定行走方向。

每只蚂蚁根据各条路径上的信息素浓度和能见度独立地选择下一个城市。t 时刻，第 k 只蚂蚁从城市 i 到城市 j 的转移概率为：

$$P_{ij}^{k}(t)=\begin{cases}\dfrac{\tau_{ij}^{\alpha}(t)\cdot\eta_{ij}^{\beta}(t)}{\displaystyle\sum_{s\in\text{allowed}_k}\tau_{is}^{\alpha}(t)\cdot\eta_{is}^{\beta}(t)},&j\in\text{allowed}_k\\[3mm]0,&\text{其他}\end{cases} \qquad (8.6\text{-}10)$$

式（8.6-10）中的 α 作为表征信息素重要程度的参数，反映了蚂蚁在运动过程中路径上所累积的信息素对蚂蚁运动所起的作用，其值越大，蚂蚁越倾向于选择其他蚂蚁经过的路径，蚂蚁之间的协作性越强；β 作为表征启发式因子重要程度的参数，反映了蚂蚁在运动过程中启发因素在选择路径时的受重视程度。

③ 更新禁忌表。

当第 k 只蚂蚁根据转概率作出下一步选择后，将其所选择的城市加入禁忌表 tabu_k 中。当所有 n 个城市都加入禁忌表 tabu_k 中时，第 k 只蚂蚁就完成了一次周游，它所走过的路径便是 TSP 问题的一个可行解。

④ 求信息素增量。

当所有蚂蚁完成一次周游后，按以下规则更新各路径上的信息素浓度：

$$\tau_{ij}(t+1)=(1-\rho)\cdot\tau_{ij}(t)+\Delta\tau_{ij} \qquad (8.6\text{-}11)$$

$$\Delta \tau_{ij} = \sum_{k=1}^{m} \Delta \tau_{ij}{}^k$$

根据更新策略的不同，Marco Dorigo 提出了三种不同的计算信息素增量 $\Delta \tau_{ij}^{k}$ 的方法，从而得到三种不同的蚁群算法模型，分别称之为蚁周(ant-cycle)模型、蚁量(ant-quantity)模型和蚁密(ant-density)模型。

在蚁周模型中：

$$\Delta \tau_{ij}^{k} = \begin{cases} \dfrac{Q}{L_k}, & \text{若蚂蚁 } k \text{ 在本次周游中经过路径 } l_{ij} \\ 0, & \text{其他} \end{cases} \qquad (8.6\text{-}12)$$

在蚁量模型中：

$$\Delta \tau_{ij}^{k} = \begin{cases} \dfrac{Q}{d_{ij}}, & \text{若蚂蚁 } k \text{ 在本次周游中经过路径 } l_{ij} \\ 0, & \text{其他} \end{cases} \qquad (8.6\text{-}13)$$

在蚁密模型中：

$$\Delta \tau_{ij}^{k} = \begin{cases} Q, & \text{若蚂蚁 } k \text{ 在本次周游中经过路径 } l_{ij} \\ 0, & \text{其他} \end{cases} \qquad (8.6\text{-}14)$$

对比三种模型可知，蚁周模型使用的是全局信息，得到的解是全局最优解，整个算法的收敛速度更快，效率更高。

⑤ 判断终止准则。

重复执行步骤②～步骤④，直到迭代次数达到预定的最大迭代次数 $N_{\max}$ 或找到的解满足一定的精度为止。迭代终止后，返回最优路径。

3. 蚁群算法求解 TSP 问题的程序实现

MATLAB 中没有提供蚁群算法相关的函数，笔者根据蚁群算法的原理，编写了用于求解 TSP 问题的 MATLAB 函数(acotsp.m)，其源码如下：

```
function [Shortest_Route,Shortest_Length,R_best,L_best,L_ave] = ...
        acotsp(C,NC_max,m,Alpha,Beta,Rho,Q)
% ========================================================================
%   用蚁群算法求解旅行商问题
%   谢中华,天津科技大学
%   Email:xiezhh@tust.edu.cn
%   版权所有:谢中华(xiezhh)
% ------------------------------------------------------------------------
%   参数说明
%   C                n 个城市的坐标,n×2 的矩阵
%   NC_max           最大迭代次数
%   m                蚂蚁个数
%   Alpha            表征信息素重要程度的参数
%   Beta             表征启发式因子重要程度的参数
%   Rho              信息素蒸发系数
%   Q                信息素增加强度系数
%   Shortest_Route   最短路径
%   Shortest_Length  最短路径长度
%   R_best           各代最短路径
%   L_best           各代最短路径的长度
```

```
%     L_ave          各代路径的平均长度
% ================================================================
% Example:
% m = 34; Alpha = 1; Beta = 5; Rho = 0.1; NC_max = 200; Q = 100;
% C = [116.38  39.92
%      ...];
% [Shortest_Route,Shortest_Length,R_best,L_best,L_ave]...
%    = acotsp(C,NC_max,m,Alpha,Beta,Rho,Q)
% ================================================================


% 第一步:变量初始化
n = size(C,1);                % n 表示问题的规模(城市个数)
D = pdist2(C,C);              % 各城市间距离矩阵
D = D + eps * eye(n);         % 由于后面的启发因子要取倒数,把 D 的对角线元素用 eps(浮点相
                              % 对精度)表示


Eta = 1./D;                   % Eta 为启发因子,这里设为距离的倒数
Tau = ones(n);                % Tau 为信息素矩阵
Tabu = zeros(m,n);            % 存储并记录路径的生成
NC = 1;                       % 迭代计数器
R_best = zeros(NC_max,n);     % 各代最佳路线
L_best = inf * ones(NC_max,1);  % 各代最佳路线的长度
L_ave = zeros(NC_max,1);      % 各代路线的平均长度

while NC <= NC_max            % 停止条件之一:达到最大迭代次数
    % 第二步:将 m 只蚂蚁随机放到 n 个城市上
    if m <= n
        Tabu(:,1) = randperm(n,m)';
    else
        Tabu(:,1) = [randperm(n)';randi(n,m-n,1)];
    end
    L = zeros(m,1);          % 各个蚂蚁的路径距离,开始距离为 0,m * 1 的列向量

    % 第三步:m 只蚂蚁按概率函数选择下一座城市,完成各自的周游
    for i = 1:m
        Visiting = Tabu(i,1);  % 第 i 只蚂蚁正在访问的城市
        UnVisited = 1:n;       % 第 i 只蚂蚁待访问的城市
        UnVisited(UnVisited == Visiting) = [];
        for j = 2:n            % 所在城市不计算
            % 下面计算访问城市的选择概率分布
            P = (Tau(Visiting,UnVisited).^Alpha). * (Eta(Visiting,UnVisited).^Beta);
            P = P/sum(P);
            % 按概率原则选取下一个城市
            if length(UnVisited) > 1
                NextVisit = randsample(UnVisited,1,true,P);
            else
                NextVisit = UnVisited;
            end
            Tabu(i,j) = NextVisit;
            % 计算第 i 只蚂蚁走过的距离,原距离加上当前城市到下一个城市的距离
            L(i) = L(i) + D(Visiting,NextVisit);
            Visiting = NextVisit;
            UnVisited(UnVisited == Visiting) = [];
        end
        % 第 i 只蚂蚁回到出发点,一轮下来后走过的距离
```

```matlab
                L(i) = L(i) + D(Visiting,Tabu(i,1));
            end

        % 第四步:记录本次迭代最短路径
        [L_best(NC),pos] = min(L);                    % 计算最短距离
        R_best(NC,:) = Tabu(pos,:);                   % 此轮迭代后的最短路径
        L_ave(NC) = mean(L);                          % 此轮迭代后的平均距离

        % 第五步:更新信息素
        Delta_Tau = zeros(n);                         % 开始时信息素增量为 n x n 的零矩阵
        for i = 1:m
            for j = 1:(n-1)
                % 第 i 只蚂蚁从第 j 个城市到第 j+1 个城市的信息素增量
                Delta_Tau(Tabu(i,j),Tabu(i,j+1)) = ...
                    Delta_Tau(Tabu(i,j),Tabu(i,j+1)) + Q/L(i);
            end
            % 第 i 只蚂蚁从第 n 个城市到第 1 个城市(出发地)的信息素增量
            Delta_Tau(Tabu(i,n),Tabu(i,1)) = Delta_Tau(Tabu(i,n),Tabu(i,1)) + Q/L(i);
        end
        Tau = (1 - Rho) * Tau + Delta_Tau;            % 考虑信息素挥发,更新后的信息素

        % 第六步:禁忌表清零
        Tabu = zeros(m,n);                            % 直到最大迭代次数
        NC = NC + 1;                                  % 迭代次数加 1
    end

    % 第七步:输出结果
    [Shortest_Length,pos] = min(L_best);              % 迭代结束后最短距离
    Shortest_Route = R_best(pos,:);                   % 迭代结束后最短路径
    figure;
    subplot(1,2,1)                                    % 绘制第一个子图
    BestRoute = Shortest_Route([1:end,1]);
    plot(C(BestRoute,1),C(BestRoute,2),'-o')
    hold on
    text(C(BestRoute(1),1),C(BestRoute(1),2),'出发点')
    title('TSP 问题求解结果');
    subplot(1,2,2)                                    % 绘制第二个子图
    plot(L_best,'r')
    hold on                                           % 图形保持
    plot(L_ave,'b--')
    title('各代平均距离和最短距离')                       % 标题
    legend('各代最短距离','各代平均距离')                 % 图例
end
```

4. 蚁群算法求解 TSP 问题的案例分析

【例 8.6-7】 有一个推销员,要到全国 34 个主要城市推销商品。要求是从某个城市出发,在访问过所有城市后回到出发地,求整个过程的最短路径。城市名称及经纬度坐标保存在文件"TSP. xlsx"中。

求解本例的 MATLAB 代码如下:

```matlab
% 初始化参数
>> m = 34; Alpha = 1; Beta = 5; Rho = 0.1; NC_max = 200; Q = 100;
% 读取城市坐标数据
>> T = readtable('TSP.xlsx');
```

```
>> CityName = T.NAME;                    % 获取城市名称
>> lat = T.Lat;                          % 获取城市纬度坐标
>> lon = T.Lon;                          % 获取城市经度坐标
>> C = [lon,lat];                        % 城市经纬度坐标矩阵
>> rng(14);                              % 控制随机数生成器
% 调用 acotsp 函数进行求解
>> [Shortest_Route,SL] = acotsp(C,NC_max,m,Alpha,Beta,Rho,Q);
>> subplot(1,2,1)
>> text(lon,lat,CityName);               % 标记城市名称
>> Str = CityName(Shortest_Route);       % 返回最短路径
>> cellfun(@(x)fprintf('%s→',x),Str)     % 显示最短路径
>> fprintf('\n')
```

运行以上代码,可得求解结果如图 8.6-5 所示。

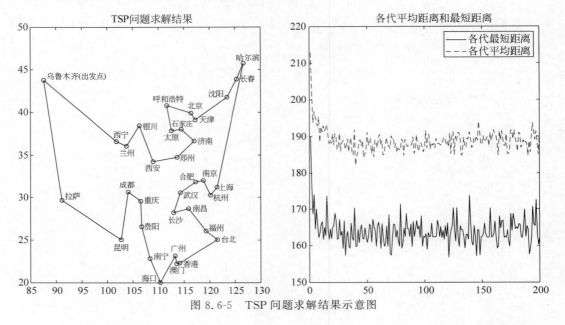

图 8.6-5　TSP 问题求解结果示意图

本例求解的最短路径如下:

乌鲁木齐→西宁→兰州→银川→西安→郑州→济南→石家庄→太原→呼和浩特→北京→天津→沈阳→长春→哈尔滨→上海→杭州→南京→合肥→武汉→长沙→南昌→福州→台北→香港→澳门→广州→海口→南宁→贵阳→重庆→成都→昆明→拉萨→乌鲁木齐,基于经纬度坐标计算的最短路径长度为 156.7924。

8.7　建模案例选讲

8.7.1　东方服装集团童衣配送问题

1. 问题描述

【例 8.7-1】　东方服装集团考虑生产一种童衣系列。童衣产品将先运至分配中心,再由分配中心将产品运送至分销店。该集团有五家工厂均可生产这类童衣,有三家分配中心可以分

配童衣产品,有四家分销店可以经营童衣产品。这些工厂和分配中心的年固定成本如表 8.7-1 所示,从各工厂至分配中心的运费与各工厂的生产能力如表 8.7-2 所示,从各分配中心至分销店的运费与分销店对童衣的需求量如表 8.7-3 所示。假定各分配中心的库存政策为"零库存",即分配中心将从工厂得到的产品均分配给分销店,不留作库存。集团要设计一种童衣分配系统,在满足需求的前提下,确定使用哪些工厂与分配中心进行童衣的生产与分配,以使得总成本最小。

表 8.7-1　工厂和分配中心的年固定成本　　　　　　　　　　　　（元）

单　　　位	工厂 1	工厂 2	工厂 3	工厂 4	工厂 5	分配中心 1	分配中心 2	分配中心 3
年固定成本	35000	45000	40000	42000	40000	40000	20000	60000

表 8.7-2　各工厂运至分配中心的运输成本与生产能力　　　　　　（元/箱）

终点 起点	运 输 成 本			生产能力(箱)
	分配中心 1	分配中心 2	分配中心 3	
工厂 1	800	1000	1200	300
工厂 2	700	500	700	200
工厂 3	800	600	500	200
工厂 4	500	600	700	200
工厂 5	700	600	500	400

表 8.7-3　从各分配中心至分销店的运费与分销店对童衣的需求量　　（元/箱）

终点 起点	运 输 成 本			
	分销店 1	分销店 2	分销店 3	分销店 4
分配中心 1	40	80	90	50
分配中心 2	70	40	60	80
分配中心 3	80	30	50	60
需求量(箱)	200	300	150	250

2. 问题分析

根据问题描述,需要解决的问题是:如何选择工厂和分配中心,如何确定从各工厂运至各分配中心的产品数量以及从分配中心运至分销店的产品数量,才能在满足需求的前提下,使得总成本最小。若用多个 0—1 变量表示工厂和分配中心的选择结果,用多个整型变量表示从各工厂运至各分配中心的产品数量,以及从各分配中心运至各分销店的产品数量,则可建立童衣配送问题的整数规划模型。

3. 符号约定

为建模方便,引入多个变量符号,如表 8.7-4 所示。

表 8.7-4　符号约定

符　　　号	说　　　明
X_{ij}, $i=1,\cdots,5$, $j=1,2,3$	从第 i 个工厂运至第 j 个分配中心的产品数量
Y_{ij}, $i=1,2,3$, $j=1,\cdots,4$	从第 i 个分配中心运至第 j 个分销店的产品数量

续表

符　　号	说　　明
$F_i = 0$(或 1)$,i=1,\cdots,5$	不使用(或使用)第 i 个工厂
$D_i = 0$(或 1)$,i=1,2,3$	不使用(或使用)第 i 个分配中心

4. 模型建立

为了直观,由表 8.7-1、表 8.7-2 和表 8.7-3 绘制各工厂生产能力、各分销店需求量和运输成本示意图,如图 8.7-1 所示。

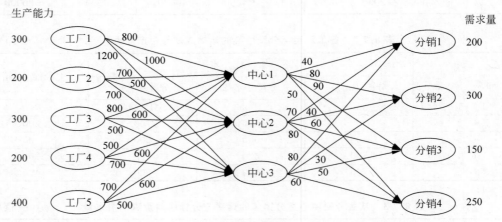

图 8.7-1　生产能力、需求量和运输成本示意图

1) 目标函数

本问题的优化目标是总成本最小,总成本包括 4 部分:从各工厂运至分配中心的运输费用,从各分配中心运至分销店的运输费用,所使用工厂的固定成本,所使用的分配中心的固定成本。由图 8.7-1 可得总成本对应的目标函数如下:

$$
\begin{aligned}
\min z = &\, 800X_{11} + 1000X_{12} + 1200X_{13} + 700X_{21} + 500X_{22} + 700X_{23} + \\
&\, 800X_{31} + 600X_{32} + 500X_{33} + 500X_{41} + 600X_{42} + 700X_{43} + \\
&\, 700X_{51} + 600X_{52} + 500X_{53} + 40Y_{11} + 80Y_{12} + 90Y_{13} + 50Y_{14} + \\
&\, 70Y_{21} + 40Y_{22} + 60Y_{23} + 80Y_{24} + 80Y_{31} + 30Y_{32} + 50Y_{33} + 60Y_{34} + \\
&\, 35000F_1 + 45000F_2 + 40000F_3 + 42000F_4 + 40000F_5 + \\
&\, 40000D_1 + 20000D_2 + 60000D_3
\end{aligned}
\tag{8.7-1}
$$

2) 约束条件

本问题的约束条件包括 6 部分:工厂生产能力约束,分配中心的"零库存"约束,分配中心最大运出量(各分销店总需求量)约束,各分销店需求量约束,指示变量的 0—1 约束,产品数量的非负整数约束。

(1) 工厂生产能力约束。

很显然各工厂的运出产品总数量不能超过工厂的生产能力,因此可得:

$$\begin{cases} X_{11} + X_{12} + X_{13} \leqslant 300F_1 \\ X_{21} + X_{22} + X_{23} \leqslant 200F_2 \\ X_{31} + X_{32} + X_{33} \leqslant 300F_3 \\ X_{41} + X_{42} + X_{43} \leqslant 200F_4 \\ X_{51} + X_{52} + X_{53} \leqslant 400F_5 \end{cases} \tag{8.7-2}$$

（2）分配中心的"零库存"约束。

由于各分配中心的库存政策为"零库存"，即分配中心将从工厂得到的产品均分配给分销店，不留作库存，因此可得：

$$\begin{cases} X_{11} + X_{21} + X_{31} + X_{41} + X_{51} = Y_{11} + Y_{12} + Y_{13} + Y_{14} \\ X_{12} + X_{22} + X_{32} + X_{42} + X_{52} = Y_{21} + Y_{22} + Y_{23} + Y_{24} \\ X_{13} + X_{23} + X_{33} + X_{43} + X_{53} = Y_{31} + Y_{32} + Y_{33} + Y_{34} \end{cases} \tag{8.7-3}$$

（3）分配中心最大运出量约束。

由图 8.7-1 可知 4 个分销店的总需求量为 900 箱，各分配中心的运出量均不能超过 900，即：

$$\begin{cases} Y_{11} + Y_{12} + Y_{13} + Y_{14} \leqslant 900D_1 \\ Y_{21} + Y_{22} + Y_{23} + Y_{24} \leqslant 900D_2 \\ Y_{31} + Y_{32} + Y_{33} + Y_{34} \leqslant 900D_3 \end{cases} \tag{8.7-4}$$

（4）各分销店需求量约束。

各分销店得到的产品数量不能低于其需求量，即：

$$\begin{cases} Y_{11} + Y_{21} + Y_{31} \geqslant 200 \\ Y_{12} + Y_{22} + Y_{32} \geqslant 300 \\ Y_{13} + Y_{23} + Y_{33} \geqslant 150 \\ Y_{14} + Y_{24} + Y_{34} \geqslant 250 \end{cases} \tag{8.7-5}$$

（5）非负整数约束。

指示变量 F_i 和 D_i 满足 $0-1$ 约束，运送产品数量 X_{ij} 和 Y_{ij} 满足非负整数约束，即：

$$\begin{cases} F_i = 0 \text{ 或 } 1, \quad i = 1, \cdots, 5 \\ D_i = 0 \text{ 或 } 1, \quad i = 1, 2, 3 \\ X_{ij} \text{ 为非负整数}, \quad i = 1, \cdots, 5, \quad j = 1, 2, 3 \\ Y_{ij} \text{ 为非负整数}, \quad i = 1, 2, 3, \quad j = 1, \cdots, 4 \end{cases} \tag{8.7-6}$$

综合式（8.7-1）～式（8.7-6）可得童衣配送问题的整数规划模型。

5. 模型求解

按照式（8.7-1）中各变量出现的顺序定义 35 维的列向量（决策变量 x）：

$$x = (X_{11}, X_{12}, \cdots, X_{53}, Y_{11}, Y_{12}, \cdots, Y_{34}, F_1, \cdots, F_5, D_1, \cdots, D_3)^{\mathrm{T}}$$

根据式（8.7-1）中各变量的系数定义 35 维的系数向量 $f = (800, 1000, \cdots, 60000)^{\mathrm{T}}$。式（8.7-2）、式（8.7-4）和式（8.7-5）是模型的线性不等式约束，据此定义 12 行 35 列的系数矩阵 A，其前 20 列元素值如表 8.7-5 所示，后 15 列元素值如表 8.7-6 所示，表格中空白单元格对应数值为 0。

表 8.7-5 线性不等式约束的系数矩阵 A 的前 20 列元素值

列号／行号	1	2	3	4	5	6	7	8	9	10	11	12	13	14	15	16	17	18	19	20
1	1	1	1																	
2				1	1	1														
3							1	1	1											
4										1	1	1								
5													1	1	1					
6																1	1	1	1	
7																				1
8																				
9																−1				−1
10																	−1			
11																		−1		
12																			−1	

表 8.7-6 线性不等式约束的系数矩阵 A 的后 15 列元素值

列号／行号	21	22	23	24	25	26	27	28	29	30	31	32	33	34	35
1								−300							
2									−200						
3										−300					
4											−200				
5												−400			
6													−900		
7	1	1	1											−900	
8				1	1	1	1								−900
9				−1											
10	−1				−1										
11		−1				−1									
12							−1								

由式(8.7-2)、式(8.7-4)和式(8.7-5)定义线性不等式约束的 12 维常数向量 b 如下：
$$b = (0,0,0,0,0,0,0,0,-200,-300,-150,-250)^T$$

式(8.7-3)是模型的线性等式约束,据此定义 3 行 35 列的系数矩阵 Aeq 和三维的常数向量 beq,其中,beq $=(0,0,0)^T$,Aeq 的非零元素值如表 8.7-7 所示。

表 8.7-7 线性等式约束的系数矩阵 Aeq 的非零元素值

第1行非零元列标	1	4	7	10	13	16	17	18	19
第1行非零元	1	1	1	1	1	−1	−1	−1	−1
第2行非零元列标	2	5	8	11	14	20	21	22	23
第2行非零元	1	1	1	1	1	−1	−1	−1	−1
第3行非零元列标	3	6	9	12	15	24	25	26	27
第3行非零元	1	1	1	1	1	−1	−1	−1	−1

由式(8.7-6)定义决策变量 x 的下界值向量 lb 和上界值向量 ub 如下：

$$\mathbf{lb} = (0, 0, \cdots, 0)^T, \quad \mathbf{ub} = (\infty, \cdots, \infty, 1, 1, 1, 1, 1, 1, 1, 1)^T$$

在以上记号下，童衣配送问题的整数规划模型的矩阵形式为：

$$\min_{\mathbf{x}} z = \mathbf{f}^T \mathbf{x}$$

$$\text{s. t.} \begin{cases} \mathbf{A} \cdot \mathbf{x} \leqslant \mathbf{b} \\ \mathbf{Aeq} \cdot \mathbf{x} = \mathbf{beq} \\ \mathbf{lb} \leqslant \mathbf{x} \leqslant \mathbf{ub} \\ \mathbf{x} \text{ 为整数变量} \end{cases} \tag{8.7-7}$$

求解式(8.7-7)的 MATLAB 代码如下：

```matlab
>> T1 = [800 1000 1200                        % 各工厂运至分配中心的运输成本
   700 500 700
   800 600 500
   500 600 700
   700 600 500]';
>> T2 = [40 80 90 50                           % 从各分配中心至分销店的运费矩阵
   70 40 60 80
   80 30 50 60]';
>> D = [200;300;150;250];                      % 分销店对童衣的需求量

>> C = [35000,45000,40000,42000,40000,40000,20000,60000];  % 年固定成本
>> f = [T1(:);T2(:);C(:)]';                    % 目标函数系数值向量
>> A = zeros(12,35);                           % 线性不等式约束的系数矩阵
>> Aeq = zeros(3,35);                          % 线性等式约束的系数矩阵
>> A(1,[1:3,28]) = [1, 1, 1, -300];            % A 矩阵第 1 行的非零元素
>> A(2,[4:6,29]) = [1, 1, 1, -200];            % A 矩阵第 2 行的非零元素
>> A(3,[7:9,30]) = [1, 1, 1, -300];            % A 矩阵第 3 行的非零元素
>> A(4,[10:12,31]) = [1, 1, 1, -200];          % A 矩阵第 4 行的非零元素
>> A(5,[13:15,32]) = [1, 1, 1, -400];          % A 矩阵第 5 行的非零元素
>> A(6,[16:19,33]) = [1, 1, 1, 1, -900];       % A 矩阵第 6 行的非零元素
>> A(7,[20:23,34]) = [1, 1, 1, 1, -900];       % A 矩阵第 7 行的非零元素
>> A(8,[24:27,35]) = [1, 1, 1, 1, -900];       % A 矩阵第 8 行的非零元素
>> A(9,16:4:24) = [-1, -1, -1];                % A 矩阵第 9 行的非零元素
>> A(10,17:4:25) = [-1, -1, -1];               % A 矩阵第 10 行的非零元素
>> A(11,18:4:26) = [-1, -1, -1];               % A 矩阵第 11 行的非零元素
>> A(12,19:4:27) = [-1, -1, -1];               % A 矩阵第 12 行的非零元素
>> b = [zeros(8,1); -D];                       % 线性不等式约束的常数向量
>> Aeq(1,[1:3:13,16:19]) = [1,1,1,1,1, -1, -1, -1, -1];  % Aeq 矩阵第 1 行的非零元素
>> Aeq(2,[2:3:14,20:23]) = [1,1,1,1,1, -1, -1, -1, -1];  % Aeq 矩阵第 2 行的非零元素
>> Aeq(3,[3:3:15,24:27]) = [1,1,1,1,1, -1, -1, -1, -1];  % Aeq 矩阵第 3 行的非零元素
>> beq = [0;0;0];                              % 线性等式约束的常数向量
>> lb = zeros(35,1);                           % 下界向量
>> ub = [inf(27,1);ones(8,1)];                 % 上界向量
>> intcon = 1:35;                              % 整型变量的指示向量
>> [X, fval] = intlinprog(f,intcon,A,b,Aeq,beq,lb,ub);  % 模型求解
>> Xij = reshape(X(1:15),[3,5])';              % 从工厂运至分配中心的产品数量
>> Yij = reshape(X(16:27),[4,3])';             % 从分配中心运至分销店的产品数量
```

运行以上代码，可得求解结果如表 8.7-8 和表 8.7-9 所示，相应的最小总成本为 700500 元。

表 8.7-8　从工厂运至分配中心的产品数量 （箱）

工　　厂	分配中心 1	分配中心 2	分配中心 3	是否使用
工厂 1	0	0	0	否
工厂 2	0	200	0	是
工厂 3	0	0	300	是
工厂 4	0	0	0	否
工厂 5	0	0	400	是

表 8.7-9　从分配中心运至分销店的产品数量 （箱）

分 配 中 心	分销店 1	分销店 2	分销店 3	分销店 4	是否使用
分配中心 1	0	0	0	0	否
分配中心 2	200	0	0	0	是
分配中心 3	0	300	150	250	是

8.7.2　手机基站定位问题

1. 问题描述

【例 8.7-2】　某地计划在一个边长为 L 的正方形区域内建设 n 个手机基站,各手机基站有效范围是半径不等的圆域,其半径分别记为 $r_1, r_2, \cdots, r_n$。基站定位的原则是:(1)最大覆盖面积;(2)最小重叠面积。求各基站建设的具体位置。

2. 问题分析

由于各手机基站有效范围是半径不等的圆域,并且半径均已给定,所有圆面积之和减去它们相互重叠的面积,即为手机基站覆盖到的面积。因此当重叠面积达到最小的时候,覆盖面积就达到最大,也就是说最大覆盖面积和最小重叠面积是一致的,本问题是一个单目标非线性优化问题。

3. 模型建立

如图 8.7-2 所示建立平面直角坐标系,设第 i 个手机基站的位置坐标为 (x_i, y_i), $i = 1, 2, \cdots, n$。用 S_{ij} 表示第 i 个基站和第 j 个基站的作用范围的重叠面积,则可建立如下非线性规划模型:

$$\min S(x, y) = \sum_{i=1}^{n-1} \sum_{j=i+1}^{n} S_{ij}$$

$$\text{s.t.} \begin{cases} r_i \leqslant x_i \leqslant L - r_i \\ r_i \leqslant y_i \leqslant L - r_i \\ i = 1, 2, \cdots, n \end{cases}$$

$$x = (x_1, x_2, \cdots, x_n), y = (y_1, y_2, \cdots, y_n) \tag{8.7-8}$$

如图 8.7-3 所示,第 i 个手机基站的位置记为 $A(x_i, y_i)$,第 j 个手机基站的位置记为 $B(x_j, y_j)$,两者距离记为 d_{ij}。显然当 $d_{ij} \geqslant r_i + r_j$ 时, $S_{ij} = 0$;当 $0 \leqslant d_{ij} \leqslant |r_i - r_j|$ 时,

$S_{ij} = \pi[\min(r_i, r_j)]^2$。特别地,当$|r_i - r_j| < d_{ij} < r_i + r_j$时,设两圆相交于$C,D$两点,记$\theta_1 = \angle CAB, \theta_2 = \angle CBA$,则:

$$S_{ij} = S_{\text{扇}ACD} - S_{\triangle ACD} + S_{\text{扇}BCD} - S_{\triangle BCD} = r_i^2(\theta_1 - \sin\theta_1\cos\theta_1) + r_j^2(\theta_2 - \sin\theta_2\cos\theta_2)$$

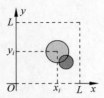

图 8.7-2 边长为 L 的正方形区域

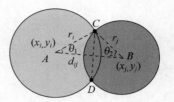

图 8.7-3 两圆相交示意图

综上可得:

$$S_{ij} = \begin{cases} 0, & d_{ij} \geqslant r_i + r_j \\ \pi[\min(r_i, r_j)]^2, & 0 \leqslant d_{ij} \leqslant |r_i - r_j| \\ r_i^2(\theta_1 - \sin\theta_1\cos\theta_1) + r_j^2(\theta_2 - \sin\theta_2\cos\theta_2), & |r_i - r_j| < d_{ij} < r_i + r_j \end{cases} \quad (8.7\text{-}9)$$

4. 模型改进

为了避免出现两圆相套,甚至圆心重合的情况,这里需要在S_{ij}上加上一个惩罚项P_{ij},定义如下:

$$P_{ij} = \begin{cases} 10^8, & d_{ij} = 0 \\ \dfrac{1}{40d_{ij}^2}, & d_{ij} \neq 0 \end{cases}$$

相应地,模型式(8.7-8)修改为

$$\min f(\boldsymbol{x}, \boldsymbol{y}) = \sum_{i=1}^{n-1}\sum_{j=i+1}^{n}(S_{ij} + P_{ij})$$

$$\text{s.t.} \begin{cases} r_i \leqslant x_i \leqslant L - r_i \\ r_i \leqslant y_i \leqslant L - r_i \\ i = 1, 2, \cdots, n \end{cases} \quad (8.7\text{-}10)$$

$$\boldsymbol{x} = (x_1, x_2, \cdots, x_n), \quad \boldsymbol{y} = (y_1, y_2, \cdots, y_n).$$

5. 模型求解

1)编写目标函数

首先根据式(8.7-9)和式(8.7-10)编写模型的目标函数对应的 M 文件(ObjFun_BaseStation.m),代码如下:

```
function f = ObjFun_BaseStation(x,R)
% -----------------------------------
%   手机基站优化的目标函数
% -----------------------------------
```

```
%    x:基站圆心坐标向量
%    R:基站圆半径

C = reshape(x,2,[ ]);
N = numel(R);
f = 0;

% 通过循环计算所有圆相交的面积总和
for i = 1:N-1
    for j = i+1:N
        % 计算两圆相交面积
        aij = AreaIntersect(C(:,i),R(i),C(:,j),R(j));
        if isequal(C(:,i),C(:,j))
            % 如果圆心重合,加上一个大的惩罚项
            f = f + aij + 1e8;
        else
            % 若圆心不重合,加上一个惩罚项
            f = f + aij + 1/40 * 1/sum((C(:,i)-C(:,j)).^2);
        end
    end
end
end

function s = AreaIntersect(C1,r1,C2,r2)
% ----------------------------------------
% 计算两圆相交面积的子函数
% ----------------------------------------
% C1 和 C2 为两圆的圆心坐标(列向量),r1 和 r2 为两圆半径

d = norm(C1-C2);                              % 计算圆心距离
if d >= r1+r2
    % 两圆相离
    s = 0;
elseif d >= 0 && d <= abs(r1-r2)
    % 两圆相套
    s = pi * min(r1,r2)^2;
else
    % 两圆相交
    s = r1^2 * MiddleTerm(r1,r2,d) + r2^2 * MiddleTerm(r2,r1,d);
end
end

function f = MiddleTerm(ri,rj,dij)
% ---- 计算中间项的子函数 ----
f = (ri^2+dij^2-rj^2)/(2*ri*dij);
f = acos(f) - f*sqrt(1-f^2);
end
```

2) 模型求解

令 $L=15, n=35$,在区间 $[1,2]$ 内生成 35 个随机数作为 35 个手机基站的作用半径,在如图 8.7-2 所示正方形区域内生成 35 组(每组 2 个)随机数作为 35 个手机基站的初始位置坐标,然后调用 fmincon 函数对模型式(8.7-10)进行求解,相应的 MATLAB 代码如下:

```
>> L = 15;                              % 正方形区域的边长
>> Num = 35;                            % 手机基站的个数
>> rng(5);                              % 设置随机数生成器初始状态
>> x0 = L * [rand(1,Num);rand(1,Num)]; % 随机生成初始圆心坐标
>> R = rand(1,Num) + 1;                 % 随机生成圆半径
>> rr = [R;R];
>> lb = rr(:);                          % 可行域下界
>> ub = L - rr(:);                      % 可行域上界
>> ObjFun = @(x)ObjFun_BaseStation(x,R); % 目标函数
>> [x,fval] = fmincon(ObjFun,x0,[ ],[ ],[ ],[ ],...
      lb,ub,[ ],options);              % 模型求解
>> centers = reshape(x,2,[ ])';        % 圆心坐标
>> figure;
>> plot([0 L L 0 0],[0 0 L L 0],'r--',...
      'linewidth',2);                  % 绘制区域边界
>> hold on;
>> viscircles(centers,R,'Color','b');  % 绘制每个手机基站作用范围对应的圆
>> axis equal                          % 设置坐标轴的显示比例相同
>> axis([0,15,0,15])                   % 设置坐标轴的显示范围
>> xlabel('x'); ylabel('y')            % 添加坐标轴标签
```

运行以上代码,可得求解结果如表 8.7-10 所示,35 个手机基站的位置分布如图 8.7-4 所示。

表 8.7-10　手机基站定位问题的求解结果

序　号	x	y	r	序　号	x	y	r	序　号	x	y	r
1	5.7268	11.0358	1.0511	13	10.0201	5.5043	1.8436	25	7.0278	6.7823	1.5147
2	12.3927	1.1887	1.1887	14	1.346	13.654	1.346	26	1.4466	8.4133	1.4466
3	3.7782	9.7573	1.3655	15	13.8992	6.5744	1.1008	27	13.1995	3.7814	1.8005
4	13.7557	11.05	1.2443	16	11.8065	7.9068	1.3834	28	13.9796	13.9796	1.0204
5	6.0598	13.2049	1.7951	17	4.2406	7.6773	1.5104	29	13.4274	13.4274	1.5726
6	13.6479	8.8024	1.3521	18	10.3205	1.9611	1.9611	30	3.4922	11.9855	1.4114
7	9.1734	8.6009	1.6389	19	6.513	1.3715	1.3715	31	1.9851	1.9851	1.9851
8	8.2621	11.402	1.4934	20	8.2725	1.0124	1.0124	32	4.7305	4.8451	1.8014
9	10.5396	13.4165	1.5835	21	7.5786	3.7799	1.8597	33	13.946	1.054	1.054
10	4.3191	1.9393	1.9393	22	3.5144	13.8889	1.1111	34	12.4654	5.8603	1.1905
11	1.9435	5.4341	1.9435	23	6.4671	9.3076	1.4783	35	1.4524	11.0254	1.4524
12	8.3977	13.8883	1.1117	24	11.2884	10.8314	1.85				

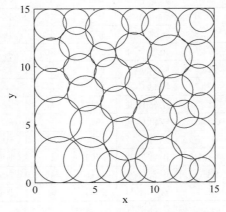

图 8.7-4　35 个手机基站的位置分布图

统计建模方法和优化建模方法是数学建模领域最为常用的两类方法，传统的数学建模竞赛赛题总是与之有关。本章介绍常用统计建模方法与MATLAB求解，主要内容包括描述性统计量和统计图、参数估计与假设检验、方差分析、相关分析与回归分析、聚类分析、判别分析、主成分分析。

9.1 描述性统计量和统计图

在很多统计问题中，诸如均值、方差、标准差、最大值、最小值、极差、中位数、分位数、众数、变异系数、中心矩、原点矩、偏度、峰度、协方差和相关系数等描述性统计量，以及箱线图、直方图、正态概率图、分组散点图、饼图等都有着非常重要的应用。本节以案例的形式介绍描述性统计量和统计图。

【例 9.1-1】 现有某两个班学生的体测成绩数据，如表 9.1-1 所示。两个班共 37 人，其中有部分缺失数据。数据保存在文件"体测成绩.xls"中，数据保存格式如表 9.1-1 所示。

表 9.1-1 某两个班学生的体测成绩

班 级	学 号	身高/cm	体重/kg	身高体重等级	肺活量	耐力类项目分数	柔韧及力量类项目分数	速度及灵巧类项目分数
090401	09040101	169.8	48.7	营养不良	3327	69	72	60
090401	09040102	174	71.5	超重	2805	84	94	75
090401	09040103	161.9	52.1	较低体重	3625	84	72	60
090401	09040104	178.3	53.8	营养不良	3678	60	100	50
090401	09040105	159.9	55.2	正常体重	3007	63	100	78
090401	09040106	162.1	57.7	正常体重	2800	60	87	78
090401	09040107	171.2	72.2	肥胖	1609	96	72	63
090401	09040108	162.1	48.3	较低体重	3059	75	100	60
090401	09040109	165.3	62.7	正常体重	4311	72	92	60
090401	09040110	180	58.3	较低体重	3921		66	66
090401	09040111	181.8	93.5	肥胖	7359	63	60	63
090401	09040112	171.3	61.6	正常体重	5201	20	100	78
090401	09040113	180.4	68	正常体重	6110	69	78	100
090401	09040114	161.4	44.7	营养不良	2961	63	100	60

续表

班　级	学　号	身高/cm	体重/kg	身高体重等级	肺活量	耐力类项目分数	柔韧及力量类项目分数	速度及灵巧类项目分数
090401	09040115	166	49.1	较低体重	2583	75		75
090401	09040116	166.1	46.8	营养不良	3735		100	66
090401	09040117	158	51.3	正常体重	3398	69	78	66
090401	09040118	173.2	63.8	正常体重	5064	20	78	60
090401	09040119	177.9	56.6	较低体重	3065	75	92	60
090402	09040201	156.9	52.3	正常体重	3031	72	81	78
090402	09040202	168.1	55.4	较低体重	3524	30	81	66
090402	09040203	167.3	51.2	较低体重	3202	81	100	78
090402	09040204	170.6	63.5	正常体重	3438	66	100	81
090402	09040205	167.8	57.8	正常体重	4361	81	100	84
090402	09040206	160	53.5	正常体重	3154	94	100	78
090402	09040207	161.6	52	较低体重	2735	78	81	78
090402	09040208	156.8	50.7	较低体重	4369	50	100	60
090402	09040209	153.8	46.1	较低体重	2919	84	100	78
090402	09040210	155.3	47.6	较低体重	2479	63	94	81
090402	09040211	185.7	64.3	较低体重	4518	30	63	30
090402	09040212	149.2	57.9	肥胖	4527	60	96	63
090402	09040213	158.6	42	营养不良	2594	75	100	75
090402	09040214	164.1	54.9	较低体重	3272	75	100	63
090402	09040215	173.5	57.7	较低体重	3511	50	60	63
090402	09040216	177.5	63.1	正常体重	4246	75	84	63
090402	09040217	167.5	57.2	正常体重	3012	75	94	60
090402	09040218	174.7	68.6	正常体重	4921	30	60	63

9.1.1　描述性统计量

MATLAB 中计算描述性统计量的函数如表 9.1-2 所示。

表 9.1-2　描述性统计量函数

函　数　名	说　　明	函　数　名	说　　明
max	最大值	partialcorr	线性(或秩)偏相关系数
min	最小值	moment	中心矩
nanmax	忽略缺失值的样本最大值	kurtosis	峰度
nanmin	忽略缺失值的样本最小值	skewness	偏度
sum	样本和	prctile	百分位数
nansum	忽略缺失值的样本和	quantile	分位数
mean	样本均值	iqr	内 4 分位极差(0.75 分位数与 0.25 分位数之差)
nanmean	忽略缺失值的样本均值	mode	众数
median	样本中位数	range	极差

函　数　名	说　　明	函　数　名	说　　明
nanmedian	忽略缺失值的样本中位数	geomean	几何平均值
std	样本标准差	harmmean	调和平均值
nanstd	忽略缺失值的样本标准差	trimmean	截尾均值
var	样本方差	mad	绝对偏差的均值或中位数
nanvar	忽略缺失值的样本方差	tabulate	频率分布表
cov	协方差矩阵	grpstats	分组统计量
nancov	忽略缺失值的样本协方差矩阵	crosstab	列联表
corr	线性(或秩)相关系数	jackknife	Jackknife 统计量
corrcoef	线性相关系数	bootstrp	Bootstrap 统计量

1. 分组统计

grpstats 函数用来做分组统计,可分组计算常用描述性统计量。这里以表 9.1-1 中的数据为例,按班级分别计算身高、体重和肺活量的均值、标准差、最小值和最大值等描述性统计量,相应的 MATLAB 代码及结果如下:

```
% 读取 excel 文件中的数据,创建表格型数组
>> T = readtable('体测成绩.xls','ReadRowNames',false);
% 重新定义表中变量名
>> T.Properties.VariableNames = {'Class','StudentId','Height',...
        'Weight','Rank','VC','Score1','Score2','Score3'};
>> whichstats = {'mean','std','min','max'};       % 指定描述性统计量名称
>> T1 = T(:,{'Class','Height'});                  % 提取身高数据
>> statarray = grpstats(T1,'Class',whichstats)    % 分组统计
statarray =
    Class      GroupCount      mean_Height     std_Height      min_Height      max_Height

    '090401'       19            169.51           7.7001          158            181.8
    '090402'       18            164.94           9.3674          149.2          185.7

>> T2 = T(:,{'Class','Weight'});                  % 提取体重数据
>> statarray = grpstats(T2,'Class',whichstats)    % 分组统计
statarray =
    Class      GroupCount      mean_Height     std_Height      min_Height      max_Height

'090401'         19            58.732           11.719          44.7            93.5
'090402'         18            55.322           6.8188          42              68.6

>> T3 = T(:,{'Class','VC'});                      % 提取肺活量数据
>> statarray = grpstats(T3,'Class',whichstats)    % 分组统计
statarray =
                 Class      GroupCount     mean_VC    std_VC    min_VC    max_VC

    090401      '090401'       19           3769.4     1353      1609      7359
    090402      '090402'       18           3545.2     752.87    2479      4921
```

2. 计算变量间相关系数矩阵

这里提取身高、体重、肺活量、耐力类项目分数、柔韧及力量类项目分数、速度及灵巧类项

目分数等变量数据,计算它们之间的相关系数矩阵,相应的 MATLAB 代码及结果如下:

```
%  提取身高、体重、肺活量等变量数据
>> T4 = T(:,{'Height','Weight','VC','Score1','Score2','Score3'});
>> T4 = table2array(T4);           % 将表格型数据转为数值矩阵
>> id = any(isnan(T4),2);          % 标记缺失数据所在行
>> T4(id,:) = [ ];                 % 删除缺失数据所在的行
>> R = corrcoef(T4)                % 计算变量间相关系数矩阵
R =
    1.0000      0.6572      0.4693    - 0.2871    - 0.4848    - 0.2939
    0.6572      1.0000      0.6166    - 0.1658    - 0.5068    - 0.0661
    0.4693      0.6166      1.0000    - 0.4826    - 0.3513    - 0.0533
  - 0.2871    - 0.1658    - 0.4826      1.0000      0.2930      0.3041
  - 0.4848    - 0.5068    - 0.3513      0.2930      1.0000      0.3213
  - 0.2939    - 0.0661    - 0.0533      0.3041      0.3213      1.0000
```

3. 频数和频率分布表

tabulate 函数用来统计一个数组中各数字(元素)出现的频数、频率,生成样本数据的频数和频率分布表。这里调用 tabulate 函数对"身高体重等级"进行分析,相应的 MATLAB 代码及结果如下:

```
>> T5 = T.Rank;                    % 提取身高体重等级数据
>> tabulate(T5)                    % 生成身高体重等级数据的频数和频率分布表
    Value        Count          Percent
    营养不良      5              13.51%
    超重          1              2.70%
    较低体重      14             37.84%
    正常体重      14             37.84%
    肥胖          3              8.11%
```

9.1.2 统计图

常用的统计图包括箱线图、频数或频率直方图、正态概率图、分组散点图、分组散点图矩阵和饼图等,下面结合表 9.1-1 中的肺活量数据绘制这些常用的统计图。

1. 箱线图

箱线图的做法如下。

(1) 画一个箱子,其左侧线为样本 0.25 分位数 $m_{0.25}$ 位置,其右侧线为样本 0.75 分位数 $m_{0.75}$ 位置,在样本中位数(即 0.5 分位数 $m_{0.5}$)位置上画一条竖线,画在箱子内。这个箱子包含了样本中 50% 的数据。

(2) 在箱子左右两侧各引出一条水平线,左侧线画至 $\max\{\min x, m_{0.25} - 1.5(m_{0.75} - m_{0.25})\}$,右侧线画至 $\min\{\max x, m_{0.25} + 1.5(m_{0.75} - m_{0.25})\}$,其中 $\min x$ 和 $\max x$ 分别表示样本最小值和最大值,这样每条线段大约包含了样本 25% 的数据。落在左右边界之外的样本点被作为异常点(或称离群点),用"+"号标出。

以上两步得到的图形就是样本数据的水平**箱线图**,当然箱线图也可以做成竖直的形式。

箱线图非常直观地反映了样本数据的分散程度以及总体分布的对称性和尾重,利用箱线图还可以直观地识别样本数据中的异常值。

MATLAB统计工具箱中提供了 boxplot 函数,用来绘制箱线图。

```
>> VC = T.VC;                    % 提取肺活量数据
>> group = T.Class;              % 提取班级数据
>> figure;                       % 新建图形窗口
>> boxplot(VC,group)             % 绘制箱线图
>> ylabel('肺活量')              % y 轴标签
```

以上命令做出的分组箱线图如图 9.1-1 所示。从图中可以看出,在箱线图的上方有两个用"+"号标出的异常点,中位数位置在箱子的正中间偏下,箱子两侧的虚线长度不相等,可认为总体分布为非对称分布。

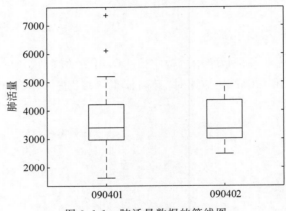

图 9.1-1　肺活量数据的箱线图

2. 频数(率)直方图

频数(率)直方图的做法如下。

(1) 将样本观测值 $x_1, x_2, \cdots, x_n$ 从小到大排序并去除多余的重复值,得到 $x_{(1)} < x_{(2)} < \cdots < x_{(l)}$。

(2) 适当选取略小于 $x_{(1)}$ 的数 a 与略大于 $x_{(l)}$ 的数 b,将区间 (a,b) 随意分为 k 个不相交的小区间,记第 i 个小区间为 I_i,其长度为 h_i。

(3) 把样本观测值逐个分到各区间内,并计算样本观测值落在各区间内的频数 n_i 及频率 $f_i = \dfrac{n_i}{n}$。

(4) 在 x 轴上截取各区间,并以各区间为底,以 n_i 为高作小矩形,就得到**频数直方图**;若以 $\dfrac{f_i}{h_i}$ 为高作小矩形,就得到**频率直方图**。

MATLAB统计工具箱中提供了 hist 函数,用来绘制频数直方图,还提供了 ecdf 和 ecdfhist 函数,用来绘制频率直方图。

```
>> figure;                       % 新建图形窗口
>> [f, xc] = ecdf(VC);           % 调用 ecdf 函数计算 xc 处的经验分布函数值 f
```

```
>> ecdfhist(f, xc);                              % 绘制频率直方图
>> xlabel('肺活量');                              % 为 X 轴加标签
>> ylabel('f(x)');                               % 为 Y 轴加标签
>> hold on
>> [f2,xc2] = ksdensity(VC);                     % 核密度估计
>> plot(xc2,f2,'r')                              % 绘制核密度曲线
>> legend('频率直方图','核密度曲线','Location','NorthEast');  % 添加图例
```

以上命令做出的频率直方图如图 9.1-2 所示。

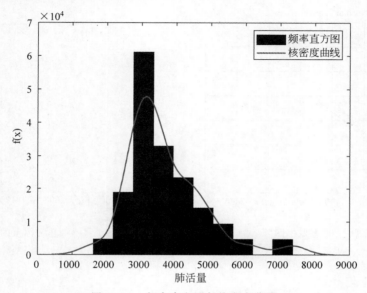

图 9.1-2　频率直方图与核密度曲线

3. 正态概率图

正态概率图用于正态分布的检验，实际上就是纵坐标经过变换后的正态分布的分布函数图，正常情况下，正态分布的分布函数曲线是一条 S 形曲线，而在正态概率图上描绘的则是一条直线。

MATLAB 统计工具箱中提供了 normplot 函数，用来绘制正态概率图。每一个样本观测值对应图上一个"＋"号，图上给出了一条红色的参考线（点画线），若图中的"＋"号都集中在这条参考线附近，说明样本观测数据近似服从正态分布；偏离参考线的"＋"号越多，说明样本观测数据越不服从正态分布。MATLAB 统计工具箱中还提供了 probplot 函数，用来绘制指定分布的概率图。

```
>> figure;                                       % 新建图形窗口
>> normplot(VC);                                 % 绘制正态概率图
```

从图 9.1-3 所示的正态概率图可以看出，图中"＋"号与直线偏离较远，说明了肺活量数据不服从正态分布。

4. 分组散点图

下面以班级为分组变量,绘制身高和体重的分组散点图,如图 9.1-4 所示。

```
>> figure;
>> gscatter(T.Height,T.Weight,T.Class,'br','o*');  % 绘制分组散点图
>> xlabel('身高');
>> ylabel('体重')
```

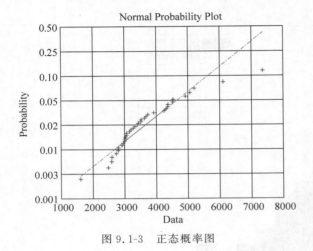

图 9.1-3 正态概率图

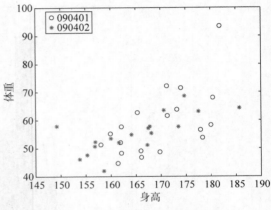

图 9.1-4 身高和体重的分组散点图

5. 分组散点图矩阵

下面以班级为分组变量,绘制身高、体重和肺活量三个变量的分组散点图矩阵,如图 9.1-5 所示。

```
>> figure;
>> data = [T.Height,T.Weight,T.VC];                           % 提取身高、体重和肺活量数据
>> Group = T.Class;                                           % 分组变量
>> Clr = 'br';                                                % 颜色字符
>> Sym = 'o*';                                                % 描点符号字符
>> Siz = [6,6];                                               % 描点符号大小
>> Leg = 'on';                                                % 显示图例
>> Dispopt = 'stairs';                                        % 对角线处绘图样式为阶梯图
>> VarNames = {'身高','体重','肺活量'};                       % 变量名称
>> gplotmatrix (data,[ ],Group,Clr,Sym,Siz,Leg,Dispopt,VarNames); % 绘制分组散点图矩阵
```

6. 饼图

饼图在显示属性统计资料的场合中使用最多。饼图用不同大小和不同颜色的扇形代表不同的属性变量,这些扇形构成了一个完整的圆。绘制饼图时,先画一个圆,然后根据各属性变量出现的频率 f_i 计算出扇形角度 $\theta_i = f_i \times 360$,最后绘制扇形并标记不同颜色即可。

MATLAB 中的 pie3 函数用来绘制三维饼图,下面调用 pie3 函数绘制表 9.1-1 中"身高体重等级"数据的三维饼图。

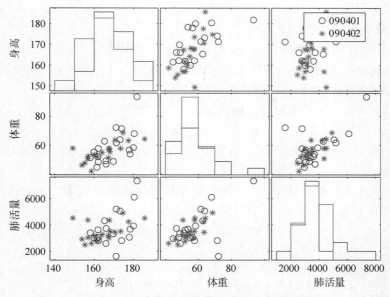

图 9.1-5 身高、体重和肺活量的分组散点图矩阵

```
>> RankStr = T.Rank;              % 提取身高体重等级数据
>> tab = tabulate(RankStr);       % 生成身高体重等级数据的频数和频率分布表
>> x = cell2mat(tab(:,3));        % 把 tab 的第三列对应的元胞数组转为矩阵
>> explode = [0,0,1,0,0];         % 定义指示向量,用来指定把第三部分与其他部分分离显示
>> labels = tab(:,1);             % 饼图标签
>> figure;
>> pie3(x,explode,labels);        % 绘制饼图
```

上面命令做出的图形如图 9.1-6 所示。

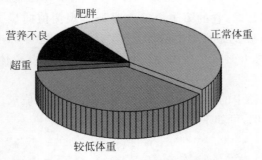

图 9.1-6 身高体重等级数据的三维饼图

9.2 参数估计

在很多实际问题中,为了进行某些统计推断,需要用样本观测数据对总体分布中的未知参数进行估计。例如,学生的某门课程的考试成绩通常服从正态分布 $N(\mu,\sigma^2)$,其中 μ 和 σ 是未知参数,就需要用样本观测数据进行估计,这就是所谓的参数估计,它是统计推断的一种重要形式。

9.2.1 常见分布的参数估计

MATLAB统计工具箱中有这样一系列函数,函数名以 fit 三个字符结尾,这些函数用来求常见分布的参数的最大似然估计和置信区间估计。

【例 9.2-1】 从某厂生产的滚珠中随机抽取 10 个,测得滚珠的直径(单位:mm)如下:

15.14　14.81　15.11　15.26　15.08　15.17　15.12　14.95　15.05　14.87

若滚珠直径服从正态分布 $N(\mu, \sigma^2)$,其中 μ, σ 未知,求 μ, σ 的最大似然估计和置信水平为 90% 的置信区间。

MATLAB 统计工具箱中的 normfit 函数用来根据样本观测值求正态总体均值 μ 和标准差 σ 的最大似然估计和置信区间,对于本例,调用方法如下:

```
% 定义样本观测值向量
>> x = [15.14  14.81  15.11  15.26  15.08  15.17  15.12  14.95  15.05  14.87];
% 调用 normfit 函数求正态总体参数的最大似然估计和置信区间
% 返回总体均值的最大似然估计 muhat 和 90% 置信区间 muci,
% 还返回总体标准差的最大似然估计 sigmahat 和 90% 置信区间 sigmaci
>> [muhat,sigmahat,muci,sigmaci] = normfit(x,0.1)
muhat =
    15.0560
sigmahat =
     0.1397
muci =
    14.9750
    15.1370
sigmaci =
     0.1019
     0.2298
```

上面调用 normfit 函数时,它的第 1 个输入是样本观测值向量 x,第 2 个输入是 $\alpha = 1 - 0.9 = 0.1$。得到总体均值 μ 的最大似然估计为 $\hat{\mu} = 15.0560$,总体标准差 σ 的最大似然估计为 $\hat{\sigma} = 0.1397$,总体均值 μ 的 90% 置信区间为 $[14.9750, 15.1370]$,总体标准差 σ 的 90% 置信区间为 $[0.1019, 0.2298]$。

MATLAB 统计工具箱中的 mle 函数可用来根据样本观测值求指定分布参数的最大似然估计和置信区间,对于本例,可如下调用:

```
% 定义样本观测值向量
>> x = [15.14  14.81  15.11  15.26  15.08  15.17  15.12  14.95  15.05  14.87];
% 调用 mle 函数求正态总体参数的最大似然估计和置信区间
% 返回参数的最大似然估计 mu_sigma 及 90% 置信区间 mu_sigma_ci
>> [mu_sigma,mu_sigma_ci] = mle(x,'distribution','norm','alpha',0.1)
mu_sigma =
    15.0560    0.1325
mu_sigma_ci =
    14.9750    0.1019
    15.1370    0.2298
```

上面调用 mle 函数时,它的第 1 个输入是样本观测值向量 x,第 2 和第 3 个输入用来指定分布类型为正态分布(normal distribution),第 4 和第 5 个输入用来指定 $\alpha = 0.1$。得到总体均

值 μ 的最大似然估计为 $\hat{\mu}=15.0560$,总体标准差 σ 的最大似然估计为 $\hat{\sigma}=0.1325$,总体均值 μ 的 90% 置信区间为 $[14.9750,15.1370]$,总体标准差 σ 的 90% 置信区间为 $[0.1019,0.2298]$。很显然,normfit 和 mle 函数求出的估计结果是不完全相同的,这是因为它们采用了不同的算法。小样本(样本容量不超过 30)情况下,可认为 normfit 函数的结果更可靠。

9.2.2 自定义分布的参数估计

1. 单参数情形

【例 9.2-2】 已知总体 X 的密度函数为 $f(x;\theta)=\begin{cases}\theta x^{\theta-1}, & 0<x<1 \\ 0, & \text{其他}\end{cases}$,其中 $\theta>0$ 是未知参数。现从总体 X 中随机抽取容量为 20 的样本,得样本观测值如下:

 0.7917 0.8448 0.9802 0.8481 0.7627 0.9013 0.9037 0.7399 0.7843 0.8424
 0.9842 0.7134 0.9959 0.6444 0.8362 0.7651 0.9341 0.6515 0.7956 0.8733

试根据以上样本观测值求参数 θ 的最大似然估计和置信水平为 95% 的置信区间。

本例中给出的分布不是常见分布,无法调用以 fit 三个字符结尾的函数进行求解,下面调用 mle 函数求参数 θ 的最大似然估计和置信区间。

```
% 定义样本观测值矩阵
>> x = [0.7917,0.8448,0.9802,0.8481,0.7627
        0.9013,0.9037,0.7399,0.7843,0.8424
        0.9842,0.7134,0.9959,0.6444,0.8362
        0.7651,0.9341,0.6515,0.7956,0.8733];
>> x = x(:);                              % 把矩阵拉长为向量
% 以匿名函数方式定义密度函数,返回函数句柄 PdfFun
>> PdfFun = @(x,theta) theta * x.^(theta-1) .* (x > 0 & x < 1);
% 调用 mle 函数求参数最大似然估计值和置信区间
>> [phat,pci] = mle(x,'pdf',PdfFun,'start',1)
phat =
    5.1502
pci =
    2.8931
    7.4073
```

上面调用 mle 函数时,它的第 1 个输入是样本观测值向量 x,第 2 和第 3 个输入用来传递总体密度函数对应的函数句柄,这里采用匿名函数的方式定义密度函数,需要将函数句柄 PdfFun 传递给 mle 函数。针对用户传递的密度函数,mle 函数利用迭代算法求参数估计值,需要指定参数初值,mle 函数的第 4 和第 5 个输入用来指定参数初值。

运行上述命令得到总体参数 θ 的最大似然估计为 $\hat{\theta}=5.1502$,95% 置信区间为 $[2.8931, 7.4073]$。

2. 多参数情形

【例 9.2-3】 设总体 X 服从由正态分布和 I 型极小值分布(即 Gumbel 分布)混合而成的混合分布,两种分布的比例分别为 0.6 和 0.4。总体 X 的密度函数为:

$$f(x) = \frac{0.6}{\sqrt{2\pi}\sigma_1}\exp\left(\frac{-(x-\mu_1)^2}{2\sigma_1^2}\right) + \frac{0.4}{\sigma_2}\exp\left(\frac{x-\mu_2}{\sigma_2}\right)\exp\left(-\exp\left(\frac{x-\mu_2}{\sigma_2}\right)\right)$$

试生成 600 个正态分布($\mu_1=35,\sigma_1=25$)随机数和 400 个 Gumbel 分布($\mu_2=20,\sigma_2=2$)随机数作为样本数据,求参数 $\mu_1,\sigma_1,\mu_2,\sigma_2$ 的最大似然估计和置信水平为 95% 的置信区间。

```
>> rand('seed',1);                        % 设置随机数生成器的初始种子为 1
>> randn('seed',1);                       % 设置随机数生成器的初始种子为 1
>> x = normrnd(35,5,600,1);               % 生成指定正态分布随机数
>> y = evrnd(20,2,400,1);                 % 生成指定 Gumbel 分布随机数
>> data = [x;y];                          % 构造样本数据
% 用匿名函数方式定义真实密度函数
>> pdffun = @(t,mu1,sig1,mu2,sig2)0.6 * normpdf(t,mu1,sig1) + 0.4 * evpdf(t,mu2,sig2);
% 设定初值为[10,10,10,10],并设定参数的上下界,调用 mle 函数求解参数估计
>> [phat,pci] = mle(data,'pdf',pdffun,'start',[10,10,10,10],...
        'lowerbound',[- inf,0,- inf,0],'upperbound',[inf,inf,inf,inf])

phat =
    34.9759    5.0091    20.0990    1.9049


pci =
    34.5503    4.6837    19.8883    1.7443
    35.4015    5.3345    20.3096    2.0654
```

运行上述命令得到总体参数 $\mu_1,\sigma_1,\mu_2,\sigma_2$ 的最大似然估计分别为 $\hat{\mu}_1=34.9759,\hat{\sigma}_1=5.0091,\hat{\mu}_2=20.0990,\hat{\sigma}_2=1.9049,95\%$ 置信区间分别为 $[34.5503,35.4015]$,$[4.6837,5.3345]$,$[19.8883,20.3096]$,$[1.7443,2.0654]$。

【说明】 当总体密度中含有多个待估参数时,用户编写的密度函数应该有多个输入,每个待估参数作为一个输入,在调用 mle 函数求参数的最大似然估计时,参数的初值应设为向量,其长度与待估参数的个数保持一致。

9.3   正态总体参数的假设检验

9.3.1   总体标准差已知时的单个正态总体均值的 U 检验

【例 9.3-1】 某切割机正常工作时,切割的金属棒的长度服从正态分布 $N(100,4)$。从该切割机切割的一批金属棒中随机抽取 15 根,测得它们的长度(单位:mm)如下:

97　102　105　112　99　103　102　94　100　95　105　98　102　100　103

假设总体方差不变,试检验该切割机工作是否正常,即总体均值是否等于 100mm。取显著性水平 $\alpha=0.05$。

分析:这是总体标准差已知时的单个正态总体均值的检验,根据题目要求可写出如下假设:

$$H_0:\mu=\mu_0=100,\quad H_1:\mu\neq\mu_0$$

这里的 $H_0:\mu=\mu_0=100$ 称为原假设,$H_1:\mu\neq\mu_0$ 称为备择假设(或对立假设)。MATLAB 统计工具箱中的 ztest 函数可用来作总体标准差已知时的单个正态总体均值的检验,对于本例,调用方法如下:

```
% 定义样本观测值向量
>> x = [97  102  105  112  99  103  102  94  100  95  105  98  102  100  103];
>> mu0 = 100;                          % 原假设中的 mu0
>> Sigma = 2;                          % 总体标准差 Sigma(已知)
>> Alpha = 0.05;                       % 显著性水平 alpha
% 调用 ztest 函数作总体均值的双侧检验,
% 返回变量 h,检验的 p 值,均值的置信区间 muci,检验统计量的观测值 zval
>> [h,p,muci,zval] = ztest(x,mu0,Sigma,Alpha)
h =                                    % h = 1 时拒绝原假设,h = 0 时,接受原假设
     1
p =
    0.0282
muci =
  100.1212   102.1455
zval =
    2.1947
```

在上述命令中,ztest 函数的 4 个输入分别为样本观测值向量 x、原假设中的 μ_0、总体标准差 σ 和显著性水平 α(默认的显著性水平为 0.05),ztest 函数的 4 个输出分别为变量 h、检验的 p 值 p、总体均值 μ 的置信水平为 $1-\alpha$ 的置信区间 muci、检验统计量的观测值 zval。当 $h=0$ 或 $p>\alpha$ 时,接受原假设 H_0;当 $h=1$ 或 $p \leqslant \alpha$ 时,拒绝原假设 H_0。

由于 ztest 函数返回的检验的 p 值 $p=0.0282<0.05$,所以在显著性水平 $\alpha=0.05$ 下拒绝原假设 $H_0: \mu=\mu_0=100$,认为该切割机工作不正常。注意到 ztest 函数返回的总体均值的置信水平为 95% 的置信区间为 $[100.1212, 102.1455]$,它的两个置信限均大于 100,因此还需作如下的检验:

$$H_0: \mu \leqslant \mu_0=100, \quad H_1: \mu > \mu_0$$

```
% 定义样本观测值向量
>> x = [97  102  105  112  99  103  102  94  100  95  105  98  102  100  103];
>> mu0 = 100;                          % 原假设中的 mu0
>> Sigma = 2;                          % 总体标准差 Sigma(已知)
>> Alpha = 0.05;                       % 显著性水平 Alpha
>> tail = 'right';                     % 尾部类型为单侧(右尾检验)
% 调用 ztest 函数作总体均值的单侧检验,
% 返回变量 h,检验的 p 值,均值的置信区间 muci,检验统计量的观测值 zval
>> [h,p,muci,zval] = ztest(x,mu0,Sigma,Alpha,tail)
h =                                    % h = 1 时拒绝原假设,h = 0 时,接受原假设
     1
p =
    0.0141
muci =
  100.2839    Inf
zval =
    2.1947
```

在上述命令中,ztest 函数的第 5 个输入 tail 是尾部类型变量,用来指定备择假设 H_1 的形式,它的可能取值为字符串 both、right 和 left,对应的备择假设分别为 $H_1: \mu \neq \mu_0$(双侧检验)、$H_1: \mu > \mu_0$(右尾检验)和 $H_1: \mu < \mu_0$(左尾检验)。由于 ztest 函数返回的检验的 p 值 $p=0.0141<0.05$,所以在显著性水平 $\alpha=0.05$ 下拒绝原假设 $H_0: \mu \leqslant \mu_0=100$,认为总体均值 μ

大于 100。此时 μ 的置信水平为 95% 的单侧置信下限为 100.2839。

9.3.2　总体标准差未知时的单个正态总体均值的 t 检验

【例 9.3-2】　化肥厂用自动包装机包装化肥,某日测得 9 包化肥的质量(单位：kg)如下：

49.4　50.5　50.7　51.7　49.8　47.9　49.2　51.4　48.9

设每包化肥的质量服从正态分布,是否可以认为每包化肥的平均质量为 50kg? 取显著性水平 $\alpha = 0.05$。

分析：这是总体标准差未知时的单个正态总体均值的检验,根据题目要求可写出如下假设：

$$H_0 : \mu = \mu_0 = 50, \quad H_1 : \mu \neq \mu_0$$

MATLAB 统计工具箱中的 ttest 函数可用来作总体标准差未知时的正态总体均值的检验。对于本例,作如下调用：

```
% 定义样本观测值向量
>> x = [49.4  50.5  50.7  51.7  49.8  47.9  49.2  51.4  48.9];
>> mu0 = 50;                        % 原假设中的 mu0
>> Alpha = 0.05;                    % 显著性水平 Alpha
% 调用 ttest 函数作总体均值的双侧检验,
% 返回变量 h,检验的 p 值,均值的置信区间 muci,结构体变量 stats
>> [h,p,muci,stats] = ttest(x,mu0,Alpha)
h =
     0
p =
    0.8961
muci =
    48.9943   50.8945
stats =
    tstat: -0.1348              % t 检验统计量的观测值
       df: 8                    % t 检验统计量的自由度
       sd: 1.2360               % 样本标准差
```

在上述命令中,ttest 函数的 3 个输入分别为样本观测值向量 x、原假设中的 μ_0 和显著性水平 α(默认的显著性水平为 0.05),ttest 函数的 4 个输出分别为变量 h、检验的 p 值 p、总体均值 μ 的置信水平为 $1-\alpha$ 的置信区间 muci、结构体变量 stats(其字段及说明见命令中的注释)。当 $h=0$ 或 $p>\alpha$ 时,接受原假设 H_0；当 $h=1$ 或 $p\leqslant\alpha$ 时,拒绝原假设 H_0。

由于 ttest 函数返回的检验的 p 值 $p=0.8961>0.05$,所以在显著性水平 $\alpha=0.05$ 下接受原假设 $H_0 : \mu = \mu_0 = 50$,认为每包化肥的平均质量为 50kg。此时总体均值 μ 的置信水平为 95% 的置信区间为 $[48.9943, 50.8945]$。

9.3.3　总体标准差未知时的两个正态总体均值的比较 t 检验

1. 两独立样本的 t 检验

【例 9.3-3】　甲、乙两台机床加工同一种产品,从这两台机床加工的产品中随机抽取若干件,测得产品直径(单位：mm)为：

甲机床：20.1 20.0 19.3 20.6 20.2 19.9 20.0 19.9 19.1 19.9

乙机床：18.6 19.1 20.0 20.0 20.0 19.7 19.9 19.6 20.2

设甲、乙两机床加工的产品的直径分别服从正态分布 $N(\mu_1,\sigma_1^2)$ 和 $N(\mu_2,\sigma_2^2)$，试比较甲、乙两台机床加工的产品的直径是否有显著差异？取显著性水平 $\alpha=0.05$。

分析：这是总体标准差未知，并且两样本独立时的两个正态总体均值的比较检验，根据题目要求可写出如下假设：

$$H_0:\mu_1=\mu_2,\quad H_1:\mu_1\neq\mu_2$$

MATLAB统计工具箱中的 ttest2 函数可用来作总体标准差未知时的两个正态总体均值的比较检验，对于本例，作如下调用：

```
% 定义甲机床对应的样本观测值向量
>> x = [20.1, 20.0, 19.3, 20.6, 20.2, 19.9, 20.0, 19.9, 19.1, 19.9];
% 定义乙机床对应的样本观测值向量
>> y = [18.6, 19.1, 20.0, 20.0, 20.0, 19.7, 19.9, 19.6, 20.2];
>> Alpha = 0.05;           % 显著性水平为 0.05
>> tail = 'both';          % 尾部类型为双侧
>> vartype = 'equal';      % 方差类型为等方差
% 调用 ttest2 函数作两个正态总体均值的比较检验,
% 返回变量 h,检验的 p 值,均值差的置信区间 muci,结构体变量 stats
>> [h,p,muci,stats] = ttest2(x,y,Alpha,tail,vartype)
h =
     0
p =
    0.3191
muci =
   -0.2346    0.6791
stats =
    tstat: 1.0263          % t 检验统计量的观测值
       df: 17              % t 检验统计量的自由度
       sd: 0.4713          % 样本的联合标准差(双侧检验)或样本的标准差向量(单侧检验)
```

在上述命令中，ttest2 函数的 5 个输入分别为样本观测值向量 x、样本观测值向量 y、显著性水平 α（默认的显著性水平为 0.05）、尾部类型变量 tail 和方差类型变量 vartype。其中尾部类型变量 tail 用来指定备择假设 H_1 的形式，它的可能取值为字符串'both'、'right' 和 'left'，对应的备择假设分别为 $H_1:\mu_1\neq\mu_2$（双侧检验）、$H_1:\mu_1>\mu_2$（右尾检验）和 $H_1:\mu_1<\mu_2$（左尾检验）。方差类型变量 vartype 用来指定两总体方差是否相等，它的可能取值为字符串 'equal' 和 'unequal'，分别表示等方差和异方差。ttest2 函数的 4 个输出分别为变量 h、检验的 p 值 p、总体均值之差 $\mu_1-\mu_2$ 的置信水平为 $1-\alpha$ 的置信区间 muci 和结构体变量 stats（其字段及说明见命令中的注释）。当 $h=0$ 或 $p>\alpha$ 时，接受原假设 H_0；当 $h=1$ 或 $p\leqslant\alpha$ 时，拒绝原假设 H_0。

上面假定两个总体的方差相同且未知，调用 ttest2 函数进行了两正态总体均值的比较检验，返回的检验的 p 值 $p=0.3191>0.05$，所以在显著性水平 $\alpha=0.05$ 下接受原假设 H_0：$\mu_1=\mu_2$，认为甲、乙两台机床加工的产品的直径没有显著差异。此时 $\mu_1-\mu_2$ 的置信水平为 95% 的置信区间为 $[-0.2346,0.6791]$。

2. 配对样本的 t 检验

【例 9.3-4】 两组（各 10 名）有资质的评酒员分别对 12 个不同的红葡萄酒样品进行品评，

每个评酒员在品尝后进行评分(百分制),然后对每组的每个样品计算其平均分,结果如表 9.3-1 所示。

表 9.3-1　两组评酒员对 12 个不同的红葡萄酒样品的评分

组	样品 1	样品 2	样品 3	样品 4	样品 5	样品 6	样品 7	样品 8	样品 9	样品 10	样品 11	样品 12
第一组	80.3	68.6	72.2	71.5	72.3	70.1	74.6	73.0	58.7	78.6	85.6	78.0
第二组	74.0	71.2	66.3	65.3	66.0	61.6	68.8	72.6	65.7	72.6	77.1	71.5

设两组评酒员的评分分别服从正态分布 $N(\mu_1, \sigma_1^2)$ 和 $N(\mu_2, \sigma_2^2)$,试比较两组评酒员的评分是否有显著差异?取显著性水平 $\alpha = 0.05$。

分析:由于每个红葡萄酒样品都对应两个评分,显然两样本等长,并且两样本不独立,这是配对样本的比较检验问题。根据题目要求可写出如下假设:

$$H_0: \mu_1 = \mu_2, \quad H_1: \mu_1 \neq \mu_2 \tag{9.3-1}$$

由于两样本不独立,通常的做法是将两样本对应数据作差,把两个正态总体均值的比较检验化为单个正态总体均值的检验。此时可将式(9.3-1)中的假设改写为如下假设:

$$H_0: \mu = \mu_1 - \mu_2 = 0, \quad H_1: \mu \neq 0$$

MATLAB 统计工具箱中的 ttest 函数还可用来作配对样本的比较 t 检验,对于本例,可如下调用:

```
>> x = [80.3,68.6,72.2,71.5,72.3,70.1,74.6,73.0,58.7,78.6,85.6,78.0];   % 样本 1
>> y = [74.0,71.2,66.3,65.3,66.0,61.6,68.8,72.6,65.7,72.6,77.1,71.5];   % 样本 2
>> Alpha = 0.05;                        % 显著性水平为 0.05
>> tail = 'both';                       % 尾部类型为双侧
% 调用 ttest 函数作配对样本的比较 t 检验,
% 返回变量 h,检验的 p 值,均值差的置信区间 muci,结构体变量 stats
>> [h,p,muci,stats] = ttest(x,y,Alpha,tail)
h =
     1
p =
    0.0105
muci =
    1.2050    7.2617
stats =
    tstat: 3.0768              % t 检验统计量的观测值
       df: 11                  % t 检验统计量的自由度
       sd: 4.7662              % 样本标准差
```

在上述命令中,ttest 函数的 4 个输入分别为样本观测值向量 **x** 和 **y**、显著性水平 α(默认的显著性水平为 0.05)和尾部类型变量 tail。其中尾部类型变量 tail 用来指定备择假设 H_1 的形式,它的可能取值为字符串 'both'、'right' 和 'left',对应的备择假设分别为 $H_1: \mu = \mu_1 - \mu_2 \neq 0$(双侧检验)、$H_1: \mu > 0$(右尾检验)和 $H_1: \mu < 0$(左尾检验)。ttest 函数的 4 个输出分别为变量 h、检验的 p 值 p、总体均值差 μ 的置信水平为 $1 - \alpha$ 的置信区间 muci、结构体变量 stats(其字段及说明见命令中的注释)。当 $h = 0$ 或 $p > \alpha$ 时,接受原假设 H_0;当 $h = 1$ 或 $p \leqslant \alpha$ 时,拒绝原假设 H_0。

由于 ttest 函数返回的检验的 p 值 $p = 0.0105 < 0.05$,所以在显著性水平 $\alpha = 0.05$ 下拒绝原假设 $H_0: \mu = \mu_1 - \mu_2 = 0$,认为两组评酒员的评分有显著差异。此时两总体均值差的置信水

平为 95% 的置信区间为 $[1.2050, 7.2617]$，该区间不包含 0，说明第一组评酒员的评分明显高于第二组评酒员的评分。

9.3.4 总体均值未知时的单个正态总体方差的 χ^2 检验

【例 9.3-5】 根据例 9.3-2 中的样本观测数据检验每包化肥的质量的方差是否等于 1.5，取显著性水平 $\alpha = 0.05$。

分析：这是总体均值未知时的单个正态总体方差的检验，根据题目要求可写出如下假设：

$$H_0 : \sigma^2 = \sigma_0^2 = 1.5, \quad H_1 : \sigma^2 \neq \sigma_0^2$$

MATLAB 统计工具箱中的 vartest 函数可用来作总体均值未知时的单个正态总体方差的检验，对于本例，作如下调用：

```
% 定义样本观测值向量
>> x = [49.4  50.5  50.7  51.7  49.8  47.9  49.2  51.4  48.9];
>> var0 = 1.5;                      % 原假设中的常数
>> Alpha = 0.05;                    % 显著性水平为 0.05
>> tail = 'both';                   % 尾部类型为双侧
% 调用 vartest 函数作单个正态总体方差的双侧检验，
% 返回变量 h，检验的 p 值，方差的置信区间 varci，结构体变量 stats
>> [h,p,varci,stats] = vartest(x,var0,Alpha,tail)
h =
    0
p =
    0.8383
varci =
    0.6970    5.6072
stats =
    chisqstat: 8.1481              % 卡方检验统计量的观测值
           df: 8                   % 卡方检验统计量的自由度
```

在上述命令中，vartest 函数的 4 个输入分别为样本观测值向量 x、原假设中的 σ_0^2、显著性水平 α（默认的显著性水平为 0.05）和尾部类型变量 tail。其中尾部类型变量 tail 用来指定备择假设 H_1 的形式，它的可能取值为字符串 'both'、'right' 和 'left'，对应的备择假设分别为 $H_1 : \sigma^2 \neq \sigma_0^2$（双侧检验）、$H_1 : \sigma^2 > \sigma_0^2$（右尾检验）和 $H_1 : \sigma^2 < \sigma_0^2$（左尾检验）。vartest 函数的 4 个输出分别为变量 h、检验的 p 值 p、总体方差 σ^2 的置信水平为 $1-\alpha$ 的置信区间 varci、结构体变量 stats（其字段及说明见命令中的注释）。当 $h=0$ 或 $p>\alpha$ 时，接受原假设 H_0；当 $h=1$ 或 $p \leqslant \alpha$ 时，拒绝原假设 H_0。

由于 vartest 函数返回的检验的 p 值 $p=0.8383>0.05$，所以在显著性水平 $\alpha=0.05$ 下接受原假设 $H_0 : \sigma^2 = \sigma_0^2 = 1.5$，认为每包化肥的质量的方差等于 1.5。此时总体方差 σ^2 的置信水平为 95% 的置信区间为 $[0.6970, 5.6072]$。

9.3.5 总体均值未知时的两个正态总体方差的比较 F 检验

【例 9.3-6】 根据例 9.3-3 中的样本观测数据检验甲、乙两台机床加工的产品的直径的方差是否相等。取显著性水平 $\alpha = 0.05$。

分析：这是总体均值未知时的两个正态总体方差的比较检验,根据题目要求可写出如下假设:

$$H_0 : \sigma_1^2 = \sigma_2^2, \quad H_1 : \sigma_1^2 \neq \sigma_2^2$$

MATLAB 统计工具箱中的 vartest2 函数可用来作总体均值未知时的两个正态总体方差的比较检验,对于本例,作如下调用:

```
% 定义甲机床对应的样本观测值向量
>> x = [20.1,  20.0,  19.3,  20.6,  20.2,  19.9,  20.0,  19.9,  19.1,  19.9];
% 定义乙机床对应的样本观测值向量
>> y = [18.6,  19.1,  20.0,  20.0,  20.0,  19.7,  19.9,  19.6,  20.2];
>> Alpha = 0.05;                      % 显著性水平为 0.05
>> tail = 'both';                     % 尾部类型为双侧
% 调用 vartest2 函数作两个正态总体方差的比较检验,
% 返回变量 h,检验的 p 值,方差之比的置信区间 varci,结构体变量 stats
>> [h,p,varci,stats] = vartest2(x,y,Alpha,tail)
h =
     0
p =
    0.5798
varci =
    0.1567    2.8001
stats =
    fstat: 0.6826                     % F 检验统计量的观测值
      df1: 9                          % F 检验统计量的分子自由度
      df2: 8                          % F 检验统计量的分母自由度
```

在上述命令中,vartest2 函数的 4 个输入分别为样本观测值向量 x、样本观测值向量 y、显著性水平 α(默认的显著性水平为 0.05)和尾部类型变量 tail。其中尾部类型变量 tail 用来指定备择假设 H_1 的形式,它的可能取值为字符串 'both'、'right' 和 'left',对应的备择假设分别为 $H_1 : \sigma_1^2 \neq \sigma_2^2$(双侧检验)、$H_1 : \sigma_1^2 > \sigma_2^2$(右尾检验)和 $H_1 : \sigma_1^2 < \sigma_2^2$(左尾检验)。vartest2 函数的 4 个输出分别为变量 h、检验的 p 值 p、总体方差之比 σ_1^2/σ_2^2 的置信水平为 $1-\alpha$ 的置信区间 varci、结构体变量 stats(其字段及说明见命令中的注释)。当 $h=0$ 或 $p>\alpha$ 时,接受原假设 H_0;当 $h=1$ 或 $p \leqslant \alpha$ 时,拒绝原假设 H_0。

由于 vartest2 函数返回的检验的 p 值 $p=0.5798>0.05$,所以在显著性水平 $\alpha=0.05$ 下接受原假设 $H_0 : \sigma_1^2 = \sigma_2^2$,认为甲、乙两台机床加工的产品的直径的方差相等。此时 σ_1^2/σ_2^2 的置信水平为 95% 的置信区间为 $[0.1567, 2.8001]$。

9.4   常用非参数检验

在用样本数据对正态总体参数作出统计推断(例如参数估计和假设检验)时,要求样本数据应服从正态分布,这种数据分布类型已知的总体参数的假设检验称为参数假设检验。与参数假设检验相对应的还有非参数假设检验、例如分布的正态性检验、样本的随机性检验等,这类检验通常只假定分布是连续的或对称的,并不要求数据服从正态分布。MATLAB 中常用非参数检验函数如表 9.4-1 所示。

表 9.4-1　MATLAB 中常用非参数检验函数

函　数　名	说　　　明	函　数　名	说　　　明
runstest	游程检验	chi2gof	卡方拟合优度检验
signtest	符号检验（配对样本）	kstest	单样本 Kolmogorov-Smirnov 检验
signrank	Wilcoxon 符号秩检验（配对样本）	kstest2	双样本 Kolmogorov-Smirnov 检验
ranksum	Wilcoxon 秩和检验（独立样本）	lillietest	Lilliefors 检验

9.4.1　游程检验

在实际应用中，需要对样本数据的随机性和独立性作出检验，这要用到游程检验，它是一种非参数检验，用来检验样本数据的随机性，通常人们认为满足随机性的样本数据也满足独立性。

在以一定顺序（如时间）排列的有序数列中，具有相同属性（如符号）的连续部分称为一个游程，一个游程中所包含数据的个数称为游程的长度，通常用 R 表示一个数列中的游程总数。

【例 9.4-1】　某日 9:00～10:00 到某银行办理业务的人员性别依次如下：

男男女女女男女女男男男女

不难看出以上性别序列中男性对应游程数为 3，女性对应游程数为 3，游程总数为 6。

【例 9.4-2】　一个包含 12 个数的有序数列如下：

$$6 \quad 13 \quad 9 \quad 16 \quad 8 \quad 4 \quad 8 \quad 11 \quad 10 \quad 5 \quad 1$$

这是一个数值型数列，可以采用以下两种方法计算游程总数。

（1）以某一数值（例如数据的平均值）为界，将数列中大于该值的数记为"＋"号，小于该值的数记为"－"号，等于该值的数去除，从而确定游程总数。对于例 9.4-2，以数据的平均值为界，可得游程总数为 5。

（2）根据数列中出现的连续增和连续减的子序列数确定游程总数。对于例 9.4-2，数列中各有 4 个连续增和连续减的子序列，因此游程总数为 8。

在游程检验中，数据序列的游程总数偏少或偏多都是数据不满足随机性的表现，因此，检验的拒绝域形如 $W = \{R \leqslant r_1 \text{ 或 } R \geqslant r_2\}$。临界值或 p 值的计算比较复杂，小样本（样本容量不超过 50）情况下，可用精确方法进行计算；大样本情况下，可用正态近似进行计算。

【例 9.4-3】　中国福利彩票"双色球"开奖号码由 6 个红色球号码和 1 个蓝色球号码组成。红色球号码从 1～33 中随机选择；蓝色球号码从 1～16 中随机选择。现收集了 2012 年 1 月 1 日—2012 年 8 月 19 日共 97 期双色球开奖数据。完整数据保存在文件"2012 双色球开奖数据.xls"中，部分数据如表 9.4-2 所示。

表 9.4-2　2012 年 1—8 月间 97 期双色球开奖数据（部分）

开奖日期	期　　号	红色球号码						蓝色球号码
2012－1－1	2012001	1	4	5	9	15	17	6
2012－1－3	2012002	2	3	7	9	10	32	13
2012－1－5	2012003	3	6	8	24	29	31	9
2012－1－8	2012004	1	5	10	11	21	23	16
2012－1－10	2012005	7	9	18	27	31	33	6

续表

开奖日期	期 号	红色球号码						蓝色球号码
...	...	...	...	...	...	...	...	...
2012-8-9	2012093	3	5	19	21	24	33	13
2012-8-12	2012094	6	9	14	16	23	33	15
2012-8-14	2012095	17	24	27	28	29	30	2
2012-8-16	2012096	4	7	11	16	29	33	7
2012-8-19	2012097	5	8	13	14	19	22	6

试根据收集到的 97 组数据研究蓝色球号码出现顺序是否随机。

```
% 读取文件"2012双色球开奖数据.xls"的第 1 个工作表中的 I2:I98 中的数据,即蓝色球号码
>> x = xlsread('2012双色球开奖数据.xls',1,'I2:I98');
>> [h,p,stats] = runstest(x,[ ],'method','approximate')  % 对蓝色球号码进行游程检验
h =
     0
p =
    0.4192
stats =
    nruns: 45
       n1: 50
       n0: 47
        z: -0.8079
```

由于 runstest 函数返回的检验的 p 值 $p=0.4192>0.05$,所以在显著性水平 $\alpha=0.05$ 下接受原假设 H_0:蓝色球号码出现顺序随机。

9.4.2 符号检验

设 X 为连续总体,其中位数记为 M_e,考虑假设检验问题:

$$H_0:M_e=M_0, \quad H_1:M_e \neq M_0$$

记 $p_+=P(X>M_0)$,$p_-=P(X<M_0)$,由于 M_e 是总体 X 的中位数,可知当 H_0 成立时,$p_+=p_-=0.5$,因此上述假设检验问题等价于:

$$H_0:p_+=p_-=0.5, \quad H_1:p_+ \neq p_-$$

从总体 X 中抽取容量为 n 的样本 $X_1,X_2,\cdots,X_n$。当 $X_i>M_0$ 时,记为(+)号;当 $X_i<M_0$ 时,记为(-)号;当 $X_i=M_0$ 时,记为(0)。用 n_+ 和 n_- 分别表示(+)号和(-)号的个数,令 $m=n_++n_-$。

若 H_0 成立,则 $\{X_i>M_0\}$ 和 $\{X_i<M_0\}$ 应该有相同的概率,(+)号和(-)号的个数应该相差不大,换句话说,当 m 固定时,$\min(n_+,n_-)$ 不应太小,否则应认为 H_0 不成立。选取检验统计量:

$$S=\min(n_+,n_-)$$

对于固定的 m 和给定的显著性水平 α,根据 S 的分布计算临界值 S_α,当 $S \leqslant S_\alpha$ 时,拒绝原假设 H_0,即认为总体中位数 M_e 与 M_0 有显著差异;当 $S>S_\alpha$ 时,接受 H_0,即认为总体中位数 M_e 与 M_0 无显著差异。

符号检验还可用于配对样本的比较检验,只需将两样本对应数据作差,即可把两个总体中

位数(或分布)的比较检验化为单个总体中位数的检验。

【例9.4-4】 在某国总统选举的民意调查中,随机询问了200名选民,结果显示,69人支持甲候选人,108人支持乙候选人,23人弃权,试分析甲、乙两位候选人的支持率是否有显著差异。取显著性水平 $\alpha=0.01$。

分析:用 p_1 和 p_2 分别表示甲、乙两位候选人的支持率,根据题目要求可写出如下假设:

$$H_0:p_1=p_2=0.5, \quad H_1:p_1 \neq p_2$$

调用 signtest 函数求解本例的 MATLAB 命令如下:

```
% 定义样本观测值向量,-1表示支持甲候选人,0表示弃权,1表示支持乙候选人
>> x = [-ones(69,1);zeros(23,1);ones(108,1)];
>> p = signtest(x)                    % 符号检验,检验x的中位数是否为0
p =
    0.0043
```

由于 signtest 函数返回的检验的 p 值 $p=0.0043<0.01$,所以在显著性水平 $\alpha=0.01$ 下拒绝原假设 H_0,认为甲、乙两位候选人的支持率有非常显著的差异。

【例9.4-5】 根据例9.3-4中的配对样本数据,利用符号检验方法比较两组评酒员的评分是否有显著差异。取显著性水平 $\alpha=0.05$。

```
>> x = [80.3,68.6,72.2,71.5,72.3,70.1,74.6,73.0,58.7,78.6,85.6,78.0];   % 样本1
>> y = [74.0,71.2,66.3,65.3,66.0,61.6,68.8,72.6,65.7,72.6,77.1,71.5];   % 样本2
>> p = signtest(x,y)                  % 配对样本的符号检验
p =
    0.0386
```

由于 signtest 函数返回的检验的 p 值 $p=0.0386<0.05$,所以在显著性水平 $\alpha=0.05$ 下认为两组评酒员的评分有显著差异,这与例9.3-4的结果是一致的。

9.4.3 Wilcoxon 符号秩检验

符号检验只考虑了分布在中位数两侧的样本数据的个数,并没有考虑中位数两侧数据分布的疏密程度的差别,这就使得符号检验的结果比较粗糙,检验功效较低。统计学家Wilcoxon(威尔科克森)于1945年提出了一种更为精细的"符号秩检验法",该方法是在配对样本的符号检验基础上发展起来的,比传统的单独用正负号的检验更加有效。它适用于单个样本中位数的检验,也适用于配对样本的比较检验,但并不要求样本之差服从正态分布,只要求对称分布即可。

设连续总体 X 服从对称分布,其中位数记为 M_e,考虑假设检验问题:

$$H_0:M_e=M_0, \quad H_1:M_e \neq M_0$$

从总体 X 中抽取容量为 n 的样本 $X_1,X_2,\cdots,X_n$,将 $|X_i-M_0|,i=1,\cdots,n$ 从小到大排序,并计算它们的秩(即序号,取值相同时求平均秩),根据 X_i-M_0 的符号将 $|X_i-M_0|$ 分为正号组和负号组,用 W^+ 和 W^- 分别表示正号组和负号组的秩和,则 $W^++W^-=n(n+1)/2$。

若 H_0 成立,则 W^+ 和 W^- 取值相差不大,即 $\min(W^+,W^-)$ 不应太小,否则应认为 H_0 不成立。选取检验统计量:

$$W=\min(W^+,W^-)$$

对于给定的显著性水平 α，根据 W 的分布计算临界值 W_α，当 $W \leqslant W_\alpha$ 时，拒绝原假设 H_0，即认为总体中位数 M_e 与 M_0 有显著差异；当 $W > W_\alpha$ 时，接受 H_0，即认为总体中位数 M_e 与 M_0 无显著差异。

对于配对样本的符号秩检验，只需将两样本对应数据作差，即可将其化为单样本符号秩检验。

【例 9.4-6】 抽查精细面粉的装包重量，抽查了 16 包，其观测值（单位：kg）如下：

> 20.21　19.95　20.15　20.07　19.91　19.99　20.08　20.16
>
> 19.99　20.16　20.09　19.97　20.05　20.27　19.96　20.06

试检验平均重量与原来设定的 20kg 是否有显著差别，取显著性水平 $\alpha = 0.05$。

根据题目要求可写出如下假设：

$$H_0 : M_e = 20, \quad H_1 : M_e \neq 20$$

调用 signrank 函数求解本例的 MATLAB 命令如下：

```
>> x = [20.21,19.95,20.15,20.07,19.91,19.99,20.08,20.16,...    % 样本观测值向量
        19.99,20.16,20.09,19.97,20.05,20.27,19.96,20.06];
>> [p,h,stats] = signrank(x,20)                                % 符号秩检验
p =
    0.0298
h =
    1
stats =
           zval: -2.1732                                       % 近似正态统计量
      signedrank: 26                                           % Wilcoxon符号秩统计量
```

由于 signrank 函数返回的检验的 p 值 $p = 0.0298 < 0.05$，所以在显著性水平 $\alpha = 0.05$ 下拒绝原假设，不能认为此组面粉数据的中位数为 20。

9.4.4　Mann-Whitney 秩和检验

设 X 和 Y 是两个连续型总体，其分布函数分别为 $F(x - \mu_1)$ 和 $F(x - \mu_2)$ 且均未知，即两总体分布形状相同，位置参数（例如中位数）可能不同。从两总体中分别抽取容量为 n_1, n_2 的样本 $X_1, X_2, \cdots, X_{n_1}$ 和 $Y_1, Y_2, \cdots, Y_{n_2}$，并且两样本独立。考虑假设检验问题：

$$H_0 : \mu_1 = \mu_2, \quad H_1 : \mu_1 \neq \mu_2$$

将样本观测数据 $X_1, X_2, \cdots, X_{n_1}$ 和 $Y_1, Y_2, \cdots, Y_{n_2}$ 混合在一起，从小到大排序，并计算它们的秩（即序号，取值相同时求平均秩）。记 $X_1, X_2, \cdots, X_{n_1}$ 的秩和为 W_X，$Y_1, Y_2, \cdots, Y_{n_2}$ 的秩和为 W_Y，显然：

$$W_X + W_Y = \frac{1}{2}(n_1 + n_2)(n_1 + n_2 + 1)$$

选取检验统计量：

$$W = \begin{cases} W_X, & n_1 \leqslant n_2 \\ W_Y, & n_1 > n_2 \end{cases}$$

若 H_0 成立，W 的取值不应过于偏小或偏大，否则应拒绝 H_0。对于给定的显著性水平 α，根据 W 的分布计算下临界值 W_1 和上临界值 W_2，当 $W \leqslant W_1$ 或 $W \geqslant W_2$ 时，拒绝原假设 H_0；

当 $W_1 < W < W_2$ 时,接受 H_0。通常当样本容量之一超过 10 时,可认为 W 近似服从正态分布,从而可用近似正态检验法。

【例 9.4-7】 某科研团队研究两种饲料(高蛋白饲料和低蛋白饲料)对雌鼠体重的影响,用高蛋白饲料饲喂 12 只雌鼠,用低蛋白饲料饲喂 7 只雌鼠,记录两组雌鼠在 8 周内体重的增加量,得观测数据如表 9.4-3 所示。

表 9.4-3　两种饲料饲喂的雌鼠在 8 周内增加的体重

饲　　料	各鼠增加的体重(g)											
高蛋白	133	112	102	129	121	161	142	88	115	127	96	125
低蛋白	71	119	101	83	107	134	92					

试检验不同饲料饲喂的雌鼠的体重增加量是否有显著差异,取显著性水平 $\alpha = 0.05$。

根据题目要求可写出如下假设:

$$H_0: \mu_1 = \mu_2, \quad H_1: \mu_1 \neq \mu_2$$

调用 ranksum 函数求解本例的 MATLAB 命令如下:

```
>> x = [133,112,102,129,121,161,142,88,115,127,96,125];    % 第一组体重增加量
>> y = [71,119,101,83,107,134,92];                         % 第二组体重增加量
>> [p,h,stats] = ranksum(x,y,'method','approximate')       % 秩和检验
p =
    0.0832
h =
     0
stats =
        zval: -1.7326                                       % 近似正态统计量
      ranksum: 49                                           % 秩和统计量
```

由于 ranksum 函数返回的检验的 p 值 $p = 0.0832 > 0.05$,所以在显著性水平 $\alpha = 0.05$ 下接受原假设,认为两种饲料饲喂的雌鼠的体重增加量没有显著差异。

9.4.5　分布的拟合与检验

本节介绍根据样本观测数据拟合总体的分布,并进行分布的检验,原假设为样本观测数据服从指定的分布。

1. 卡方拟合优度检验

chi2gof 函数用来进行分布的 χ^2(卡方)拟合优度检验,检验样本是否服从指定的分布。chi2gof 函数的原理是这样的:它用若干个小区间把样本观测数据进行分组(默认情况下分成 10 个组),使得理论上每组(或区间)包含 5 个以上的观测,即每组的理论频数大于或等于 5,若不满足这个要求,可以通过合并相邻的组来达到这个要求。根据分组结果计算 χ^2 检验统计量:

$$\chi^2 = \sum_{i=1}^{\text{nbins}} \frac{(O_i - E_i)^2}{E_i}$$

其中,O_i 表示落入第 i 个组的样本观测值的实际频数,E_i 表示理论频数。当样本容量足够大

时,该统计量近似服从自由度为 nbins－1－nparams 的 χ^2 分布,其中 nbins 为组数,nparams 为总体分布中待估参数的个数。当 χ^2 检验统计量的观测值超过临界值 χ^2_α(nbins－1－nparams)时,拒绝原假设,在显著性水平 α 下即可认为样本数据不服从指定的分布。

2. 单样本的 Kolmogorov-Smirnov 检验

kstest 函数用来作单个样本的 Kolmogorov-Smirnov 检验:它可以作双侧检验,检验样本是否服从指定的分布;也可以作单侧检验,检验样本的分布函数是否在指定的分布函数之上或之下,这里的分布是完全确定的,不含有未知参数。kstest 函数根据样本的经验分布函数 $F_n(x)$ 和指定的分布函数 $G(x)$ 构造检验统计量:

$$KS = \max(|F_n(x)-G(x)|)$$

kstest 函数中有内置的临界值表,这个临界值表对应 5 种不同的显著性水平。对于用户指定的显著性水平,当样本容量小于或等于 20 时,kstest 函数通过在临界值表上作线性插值来计算临界值;当样本容量大于 20 时,通过一种近似方法求临界值。如果用户指定的显著性水平超出了某个范围(双侧检验是 0.01~0.2,单侧检验是 0.005~0.1)时,计算出的临界值为 NaN。kstest 函数把计算出的检验的 p 值与用户指定的显著性水平 α 作比较,从而做出拒绝或接受原假设的判断。对于双侧检验,当 $p \leqslant \frac{\alpha}{2}$ 时,拒绝原假设;对于单侧检验,当 $p \leqslant \alpha$ 时,拒绝原假设。

3. 双样本的 Kolmogorov-Smirnov 检验

kstest2 函数用来作两个样本的 Kolmogorov-Smirnov 检验,它可以作双侧检验,检验两个样本是否服从相同的分布,也可以作单侧检验,检验一个样本的分布函数是否在另一个样本的分布函数之上或之下,这里的分布是完全确定的,不含有未知参数。kstest2 函数对比两样本的经验分布函数,构造检验统计量:

$$KS = \max(|F_1(x)-F_2(x)|)$$

其中 $F_1(x)$ 和 $F_2(x)$ 分别为两样本的经验分布函数。kstest2 函数把计算出的检验的 p 值与用户指定的显著性水平 α 作比较,从而做出拒绝或接受原假设的判断,具体见函数的调用说明。

4. Lilliefors 检验

当总体均值和方差未知时,Lilliefor(1967)提出用样本均值 $\bar{x}$ 和标准差 s 代替总体的均值 μ 和标准差 σ,然后使用 Kolmogorov-Smirnov 检验,这就是所谓的 Lilliefors 检验。lillietest 函数用来作 Lilliefors 检验,检验样本是否服从指定的分布,可用的分布有正态分布、指数分布和极值分布。

【例 9.4-8】 这里仍考虑 9.1 节中所描述的案例,试根据表 9.1-1 中所列数据,推断肺活量数据所服从的分布。

在根据样本观测数据对总体所服从的分布作推断时,通常需要借助描述性统计量和统计图,首先从直观上对分布形式做出判断,然后再进行检验。9.1.2 节中的分析已经说明了表 9.1-1 中的肺活量数据不服从正态分布,下面将调用 MATLAB 函数(chi2gof、kstest 和 lillietest)进行检验。

```
>> data = xlsread('体测成绩.xls');              % 从 excel 文件中读取数据
>> VC = data(:,4);                              % 提取肺活量数据
>> [mu1, sigma1] = normfit(VC)                  % 假定数据服从正态分布,首先估计参数
mu1 =
    3.6603e + 03
sigma1 =
    1.0935e + 03

% 检验肺活量数据是否服从均值为 mu1,标准差为 sigma1 的正态分布(卡方拟合优度检验)
>> [h,p,stats] = chi2gof(VC,'cdf',{'normcdf', mu1, sigma1})
h =
    1                                           % 检验结果指示变量
p =
    0.0191                                      % 检验的 p 值
stats =
    chi2stat: 7.9112                            % 检验统计量观测值
          df: 2                                 % 检验统计量的自由度
       edges: [1.6090e + 03 2.7590e + 03 3.3340e + 03 3.9090e + 03 4.4840e + 03 7.3590e + 03]
           O: [5 13 7 5 7]                      % 实际频数
           E: [7.5818 6.5783 7.6683 6.8225 8.3491]% 理论频数

% 检验肺活量数据是否服从均值为 mu1,标准差为 sigma1 的正态分布(Lilliefors 检验)
>> [h,p,kstat,critval] = lillietest(VC)
h =
    1                                           % 检验结果指示变量
p =
    0.0376                                      % 检验的 p 值
kstat =
    0.1484                                      % 检验统计量观测值
critval =
    0.1438                                      % 临界值

>> parmhat = lognfit(VC);                        % 假定数据服从对数正态分布,首先估计参数
>> mu2 = parmhat(1)
mu2 =
    8.1659
>> sigma2 = parmhat(2)
sigma2 =
    0.2817

% 检验肺活量数据是否服从参数为 mu2 和 sigma2 的对数正态分布(卡方拟合优度检验)
>> [h,p,stats] = chi2gof(VC,'cdf',{'logncdf', mu2, sigma2})
h =
    0                                           % 检验结果指示变量
p =
    0.1882                                      % 检验的 p 值
stats =
    chi2stat: 3.3408
          df: 2
       edges: [1.6090e + 03 2.7590e + 03 3.3340e + 03 3.9090e + 03 4.4840e + 03 7.3590e + 03]
           O: [5 13 7 5 7]
           E: [7.1742 8.5154 8.1954 5.9091 7.2059]

% 生成 cdf 矩阵,用来指定分布:参数为 mu2 和 sigma2 的对数正态分布
```

```
>> CDF = [VC, logncdf(VC, mu2, sigma2)];
%  检验肺活量数据是否服从参数为 mu2 和 sigma2 的对数正态分布(Kolmogorov - Smirnov 检验)
>> [h,p,ksstat,cv] = kstest(VC,CDF)
h =
     0                                    %  检验结果指示变量
p =
     0.8806                               %  检验的 p 值
ksstat =
     0.0925                               %  检验统计量观测值
cv =
     0.2183                               %  临界值
```

上述程序中,首先调用 chi2gof 和 lillietest 函数对肺活量数据进行了正态性检验,由于两者返回的指示变量 h 均为 1(或 p 值均小于 0.05),说明在显著性水平 0.05 下,可以认为肺活量数据不服从正态分布。程序的后半段调用 chi2gof 和 kstest 函数对肺活量数据进行了对数正态性检验,结果表明肺活量数据服从参数为 $\mu = 8.1659, \sigma = 0.2817$ 的对数正态分布。

【说明】　在调用 kstest 函数检验样本 x 是否服从指定分布时,需要由参数 CDF 定义确切的分布。CDF 通常是包含两列元素的矩阵,它的第 1 列表示随机变量的可能取值,可以是样本 x 中的值,也可以不是,但是样本 x 中的所有值必须在 CDF 的第 1 列元素的最小值与最大值之间。CDF 的第 2 列是已知分布的累积分布函数值。如果 CDF 为空(即 [ ]),则检验样本 x 是否服从标准正态分布。

9.4.6　列联表检验

来自某个总体的样本,同时按两个或两个以上的类别属性(因子)进行分类。分类的资料可以排列成一个行、列交织的表,称为列联表,也叫交互分类表。列联表检验用来推断多个离散型因子间的独立性。下面以两个因子为例阐述列联表检验的基本原理。

设有 A 和 B 两个离散型因子,其中,A 有 r 个水平,分别记为 $A_1, \cdots, A_r$,B 有 c 个水平,分别记为 $B_1, \cdots, B_c$。根据样本数据整理得 A 和 B 的列联表如表 9.4-4 所示。

表 9.4-4　A 和 B 的列联表

因　　子		因子 B				行　　和
		B_1	B_2	$\cdots$	B_c	
因子 A	A_1	O_{11}	O_{12}	$\cdots$	O_{1c}	$O_1.$
	A_2	O_{21}	O_{22}	$\cdots$	O_{2c}	$O_2.$
	$\cdots$	$\cdots$	$\cdots$	$\cdots$	$\cdots$	$\cdots$
	A_r	O_{r1}	O_{r2}	$\cdots$	O_{rc}	$O_r.$
列和		$O._1$	$O._2$	$\cdots$	$O._c$	总和 n

其中,$O_{ij}, i = 1, \cdots r, j = 1, \cdots c$ 为 $A = A_i, B = B_j$ 对应的实际观测频数。对 A 和 B 进行列联表检验,原假设和备择假设如下:

$$H_0: \text{因子 } A \text{ 和 } B \text{ 相互独立,} \quad H_1: \text{因子 } A \text{ 和 } B \text{ 不相互独立}$$

记 $p_{ij} = P\{A = A_i, B = B_j\}$,$p_i. = P\{A = A_i\}$,$p._j = P\{B = B_j\}$,由概率知识可知当 A 和 B 独立(即原假设 H_0 成立)时,$p_{ij} = p_i. \times p._j$。由表 9.4-4 可得 $p_i.$ 和 $p._j$ 的估计值分别为:

$$\hat{p}_{i\cdot} = \frac{O_{i\cdot}}{n}, \quad i=1,2,\cdots,r, \qquad \hat{p}_{\cdot j} = \frac{O_{\cdot j}}{n}, \quad j=1,2,\cdots,c$$

在原假设 H_0 成立时，p_{ij} 的估计值为：

$$\hat{p}_{ij} = \hat{p}_{i\cdot} \times \hat{p}_{\cdot j} = \frac{O_{i\cdot}}{n} \times \frac{O_{\cdot j}}{n} = \frac{O_{i\cdot} \times O_{\cdot j}}{n^2}, \quad i=1,2,\cdots,r, j=1,2,\cdots,c$$

从而可得 $A=A_i, B=B_j$ 对应的理论观测频数为：

$$\hat{E}_{ij} = n\hat{p}_{ij} = \frac{O_{i\cdot} \times O_{\cdot j}}{n}, \quad i=1,2,\cdots,r, j=1,2,\cdots,c$$

构造卡方检验统计量：

$$\chi^2 = \sum_{i=1}^{r} \sum_{j=1}^{c} \frac{(O_{ij} - \hat{E}_{ij})^2}{\hat{E}_{ij}} \overset{H_0 成立}{\underset{近似}{\sim}} \chi^2((r-1)(c-1))$$

对于给定的显著性水平 α，当 $\chi^2 \geqslant \chi_\alpha^2((r-1)(c-1))$ 时，拒绝原假设，此时认为因子 A 和 B 不相互独立。

在以上原理的基础上，笔者编写了 myCrossTab 函数，用来作列联表检验。其内部调用了 MATLAB 自带的 crosstab 函数，myCrossTab 函数比 crosstab 函数的输出结果更为直观。

【例9.4-9】 汽车销售商记录了销售的 303 辆汽车的各项状况，包括：购车者性别、婚姻状况、年龄、国别、汽车尺寸、车型等。部分数据如表 9.4-5 所示。试分析销售"车型"与购买者婚姻状况是否有关。注：本例参考自马逢时编著的《六西格玛管理统计指南》。

表 9.4-5 汽车销售记录表

序 号	性 别	婚姻状况	年 龄	国 别	尺 寸	车 型	年轻?（<30）
1	男	已婚	34	美国	大	家用	非年轻
2	男	未婚	36	日本	小	跑车	非年轻
3	男	已婚	23	日本	小	家用	年轻
4	男	未婚	29	美国	大	家用	年轻
5	男	已婚	39	美国	中	家用	非年轻
6	男	未婚	34	日本	中	家用	非年轻
7	女	已婚	42	美国	大	家用	非年轻
...	...	...	...	...	...	...	...
301	女	已婚	25	欧洲	小	跑车	年轻
302	男	已婚	32	日本	中	跑车	非年轻
303	男	已婚	29	日本	中	家用	年轻

本例对应的程序代码及结果如下：

```
>> [~,~,rawdata] = xlsread('汽车销售.xls');      % 读取原始数据
>> % 提取婚姻状况和车型数据,并将婚姻状况数据作为第一列,将车型数据作为第二列
>> data = rawdata(2:end,[7,3]);
>> myCrossTab(data);

------------------------------ 列联表检验结果 ------------------------------
            已婚        未婚        合计
    家用    119.00      36.00       155         % 实际频数
            100.26      54.74                   % 期望(理论)频数
```

	3.501	6.413		% 卡方贡献
跑车	45.00	55.00	100	% 实际频数
	64.69	35.31		% 期望(理论)频数
	5.991	10.975		% 卡方贡献
工作	32.00	16.00	48	% 实际频数
	31.05	16.95		% 期望(理论)频数
	0.029	0.053		% 卡方贡献
合计	196	107	303	

检验结果:卡方 = 26.963, 自由度 DF = 2, P 值 = 0.0000

从上述检验结果可以看出,P 值 = 0.0000 < 0.05,因此可认为销售"车型"与购买者婚姻状况有关。此时可进一步分析两者相互关联的具体状况。程序计算出的卡方统计量的观测值为 26.963,其中贡献最大者为"未婚而买跑车"这一项,卡方贡献值高达 10.975,理论上"未婚而买跑车"应该是 35.31 辆,而实际上买了 55 辆,这说明未婚而买跑车的人比预期的要多。卡方贡献中次大者为"未婚而买家用车"项,其卡方贡献值为 6.413,预期"未婚而买家用车"应该是 54.74 辆,而实际上买了 36 辆,这说明未婚而买家用车的人比预期的要少。综合来说,销售"车型"与购买者婚姻状况的相互关联主要体现在:未婚者喜欢买跑车,不喜欢买家用车;已婚者喜欢买家用车,不喜欢买跑车。

9.5　方差分析

方差分析是英国统计学家 R. A. Fisher 于 20 世纪 20 年代提出的一种统计方法,它有着非常广泛的应用。具体来说,在生产实践和科学研究中,经常要研究生产条件或试验条件(**因素**)的改变对产品的质量和产量(**试验指标**)有无影响。如在农业生产中,需要考虑品种、施肥量、种植密度等因素对农作物收获量的影响;又如某产品在不同的地区、不同的时期,采用不同的销售方式,其销售量是否有差异。在诸影响因素中哪些因素是主要的,哪些因素是次要的,以及主要因素处于何种状态时,才能使农作物的产量和产品的销售量达到一个较高的水平,这就是方差分析所要解决的问题。

9.5.1　单因素方差分析

1. 数学模型

设因素 A 有 k 个水平,对应试验指标的 k 个总体,记为 $\pi_1, \pi_2, \cdots, \pi_k$,它们的分布为:
$$\pi_i \sim N(\mu_i, \sigma^2), \quad i = 1, 2, \cdots, k$$
今从这 k 个总体中各自独立地抽取一个样本,取自 π_i 的样本记为 $X_{i1}, X_{i2}, \cdots, X_{in_i}$, $i = 1, 2, \cdots, k$,如表 9.5-1 所示。

表 9.5-1　单因素方差分析的样本数据

组　别	样　本	样 本 均 值	样 本 方 差
π_1	$X_{11}, X_{12}, \cdots, X_{1n_1}$	$\overline{X}_1$	S_1^2
π_2	$X_{21}, X_{22}, \cdots, X_{2n_2}$	$\overline{X}_2$	S_2^2

续表

组　　别	样　　本	样本均值	样本方差
…	…	…	…
π_k	$X_{k1}, X_{k2}, \cdots, X_{kn_k}$	$\overline{X}_k$	S_k^2

其中

$$\overline{X}_i = \frac{1}{n_i} \sum_{j=1}^{n_i} X_{ij}, \quad S_i^2 = \frac{1}{n_i - 1} \sum_{j=1}^{n_i} (X_{ij} - \overline{X}_i)^2, \quad i = 1, 2, \cdots, k$$

单因素方差分析的数学模型为：

$$\begin{cases} X_{ij} = \mu_i + \varepsilon_{ij} \\ \varepsilon_{ij} \overset{iid}{\sim} N(0, \sigma^2) \end{cases}, \quad i = 1, \cdots, k, \ j = 1, \cdots, n_i \tag{9.5-1}$$

其中 iid 表示独立同分布。欲检验因素 A 对试验指标有无显著影响，相当于检验：

$$H_0: \mu_1 = \mu_2 = \cdots = \mu_k, \quad H_1: \mu_1, \mu_2, \cdots, \mu_k \text{ 不全相等} \tag{9.5-2}$$

原假设 H_0 成立表示因素 A 对试验指标无显著影响。令：

$$\mu = \frac{1}{k} \sum_{i=1}^{k} \mu_i, \quad \alpha_i = \mu_i - \mu, \quad i = 1, 2, \cdots, k$$

则式(9.5-1)可改写为：

$$\begin{cases} X_{ij} = \mu + \alpha_i + \varepsilon_{ij} \\ \varepsilon_{ij} \overset{iid}{\sim} N(0, \sigma^2) \\ \alpha_1 + \alpha_2 + \cdots + \alpha_k = 0 \end{cases}, \quad i = 1, \cdots, k, \quad j = 1, \cdots, n_i \tag{9.5-3}$$

式(9.5-2)等价于：

$$H_0: \alpha_1 = \alpha_2 = \cdots = \alpha_k = 0, \quad H_1: \text{至少存在一个 } \alpha_i \neq 0$$

这里的 $\alpha_i (i = 1, 2, \cdots, k)$ 称为因素 A 的第 i 个水平所引起的**效应**，可以看成 A_i 对总平均 μ 的"贡献"大小。若 $\alpha_i > 0$，称 A_i 的效应为正，若 $\alpha_i < 0$，称 A_i 的效应为负。

2. 离差平方和的分解

从模型式(9.5-3)可以看出：

$$X_{ij} - \mu = \alpha_i + \varepsilon_{ij}, \quad i = 1, \cdots, k, \quad j = 1, \cdots, n_i \tag{9.5-4}$$

上式左边表示每一个样本观测数据与总均值的偏差，这个偏差被分成两部分，其中 α_i 表示由因素 A 的不同水平所引起的系统偏差，ε_{ij} 表示随机误差。令：

$$n = \sum_{i=1}^{k} n_i, \quad \overline{X} = \frac{1}{n} \sum_{i=1}^{k} \sum_{j=1}^{n_i} X_{ij} = \frac{1}{n} \sum_{i=1}^{k} n_i \overline{X}_i$$

用 $\overline{X}$ 作为 μ 的估计，$\overline{X}_i - \overline{X}$ 作为 α_i 的估计，$X_{ij} - \overline{X}_i$ 作为 ε_{ij} 的估计，则式(9.5-4)变为：

$$X_{ij} - \overline{X} = \overline{X}_i - \overline{X} + X_{ij} - \overline{X}_i, \quad i = 1, \cdots, k, \quad j = 1, \cdots, n_i$$

用 SS_T 表示总离差平方和，则：

$$SS_T = \sum_{i=1}^{k} \sum_{j=1}^{n_i} (X_{ij} - \overline{X})^2 = \sum_{i=1}^{k} \sum_{j=1}^{n_i} (\overline{X}_i - \overline{X} + X_{ij} - \overline{X}_i)^2$$

$$= \sum_{i=1}^{k} n_i (\overline{X}_i - \overline{X})^2 + \sum_{i=1}^{k} \sum_{j=1}^{n_i} (X_{ij} - \overline{X}_i)^2$$

令

$$SS_A = \sum_{i=1}^{k} n_i (\overline{X}_i - \overline{X})^2, \quad SS_E = \sum_{i=1}^{k} \sum_{j=1}^{n_i} (X_{ij} - \overline{X}_i)^2$$

可以看出，SS_A 为因素 A 所造成的离差平方和，称为**组间离差平方和**，SS_E 为随机因素所造成的离差平方和，称为**组内离差平方和**。这样就有如下平方和分解式：

$$SS_T = SS_A + SS_E$$

3. F 检验法

为了构造检验统计量并推导其分布，引入如下定理。

定理 9.5-1　在以上记号下，对于模型式(9.5-3)，有以下结论成立。

- $\dfrac{SS_E}{\sigma^2} \sim \chi^2(n-k)$，$SS_E$ 与 SS_A 相互独立；

- 原假设 H_0 成立时，$\dfrac{SS_A}{\sigma^2} \sim \chi^2(k-1)$，$\dfrac{SS_T}{\sigma^2} \sim \chi^2(n-1)$。

这里构造检验统计量：

$$F = \frac{SS_A / (k-1)}{SS_E / (n-k)} = \frac{MS_A}{MS_E}$$

其中 $MS_A = SS_A / (k-1)$ 称为**组间均方离差平方和**，$MS_E = SS_E / (n-k)$ 称为**组内均方离差平方和**。由定理 9.5-1 可知，当原假设 H_0 成立时：

$$F = \frac{SS_A / (k-1)}{SS_E / (n-k)} = \frac{MS_A}{MS_E} \sim F(k-1, n-k)$$

直观上可以看出，当统计量 F 的观测值大于某个临界值时，应拒绝原假设 H_0，所以对于给定的显著性水平 α，拒绝域为：

$$W = \{F \geqslant F_\alpha(k-1, n-k)\}$$

其中 $F_\alpha(k-1, n-k)$ 为 $F(k-1, n-k)$ 分布的上侧 α 分位数。

4. 单因素方差分析表

根据以上过程列出单因素方差分析表，如表 9.5-2 所示。

表 9.5-2　单因素方差分析表

方差来源	离差平方和	自　由　度	均方离差	F 值	临界值 F_α
组间	SS_A	$k-1$	$MS_A = SS_A / (k-1)$	$F = MS_A / MS_E$	$F_\alpha(k-1, n-k)$
组内	SS_E	$n-k$	$MS_E = SS_E / (n-k)$		
总计	SS_T	$n-1$			

方差分析表很直观地展现了方差分析的过程，通过对比 F 值与临界值 $F_\alpha(k-1, n-k)$ 的大小，做出最后的结论。也可以将表格最后一列的临界值换成检验的 p 值，其中 $p = P\{F \geqslant F \text{ 的观测值}\}$。对于给定的显著性水平 α，当 $p \leqslant \alpha$ 时，应拒绝原假设 H_0，即认为因素 A 对试验指标有显著影响，并且 p 值越小，显著性越强；当 $p > \alpha$ 时，应接受原假设 H_0，即认为

因素 A 对试验指标无显著影响。

5. 多重比较检验

如果 F 检验的结论是拒绝原假设,仅说明 k 个均值间有显著差异,即 $\mu_1,\mu_2,\cdots,\mu_k$ 不全相等,但究竟是哪些均值不等呢?这就需要作进一步的分析,所用的方法就是**多重比较**(multiple comparisons),它是通过对 k 个总体均值进行配对比较来进一步检验究竟哪些均值之间存在显著差异。

多重比较的方法有很多,这里仅介绍最小显著差数法(LSD 法)和最小显著极差法(LSR 法),最小显著极差法又包括新复极差检验法和 q 检验法。

(1) 最小显著差数法(LSD 法)。

最小显著差数法的实质是两个均值比较的 t 检验。检验的方法是在 F 检验显著的前提下,先计算出显著性水平为 α 的最小显著差数 LSD_α(实际上就是一个临界值),将两个样本均值差的绝对值 $|\bar{x}_i-\bar{x}_j|$ 与 LSD_α 进行比较,若 $|\bar{x}_i-\bar{x}_j|\geqslant\mathrm{LSD}_\alpha$,则在显著性水平 α 下认为两个总体均值差异显著,否则,差异不显著。最小显著差数 LSD_α 的计算公式如下:

$$\mathrm{LSD}_\alpha = t_\alpha(\mathrm{d}f_e)S_{\bar{x}_i-\bar{x}_j}$$

$$S_{\bar{x}_i-\bar{x}_j} = \sqrt{\frac{\mathrm{MS}_E}{n_i}+\frac{\mathrm{MS}_E}{n_j}}$$

其中 $\mathrm{d}f_e$ 为组内离差平方和的自由度,$t_\alpha(\mathrm{d}f_e)$ 是自由度为 $\mathrm{d}f_e$ 的 t 分布的上侧 $\alpha/2$ 分位数。

(2) 新复极差检验法。

此法又称为邓肯(Duncan)法,由邓肯于 1955 年提出,简称 SSR 法,它是建立在 t 化极差分布上的一种检验方法。将两个样本均值差的绝对值 $|\bar{x}_i-\bar{x}_j|$ 与最小显著极差 $\mathrm{LSR}_\alpha(P)$ 进行比较,若 $|\bar{x}_i-\bar{x}_j|\geqslant\mathrm{LSR}_\alpha(P)$,则在显著性水平 α 下认为两个总体均值差异显著,否则,认为差异不显著。$\mathrm{LSR}_\alpha(P)$ 的计算公式如下:

$$\mathrm{LSR}_\alpha(P) = \mathrm{SSR}_\alpha(P,\mathrm{d}f_e)S_{\bar{X}}$$

$$S_{\bar{X}} = \begin{cases} \sqrt{\dfrac{\mathrm{MS}_E}{r}}, & n_i=n_j=r \\[2ex] \sqrt{\dfrac{\mathrm{MS}_E}{2}\left(\dfrac{1}{n_i}+\dfrac{1}{n_j}\right)} & n_i \neq n_j \end{cases}$$

其中 $P(2\leqslant P\leqslant k)$ 为相比较的两样本均值间秩次距,例如,当最大均值与次大均值相比较时,$P=2$,当最大均值与第 3 大均值相比较时,$P=3$,依次类推。对于给定的显著性水平 α,$\mathrm{SSR}_\alpha(P,\mathrm{d}f_e)$ 的值可通过查 SSR_α 值表得到。

q 检验法与新复极差检验法类似,其区别就在于计算最小显著极差 $\mathrm{LSR}_\alpha(P)$ 时,不是查 SSR_α 值表,而是查 q_α 值表。

9.5.2　双因素方差分析

1. 数学模型

设因素 A 有 p 个不同的水平 $A_1,A_2,\cdots,A_p$,因素 B 有 q 个不同的水平 $B_1,B_2,\cdots,B_q$,

每种水平组合(A_i, B_j)下的试验结果看作是取自正态总体$N(\mu_{ij}, \sigma^2)$的一个样本。为了后面表述的需要,先引入以下记号,记:

$$\begin{cases} \mu = \dfrac{1}{pq} \sum_{i=1}^{p} \sum_{j=1}^{q} \mu_{ij} \\[2mm] \mu_{i\cdot} = \dfrac{1}{q} \sum_{j=1}^{q} \mu_{ij}, \quad \alpha_i = \mu_{i\cdot} - \mu, \quad i = 1, 2 \cdots, p \\[2mm] \mu_{\cdot j} = \dfrac{1}{p} \sum_{i=1}^{p} \mu_{ij}, \quad \beta_j = \mu_{\cdot j} - \mu, \quad j = 1, 2 \cdots, q. \end{cases} \tag{9.5-5}$$

式(9.5-5)中的α_i表示因素A的第i个水平A_i的效应,β_j表示因素B的第j个水平B_j的效应,它们满足:

$$\sum_{i=1}^{p} \alpha_i = 0, \quad \sum_{j=1}^{q} \beta_j = 0$$

下面分别讨论以下两种情况。

(1) $\mu_{ij} = \mu + \alpha_i + \beta_j$,即每种水平组合$(A_i, B_j)$下的总体均值$\mu_{ij}$可看成是总平均$\mu$与各因素水平效应$\alpha_i, \beta_j$的简单迭加。若仅仅为了研究因素$A, B$对试验指标的影响是否显著,对每种水平组合$(A_i, B_j)$只需各作一次试验,结果记为$X_{ij}$,试验误差为$\varepsilon_{ij}$,则:

$$\begin{cases} X_{ij} = \mu + \alpha_i + \beta_j + \varepsilon_{ij} \\[2mm] \varepsilon_{ij} \overset{iid}{\sim} N(0, \sigma^2) \\[2mm] \sum_{i=1}^{p} \alpha_i = 0, \sum_{j=1}^{q} \beta_j = 0 \end{cases} \quad (i = 1, 2, \cdots, p; j = 1, 2, \cdots, q) \tag{9.5-6}$$

式(9.5-6)称为**无交互作用的双因素方差分析**(analysis of variance without interaction)模型。

(2) $\mu_{ij} \neq \mu + \alpha_i + \beta_j$,记:

$$\delta_{ij} = \mu_{ij} - \mu - \alpha_i - \beta_j, \quad i = 1, 2, \cdots, \quad p, j = 1, 2, \cdots, q$$

其中δ_{ij}表示A_i, B_j对试验结果的某种联合影响,称为A_i, B_j的**交互效应**,它们满足:

$$\sum_{i=1}^{p} \delta_{ij} = 0, \quad j = 1, 2, \cdots, q, \sum_{j=1}^{q} \delta_{ij} = 0, \quad i = 1, 2, \cdots, p$$

为研究交互效应的影响是否显著,一般对每种水平组合(A_i, B_j)至少要作$r(r \geqslant 2)$次试验,所得结果记为$X_{ijk}(i = 1, 2, \cdots, p, j = 1, 2, \cdots, q, k = 1, 2, \cdots, r)$,每次试验的随机误差记为$\varepsilon_{ijk}$,则:

$$\begin{cases} X_{ijk} = \mu + \alpha_i + \beta_j + \delta_{ij} + \varepsilon_{ijk} \\[2mm] \varepsilon_{ijk} \overset{iid}{\sim} N(0, \sigma^2) \\[2mm] \sum_{i=1}^{p} \alpha_i = 0, \sum_{j=1}^{q} \beta_j = 0 \\[2mm] \sum_{i=1}^{p} \delta_{ij} = 0, \sum_{j=1}^{q} \delta_{ij} = 0, \end{cases} \quad (i = 1, \cdots, p; j = 1, \cdots, q; k = 1, \cdots, r) \tag{9.5-7}$$

式(9.5-7)称为**有交互作用的双因素方差分析**(analysis of variance with interaction)模型。

2. 无交互作用的双因素方差分析

由式(9.5-6)可知,检验因素 A 对试验指标的影响是否显著,等价于检验假设:

$$H_{0A}:\alpha_1 = \alpha_2 = \cdots = \alpha_p = 0, \quad H_{1A}:\text{至少存在一个 } \alpha_i \neq 0 \qquad (9.5\text{-}8)$$

类似地,检验因素 B 对试验指标的影响是否显著,等价于检验假设:

$$H_{0B}:\beta_1 = \beta_2 = \cdots = \beta_q = 0, \quad H_{1B}:\text{至少存在一个 } \beta_j \neq 0 \qquad (9.5\text{-}9)$$

(1) 平方和分解。

和单因素方差分析一样,用平方和分解的思想给出以上检验的统计量。记:

$$\overline{X} = \frac{1}{pq}\sum_{i=1}^{p}\sum_{j=1}^{q}X_{ij}, \quad \overline{X}_{i\cdot} = \frac{1}{q}\sum_{j=1}^{q}X_{ij}, \quad i=1,\cdots,p, \overline{X}_{\cdot j} = \frac{1}{p}\sum_{j=1}^{p}X_{ij}, \quad j=1,\cdots,q$$

由式(9.5-6)可知:

$$X_{ij} - \mu = \alpha_i + \beta_j + \varepsilon_{ij}, \quad i=1,2,\cdots,p, \quad j=1,2,\cdots,q$$

用 $\overline{X}$ 作为 μ 的估计,$\overline{X}_{i\cdot}$ 作为 $\mu_{i\cdot}$ 的估计,$\overline{X}_{\cdot j}$ 作为 $\mu_{\cdot j}$ 的估计,则有:

$$X_{ij} - \overline{X} = (\overline{X}_{i\cdot} - \overline{X}) + (\overline{X}_{\cdot j} - \overline{X}) + (X_{ij} - \overline{X}_{i\cdot} - \overline{X}_{\cdot j} + \overline{X}), \quad i=1,2,\cdots,p, \quad j=1,2,\cdots,q$$

用 SS_T 表示总离差平方和,则:

$$\mathrm{SS}_T = \sum_{i=1}^{p}\sum_{j=1}^{q}(X_{ij} - \overline{X})^2 = \sum_{i=1}^{p}\sum_{j=1}^{q}\left[(\overline{X}_{i\cdot} - \overline{X}) + (\overline{X}_{\cdot j} - \overline{X}) + (X_{ij} - \overline{X}_{i\cdot} - \overline{X}_{\cdot j} + \overline{X})\right]^2$$

$$= q\sum_{i=1}^{p}(\overline{X}_{i\cdot} - \overline{X})^2 + p\sum_{j=1}^{q}(\overline{X}_{\cdot j} - \overline{X})^2 + \sum_{i=1}^{p}\sum_{j=1}^{q}(X_{ij} - \overline{X}_{i\cdot} - \overline{X}_{\cdot j} + \overline{X})^2$$

$$= \mathrm{SS}_A + \mathrm{SS}_B + \mathrm{SS}_E$$

其中:

$$\mathrm{SS}_A = q\sum_{i=1}^{p}(\overline{X}_{i\cdot} - \overline{X})^2, \quad \mathrm{SS}_B = p\sum_{j=1}^{q}(\overline{X}_{\cdot j} - \overline{X})^2, \quad \mathrm{SS}_E = \sum_{i=1}^{p}\sum_{j=1}^{q}(X_{ij} - \overline{X}_{i\cdot} - \overline{X}_{\cdot j} + \overline{X})^2$$

SS_A 为因素 A 所造成的离差平方和,SS_B 为因素 B 所造成的离差平方和,SS_E 为随机因素所造成的离差平方和。关于这几个平方和,有如下定理。

定理 9.5-2 在以上记号下,对于模型式(9.5-6),有以下结论成立。

- $\dfrac{\mathrm{SS}_E}{\sigma^2} \sim \chi^2((p-1)(q-1))$,且 SS_A、SS_B 和 SS_E 相互独立;

- H_{0A} 成立时,$\dfrac{\mathrm{SS}_A}{\sigma^2} \sim \chi^2(p-1)$;

- H_{0B} 成立时,$\dfrac{\mathrm{SS}_B}{\sigma^2} \sim \chi^2(q-1)$。

(2) 检验的统计量和拒绝域。

对于式(9.5-8)和式(9.5-9)的假设检验,分别构造检验统计量:

$$F_A = \frac{\mathrm{SS}_A/(p-1)}{\mathrm{SS}_E/((p-1)(q-1))} = \frac{\mathrm{MS}_A}{\mathrm{MS}_E}, \quad F_B = \frac{\mathrm{SS}_B/(q-1)}{\mathrm{SS}_E/((p-1)(q-1))} = \frac{\mathrm{MS}_B}{\mathrm{MS}_E}$$

其中:

$$\mathrm{MS}_A = \mathrm{SS}_A/(p-1), \quad \mathrm{MS}_B = \mathrm{SS}_B/(q-1), \quad \mathrm{MS}_E = \mathrm{SS}_E/((p-1)(q-1))$$

则由定理 9.5-2 可知,在原假设 H_{0A} 和 H_{0B} 分别成立时,有:

$$F_A \sim F(p-1,(p-1)(q-1)), \quad F_B \sim F(q-1,(p-1)(q-1))$$

对于给定的显著性水平 α，H_{0A} 和 H_{0B} 对应的拒绝域分别为：

$$W_A = \{F_A \geqslant F_\alpha(p-1,(p-1)(q-1))\}, \quad W_B = \{F_B \geqslant F_\alpha(q-1,(p-1)(q-1))\}$$

（3）无交互作用的双因素方差分析表。

根据以上过程列出无交互作用的双因素方差分析表，如表 9.5-3 所示。

表 9.5-3　无交互作用的双因素方差分析表

方差来源	平方和	自　由　度	均方离差	F 值	临界值 F_α
因素 A	SS_A	$p-1$	$MS_A = SS_A/(p-1)$	$F_A = MS_A/MS_E$	$F_\alpha(p-1,(p-1)(q-1))$
因素 B	SS_B	$q-1$	$MS_B = SS_B/(q-1)$	$F_B = MS_B/MS_E$	$F_\alpha(q-1,(p-1)(q-1))$
误差	SS_E	$(p-1)(q-1)$	$MS_E = \dfrac{SS_E}{(p-1)(q-1)}$		
总计	SS_T	$pq-1$			

3. 有交互作用的双因素方差分析

对于有交互作用的双因素方差分析，除了要检验式（9.5-8）和式（9.5-9）的假设外，还要检验假设：

$$H_{0A\times B}:\delta_{ij}=0, \quad H_{1A\times B}:\text{至少存在一个}\ \delta_{ij}\neq 0, \quad i=1,2,\cdots,p, \quad j=1,2,\cdots,q$$

$$(9.5\text{-}10)$$

（1）离差平方和的分解。

为检验这些假设，仍考虑平方和分解，记：

$$\overline{X} = \frac{1}{pqr}\sum_{i=1}^{p}\sum_{j=1}^{q}\sum_{k=1}^{r}X_{ijk}, \quad \overline{X}_{ij\cdot} = \frac{1}{r}\sum_{k=1}^{r}X_{ijk}$$

$$\overline{X}_{i\cdot\cdot} = \frac{1}{qr}\sum_{j=1}^{q}\sum_{k=1}^{r}X_{ijk} = \frac{1}{q}\sum_{j=1}^{q}\overline{X}_{ij\cdot}$$

$$\overline{X}_{\cdot j\cdot} = \frac{1}{pr}\sum_{i=1}^{p}\sum_{k=1}^{r}X_{ijk} = \frac{1}{p}\sum_{i=1}^{p}\overline{X}_{ij\cdot}$$

则：

$$X_{ijk} - \overline{X} = (\overline{X}_{i\cdot\cdot}-\overline{X}) + (\overline{X}_{\cdot j\cdot}-\overline{X}) + (\overline{X}_{ij\cdot}-\overline{X}_{i\cdot\cdot}-\overline{X}_{\cdot j\cdot}+\overline{X}) + (X_{ijk}-\overline{X}_{ij\cdot})$$

总离差平方和 SS_T 可作如下分解：

$$\begin{aligned}
SS_T &= \sum_{i=1}^{p}\sum_{j=1}^{q}\sum_{k=1}^{r}(X_{ijk}-\overline{X})^2 \\
&= qr\sum_{i=1}^{p}(\overline{X}_{i\cdot\cdot}-\overline{X})^2 + pr\sum_{j=1}^{q}(\overline{X}_{\cdot j\cdot}-\overline{X})^2 + \\
&\quad r\sum_{i=1}^{p}\sum_{j=1}^{q}(\overline{X}_{ij\cdot}-\overline{X}_{i\cdot\cdot}-\overline{X}_{\cdot j\cdot}+\overline{X})^2 + \sum_{i=1}^{p}\sum_{j=1}^{q}\sum_{k=1}^{r}(X_{ijk}-\overline{X}_{ij\cdot})^2 \\
&= SS_A + SS_B + SS_{A\times B} + SS_E
\end{aligned}$$

其中：

$$SS_A = qr\sum_{i=1}^{p}(\overline{X}_{i\cdot\cdot}-\overline{X})^2, \quad SS_B = pr\sum_{j=1}^{q}(\overline{X}_{\cdot j\cdot}-\overline{X})^2$$

$$SS_{A \times B} = r \sum_{i=1}^{p} \sum_{j=1}^{q} (\overline{X}_{ij\cdot} - \overline{X}_{i\cdot\cdot} - \overline{X}_{\cdot j\cdot} + \overline{X})^2, \quad SS_E = \sum_{i=1}^{p} \sum_{j=1}^{q} \sum_{k=1}^{r} (X_{ijk} - \overline{X}_{ij\cdot})^2$$

SS_A 为因素 A 所造成的离差平方和，SS_B 为因素 B 所造成的离差平方和，$SS_{A \times B}$ 为因素 A，B 的交互效应所造成的离差平方和，SS_E 为随机因素所造成的离差平方和。关于这几个平方和，有如下定理。

定理 9.5-3　在以上记号下，对于模型式(9.5-7)，有以下结论成立。

- $\dfrac{SS_E}{\sigma^2} \sim \chi^2(pq(r-1))$，且 SS_A、SS_B、$SS_{A \times B}$ 和 SS_E 相互独立；

- H_{0A} 成立时，$\dfrac{SS_A}{\sigma^2} \sim \chi^2(p-1)$；

- H_{0B} 成立时，$\dfrac{SS_B}{\sigma^2} \sim \chi^2(q-1)$；

- $H_{0A \times B}$ 成立时，$\dfrac{SS_{A \times B}}{\sigma^2} \sim \chi^2((p-1)(q-1))$。

（2）检验的统计量和拒绝域。

对于式(9.5-8)、式(9.5-9)和式(9.5-10)的假设检验，分别构造检验统计量：

$$F_A = \frac{SS_A/(p-1)}{SS_E/(pq(r-1))} = \frac{MS_A}{MS_E}$$

$$F_B = \frac{SS_B/(q-1)}{SS_E/(pq(r-1))} = \frac{MS_B}{MS_E}$$

$$F_{A \times B} = \frac{SS_{A \times B}/((p-1)(q-1))}{SS_E/(pq(r-1))} = \frac{MS_{A \times B}}{MS_E}$$

其中：

$$MS_A = SS_A/(p-1), \quad MS_B = SS_B/(q-1),$$
$$MS_{A \times B} = SS_{A \times B}/((p-1)(q-1)), \quad MS_E = SS_E/(pq(r-1))$$

则由定理 9.5-3 可知，在原假设 H_{0A}、H_{0B} 和 $H_{0A \times B}$ 分别成立时，有：

$$F_A \sim F(p-1, pq(r-1)), \quad F_B \sim F(q-1, pq(r-1)), \quad F_{A \times B} \sim F((p-1)(q-1), pq(r-1))$$

对于给定的显著性水平 α，H_{0A}、H_{0B} 和 $H_{0A \times B}$ 对应的拒绝域分别为：

$$W_A = \{F_A \geqslant F_\alpha(p-1, pq(r-1))\}$$
$$W_B = \{F_B \geqslant F_\alpha(q-1, pq(r-1))\}$$
$$W_{A \times B} = \{F_{A \times B} \geqslant F_\alpha((p-1)(q-1), pq(r-1))\}$$

（3）有交互作用的双因素方差分析表。

根据以上过程列出有交互作用的双因素方差分析表，如表 9.5-4 所示。

表 9.5-4　有交互作用的双因素方差分析表

方差来源	平方和	自由度	均方离差	F 值	临界值
因素 A	SS_A	$p-1$	$MS_A = SS_A/(p-1)$	$F_A = MS_A/MS_E$	$F_{A\alpha}$
因素 B	SS_B	$q-1$	$MS_B = SS_B/(q-1)$	$F_B = MS_B/MS_E$	$F_{B\alpha}$
$A \times B$	$SS_{A \times B}$	$(p-1)(q-1)$	$MS_{A \times B} = SS_{A \times B}/(p-1)(q-1)$	$F_{A \times B} = MS_{A \times B}/MS_E$	$F_{A \times B\alpha}$
误差	SS_E	$pq(r-1)$	$MS_E = SS_E/(pq(r-1))$		
总计	SS_T	$pqr-1$			

9.5.3　方差分析的 MATLAB 实现

与方差分析有关的 MATLAB 函数如表 9.5-5 所示。

表 9.5-5　方差分析函数

函　数　名	说　　明
anova1	单因素方差分析
anova2	双因素方差分析
anovan	多因素方差分析
friedman	Friedman 检验(双因素非参数方差分析)
kruskalwallis	Kruskal-Wallis 检验(单因素非参数方差分析)
manova1	单因素多元方差分析
manovacluster	在多元方差分析的基础上绘制聚类树形图
multcompare	多重比较检验

【例 9.5-1】　现有某高校 2017—2018 学年第 1 学期 2077 名同学的"高等数学"课程的考试成绩,共涉及 6 个学院的 69 个班级,部分数据如表 9.5-6 所示。

表 9.5-6　2077 名同学的"高等数学"课程的考试成绩(部分数据)

学　　号	班　　级	学　　院	学院编号	成　　绩
17010101	170101	机械	1	87
17010102	170101	机械	1	71
17010103	170101	机械	1	75
17010104	170101	机械	1	78
17010105	·170101	机械	1	76
…	…	…	…	…
17061023	170610	计算机	6	64
17061024	170610	计算机	6	69
17061025	170610	计算机	6	66
17061026	170610	计算机	6	81

表 9.5-6 中只列出了部分数据,完整数据保存在文件"高等数学成绩.xls"中,试根据全部 2077 名同学的考试成绩,分析不同学院的学生的考试成绩有无显著差别。

1. 正态性检验

在调用 anova1 函数作方差分析之前,应先检验样本数据是否满足方差分析的基本假定,即检验正态性和方差齐性。下面首先调用 lillietest 函数检验 6 个学院的学生的考试成绩是否服从正态分布,原假设是 6 个学院的学生的考试成绩服从正态分布,备择假设是不服从正态分布。

```
% 读取文件"高等数学成绩.xls"的第 1 个工作表中的数据
>> [x,y] = xlsread('高等数学成绩.xls');
% 提取矩阵 x 的第 5 列数据,即 2077 名同学的考试成绩数据
```

```
>> score = x(:,5);
% 提取元胞数组 y 的第 3 列的第 2 行至最后一行数据,即 2077 名同学所在学院的名称数据
>> college = y(2:end,3);
% 提取矩阵 x 的第 4 列数据,即 2077 名同学所在学院的编号数据
>> college_id = x(:,4);
% 调用 lillietest 函数分别对 6 个学院的考试成绩进行正态性检验
>> for i = 1:6
       scorei = score(college_id == i);   % 提取第 i 个学院的成绩数据
       [h,p] = lillietest(scorei);        % 正态性检验
       result(i,:) = p;                   % 把检验的 p 值赋给 result 变量
    end
% 查看正态性检验的 p 值
>> result
result =
      0.0734
      0.1783
      0.1588
      0.1494
      0.4541
      0.0727
```

对 6 个学院的学生的考试成绩进行的正态性检验的 p 值均大于 0.05,说明在显著性水平 0.05 下均接受原假设,认为 6 个学院的学生的考试成绩都服从正态分布。

2. 方差齐性检验

下面调用 vartestn 函数检验 6 个学院的学生的考试成绩是否服从方差相同的正态分布,原假设是 6 个学院的学生的考试成绩服从方差相同的正态分布,备择假设是服从方差不同的正态分布。

```
% 调用 vartestn 函数进行方差齐性检验
>> [p,stats] = vartestn(score,college)
p =
    0.7138
stats =
    chisqstat: 2.9104
          df: 5
```

从上面的结果可以看出,检验的 p 值 $p=0.7138>0.05$,说明在显著性水平 0.05 下接受原假设,认为 6 个学院的学生的考试成绩服从方差相同的正态分布,即满足方差分析的基本假定。vartestn 函数还生成了两个图形:分组汇总表(group summary table)和箱线图,通过带有分组汇总表的图形窗口上的 Edit 菜单下的 Copy Text 选项,可将分组汇总表以文本形式复制到剪贴板,并粘贴如下:

```
Group    Summary     Table
Group    Count      Mean      Std Dev
机械     510      72.5608     9.0924
电信     404      74.4703     8.6516
化工     349      79.8968     8.5377
环境     206      73.1068     8.5018
经管     303      69.4323     8.7735
```

```
计算机      305      67.9508      8.4849
Pooled     2077     73.0857      8.7224

Bartlett's statistic      2.9104
Degrees of freedom       5
p - value      0.7138
```

分组汇总表中包含了分组的一些信息,有组名(即学院名称)Group,各组所包含的样本容量 Count,各组的平均成绩 Mean,各组成绩的标准差 Std Dev。Pooled 所在的行表示样本的联合信息,包括总人数、总平均成绩和样本联合标准差。分组汇总表的最后一部分是方差齐性检验的相关信息,包括 Bartlett 检验统计量的观测值、自由度和检验的 p 值。

vartestn 函数生成的箱线图如图 9.5-1 所示。

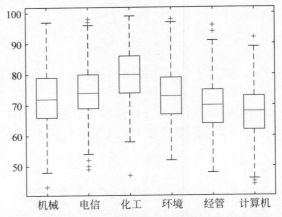

图 9.5-1　6 个学院"高等数学"课程考试成绩的箱线图

3. 方差分析

经过正态性和方差齐性检验之后,认为 6 个学院学生的考试成绩服从方差相同的正态分布,下面就可以调用 anova1 函数进行单因素一元方差分析,检验不同学院的学生的考试成绩有无显著差别,原假设是没有显著差别,备择假设是有显著差别。

```
>> [p,table,stats] = anova1(score,college)% 单因素一元方差分析
p =
   5.6876e - 74

table =
    'Source'     'SS'              'df'        'MS'              'F'          'Prob > F'
    'Groups'     [2.9192e + 04]    [  5]       [5.8384e + 03]    [76.7405]    [5.6876e - 74]
    'Error'      [1.5756e + 05]    [2071]      [   76.0796]      [      ]     [      ]
    'Total'      [1.8675e + 05]    [2076]      [         ]       [      ]     [      ]

stats =
    gnames: {6 × 1 cell}
         n: [510 404 349 206 303 305]
    source: 'anova1'
     means: [72.5608 74.4703 79.8968 73.1068 69.4323 67.9508]
        df: 2071
         s: 8.7224
```

anova1 函数返回的 p 值为 5.6876×10^{-74}，故拒绝原假设，认为不同学院的学生的考试成绩有非常显著的差别。anova1 函数返回的 table 是一个标准的单因素一元方差分析表，它的各列依次是方差来源、平方和、自由度、均方、F 值和 p 值。方差来源中的 Groups 表示组间，Error 表示组内，Total 表示总计。根据 p 值和显著性水平 α 的大小关系可作出拒绝或接受的结论，若 $p \leqslant \alpha$，则拒绝原假设；反之，则接受原假设。

4. 多重比较

方差分析的结果已表明不同学院的学生的考试成绩有非常显著的差别，但这并不意味着任意两个学院学生的考试成绩都有显著的差别，因此还需要进行两两的比较检验，即多重比较检验，找出考试成绩存在显著差别的学院。下面调用 multcompare 函数，把 anova1 函数返回的结构体变量 stats 作为它的输入，进行多重比较。

```
>> [c,m,h,gnames] = multcompare(stats);                    % 多重比较
% 定义变量名，以表格形式显示多重比较结果
>> VarNames = {'学院1','学院2','置信下限','组均值差','置信上限','p值'};
>> T1 = [gnames(c(:,1:2)),num2cell(c(:,3:end))];           % 将矩阵 c 转为元胞数组
>> T1 = cell2table(T1,'VariableNames',VarNames)            % 将元胞数组转为表格
T1 =

    学院1        学院2        置信下限      组均值差      置信上限      p值
    _____     _____    _____    _____    _____    _____

    {'机械'}    {'电信'}     -3.565      -1.9095     -0.254       0.012974
    {'机械'}    {'化工'}     -9.0628     -7.3361     -5.6093      2.0676e-08
    {'机械'}    {'环境'}     -2.598      -0.54601     1.506       0.97433
    {'机械'}    {'经管'}      1.3255      3.1284      4.9313      1.1298e-05
    {'机械'}    {'计算机'}    2.8108      4.61        6.4092      2.0679e-08
    {'电信'}    {'化工'}     -7.243      -5.4266     -3.6101     2.0676e-08
    {'电信'}    {'环境'}     -0.76451     1.3635      3.4915      0.44889
    {'电信'}    {'经管'}      3.149       5.038       6.927       2.0676e-08
    {'电信'}    {'计算机'}    4.634       6.5195      8.4049      2.0676e-08
    {'化工'}    {'环境'}      4.6061      6.7901      8.974       2.0676e-08
    {'化工'}    {'经管'}      8.5128     10.465      12.416      2.0676e-08
    {'化工'}    {'计算机'}    9.9977     11.946      13.894      2.0676e-08
    {'环境'}    {'经管'}      1.4299      3.6745      5.919       4.5367e-05
    {'环境'}    {'计算机'}    2.9144      5.156       7.3976      2.1451e-08
    {'经管'}    {'计算机'}   -0.53459     1.4815      3.4976      0.29025

>> T2 = [gnames,num2cell(m)];                               % 将矩阵 m 转为元胞数组
>> T2 = cell2table(T2,'VariableNames',{'学院','平均成绩','均值标准误差'})
T2 =

    学院        平均成绩      均值标准误差
    _____     _____    _____

    {'机械'}    72.561       0.38623
    {'电信'}    74.47        0.43395
    {'化工'}    79.897       0.4669
    {'环境'}    73.107       0.60772
    {'经管'}    69.432       0.50109
    {'计算机'}   67.951       0.49944
```

上面调用 multcompare 函数返回了 4 个输出。其中 c 是一个多行 6 列的矩阵，它的前 2 列是作比较的两个组的组序号，也就是两个学院的编号，c 的第 4 列是两个组的组均值差，也

就是两个学院的平均成绩之差,c 的第 3 列是两组均值差的 95％置信区间的下限,c 的第 5 列是两组均值差的 95％置信区间的上限,c 的第 6 列是检验的 p 值。若两组均值差的置信区间不包含 0(或者 p 值<0.05),则在显著性水平 0.05 下,作比较的两个组的组均值之间的差异是显著的,否则差异是不显著的,从 c 矩阵的值可以清楚地看出哪些学院考试成绩之间的差异是显著的。multcompare 函数返回的 m 是一个多行 2 列的矩阵,其第 1 列是各组的平均值(即各学院平均成绩),第 2 列为各组的标准误差。multcompare 函数返回的 gnames 是一个元胞数组,包含了各组的组名(即各学院的名称)。

为了直观,multcompare 函数还生成了一个交互式图形窗口,用来进行交互式的多重比较,如图 9.5-2 所示。

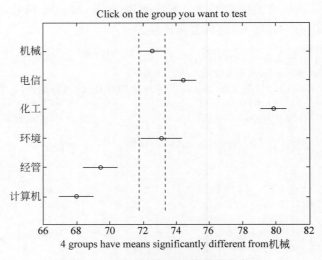

图 9.5-2　交互式多重比较的图形窗口

从图 9.5-2 可以看出,图中有一些圆圈和线段,圆圈用来表示各组的组均值(即各学院的平均成绩),线段则表示组均值的置信区间(默认情况下置信水平为 95％),通过查看各线段的位置关系,可以判断两个组的组均值之间的差异是否显著。将两条线段投影到 X 轴上,若它们的投影位置有所重叠,则说明这两个组的组均值之间的差异不显著(默认显著性水平为0.05);若它们的投影位置不重叠,则说明这两个组的组均值之间的差异是显著的。在图 9.5-2上,还可以通过单击的方式任意选中一条线段(即选取一个组),被选中的线段变成蓝色,线段的两侧各出现一条竖直的参考线(灰色虚线),与参考线不相交的其他线段均用红色显示,与参考线相交的线段为灰色非高亮显示,这样就清晰地表明了哪些组与选中组的差异是显著的。如图 9.5-2 所示,默认情况下,第 1 个组(机械学院)被选中,与机械学院的考试成绩差异显著的电信学院、化工学院、经管学院和计算机学院均用红色高亮显示。另外,从图 9.5-1 或图 9.5-2 还可以看出各学院平均成绩的大小关系。

9.6　回归分析

在自然科学、工程技术和经济活动等各种领域,经常需要研究某些变量之间的关系。一般来说,变量之间的关系分为两种,一种是确定性的**函数关系**,另一种是不确定性关系。例如物体作匀速(速度为 v)直线运动时,路程 s 和时间 t 之间有确定的函数关系 $s = v \cdot t$. 又如人的身高和体重之间存在某种关系,对此我们普遍有这样的认识,身高较高的人,平均说来,体重会比较重,但是身高相同的人体重却未必相同,也就是说身高和体重之间的关系是一种不确定性关系,在控制身高的同时,体重是随机的。变量间的这种不确定性关系又称为**相关关系**,变量间存在相关关系的例子还有很多,如父亲的身高和成年儿子的身高之间的关系,粮食的产量与施肥量之间的关系,商品的广告费和销售额之间的关系等。回归分析是研究变量之间相关关系的数学工具,本节介绍回归分析的基本理论及 MATLAB 实现。

9.6.1　一元线性回归

1. 一元线性回归模型

设有两个变量 x 和 y,其中 x 是可以精确测量或控制的非随机变量,y 是随机变量,假定随机变量 y 与可控变量 x 之间存在线性相关关系,建立 y 与 x 的数学模型如下:

$$\begin{cases} y = a + bx + \varepsilon \\ \varepsilon \sim N(0, \sigma^2) \end{cases} \tag{9.6-1}$$

其中未知参数 a,b 和 σ^2 都不依赖于 x。式(9.6-1)称为 y 关于 x 的**一元线性回归模型**,其中 b 称为**回归系数**。由一元线性回归模型可知,当 x 固定时,$y \sim N(a + bx, \sigma^2)$,令 $\mu(x) = E(y \mid x) = a + bx$,它是 x 固定时随机变量 y 的数学期望。直线 $Y = a + bx$ 近似表示了 y 与 x 的线性相关关系,称 $\mu(x)$ 为 y 关于 x 的**回归函数**,称 $Y = a + bx$ 为 y 关于 x 的**理论回归方程**。

2. 参数的最小二乘估计

对 x,y 作 n 次独立的观测,得到观测数据 (x_i, y_i),$i = 1, 2, \cdots, n$。根据式(9.6-1)可得:

$$\begin{cases} y_i = a + bx_i + \varepsilon_i \\ \varepsilon_i \overset{iid}{\sim} N(0, \sigma^2), \quad i = 1, 2, \cdots, n \end{cases}$$

其中 iid 表示独立同分布。令:

$$Q(a, b) = \sum_{i=1}^{n} \varepsilon_i^2 = \sum_{i=1}^{n} (y_i - (a + bx_i))^2$$

二元函数 $Q(a, b)$ 的最小值点 $(\hat{a}, \hat{b})$ 称为 a,b 的最小二乘估计,通过解下面方程组求得:

$$\begin{cases} \dfrac{\partial Q}{\partial a} = -2 \sum_{i=1}^{n} (y_i - (a + bx_i)) = 0 \\ \dfrac{\partial Q}{\partial b} = -2 \sum_{i=1}^{n} (y_i - (a + bx_i)) x_i = 0 \end{cases} \Rightarrow \begin{cases} na + n\bar{x}b = n\bar{y}, \\ n\bar{x}a + \left(\sum_{i=1}^{n} x_i^2 \right) b = \sum_{i=1}^{n} x_i y_i \end{cases} \tag{9.6-2}$$

其中

$$\bar{x} = \frac{1}{n} \sum_{i=1}^{n} x_i, \quad \bar{y} = \frac{1}{n} \sum_{i=1}^{n} y_i$$

若方程组(9.6-2)的系数矩阵的行列式不等于 0,即

$$D = \begin{vmatrix} n & n\bar{x} \\ n\bar{x} & \sum_{i=1}^{n} x_i^2 \end{vmatrix} = n \left(\sum_{i=1}^{n} x_i^2 - n\bar{x}^2 \right) = n \sum_{i=1}^{n} (x_i - \bar{x})^2 \neq 0$$

可以解得：

$$\hat{a} = \bar{y} - \hat{b}\bar{x}, \quad \hat{b} = l_{xy}/l_{xx}$$

其中：

$$l_{xx} = \sum_{i=1}^{n}(x_i - \bar{x})^2 = \sum_{i=1}^{n}x_i^2 - n\bar{x}^2, \quad l_{xy} = \sum_{i=1}^{n}(x_i - \bar{x})(y_i - \bar{y}) = \sum_{i=1}^{n}x_i y_i - n\bar{x}\bar{y}$$

将 $\hat{a},\hat{b}$ 代入理论回归方程可得 $\hat{y} = \hat{a} + \hat{b}x$，称之为 y 关于 x 的**经验回归方程**。由于：

$$\hat{y} = \hat{a} + \hat{b}x = \bar{y} - \hat{b}\bar{x} + \hat{b}x = \bar{y} + \hat{b}(x - \bar{x})$$

可知 y 关于 x 的经验回归直线一定过点 $(\bar{x}, \bar{y})$。可以证明估计量 $\hat{a}, \hat{b}$ 分别服从以下分布：

$$\hat{a} \sim N\left(a, \left(\frac{1}{n} + \frac{\bar{x}^2}{l_{xx}}\right)\sigma^2\right), \quad \hat{b} \sim N\left(b, \frac{\sigma^2}{l_{xx}}\right) \tag{9.6-3}$$

从而可知 $\hat{a},\hat{b}$ 分别是 a,b 的无偏估计。

3. σ^2 的估计

记 $\hat{y}_i = \hat{a} + \hat{b}x_i$，称 $y_i - \hat{y}_i$ 为 x_i 处的**残差**，它是 ε_i 的估计。令：

$$SS_E = \sum_{i=1}^{n}(y_i - \hat{y}_i)^2 = \sum_{i=1}^{n}(y_i - \hat{a} - \hat{b}x_i)^2$$

称 SS_E 为**残差平方和**（或**剩余平方和**）。对 SS_E 进行整理可得：

$$SS_E = \sum_{i=1}^{n}[y_i - \bar{y} - \hat{b}(x_i - \bar{x})]^2 = \sum_{i=1}^{n}(y_i - \bar{y})^2 - 2\hat{b}\sum_{i=1}^{n}(x_i - \bar{x})(y_i - \bar{y}) + \hat{b}^2\sum_{i=1}^{n}(x_i - \bar{x})^2$$

$$= \sum_{i=1}^{n}(y_i - \bar{y})^2 - \hat{b}^2\sum_{i=1}^{n}(x_i - \bar{x})^2 = l_{yy} - \hat{b}^2 l_{xx}$$

其中 $l_{yy} = \sum_{i=1}^{n}(y_i - \bar{y})^2$。根据式(9.6-3)中 $\hat{b}$ 的分布可以求得 $E(SS_E) = (n-2)\sigma^2$，从而可得 σ^2 的一个无偏估计为 $\hat{\sigma}^2 = SS_E/(n-2)$。

4. 回归方程的显著性检验（F 检验）

对于变量 y 和 x 的任意 n 对观测值 (x_i, y_i)，只要 $x_1, x_2, \cdots, x_n$ 不全相等，则无论变量 y 和 x 之间是否存在线性相关关系，都可根据上面介绍的方法求得一个线性回归方程 $\hat{y} = \hat{a} + \hat{b}x$。显然，只有当变量 y 和 x 之间存在线性相关关系时，这样的线性回归方程才是有意义的。为了使求得的线性回归方程真正有意义，就需要检验变量 y 和 x 之间是否存在显著的线性相关关系。若 y 和 x 之间存在显著的线性相关关系，则回归模型式(9.6-1)中的 b 不应为 0，因为若 $b=0$，则 $\mu(x) = E(y|x)$ 就不依赖于 x 了。因此需要检验假设：

$$H_0:b=0, \quad H_1:b \neq 0 \tag{9.6-4}$$

如图 9.6-1 所示，每个观测点 (x_i, y_i) 处的 y_i 与均值 $\bar{y}$ 的离差 $y_i - \bar{y}$ 被分解为两部分，即：

$$y_i - \bar{y} = y_i - \hat{y}_i + \hat{y}_i - \bar{y}$$

于是总离差平方和可作如下分解：

$$SS_T = \sum_{i=1}^{n} (y_i - \overline{y})^2 = \sum_{i=1}^{n} (y_i - \hat{y}_i + \hat{y}_i - \overline{y})^2$$

$$= \sum_{i=1}^{n} (y_i - \hat{y}_i)^2 + \sum_{i=1}^{n} (\hat{y}_i - \overline{y})^2$$

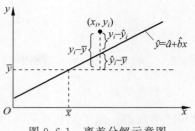

令 $SS_E = \sum_{i=1}^{n} (y_i - \hat{y}_i)^2$，$SS_R = \sum_{i=1}^{n} (\hat{y}_i - \overline{y})^2$，则有：

$$SS_T = SS_E + SS_R \qquad (9.6\text{-}5)$$

图 9.6-1　离差分解示意图

这里的 SS_T 为总离差平方和，它被分解为两部分。其中 SS_R 是估计值 $\hat{y}_i$ 的离差平方和，反映了 y 的总变差中由于 y 与 x 之间的线性关系所引起的 y 的变差，称为**回归平方和**。SS_E 为**残差平方和**，它反映了 y 的总变差中不能由回归直线来解释的变差。由图 9.6-1 可以看出，若总离差平方和 SS_T 中主要是回归平方和 SS_R，残差平方和 SS_E 所占比重非常小，则说明观测数据的散点基本集中在回归直线附近，进一步说明 y 和 x 之间存在显著的线性相关关系，因此可以根据 SS_R 和 SS_E 构造检验统计量，检验 y 和 x 之间的线性相关关系是否显著。为此，下面先给出一个定理。

定理 9.6-1　对于一元线性回归模型式(9.6-1)，有如下结论。

- $\dfrac{SS_E}{\sigma^2} \sim \chi^2(n-2)$，并且 SS_E 和 SS_R 相互独立；

- 当原假设 H_0 成立时，$\dfrac{SS_R}{\sigma^2} \sim \chi^2(1)$。

对于式(9.6-4)的假设检验，构造检验统计量：

$$F = \frac{SS_R/1}{SS_E/(n-2)} \overset{H_0 成立}{\sim} F(1, n-2)$$

对于给定的显著性水平 α，可得 H_0 的拒绝域为 $F \geqslant F_\alpha(1, n-2)$。当原假设 H_0 被拒绝时，认为 y 和 x 之间的线性相关关系是显著的。根据以上 F 检验过程列出一元线性回归的方差分析表，如表 9.6-1 所示。

表 9.6-1　一元线性回归的方差分析表

方差来源	平　方　和	自　由　度	均　　　方	F 值	临界值 F_α	p 值
回归	SS_R	1	$MS_R = SS_R/1$	$F = MS_R/MS_E$	$F_\alpha(1, n-2)$	$P\{F \geqslant F_{观}\}$
剩余	SS_E	$n-2$	$MS_E = SS_E/(n-2)$			
总计	SS_T	$n-1$				

5. y 的均值 $E(y|x) = a + bx$ 的点估计和区间估计

当自变量 x 取某一指定值 x_0 时，由式(9.6-1)可知，相应的因变量 $y_0 \sim N(a + bx_0, \sigma^2)$，$y_0$ 的均值 $a + bx_0$ 的点估计为 $\hat{y}_0 = \hat{a} + \hat{b}x_0$。可以证明：

$$\frac{\hat{y}_0 - (a + bx_0)}{\hat{\sigma} \sqrt{\dfrac{1}{n} + \dfrac{(x_0 - \overline{x})^2}{l_{xx}}}} \sim t(n-2)$$

于是可得 y_0 的均值 $a + bx_0$ 的置信水平为 $1-\alpha$ 的置信区间为：

$$\left(\hat{y}_0 - t_{\alpha/2}(n-2)\hat{\sigma}\sqrt{\frac{1}{n}+\frac{(x_0-\bar{x})^2}{l_{xx}}}, \hat{y}_0 + t_{\alpha/2}(n-2)\hat{\sigma}\sqrt{\frac{1}{n}+\frac{(x_0-\bar{x})^2}{l_{xx}}}\right) \quad (9.6\text{-}6)$$

6. y 的观测值的点预测和区间预测

对于自变量 x 的某一指定值 x_0,还可以对 x_0 处 y 的观测值 $y_0 = a + bx_0 + \varepsilon_0$ 进行点预测和区间预测。由于随机误差 ε_0 的值无法预测,就用 x_0 处的经验回归函数值 $\hat{y}_0 = \hat{a} + \hat{b}x_0$ 作为 $y_0 = a + bx_0 + \varepsilon_0$ 的点预测。可以证明:

$$\frac{\hat{y}_0 - y_0}{\hat{\sigma}\sqrt{1+\frac{1}{n}+\frac{(x_0-\bar{x})^2}{l_{xx}}}} \sim t(n-2)$$

于是可得 y_0 的置信水平为 $1-\alpha$ 的预测区间为:

$$\left(\hat{y}_0 - t_{\alpha/2}(n-2)\hat{\sigma}\sqrt{1+\frac{1}{n}+\frac{(x_0-\bar{x})^2}{l_{xx}}}, \hat{y}_0 + t_{\alpha/2}(n-2)\hat{\sigma}\sqrt{1+\frac{1}{n}+\frac{(x_0-\bar{x})^2}{l_{xx}}}\right)$$

$$(9.6\text{-}7)$$

将式(9.6-6)和式(9.6-7)进行对比可知,在相同置信水平下,y_0 的均值 $a+bx_0$ 的置信区间比 y_0 的预测区间要短,这是因为 y_0 比 y_0 的均值多了一个随机项 ε_0。另外,当 $x_0 = \bar{x}$ 时,y_0 的均值 $a+bx_0$ 的置信区间和 y_0 的预测区间的长度均达到最短;当 x_0 逐渐远离 $\bar{x}$ 时,置信区间和预测区间的长度逐渐增大。

9.6.2 多元线性回归

1. 多元线性回归模型

设随机变量 y 与 p 个可控变量 $x_1, x_2, \cdots, x_p$ 之间存在线性相关关系,建立 y 与 x_1,$x_2, \cdots, x_p$ 的数学模型如下:

$$\begin{cases} y = b_0 + b_1 x_1 + b_2 x_2 + \cdots + b_p x_p + \varepsilon, \\ \varepsilon \sim N(0, \sigma^2) \end{cases} \quad (9.6\text{-}8)$$

其中未知参数 $b_0, b_1, \cdots, b_p$ 和 σ^2 都不依赖于 $x_1, x_2, \cdots, x_p$。式(9.6-8)称为 y 关于 x_1,$x_2, \cdots, x_p$ 的 **p 元线性回归模型**,其中 $b_1, b_2, \cdots, b_p$ 称为**回归系数**。

类似于一元线性回归,称 $Y = E(y \mid x_1, \cdots, x_p) = b_0 + b_1 x_1 + b_2 x_2 + \cdots + b_p x_p$ 为 y 关于 $x_1, \cdots, x_p$ 的理论回归方程。

2. 参数的最小二乘估计

对 $x_1, x_2, \cdots, x_p$ 和 y 作 n 次独立的观测,得到观测数据 $(x_{i1}, x_{i2}, \cdots, x_{ip}; y_i)$,$i=1$,$2, \cdots, n$。根据式(9.6-8)可得:

$$\begin{cases} y_i = b_0 + b_1 x_{i1} + b_2 x_{i2} + \cdots + b_p x_{ip} + \varepsilon_i \\ \varepsilon_i \overset{iid}{\sim} N(0, \sigma^2), \quad i=1,2,\cdots,n \end{cases}$$

令:

$$Q(b_0, b_1, \cdots, b_p) = \sum_{i=1}^{n} \varepsilon_i^2 = \sum_{i=1}^{n} (y_i - (b_0 + b_1 x_{i1} + b_2 x_{i2} + \cdots + b_p x_{ip}))^2$$

求 $p+1$ 元函数 $Q(b_0, b_1, \cdots, b_p)$ 的最小值点 $(\hat{b}_0, \hat{b}_1, \cdots, \hat{b}_p)$，即得未知参数 $b_0, b_1, \cdots, b_p$ 的最小二乘估计。

求 Q 分别关于 $b_0, b_1, \cdots, b_p$ 的偏导数，并令其等于 0，列方程组如下：

$$\begin{cases} \dfrac{\partial Q}{\partial b_0} = -2 \sum_{i=1}^{n} (y_i - b_0 - b_1 x_{i1} - b_2 x_{i2} - \cdots - b_p x_{ip}) = 0 \\ \dfrac{\partial Q}{\partial b_k} = -2 \sum_{i=1}^{n} (y_i - b_0 - b_1 x_{i1} - b_2 x_{i2} - \cdots - b_p x_{ip}) x_{ik} = 0, \quad k = 1, 2, \cdots, p \end{cases}$$

整理得：

$$\begin{cases} nb_0 + b_1 \sum_{i=1}^{n} x_{i1} + b_2 \sum_{i=1}^{n} x_{i2} + \cdots + b_p \sum_{i=1}^{n} x_{ip} = \sum_{i=1}^{n} y_i \\ b_0 \sum_{i=1}^{n} x_{ik} + b_1 \sum_{i=1}^{n} x_{ik} x_{i1} + \cdots + b_p \sum_{i=1}^{n} x_{ik} x_{ip} = \sum_{i=1}^{n} x_{ik} y_i, k = 1, 2, \cdots, p \end{cases} \qquad (9.6\text{-}9)$$

式(9.6-9)称为**正规方程组**。令：

$$\boldsymbol{X} = \begin{pmatrix} 1 & x_{11} & x_{12} & \cdots & x_{1p} \\ 1 & x_{21} & x_{22} & \cdots & x_{2p} \\ \vdots & \vdots & \vdots & & \vdots \\ 1 & x_{n1} & x_{n2} & \cdots & x_{np} \end{pmatrix}, \quad \boldsymbol{Y} = \begin{pmatrix} y_1 \\ y_2 \\ \vdots \\ y_n \end{pmatrix}, \quad \boldsymbol{B} = \begin{pmatrix} b_0 \\ b_1 \\ \vdots \\ b_p \end{pmatrix}$$

则式(9.6-9)的矩阵形式为：

$$\boldsymbol{X}'\boldsymbol{X}\boldsymbol{B} = \boldsymbol{X}'\boldsymbol{Y} \qquad (9.6\text{-}10)$$

这里的 $\boldsymbol{X}$ 称为**设计矩阵**，当矩阵 $\boldsymbol{X}'\boldsymbol{X}$ 可逆时，由(9.6-10)式解得未知参数 $b_0, b_1, \cdots, b_p$ 的最小二乘估计为：

$$\hat{\boldsymbol{B}} = \begin{pmatrix} \hat{b}_0 \\ \hat{b}_1 \\ \vdots \\ \hat{b}_p \end{pmatrix} = (\boldsymbol{X}'\boldsymbol{X})^{-1}\boldsymbol{X}'\boldsymbol{Y}$$

可以证明：

$$\hat{\boldsymbol{B}} \sim N_{p+1}(\boldsymbol{B}, \sigma^2(\boldsymbol{X}'\boldsymbol{X})^{-1})$$

$$\hat{b}_i \sim N(b_i, \sigma^2 c_{ii}), \quad i = 1, 2, \cdots, p$$

其中 c_{ii} 为矩阵 $(\boldsymbol{X}'\boldsymbol{X})^{-1}$ 的对角线上的第 $i+1$ 个元素。从而 $E(\hat{\boldsymbol{B}}) = \boldsymbol{B}$，即 $\hat{\boldsymbol{B}}$ 是 $\boldsymbol{B}$ 的无偏估计。将 $\hat{\boldsymbol{B}}$ 代入理论回归方程可得 y 关于 $x_1, \cdots, x_p$ 的经验回归方程 $\hat{y} = \hat{b}_0 + \hat{b}_1 x_1 + \hat{b}_2 x_2 + \cdots + \hat{b}_p x_p$。

3. σ^2 的估计

类似于一元线性回归分析，变量 y 的观测值的离差平方和也有形如式(9.6-5)所示的分

解,其中残差平方和:

$$SS_E = \sum_{i=1}^n (y_i - \hat{y}_i)^2 = \sum_{i=1}^n (y_i - \hat{b}_0 - \hat{b}_1 x_{i1} - \hat{b}_2 x_{i2} - \cdots - \hat{b}_p x_{ip})^2$$

可以证明 $\hat{\sigma}^2 = SS_E/(n-p-1)$ 是 σ^2 的一个无偏估计,并且 $\hat{\sigma}^2$ 与 $\hat{\boldsymbol{B}}$ 相互独立。

4. 回归方程的显著性检验

为了使求得的 p 元线性回归方程真正有意义,需要检验变量 y 和 $x_1, x_2, \cdots, x_p$ 之间是否存在显著的线性相关关系。若 y 和 $x_1, x_2, \cdots, x_p$ 之间存在显著的线性相关关系,则回归模型(9.6-8)式中的回归系数 $b_1, b_2, \cdots, b_p$ 不应全为 0,因为若 $b_1 = b_2 = \cdots = b_p = 0$,则 $E(y \mid x_1, \cdots, x_p)$ 就不依赖于 $x_1, x_2, \cdots, x_p$ 了。因此需要检验假设:

$$H_0: b_1 = b_2 = \cdots = b_p = 0, \quad H_1: b_i \text{ 不全为 } 0, \quad i = 1, 2, \cdots, p \tag{9.6-11}$$

为了构造检验统计量并确定其分布,下面引入一个定理。

定理 9.6-2 对于 p 元线性回归模型式(9.6-8),有以下结论成立。

- $\dfrac{SS_E}{\sigma^2} \sim \chi^2(n-p-1)$,并且 SS_E 和 SS_R 相互独立;

- 当原假设 H_0 成立时,$\dfrac{SS_R}{\sigma^2} \sim \chi^2(p)$。

这里采用 F 检验,构造检验统计量:

$$F = \frac{SS_R/p}{SS_E/(n-p-1)} \overset{H_0 \text{成立}}{\sim} F(p, n-p-1)$$

对于给定的显著性水平 α,可得 H_0 的拒绝域为 $F \geqslant F_\alpha(p, n-p-1)$。当原假设 H_0 被拒绝时,认为回归方程整体上是显著的,即认为 y 与 $x_1, x_2, \cdots, x_p$ 之间的线性相关关系是显著的,但是这并不表示 y 与每一个 x_i 之间的线性相关关系都是显著的。

根据以上 F 检验过程列出 p 元线性回归的方差分析表,如表 9.6-2 所示。

表 9.6-2　p 元线性回归的方差分析表

方差来源	平　方　和	自　由　度	均　　方	F 值	临界值 F_α	p 值
回归	SS_R	p	$MS_R = \dfrac{SS_R}{p}$	$F = \dfrac{MS_R}{MS_E}$	$F_\alpha(p, n-p-1)$	$P\{F \geqslant F_{\text{观}}\}$
剩余	SS_E	$n-p-1$	$MS_E = \dfrac{SS_E}{n-p-1}$			
总计	SS_T	$n-1$				

5. 回归系数的显著性检验

当 F 检验拒绝了式(9.6-11)中的原假设 H_0,即回归方程整体上显著时,还需要对方程中的每一项进行检验,以确定 y 与哪些变量之间的线性相关关系是显著的,为此进行如下的假设检验:

$$H_{0i}: b_i = 0, \quad H_{1i}: b_i \neq 0 \tag{9.6-12}$$

这里的 $i = 1, 2, \cdots, p$。当式(9.6-12)中的原假设 H_{0i} 被拒绝时,说明 y 与 x_i 之间的线性相关关系是显著的,也就是说回归方程中 x_i 项是不可缺少的。

由于：

$$\hat{b}_i \sim N(b_i, \sigma^2 c_{ii}), \qquad \frac{(n-p-1)\hat{\sigma}^2}{\sigma^2} = \frac{SS_E}{\sigma^2} \sim \chi^2(n-p-1)$$

并且 $\hat{\sigma}^2$ 与 $\hat{b}_i$ 相互独立，于是：

$$\frac{\hat{b}_i - b_i}{\hat{\sigma}\sqrt{c_{ii}}} \sim t(n-p-1)$$

当式(9.6-12)中的原假设 H_{0i} 成立时，检验统计量：

$$T_i = \frac{\hat{b}_i}{\hat{\sigma}\sqrt{c_{ii}}} \sim t(n-p-1)$$

对于给定的显著性水平 α，可得 H_{0i} 的拒绝域为：

$$|T_i| = \frac{|\hat{b}_i|}{\hat{\sigma}\sqrt{c_{ii}}} \geqslant t_{\alpha/2}(n-p-1)$$

6. "最优"回归方程的选择

在很多实际问题中，因变量 y 通常受到许多因素的影响，但是把所有可能产生影响的因素全部考虑进去，所建立起来的回归方程却不一定是最好的。首先由于自变量过多，使用不便，而且在回归方程中引入无意义变量，会使 $\hat{\sigma}^2$ 增大，降低预测的精确性及回归方程的稳定性。但是另一方面，通常希望回归方程中包含的变量尽可能多一些，特别是对 y 有显著影响的自变量，如此能使回归平方和 SS_R 增大，残差平方和 SS_E 减小，一般也能使 $\hat{\sigma}^2$ 减小，从而提高预测的精度。因此，为了建立一个"最优"的回归方程，如何选择自变量是个重要问题。我们希望最优的回归方程中包含所有对 y 有显著影响的自变量，不包含对 y 影响不显著的自变量。下面介绍4种常用的选优方法。

(1) 全部比较法。

全部比较法是从所有可能的自变量组合构成的回归方程中挑选最优者，用这种方法总可以找一个"最优"回归方程，但是当自变量个数较多时，这种方法的计算量巨大，例如有 p 个自变量，就需要建立 $C_p^1 + C_p^2 + \cdots + C_p^p = 2^p - 1$ 个回归方程。对一个实际问题而言，这种方法有时是不实用的。

(2) 只出不进法。

只出不进法是从包含全部自变量的回归方程中逐个剔除不显著的自变量，直到回归方程中所包含的自变量全部都是显著的为止。当所考虑的自变量不多，特别是不显著的自变量不多时，这种方法是可行的；当自变量较大，尤其是不显著的自变量较多时，计算量仍然较大，因为每剔除一个自变量后都要重新计算回归系数。

(3) 只进不出法。

只进不出法是从一个自变量开始，把显著的自变量逐个引入回归方程，直到余下的自变量均不显著，没有变量能再引入方程为止。只进不出法虽然计算量少些，但它有严重的缺点。虽然刚引入的那个自变量是显著的，但是由于自变量之间可能有相关关系，所以在引入新的变量后，有可能使已经在回归方程中的自变量变得不显著，因此不一定能得到"最优"回归方程。

(4) 逐步回归法。

逐步回归法是将方法(2)和(3)相结合的一种方法,它根据自变量对因变量 y 的影响大小,将它们逐个引入回归方程,影响最显著的变量先引入回归方程,在引入一个变量的同时,对已引入的自变量逐个检验,将不显著的变量再从回归方程中剔除,最不显著的变量先被剔除,直到再也不能向回归方程中引入新的变量,同时也不能从回归方程中剔除任何一个变量为止。如此操作就保证了最终得到的回归方程是"最优"的。

9.6.3 非线性回归

在很多实际问题中,变量之间的相关关系可能不是线性的,就不能用线性回归方程来描述它们之间的相关关系,此时需要建立变量之间的非线性回归方程。在很多情形下,可以通过变量代换的方式把非线性回归化为线性回归。对于不能线性化的非线性回归,通常的做法是利用迭代算法求回归方程中参数的估计值。

1. p 元非线性回归模型

对于可控变量 $x_1, x_2, \cdots, x_p$ 和随机变量 y 的 n 次独立的观测 $(x_{i1}, x_{i2}, \cdots, x_{ip}; y_i)$,$i=1,2,\cdots,n$,$y$ 关于 $x_1, x_2, \cdots, x_p$ 的 **p 元非线性回归模型**如下:

$$y_i = f(x_{i1}, x_{i2}, \cdots, x_{ip}; \beta_1, \beta_2, \cdots) + \varepsilon_i, \quad i=1,2,\cdots,n \tag{9.6-13}$$

其中,$\beta_1, \beta_2, \cdots$ 为待估参数,ε_i 为随机误差,通常假定 $\varepsilon_1, \varepsilon_2, \cdots, \varepsilon_n \overset{iid}{\sim} N(0, \sigma^2)$。

2. p 元广义线性回归模型

对于可控变量 $x_1, x_2, \cdots, x_p$ 和随机变量 y 的 n 次独立的观测 $(x_{i1}, x_{i2}, \cdots, x_{ip}; y_i)$,$i=1,2,\cdots,n$,$y$ 关于 $x_1, x_2, \cdots, x_p$ 的 **p 元广义线性回归模型**如下:

$$\underbrace{\begin{bmatrix} y_1 \\ y_2 \\ \vdots \\ y_n \end{bmatrix}}_{y} = \underbrace{\begin{bmatrix} 1 & f_1(x_{11}) & f_2(x_{12}) & \cdots & f_p(x_{1p}) \\ 1 & f_1(x_{21}) & f_2(x_{22}) & \cdots & f_p(x_{2p}) \\ \vdots & \vdots & \vdots & & \vdots \\ 1 & f_1(x_{n1}) & f_2(x_{n2}) & \cdots & f_p(x_{np}) \end{bmatrix}}_{X} \underbrace{\begin{bmatrix} \beta_0 \\ \beta_1 \\ \vdots \\ \beta_p \end{bmatrix}}_{\beta} + \underbrace{\begin{bmatrix} \varepsilon_1 \\ \varepsilon_2 \\ \vdots \\ \varepsilon_n \end{bmatrix}}_{\varepsilon} \tag{9.6-14}$$

通常假定 $\varepsilon_1, \varepsilon_2, \cdots, \varepsilon_n \overset{iid}{\sim} N(0, \sigma^2)$。式(9.6-14)中的 y 为因变量观测值向量,$\boldsymbol{X}$ 为设计矩阵,$f_1, f_2, \cdots, f_p$ 为 p 个函数,对应模型中的 p 项,$\boldsymbol{\beta}$ 为需要估计的系数向量,ε 为随机误差向量。不同的函数 $f_1, f_2, \cdots, f_p$ 对应不同类型的回归模型,特别地,当 $f_1(x_{i1})=x_{i1}$,$f_2(x_{i2})=x_{i2}$,$\cdots$,$f_p(x_{ip})=x_{ip}$,$i=1,\cdots,n$ 时,式(9.6-14)即为 p 元线性回归模型。

3. 可线性化的一元非线性回归

若变量 y 和 x 之间存在非线性相关关系,可根据 y 和 x 的散点图的形状选择适当的非线性函数 $y=f(x; b_1, \cdots, b_k)$ 作为 y 关于 x 的非线性回归方程,其中 $b_1, \cdots, b_k$ 是待估计的参数。下面列举一些常用的能够线性化的一元非线性函数,并给出线性化变换的变量代换公式,如表 9.6-3 所示。

表 9.6-3 可线性化的非线性函数

非线性函数	变量代换公式	变换后的线性方程
$\dfrac{1}{y}=a+\dfrac{b}{x}$（双曲线函数）	$u=\dfrac{1}{x}$，$v=\dfrac{1}{y}$	$v=a+bu$
$y=ax^b$（幂函数）	$u=\ln x$，$v=\ln y$	$v=\ln a+bu$
$y=a+b\ln x$（对数函数）	$u=\ln x$，$v=y$	$v=a+bu$
$y=a\,\mathrm{e}^{bx}$（指数函数）	$u=x$，$v=\ln y$	$v=\ln a+bu$
$y=a\,\mathrm{e}^{b/x}$（负指数函数）	$u=\dfrac{1}{x}$，$v=\ln y$	$v=\ln a+bu$
$y=\dfrac{1}{a+b\mathrm{e}^{-x}}$（logistic 曲线函数）	$u=\mathrm{e}^{-x}$，$v=\dfrac{1}{y}$	$v=a+bu$

以上非线性函数的图形如图 9.6-2 至图 9.6-7 所示。

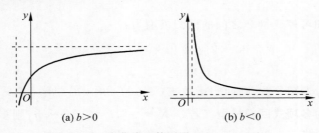

(a) $b>0$ (b) $b<0$

图 9.6-2 双曲线函数图形（$1/y=a+b/x$）

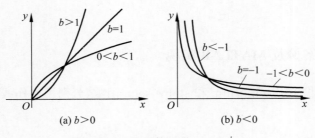

(a) $b>0$ (b) $b<0$

图 9.6-3 幂函数图形（$y=ax^b$）

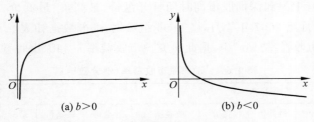

(a) $b>0$ (b) $b<0$

图 9.6-4 对数函数图形（$y=a+b\ln x$）

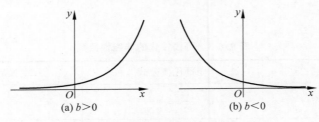

图 9.6-5　指数函数图形（$y=a\mathrm{e}^{bx}$）

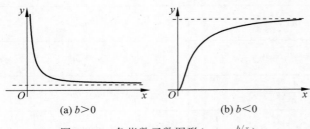

图 9.6-6　负指数函数图形（$y=a\mathrm{e}^{b/x}$）

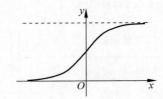

图 9.6-7　logistic 曲线（$y=1/(a+b\mathrm{e}^{-x})$）

4. 多项式回归

若随机变量 y 和可控变量 x 之间的回归模型为：

$$\begin{cases} y=b_0+b_1x+b_2x^2+\cdots+b_px^p+\varepsilon \\ \varepsilon \sim N(0,\sigma^2) \end{cases} \tag{9.6-15}$$

其中 $b_0,b_1,\cdots,b_p$ 为未知参数，则回归函数 $E(y|x)=b_0+b_1x+\cdots+b_px^p$ 为 p 次多项式。模型式(9.6-15)称为**多项式回归模型**。若令 $X_i=x^i,i=1,2,\cdots,p$，则多项式回归模型就转化为多元线性回归模型：

$$\begin{cases} y=b_0+b_1X_1+b_2X_2+\cdots+b_pX_p+\varepsilon \\ \varepsilon \sim N(0,\sigma^2) \end{cases}$$

9.6.4　回归分析案例及 MATLAB 实现

MATLAB 中提供了 fitlm、fitnlm 和 stepwiselm 函数，分别用来作线性回归、非线性回归和逐步回归。

1. 一元线性回归案例

【例 9.6-1】 现有上海和深圳股市同时期日开盘价、最高价、最低价、收盘价、收益率等数据，跨度为 2000 年 1 月至 2007 年 4 月，各 1696 组数据，部分数据如表 9.6-4 所示。完整数据保存在文件"沪深股市收益率.xls"中，据此研究沪市收益率 y 和深市收益率 x 的关系。

表 9.6-4　沪深股市收益率（部分数据）

日期	深市					沪市				
	开盘价	最高价	最低价	收盘价	收益率	开盘价	最高价	最低价	收盘价	收益率
2000/1/4	3374.11	3512.3	3360.21	3497.06	0.03643924	1368.69	1407.52	1361.21	1406.37	0.02752997
2000/1/5	3500.13	3589.18	3468.69	3486.28	−0.003957	1407.83	1433.78	1398.32	1409.68	0.00131408

续表

日期	深市					沪市				
	开盘价	最高价	最低价	收盘价	收益率	开盘价	最高价	最低价	收盘价	收益率
2000/1/6	3475.46	3663.22	3454.35	3655.2	0.0517169	1406.04	1463.96	1400.25	1463.94	0.04117948
2000/1/7	3701.48	3848.06	3701.48	3828.04	0.03419173	1477.15	1522.83	1477.15	1516.6	0.02670683
2000/1/10	3881.75	3929.06	3832.2	3921.48	0.01023507	1531.71	1546.72	1506.4	1545.11	0.00874839
...	...	...	...	...	...	...	...	...	...	...
2007/3/28	8630.85	8678.04	8282.15	8587.35	−0.0050401	3140.68	3180.33	3052.08	3173.02	0.01029713
2007/3/29	8606.57	8681.21	8525.55	8579.32	−0.0031662	3179.8	3273.73	3176.53	3197.54	0.00557897
2007/3/30	8547.18	8598.94	8465.13	8549.2	0.00023634	3178.5	3212.39	3157.03	3183.98	0.00172408
2007/4/2	8575.77	8785.83	8571.54	8785.83	0.02449459	3196.59	3253.44	3196.59	3252.59	0.01751867
2007/4/3	8827.65	8963.47	8795.12	8963.47	0.01538575	3265.68	3292.58	3251.52	3291.3	0.00784523

(1) 数据的散点图。

由于 x 和 y 均为一维变量,可以先从 x 和 y 的散点图(如图 9.6-8 所示)上直观地观察它们之间的关系,然后再作进一步的分析。

```
>> data = xlsread('沪深股市收益率.xls');    % 从 Excel 文件中读取数据
>> x = data(:,5);                          % 提取 data 的第 5 列,即深市收益率数据
>> y = data(:,10);                         % 提取 data 的第 10 列,即沪市收益率数据
>> figure;                                 % 新建图窗
>> plot(x, y, 'k.', 'Markersize', 15);     % 绘制 x 和 y 的散点图
>> xlabel('深市收益率(x)');                 % 给 x 轴加标签
>> ylabel('沪市收益率(y)');                 % 给 y 轴加标签
>> R = corrcoef(x, y)                      % 计算 x 和 y 的线性相关系数矩阵 R
R =
     1.0000    0.9314
     0.9314    1.0000
```

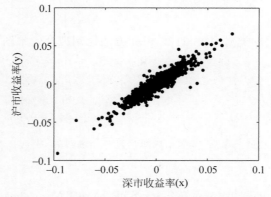

图 9.6-8　深市收益率 x 与沪市收益率 y 的散点图

(2) 模型的建立。

建立 y 关于 x 的一元线性回归模型如下:

$$\begin{cases} y_i = \beta_0 + \beta_1 x_i + \varepsilon_i \\ \varepsilon_i \overset{iid}{\sim} N(0, \sigma^2), \quad i = 1, 2\cdots, n \end{cases} \quad (9.6\text{-}16)$$

式(9.6-16)中包含了模型的四个基本假定:线性假定、误差正态性假定、误差方差齐性假

定、误差独立性假定。

（3）调用 fitlm 函数求解模型。

```
>> mdl1 = fitlm(x,y)                        % 模型求解
mdl1 =
Linear regression model:
    y ~ 1 + x1

Estimated Coefficients:
                   Estimate        SE          tStat        pValue
                   _____     _____     _____     _____

    (Intercept)    5.8734e-08   0.0001175     0.00049987    0.9996
    x1             0.85687      0.0081376     105.3         0

Number of observations: 1696, Error degrees of freedom: 1694
Root Mean Squared Error: 0.00484
R-squared: 0.867,   Adjusted R-Squared 0.867
F-statistic vs. constant model: 1.11e+04, p-value = 0
```

从输出的结果看，常数项 β_0 和回归系数 β_1 的估计值分别为 5.8734×10^{-8} 和 0.85687，从而可以写出线性回归方程为：

$$\hat{y} = 5.8734 \times 10^{-8} + 0.85687x$$

对回归直线进行显著性检验，原假设和备择假设分别为：

$$H_0 : \beta_1 = 0, \quad H_1 : \beta_1 \neq 0$$

检验的 p 值（p-value = 0）小于 0.05，可知在显著性水平 $\alpha = 0.05$ 下应拒绝原假设 H_0，可认为 y（沪市收益率）与 x（深市收益率）的线性关系是显著的。

从参数估计值列表可知对常数项进行的 t 检验的 p 值（pValue = 0.9996）大于 0.05，对线性项进行的 t 检验的 p 值（pValue = 0）小于 0.05，说明在回归方程中常数项不显著，线性项是显著的。

（4）绘制拟合效果图。

下面调用 LinearModel 类对象 mdl1 的 plot 方法绘制拟合效果图，如图 9.6-9 所示。

```
>> figure;
>> mdl1.plot;                               % 绘制模型拟合效果图
>> xlabel('深市收益率(x)');                   % 给 x 轴加标签
>> ylabel('沪市收益率(y)');                   % 给 y 轴加标签
>> title('');
>> legend('原始散点','回归直线','置信区间');    % 加图例
```

（5）预测。

给定自变量 x 的值，可调用 LinearModel 类对象 mdl1 的 predict 方法计算因变量 y 的预测值。例如，给定深市收益率 $x = [0.035, 0.04]$，计算沪市收益率 y 的预测值。其命令及结果如下：

```
>> xnew = [0.035,0.04]';                    % 定义新的自变量,必须是列向量或矩阵
>> ynew = mdl1.predict(xnew)                % 计算因变量的预测值
ynew =
    0.0300
    0.0343
```

(6)模型改进。

模型改进通常包括两方面：剔除模型中的不显著项；剔除数据集中的异常点。数据集中的异常点是指远离数据集中心的观测点，又称离群点。通常情况下，学生化残差的绝对值大于 2 的数据点被认为是异常点。下面的代码用来检测并剔除数据集中的异常点，从而对模型做出改进。

```
>> Res = mdl1.Residuals;                              % 查询残差值
>> Res_Stu = Res.Studentized;                         % 学生化残差
>> id = find(abs(Res_Stu)> 2);                        % 查找异常值序号
>> mdl2 = fitlm(x,y,'Exclude',id)                     % 去除异常值,重新求解
mdl2 =
Linear regression model:
    y ~ 1 + x1

Estimated Coefficients:
                   Estimate          SE           tStat        pValue

    (Intercept)    6.9778e- 06    9.3377e- 05    0.074727     0.94044
    x1             0.86092        0.0066731      129.01        0

Number of observations: 1609, Error degrees of freedom: 1607
Root Mean Squared Error: 0.00374
R - squared: 0.912,    Adjusted R - Squared 0.912
F - statistic vs. constant model: 1.66e + 04, p - value = 0

>> figure;
>> mdl2.plot                                          % 绘制拟合效果图
>> xlabel('深市收益率(x)');                            % x 轴标签
>> ylabel('沪市收益率(y)');                            % y 轴标签
>> title('');                                         % 标题
>> legend('剔除异常数据后散点','回归直线','置信区间');  % 图例
```

剔除异常数据后的回归直线方程为 $\hat{y} = 6.9778 \times 10^{-6} + 0.86092x$，对应的拟合效果图如图 9.6-10 所示。

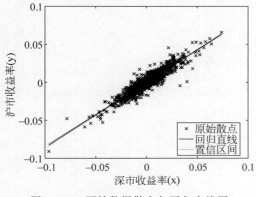

图 9.6-9 原始数据散点与回归直线图

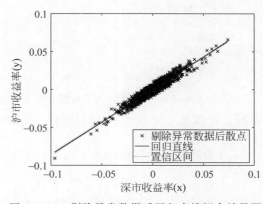

图 9.6-10 剔除异常数据后回归直线拟合效果图

2. 一元非线性回归案例

【例 9.6-2】 头围(head circumference)是反映婴幼儿大脑和颅骨发育程度的重要指标之

一,对头围的研究具有非常重要的意义。笔者研究了天津地区 1281 位儿童(700 个男孩,581 个女孩)的颅脑发育情况,测量了年龄、头宽、头长、头宽/头长、头围和颅围等指标,测量方法: 读取头颅 CT 图像数据,根据自编程序自动测量。测量得到 1281 组数据,年龄跨度从 7 个星期到 16 周岁,数据保存在文件"儿童颅脑发育情况指标.xls"中,数据格式如表 9.6-5 所示。

表 9.6-5　天津地区 1281 位儿童的颅脑发育情况指标数据(只列出部分数据)

序号	性别	年龄及标识	年龄/岁	月龄/月	头宽/mm	头长/mm	头宽/头长	头围/cm	颅围/cm
1	m	11Y	11	132	136.0476	168.7998	0.805970149	50.90952	48.3008
2	m	20M	1.666667	20	149.9043	161.2416	0.9296875	50.4282	49.01562
3	m	10Y	10	120	144.4456	156.6227	0.922252011	51.35181	48.14725
4	m	3Y	3	36	145.7053	163.761	0.88974359	50.27417	48.73305
5	m	3Y	3	36	139.8267	153.2635	0.912328767	48.52064	46.925
...	...	...	...	...	...	...	...	...	...
1277	f	17M	1.416667	17	147.8048	140.2466	1.053892216	46.52105	45.54998
1278	f	5Y	5	60	144.4456	162.0814	0.89119171	49.56883	48.48535
1279	f	3Y	3	36	150.7441	145.7053	1.034582133	47.0336	46.02226
1280	f	13M	1.083333	13	129.3292	143.1859	0.903225806	44.99825	43.32917
1281	f	5Y	5	60	146.5451	157.8824	0.928191489	49.65208	47.91818

注:年龄数据中的 Y 表示年,M 表示月,W 表示星期,D 表示天。性别数据中的 m 表示男性,f 表示女性。

下面根据这 1281 组数据建立头围关于年龄的回归方程。

(1) 数据的散点图。

令 x 表示年龄,y 表示头围。x 和 y 均为一维变量,同样可以先从 x 和 y 的散点图上直观地观察它们之间的关系,然后再作进一步的分析。

通过以下命令从文件"儿童颅脑发育情况指标.xls"中读取变量 x 和 y 的数据,然后做出 x 和 y 的观测数据的散点图,如图 9.6-11 所示。

```
>> HeadData = xlsread('儿童颅脑发育情况指标.xls');   % 从 Excel 文件读取数据
>> x = HeadData(:, 4);                              % 提取 HeadData 矩阵的第 4 列数据,即年龄数据
>> y = HeadData(:, 9);                              % 提取 HeadData 矩阵的第 9 列数据,即头围数据
>> figure;                                          % 新建图窗
>> plot(x, y, 'k.')                                 % 绘制 x 和 y 的散点图
>> xlabel('年龄(x)')                                % 为 x 轴加标签
>> ylabel('头围(y)')                                % 为 y 轴加标签
```

从图 9.6-11 可以看出 y(头围)和 x(年龄)之间呈现非线性相关关系,可以考虑作非线性回归。根据散点图的走势,可以选取以下函数作为理论回归方程。

- 负指数函数:$y = \beta_1 e^{\frac{\beta_2}{x+\beta_3}}$;

- 双曲线函数:$y = \dfrac{x+\beta_1}{\beta_2 x+\beta_3}$;

- 幂函数:$y = \beta_1 (x+\beta_2)^{\beta_3}$;

- logistic 曲线函数:$y = \dfrac{\beta_1}{1+\beta_2 e^{-(x+\beta_3)}}$;

- 对数函数:$y = \beta_1 + \beta_2 \ln(x+\beta_3)$。

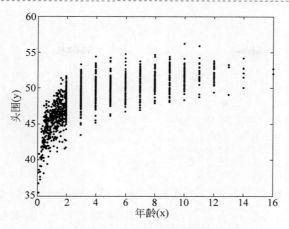

图 9.6-11　年龄与头围数据的散点图

以上函数中都包含有 3 个未知参数 β_1、β_2 和 β_3，需要由观测数据进行估计，根据需要还可以减少或增加未知参数的个数。以上函数都可以呈现出先急速增加，然后趋于平缓的趋势，比较适合头围和年龄的观测数据，均可以作为备选的理论回归方程。

（2）模型的建立。

建立 y 关于 x 的一元非线性回归模型如下：

$$\begin{cases} y_i = f(x_i; \beta_1, \beta_2, \beta_3) + \varepsilon_i \\ \varepsilon_i \overset{iid}{\sim} N(0, \sigma^2), i = 1, 2 \cdots, n \end{cases} \tag{9.6-17}$$

式（9.6-17）中的 $y = f(x, \beta_1, \beta_2, \beta_3)$ 为非线性回归函数，可以是上述 5 个函数中的任意一个。

（3）调用 fitnlm 函数求解模型。

在调用 fitnlm 函数求解模型之前，应根据观测数据的特点选择合适的理论回归方程，理论回归方程往往是不唯一的，可以有多种选择。这里选择负指数函数 $y = \beta_1 e^{\frac{\beta_2}{x + \beta_3}}$ 作为理论回归方程，当然用户也可以选择其他函数。

有了理论回归方程之后，首先编写理论回归方程所对应的 M 函数或匿名函数。函数应有两个输入参数，一个输出参数。第 1 个输入为未知参数向量，对于一元回归，第 2 个输入为自变量观测值向量，而对于多元回归，第 2 个输入为自变量观测值矩阵。函数的输出为因变量观测值向量。针对所选择的负指数函数，编写匿名函数如下：

```
>> HeadCirFun = @(beta, x)beta(1) * exp(beta(2)./(x + beta(3)));   % 理论回归方程
```

这里返回的 HeadCirFun 是函数句柄，可以把它传递给 fitnlm 函数，从而对模型进行求解。

```
>> beta0 = [53, -0.2604,0.6276];          % 未知参数初值
>> nlm1 = fitnlm(x, y, HeadCirFun, beta0)   % 模型求解
nlm1 =
Nonlinear regression model:
    y ~ beta1 * exp(beta2/(x + beta3))

Estimated Coefficients:
```

	Estimate	SE	tStat	pValue
beta1	52.433	0.14685	357.04	0
beta2	− 0.26758	0.016715	− 16.008	1.0417e − 52
beta3	0.79072	0.074909	10.556	4.9551e − 25

```
Number of observations: 1281, Error degrees of freedom: 1278
Root Mean Squared Error: 1.65
R - Squared: 0.705,   Adjusted R - Squared 0.704
F - statistic vs. zero model: 3.67e + 05, p - value = 0
```

未知参数初值的选取是一个难点。从散点图 9.6-11 上可以看到,随着年龄的增长,人的头围也在增长,但是头围不会一直增长,到了一定年龄之后,头围就稳定在 $50 \sim 55$,注意到 $\lim\limits_{x \to +\infty} \beta_1 e^{\frac{\beta_2}{x+\beta_3}} = \beta_1$,可以选取 β_1 的初值为 $50 \sim 55$ 中的一个数,不妨选为 53。再注意到初生婴儿的头围应在 35cm 左右,可得 $53 e^{\frac{\beta_2}{\beta_3}} = 35$,从而 $\frac{\beta_2}{\beta_3} = -0.4149$。从图 9.6-11 还可看到 2 岁儿童的头围在 48cm 左右,可得 $53 e^{\frac{\beta_2}{2+\beta_3}} = 48$,从而 $\frac{\beta_2}{2+\beta_3} = -0.0991$。于是可得 $\beta_2 = -0.2604$,$\beta_3 = 0.6276$,故选取未知参数向量 $(\beta_1, \beta_2, \beta_3)$ 的初值为 $[53, -0.2604, 0.6276]$。实际上,在确定 β_1 的初值在 $50 \sim 55$ 后,β_2 和 β_3 可以尝试随意指定,例如 $[50,1,1]$、$[50,-1,1]$ 都是可以的,对估计结果影响非常小,也就是说初值在一定范围内都是稳定的。

由未知参数的估计值可以写出头围关于年龄的一元非线性回归方程为:

$$\hat{y} = 52.433 e^{-\frac{0.26758}{x+0.79072}} \tag{9.6-18}$$

对回归方程进行显著性检验,检验的 p 值(p-value = 0)小于 0.05,可知回归方程式(9.6-18)是显著的。

(4)绘制一元非线性回归曲线。

调用下面的命令做出年龄与头围的散点和头围关于年龄的回归曲线图。

```
>> xnew = linspace(0,16,50)';          % 定义新的 x
>> ynew = nlm1.predict(xnew);           % 求 y 的估计值
>> figure;                              % 新建一个空的图形窗口
>> plot(x, y, 'k.');                    % 绘制 x 和 y 的散点图
>> hold on;
>> plot(xnew, ynew, 'linewidth', 3);    % 绘制回归曲线,蓝色实线,线宽为 3
>> xlabel('年龄(x)');                    % 给 x 轴加标签
>> ylabel('头围(y)');                    % 给 y 轴加标签
>> legend('原始数据散点','非线性回归曲线'); % 为图形加图例
```

以上命令做出的图形如图 9.6-12 所示,从图上可以看出拟合效果还是很不错的。

(5)头围平均值的置信区间和观测值的预测区间。

对于 x(年龄)的一个给定值 x_0,相应的 y(头围)是一个随机变量,具有一定的分布。x 给定时 y 的总体均值的区间估计称为**平均值(或预测值)的**置信区间,y 的观测值的区间估计称为**观测值的预测区间**。

求出头围关于年龄的回归曲线后,对于给定的年龄,可以调用 NonLinearModel 类的

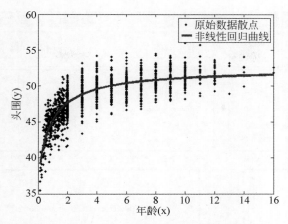

图 9.6-12　年龄与头围的散点和回归曲线图

predict 方法求出头围的预测值(即 x 给定时 y 的总体均值)、预测值的置信区间和观测值的预测区间。下面调用 predict 函数求 $x=10$ 时 y 的预测值、预测值的 95% 置信区间和观测值的95% 预测区间。

```
>> x0 = 10;                                          % 给定 x 值
>> [yp,ypci1] = nlm1.predict(x0,'Prediction','curve')   % 求 y 的预测值及 95% 置信区间
yp =
    51.1489
ypci1 =
    50.9848   51.3130

>> [~,ypci2] = nlm1.predict(x0,'Prediction','observation') % 求 y 的 95% 预测区间
ypci2 =
    47.9051   54.3926
```

由以上结果可知,$x=10$ 时 y 的预测值为 51.1489,预测值的 95% 置信区间为[50.9848,51.3130],y 的观测值的 95% 预测区间为[47.9051,54.3926]。

(6) 利用曲线拟合工具 cftool 作一元非线性拟合。

MATLAB 有一个功能强大的曲线拟合工具箱(Curve Fitting Toolbox),其中提供了cftool 函数,用来通过界面操作的方式进行一元和二元数据拟合。在 MATLAB 命令窗口运行 cftool 命令将打开如图 9.6-13 所示的曲线拟合主界面。

下面结合头围与年龄数据的拟合介绍曲线拟合界面的用法。

(1) cftool 函数的调用格式如下:

```
cftool
cftool( x, y )                            % 一元数据拟合
cftool( x, y, z )                         % 二元数据拟合
cftool( x, y, [ ], w )
cftool( x, y, z, w )
```

以上 5 种方式均可打开曲线拟合主界面,其中输入参数 x 为自变量观测值向量,y 为因变量观测值向量,w 为权重向量,它们应为等长向量。

(2) 导入数据:如果利用 cftool 函数的第 1 种方式打开曲线拟合主界面,则此时曲线拟合

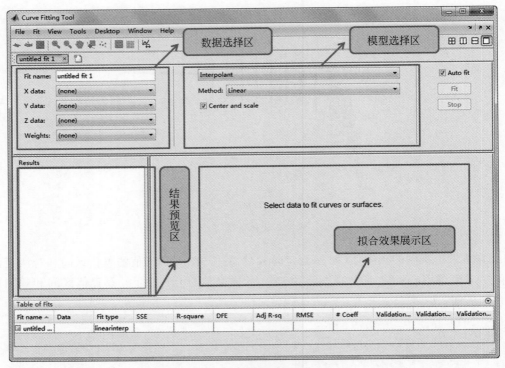

图 9.6-13　曲线拟合主界面

主界面的拟合效果展示区还是一片空白,还没有可以分析的数据,应该先从 MATLAB 工作空间导入变量数据。

首先运行下面的命令将变量数据从文件读入 MATLAB 工作空间。

```
>> HeadData = xlsread('儿童颅脑发育情况指标.xls'); % 从 Excel 文件读取数据
>> x = HeadData(:, 4);                             % 提取年龄数据
>> y = HeadData(:, 9);                             % 提取头围数据
```

现在 y(头围)和 x(年龄)的数据已经导入 MATLAB 工作空间,此时单击数据选择区"X Data:"后的下拉菜单,从 MATLAB 工作空间选择自变量 x,同样的方式选择因变量和权重向量。

(3) 数据拟合:导入头围和年龄的数据之后,拟合效果展示区里出现了相应的散点图。模型选择区里的下拉菜单用来选择拟合类型。可选的拟合类型如表 9.6-6 所示。

表 9.6-6　可选的拟合类型列表

拟 合 类 型	说　　明	基本模型表达式
Custom Equations	自定义函数类型,可修改	$a\,\mathrm{e}^{-bx}+c$
Exponential	指数函数	$a\,\mathrm{e}^{bx}$ $a\,\mathrm{e}^{bx}+c\,\mathrm{e}^{dx}$
Fourier	傅里叶级数	$a_0+a_1\cos(xw)+b_1\sin(xw)$ $\cdots$ $a_0+a_1\cos(xw)+b_1\sin(xw)+\cdots+a_8\cos(8xw)+b_8\sin(8xw)$

拟 合 类 型	说　　明	基本模型表达式
Gaussian	高斯函数	$a_1 e^{-((x-b_1)/c_1)^2}$ … $a_1 e^{-((x-b_1)/c_1)^2}+\cdots+a_8 e^{-((x-b_8)/c_8)^2}$
Interpolant	插值	linear、nearest neighbor、cubic spline、shape-preserving
Polynomial	多项式函数	$1\sim9$ 次多项式
Power	幂函数	ax^b，ax^b+c
Rational	有理分式函数	分子为常数、$1\sim5$ 次多项式，分母为 $1\sim5$ 次多项式
Smoothing Spline	光滑样条	无
Sum of Sin Functions	正弦函数之和	$a_1\sin(b_1 x+c_1)$ … $a_1\sin(b_1 x+c_1)+\cdots+a_8\sin(b_8 x+c_8)$
Weibull	威布尔函数	$abx^{b-1}e^{-ax^b}$

当选中某种拟合类型后，模型选择区将做出相应的调整，可通过下拉菜单选择模型表达式。特别地，当选择自定义函数类型时，可修改编辑框中的模型表达式。

单击模型选择区下面的 Fit options 按钮，在弹出的界面中可以设定拟合算法的控制参数，当然也可以不用设定，直接使用参数的默认值。勾选曲线拟合主界面上的 Auto fit 复选框或单击 Fit 按钮，将启动数据拟合程序，数据拟合结果在结果预览区显示。主要显示模型表达式、参数估计值与估计值的 95％置信区间和模型的拟合优度。其中模型的拟合优度包括残差平方和（SSE）、判定系数（R-square）、调整的判定系数（Adjusted R-square）和均方根误差（RMSE）。

在曲线拟合主界面的最下方有一个拟合列表，显示了拟合的名称（Fit name）、数据集（Data set）、拟合类型（Fit type）、残差平方和、判定系数、误差自由度（DFE）、调整的判定系数（Adj R-sq）、均方根误差、系数个数（♯ Coeff）等结果。如果用户创建了多个拟合，将在拟合列表中分行显示所有拟合结果，此时可通过拟合列表对比拟合效果的优劣，可以用残差平方和、调整的判定系数和均方根误差作为对比的依据。残差平方和越小，均方根误差也越小，调整的判定系数则越大，可认为拟合的效果越好。选中某个拟合，右击，通过右键菜单可删除该拟合，也可将拟合的相关结果导入 MATLAB 工作空间。

对于前面给出的 1281 组头围和年龄的观测数据，至少可用 5 种函数进行拟合，得到的非线性回归方程分别为：

$$\hat{y}=52.43e^{-\frac{0.2676}{x+0.7906}}$$

$$\hat{y}=\frac{x+0.6644}{0.01907x+0.01779}$$

$$\hat{y}=45.22(x+0.05)^{0.05907}$$

$$\hat{y}=\frac{50.3}{1+32.96e^{-(x+4.634)}}$$

$$\hat{y}=45.18+2.859\ln(x+0.05)$$

其中负指数函数和双曲线函数的拟合效果较好。

3. 多元线性和广义线性回归案例

【例 9.6-3】 在有氧锻炼中,人的耗氧能力 y(ml/(min·kg))是衡量身体状况的重要指标,它可能与以下因素有关:年龄 x_1(岁),体重 x_2(kg),1500m 跑所用的时间 x_3(min),静止时心速 x_4(次/min),跑步后心速 x_5(次/min)。对 24 名 40~57 岁的志愿者进行了测试,部分结果如表 9.6-7 所示。完整的数据保存在文件"人体耗氧能力测试.xls"中,试根据这些数据建立耗氧能力 y 与诸因素之间的回归模型。

表 9.6-7 人体耗氧能力测试相关数据(只列出部分数据)

序　　号	y	x_1	x_2	x_3	x_4	x_5
1	44.6	44	89.5	6.82	62	178
2	45.3	40	75.1	6.04	62	185
3	54.3	44	85.8	5.19	45	156
4	59.6	42	68.8	4.9	40	166
5	49.9	38	89	5.53	55	178
...	...	...	...	...	...	...
23	45.4	52	76.3	5.78	48	164
24	54.7	50	70.9	5.35	48	146

(1) 可视化相关性分析。

对于多元回归,由于自变量较多,理论回归方程的选择是比较困难的。这里先计算变量间的相关系数矩阵,绘制相关系数矩阵图,分析变量间的线性相关性。

```
>> data = xlsread('人体耗氧能力测试.xls');        % 读取数据
>> X = data(:,3:7);                               % 自变量观测值矩阵
>> y = data(:,2);                                 % 因变量观测值向量
>> [R,P] = corrcoef([y,X])                        % 计算相关系数矩阵

R =
    1.0000   -0.3201   -0.0777   -0.8645   -0.5130   -0.4573
   -0.3201    1.0000   -0.1809    0.1845   -0.1092   -0.3757
   -0.0777   -0.1809    1.0000    0.1121    0.0520    0.1410
   -0.8645    0.1845    0.1121    1.0000    0.6132    0.4383
   -0.5130   -0.1092    0.0520    0.6132    1.0000    0.3303
   -0.4573   -0.3757    0.1410    0.4383    0.3303    1.0000

P =
    1.0000    0.1273    0.7181    0.0000    0.0104    0.0247
    0.1273    1.0000    0.3976    0.3882    0.6116    0.0704
    0.7181    0.3976    1.0000    0.6022    0.8095    0.5111
    0.0000    0.3882    0.6022    1.0000    0.0014    0.0322
    0.0104    0.6116    0.8095    0.0014    1.0000    0.1149
    0.0247    0.0704    0.5111    0.0322    0.1149    1.0000
>> VarNames = {'y','x1','x2','x3','x4','x5'};      % 变量名
 % 调用自编的 matrixplot 函数绘制相关系数矩阵图
>> matrixplot(R,'FigShap','e','FigSize','Auto', ...
         'ColorBar','on','XVar', VarNames,'YVar',VarNames);
```

【**说明**】 matrixplot 函数是笔者编写的函数,不是 MATLAB 自带的函数,其源码见本书配套程序。

运行上述命令得出变量间的相关系数矩阵 $\boldsymbol{R}$、线性相关性检验的 p 值矩阵 $\boldsymbol{P}$,以及相关系数矩阵图(如图 9.6-14 所示)。图中用椭圆色块直观地表示变量间的线性相关程度的大小,椭圆越扁,变量间相关系数的绝对值越接近于 1,椭圆越圆,变量间相关系数的绝对值越接近于 0。若椭圆的长轴方向是从左下到右上,则变量间为正相关,反之为负相关。从检验的 p 值矩阵可以看出哪些变量间的线性相关性是显著的,若 p 值 $\leqslant 0.05$,则认为变量间的线性相关性是显著的,反之则认为变量间的线性相关性是不显著的。从上面计算的 $\boldsymbol{P}$ 矩阵可以看出 y 与 x_3、y 与 x_4、y 与 x_5、x_3 与 x_4、x_3 与 x_5 的线性相关性均是显著的。

彩色图片

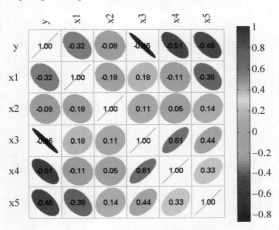

图 9.6-14 相关系数矩阵图

(2) 模型的建立。

这里先尝试作 5 元线性回归,建立 y 关于 $x_1, x_2, \cdots, x_5$ 的回归模型如下:

$$\begin{cases} y_i = b_0 + b_1 x_{i1} + b_2 x_{i2} + b_3 x_{i3} + b_4 x_{i4} + b_5 x_{i5} + \varepsilon_i \\ \varepsilon_i \overset{iid}{\sim} N(0, \sigma^2), \quad i = 1, 2 \cdots, n \end{cases} \tag{9.6-19}$$

(3) 调用 fitlm 函数求解模型。

下面调用 fitlm 函数作多元线性回归,返回参数估计结果和显著性检验结果。

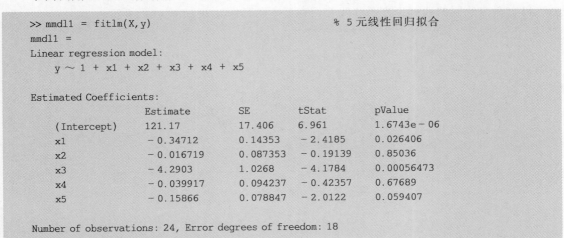

```
>> mmdl1 = fitlm(X, y)                      % 5 元线性回归拟合
mmdl1 =
Linear regression model:
    y ～ 1 + x1 + x2 + x3 + x4 + x5

Estimated Coefficients:
                Estimate        SE          tStat        pValue
    (Intercept)   121.17        17.406       6.961        1.6743e - 06
    x1           - 0.34712      0.14353     - 2.4185      0.026406
    x2           - 0.016719     0.087353    - 0.19139     0.85036
    x3           - 4.2903       1.0268      - 4.1784      0.00056473
    x4           - 0.039917     0.094237    - 0.42357     0.67689
    x5           - 0.15866      0.078847    - 2.0122      0.059407

Number of observations: 24, Error degrees of freedom: 18
```

```
Root Mean Squared Error: 2.8
R - squared: 0.816,    Adjusted R - Squared 0.765
F - statistic vs. constant model: 16, p - value = 4.46e - 06
```

根据上面的计算结果可以写出经验回归方程如下：

$$\hat{y} = 121.17 - 0.3471x_1 - 0.0167x_2 - 4.2903x_3 - 0.0399x_4 - 0.1587x_5 \quad (9.6\text{-}20)$$

对回归方程进行显著性检验，原假设和备择假设分别为：

$$H_0 : b_1 = b_2 = \cdots = b_5 = 0, \quad H_1 : b_i \text{ 不全为 } 0, i = 1, 2, \cdots, 5$$

检验的 p 值（p-value $= 4.46 \times 10^{-6}$）小于 0.05，可知在显著性水平 $\alpha = 0.05$ 下应拒绝原假设 H_0，可认为回归方程是显著的，但是并不能说明方程中的每一项都是显著的。参数估计表中列出了对式（9.6-19）中常数项和各线性项进行的 t 检验的 p 值，可以看出，x_2，x_4 和 x_5 所对应的 p 值均大于 0.05，说明在显著性水平 0.05 下，回归方程中的线性项 x_2，x_4 和 x_5 都是不显著的，其中 x_2 最不显著，其次是 x_4，然后是 x_5。

（4）残差分析与异常值诊断。

下面绘制残差直方图和残差正态概率图，并根据学生化残差查找异常值。

```
>> figure;
>> subplot(1,2,1);
>> mmdl1.plotResiduals('histogram');              % 绘制残差直方图
>> title('(a) 残差直方图');
>> xlabel('残差 r');ylabel('f(r)');
>> subplot(1,2,2);
>> mmdl1.plotResiduals('probability');            % 绘制残差正态概率图
>> title('(b) 残差正态概率图');
>> xlabel('残差');ylabel('概率');

>> Res3 = mmdl1.Residuals;                         % 查询残差值
>> Res_Stu3 = Res3.Studentized;                    % 学生化残差
>> id3 = find(abs(Res_Stu3)> 2)                    % 查找异常值

id3 =
    10
    15
```

以上命令绘制的残差直方图和残差正态概率图如图 9.6-15 所示。

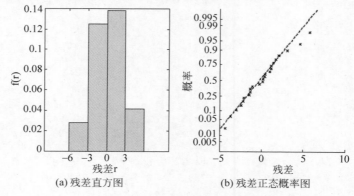

(a) 残差直方图　　　　　(b) 残差正态概率图

图 9.6-15　多元线性回归残差直方图和残差正态概率图

从计算结果并结合图 9.6-15 可以看出,残差基本服从正态分布,有 2 组数据出现异常,它们的观测序号分别为 10 和 15。

(5) 模型改进。

下面去除异常值,并将式(9.6-19)中最不显著的线性项 x_2,x_4 去掉,重新建立如下回归模型:

$$\begin{cases} y_i = b_0 + b_1 x_{i1} + b_3 x_{i3} + b_5 x_{i5} + \varepsilon_i \\ \varepsilon_i \overset{iid}{\sim} N(0,\sigma^2), \quad i = 1,2\cdots,m \end{cases}$$

然后重新调用 fit 函数作三元线性回归,相应的 MATLAB 命令和结果如下:

```
>> Model = 'poly10101';                      % 指定模型的具体形式
>> mmdl2 = fitlm(x,y,Model,'Exclude',id3)    % 去除异常值和不显著项重新拟合

mmdl2 =
Linear regression model:
    y ~ 1 + x1 + x3 + x5

Estimated Coefficients:
                 Estimate     SE         tStat       pValue
    (Intercept)  119.5        11.81      10.118      7.4559e-09
    x1           -0.36229     0.11272    -3.2141     0.0048108
    x3           -4.0411      0.62858    -6.4289     4.7386e-06
    x5           -0.17739     0.05977    -2.9678     0.0082426

Number of observations: 22, Error degrees of freedom: 18
Root Mean Squared Error: 2.11
R-squared: 0.862,   Adjusted R-Squared 0.84
F-statistic vs. constant model: 37.6, p-value = 5.81e-08
```

从以上结果可以看出,剔除异常值和线性项 x_2,x_4 后的经验回归方程为:

$$\hat{y} = 119.5 - 0.3623x_1 - 4.0411x_3 - 0.1774x_5 \tag{9.6-21}$$

对整个回归方程进行显著性检验的 p 值为 $5.81 \times 10^{-8} < 0.05$,说明该方程是显著的,对常数项和线性项 x_1,x_3,x_5 所作的 t 检验的 p 值均小于 0.05,说明常数项和线性项也都是显著的。

(6) 多元多项式回归。

虽然式(9.6-21)中已经剔除了最不显著的线性项 x_2,x_4,并且整个方程是显著的,但是不能认为它就是最好的回归方程,还可以尝试增加非线性项,作广义线性回归,例如二次多项式回归。假设 y 关于 x_1,x_2,$\cdots$,x_5 的理论回归方程为:

$$\hat{y} = b_0 + \sum_{i=1}^{5} b_i x_i + \sum_{j=1}^{4} \sum_{i=i+1}^{5} b_{ij} x_i x_j + \sum_{i=1}^{5} b_{ii} x_i^2 \tag{9.6-22}$$

这是一个完全二次多项式方程(包括常数项、线性项、交叉乘积项和平方项)。可调用 fitlm 函数求方程式(9.6-22)中未知参数 b_0,b_1,$\cdots$,b_5,b_{12},b_{13},$\cdots$,b_{45},b_{11},$\cdots$,b_{55} 的估计值,并进行显著性检验。

```
>> Model = 'poly22222';                      % 指定模型的具体形式
>> mmdl3 = fitlm(X,y,Model)                   % 完全二次多项式拟合
```

```
mmdl3 =
Linear regression model:
    y ~ 1 + x1^2 + x1*x2 + x2^2 + x1*x3 + x2*x3 + x3^2 + x1*x4 + x2*x4 +
x3*x4 + x4^2 + x1*x5 + x2*x5 + x3*x5 + x4*x5 + x5^2

Estimated Coefficients:
                    Estimate            SE              tStat           pValue
    (Intercept)      1804.1            176.67           10.211          0.0020018
    x1             - 26.768            3.3174          - 8.069          0.0039765
    x2             - 16.422            1.4725          - 11.153         0.0015449
    x3             - 7.2417            17.328          - 0.41792        0.70412
    x4               1.7071            1.5284            1.1169         0.34543
    x5             - 5.5878            1.2082          - 4.6248         0.019034
    x1^2             0.034031          0.02233           1.524          0.22489
    x1:x2            0.18853           0.014842          12.702         0.0010526
    x2^2           - 0.0024412         0.0030872       - 0.79075        0.48684
    x1:x3            0.23808           0.21631           1.1006         0.35145
    x2:x3          - 0.56157           0.087918        - 6.3874         0.0077704
    x3^2             0.68822           0.63574           1.0826         0.35825
    x1:x4            0.016786          0.015763          1.0649         0.36502
    x2:x4            0.0030961         0.0058481         0.52942        0.63319
    x3:x4          - 0.065623          0.071279        - 0.92065        0.42513
    x4^2           - 0.016381          0.0047701       - 3.4342         0.041411
    x1:x5            0.03502           0.011535          3.0359         0.056047
    x2:x5            0.067888          0.0063552         10.682         0.0017537
    x3:x5            0.17506           0.063871          2.7408         0.071288
    x4:x5          - 0.0016748         0.0056432       - 0.29679        0.78599
    x5^2           - 0.007748          0.0027112       - 2.8577         0.064697

Number of observations: 24, Error degrees of freedom: 3
Root Mean Squared Error: 0.557
R - squared: 0.999,   Adjusted R - Squared 0.991
F - statistic vs. constant model: 123, p - value = 0.00104
```

由计算结果可知,对整个回归方程进行显著性检验的 p 值为 0.00104,说明在显著性水平 0.05 下,y 关于 $x_1, x_2, \cdots, x_5$ 的完全二次多项式回归方程是显著的。由参数估计值列表可写出经验回归方程,这里从略。从参数估计值列表中的显著性检验的 p 值可以看出,常数项、x_1、x_2、x_5、x_1x_2、x_2x_3、x_2x_5 和 x_4^2 所对应的 p 值均小于 0.05,说明回归方程中的这些项是显著的。读者可以尝试去除不显著项,重新作二次多项式回归。

【说明】 在调用 fitlm 函数作多元多项式回归时,可通过形如'polyijk…'的参数指定多项式方程的具体形式,这里的 i, j, k,…为取值介于 0～9 的整数,用来指定多项式方程中各自变量的最高次数,其中 i 用来指定第一个自变量的次数,j 用来指定第二个自变量的次数,其余以此类推。

(7) 拟合效果图。

上面调用 fitlm 函数作了五元线性回归拟合、三元线性回归拟合和完全二次多项式拟合,得出了 3 个经验回归方程。从误差标准差 σ 的估计值(即均方根误差)可以看出 3 种拟合的准确性,均方根误差越小,说明残差越小,拟合也就越准确。当然也可以从拟合效果图上直观地看出拟合的准确性,下面做出 3 种拟合的拟合效果对比图,相关 MATLAB 命令如下:

```
>> figure;
>> plot(y, 'ko');                        % 绘制因变量 y 与观测序号的散点
>> hold on
>> plot(mmdl1.predict(X), ':');          % 绘制五元线性回归的拟合效果图,蓝色虚线
>> plot(mmdl2.predict(X), 'r-.');        % 绘制三元线性回归的拟合效果图,红色点画线
>> plot(mmdl3.predict(X), 'k');          % 绘制完全二次多项式回归的拟合效果图,黑色实线
>> legend('y 的原始散点', '五元线性回归拟合', '三元线性回归拟合', '完全二次回归拟合');
                                         % 图例
>> xlabel('y 的观测序号');  ylabel('y'); % 为坐标轴加标签
```

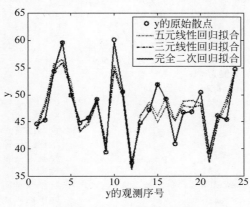

图 9.6-16　拟合效果对比图

以上命令做出的拟合效果对比图如图 9.6-16 所示,横坐标是因变量的观测序号,纵坐标是因变量的取值。单纯从拟合的准确性来看,完全二次多项式回归拟合的拟合效果较好,五元和三元线性回归拟合的拟合效果差不多,相对都比较差。

（8）逐步回归。

MATLAB 中的函数 stepwiselm 用来作逐步回归。这里在二次多项式回归模型的基础上,利用逐步回归方法,建立耗氧能力 y 与诸因素之间的二次多项式回归模型,相应的MATLAB 命令如下:

```
>> mmdl4 = stepwiselm(x, y, 'poly22222')           % 逐步回归

1. Removing x4:x5, FStat = 0.088084, pValue = 0.78599
2. Removing x2:x4, FStat = 0.49518, pValue = 0.52043
3. Removing x2^2, FStat = 0.55596, pValue = 0.48944
4. Removing x1:x3, FStat = 2.0233, pValue = 0.20475
5. Removing x3^2, FStat = 1.7938, pValue = 0.22232
6. Removing x3:x4, FStat = 1.7098, pValue = 0.22734

mmdl4 =
Linear regression model:
    y ~ 1 + x1^2 + x1*x2 + x2*x3 + x1*x4 + x4^2 + x1*x5 + x2*x5 + x3*x5 + x5^2

Estimated Coefficients:                             % 参数估计值列表
                Estimate        SE          tStat         pValue
    (Intercept)   1916.6      106.48        17.999      2.2957e - 08
    x1           - 29.485     1.6156       - 18.251     2.0321e - 08
```

x2	-15.841	0.92505	-17.124	3.553e−08
x3	3.3267	4.4986	0.7395	0.47845
x4	0.757	0.43986	1.721	0.11936
x5	-6.547	0.69061	-9.4801	5.5705e−06
x1^2	0.060353	0.0051667	11.681	9.6821e−07
x1:x2	0.17622	0.010126	17.403	3.0846e−08
x2:x3	-0.46789	0.050314	-9.2994	6.5277e−06
x1:x4	0.034115	0.0041517	8.2173	1.7857e−05
x4^2	-0.019258	0.0032306	-5.9612	0.00021239
x1:x5	0.045394	0.0050247	9.0342	8.2768e−06
x2:x5	0.063051	0.0043992	14.332	1.6742e−07
x3:x5	0.165	0.025546	6.4588	0.00011693
x5^2	-0.0052175	0.0016766	-3.1119	0.01248

```
Number of observations: 24, Error degrees of freedom: 9
Root Mean Squared Error: 0.521
R - squared: 0.997,   Adjusted R - Squared 0.992
F - statistic vs. constant model: 201, p - value = 1.82e - 09
```

```
>> yfitted = mmdl4.Fitted;                    % 查询因变量的估计值
>> figure;                                    % 新建图形窗口
>> plot(y, 'ko');                             % 绘制因变量 y 与观测序号的散点
>> hold on
>> plot(yfitted, ':', 'linewidth',2);         % 绘制逐步回归的拟合效果图,蓝色虚线
>> legend('y 的原始散点','逐步回归拟合')          % 标注框
>> xlabel('y 的观测序号');                       % 为 x 轴加标签
>> ylabel('y');                                % 为 y 轴加标签
```

由以上结果可知,在二次多项式回归模型的基础上,经过 6 步回归,得到耗氧能力 y 与诸因素之间的二次多项式回归方程如下:

$$\hat{y} = 1916.6 - 29.485x_1 - 15.841x_2 + 3.327x_3 + 0.757x_4 - 6.547x_5 +$$

$$0.060x_1^2 + 0.176x_1x_2 - 0.468x_2x_3 + 0.034x_1x_4 - 0.019x_4^2 +$$

$$0.045x_1x_5 + 0.063x_2x_5 + 0.165x_3x_5 - 0.005x_5^2$$

对回归方程进行的显著性检验的 p 值($p-value = 1.82\times10^{-9}$)小于 0.05,说明整个回归方程是显著的。参数估计值列表中列出了对回归方程中常数项、线性项和二次项进行的 t 检验的 p 值,可以看出,除 x_3 和 x_4 外,其余所有项对应的 p 值均小于 0.05,说明在显著性水平 0.05 下,回归方程中除 x_3,x_4 外的其余项均是显著的。模型拟合效果图如图 9.6-17 所示。

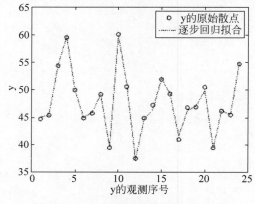

图 9.6-17　逐步回归拟合效果图

在以上逐步回归结果的基础上,还可以进一步剔除模型中的不显著项 x_3 和 x_4,命令如下:

```
% 用一个矩阵指定回归方程中的各项
>> model = [0 0 0 0 0                          % 常数项
            1 0 0 0 0                          % x1 项
            0 1 0 0 0                          % x2 项
            0 0 0 0 1                          % x5 项
            2 0 0 0 0                          % x1^2 项
            1 1 0 0 0                          % x1 * x2 项
            0 1 1 0 0                          % x2 * x3 项
            1 0 0 1 0                          % x1 * x4 项
            0 0 0 2 0                          % x4^2 项
            1 0 0 0 1                          % x1 * x5 项
            0 1 0 0 1                          % x2 * x5 项
            0 0 1 0 1                          % x3 * x5 项
            0 0 0 0 2];                        % x5^2 项
>> mmdl5 = fitlm(x,y,model)                    % 广义线性回归
```

以上命令的运行结果从略,请读者自行尝试,并对结果进行分析。

4. 多元非线性回归案例

【例 9.6-4】 近些年来,世界范围内频发的一些大地震给我们每个人带来了巨大的伤痛,痛定思痛,我们应该为减少震后灾害做些事情。

当地震发生时,震中位置的快速确定对第一时间展开抗震救灾起到非常重要的作用,而震中位置可以通过多个地震观测站点接收到地震波的时间推算得到。这里假定地面是一个平面,在这个平面上建立坐标系,如图 9.6-18 所示。图中给出了 10 个地震观测站点(A—J)的坐标位置。

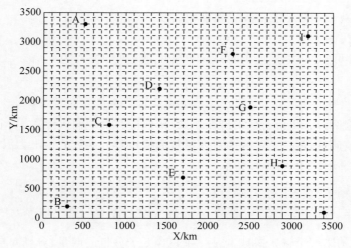

图 9.6-18 地震观测站点示意图

某年 4 月 1 日某时在某一地点发生了一次地震,图 9.6-18 中 10 个地震观测站点均接收到了地震波,观测数据如表 9.6-8 所示。

表 9.6-8　地震观测站坐标及接收地震波时间

地震观测站	横坐标 x/km	纵坐标 y/km	接收地震波时间
A	500	3300	4月1日9时21分9秒
B	300	200	4月1日9时19分29秒
C	800	1600	4月1日9时14分51秒
D	1400	2200	4月1日9时13分17秒
E	1700	700	4月1日9时11分46秒
F	2300	2800	4月1日9时14分47秒
G	2500	1900	4月1日9时10分14秒
H	2900	900	4月1日9时11分46秒
I	3200	3100	4月1日9时17分57秒
J	3400	100	4月1日9时16分49秒

假定地震波在各种介质和各个方向的传播速度均相等,并且在传播过程中保持不变。请根据表 9.6-8 中的数据确定这次地震的震中位置、震源深度以及地震发生的时间(不考虑时区因素,建议时间以分为单位)。

(1) 模型建立。

假设震源三维坐标为 (x_0,y_0,z_0),这里的 z_0 取正值,设地震发生的时间为某年 4 月 1 日 9 时 t_0 分,地震波传播速度为 v_0(单位:km/s)。用 $(x_i,y_i,0),i=1,2,\cdots,10$ 分别表示地震观测站点 A~J 的三维坐标,用 $T_i,i=1,2,\cdots,10$ 分别表示地震观测站点 A~J 接收到地震波的时刻,这里的 $T_i,i=1,2,\cdots,10$ 表示 9 时 T_i 分接收到地震波。根据题设条件和以上假设建立变量 T 关于 x,y 的二元非线性回归模型如下:

$$\begin{cases} T_i = \dfrac{\sqrt{(x_i-x_0)^2+(y_i-y_0)^2+z_0^2}}{60v_0}+t_0+\varepsilon_i \\ \varepsilon_i \overset{iid}{\sim} N(0,\sigma^2), \quad i=1,2\cdots,10 \end{cases} \tag{9.6-23}$$

其中 ε_i 为随机误差,x_0,y_0,z_0,v_0,t_0 为模型参数。

(2) 模型求解。

由式(9.6-23)可知 T 关于 x,y 的二元非线性理论回归方程为:

$$T = \frac{\sqrt{(x-x_0)^2+(y-y_0)^2+z_0^2}}{60v_0}+t_0 \tag{9.6-24}$$

首先编写理论回归方程所对应的匿名函数,函数应有两个输入参数,一个输出参数。第一个输入为未知参数向量,第二个输入为自变量观测值矩阵。函数的输出为因变量观测值向量。这里根据式(9.6-24)编写匿名函数如下:

```
% 理论回归方程所对应的匿名函数
>> modelfun = @(b,x)sqrt((x(:,1) - b(1)).^2 + (x(:,2) - b(2)).^2 + b(3)^2)/(60 * b(4)) + b(5);
```

程序中,函数的第一个输入参数 b 是一个包含 5 个分量的向量,分别对应式(9.6-24)中的参数 x_0,y_0,z_0,v_0,t_0。

下面调用 fitnlm 函数求解式(9.6-24)中的参数。

```
% 定义地震观测站位置坐标及接收地震波时间数据矩阵[x, y, Minutes, Seconds]
>> xyt = [500      3300     21    9
          300       200     19    29
          800      1600     14    51
         1400      2200     13    17
         1700       700     11    46
         2300      2800     14    47
         2500      1900     10    14
         2900       900     11    46
         3200      3100     17    57
         3400       100     16    49];
% 分别提取坐标数据和时间数据
>> xy = xyt(:,1:2); Minutes = xyt(:,3); Seconds = xyt(:,4);
>> T = Minutes + Seconds/60;                          % 接收地震波的时间(已转化为分)
>> b0 = [1000 100 1 1 1];                             % 定义参数初值
>> mnlm = fitnlm(xy, T, modelfun, b0)                % 多元非线性回归

mnlm =
Nonlinear regression model:
    y ~ sqrt((x1 - b1)^2 + (x2 - b2)^2 + b3^2)/(60 * b4) + b5

Estimated Coefficients:                              % 参数估计值列表
         Estimate         SE            tStat          pValue
    b1    2200.5        0.53366         4123.5       1.5922e - 17
    b2    1399.9        0.48183         2905.4       9.168e - 17
    b3    35.144        61.893          0.56782      0.5947
    b4    2.9994        0.0041439       723.82       9.5533e - 14
    b5    6.9863        0.02087         334.75       4.515e - 12

Number of observations: 10, Error degrees of freedom: 5
Root Mean Squared Error: 0.00591
R - Squared: 1,    Adjusted R - Squared 1
F - statistic vs. constant model: 8.3e + 05, p - value = 9.75e - 15
```

由以上结果可知：

$$\begin{cases} x_0 = 2200.5 \\ y_0 = 1399.9 \\ z_0 = 35.144 \\ v_0 = 2.9994 \\ t_0 = 6.9863 \end{cases}$$

也就是说地震发生的时间约为某年 4 月 1 日 09 时 07 分，震中位于 $x_0 = 2200.5$，$y_0 = 1399.9$ 处，震源深度 35.144km。

9.7　聚类分析

俗话说："物以类聚，人以群分"，在现实世界中存在大量的分类问题。聚类分析是研究分类问题的一种多元统计方法，其目的是把分类对象按一定规则分成若干类，这些类不是事先给定的，而是根据数据的特征确定的，对类的数目和类的结构不必做任何假定。在同一类里的这些对象在某种意义上倾向于彼此相似，而在不同类里的对象倾向于不相似。聚类分析根据分

类对象不同分为 **Q 型聚类分析**和 **R 型聚类分析**。Q 型聚类是指对样品进行聚类，R 型聚类是指对变量进行聚类。本节主要介绍系统聚类（又称为层次聚类）和 K 均值聚类。

9.7.1　距离和相似系数

这里介绍两种相似性度量：距离和相似系数，距离用来度量样品之间的相似性，相似系数用来度量变量之间的相似性。

1. 变量类型

距离和相似系数的定义与变量类型有关，通常变量按测量尺度的不同可分为以下 3 类。

（1）间隔尺度变量：变量用连续的量来表示，如长度、重量、速度、温度等。

（2）有序尺度变量：变量度量时不用明确的数量表示，而是用等级来表示，如产品的等级、比赛的名次等。

（3）名义尺度变量：变量用一些类表示，这些类之间既无等级关系，也无数量关系，如性别、职业、产品的型号等。

2. 距离

设 $X_1, X_2, \cdots, X_n$ 为取自 p 元总体的样本，记第 i 个样品 $X_i = (x_{i1}, x_{i2}, \cdots, x_{ip})$，$i = 1, 2, \cdots, n$。聚类分析中常用的距离有以下几种。

（1）闵可夫斯基（Minkowski）距离。

第 i 个样品 X_i 和第 j 个样品 X_j 之间的闵可夫斯基距离（也称"明氏距离"）定义为：

$$d_{ij}(q) = \left[\sum_{k=1}^{p} |x_{ik} - x_{jk}|^q \right]^{1/q}, \quad i = 1, 2, \cdots, n, \quad j = 1, 2, \cdots, n$$

其中，q 为正整数。

特别地，当 $q = 1$ 时，$d_{ij}(1) = \sum_{k=1}^{p} |x_{ik} - x_{jk}|$ 称为绝对值距离。

当 $q = 2$ 时，$d_{ij}(2) = \left[\sum_{k=1}^{p} (x_{ik} - x_{jk})^2 \right]^{1/2}$ 称为欧氏距离。

当 $q = \infty$ 时，$d_{ij}(\infty) = \max_{1 \leqslant k \leqslant p} |x_{ik} - x_{jk}|$ 称为切比雪夫距离。

【说明】　当各变量的单位不同或测量值范围相差很大时，不应直接采用闵可夫斯基距离，应先对各变量的观测数据作标准化处理。

（2）兰氏（Lance 和 Williams）距离。

当 $x_{ik} > 0, i = 1, 2, \cdots, n, k = 1, 2, \cdots, p$ 时，定义第 i 个样品 X_i 和第 j 个样品 X_j 之间的兰氏距离为：

$$d_{ij}(L) = \sum_{k=1}^{p} \frac{|x_{ik} - x_{jk}|}{x_{ik} + x_{jk}}, \quad i = 1, 2, \cdots, n, \quad j = 1, 2, \cdots, n$$

兰氏距离与各变量的单位无关，它对大的异常值不敏感，故适用于高度偏斜的数据。

（3）马哈拉诺比斯（Mahalanobis）距离。

第 i 个样品 X_i 和第 j 个样品 X_j 之间的马哈拉诺比斯距离（简称为马氏距离）定义为：

$$d_{ij}(M) = \sqrt{(\boldsymbol{X}_i - \boldsymbol{X}_j)\boldsymbol{S}^{-1}(\boldsymbol{X}_i - \boldsymbol{X}_j)'}, \quad i = 1, 2, \cdots, n, \quad j = 1, 2, \cdots, n$$

其中，$\boldsymbol{S}$ 为样本协方差矩阵。若将 $\boldsymbol{S}$ 换为对角矩阵 $\boldsymbol{D}$，其中 $\boldsymbol{D}$ 的对角线上第 k 个元素为第 k 个变量（注意不是样品）的方差，则此时的距离称为标准化欧氏距离。

（4）斜交空间距离。

第 i 个样品 $\boldsymbol{X}_i$ 和第 j 个样品 $\boldsymbol{X}_j$ 之间的斜交空间距离定义为：

$$d_{ij}^* = \left[\frac{1}{p^2} \sum_{k=1}^{p} \sum_{l=1}^{p} (x_{ik} - x_{jk})(x_{il} - x_{jl}) r_{kl} \right]^{1/2}, \quad i = 1, 2, \cdots, n, \quad j = 1, 2, \cdots, n$$

其中，r_{kl} 是变量 x_k 与变量 x_l 间的相关系数。

3. 相似系数

聚类分析中常用的相似系数有以下 2 种。

（1）夹角余弦。

变量 x_i 与 x_j 的夹角余弦定义为：

$$C_{ij}(1) = \frac{\sum\limits_{k=1}^{n} x_{ki} x_{kj}}{\left[\left(\sum\limits_{k=1}^{n} x_{ki}^2 \right) \left(\sum\limits_{k=1}^{n} x_{kj}^2 \right) \right]^{1/2}}, \quad i = 1, 2, \cdots, p, \quad j = 1, 2, \cdots, p$$

它是变量 x_i 的观测值向量 $(x_{1i}, x_{2i}, \cdots, x_{ni})'$ 和变量 x_j 的观测值向量 $(x_{1j}, x_{2j}, \cdots, x_{nj})'$ 之间夹角的余弦。

（2）相关系数。

变量 x_i 与 x_j 的相关系数定义为：

$$C_{ij}(2) = \frac{\sum\limits_{k=1}^{n} (x_{ki} - \overline{x}_i)(x_{kj} - \overline{x}_j)}{\sqrt{\left[\sum\limits_{k=1}^{n} (x_{ki} - \overline{x}_i)^2 \right] \left[\sum\limits_{k=1}^{n} (x_{kj} - \overline{x}_j)^2 \right]}}, \quad i = 1, 2, \cdots, p, \quad j = 1, 2, \cdots, p$$

其中：

$$\overline{x}_i = \frac{1}{n} \sum_{k=1}^{n} x_{ki}, \quad \overline{x}_j = \frac{1}{n} \sum_{k=1}^{n} x_{kj}, \quad i = 1, 2, \cdots, p, \quad j = 1, 2, \cdots, p$$

由相似系数还可定义变量间距离，如：

$$d_{ij} = 1 - C_{ij}, \quad i = 1, 2, \cdots, p, \quad j = 1, 2, \cdots, p$$

9.7.2　系统聚类法

1. 系统聚类法的基本思想

系统聚类法又称为层次聚类法，聚类开始时将 n 个样品（或 p 个变量）各自作为一类，并规定样品（或变量）之间的距离和类与类之间的距离，然后将距离最近的两类合并成一个新类（简称为并类），计算新类与其他类之间的距离，重复进行两个最近类的合并，每次减少一类，直至所有的样品（或变量）合并为一类。最后形成一个亲疏关系图谱（聚类树形图或谱系图），通常从图上能清晰地看出应分成几类以及每一类所包含的样品（或变量），除此之外，也可借助统计量来确定分类结果。

在聚类分析中，通常用 G 表示类，假定 G 中有 m 个元素（即样品或变量），不失一般化，用列向量 x_i，$i = 1, 2, \cdots, m$ 来表示，d_{ij} 表示元素 x_i 与 x_j 间距离，D_{KL} 表示类 G_K 与类 G_L 之间的距离。类与类之间用不同的方法定义距离，就产生了以下不同的系统聚类方法。

2. 最短距离法（Single Linkage Method）

定义类与类之间的距离为两类最近样品间的距离，即：
$$D_{KL} = \min\{d_{ij} : x_i \in G_K, x_j \in G_L\}$$
若某一步类 G_K 与类 G_L 聚成一个新类，记为 G_M，类 G_M 与任意已有类 G_J 之间的距离用下式计算：
$$D_{MJ} = \min\{D_{KJ}, D_{LJ}\}, \quad J \neq K, L$$
最短距离法聚类的步骤如下。

（1）将初始的每个样品（或变量）各自作为一类，并规定样品（或变量）之间的距离，通常采用欧氏距离。计算 n 个样品（或 p 个变量）的距离矩阵 $\boldsymbol{D}_{(0)}$，它是一个对称矩阵。

（2）寻找 $\boldsymbol{D}_{(0)}$ 中最小元素，设为 D_{KL}，将 G_K 和 G_L 聚成一个新类，记为 G_M，即 $G_M = \{G_K, G_L\}$。

（3）计算新类 G_M 与任一类 G_J 之间距离的递推公式为：
$$D_{MJ} = \min_{x_i \in G_M, x_j \in G_J} d_{ij} = \min\{\min_{x_i \in G_K, x_j \in G_J} d_{ij}, \min_{x_i \in G_L, x_j \in G_J} d_{ij}\} = \min\{D_{KJ}, D_{LJ}\}$$

$$(9.7\text{-}1)$$

对距离矩阵 $\boldsymbol{D}_{(0)}$ 进行修改，将 G_K 和 G_L 所在的行和列合并成一个新行新列，对应 G_M，新行和新列上的新距离由式（9.7-1）计算，其余行列上的值不变，这样得到的新距离矩阵记为 $\boldsymbol{D}_{(1)}$。

（4）对 $\boldsymbol{D}_{(1)}$ 重复上述对 $\boldsymbol{D}_{(0)}$ 的 2 步操作，得到距离矩阵 $\boldsymbol{D}_{(2)}$，如此下去，直至所有元素合并成一类为止。

【例 9.7-1】 设有 5 个样品，每个只测量了一个指标，指标值分别是 1,2,6,8,11。若样品间采用绝对值距离，下面用最短距离法对这 5 个样品进行聚类，过程如下。

（1）将 5 个样品各自作为一类，分别记为 $G_1, G_2, \cdots, G_5$，计算样品间初始距离矩阵 $\boldsymbol{D}_{(0)}$，如图 9.7-1 所示。

（2）$\boldsymbol{D}_{(0)}$ 中最小元素是 $D_{12} = 1$，于是将 G_1 和 G_2 合并成 G_6，得到距离矩阵 $\boldsymbol{D}_{(1)}$，如图 9.7-2 所示。

（3）$\boldsymbol{D}_{(1)}$ 中最小元素是 $D_{34} = 2$，于是将 G_3 和 G_4 合并成 G_7，得到距离矩阵 $\boldsymbol{D}_{(2)}$，如图 9.7-3 所示。

（4）$\boldsymbol{D}_{(2)}$ 中最小元素是 $D_{57} = 3$，于是将 G_5 和 G_7 合并成 G_8，得到距离矩阵 $\boldsymbol{D}_{(3)}$，如图 9.7-4 所示。

（5）最后将 G_6 和 G_8 合并成 G_9，这时所有五个样品聚为一类，聚类结束。

	G_1	G_2	G_3	G_4	G_5
G_1	0				
G_2	1	0			
G_3	5	4	0		
G_4	7	6	2	0	
G_5	10	9	5	3	0

图 9.7-1　初始距离矩阵 $\boldsymbol{D}_{(0)}$

	G_6	G_3	G_4	G_5
G_6	0			
G_3	4	0		
G_4	6	2	0	
G_5	9	5	3	0

图 9.7-2　距离矩阵 $\boldsymbol{D}_{(1)}$

	G_6	G_7	G_5
G_6	0		
G_7	4	0	
G_5	9	3	0

	G_6	G_8
G_6	0	
G_8	4	0

图 9.7-3 距离矩阵 $\boldsymbol{D}_{(2)}$ 图 9.7-4 距离矩阵 $\boldsymbol{D}_{(3)}$

根据以上聚类过程做出聚类树形图,如图 9.7-5 所示。

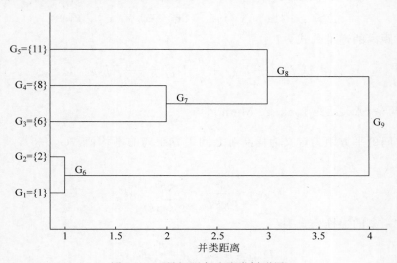

图 9.7-5 最短距离法聚类树形图

从图 9.7-5 上可以看出,分成 2 类或 3 类较为合适。

3. 最长距离法(Complete Linkage Method)

类与类之间的距离定义为两类最远样品间的距离,即:
$$D_{KL} = \max\{d_{ij} : \boldsymbol{x}_i \in G_K, \boldsymbol{x}_j \in G_L\}$$
类间距离的递推公式为:
$$D_{MJ} = \max\{D_{KJ}, D_{LJ}\}, \quad J \neq K, L \tag{9.7-2}$$

4. 中间距离法(Median Method)

类与类之间的距离采用中间距离。设某一步将类 G_K 与类 G_L 聚成一个新类,记为 G_M,对于任一类 G_J,考虑由 D_{KJ}、D_{LJ} 和 D_{KL} 为边长构成的三角形,取 D_{KL} 边的中线作为 D_{MJ}。从而得类间平方距离的递推公式为:
$$D_{MJ}^2 = \frac{1}{2}D_{KJ}^2 + \frac{1}{2}D_{LJ}^2 - \frac{1}{4}D_{KL}^2 \tag{9.7-3}$$

式(9.7-3)可推广至更一般的情况:
$$D_{MJ}^2 = \frac{1-\beta}{2}(D_{KJ}^2 + D_{LJ}^2) + \beta D_{KL}^2 \tag{9.7-4}$$

其中,$\beta < 1$,式(9.7-4)对应的系统聚类方法称为**可变法**。

5. 重心法（Centroid Hierarchical Method）

类与类之间的距离定义为它们的重心（即类均值）之间的欧氏距离。设 G_K 中有 n_K 个元素，G_L 中有 n_L 个元素，定义类 G_K 和 G_L 的重心分别为：

$$\bar{\boldsymbol{x}}_K = \frac{1}{n_K}\sum_{i=1}^{n_K}\boldsymbol{x}_i , \quad \bar{\boldsymbol{x}}_L = \frac{1}{n_L}\sum_{i=1}^{n_L}\boldsymbol{x}_i$$

则 G_K 和 G_L 之间的平方距离为：

$$D_{KL}^2 = [d(\bar{\boldsymbol{x}}_K , \bar{\boldsymbol{x}}_L)]^2 = (\bar{\boldsymbol{x}}_K - \bar{\boldsymbol{x}}_L)'(\bar{\boldsymbol{x}}_K - \bar{\boldsymbol{x}}_L)$$

类间平方距离的递推公式为：

$$D_{MJ}^2 = \frac{n_K}{n_M}D_{KJ}^2 + \frac{n_L}{n_M}D_{LJ}^2 - \frac{n_K n_L}{n_M^2}D_{KL}^2 \tag{9.7-5}$$

6. 类平均法（Average Linkage Method）

类与类之间的平方距离定义为样品对之间平方距离的平均值。G_K 和 G_L 之间的平方距离为：

$$D_{KL}^2 = \frac{1}{n_K n_L}\sum_{x_i \in G_K , x_j \in G_L} d_{ij}^2$$

类间平方距离的递推公式为：

$$D_{MJ}^2 = \frac{n_K}{n_M}D_{KJ}^2 + \frac{n_L}{n_M}D_{LJ}^2 \tag{9.7-6}$$

类平均法很好地利用了所有样品之间的信息，在很多情况下它被认为是一种比较好的系统聚类法。

可在式（9.7-6）中增加 D_{KL}^2 项，将式（9.7-6）进行推广，得到类间平方距离的递推公式为：

$$D_{MJ}^2 = (1-\beta)\left[\frac{n_K}{n_M}D_{KJ}^2 + \frac{n_L}{n_M}D_{LJ}^2\right] + \beta D_{KL}^2 \tag{9.7-7}$$

其中，$\beta < 1$，称此时的系统聚类法为**可变类平均法**。

7. 离差平方和法（Ward 方法）

离差平方和法又称为 Ward 方法，它把方差分析的思想用于分类上，同一个类内的离差平方和应当小，而类间离差平方和应当大。类中各元素到类重心（即类均值）的平方欧氏距离之和称为类内离差平方和。设某一步 G_K 与 G_L 聚成一个新类 G_M，则 G_K、G_L 和 G_M 的类内离差平方和分别为：

$$W_K = \sum_{\boldsymbol{x}_i \in G_K} (\boldsymbol{x}_i - \bar{\boldsymbol{x}}_K)'(\boldsymbol{x}_i - \bar{\boldsymbol{x}}_K)$$

$$W_L = \sum_{\boldsymbol{x}_i \in G_L} (\boldsymbol{x}_i - \bar{\boldsymbol{x}}_L)'(\boldsymbol{x}_i - \bar{\boldsymbol{x}}_L)$$

$$W_M = \sum_{\boldsymbol{x}_i \in G_M} (\boldsymbol{x}_i - \bar{\boldsymbol{x}}_M)'(\boldsymbol{x}_i - \bar{\boldsymbol{x}}_M)$$

它们反映了类内元素的分散程度。将 G_K 与 G_L 合并成新类 G_M 时，类内离差平方和会有所增加，即 $W_M - (W_K + W_L) > 0$，若 G_K 与 G_L 距离比较近，则增加的离差平方和应较小，

于是定义 G_K 和 G_L 的平方距离为：

$$D_{KL}^2 = W_M - (W_K + W_L) = \frac{n_K n_L}{n_M}(\bar{\boldsymbol{x}}_K - \bar{\boldsymbol{x}}_L)'(\bar{\boldsymbol{x}}_K - \bar{\boldsymbol{x}}_L)$$

类间平方距离的递推公式为：

$$D_{MJ}^2 = \frac{n_J + n_K}{n_J + n_M}D_{KJ}^2 + \frac{n_J + n_L}{n_J + n_M}D_{LJ}^2 - \frac{n_J}{n_J + n_M}D_{KL}^2 \tag{9.7-8}$$

9.7.3 K均值聚类法

K均值聚类法又称为快速聚类法，是由麦奎因（MacQueen）于1967年提出并命名的一种聚类方法，其基本步骤如下。

（1）选择 k 个样品作为初始凝聚点（聚类种子），或者将所有样品分成 k 个初始类，然后将 k 个类的重心（均值）作为初始凝聚点。

（2）对除凝聚点之外的所有样品逐个归类，将每个样品归入离它最近的凝聚点所在的类，该类的凝聚点更新为这一类目前的均值，直至所有样品都归了类。

（3）重复步骤（2），直至所有样品都不能再分配为止。

【说明】 *K均值聚类的最终聚类结果在一定程度上依赖于初始凝聚点或初始分类的选择。*

9.7.4 聚类分析的MATLAB函数

与聚类分析相关的MATLAB函数如表9.7-1所示。

表 9.7-1 与聚类分析相关的 MATLAB 函数

函 数 名	说　明
cluster	根据 linkage 函数的输出创建聚类
clusterdata	由原始样本观测数据创建聚类
evalclusters	创建聚类评估对象，确定最优分类个数
cophenet	Cophenetic 相关系数
inconsistent	聚类树的不一致系数
pdist	计算样品对距离
linkage	创建系统聚类树
squareform	把距离向量转为距离矩阵
dendrogram	绘制聚类树形图（或冰柱图）
kmeans	K 均值聚类
silhouette	绘制聚类数据的轮廓图

9.7.5 Q型聚类分析案例

【例 9.7-2】 表9.7-2列出了2013—2016年我国的31个省、自治区和直辖市的居民人均消费支出数据，数据保存在文件"分地区居民人均消费支出.xls"中。试根据这些观测数据，对各地区进行聚类分析。

表 9.7-2　2013—2016 年我国分地区居民人均消费支出　　　　　　　（元）

地　　区	2013 年	2014 年	2015 年	2016 年	地　　区	2013 年	2014 年	2015 年	2016 年
全国	13220.4	14491.4	15712.4	17110.7	河南	10002.5	11000.4	11835.1	12712.3
北京	29175.6	31102.9	33802.8	35415.7	湖北	11760.9	12928.3	14316.5	15888.7
天津	20418.7	22343.0	24162.5	26129.3	湖南	11945.9	13288.7	14267.3	15750.5
河北	10872.2	11931.5	13030.7	14247.5	广东	17421.0	19205.5	20975.7	23448.4
山西	10118.3	10863.8	11729.1	12682.9	广西	9596.5	10274.3	11401.0	12295.2
内蒙古	14877.7	16258.1	17178.6	18072.3	海南	11192.9	12470.6	13575.0	14275.4
辽宁	14950.2	16068.0	17199.8	19852.8	重庆	12600.2	13810.6	15139.5	16384.8
吉林	12054.3	13026.0	13763.9	14772.6	四川	11054.7	12368.4	13632.1	14838.5
黑龙江	12037.2	12768.8	13402.5	14445.8	贵州	8288.0	9303.4	10412.3	11931.6
上海	30399.9	33064.8	34783.6	37458.3	云南	8823.8	9869.5	11005.4	11768.8
江苏	17925.8	19163.6	20555.6	22129.9	西藏	6306.8	7317.0	8245.8	9318.7
浙江	20610.1	22552.0	24116.9	25526.6	陕西	11217.3	12203.6	13087.2	13943.0
安徽	10544.1	11727.0	12840.1	14711.5	甘肃	8943.4	9874.6	10950.8	12254.2
福建	16176.6	17644.5	18850.2	20167.5	青海	11576.5	12604.8	13611.3	14774.7
江西	10052.8	11088.9	12403.4	13258.6	宁夏	11292.0	12484.5	13815.6	14965.4
山东	11896.8	13328.9	14578.4	15926.4	新疆	11391.8	11903.7	12867.4	14066.5

数据来源：中华人民共和国国家统计局网站，2017 年《中国统计年鉴》。

1. 数据的读取和标准化

聚类之前，应先将数据标准化。这里用 zscore 函数进行标准化，命令如下：

```
>> [X,textdata] = xlsread('分地区居民人均消费支出.xls');% 从 Excel 文件中读取数据
>> obslabel = textdata(4:end,1);              % 提取地区名称，为后面聚类做准备
>> X = zscore(X);                              % 数据标准化(减去均值,除以标准差)
```

2. 分步聚类

首先调用 pdist 函数计算距离，然后调用 linkage 函数创建系统聚类树，最后调用 dendrogram 函数做出聚类树形图，如图 9.7-6 所示。

```
>> y = pdist(X);                               % 计算样品间欧氏距离,y 为距离向量
>> Z = linkage(y,'ward');                      % 利用 ward 方法创建系统聚类树
 % 做出聚类树形图,方向从右至左,显示所有叶节点,用地区名作为叶节点标签,叶节点标签在左侧
>> H = dendrogram(Z,0,'orientation','right','labels',obslabel); % 返回线条句柄 H
>> set(H,'LineWidth',2,'Color','k');           % 设置线条宽度为 2,颜色为黑色
>> xlabel('标准化距离(Ward 方法)')             % 为 x 轴加标签
```

3. 聚类评价

在系统聚类过程中，确定最优分类个数是一个难点。下面调用 evalclusters 函数对上述聚类过程进行评价，将所有样本点分别聚为 2～6 个类，通过计算轮廓值（silhouette values）来确定最优分类个数。

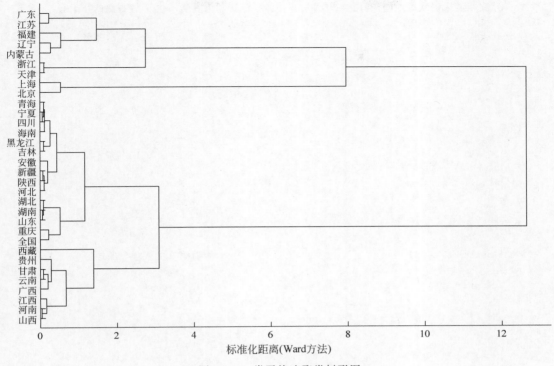

图 9.7-6　类平均法聚类树形图

```
>> eva = evalclusters(X,'linkage','silhouette','KList',[2:6])
eva =
  SilhouetteEvaluation (具有属性):
     NumObservations: 32                                    % 观测数(样本容量)
          InspectedK: [2 3 4 5 6]                           % 各次分类个数
     CriterionValues: [0.7284 0.8510 0.7160 0.7507 0.7778]  % 平均轮廓值
            OptimalK: 3                                      % 最优分类个数
```

对于某种聚类结果,第 i 个样本点的轮廓值定义为:

$$S(i) = \frac{\min(\boldsymbol{b}) - a}{\max(a,\min(\boldsymbol{b}))}, \quad i = 1, 2, \cdots, n$$

其中, a 是第 i 个点与同类的其他点之间的平均距离, $\boldsymbol{b}$ 为一个向量,其元素是第 i 个点与不同类的类内各点之间的平均距离,例如 $\boldsymbol{b}$ 的第 k 个元素是第 i 个点与第 k 类各点之间的平均距离。

轮廓值 $S(i)$ 的取值范围为 $[-1,1]$, $S(i)$ 值越大,说明第 i 个点的分类越合理,当 $S(i) < 0$ 时,说明第 i 个点的分类不合理,还有比目前分类更合理的方案。

上述结果中,CriterionValues 是各种聚类结果(2~6 个类)对应的平均轮廓值。可以看出,当分类个数为 3 时,平均轮廓值达到最大,这说明分为 3 类是合适的。从图 9.7-6 可知此时的分类结果如下:广东、江苏、福建、辽宁、内蒙古、浙江和天津聚为一类,上海和北京聚为一类,其余地区聚为一类,其中,重庆市居民人均消费支出最接近全国水平。

4. 一步聚类

直接利用 clusterdata 函数可进行一步聚类,命令及结果如下:

```
   % 样品间距离采用欧氏距离,利用 Ward 方法将原始样品聚类为 3 类,id1 为各观测的类编号
>> id1 = clusterdata(X,'linkage','ward','maxclust',3);
>> obslabel(id1 == 1)                              % 查看第 1 类所包含的地区
ans =
     '北　京'
     '上　海'

>> obslabel(id1 == 2)                              % 查看第 2 类所包含的地区
ans =
     '天　津'
     '内蒙古'
     '辽　宁'
     '江　苏'
     '浙　江'
     '福　建'
     '广　东'

>> obslabel(id1 == 3)                              % 查看第 3 类所包含的地区
ans =
     '全　国'
     '河　北'
     '山　西'
     '吉　林'
     '黑龙江'
     '安　徽'
     '江　西'
     '山　东'
     '河　南'
     '湖　北'
     '湖　南'
     '广　西'
     '海　南'
     '重　庆'
     '四　川'
     '贵　州'
     '云　南'
     '西　藏'
     '陕　西'
     '甘　肃'
     '青　海'
     '宁　夏'
     '新　疆'
```

　　从以上过程可以看出,通过人为指定类的个数,利用 clusterdata 函数可以很方便地将原始样品聚为几类,与分步聚类相比较,聚类结果是一致的。

　　5. 调用 kmeans 函数作 K 均值聚类

```
>> startdata = X(1:3,:);                           % 选取前三个地区作为初始凝聚点
>> id2 = kmeans(X,3,'Start',startdata);            % 调用 kmeans 函数将原始样品聚为 3 类
>> obslabel(id2 == 1)                              % 查看第 1 类所包含的地区
ans =
     '全　国'
```

```
        '河  北'
        '山  西'
        '吉  林'
        '黑龙江'
        '安  徽'
        '江  西'
        '山  东'
        '河  南'
        '湖  北'
        '湖  南'
        '广  西'
        '海  南'
        '重  庆'
        '四  川'
        '贵  州'
        '云  南'
        '西  藏'
        '陕  西'
        '甘  肃'
        '青  海'
        '宁  夏'
        '新  疆'
>> obslabel(id2 == 2)                              % 查看第 2 类所包含的地区
ans =
        '北  京'
        '上  海'
>> obslabel(id2 == 3)                              % 查看第 3 类所包含的地区
ans =
        '天  津'
        '内蒙古'
        '辽  宁'
        '江  苏'
        '浙  江'
        '福  建'
        '广  东'
```

很显然,K 均值聚类的结果与系统聚类的结果是一致的。

9.7.6　R 型聚类分析案例

【例 9.7-3】　在全国服装标准制定中,对某地区成年女子的 14 个部位尺寸(体型尺寸)进行了测量,根据测量数据计算得到 14 个部位尺寸之间的相关系数矩阵,如表 9.7-3 所示,数据保存在文件"全国服装标准.xls"中。试对 14 个变量进行聚类分析。

表 9.7-3　成年女子 14 个部位尺寸之间的相关系数矩阵

部　　位	x_1	x_2	x_3	x_4	x_5	x_6	x_7	x_8	x_9	x_{10}	x_{11}	x_{12}	x_{13}
x_1 上体长	1												
x_2 手臂长	0.366	1											
x_3 胸围	0.242	0.233	1										
x_4 颈围	0.280	0.194	0.590	1									

部 位	x_1	x_2	x_3	x_4	x_5	x_6	x_7	x_8	x_9	x_{10}	x_{11}	x_{12}	x_{13}
x_5 总肩宽	0.360	0.324	0.476	0.435	1								
x_6 前胸宽	0.282	0.263	0.483	0.470	0.452	1							
x_7 后背宽	0.245	0.265	0.540	0.478	0.535	0.663	1						
x_8 前腰节高	0.448	0.345	0.452	0.404	0.431	0.322	0.266	1					
x_9 后腰节高	0.486	0.367	0.365	0.357	0.429	0.283	0.287	0.820	1				
x_{10} 总体长	0.648	0.662	0.216	0.316	0.429	0.283	0.263	0.527	0.547	1			
x_{11} 身高	0.679	0.681	0.243	0.313	0.430	0.302	0.294	0.520	0.558	0.957	1		
x_{12} 下体长	0.486	0.636	0.174	0.243	0.375	0.290	0.255	0.403	0.417	0.857	0.582	1	
x_{13} 腰围	0.133	0.153	0.732	0.477	0.339	0.392	0.446	0.266	0.241	0.054	0.099	0.055	1
x_{14} 臀围	0.376	0.252	0.676	0.581	0.441	0.447	0.440	0.424	0.372	0.363	0.376	0.321	0.627

1. 读取数据

```
>> [X,textdata] = xlsread('全国服装标准.xls');        % 从 Excel 文件中读取数据
```

2. 计算距离

设变量 x_i 和 x_j 的相关系数为 ρ_{ij}，定义它们之间的距离为：

$$d_{ij} = 1 - \rho_{ij}, \quad i = 1, 2, \cdots, 14, \quad j = 1, 2, \cdots, 14 \tag{9.7-9}$$

提取 **X** 矩阵的下三角矩阵，并按列拉长，转置，然后通过式(9.7-9)变换得到变量间距离向量，记为 **y**。相关命令如下：

```
>> y = 1 - X(tril(true(size(X)), -1))';  % 提取 X 矩阵的下三角的元素,并转为距离向量
```

y 中元素依次为变量对 (x_2, x_1)，(x_3, x_1)，$\cdots$，(x_{14}, x_1)，(x_3, x_2)，$\cdots$，(x_{14}, x_2)，$\cdots$，(x_{14}, x_{13}) 的距离，可把 **y** 作为 linkage 函数的输入，创建系统聚类树。

3. 利用 linkage 函数创建系统聚类树

这里利用类平均法创建系统聚类树。

```
>> Z = linkage(y,'average');                          % 利用类平均法创建系统聚类树
```

4. 做出聚类树形图

```
>> varlabel = textdata(2:end,1);                      % 提取变量名称,为后面聚类做准备
 % 做出聚类树形图,方向从右至左,显示所有叶节点,用变量名作为叶节点标签,叶节点标签在左侧
>> H = dendrogram(Z,0,'orientation','right','labels',varlabel);   % 返回线条句柄 H
>> set(H,'LineWidth',2,'Color','k');                  % 设置线条宽度为 2,颜色为黑色
>> xlabel('并类距离(类平均法)')                        % 为 x 轴加标签
```

做出的聚类树形图如图 9.7-7 所示。

从图 9.7-7 可以很清楚地看出，14 个变量可分为两大类，一类是后背宽、前胸宽、总肩宽、

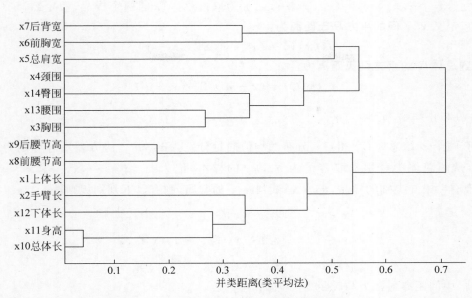

图 9.7-7 体型尺寸的类平均法聚类树形图

颈围、臀围、腰围和胸围,这些变量是反映人胖瘦的变量;另一类是后腰节高、前腰节高、上体长、手臂长、下体长、身高和总体长,它们是反映人高矮的变量。两大类各自又可以分为两小类,如第1大类中的后背宽、前胸宽和总肩宽是一个小类,颈围、臀围、腰围和胸围是另一个小类。

9.8 判别分析

判别分析(discriminant analysis)是对未知类别的样品进行归类的一种方法。虽然也是对样品进行分类,但它与聚类分析还是不同的。聚类分析的研究对象还没有分类,就是要根据抽取的样本进行分类,而判别分析的研究对象已经有了分类,只是根据抽取的样本建立判别公式和判别准则,然后根据这些判别公式和判别准则,判别未知类别的样品所属的类别。

判别分析有着非常广泛的应用,比如在考古学上,根据出土物品判别墓葬年代、墓主人身份、性别;在医学上,根据患者的临床症状和化验结果判断患者疾病的类型;在经济学上,根据各项经济发展指标判断一个国家经济发展水平所属的类型;在模式识别领域,用来进行文字识别、语音识别、指纹识别等。本节主要介绍距离判别和贝叶斯(Bayes)判别。

9.8.1 距离判别

1. 马氏距离

设 G 为 p 维总体,它的分布的均值向量和协方差矩阵分别为:

$$\boldsymbol{\mu} = \begin{pmatrix} \mu_1 \\ \mu_2 \\ \cdots \\ \mu_p \end{pmatrix}, \quad \boldsymbol{\Sigma} = \begin{pmatrix} \sigma_{11} & \sigma_{12} & \cdots & \sigma_{1p} \\ \sigma_{21} & \sigma_{22} & \cdots & \sigma_{2p} \\ \cdots & \cdots & & \cdots \\ \sigma_{p1} & \sigma_{p2} & \cdots & \sigma_{pp} \end{pmatrix}$$

设 $x=(x_1,x_2,\cdots,x_p)'$，$y=(y_1,y_2,\cdots,y_p)'$ 为取自总体 G 的两个样品，假定 $\boldsymbol{\Sigma}>0$（$\boldsymbol{\Sigma}$ 为正定矩阵），定义 x,y 间的平方马氏距离为：

$$d^2(\boldsymbol{x},\boldsymbol{y})=(x-y)'\boldsymbol{\Sigma}^{-1}(x-y)$$

定义 x 到总体 G 的平方马氏距离为：

$$d^2(\boldsymbol{x},G)=(x-\boldsymbol{\mu})'\boldsymbol{\Sigma}^{-1}(x-\boldsymbol{\mu})$$

2. 两总体距离判别

设有两个 p 维总体 G_1 和 G_2，分布的均值向量分别为 $\boldsymbol{\mu}_1,\boldsymbol{\mu}_2$，协方差矩阵分别为 $\Sigma_1>0$，$\Sigma_2>0$。从两总体中分别抽取容量为 n_1,n_2 的样本，记为 $x_{11},x_{12},\cdots,x_{1n_1}$ 和 $x_{21},x_{22},\cdots,x_{2n_2}$。现有一未知类别的样品，记为 x，试判断 x 的归属，则有以下判别规则：

$$\begin{cases} \boldsymbol{x}\in G_1, & \text{若 } d^2(\boldsymbol{x},G_1)<d^2(\boldsymbol{x},G_2) \\ \boldsymbol{x}\in G_2, & \text{若 } d^2(\boldsymbol{x},G_1)>d^2(\boldsymbol{x},G_2) \\ \text{待判}, & \text{若 } d^2(\boldsymbol{x},G_1)=d^2(\boldsymbol{x},G_2) \end{cases} \tag{9.8-1}$$

式（9.8-1）中的距离通常为马氏距离。

3. 多总体距离判别

设有 k 个 p 维总体 $G_1,G_2,\cdots,G_k$，分布的均值向量分别为 $\boldsymbol{\mu}_1,\boldsymbol{\mu}_2,\cdots,\boldsymbol{\mu}_k$，协方差矩阵分别为 $\boldsymbol{\Sigma}_1>0,\boldsymbol{\Sigma}_2>0,\cdots,\boldsymbol{\Sigma}_k>0$。从 k 个总体中分别抽取容量为 $n_1,n_2,\cdots,n_k$ 的样本，记为：

$$x_{11},x_{12},\cdots,x_{1n_1}$$
$$x_{21},x_{22},\cdots,x_{2n_2}$$
$$\cdots$$
$$x_{k1},x_{k2},\cdots,x_{kn_k}$$

现有一未知类别的样品，记为 x，试判断 x 的归属，判别规则为：

$$\boldsymbol{x}\in G_i, \quad \text{若 } d^2(\boldsymbol{x},G_i)=\min_{1\leqslant j\leqslant k} d^2(\boldsymbol{x},G_j) \tag{9.8-2}$$

9.8.2　贝叶斯判别

距离判别没有考虑人们对研究对象已有的认知，而这种已有的认知可能会对判别的结果产生影响。贝叶斯（Bayes）判别则用一个**先验概率**来描述这种已有的认知，然后通过样本来修正先验概率，得到后验概率，最后基于**后验概率**进行判别。

设有 k 个 p 维总体 $G_1,G_2,\cdots,G_k$，概率密度函数分别为 $f_1(\boldsymbol{x}),f_2(\boldsymbol{x}),\cdots,f_k(\boldsymbol{x})$。假设样品 x 来自总体 G_i 的先验概率为 $p_i,i=1,2,\cdots,k$，则有 $p_1+p_2+\cdots+p_k=1$。根据贝叶斯理论，样品 x 来自总体 G_i 的后验概率（即 x 已知时，它属于总体 G_i 的概率）为：

$$P(G_i\mid\boldsymbol{x})=\frac{p_if_i(\boldsymbol{x})}{\displaystyle\sum_{j=1}^{k}p_jf_j(\boldsymbol{x})}, \quad i=1,2,\cdots,k$$

在不考虑误判代价的情况下，有以下判别规则：

$$\boldsymbol{x}\in G_i, \quad \text{若 } P(G_i\mid\boldsymbol{x})=\max_{1\leqslant j\leqslant k}P(G_j\mid\boldsymbol{x}) \tag{9.8-3}$$

若考虑误判代价,用 R_i 表示根据某种判别规则可能判归 G_i, $i=1,2,\cdots,k$ 的全体样品的集合,用 $c(j|i)$ $(i,j=1,2,\cdots,k)$ 表示将来自 G_i 的样品 x 误判为 G_j 的代价,则有 $c(i|i)=0$。将来自 G_i 的样品 x 误判为 G_j 的条件概率为:

$$P(j \mid i)=P(\pmb{x} \in R_j \mid \pmb{x} \in G_i)=\int_{R_j} f_i(\pmb{x}) \mathrm{d}\pmb{x}$$

可得任一判别规则的平均误判代价为:

$$\mathrm{ECM}(R_1,R_2,\cdots,R_k)=E(c(j \mid i))=\sum_{i=1}^{k} p_i \sum_{j=1}^{k} c(j \mid i) P(j \mid i)$$

使平均误判代价 ECM 达到最小的判别规则为:

$$\pmb{x} \in G_i, \quad \text{若} \sum_{j=1}^{k} p_j f_j(\pmb{x}) c(i \mid j)=\min_{1 \leqslant h \leqslant k} \sum_{j=1}^{k} p_j f_j(\pmb{x}) c(h \mid j) \tag{9.8-4}$$

以上判别规则可以这样理解:若样品判归 G_i 的平均误判代价比判归其他总体的平均误判代价都要小,就将样品判归 G_i 组。

9.8.3 判别分析的 MATLAB 函数

与判别分析相关的 MATLAB 函数如表 9.8-1 所示。

表 9.8-1 与判别分析相关的 MATLAB 函数

函 数 名	说 明
fitcdiscr	训练判别分析分类器
fitcnb	训练用于多分类的朴素贝叶斯分类器
fitctree	训练用于多分类的二叉决策树分类器
fitcknn	训练 k 近邻分类器
predict	用以上分类器进行预测

9.8.4 判别分析案例

【例 9.8-1】 蠓虫的分类识别问题。生物学家试图对两种蠓虫(Af 与 Apf)进行鉴别,依据的资料是触角和翅膀的长度。已经测得 9 只 Af 和 6 只 Apf 的数据,如表 9.8-2 所示,数据保存在文件"蠓虫分类.xls"中。试根据已知类别的 15 只蠓虫的观测数据创建合适的分类器,对两类蠓虫进行正确的区分,并利用该分类器对表 9.8-2 中最后三个未知类别的蠓虫进行判别,以确定其归属。

表 9.8-2 蠓虫观测数据

观测序号	触 角 长	翅 膀 长	原属类别
1	1.24	1.72	Af
2	1.36	1.74	Af
3	1.38	1.64	Af
4	1.38	1.82	Af
5	1.38	1.9	Af
6	1.4	1.7	Af

观 测 序 号	触 角 长	翅 膀 长	原 属 类 别
7	1.48	1.82	Af
8	1.54	1.82	Af
9	1.56	2.08	Af
10	1.14	1.78	Apf
11	1.18	1.96	Apf
12	1.2	1.86	Apf
13	1.26	2	Apf
14	1.28	2	Apf
15	1.3	1.96	Apf
16	1.24	1.8	unknown
17	1.28	1.84	unknown
18	1.4	2.04	unknown

1. 读取数据并创建数据表

首先运行如下命令读取数据并创建数据表。

```
>> T = readtable('蠓虫分类.xls','ReadRowNames',true);      % 读取表格数据,观测序号作为行名
>> T.Properties.VariableNames = {'x1','x2','y'};          % 修改表格中变量名
>> T_train = T(1:15,:);                                    % 提取表格前 15 行作为训练样本
```

2. 训练分类器

下面调用 fitcdiscr 函数训练分类器,代码及结果如下:

```
>> ResponseVarName = 'y';                      % 指定响应变量
>> Mdl = fitcdiscr(T_train,ResponseVarName)    % 训练分类器
Mdl =
  ClassificationDiscriminant
           PredictorNames: {'x1'  'x2'}
             ResponseName: 'y'
    CategoricalPredictors: []
               ClassNames: {'Af'  'Apf'}
           ScoreTransform: 'none'
          NumObservations: 15
               DiscrimType: 'linear'
                       Mu: [2×2 double]
                   Coeffs: [2×2 struct]
```

3. 用训练好的分类器进行预测

```
>> label = predict(Mdl,T)
label =
  18×1 cell 数组
    'Af'
    'Af'
    'Af'
    'Af'
    'Af'
```

```
                'Af'
                'Af'
                'Af'
                'Af'
                'Apf'
                'Apf'
                'Apf'
                'Apf'
                'Apf'
                'Apf'
                'Apf'
                'Apf'
                'Apf'
```

由上述判别结果可知前 15 个已知类别的蠓虫均得到了正确判别,最后 3 个不知类别的蠓虫均被判为 Apf 类别。

4. 绘制分组散点图及分类线

默认情况下,经 fitcdiscr 函数训练得到的分类器是线性分类器。下面调用 gscatter 函数绘制分组散点图,然后在分组散点图上叠加分类线,从而直观地显示本例的判别结果。

```
>> x1 = T.x1;                                    % 触角长
>> x2 = T.x2;                                    % 翅膀长
>> x1i = linspace(min(x1),max(x1),60);           % 定义 x1 轴上的划分向量
>> x2i = linspace(min(x2),max(x2),60);           % 定义 x2 轴上的划分向量
>> [x1Grid,x2Grid] = meshgrid(x1i,x2i);          % 根据 x1 轴和 x2 轴的划分生成网格点坐标
>> [~,Score] = predict(Mdl,[x1Grid(:),x2Grid(:)]); % 计算网格点对应的后验概率
>> figure;
% 绘制 Af 类对应的后验概率的等高线图,只绘制一个水平的等高线,即分类线
>> contour(x1Grid,x2Grid,reshape(Score(:,1),size(x1Grid)),1,'LineColor','k');
>> hold on
>> gscatter(x1,x2,T.y,'rbk','*.p');              % 绘制分组散点图
```

这里绘制分类线的思路是这样的:首先在变量 x1(触角长)和 x2(翅膀长)对应的坐标平面内划分网格,把每一个网格点作为一个待判样品,用前面训练好的分类器对其进行判别,计算每一个网格点对应的后验概率值,然后绘制后验概率对应的等高线,即可得到分类线。最终得到的分组散点图及分类线如图 9.8-1 所示。

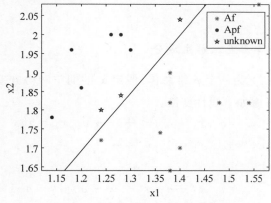

图 9.8-1　分组散点及分类线图

9.9　主成分分析

主成分分析(Principal Component Analysis)又称主分量分析,是由皮尔逊(Pearson)于 1901 年首先引入,后来由霍特林(Hotelling)于 1933 年进行了发展。主成分分析是一种通过降维技术把多个变量化为少数几个主成分(即综合变量)的多元统计方法,这些主成分能够反映原始变量的大部分信息,通常表示为原始变量的线性组合,为使得这些主成分所包含的信息互不重叠,要求各主成分之间互不相关。主成分分析在很多领域有着广泛的应用,一般来说,当研究的问题涉及很多变量,并且变量间相关性明显,即包含的信息有所重叠时,可以考虑用主成分分析的方法,这样更容易抓住事物的主要矛盾,使问题得到简化。

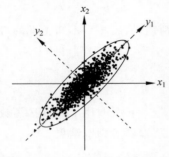

图 9.9-1　主成分分析的几何意义示意图

9.9.1　主成分分析的几何意义

假设从二元总体 $\boldsymbol{x}=(x_1,x_2)'$ 中抽取容量为 n 的样本,绘出样本观测值的散点图,如图 9.9-1 所示。从图上可以看出,散点大致分布在一个椭圆内,x_1 与 x_2 呈现出明显的线性相关性。这 n 个样品在 x_1 轴方向和 x_2 轴方向具有相似的离散度,离散度可以用 x_1 和 x_2 的方差来描述,方差的大小反映了变量所包含信息量的大小,这里的 x_1 和 x_2 包含了近似相等的信息量,丢掉其中的任意一个变量,都会损失比较多的信息。将图 9.9-1 中坐标轴按逆时针旋转一个角度 θ,使得 x_1 轴旋转到椭圆的长轴方向 y_1,x_2 轴旋转到椭圆的短轴方向 y_2,则有:

$$\begin{cases} y_1 = x_1\cos\theta - x_2\sin\theta \\ y_2 = x_1\sin\theta + x_2\cos\theta \end{cases} \tag{9.9-1}$$

此时可以看到,n 个点在新坐标系下的坐标 y_1 和 y_2 几乎不相关,并且 y_1 的方差要比 y_2 的方差大得多,也就是说 y_1 包含了原始数据中大部分的信息,此时丢掉变量 y_2,信息的损失是比较小的,称 y_1 为第一主成分,y_2 为第二主成分。

主成分分析的过程其实就是坐标系旋转的过程,新坐标系的各个坐标轴方向是原始数据变差最大的方向,各主成分表达式就是新旧坐标转换关系式。

9.9.2　总体的主成分

1. 从总体协方差矩阵出发求解主成分

设 $\boldsymbol{x}=(x_1,x_2,\cdots,x_p)'$ 为一个 p 维总体,假定 $\boldsymbol{x}$ 的期望和协方差矩阵均存在并已知,记 $E(\boldsymbol{x})=\boldsymbol{\mu}$,$\mathrm{var}(\boldsymbol{x})=\boldsymbol{\Sigma}$,考虑如下线性变换:

$$\begin{cases} y_1 = a_{11}x_1 + a_{12}x_2 + \cdots + a_{1p}x_p = \boldsymbol{a}'_1\boldsymbol{x} \\ y_2 = a_{21}x_1 + a_{22}x_2 + \cdots + a_{2p}x_p = \boldsymbol{a}'_2\boldsymbol{x} \\ \qquad\qquad\qquad \cdots \\ y_p = a_{p1}x_1 + a_{p2}x_2 + \cdots + a_{pp}x_p = \boldsymbol{a}'_p\boldsymbol{x} \end{cases} \tag{9.9-2}$$

其中 $a_1, a_2, \cdots, a_p$ 均为单位向量,下面求 a_1,使得 y_1 的方差达到最大。

设 $\lambda_1 \geqslant \lambda_2 \geqslant \cdots \geqslant \lambda_p \geqslant 0$ 为 $\boldsymbol{\Sigma}$ 的 p 个特征值,$t_1, t_2, \cdots, t_p$ 为相应的正交单位特征向量,即:

$$\boldsymbol{\Sigma} t_i = \lambda_i t_i, \quad t_i' t_i = 1, t_i' t_j = 0, i \neq j; i, j = 1, 2, \cdots, p$$

由矩阵知识可知:

$$\boldsymbol{\Sigma} = \boldsymbol{T\Lambda T}' = \sum_{i=1}^{p} \lambda_i t_i t_i'$$

其中 $\boldsymbol{T} = (t_1, t_2, \cdots, t_p)$ 为正交矩阵,$\boldsymbol{\Lambda}$ 是对角线元素为 $\lambda_1, \lambda_2, \cdots, \lambda_p$ 的对角阵。

考虑 y_1 的方差:

$$\mathrm{var}(y_1) = \mathrm{var}(a_1' x) = a_1' \mathrm{var}(x) a_1 = \sum_{i=1}^{p} \lambda_i a_1' t_i t_i' a_1 = \sum_{i=1}^{p} \lambda_i (a_1' t_i)^2$$

$$\leqslant \lambda_1 \sum_{i=1}^{p} (a_1' t_i)^2 = \lambda_1 a_1' \left(\sum_{i=1}^{p} t_i t_i' \right) a_1 = \lambda_1 a_1' \boldsymbol{TT}' a_1 = \lambda_1 a_1' a_1 = \lambda_1$$

(9.9-3)

由式(9.9-3)可知,当 $a_1 = t_1$ 时,$y_1 = t_1' x$ 的方差达到最大,最大值为 λ_1。称 $y_1 = t_1' x$ 为**第一主成分**。如果第一主成分从原始数据中提取的信息还不够多,还应考虑第二主成分。下面求 a_2,在 $\mathrm{cov}(y_1, y_2) = 0$ 条件下,使得 y_2 的方差达到最大。由:

$$\mathrm{cov}(y_1, y_2) = \mathrm{cov}(t_1' x, a_2' x) = t_1' \boldsymbol{\Sigma} a_2 = a_2' \boldsymbol{\Sigma} t_1 = \lambda_1 a_2' t_1 = 0$$

可得 $a_2' t_1 = 0$,于是:

$$\mathrm{var}(y_2) = \mathrm{var}(a_2' x) = a_2' \mathrm{var}(x) a_2 = \sum_{i=1}^{p} \lambda_i a_2' t_i t_i' a_2 = \sum_{i=2}^{p} \lambda_i (a_2' t_i)^2$$

$$\leqslant \lambda_2 \sum_{i=2}^{p} (a_2' t_i)^2 = \lambda_2 a_2' \left(\sum_{i=1}^{p} t_i t_i' \right) a_2 = \lambda_2 a_2' \boldsymbol{TT}' a_2 = \lambda_2 a_2' a_2 = \lambda_2$$

(9.9-4)

由式(9.9-4)可知,当 $a_2 = t_2$ 时,$y_2 = t_2' x$ 的方差达到最大,最大值为 λ_2。称 $y_2 = t_2' x$ 为**第二主成分**。类似的,在约束 $\mathrm{cov}(y_k, y_j) = 0, k = 1, \cdots, j-1$ 下可得,当 $a_j = t_j$ 时,$y_j = t_j' x$ 的方差达到最大,最大值为 λ_j。称 $y_j = t_j' x, j = 1, 2, \cdots, p$ 为**第 j 主成分**。

根据以上推导可知主成分 y_j 的表达式为:

$$y_j = t_j' x = t_{1j} x_1 + t_{2j} x_2 + \cdots + t_{pj} x_p, \quad j = 1, 2 \cdots, p$$

称 t_{ij} 为第 j 个主成分 y_j 在第 i 个原始变量 x_i 上的**载荷**,它反映了 x_i 对 y_j 的重要程度。在实际问题中,通常根据载荷 t_{ij} 解释主成分的实际意义。

2. 主成分的贡献率

总方差中第 i 个主成分 y_i 的方差所占的比例 $\lambda_i \left/ \sum_{j=1}^{p} \lambda_j \right.$,$i = 1, 2, \cdots, p$ 称为主成分 y_i 的**贡献率**。主成分的贡献率反映了主成分综合原始变量信息的能力,也可理解为解释原始变量的能力。由贡献率定义可知,p 个主成分的贡献率依次递减,即综合原始变量信息的能力依次递减。第一个主成分的贡献率最大,即第一个主成分综合原始变量信息的能力最强。

前 $m(m \leqslant p)$ 个主成分的贡献率之和 $\sum_{i=1}^{m} \lambda_i \left/ \sum_{j=1}^{p} \lambda_j \right.$ 称为前 m 个主成分的**累积贡献率**,它

反映了前 m 个主成分综合原始变量信息(或解释原始变量)的能力。由于主成分分析的主要目的是降维,所以需要在信息损失不太多的情况下,用少数几个主成分来代替原始变量 x_1,$x_2,\cdots,x_p$,以进行后续的分析。究竟用几个主成分来代替原始变量才合适呢?通常的做法是取较小的 m,使得前 m 个主成分的累积贡献率不低于某一水平(如 85% 以上),这样就达到了降维的目的。

3. 从总体相关系数矩阵出发求解主成分

当总体各变量取值的单位或数量级不同时,从总体协方差矩阵出发求解主成分就显得不合适了,此时应将每个变量标准化,记标准化变量为:

$$x_i^* = \frac{x_i - E(x_i)}{\sqrt{\operatorname{var}(x_i)}}, \quad i = 1, 2, \cdots, p$$

则可以从标准化总体 $\boldsymbol{x}^* = (x_1^*, x_2^*, \cdots, x_p^*)'$ 的协方差矩阵出发求解主成分,即从总体 $\boldsymbol{x}$ 的相关系数矩阵出发求解主成分,因为总体 $\boldsymbol{x}^*$ 的协方差矩阵就是总体 $\boldsymbol{x}$ 的相关系数矩阵。

设总体 $\boldsymbol{x}$ 的相关系数矩阵为 $\boldsymbol{R}$,从 $\boldsymbol{R}$ 出发求解主成分的步骤与从 $\boldsymbol{\Sigma}$ 出发求解主成分的步骤一样,设 $\lambda_1^* \geqslant \lambda_2^* \geqslant \cdots \geqslant \lambda_p^* \geqslant 0$ 为 $\boldsymbol{R}$ 的 p 个特征值,$\boldsymbol{t}_1^*, \boldsymbol{t}_2^*, \cdots, \boldsymbol{t}_p^*$ 为相应的正交单位特征向量,则 p 个主成分为:

$$y_i^* = \boldsymbol{t}_i^{*'} \boldsymbol{x}^*, \quad i = 1, 2, \cdots p \tag{9.9-5}$$

此时前 m 个主成分的累积贡献率为 $\dfrac{1}{p} \displaystyle\sum_{i=1}^{m} \lambda_i^*$。

9.9.3 样本的主成分

在实际问题中,总体 $\boldsymbol{x}$ 的协方差矩阵 $\boldsymbol{\Sigma}$ 或相关系数矩阵 $\boldsymbol{R}$ 往往是未知的,需要由样本进行估计。设 $\boldsymbol{x}_1, \boldsymbol{x}_2, \cdots, \boldsymbol{x}_n$ 为取自总体 $\boldsymbol{x}$ 的样本,其中 $\boldsymbol{x}_i = (x_{i1}, x_{i2}, \cdots, x_{ip})', i = 1, 2, \cdots, n$。记样本观测值矩阵为:

$$\boldsymbol{X} = \begin{pmatrix} x_{11} & x_{12} & \cdots & x_{1p} \\ x_{21} & x_{22} & \cdots & x_{2p} \\ \vdots & \vdots & & \vdots \\ x_{n1} & x_{n2} & \cdots & x_{np} \end{pmatrix}$$

$\boldsymbol{X}$ 的每一行对应一个样品,每一列对应一个变量。记样本协方差矩阵和样本相关系数矩阵分别为:

$$\boldsymbol{S} = \frac{1}{n-1} \sum_{i=1}^{n} (\boldsymbol{x}_i - \bar{\boldsymbol{x}})(\boldsymbol{x}_i - \bar{\boldsymbol{x}})' = (s_{ij})$$

$$\hat{\boldsymbol{R}} = (r_{ij}), \quad r_{ij} = \frac{s_{ij}}{\sqrt{s_{ii}} \sqrt{s_{jj}}}$$

其中 $\bar{\boldsymbol{x}} = \dfrac{1}{n} \displaystyle\sum_{i=1}^{n} \boldsymbol{x}_i$ 为样本均值。将 $\boldsymbol{S}$ 作为 $\boldsymbol{\Sigma}$ 的估计,$\hat{\boldsymbol{R}}$ 作为 $\boldsymbol{R}$ 的估计,从 $\boldsymbol{S}$ 或 $\hat{\boldsymbol{R}}$ 出发可求得样本的主成分。

1. 从样本协方差矩阵 S 出发求解主成分

设 $\hat{\lambda}_1 \geqslant \hat{\lambda}_2 \geqslant \cdots \geqslant \hat{\lambda}_p \geqslant 0$ 为 S 的 p 个特征值，$\hat{t}_1, \hat{t}_2, \cdots, \hat{t}_p$ 为相应的正交单位特征向量，则样本的 p 个主成分为：

$$\hat{y}_i = \hat{t}_i{'} x, \quad i = 1, 2, \cdots p \tag{9.9-6}$$

将样品 x_i 的观测值代入第 j 个主成分，称得到的值 $\hat{y}_{ij} = \hat{t}_j{'} x_i, i = 1, 2, \cdots, n; j = 1, 2, \cdots p$ 为样品 x_i 的**第 j 主成分得分**。

2. 从样本相关系数矩阵 $\hat{R}$ 出发求解主成分

设 $\hat{\lambda}_1^* \geqslant \hat{\lambda}_2^* \geqslant \cdots \geqslant \hat{\lambda}_p^* \geqslant 0$ 为 $\hat{R}$ 的 p 个特征值，$\hat{t}_1^*, \hat{t}_2^*, \cdots, \hat{t}_p^*$ 为相应的正交单位特征向量，则样本的 p 个主成分为：

$$\hat{y}_i^* = \hat{t}_i^{*}{'} x^*, \quad i = 1, 2, \cdots p \tag{9.9-7}$$

将样品 x_i 标准化后的观测值 x_i^* 代入第 j 个主成分，即可得到样品 x_i 的第 j 主成分得分：

$$\hat{y}_{ij}^* = \hat{t}_j^{*}{'} x_i^*, \quad i = 1, 2, \cdots, n, \quad j = 1, 2, \cdots p$$

9.9.4 主成分分析的 MATLAB 函数

与主成分分析相关的 MATLAB 函数如表 9.9-1 所示。

表 9.9-1 与主成分分析相关的 MATLAB 函数

函 数 名	说 明
pca	根据样本观测值矩阵进行主成分分析
pcacov	根据协方差矩阵或相关系数矩阵进行主成分分析
pcares	重建数据，求主成分分析的残差
ppca	概率主成分分析

9.9.5 主成分分析案例

【例 9.9-1】 主要城市气温模式分析。表 9.9-2 列出了 2016 年我国 31 个主要城市的 12 个月的月平均气温数据，数据保存在文件"2016 各地区月平均气温.xls"中。试根据这些观测数据，利用主成分分析法，对 31 个主要城市进行气温模式分析。

表 9.9-2 2016 年我国 31 个主要城市的 12 个月的月平均气温 （℃）

城 市	1 月	2 月	3 月	4 月	5 月	6 月	7 月	8 月	9 月	10 月	11 月	12 月
北京	−4.2	1.4	9.4	16.9	21.5	25.9	27.4	27.5	22.2	13.4	4.3	0.3
天津	−4.4	0.9	9.2	16.8	21.2	25.4	27.5	26.7	22.5	14.2	5.2	0.2
石 家 庄	−2.5	3.4	10.5	17.8	21.7	26.3	26.9	26.6	22.9	14.5	5.3	1.4
太原	−5.7	−1.4	6.2	15.1	18.2	21.8	23.7	23.6	18.4	11.7	3.7	−0.9
呼和浩特	−14.2	−8.1	2.0	11.4	15.3	19.0	22.4	22.1	14.9	7.9	−1.8	−5.9

城　　市	1月	2月	3月	4月	5月	6月	7月	8月	9月	10月	11月	12月
沈阳	−13.0	−6.1	3.9	11.5	17.9	22.0	25.1	24.4	18.6	8.9	−0.7	−6.6
长春	−16.1	−8.4	1.8	8.9	16.5	20.8	24.1	23.2	16.9	6.0	−5.1	−9.0
哈尔滨	−19.4	−11.8	0.1	8.0	16.0	20.1	24.3	23.2	17.1	4.6	−9.4	−13.4
上海	4.4	6.9	11.0	16.7	20.6	24.2	29.9	29.5	24.9	20.8	13.6	9.1
南京	3.1	6.7	11.2	17.3	20.1	24.1	28.9	29.1	24.1	18.3	11.3	7.3
杭州	4.9	8.2	12.3	17.6	21.3	25.1	30.5	30.2	24.6	20.4	13.3	9.5
合肥	3.4	6.7	11.9	18.0	20.7	24.6	28.8	29.4	24.4	17.8	11.2	7.0
福州	11.1	11.3	13.7	19.7	24.2	27.9	29.0	29.0	26.6	24.5	18.7	15.5
南昌	6.3	9.3	13.1	19.4	22.3	26.7	30.3	30.9	25.7	20.8	13.6	10.0
济南	−1.5	3.7	11.3	18.6	21.3	26.0	27.7	26.2	23.3	16.2	8.3	3.6
郑州	0.5	5.5	12.2	18.6	22.1	27.0	28.9	27.6	24.4	16.6	8.6	5.2
武汉	3.6	6.9	12.5	18.8	21.0	24.9	29.1	29.2	25.1	18.0	11.0	6.9
长沙	4.9	8.4	12.7	18.4	20.3	25.6	28.9	28.3	24.2	18.0	11.6	8.7
广州	13.3	12.5	16.5	23.4	25.8	28.0	28.9	27.9	26.7	25.0	18.9	16.2
南宁	12.6	12.3	17.6	24.5	26.5	28.9	29.0	28.3	27.1	25.1	19.4	16.1
海口	18.1	16.3	20.5	26.8	28.4	29.3	29.3	28.2	27.9	26.8	23.2	20.9
重庆	8.2	10.0	15.9	19.7	23.0	26.4	30.6	30.8	23.9	20.4	14.4	11.1
成都	5.7	7.3	13.1	17.6	20.8	24.7	25.9	26.5	21.5	17.9	11.9	8.5
贵阳	4.1	6.3	11.1	16.5	19.0	22.4	24.3	23.1	20.5	17.0	11.2	8.0
昆明	7.9	8.6	15.0	17.9	19.7	20.5	20.6	20.8	18.3	17.3	12.7	10.1
拉萨	−1.5	6.0	6.8	10.9	12.7	15.5	16.3	16.6	13.7	11.1	4.5	1.8
西安	0.3	4.8	11.5	18.3	20.2	26.7	28.3	28.6	22.6	15.3	8.3	4.7
兰州	−9.0	−4.6	4.6	11.6	14.4	19.3	21.7	22.5	14.9	8.0	−0.3	−5.3
西宁	−8.5	−5.0	2.9	9.2	11.8	16.5	18.7	20.1	12.0	6.7	−0.2	−4.7
银川	−8.3	−3.8	5.9	14.3	17.4	22.8	25.1	24.0	18.1	11.1	3.0	−1.5
乌鲁木齐	−11.0	−9.5	2.9	13.5	15.8	23.6	24.4	23.3	20.9	5.3	−3.2	−5.1

1. 读取数据

```
>> [data,textdata] = xlsread('2016各地区月平均气温.xls');
>> cityname = textdata(2:end,1);                    % 提取城市名称数据
```

2. 主成分分析

```
% 主成分分析,返回载荷矩阵 coeff,主成分得分矩阵 score,主成分方差 latent,贡献率 explained
>> [coeff,score,latent,~,explained] = pca(data);
```

上述代码中调用 pca 函数,根据原始数据作主成分分析,得到主成分载荷矩阵 coeff,主成分得分矩阵 score,主成分方差 latent,主成分贡献率 explained。其中,各主成分方差、贡献率和累积贡献率如表 9.9-3 所示。

表 9.9-3　12 个主成分的方差、贡献率和累积贡献率

主成分序号	主成分方差	主成分贡献率	累积贡献率
1	379.7016	90.7519	90.7519
2	28.4422	6.7979	97.5498

续表

主成分序号	主成分方差	主成分贡献率	累积贡献率
3	4.4606	1.0661	98.6159
4	2.1917	0.5238	99.1397
5	1.3624	0.3256	99.4653
6	0.9662	0.2309	99.6963
7	0.4721	0.1128	99.8091
8	0.3368	0.0805	99.8896
9	0.2181	0.0521	99.9417
10	0.1299	0.0311	99.9728
11	0.0771	0.0184	99.9912
12	0.0368	0.0088	100.0000

从表 9.9-3 可以看出,第一个主成分的贡献率就达到了 90.7519%,前两个主成分的累积贡献率达到了 97.5498%,因此可以只用前 2 个主成分进行后续的分析,这样做虽然会有一定的信息损失,但是损失不大,不影响大局。如此一来,原始 12 维数据就可降到 2 维数据。由主成分载荷矩阵 coeff 的前两列可得前两个主成分在原始变量上的载荷系数,如表 9.9-4 所示。

表 9.9-4　前两个主成分在原始变量上的载荷系数

原始变量	主成分	
	y1	y2
x1	0.4645 *	−0.2764
x2	0.3659 *	−0.2113
x3	0.2563	−0.0160
x4	0.2140	0.1396
x5	0.1704	0.2715
x6	0.1359	0.3875 *
x7	0.1245	0.4893 *
x8	0.1224	0.4356 *
x9	0.1847	0.3981 *
x10	0.3134 *	0.0464
x11	0.3953 *	−0.1262
x12	0.4151 *	−0.1723

表 9.9-4 中的原始变量 x1～x12 分别表示 1 月—12 月的平均气温。从前两个主成分在原始变量上的载荷系数可以看出,第一主成分在变量 x1、x2、x10、x11 和 x12 上具有比较大的正载荷,说明第一主成分主要反映的是变量 x1、x2、x10、x11 和 x12 的信息,而 1、2、10、11 和 12 月份是一年中最为寒冷的月份,因此可以把第一主成分解释为寒冷成分;第二主成分在变量 x6、x7、x8 和 x9 上具有比较大的正载荷,说明第二主成分主要反映的是变量 x6、x7、x8 和 x9 的信息,而 6、7、8 和 9 月份是一年中最为炎热的月份,因此可以把第二主成分解释为炎热成分。

3. 绘制前两个主成分得分的散点图

为了对 31 个主要城市的气温模式进行分析,下面根据主成分得分矩阵 score 的前两列数据绘制前两个主成分得分的散点图,如图 9.9-2 所示。

```
>> figure;                              % 新建图窗
>> plot(score(:,1),score(:,2),'o');     % 绘制前两个主成分得分的散点图
>> hold on
>> text(score(:,1),score(:,2),cityname) % 标记城市名称
>> xlabel('第一主成分得分(寒冷成分)')
>> ylabel('第二主成分得分(炎热成分)')
```

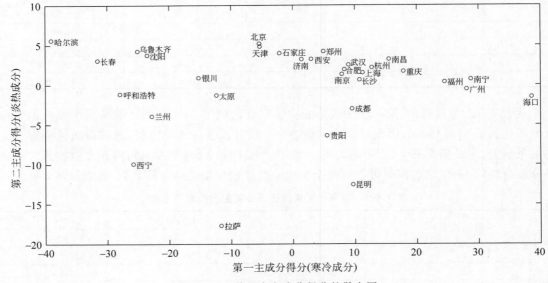

图 9.9-2　前两个主成分得分的散点图

　　从图 9.9-2 可以看出,哈尔滨是一个冬季非常寒冷,夏季又比较炎热的城市;北京、天津、石家庄、济南、西安和郑州等城市夏季较为炎热,冬季温度居中;海口、南宁、广州和福州等城市的冬季较为温暖;拉萨、昆明和西宁等城市的夏季较为凉爽;昆明和贵阳四季如春,适宜人居。

第10章 人工神经网络方法

人工神经网络(Artificial Neural Netwrok,ANN)是对人类大脑系统的一种仿真,简单地讲,它是一个数学模型,可以用电子线路来实现,也可以用计算机程序来模拟,是人工智能领域研究的一种方法。近些年来,人工神经网络的研究取得了很大的进展,已经被广泛应用于模式识别、智能机器人、自动控制、预测估计、生物、医学、经济等领域。本章结合案例介绍人工神经网络方法在数学建模中的应用。

10.1 人工神经元模型

1. 生物神经元模型简介

大脑是一个复杂的生物神经网络,它由大量相互关联的生物神经元组成。单个生物神经元的结构如图 10.1-1 所示。

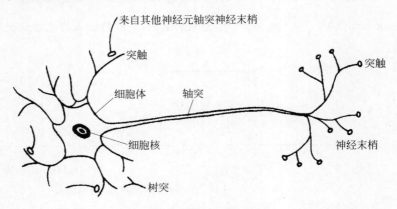

图 10.1-1 生物神经元结构图

生物神经元模型就是一个简单的信号处理器。树突是神经元的信号输入通道,接收来自其他神经元的信息。轴突是神经元的信号输出通道。信息的处理与传递主要发生在突触附近。当神经元细胞体通过轴突传到突触前膜的脉冲幅度达到一定强度,即超过其阈值电位后,突触前膜将向突触间隙释放神经传递的化学物质,使位于突触后膜的离子通道开放,产生离子流,从而在突触后膜产生正的或负的电位,称为突触后电位。当这些突触后电位的总和超过某一阈值时,该神经元便被激活,并产生脉冲,脉冲沿轴突向其他神经元传送,从而实现了神经元之间信息的传递。

2. 人工神经元模型简介

1943 年，McCulloch 和 Pitts 将生物神经元模型抽象为如图 10.1-2 所示的人工神经元模型。

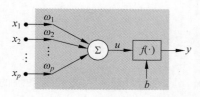

图 10.1-2　人工神经元结构图

在这个模型中，神经元接收来自于其他 p 个神经元传递过来的输入信号 $x_1, x_2, \cdots, x_p$，这些输入信号通过带权重 $\omega_1, \omega_2, \cdots, \omega_p$ 的连接进行传递，经过加权求和得到的总输入将与神经元的阈值 b（又称为偏置值）进行比较，然后通过激励函数 $f(\cdot)$ 进行非线性变换，最终得到神经元的输出信号 y。以上过程的数学模型如下：

$$\begin{cases} u = \displaystyle\sum_{i=1}^{p} \omega_i x_i \\ y = f(u-b) \end{cases} \tag{10.1-1}$$

连接权、求和模块和激励函数是人工神经元模型的三个基本要素，连接权和阈值是模型的基本参数。理想中的激励函数是如图 10.1.3(a)所示的阶跃函数

$$\mathrm{sgn}(x) = \begin{cases} 1, & x \geqslant 0 \\ 0, & x < 0 \end{cases}$$

它将输入值映射为输出值 0 或 1，分别对应神经元的"抑制"和"兴奋"两种状态。然而，阶跃函数在阶跃点处是不连续和不可导的，因此在实际应用中，常选用如图 10.1.3(b)所示的 Sigmoid 函数 $\mathrm{sigmoid}(x) = \dfrac{1}{1+\mathrm{e}^{-\alpha x}}$，$\alpha > 0$ 作为激励函数，它能将输入值连续的映射到 $(0,1)$ 范围内。

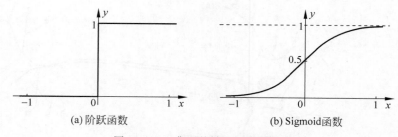

(a)阶跃函数　　　　　(b) Sigmoid函数

图 10.1-3　典型的神经元激励函数

10.2　神经网络的网络结构

把若干人工神经元(也称为节点或单元)按照一定的层次结构连接起来，就构成了人工神经网络。常用的网络结构有前馈型网络和反馈型网络，分别如图 10.2-1 和图 10.2-2 所示。

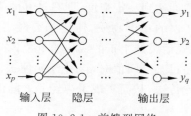

输入层　　隐层　　　　输出层

图 10.2-1　前馈型网络

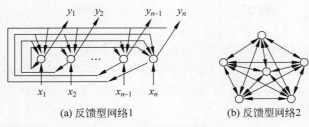

(a) 反馈型网络1　　　　　(b) 反馈型网络2

图 10.2-2　反馈型网络

10.3　神经网络的学习方式与 BP 算法

10.3.1　学习方式

神经网络可以通过向外界学习获取新知识,从而改善自身的性能。学习的过程其实就是通过迭代训练逐步调整网络参数(连接权和阈值)的过程,学习方式通常有如下三种。

1. 有监督学习

如图 10.3-1 所示,对给定的一组输入,外界存在一个"教师",提供期望输出(标准答案),神经网络可根据实际输出与标准答案之间的差值(误差信号)来调整系统参数。

2. 无监督学习

如图 10.3-2 所示,无监督学习不需要为神经网络提供期望输出,它会按照环境提供数据的某些统计规律来调节自身参数。

3. 强化学习

如图 10.3-3 所示,强化学习也不需要为神经网络提供期望输出,环境对神经网络的输出结果只给出评价信息(奖或惩),系统通过不断强化受奖动作来改善自身性能。

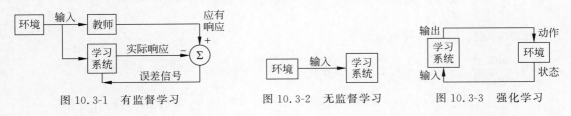

图 10.3-1　有监督学习　　　　　图 10.3-2　无监督学习　　　　　图 10.3-3　强化学习

10.3.2　BP 算法

神经网络的学习算法有很多,本节只介绍最常用的 BP 算法。针对如图 10.2-1 所示的多层前馈型神经网络,所谓的 BP 算法就是误差反向传播算法(Backpropagation Algorithm),最早由 Werbos 于 1974 年提出,1985 年 Rumelhart 等发展了该理论,它是一种有监督学习算法。

1. BP 算法的原理

BP 算法由信号的正向传播和误差的反向传播两个过程组成。

信号正向传播时,输入样本从输入层进入网络,经隐层逐层传递至输出层,如果输出层的实际输出与期望输出(标准答案)不同,则转至误差反向传播过程;如果输出层的实际输出与期望输出相同,结束学习算法。

误差反向传播时,将误差信号(期望输出与实际输出之差)按原通路反传计算,通过隐层反向,直至输入层,在反传过程中将误差分摊给各层的各个单元,获得各层各单元的误差信号,并将其作为修正各单元权值的根据。这一计算过程使用梯度下降法完成,在不停地调整各层神经元的权值和阈值后,使误差信号减小到最低限度。

2. BP 算法的数学描述

(1) 输出层权值的调整。

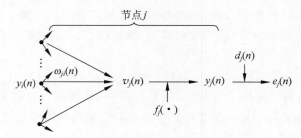

图 10.3-4　输出层节点 j 的信号流图

如图 10.3-4 所示,设在第 n 次迭代中输出层的第 j 个神经元(节点)的实际输出为 $y_j(n)$,期望输出为 $d_j(n)$,则误差信号为 $e_j(n) = d_j(n) - y_j(n)$,其中:

$$y_j(n) = f_j(v_j(n)), \quad v_j(n) = \sum_i \omega_{ji}(n) y_i(n)$$

定义节点 j 的平方误差为 $\frac{1}{2} e_j^2(n)$,则该次迭代中输出层所有节点的总平方误差为:

$$E(n) = \frac{1}{2} \sum_j e_j^2(n)$$

求 $E(n)$ 对 $\omega_{ji}(n)$ 的梯度可得:

$$\frac{\partial E(n)}{\partial \omega_{ji}(n)} = \frac{\partial E(n)}{\partial e_j(n)} \cdot \frac{\partial e_j(n)}{\partial y_j(n)} \cdot \frac{\partial y_j(n)}{\partial v_j(n)} \cdot \frac{\partial v_j(n)}{\partial \omega_{ji}(n)}$$

$$= e_j(n) \cdot (-1) \cdot f_j'(v_j(n)) \cdot y_i(n) = -e_j(n) f_j'(v_j(n)) y_i(n)$$

根据梯度下降法可得权值 ω_{ji} 的修正量为:

$$\Delta \omega_{ji} = -\eta \frac{\partial E(n)}{\partial \omega_{ji}(n)} = \eta \delta_j(n) y_i(n)$$

其中,$\delta_j(n) = -\frac{\partial E(n)}{\partial e_j(n)} \cdot \frac{\partial e_j(n)}{\partial y_j(n)} \cdot \frac{\partial y_j(n)}{\partial v_j(n)} = e_j(n) f_j'(v_j(n))$ 称为局部梯度,η 为学习步长。

(2) 隐层权值的调整。

隐层又称为中间层。如图 10.3-5 所示,考虑与输出层相邻的隐层的第 j 个节点。设在第

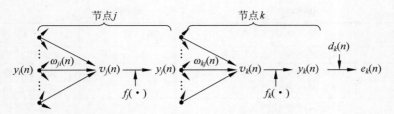

图 10.3-5　隐层节点 j 的信号流图

n 次迭代中输出层的第 k 个节点的实际输出为 $y_k(n)$，期望输出为 $d_k(n)$，误差信号为 $e_k(n)=d_k(n)-y_k(n)$，则该次迭代中输出层所有节点的总平方误差为：

$$E(n)=\frac{1}{2}\sum_k e_k^2(n)=\frac{1}{2}\sum_k (d_k(n)-y_k(n))^2$$

其中：

$$y_k(n)=f_k(v_k(n)),\quad v_k(n)=\sum_j \omega_{kj}(n)y_j(n)$$

将 $E(n)$ 对 $y_j(n)$ 求导可得：

$$\frac{\partial E(n)}{\partial y_j(n)}=\frac{\partial E(n)}{\partial e_k(n)}\cdot\frac{\partial e_k(n)}{\partial y_k(n)}\cdot\frac{\partial y_k(n)}{\partial v_k(n)}\cdot\frac{\partial v_k(n)}{\partial y_j(n)}$$

$$=\sum_k e_k(n)\cdot(-1)\cdot f'_k(v_k(n))\cdot\omega_{kj}(n)=-\sum_k e_k(n)\cdot f'_k(v_k(n))\cdot\omega_{kj}(n)$$

从而可得 $E(n)$ 对 $\omega_{ji}(n)$ 的梯度为：

$$\frac{\partial E(n)}{\partial \omega_{ji}(n)}=\frac{\partial E(n)}{\partial y_j(n)}\cdot\frac{\partial y_j(n)}{\partial v_j(n)}\cdot\frac{\partial v_j(n)}{\partial \omega_{ji}(n)}$$

$$=-\left(\sum_k e_k(n)\cdot f'_k(v_k(n))\cdot\omega_{kj}(n)\right)\cdot f'_j(v_j(n))\cdot y_i(n)$$

根据梯度下降法可得权值 ω_{ji} 的修正量为：

$$\Delta\omega_{ji}=-\eta\frac{\partial E(n)}{\partial \omega_{ji}(n)}=\eta\delta_j(n)y_i(n)$$

其中，$\delta_j(n)=f'_j(v_j(n))\cdot\sum_k e_k(n)\cdot f'_k(v_k(n))\cdot\omega_{kj}(n)=f'_j(v_j(n))\cdot\sum_k \delta_k(n)\cdot\omega_{kj}(n)$，这里的 $\delta_k(n)$ 是节点 k 的局部梯度。很显然，隐层节点对应的局部梯度 $\delta_j(n)$ 是 $f'_j(v_j(n))$ 与下一层节点的局部梯度加权之和的乘积，这对所有隐层节点都是正确的。

第 n 次迭代结束后，节点 j 对应的权值 ω_{ji} 调整为：

$$\omega_{ji}(n+1)=\omega_{ji}(n)+\Delta\omega_{ji}$$

10.4　MATLAB 神经网络工具箱常用函数

MATLAB 神经网络工具箱（自 2018b 版本起改为深度学习工具箱）中提供了大量的函数，用来求解数据拟合、聚类和模式识别等问题，部分常用函数如表 10.4-1 所示。

表 10.4-1　MATLAB 神经网络工具箱常用函数

函　数　名	功　能　说　明	函　数　名	功　能　说　明
nnstart	神经网络开始图形用户界面	fitnet	创建数据拟合网络
nftool	神经网络数据拟合 APP 工具	selforgmap	创建 SOM 聚类网络

函 数 名	功能说明	函 数 名	功能说明
nctool	神经网络聚类 APP 工具	patternnet	创建模式识别网络
nprtool	神经网络模式识别 APP 工具	narnet	创建非线性自回归网络
ntstool	神经网络时间序列 APP 工具	view	查看神经网络视图
feedforwardnet	创建前向神经网络	train	训练浅层神经网络
cascadeforwardnet	创建级联神经网络	sim	网络仿真

运行表 10.4-1 中的 nnstart、nftool、nctool、nprtool 和 ntstool 函数,可以打开相应的神经网络可视化分析工具,全程界面操作,无需编写代码。通过点击 MATLAB 主界面 APP 标签页下对应的工具图标也可打开这些可视化 APP 工具。

10.5 基于 BP 网络的数据拟合

【例 10.5-1】 头围(head circumference)是反映婴幼儿大脑和颅骨发育程度的重要指标之一,对头围的研究具有非常重要的意义。笔者研究了天津地区 1281 位儿童(700 个男孩,581 个女孩)的颅脑发育情况,测量了年龄、头宽、头长、头宽/头长、头围和颅围等指标,测量方法为:读取头颅 CT 图像数据,根据自编程序自动测量。测量得到 1281 组数据,年龄跨度从 7 个星期到 16 周岁,数据保存在文件"儿童颅脑发育情况指标.xls"中,数据格式参见 9.6 节表 9.6-5。试根据这 1281 组数据研究头围与年龄的关系。

这是第 9 章 9.6 节中已经讨论过的一个案例,那里建立了头围关于年龄的一元非线性回归方程。本节将建立 BP 网络,拟合头围与年龄的关系曲线。所谓的 BP 网络就是采用 BP 算法进行训练的多层前馈型网络。

10.5.1 模型建立

1. 隐层数与隐层节点数

令 x 表示年龄,y 表示头围,x 和 y 均为一维变量。把 x 作为网络的输入,y 作为网络的输出,可创建包含一个输入节点和一个输出节点的 BP 网络,然而网络所包含的隐层数及隐层节点数却不容易确定。一般认为,增加隐层数可以降低网络误差,提高精度,但也使网络复杂化,从而增加了网络的训练时间,也会出现"过拟合"的倾向。通常设计神经网络应优先考虑 3 层网络(即只有 1 个隐层)。实际上,为获得较低的拟合误差,应增加隐层节点数,而不是隐层数。

在 BP 网络中,隐层节点数的选择非常重要,它不仅对建立的神经网络模型的性能影响很大,而且是训练时出现"过拟合"的直接原因,但是目前理论上还没有一种科学的和普遍的确定方法。

Hecht-Nielsen 于 1987 年提出的 Kolmogorov 定理(映射网络存在定理)可以作为选择隐层数与隐层节点数的依据。

定理 10.5-1(Kolmogorov 定理) 给定任一连续函数 $f:[0,1]^n \rightarrow R^m$,$f$ 可以精确地用一个 3 层前馈型网络实现。此网络的输入层有 n 个节点,隐层有 $2n+1$ 个节点,输出层有 m 个节点。

基于 Kolmogorov 定理,这里创建一个包含三层(1 个输入层、1 个隐层和 1 个输出层)的 BP 网络,其输入层和输出层各有 1 个节点,隐层有 3 个节点,网络结构如图 10.5-1 所示。

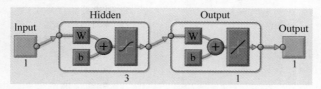

图 10.5-1　BP 网络结构图

2. fitnet 函数的用法

fitnet 函数用来创建数据拟合网络,其常用调用格式如下:

```
>> net = fitnet(hiddenSizes,trainFcn)
```

其中,输入参数 hiddenSizes 是一个正整数向量,其元素个数为网络隐层数,其元素值为相应的隐层节点数。trainFcn 为字符串,用来指定网络训练函数。输出参数 net 为创建好的数据拟合网络。

10.5.2　模型求解

1. train 函数的用法

train 函数用来训练浅层神经网络,其常用调用格式如下:

```
>> trainedNet = train(net,X,Y)
```

其中,输入参数 net 是未经训练的网络,X 是网络的输入(即自变量)数据,Y 是网络的期望输出(即因变量)数据。输出参数 trainedNet 为训练好的网络。

【说明】　网络的输入 X 是一个 p 行 n 列的矩阵,输出 Y 是一个 q 行 n 列的矩阵。这里的 p 为输入层节点数(即自变量个数),q 为输出层节点数(即因变量个数),n 是观测组数。也就是说 X 和 Y 的每一行对应一个变量,每一列对应一组观测。

2. 网络仿真方法

sim 函数用来根据训练好的网络进行仿真,其调用格式及替代用法如下:

```
>> Ynew = sim(trainedNet,Xnew)
>> Ynew = trainedNet(Xnew)
```

这里的 trainedNet 为训练好的网络,Xnew 为新指定的网络输入,Ynew 为与 Xnew 对应的网络输出(即网络拟合值)。

3. 模型求解代码及结果

求解本例的完整的 MATLAB 代码及结果如下:

```
>> HeadData = xlsread('儿童颅脑发育情况指标.xls');   % 读取数据
>> x = HeadData(:, 4)';                            % 提取年龄数据
>> y = HeadData(:, 9)';                            % 提取头围数据
>> rng(0)                                          % 设置随机数生成器的初始状态
>> net = fitnet(3);                                % 创建只包含一个隐层的网络,隐层有 3 个节点
>> trainedNet = train(net,x,y);                    % 训练网络
>> view(trainedNet)                                % 查看网络结构图
>> xnew = linspace(0,18,50);                       % 给定新的年龄值
>> ynew = trainedNet(xnew);                        % 网络仿真,计算拟合值
>> figure;                                         % 新建图窗
>> plot(x,y,'.',xnew,ynew,'k')                     % 绘制散点及拟合效果图
>> xlabel('年龄(x)');                              % x 轴标签
>> ylabel('头围(y)');                              % y 轴标签
>> trainedNet.IW{1}                                % 查看输入层与隐层间的权值
ans =
    4.1153
    1.0230
   - 5.7015
>> trainedNet.LW{2,1}                              % 查看隐层与输出层间的权值
ans =
    0.0202    0.4587   - 2.0093
>> trainedNet.b                                    % 查看网络阈值(偏置值)
ans =
  2×1 cell 数组
    {3×1 double}
    {[ -1.8271]}
```

运行以上代码即可完成模型求解,拟合效果图如图 10.5-2 所示。

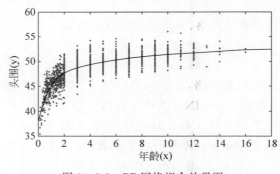

图 10.5-2　BP 网络拟合效果图

【说明】　train 函数在对网络进行训练之前,会选取随机数作为网络参数的初值,这就造成每次训练都会得到不同的结果,一个可行的解决方案是在训练之前用 rng 函数将随机数生成器设置为相同的状态。

10.6　基于 SOM 网络的聚类分析

人的智能活动是靠大脑进行的,在脑皮层中,对外界信号的感知和处理是分区的,例如视觉、听觉、语言、动作控制等感知与信息处理都分别由脑皮层的不同区域负责。根据这一观察,一些学者认为,在神经网络中通过邻近单元的相互学习(竞争学习),可以自适应地发展成为对不同性质信号敏感的区域。

芬兰学者 Teuvo Kohonen 于 1981 年提出了一种学习算法,使得输入信号可以映射到低维(如二维)空间,并保持相同特征的输入信号在映射后的空间中对应近邻区域。基于此算法的神经网络称为自组织特征映射(Self-Organizing Feature Mapping, SOM)网络,也称为 Kohonen 网络。该网络是一个由全连接神经元组成的无监督、自组织、自学习网络。

10.6.1　SOM 网络的结构

SOM 网络的结构如图 10.6-1 所示,它由输入层和竞争层(输出层)组成。输入层节点数为 n,竞争层是由 m 个神经元组成的一维或者二维平面阵列,网络是全连接的,即每个输入节点都和所有的输出节点相连接。

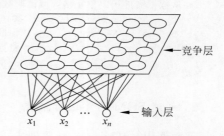

图 10.6-1　SOM 网络的结构图(原理图)

10.6.2　自组织特征映射学习算法

自组织特征映射学习算法的步骤如下。

(1) 网络初始化,通常用较小的随机数作为输入层和输出层之间权值的初始值,令时刻 $t=0$。

(2) 给定 t 时刻新的输入样本 $\boldsymbol{X}(t)=(x_1(t),x_2(t),\cdots,x_n(t))$。

(3) 计算输入样本 $\boldsymbol{X}(t)$ 与输出层各神经元的距离,设 t 时刻输出层神经元 j 对应的权值向量为 $\boldsymbol{W}_j(t)=(w_{1j}(t),w_{2j}(t),\cdots,w_{nj}(t))$,则输入样本 $\boldsymbol{X}(t)$ 与输出层节点 j 的距离为:

$$\boldsymbol{d}_j = \| \boldsymbol{X}(t)-\boldsymbol{W}_j(t) \| = \sqrt{\sum_{i=1}^{n}\left[x_i(t)-w_{ij}(t)\right]^2}$$

(4) 选择胜出神经元,即选择使输入向量和权值向量的距离最小的神经元,把其称为胜出神经元并记为 $j*$,且给出其邻接神经元集合。

(5) 调整权值,按照式(10.6-1)修正胜出神经元 $j*$ 及其邻接神经元的权值:

$$w_{ij}(t+1)=w_{ij}(t)+\eta(t)\left[x_i(t)-w_{ij}(t)\right] \tag{10.6-1}$$

其中,$\eta(t)$ 为学习步长,它随时间变化逐渐趋于 0,通常取 $\eta(t)=\dfrac{1}{t}$ 或 $\eta(t)=0.2\left(1-\dfrac{t}{10000}\right)$。

(6) 判断是否达到预先设定的要求(即是否形成有意义的映射图),如达到要求则算法结束,否则令 $t=t+1$,返回步骤(2),进入下一轮学习。

在实际应用中,SOM 网络输出层的每一个神经元都可作为一个功能区(或聚类中心),通过学习可将具有相同特征的输入样本映射到相同的功能区,从而实现对样本进行聚类。

10.6.3　主要城市气温模式分类研究

【例 10.6-1】　这里仍考虑 9.9.5 节中的例 9.9-1,试创建 SOM 网络,根据表 9.9-2 中列出的 2016 年我国 31 个主要城市的 12 个月的月平均气温数据,对我国 31 个主要城市进行气温模式分类。

1. 读取数据

本例数据保存在文件"2016各地区月平均气温.xls"中,首先读取数据。

```
% 从数据文件指定单元格区域读取数值型数据 data 和文本数据 TextData
>> [data,TextData] = xlsread('2016各地区月平均气温.xls','A2:M32');
>> ObsLabel = TextData(:,1);  % 提取城市名称数据
>> data = data';              % 将数值型数据转置,使得其每一行对应一个月份,每一列对应
                             % 一个城市
```

2. 创建 SOM 网络进行聚类

下面调用 selforgmap 函数创建一个包含 3 个输出节点的 SOM 网络,把 31 个主要城市聚为 3 类。

```
>> net = selforgmap([3,1]);            % 构建一个 3×1 的 SOM 网络
>> trainedNet = train(net,data);       % 训练网络
>> view(trainedNet)                    % 查看网络结构
>> figure;                             % 新建图窗
>> plotsomtop(trainedNet)              % 绘制神经元的拓扑结构图
>> y = trainedNet(data)                % 用训练好的网络进行仿真
y =
  1 至 16 列
     0   0   0   1   1   1   1   1   0   0   0   0   0   0   0   0
     1   1   1   0   0   0   0   0   1   1   1   1   1   0   1   1   1
     0   0   0   0   0   0   0   0   0   0   0   0   0   1   0   0   0
  17 至 31 列
     0   0   0   0   0   0   0   0   0   1   0   1   1   1   1
     1   1   0   0   0   1   1   1   1   0   1   0   0   0   0
     0   0   1   1   1   0   0   0   0   0   0   0   0   0   0
```

以上代码创建的 SOM 网络如图 10.6-2 所示,其神经元的拓扑结构如图 10.6-3 所示。

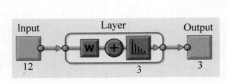

图 10.6-2　SOM 网络的结构图(实例图)

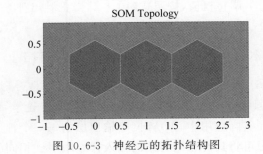

图 10.6-3　神经元的拓扑结构图

3. 查看聚类结果

```
>> classid = vec2ind(y);         % 将聚类结果矩阵 y 转为类编号向量
>> ObsLabel(classid == 1)        % 查看第一类中包含的城市
ans =
  10×1 cell 数组
```

```
        {'太    原'}
        {'呼和浩特'}
        {'沈    阳'}
        {'长    春'}
        {'哈 尔 滨'}
        {'拉    萨'}
        {'兰    州'}
        {'西    宁'}
        {'银    川'}
        {'乌鲁木齐'}

>> ObsLabel(classid == 2)                    % 查看第二类中包含的城市
ans =
    17×1 cell 数组
        {'北    京'}
        {'天    津'}
        {'石 家 庄'}
        {'上    海'}
        {'南    京'}
        {'杭    州'}
        {'合    肥'}
        {'南    昌'}
        {'济    南'}
        {'郑    州'}
        {'武    汉'}
        {'长    沙'}
        {'重    庆'}
        {'成    都'}
        {'贵    阳'}
        {'昆    明'}
        {'西    安'}

>> ObsLabel(classid == 3)                    % 查看第三类中包含的城市
ans =
    4×1 cell 数组
        {'福    州'}
        {'广    州'}
        {'南    宁'}
        {'海    口'}
```

从聚类结果来看,第一类包含的是地理位置偏北方的城市,这些城市气温偏低,第三类包含的是地理位置偏南方的城市,这些城市气温偏高,第二类所包含城市的地理位置和气温均居中,这是符合常识的。

10.7 基于 BP 网络的神经元形态分类与识别

多层前馈型的 BP 网络除用作数据拟合之外,还可用作模式识别。本节讨论 2010 年全国研究生数学建模竞赛 C 题:神经元的形态分类和识别。

10.7.1 问题重述

【例 10.7-1】 大脑是生物体内结构和功能最复杂的组织,其中包含上千亿个神经细胞(神经元)。人类脑计划(Human Brain Project,HBP)的目的是要对全世界的神经信息学数据库建立共同的标准,多学科整合分析大量数据,加速人类对脑的认识。

对神经元特性的认识,最基本的问题是神经元的分类。目前,关于神经元的简单分类法主要有:(1)根据突起的多少可将神经元分为多极神经元、双极神经元和单极神经元。(2)根据神经元的功能又可分为主神经元、感觉神经元、运动神经元和中间神经元等。主神经元的主要功能是输出神经回路的信息,例如大脑皮层的锥体神经元、小脑皮层中的浦肯野神经元等。感觉神经元接受刺激并将之转变为神经冲动。中间神经元是在感觉神经元与运动神经元之间起联络作用的。运动神经元将中枢发出的冲动传导到肌肉等活动器官。不同的组织位置,中间神经元的类别和形态变化很大。动物越进化,中间神经元越多,构成的中枢神经系统网络就越复杂。

如何识别区分不同类别的神经元,这个问题目前科学上仍没有解决。生物解剖区别神经元主要通过几何形态和电位发放两个因素。本问题只考虑神经元的几何形态,研究如何利用神经元的空间几何特征,通过数学建模给出神经元的一个空间形态分类方法,将神经元根据几何形态比较准确地分类识别。

神经元的空间几何形态的研究是人类脑计划中的一个重要项目,neuromorpho官网包含大量神经元的几何形态数据等信息,在那里可以得到大量的神经元空间形态数据。本问题的数据保存在文件"神经元分类识别.xlsx"中,包含附录A、附录B和附录C。附录A中给出了43个已知类别的神经元的空间几何形态数据,每个神经元包含20个空间形态特征。附录B中给出了20个未知类别的神经元的空间几何形态数据。附录C中给出了5类神经元的空间几何形态特征的标准描述。这5类神经元分别是运动神经元、浦肯野神经元、锥体神经元、中间神经元和感觉神经元,其中,中间神经元又可细分为3类:双极、三极和多极中间神经元。

需要解决的问题如下。

(1)利用附录A和附录C中给出的样本神经元的空间几何形态数据,寻找出附录C中5类神经元的几何特征,给出一个神经元空间形态分类方法。

(2)利用(1)中建立的神经元空间形态分类方法对附录B中的20个未知类别的神经元进行判别,判定它们分别属于什么类型的神经元。

10.7.2　问题分析

本问题只考虑神经元的几何形态,利用已知类别的神经元的空间几何特征,构建分类器,对未知类别的神经元进行分类,这是典型的模式识别问题。神经元的空间几何形态可用多个参数进行描述,数据中涉及的20个参数如表10.7-1所列。

表 10.7-1　神经元的空间几何特征参数

参 数 名 称	说 明	符 号 约 定
Soma Surface	胞体表面积	x_1
Number of Stems	干的数目	x_2
Number of Bifurcation	分叉数目	x_3
Number of Branch	分支数目	x_4
Width	宽度	x_5

参 数 名 称	说　　明	符 号 约 定
Height	高度	x_6
Depth	深度	x_7
Diameter	直径	x_8
Length	长度	x_9
Surface	表面积	x_{10}
Volume	体积	x_{11}
Euclidean Distance	欧氏距离	x_{12}
Path Distance	路径距离	x_{13}
Branch Order	分叉级数	x_{14}
Contraction	压缩比	x_{15}
Fragmentation	破碎度	x_{16}
Partition Asymmetry	左右分支不对称度	x_{17}
Ralls Ratio	罗尔比率	x_{18}
Bifurcation angle Local	近端分叉角	x_{19}
Bifurcation angle Remote	远端分叉角	x_{20}

这是个 20 维的模式识别问题,可用经典的统计方法(例如距离判别或贝叶斯判别)进行建模求解,然而,统计判别方法对数据的分布有着严格的要求,通常假定数据来自正态总体。在实际应用中,验证数据的分布往往是比较困难的,除此之外,统计判别方法也很难处理高维模式识别问题。为此,下面将创建一个多层前馈型网络,把附录 A 中给定的神经元的空间几何形态数据作为训练样本集,把附录 C 中给定的数据作为测试样本集,使用训练样本训练该网络,得到一个能有效地对神经元进行形态分类的非线性分类器,然后用测试样本对分类器模型进行检验,最后利用该分类器模型对附录 B 中的 20 个未知类别的神经元进行判别。

10.7.3　模型建立

基于以上的分析,这里创建一个三层(1 个输入层、1 个隐层和 1 个输出层)的 BP 网络,其网络结构如图 10.7-1 所示。网络的输入层包含 20 个节点,用来传递神经元的 20 个空间几何特征参数值。根据 Kolmogorov 定理,隐层设置 $2\times20+1=41$ 个节点。由于本问题涉及的神经元共有 7 类,故网络的输出层包含 7 个节点。

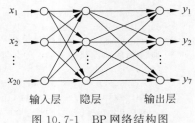

图 10.7-1　BP 网络结构图

7 类神经元对应的应有输出(即标准答案)如表 10.7-2 所列。应有输出的 0 和 1 可以理解为分类概率。

表 10.7-2　7 类神经元对应的应有输出

神经元类别	应 有 输 出
运动神经元	$[1,0,0,0,0,0,0]^T$
浦肯野神经元	$[0,1,0,0,0,0,0]^T$
锥体神经元	$[0,0,1,0,0,0,0]^T$
双极中间神经元	$[0,0,0,1,0,0,0]^T$

续表

神经元类别	应 有 输 出
三极中间神经元	$[0,0,0,0,1,0,0]^T$
多极中间神经元	$[0,0,0,0,0,1,0]^T$
感觉神经元	$[0,0,0,0,0,0,1]^T$

10.7.4　模型求解

为了避免出现"过拟合",在对网络进行训练时,需要选择一定比例的样本用来进行交叉验证。这里按照 85∶15 的比例把附录 A 中的数据随机地分为训练样本和交叉验证样本。另外为了消除训练过程中的随机性对判别结果的影响,对网络进行 20 次训练,并将 20 次训练得到的网络输出取平均。求解 BP 网络模型的 MATLAB 代码及结果如下:

```
% 分别读取附录 A、附录 B、附录 C 的数据
>> [data1,textdata1] = xlsread('神经元分类识别.xlsx','附录 A');
>> [data2,textdata2] = xlsread('神经元分类识别.xlsx','附录 B');
>> [data3,textdata3] = xlsread('神经元分类识别.xlsx','附录 C');
>> trainData = data1(:,3:end)';              % 提取训练样本数据
>> n1 = size(trainData,2);                    % 训练样本数
>> trainGroup = textdata1(2:end,2);           % 提取训练样本对应的分组变量
>> [Gid,Gname] = grp2idx(trainGroup);         % 将神经元名称转为序号
>> Gid = full(ind2vec(Gid'));                 % 构造网络的应有输出矩阵
>> net = patternnet(41);                      % 创建模式识别网络,1 个隐层,包含
                                              % 41 个节点

% 设置训练样本中各部分(训练、交叉验证、测试)所占比例
>> net.divideParam.trainRatio = 85/100;
>> net.divideParam.valRatio = 15/100;
>> net.divideParam.testRatio = 0/100;
>> sampleData = data2(:,3:end)';              % 提取待判样本数据
>> n2 = size(sampleData,2);                   % 待判样本数
>> testData = data3(:,3:end)';                % 提取测试样本数据
>> n3 = size(testData,2);                     % 测试样本数
>> m = 20;                                    % 训练次数
>> trainResult = zeros(7,n1,m);               % 定义训练样本对应的网络输出初值
>> sampleResult = zeros(7,n2,m);              % 定义待判样本对应的网络输出初值
>> testResult = zeros(7,n3,m);                % 定义测试样本对应的网络输出初值
% 通过循环对网络进行 20 次训练,并计算每次训练得到的网络输出
>> for i = 1:m
       trainedNet = train(net,trainData,Gid);     % 训练网络
       trainResult(:,:,i) = trainedNet(trainData);    % 计算训练样本对应的网络输出
       sampleResult(:,:,i) = trainedNet(sampleData);  % 计算待判样本对应的网络输出
       testResult(:,:,i) = trainedNet(testData);      % 计算测试样本对应的网络输出
end
>> trainResult = mean(trainResult,3);         % 对 20 次网络输出取平均
>> sampleResult = mean(sampleResult,3);       % 对 20 次网络输出取平均
>> testResult = mean(testResult,3);           % 对 20 次网络输出取平均
>> figure;                                    % 新建图窗
>> plotconfusion(Gid,trainResult)             % 绘制训练样本对应的混淆矩阵图
>> testGroup = Gname(vec2ind(testResult))     % 查看测试样本对应的判别结果
testGroup =
    7×1 cell 数组
      {'Moto neuron'    }
```

```
    {'Purkinje neuron'     }
    {'Pyramidal neuron'       }
    {'Bipolar interneuron'   }
    {'Tripolar interneuron'   }
    {'Multipolar interneuron'}
    {'Sensory neuron'      }

>> sampleGroup = Gname(vec2ind(sampleResult))        % 查看待判样本对应的判别结果
  20×1 cell 数组
    {'Bipolar interneuron'}
    {'Pyramidal neuron'  }
    {'Pyramidal neuron'  }
    {'Pyramidal neuron'  }
    {'Purkinje neuron'     }
    {'Purkinje neuron'     }
    {'Moto neuron'      }
    {'Moto neuron'      }
    {'Moto neuron'      }
    {'Moto neuron'      }
    {'Moto neuron'      }
    {'Moto neuron'      }
    {'Sensory neuron'      }
    {'Sensory neuron'      }
    {'Bipolar interneuron'}
    {'Bipolar interneuron'}
    {'Bipolar interneuron'}
    {'Bipolar interneuron'}
    {'Pyramidal neuron'  }
    {'Pyramidal neuron'  }
```

运行以上代码可得训练样本对应的混淆矩阵图，如图 10.7-2 所示，可知附录 A 中的训练样本全部得到了正确的判别。并且由上述结果可知附录 C 中的测试样本也都得到了正确的判别，这样的分类器无疑是一个优良的分类器。用这样的分类器对附录 B 中的待判样本进行判别，结果如表 10.7-3 所列。

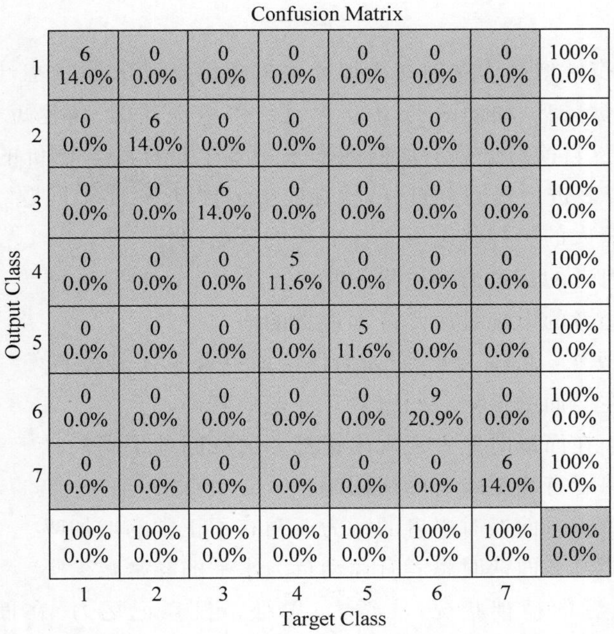

图 10.7-2　训练样本对应的混淆矩阵图

表 10.7-3　附录 B 中各神经元对应的判别结果

序　　号	网络 20 次输出结果的平均值							神经元类型
1	0.00	0.00	0.39	0.61	0.00	0.00	0.00	双极中间神经元
2	0.00	0.01	0.49	0.48	0.00	0.00	0.00	锥体神经元
3	0.00	0.00	0.92	0.06	0.01	0.01	0.00	锥体神经元
4	0.25	0.00	0.40	0.31	0.03	0.00	0.00	锥体神经元
5	0.00	0.99	0.00	0.00	0.00	0.00	0.01	浦肯野神经元
6	0.00	1.00	0.00	0.00	0.00	0.00	0.00	浦肯野神经元
7	0.79	0.06	0.07	0.07	0.01	0.00	0.00	运动神经元
8	0.78	0.06	0.06	0.06	0.00	0.01	0.00	运动神经元
9	0.78	0.08	0.06	0.06	0.00	0.01	0.00	运动神经元
10	1.00	0.00	0.00	0.00	0.00	0.00	0.00	运动神经元
11	0.72	0.27	0.00	0.00	0.00	0.00	0.00	运动神经元
12	0.97	0.02	0.01	0.00	0.00	0.00	0.00	运动神经元
13	0.00	0.00	0.00	0.03	0.03	0.02	0.91	感觉神经元
14	0.00	0.01	0.00	0.03	0.06	0.02	0.88	感觉神经元
15	0.00	0.01	0.01	0.90	0.01	0.01	0.06	双极中间神经元
16	0.00	0.01	0.04	0.51	0.14	0.04	0.26	双极中间神经元
17	0.00	0.09	0.10	0.53	0.00	0.04	0.23	双极中间神经元
18	0.00	0.05	0.02	0.46	0.00	0.02	0.45	双极中间神经元
19	0.01	0.00	0.94	0.03	0.00	0.02	0.00	锥体神经元
20	0.00	0.00	0.82	0.01	0.00	0.17	0.00	锥体神经元

10.8　建模案例选讲——谵妄的诊断

10.8.1　问题描述

谵妄是一种以兴奋性增高为主的高级神经中枢急性活动失调状态,临床主要表现为意识模糊、定向力丧失、感觉错乱、躁动不安、语言杂乱。因急性起病、病程短暂、病情发展迅速,故又称为急性脑综合征。目前对谵妄的诊断通常采用多个指标综合评价的方式,例如对于老年谵妄,医生可根据检查表进行提问并打分,检查表中包含以下 11 个问题。

(1) 急性起病:病人的精神状态有急性变化的证据吗?

(2) 注意障碍:患者的注意力难以集中吗?

(3) 思维混乱:患者的思维是凌乱或不连贯的吗?

(4) 意识水平的改变:总体上看,您如何评价该患者的意识水平?

(5) 定向障碍:在会面的任何时间患者存在定向障碍吗?

(6) 记忆力减退:在面谈时患者表现出记忆方面的问题了吗?

(7) 知觉障碍:患者有知觉障碍的证据吗?

(8) 精神运动性兴奋:面谈时患者的行为活动有不正常的增加吗?

(9) 精神运动性迟滞:面谈时患者有运动行为水平的异常减少吗?

(10) 波动性:患者的精神状况(注意力、思维、定向、记忆力)在面谈前或面谈中有波动吗?

(11)睡眠-觉醒周期的改变:患者有睡眠-觉醒周期紊乱的证据吗?

针对以上 11 个问题,医生对病人进行观察和提问,每个问题分 4 个等级进行打分。1 分表示不存在;2 分表示轻度存在;3 分表示中度存在;4 分表示严重存在。

表 10.8-1 记录了一位医生对 96 名测试人员的打分及诊断情况,该医生的诊断标准为:总分高于 22 分(含 22 分)可诊断为谵妄,诊断结果标记为 Y;总分低于 22 分可诊断为非谵妄,诊断结果标记为 N。实际上已经知道,前 48 组数据来自临床诊断的病人,后 48 组数据来自正常人。很显然,该医生的人为诊断并不是完全准确的,有 8 名病人和 2 名正常人被误诊。为了尽可能避免人为诊断错误,试根据已知类别的 96 组观测数据创建合适的分类器,对两类人员进行正确的区分,并利用该分类器对表 10.8-2 中两组未知类别的数据进行判别,以确定其归属。

表 10.8-1　96 名测试人员的谵妄诊断数据(部分)

序号	起病	注意	思维	意识	定向	记忆	知觉	兴奋	迟滞	波动	睡眠	总分	诊断结果	真实分组
1	3	3	2	2	2	1	2	3	1	3	3	25	Y	Y
2	4	4	4	3	3	3	2	4	1	4	4	36	Y	Y
3	3	3	2	2	3	3	2	2	1	3	4	28	Y	Y
4	3	3	3	2	1	3	2	3	1	2	3	26	Y	Y
5	2	2	2	2	3	2	2	2	1	2	3	25	Y	Y
6	2	2	2	3	2	2	2	2	1	3	3	25	Y	Y
7	4	2	3	2	4	3	3	4	1	4	4	34	Y	Y
8	3	3	2	3	2	2	1	2	2	2	2	23	Y	Y
9	4	3	3	2	3	3	2	3	1	3	3	30	Y	Y
10	3	4	2	3	2	2	2	2	4	3	1	28	Y	Y
11	3	2	2	3	3	1	2	3	1	3	2	25	Y	Y
12	2	3	2	1	2	3	2	2	1	3	2	23	Y	Y
13	4	3	2	1	2	3	1	2	1	3	4	26	Y	Y
14	2	2	2	1	2	2	1	1	3	2	1	19	N	Y
...	...	...	...	...	...	...	...	...	...	...	...	...	...	...
95	1	1	3	1	1	3	1	1	1	1	2	17	N	N
96	1	2	2	2	1	1	2	1	1	2	2	17	N	N

注:限于篇幅,表 10.8-1 中只显示部分数据,完整数据见数据文件“谵妄.xlsx”。

表 10.8-2　2 名待判人员的谵妄诊断数据

序号	起病	注意	思维	意识	定向	记忆	知觉	兴奋	迟滞	波动	睡眠
甲	3	3	2	2	2	3	2	2	2	3	2
乙	1	1	2	1	1	2	2	2	1	1	2

10.8.2　利用聚类分析进行数据探索

为了探索医生的打分是否能够正确地将两类人员区分开,先将 96 名测试人员的真实分组信息隐藏,对 96 名测试人员进行聚类分析,将他们聚为两类,看能否自然地将前 48 名谵妄病人聚为一类。

1. 层次聚类

首先利用层次聚类法(又称为系统聚类法)对 96 名测试人员进行聚类,相应的 MATLAB 代码如下:

```
>> data = xlsread('谵妄.xlsx',1);            % 读取第一个工作表数据
>> x = data(:,2:12);                        % 提取打分数据
>> d = pdist(x);                            % 计算距离
>> z = linkage(d, 'ward');                  % 创建层次聚类树
>> dendrogram(z,0,'orientation','top');     % 绘制聚类树形图
>> set(gca,'XTickLabelRotation', -90);      % x轴刻度标签顺时针旋转 90°
>> result1 = clusterdata(x,'linkage','ward','maxclust',2);  % 一步聚类,返回聚类结果
```

运行以上代码,得到聚类树形图,如图 10.8-1 所示。可以看到,图中虚线将 96 名测试人员分为两组,左侧组对应前 48 人,为谵妄组,右侧组对应后 48 人,为非谵妄组。从代码返回的 result1 向量也能得到相同的结果。

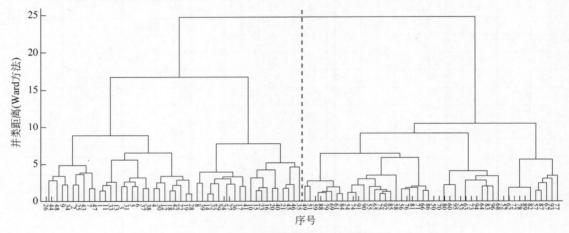

图 10.8-1　96 名测试人员的聚类树形图

2. 神经网络聚类

接下来利用神经网络方法对 96 名测试人员进行聚类,相应的 MATLAB 代码与结果如下:

```
>> x2 = x';                        % x 转置
>> net = selforgmap(2);            % 构建一个包含 2 个节点的 SOM 网络
>> rng(1);                         % 控制随机数生成器的状态
>> trainedNet = train(net,x2);     % 训练网络
>> y = trainedNet(x2);             % 用训练好的网络进行仿真
>> result2 = vec2ind(y);           % 将聚类结果矩阵 y 转为类编号向量
>> id1 = find(result2(1:48) == 2)  % 查看与真实类别不一致的观测序号
id1 =
      14      24      27      29      32      36      41


>> id2 = find(result2(49:end) == 1)  % 查看与真实类别不一致的观测序号
id2 =
   空的 1×0 double 行向量
```

由以上结果可知第14、24、27、29、32、36和41号谵妄病人与48名正常人员被聚为一类，而这7名病人也被医生进行了误诊。综合以上两种聚类结果可知医生的打分数据本身就存在两类边界模糊不清的情况。

10.8.3 谵妄的诊断

1. 统计判别

下面调用 fitcdiscr 函数训练统计判别分类器，对所有人员进行判别（包括两个待判人员），代码及结果如下：

```
>> T = readtable('谵妄.xlsx','PreserveVariableNames',1);   % 读取第一个工作表中数据
>> T_train = T(:,[2:12,15]);                               % 提取打分及真实分组数据
>> ResponseVarName = '真实分组';                            % 指定响应变量
>> Mdl = fitcdiscr(T_train,ResponseVarName);               % 训练分类器
>> result3 = Mdl.predict(T_train)'                         % 对已知类别人员进行判别
result3 =
  1×96 cell 数组
  列 1 至 12
    {'Y'} {'Y'} {'Y'} {'Y'} {'Y'} {'Y'} {'Y'} {'Y'} {'Y'} {'Y'} {'Y'} {'Y'}
  列 13 至 24
    {'Y'} {'Y'} {'Y'} {'Y'} {'Y'} {'Y'} {'Y'} {'Y'} {'Y'} {'Y'} {'Y'} {'Y'}
  列 25 至 36
    {'Y'} {'Y'} {'Y'} {'Y'} {'Y'} {'Y'} {'Y'} {'Y'} {'Y'} {'Y'} {'Y'} {'Y'}
  列 37 至 48
    {'Y'} {'Y'} {'Y'} {'Y'} {'Y'} {'Y'} {'Y'} {'Y'} {'Y'} {'Y'} {'Y'} {'Y'}
  列 49 至 60
    {'N'} {'N'} {'N'} {'N'} {'N'} {'N'} {'N'} {'N'} {'N'} {'N'} {'N'} {'N'}
  列 61 至 72
    {'N'} {'N'} {'N'} {'N'} {'N'} {'N'} {'N'} {'N'} {'N'} {'N'} {'N'} {'N'}
  列 73 至 84
    {'N'} {'N'} {'N'} {'N'} {'N'} {'N'} {'N'} {'N'} {'N'} {'N'} {'N'} {'N'}
  列 85 至 96
    {'N'} {'N'} {'N'} {'N'} {'N'} {'N'} {'N'} {'N'} {'N'} {'N'} {'N'} {'N'}
>> x3 = [3,3,2,2,2,3,2,2,2,3,2; 1,1,2,1,1,2,2,2,1,1,2];   % 定义待判数据矩阵
>> label1 = Mdl.predict(x3)                                % 对待判人员进行判别
label1 =
  2×1 cell 数组
    {'Y'}
    {'N'}
```

由上述判别结果可知96个已知类别的测试人员均得到了正确判别，对于两名不知类别的待判人员，甲被判为谵妄病人，乙被判为正常人。

2. 神经网络判别

下面调用 patternnet 函数创建神经网络分类器，对所有人员进行判别，代码及结果如下：

```
>> data = xlsread('谵妄.xlsx',1);      % 读取第一个工作表数据
>> x = data(:,2:12)';                  % 提取打分数据并转置
```

```
% 构造 2 行 96 列的矩阵作为网络的输出,前 48 列[1;0]对应谵妄,后 48 列[0;1]对应非谵妄
>> y = kron([1,0;0,1],ones(1,48));
>> xnew = [3,3,2,2,2,3,2,2,2,3,2; 1,1,2,1,1,2,2,2,1,1,2]';   % 定义待判数据矩阵并转置
% 创建模式识别网络,1 个隐层,包含 23 个节点
>> net = patternnet(23);
% 设置训练样本中各部分(训练、交叉验证、测试)所占比例
>> net.divideParam.trainRatio = 85/100;
>> net.divideParam.valRatio = 15/100;
>> net.divideParam.testRatio = 0/100;
>> rng(1);                                     % 控制随机数生成器的状态
>> trainedNet = train(net,x,y);                % 训练网络
>> result4 = trainedNet(x);                    % 对已知类别人员进行判别
>> figure;                                     % 新建图窗
>> plotconfusion(y,result4);                   % 绘制混淆矩阵图
>> label2 = trainedNet(xnew)                   % 对待判人员进行判别
label2 =
    1.0000    0.0000
    0.0000    1.0000
```

运行以上代码可得 96 个已知类别的测试人员对应的混淆矩阵图,如图 10.8-2 所示,由图可知已知类别的训练样本全部得到了正确的判别。对于两名不知类别的待判人员,甲的网络输出为 $\begin{bmatrix} 1 \\ 0 \end{bmatrix}$,被判为谵妄病人;乙的网络输出为 $\begin{bmatrix} 0 \\ 1 \end{bmatrix}$,被判为正常人。

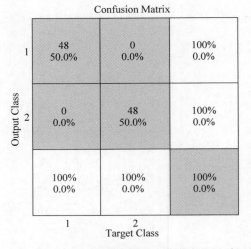

图 10.8-2　96 个已知类别的测试人员对应的混淆矩阵图

第11章 排队论方法

在日常生活中,排队等待服务是一个普遍的现象,例如:在车站购买车票需要排队,在超市结账需要排队,在银行存取款需要排队,在计算机中处理数据同样需要排队。这些有形或无形的排队现象有着共同的特点,它们都是由"服务机构"和"服务对象"构成的随机服务系统,这里的随机体现在服务对象(又称为顾客)到达服务系统的时间及被服务的时长均是不确定的。

排队论要研究的内容包括以下三方面。

(1) 性态问题:研究排队系统的概率分布规律,主要研究队长分布、等待时间分布和忙期分布等,包括瞬态和稳态两种情形。

(2) 优化问题:把排队的时间控制在一定程度内,在服务质量的提高和成本的降低之间取得平衡,找到最适当的解。

(3) 排队系统的统计推断:判断一个给定的排队系统符合哪种模型,以便根据排队理论进行分析研究。

11.1 排队论的基本概念

11.1.1 排队系统的组成

排队系统通常由输入过程、排队规则和服务机构三部分组成。

1. 输入过程

输入过程是指顾客到达系统的规律,涉及以下三方面。

(1) 顾客总数:有限或无限。

(2) 顾客到达的方式:一个一个到达或者成批到达。

(3) 顾客相继到达的时间间隔:可以是确定型或者随机型。

2. 排队规则

排队规则是指顾客到达后的排队方式和等待规则,通常包括以下 3 种。

(1) 即时制(或损失制)。当顾客到达时,若没有空的服务台,则顾客不等待便随即离去。

(2) 等待制。当顾客到达时,若没有空的服务台,顾客便排队等待服务。

（3）混合制。即时制与等待制的混合，由于系统容量有限，当等待的顾客太多时，后来的顾客就自动离去。

3．服务机构

服务机构是指为顾客提供服务的设施或对象，包括服务台数量、服务台的串/并联方式、服务规则、服务时间的分布。

等待制的服务规则包括先到先服务（FCFS）、后到先服务（LCFS）、随机服务（RSS）、有优先权的服务（PR）等。

11.1.2　排队系统的运行指标

排队系统要研究的系统运行指标主要有以下几种。

（1）队长：系统中的顾客数，其期望值记为 L_s。

（2）等待队长：系统中等待服务的顾客数，其期望值记为 L_q。若将正在接受服务的顾客数记为 L_n，则有 $L_s = L_q + L_n$。

（3）逗留时间：顾客在系统中的停留时间，其期望值记为 W_s。

（4）等待时间：顾客在系统中排队等待的时间，其期望值记为 W_q，若用 τ 表示顾客接受服务的时间，则有 $W_s = W_q + \tau$。

（5）忙期：服务机构连续工作的时间长度，记为 T_b。

（6）系统损失概率：由于系统容量限制，造成顾客被拒绝服务而使服务部门受到损失的概率，记为 $P_{损}$。

（7）绝对通过能力 A：单位时间内被服务完的顾客数的平均值，也称为平均服务率。

（8）相对通过能力 Q：单位时间内被服务完的顾客数与请求服务的顾客数的比值。

11.1.3　排队系统的状态及概率

为了计算排队系统的运行指标，需要研究系统的状态（即系统中顾客的数量）及其分布规律。如果系统中有 n 个顾客，则称系统的状态为 n。系统的状态是随机的，通常与时间 t 有关。将时刻 t 对应的系统状态为 n 的概率记为 $P_n(t)$，若 $\lim\limits_{t \to \infty} P_n(t) = P_n$，则称 P_n 为系统的稳态概率，多数情况下排队系统是存在稳态概率的。

11.2　排队系统的概率分布

通常情况下，顾客到达排队系统的时间和接受服务的时间是随机的，一段时间内到达的顾客数也是不确定的，它们是服从一定的分布的。

11.2.1　泊松流与泊松分布

1．泊松流

用 $N(t)$ 表示时间段 $[0, t]$ 内到达的顾客数，称 $N(t)$ 为一个随机事件流。用 $P_k(t_1, t_2)$ 表示在时间段$[t_1,t_2)$内有 k 个顾客到达的概率,即 $P_k(t_1,t_2)=P\{N(t_2)-N(t_1)=k\}$。称满足如下三个条件的 $N(t)$ 为一个泊松流。

(1) 无后效性:在不相交的时间区间内到达的顾客数是相互独立的,即在时间段$[t,t+\Delta t]$内到达 k 个顾客的概率与时刻 t 之前到达的顾客数无关。

(2) 平稳性:对于充分小的 Δt,在时间段$[t,t+\Delta t]$内有 1 个顾客到达的概率只与时间段的长度 Δt 有关,而与起始时刻 t 无关,并且 $P_1(t,t+\Delta t)=\lambda\Delta t+o(\Delta t)$,这里 $\lambda>0$ 表示单位时间内有一个顾客到达的概率。

(3) 普通性:对于充分小的 Δt,在时间段$[t,t+\Delta t]$内有 2 个或 2 个以上顾客到达的概率可以忽略不计,即 $\sum\limits_{k=2}^{\infty}P_k(t,t+\Delta t)=o(\Delta t)$。

由于泊松流的平稳性,可记 $P_k(0,t)=P_k(t)=P\{N(t)=k\}$。

2. 泊松分布

若 $N(t)$ 为一个泊松流,则有:

$$P_k(t)=P\{N(t)=k\}=\frac{(\lambda t)^k}{k!}e^{-\lambda t}, \quad k=0,1,2,\cdots$$

称 $N(t)$ 服从参数为 λt 的泊松分布,其数学期望和方差均为 λt,即 $E[N(t)]=D[N(t)]=\lambda t$。

11.2.2　负指数分布

用 T 表示顾客相继到达的时间间隔,则 T 为随机变量,其分布函数记为 $F_T(t)$。当顾客流 $N(t)$ 是泊松流时,有:

$$F_T(t)=P(T\leqslant t)=1-P(T>t)=1-P_0(t)=1-e^{-\lambda t}, \quad t\geqslant 0$$

从而可得 T 的概率密度函数为:

$$f_T(t)=\begin{cases}\lambda e^{-\lambda t}, & t>0 \\ 0, & t\leqslant 0\end{cases}$$

称 T 服从参数为 λ 的负指数分布。这里 $\lambda>0$ 表示单位时间内平均到达的顾客数,T 的数学期望 $E(T)=\dfrac{1}{\lambda}$ 表示顾客相继到达的平均时间间隔。

类似地,设顾客接受系统服务的时间为 τ,对于单服务台的排队系统,通常假设 τ 服从参数为 μ 的负指数分布,这里 $\mu>0$ 表示平均服务率,即单位时间内接受完服务的顾客平均数,$E(\tau)=\dfrac{1}{\mu}$ 表示一个顾客的平均服务时间。

11.2.3　爱尔朗分布

设 $T_1,T_2,\cdots,T_k$ 相互独立且同服从参数为 λ 的指数分布,则 $T=\sum\limits_{i=1}^{k}T_i$ 服从 k 阶爱尔朗分布,其密度函数为:

$$f_T(t) = \begin{cases} \dfrac{\lambda(\lambda t)^{k-1}}{(k-1)!}e^{-\lambda t}, & t > 0 \\ 0, & t \leqslant 0 \end{cases}$$

很显然,1 阶爱尔朗分布即为负指数分布。T 的数学期望和方差分别为:

$$E(T) = \frac{k}{\lambda}, \quad D(T) = \frac{k}{\lambda^2}$$

对于多服务台的排队系统,设 k 个服务台是串联的,每个服务台对顾客的服务时间相互独立,并且同服从于参数为 μ 的指数分布,则顾客接受服务的总时间 τ 服从 k 阶爱尔朗分布。

11.3　排队模型的标准形式

排队模型的标准形式为 $X/Y/Z/A/B/C$,其中,X 表示顾客相继到达的时间间隔的分布,Y 表示服务时间的分布,Z 表示服务台的个数,A 表示排队系统的容量限制,B 表示顾客源数目,C 表示服务规则,通常只考虑先到先服务规则。

X 和 Y 的取值通常有以下几种情况。

(1) M:表示负指数分布。

(2) D:表示定长分布,即每位顾客的服务时间为固定常数。

(3) E_k:表示 k 阶爱尔朗分布。

(4) G:表示服务时间服从任意给定的分布。

例如排队模型 $M/M/1/N/m$ 表示顾客相继到达的时间间隔服从负指数分布,服务时间服从负指数分布,系统有 1 个服务台,系统容量为 N,顾客源数目为 m,服务规则为先到先服务。

11.4　单服务台的排队模型

单服务台的排队模型通常有如下四种形式。

(1) 标准型:$M/M/1$。

(2) 系统容量有限:$M/M/1/N/\infty$。

(3) 顾客源有限:$M/M/1/\infty/m$。

(4) 服务时间服从任意分布:$M/G/1$。

下面将分别讨论这四种单服务台排队模型的系统运行指标的计算方法。

11.4.1　标准型:$M/M/1$

排队模型 $M/M/1$ 的特征:顾客源是无限的、顾客流为泊松流、顾客相继到达的时间间隔相互独立、服务时间相互独立、时间间隔和服务时间均服从负指数分布、单服务台、队长无限、服务规则为先到先服务。

1. 计算系统的稳态概率

假设单位时间内到达的顾客数服从参数为 λ 的泊松分布,每位顾客的服务时间服从参数为 μ 的负指数分布,于是在时间段 $[t, t + \Delta t]$ 内有以下结论。

(1) 有一个顾客到达的概率为 $\lambda \Delta t + o(\Delta t)$。

(2) 没有一个顾客到达的概率为 $1 - \lambda \Delta t + o(\Delta t)$。

(3) 有一位顾客接受完服务离去的概率为 $\mu \Delta t + o(\Delta t)$。

(4) 没有一个顾客被服务完的概率为 $1 - \mu \Delta t + o(\Delta t)$。

(5) 多于一个顾客到达或被服务完离去的概率为 $o(\Delta t)$。

现在考虑 $t + \Delta t$ 时刻系统中有 $n(n \geqslant 1)$ 个顾客的概率 $P_n(t + \Delta t)$，可能的情况如表 11.4-1 所示。

表 11.4-1 系统状态的变化规律

可能的情况	t 时刻顾客数	$[t, t+\Delta t]$ 内的变化		$t + \Delta t$ 时刻顾客数	$P_n(t + \Delta t)$
		到达	离去		
1	$n-1$	1	0	n	$P_{n-1}(t)(\lambda \Delta t)(1 - \mu \Delta t) + o(\Delta t)$
2	n	0	0	n	$P_n(t)(1 - \lambda \Delta t)(1 - \mu \Delta t) + o(\Delta t)$
3	n	1	1	n	$P_n(t)(\lambda \Delta t)(\mu \Delta t) + o(\Delta t)$
4	$n+1$	0	1	n	$P_{n+1}(t)(1 - \lambda \Delta t)(\mu \Delta t) + o(\Delta t)$

以上 4 种情况是相互独立的，将其概率相加可得：

$$P_n(t + \Delta t) = P_{n-1}(t)(\lambda \Delta t) + P_n(t)(1 - \lambda \Delta t - \mu \Delta t) + P_{n+1}(t)(\mu \Delta t) + o(\Delta t)$$

从而可得：

$$\frac{P_n(t + \Delta t) - P_n(t)}{\Delta t} = \lambda P_{n-1}(t) - (\lambda + \mu) P_n(t) + \mu P_{n+1}(t) + \frac{o(\Delta t)}{\Delta t}$$

令 $\Delta t \to 0$，得到如下微分方程：

$$\frac{\mathrm{d} P_n(t)}{\mathrm{d} t} = \lambda P_{n-1}(t) - (\lambda + \mu) P_n(t) + \mu P_{n+1}(t) \tag{11.4-1}$$

考虑 $t + \Delta t$ 时刻系统中有 0 个顾客的概率 $P_0(t + \Delta t)$，可能的情况如表 11.4-2 所列。

表 11.4-2 系统状态的变化规律

可能的情况	t 时刻顾客数	$[t, t+\Delta t]$ 内的变化		$t + \Delta t$ 时刻顾客数	$P_0(t + \Delta t)$
		到达	离去		
1	0	0	0	0	$P_0(t)(1 - \lambda \Delta t) + o(\Delta t)$
2	0	1	1	0	$P_0(t)(\lambda \Delta t)(\mu \Delta t) + o(\Delta t)$
3	1	0	1	0	$P_1(t)(1 - \lambda \Delta t)(\mu \Delta t) + o(\Delta t)$

类似地可得：

$$\frac{\mathrm{d} P_0(t)}{\mathrm{d} t} = -\lambda P_0(t) + \mu P_1(t) \tag{11.4-2}$$

联立式(11.4-1)和式(11.4-2)可得：

$$\begin{cases} \dfrac{\mathrm{d} P_0(t)}{\mathrm{d} t} = -\lambda P_0(t) + \mu P_1(t) \\ \dfrac{\mathrm{d} P_n(t)}{\mathrm{d} t} = \lambda P_{n-1}(t) - (\lambda + \mu) P_n(t) + \mu P_{n+1}(t), \quad n \geqslant 1 \end{cases} \tag{11.4-3}$$

对于稳态情形，$P_0(t)$ 及 $P_n(t)$ 与时间 t 无关，令 $\dfrac{\mathrm{d} P_0(t)}{\mathrm{d} t} = \dfrac{\mathrm{d} P_n(t)}{\mathrm{d} t} = 0$，可得：

$$\begin{cases} -\lambda P_0 + \mu P_1 = 0 \\ \lambda P_{n-1} - (\lambda + \mu)P_n + \mu P_{n+1} = 0, \quad n \geq 1 \end{cases} \tag{11.4-4}$$

解方程式(11.4-4)可得 $P_n = \left(\dfrac{\lambda}{\mu}\right)^n P_0$，$n \geq 1$。令 $\rho = \dfrac{\lambda}{\mu} < 1$（否则队列将排至无限长），它表示平均到达率 λ 与平均服务率 μ 的比值，称其为服务强度。注意到 $\sum\limits_{n=0}^{\infty} P_n = 1$，可得 $P_0 = 1 - \rho$，从而可得系统的稳态概率为：

$$\begin{cases} P_0 = 1 - \rho \\ P_n = (1-\rho)\rho^n, \quad n \geq 1 \end{cases} \tag{11.4-5}$$

2. 计算系统的主要运行指标

下面以式(11.4-5)为基础计算系统的运行指标。

(1) 队长 L_s。

由期望的定义可得：

$$L_s = \sum_{n=0}^{\infty} n P_n = \sum_{n=0}^{\infty} n(1-\rho)\rho^n = \frac{\rho}{1-\rho} = \frac{\lambda}{\mu - \lambda}$$

(2) 等待队长 L_q。

$$L_q = \sum_{n=1}^{\infty} (n-1)P_n = L_s - \rho = \frac{\rho^2}{1-\rho} = \frac{\rho\lambda}{\mu - \lambda}$$

(3) 逗留时间 W_s。

在 $M/M/1$ 系统条件下，顾客在系统中的逗留时间服从参数为 $\mu - \lambda$ 的负指数分布，因此有：

$$W_s = \frac{1}{\mu - \lambda}$$

(4) 等待时间 W_q。

$$W_q = W_s - \frac{1}{\mu} = \frac{\rho}{\mu - \lambda}$$

综上所述，系统的主要运行指标为：

$$L_s = \frac{\lambda}{\mu - \lambda}, L_q = \frac{\rho\lambda}{\mu - \lambda}, \quad W_s = \frac{1}{\mu - \lambda}, \quad W_q = \frac{\rho}{\mu - \lambda} \tag{11.4-6}$$

它们之间满足如下关系(Little 公式)：

$$L_s = \lambda W_s, \quad L_q = \lambda W_q, \quad W_s = W_q + \frac{1}{\mu}, \quad L_s = L_q + \frac{\lambda}{\mu} \tag{11.4-7}$$

【例 11.4-1】 调查某天到达某邮局的顾客数和对顾客的服务时间，以每 5min 为一个时段，统计了 100 个时段中顾客到达的情况，如表 11.4-3 所列。

表 11.4-3　100 个时段中顾客到达的情况

到达人数	0	1	2	3	4	5	6
时段数	14	27	27	18	9	4	1

除此之外，还统计了邮局对 100 位顾客的服务时间(单位：s)，如表 11.4-4 所列，其中，第

一行为服务时间区间 t，第二行为服务时间区间的中间值 t_m，第三行为人数 n。

表 11.4-4　邮局对 100 位顾客的服务时间　　　　　　　　　　　（s）

t	0～12	13～24	25～36	37～48	49～60	61～72	73～84	85～96	97～108	109～120	121～150	151～180	181～200
t_m	6	18	30	42	54	66	78	90	102	114	135	165	190
n	33	22	15	10	6	4	3	2	1	1	1	1	1

该邮局只有一个服务台，假设此服务系统是一个 $M/M/1$ 排队模型，试计算该系统的各项运行指标。

解：由表 11.4-3 可得 100 个时段（即 500min）内到达的总人数为：

$$n = 0 \times 14 + 1 \times 27 + 2 \times 27 + 3 \times 18 + 4 \times 9 + 5 \times 4 + 6 \times 1 = 197$$

从而可得每分钟的平均到达率为 $\lambda = 197/500 = 0.394$（人/min）。由表 11.4-4 可得 100 位顾客的总服务时间为：

$$\tau = 6 \times 33 + 18 \times 22 + \cdots + 190 \times 1 = 3172(\text{s}) = 52.87(\text{min})$$

从而可得平均服务率为 $\mu = 100/52.87 = 1.89$（人/min），服务强度 $\rho = \lambda/\mu = 0.394/1.89 = 0.208$。利用式（11.4-5）和（11.4-6）计算得：

$$L_s = \frac{\lambda}{\mu - \lambda} = 0.263, \quad L_q = \frac{\rho\lambda}{\mu - \lambda} = 0.055, \quad W_s = \frac{1}{\mu - \lambda} = 0.668, \quad W_q = \frac{\rho}{\mu - \lambda} = 0.139$$

由以上结果可知该邮局不太繁忙，顾客到达后需要排队等待服务的概率为 $1 - P_0 = \rho = 0.208$，每位顾客平均只需等待 0.139min。

11.4.2　系统容量有限：$M/M/1/N/\infty$

排队模型 $M/M/1/N/\infty$ 与 $M/M/1$ 的区别在于队长是有限的，即系统中最多允许有 N 个顾客在排队，若系统中已有 N 个顾客，则后来者将被拒绝进入系统，此时系统是有损失的。

1. 计算系统的稳态概率

这里仍沿用排队模型 $M/M/1$ 对顾客流及服务时间的假设，可得系统状态概率的稳态方程如下：

$$\begin{cases} \mu P_1 = \lambda P_0 \\ \lambda P_{n-1} + \mu P_{n+1} = (\lambda + \mu) P_n, & 1 \leqslant n \leqslant N-1 \\ \mu P_N = \lambda P_{N-1} \end{cases}$$

当 $\rho = \dfrac{\lambda}{\mu} \neq 1$ 时，求解稳态方程可得系统的稳态概率为：

$$\begin{cases} P_0 = \dfrac{1-\rho}{1-\rho^{N+1}}, \\ P_n = \dfrac{1-\rho}{1-\rho^{N+1}} \rho^n, & 1 \leqslant n \leqslant N \end{cases} \tag{11.4-8}$$

由式（11.4-8）可知系统满员的损失率为 $P_{损} = P_N = \dfrac{1-\rho}{1-\rho^{N+1}} \rho^N$。

当 $\rho=1$ 时,到达率与服务率相等,则有 $P_0=P_1=\cdots=P_N=\dfrac{1}{N+1}$。

2. 计算系统的主要运行指标

基于式(11.4-8)可得系统的主要运行指标如下:

$$L_s=\begin{cases}\dfrac{\rho}{1-\rho}-\dfrac{(N+1)\rho^{N+1}}{1-\rho^{N+1}}, & \rho\neq 1 \\ \dfrac{N}{2}, & \rho=1\end{cases} \tag{11.4-9}$$

$$L_q=\begin{cases}L_s-(1-P_0), & \rho\neq 1 \\ \dfrac{N(N-1)}{2(N+1)}, & \rho=1\end{cases} \tag{11.4-10}$$

$$W_s=\dfrac{L_s}{\lambda_e}=\dfrac{L_s}{\mu(1-P_0)}, \quad W_q=\dfrac{L_q}{\lambda_e}=W_s-\dfrac{1}{\mu} \tag{11.4-11}$$

其中,$\lambda_e=\lambda(1-P_N)$ 为有效到达率。

【说明】 对于容量有限的排队模型,当系统未满员时,系统的平均到达率为 λ,当系统满员时,到达率为 0,为此可定义有效到达率 $\lambda_e=\lambda(1-P_N)$,它表示系统未满员时的平均达到率 λ 减去满员后拒绝顾客的平均数 λP_N。类似地,还可以定义系统的有效服务强度为 $\rho_e=\dfrac{\lambda_e}{\mu}=1-P_0$。

【例 11.4-2】 单人理发店有 6 把椅子接待顾客排队等待理发。当 6 把椅子都坐满后,再来的顾客直接离开。设顾客平均到达率为 3 人/h,理发平均时间为 15min,即 $N=7$,$\lambda=3$ 人/h,$\mu=4$ 人/h。试求解以下问题。

(1) 顾客不需要排队等待就能理发的概率 P_0。

(2) 等待理发的顾客的平均数 L_q。

(3) 有效到达率 λ_e。

(4) 每位顾客的平均逗留时间 W_s。

(5) 理发店的损失率 P_N。

解: 这是一个 $M/M/1/N/\infty$ 排队系统。由已知条件可得服务强度 $\rho=\lambda/\mu=3/4=0.75$,于是可得系统的主要运行指标如下。

(1) $P_0=\dfrac{1-\rho}{1-\rho^{N+1}}=\dfrac{1-0.75}{1-0.75^8}=0.2778$。

(2) $L_q=\dfrac{\rho}{1-\rho}-\dfrac{(N+1)\rho^{N+1}}{1-\rho^{N+1}}-(1-P_0)=1.3878$。

(3) $\lambda_e=\mu(1-P_0)=2.8887$ 人/小时。

(4) $W_s=\dfrac{L_s}{\lambda_e}=\dfrac{L_s}{\mu(1-P_0)}=0.7304$ 小时 $=43.8251$ 分钟。

(5) $P_7=\dfrac{1-\rho}{1-\rho^{7+1}}\rho^7=0.0371$。

11.4.3 顾客源有限：$M/M/1/\infty/m$

排队模型 $M/M/1/\infty/m$ 与 $M/M/1$ 的区别在于顾客源是有限的(m 个)，其余假设条件是相同的。该系统的状态概率的稳态方程为：

$$\begin{cases} \mu P_1 = m\lambda P_0 \\ (m-n+1)\lambda P_{n-1} + \mu P_{n+1} = [(m-n)\lambda + \mu]P_n, & 1 \leqslant n \leqslant m-1 \\ \mu P_m = \lambda P_{m-1} \end{cases}$$

求解稳态方程可得系统的稳态概率为：

$$\begin{cases} P_0 = \left[\sum_{k=0}^{m} \dfrac{m!}{(m-k)!}\rho^k\right]^{-1} \\ P_n = \dfrac{m!}{(m-n)!}\rho^n P_0, & 1 \leqslant n \leqslant m \end{cases} \tag{11.4-12}$$

基于式(11.4-12)可得系统的主要运行指标如下：

$$L_s = m - \frac{1-P_0}{\rho}, \quad L_q = L_s - (1-P_0), \quad W_s = \frac{L_s}{\mu(1-P_0)}, \quad W_q = W_s - \frac{1}{\mu} \tag{11.4-13}$$

【例 11.4-3】 某车间有 6 台相同型号的机床，每台机床的连续运转时间服从负指数分布，平均连续运转时间为 60min，一个工人负责维修这些机床，每次维修时间服从负指数分布，平均每次为 30min，求：

(1) 维修工空闲的概率 P_0；

(2) 6 台机床同时出故障的概率 P_6；

(3) 出故障的机床的平均台数 L_s；

(4) 等待修理的机床的平均台数 L_q；

(5) 每台机床的平均停工时间 W_s。

解：这是一个 $M/M/1/\infty/m$ 排队系统。由已知条件可知 $m=6, \lambda=1/60, \mu=1/30$，从而可得服务强度 $\rho = \lambda/\mu = 0.5$。于是由式(11.4-12)和式(11.4-13)可得系统的主要运行指标如下。

(1) $P_0 = \left[\sum_{k=0}^{6} \dfrac{6!}{(6-k)!}\rho^k\right]^{-1} = 0.0121$。

(2) $P_6 = \dfrac{6!}{(6-6)!}\rho^6 P_0 = 0.136$。

(3) $L_s = 6 - \dfrac{1-P_0}{\rho} = 4.0242$。

(4) $L_q = L_s - (1-P_0) = 3.0363$。

(5) $W_s = \dfrac{L_s}{\mu(1-P_0)} = 122.2018$。

11.4.4 服务时间服从任意分布：$M/G/1$

设顾客到达过程是泊松过程，顾客相继到达的时间间隔服从参数为 λ 的负指数分布。设

服务时间 τ 服从任意给定的分布,其数学期望为 $E(\tau) = 1/\mu$,方差为 $D(\tau) = \sigma^2$。设排队系统为单服务台,系统容量无限,顾客源无限。

记 $\rho = \dfrac{\lambda}{\mu}$,当 $\rho < 1$ 时系统可达到稳定状态,系统的主要运行指标如下:

$$P_0 = 1 - \rho, \quad L_s = L_q + \rho, \quad L_q = \frac{\rho^2 + \lambda^2 \sigma^2}{2(1-\rho)}, \quad W_s = \frac{L_s}{\lambda}, \quad W_q = \frac{L_q}{\lambda} \quad (11.4\text{-}14)$$

【例 11.4-4】 某单人服装店做西服,每套需经过 4 道不同的工序,4 道工序完成后才开始做下一套。设每道工序的加工时间服从负指数分布,平均耗时 2h。顾客到来服从泊松分布,平均订货率为 5.5 套/周(设一周工作 48 小时)。求从顾客订货到做好一套西服的平均时间。

解:用 $\tau_1, \tau_2, \tau_3, \tau_4$ 分别表示做一套西服所涉及的 4 道工序的工时,则它们相互独立,并且同服从参数为 $\dfrac{1}{2}$ 的负指数分布。做一套西服的总工时 $\tau = \tau_1 + \tau_2 + \tau_3 + \tau_4$ 服从 4 阶爱尔朗分布 E_4,其数学期望和方差分别为:

$$E(\tau) = \frac{4}{1/2} = 8\text{h}, \quad D(\tau) = \frac{4}{(1/2)^2} = 16\text{h}^2$$

很显然,这是一个 $M/E_4/1$ 排队系统。由已知条件及上述分析可知顾客到达率 $\lambda = \dfrac{5.5}{48} = 0.1146$ 套/h,平均服务率 $\mu = 1/8$ 套/h。于是可得服务强度 $\rho = \lambda/\mu = 0.9167$,又 $\sigma^2 = D(\tau) = 16$,由式(11.4-14)可得:

$$L_s = \rho + \frac{\rho^2 + \lambda^2 \sigma^2}{2(1-\rho)} = 7.2187, \quad W_s = \frac{L_s}{\lambda} = 63\text{h} = 1.3125 \text{ 周}$$

故从顾客订货到做好一套西服的平均时间为 63h,在一周工作 48h 的情况下,约需 1.31 周。

11.5 多服务台的排队模型

c 个服务台并联的排队模型通常有如下三种形式。

(1)标准型:$M/M/c$。

(2)系统容量有限:$M/M/c/N/\infty$。

(3)顾客源有限:$M/M/c/\infty/m$。

下面将分别讨论这三种多服务台排队模型的系统运行指标的计算方法。

11.5.1 标准型:$M/M/c$

假设系统的顾客流为泊松流,平均到达率为 λ,各服务台相互独立,单个服务台的服务时间服从参数为 μ 的负指数分布,可知单个服务台的平均服务率为 μ,此时整个系统的平均服务率为 $c\mu$。令 $\rho = \dfrac{\lambda}{c\mu}$,称其为系统的服务强度,显然只有当 $\rho < 1$ 时,系统才能达到稳定的状态,不会出现无限长队列的情况。

该系统的状态概率的稳态方程为:

$$\begin{cases} \mu P_1 = \lambda P_0 \\ \lambda P_{n-1} + (n+1)\mu P_{n+1} = (\lambda + n\mu)P_n, \quad 1 \leqslant n \leqslant c \\ \lambda P_{n-1} + c\mu P_{n+1} = (\lambda + c\mu)P_n, \quad n > c \end{cases}$$

求解稳态方程可得系统的稳态概率为：

$$P_0 = \left[\sum_{k=0}^{c-1} \frac{1}{k!}(c\rho)^k + \frac{1}{c!}\frac{1}{1-\rho}(c\rho)^c \right]^{-1} \tag{11.5-1}$$

$$P_n = \begin{cases} \dfrac{1}{n!}(c\rho)^n P_0, & 1 \leqslant n \leqslant c \\ \dfrac{c^c}{c!}\rho^n P_0, & n > c \end{cases} \tag{11.5-2}$$

基于稳态概率可得系统的主要运行指标如下：

$$L_s = L_q + c\rho, \quad L_q = \frac{(c\rho)^c \rho}{c!(1-\rho)^2}P_0, \quad W_s = \frac{L_s}{\lambda}, \quad W_q = \frac{L_q}{\lambda} \tag{11.5-3}$$

【例 11.5-1】 某银行有 3 个服务窗口，客户的到达服从泊松分布，平均每分钟有 0.9 人到达，各窗口服务时间服从负指数分布，平均每分钟可服务 0.4 人。银行采用叫号服务，客户凭号依次在空闲窗口办理业务。试求此排队系统的主要运行指标。

解：这是一个 $M/M/c$ 排队系统。由已知条件可知 $c=3$，顾客到达率 $\lambda = 0.9$ 人/min，平均服务率 $\mu = 0.4$ 人/min。于是可得服务强度 $\rho = \lambda/(c\mu) = 0.75$，从而由式(11.5-1)和式(11.5-3)计算得此排队系统的主要运行指标如下。

（1）系统空闲的概率 $P_0 = 0.0748$。

（2）平均队长 $L_s = 3.9533$ 人。

（3）平均等待队长 $L_q = 1.7033$ 人。

（4）平均逗留时间 $W_s = 4.3925$ min。

（5）平均等待时间 $W_q = 1.8925$ min。

11.5.2 系统容量有限：$M/M/c/N/\infty$

排队模型 $M/M/c/N/\infty$ 与 $M/M/c$ 的区别在于系统的容量是有限的，其余假设条件和记号是相同的。该系统的最大容量为 $N(N \geqslant c)$，当系统满员时，有 c 个顾客接受服务，有 $N-c$ 个顾客排队等待，此时再来的顾客会被系统拒绝，系统会有一定的损失。

该系统的状态概率的稳态方程为：

$$\begin{cases} \mu P_1 = \lambda P_0 \\ \lambda P_{n-1} + (n+1)\mu P_{n+1} = (\lambda + n\mu)P_n, \quad 1 \leqslant n \leqslant c \\ \lambda P_{n-1} + c\mu P_{n+1} = (\lambda + c\mu)P_n, \quad c \leqslant n < N \\ \lambda P_{N-1} = c\mu P_N \end{cases}$$

求解稳态方程可得系统的稳态概率为：

$$P_0 = \begin{cases} \left[\sum\limits_{k=0}^{c-1} \dfrac{1}{k!}(c\rho)^k + \dfrac{c^c}{c!}\dfrac{(\rho^c - \rho^{N+1})}{1-\rho} \right]^{-1}, & \rho \neq 1 \\ \left[\sum\limits_{k=0}^{c-1} \dfrac{c^k}{k!} + \dfrac{c^c}{c!}(N-c+1) \right]^{-1}, & \rho = 1 \end{cases}, \quad P_n = \begin{cases} \dfrac{1}{n!}(c\rho)^n P_0, & 1 \leqslant n \leqslant c \\ \dfrac{c^c}{c!}\rho^n P_0, & c < n \leqslant N \end{cases}$$

$$\tag{11.5-4}$$

基于稳态概率可得系统的主要运行指标如下:

$$L_s = L_q + c\rho(1-P_N), \quad L_q = \frac{(c\rho)^c \rho}{c!\,(1-\rho)^2} P_0 \left[1 - \rho^{N-c} - (N-c)(1-\rho)\rho^{N-c}\right],$$

$$W_s = \frac{L_s}{\lambda_e}, W_q = \frac{L_q}{\lambda_e} \tag{11.5-5}$$

其中，$\lambda_e = \lambda(1-P_N)$ 为系统的有效到达率。该系统满员的损失率为 $P_损 = P_N = \frac{c^c}{c!}\rho^N P_0$。

【例 11.5-2】 某电话咨询台有 3 部电话，打进的电话服从泊松分布，平均每隔 2min 有一次咨询电话（包括接通和未接通的），通话时间服从负指数分布，每次通话的平均时间为 3min。试求：

(1) 系统空闲的概率 P_0；

(2) 打到咨询台的电话能接通的概率；

(3) 平均队长 L_s。

解：这是一个 $M/M/c/N/\infty$ 排队系统。由已知条件可知 $c = N = 3$，顾客到达率 $\lambda = 1/2$（人/min），平均服务率 $\mu = 1/3$（人/min）。于是可得服务强度 $\rho = \lambda/(c\mu) = 0.5$，从而由式(11.5-4)和式(11.5-5)可得系统的主要运行指标如下。

(1) 系统空闲的概率 $P_0 = 0.2388$。

(2) 打到咨询台的电话能接通的概率 $1 - P_3 = 0.8657$。

(3) 平均队长 $L_s = 1.2985$ 人。

11.5.3 顾客源有限：$M/M/c/\infty/m$

排队模型 $M/M/c/\infty/m$ 与 $M/M/c$ 的区别在于顾客源是有限的（m 个），其余假设条件和记号是相同的。该系统的状态概率的稳态方程为：

$$\begin{cases} \mu P_1 = m\lambda P_0 \\ (m-n+1)\lambda P_{n-1} + (n+1)\mu P_{n+1} = [(m-n)\lambda + n\mu]P_n, & 1 \leqslant n \leqslant c \\ (m-c+1)\lambda P_{n-1} + c\mu P_{n+1} = [(m-c)\lambda + c\mu]P_n, & c \leqslant n < m \\ \lambda P_{m-1} = c\mu P_m \end{cases}$$

求解稳态方程可得系统的稳态概率为：

$$P_0 = \frac{1}{m!}\left[\sum_{k=0}^{c}\frac{1}{k!\,(m-k)!}\left(\frac{c\rho}{m}\right)^k + \frac{c^c}{c!}\sum_{k=c+1}^{m}\frac{1}{(m-k)!}\left(\frac{\rho}{m}\right)^k\right]^{-1} \tag{11.5-6}$$

$$P_n = \begin{cases} \dfrac{m!}{(m-n)!\,n!}\left(\dfrac{c\rho}{m}\right)^n P_0, & 1 \leqslant n \leqslant c \\ \dfrac{m!\,c^{c-n}}{(m-n)!\,c!}\left(\dfrac{c\rho}{m}\right)^n P_0, & c < n \leqslant m \end{cases} \tag{11.5-7}$$

其中，$\rho = \dfrac{m\lambda}{c\mu}$。基于稳态概率可得系统的主要运行指标如下：

$$L_s = \sum_{n=1}^{m} nP_n, \quad L_q = L_s - \frac{\lambda_e}{\mu}, \quad W_s = \frac{L_s}{\lambda_e}, \quad W_q = \frac{L_q}{\lambda_e} \tag{11.5-8}$$

其中，$\lambda_e = \lambda(m - L_s)$ 为系统的有效到达率。

【例 11.5-3】 某车间有 20 台相同型号的机床，每台机床的连续运转时间服从负指数分布,平均连续运转时间为 60min,3 个工人共同负责维修这些机床,每次维修时间服从负指数分布,平均每次为 6min,求:

(1) 维修工空闲的概率 P_0;

(2) 出故障的机床的平均台数 L_s;

(3) 等待修理的机床的平均台数 L_q;

(4) 每台机床的平均停工时间 W_s;

(5) 每台机床的平均等待时间 W_q。

解:这是一个 $M/M/c/\infty/m$ 排队系统。由已知条件可知 $c=3, m=20, \lambda=1/60, \mu=1/6$,从而可得服务强度 $\rho=m\lambda/(c\mu)=2/3$。于是由式(11.5-6)和式(11.5-8)可得系统主要运行指标如下。

(1) 维修工空闲的概率 $P_0=0.1362$。

(2) 出故障的机床的平均台数 $L_s=2.1262$。

(3) 等待修理的机床的平均台数 $L_q=0.3389$。

(4) 每台机床的平均停工时间 $W_s=7.1375$。

(5) 每台机床的平均等待时间 $W_q=1.1375$。

11.6 常见排队模型的 MATLAB 求解

11.6.1 编写常见排队模型的通用求解函数

MATLAB 中没有提供用于求解排队模型的函数,笔者根据 11.4 节和 11.5 节中介绍的计算原理,编写了常见排队模型的通用求解函数,可用于求解 $M/M/1$、$M/M/1/N/\infty$、$M/M/1/\infty/m$、$M/G/1$、$M/M/c$、$M/M/c/N/\infty$、$M/M/c/\infty/m$ 等模型,其源代码如下:

```
function [Ls,Lq,Ws,Wq,P] = QueuingSystem(lambda,mu,model,VarT)
% 排队模型(M/M/c/N/m)求解函数,M 表示负指数分布,c 表示服务台的个数,
% N 表示排队系统的容量限制,m 表示顾客源数目.
%
%   [Ls,Lq,Ws,Wq,P] = QueuingSystem(lambda,mu,model)
%       lambda: 平均到达率
%       mu: 平均服务率
%       model:排队模型,三个元素的向量[c,N,m]
%       VarT:服务时间的方差,此参数仅用于 M/G/1/inf/inf 模型
%       Ls:平均队长
%       Lq:平均等待队长
%       Ws:平均逗留时间
%       Wq:平均等待时间
%       P:稳态概率,P = [p0,p1,p2,……]
% Example:
%       [Ls,Lq,Ws,Wq,P] = QueuingSystem(0.394,1.89,[1,inf,inf])
%       [Ls,Lq,Ws,Wq,P] = QueuingSystem(5.5/48,1/8,[1,inf,inf],16)

if nargin == 2
    model = [1,inf,inf];
end
```

```matlab
c = model(1);                                   % 服务台个数
N = model(2);                                   % 系统容量
m = model(3);                                   % 顾客源数目
if isinf(m)
    if isinf(N)
        if nargin < 4
            [Ls,Lq,Ws,Wq,P] = M_M_C(lambda,mu,c);
        else
            [Ls,Lq,Ws,Wq,P] = M_G_1(lambda,mu,VarT);
        end
    else
        [Ls,Lq,Ws,Wq,P] = M_M_C_N(lambda,mu,c,N);
    end
else
    [Ls,Lq,Ws,Wq,P] = M_M_C_m_m(lambda,mu,c,m);
end
P = P(P >= 0.0001);

function [Ls,Lq,Ws,Wq,P] = M_M_C(lambda,mu,c)
% 求解 M/M/C/inf/inf 排队模型
rho = lambda/(c*mu);
if rho >= 1
    warning('服务强度大于1,队列无限长!')
    [Ls,Lq,Ws,Wq,P] = deal([]);
    return
end
k = 0:c-1;
p0 = (sum((c*rho).^k./factorial(k)) + (c*rho)^c/(1-rho)/factorial(c))^(-1);
pn = zeros(100,1);
for i = 1:100
    if i <= c
        pn(i) = (c*rho)^i*p0/factorial(i);
    else
        pn(i) = c^c*rho^i*p0/factorial(c);
    end
end
Lq = (c*rho)^c*rho*p0/(1-rho)^2/factorial(c);
Ls = Lq + c*rho;
Ws = Ls/lambda;
Wq = Lq/lambda;
P = [p0;pn];

function [Ls,Lq,Ws,Wq,P] = M_M_C_N(lambda,mu,c,N)
% 求解 M/M/C/N/inf 排队模型
rho = lambda/(c*mu);
k = 0:c-1;
if rho == 1
    p0 = (sum(c.^k./factorial(k)) + c^c*(N-c+1)/factorial(c))^(-1);
else
    p0 = sum((c*rho).^k./factorial(k));
    p0 = (p0 + c^c*(rho^c-rho^(N+1))/(1-rho)/factorial(c))^(-1);
end
pn = zeros(N,1);
for i = 1:N
```

```
        if i <= c
            pn(i) = (c * rho)^i * p0/factorial(i);
        else
            pn(i) = c^c * rho^i * p0/factorial(c);
        end
end
if rho == 1
    Lq = N * (N - 1)/(2 * (N + 1));
else
    Lq = (c * rho)^c * rho * p0 * (1 - rho^(N - c) - (N - c) * (1 - rho) * rho^(N - c));
    Lq = Lq/(1 - rho)^2/factorial(c);
end
Ls = Lq + c * rho * (1 - pn(N));
lambda_e = lambda * (1 - pn(N));
Ws = Ls/lambda_e;
Wq = Lq/lambda_e;
P = [p0;pn];

function [Ls,Lq,Ws,Wq,P] = M_M_C_m_m(lambda,mu,c,m)
% 求解 M/M/C/m/m 排队模型
rho = m * lambda/(c * mu);
k1 = 0:c;
k2 = c + 1:m;
p0 = sum((c * rho/m).^k1./factorial(k1)./factorial(m - k1));
p0 = p0 + c^c * sum((rho/m).^k2./factorial(m - k2))/factorial(c);
p0 = p0^(-1)/factorial(m);
pn = zeros(m,1);
for i = 1:m
    if i <= c
        pn(i) = (c * rho/m)^i * p0 * nchoosek(m,i);
    else
        pn(i) = (c * rho/m)^i * p0 * nchoosek(m,i) * factorial(i) * c^(c - i);
        pn(i) = pn(i)/factorial(c);
    end
end
Ls = sum((1:m)'.* pn);
lambda_e = lambda * (m - Ls);
Lq = Ls - lambda_e/mu;
Ws = Ls/lambda_e;
Wq = Lq/lambda_e;
P = [p0;pn];

function [Ls,Lq,Ws,Wq,P] = M_G_1(lambda,mu,VarT)
% 求解 M/G/1/inf/inf 排队模型
% G 表示服务时间服从一般分布
rho = lambda/mu;
P = 1 - rho;
Lq = (rho^2 + lambda^2 * VarT)/(2 * (1 - rho));
Ls = Lq + rho;
Ws = Ls/lambda;
Wq = Lq/lambda;
```

11.6.2　常见排队模型的求解案例

【例 11.6-1】　例 11.4-1 续：**M/M/1 排队模型**。这里仍考虑例 11.4-1，调用自编 QueuingSystem 函数求解排队系统的主要运行指标。

```
>> n_arrive = 0:6;                                          % 到达人数
>> n_time = [14,27,27,18,9,4,1];                            % 时段数
>> tm = [6,18,30,42,54,66,78,90,102,114,135,165,190];       % 服务时间
>> n = [32,22,15,10,6,4,3,2,1,1,1,1,1];                     % 人数
>> lambda = sum(n_arrive. * n_time)/500                     % 平均到达率
lambda =
     0.3940

>> mu = 100/(sum(tm. * n)/60)                               % 平均服务率
mu =
     1.8951

>> [Ls,Lq,Ws,Wq,P] = QueuingSystem(lambda,mu,[1,inf,inf])   % 模型求解
Ls =
     0.2625
Lq =
     0.0546
Ws =
     0.6662
Wq =
     0.1385
P =
     0.7921
     0.1647
     0.0342
     0.0071
     0.0015
     0.0003
```

【例 11.6-2】　例 11.4-2 续：**M/M/1/N/∞排队模型**。这里仍考虑例 11.4-2，调用自编的 QueuingSystem 函数求解排队系统的主要运行指标。

```
>> N = 7;                                                   % 系统容量
>> lambda = 3;                                              % 平均到达率
>> mu = 4;                                                  % 平均服务率
>> [Ls,Lq,Ws,Wq,P] = QueuingSystem(lambda,mu,[1,N,inf])     % 模型求解
Ls =
     2.1100
Lq =
     1.3878
Ws =
     0.7304
Wq =
     0.4804
P =
     0.2778
     0.2084
```

```
        0.1563
        0.1172
        0.0879
        0.0659
        0.0494
        0.0371
```

【例 11.6-3】 例 11.4-3 续：$M/M/1/\infty/m$ **排队模型**。这里仍考虑例 11.4-3，调用自编的 QueuingSystem 函数求解排队系统的主要运行指标。

```
>> m = 6;                                          % 顾客源数目
>> lambda = 1/60;                                  % 平均到达率
>> mu = 1/30;                                       % 平均服务率
>> [Ls,Lq,Ws,Wq,P] = QueuingSystem(lambda,mu,[1,inf,m])   % 模型求解
Ls =
      4.0242
Lq =
      3.0363
Ws =
    122.2018
Wq =
     92.2018
P =
      0.0121
      0.0363
      0.0906
      0.1813
      0.2719
      0.2719
      0.1360
```

【例 11.6-4】 例 11.4-4 续：$M/G/1$ **排队模型**。这里仍考虑例 11.4-4，调用自编的 QueuingSystem 函数求解排队系统的主要运行指标。

```
>> lambda = 5.5/48;                                % 平均到达率
>> mu = 1/8;                                        % 平均服务率
>> VarT = 16;                                       % 服务时间的方差
>> [Ls,Lq,Ws,Wq,P] = QueuingSystem(lambda,mu,[1,inf,inf],VarT)  % 模型求解
Ls =
      7.2187
Lq =
      6.3021
Ws =
     63.0000
Wq =
     55.0000
P =
      0.0833
```

【例 11.6-5】 例 11.5-1 续：$M/M/c$ **排队模型**。这里仍考虑例 11.5-1，调用自编的 QueuingSystem 函数求解排队系统的主要运行指标。

```
>> c = 3;                                           % 服务台数目
>> lambda = 0.9;                                    % 平均到达率
```

```
>> mu = 0.4;                                              % 平均服务率
>> [Ls,Lq,Ws,Wq,P] = QueuingSystem(lambda,mu,[c,inf,inf])  % 模型求解
Ls =
     3.9533
Lq =
     1.7033
Ws =
     4.3925
Wq =
     1.8925
P =
     0.0748
     0.1682
     0.1893
     0.1419
     0.1065
     0.0798
     0.0599
     … …
```

【例 11.6-6】 例 11.5-2 续：$M/M/c/N/\infty$排队模型。这里仍考虑例 11.5-2，调用自编的 QueuingSystem 函数求解排队系统的主要运行指标。

```
>> c = 3;                                                % 服务台数目
>> N = 3;                                                % 系统容量
>> lambda = 1/2;                                         % 平均到达率
>> mu = 1/3;                                             % 平均服务率
>> [Ls,Lq,Ws,Wq,P] = QueuingSystem(lambda,mu,[c,N,inf])  % 模型求解
Ls =
     1.2985
Lq =
     0
Ws =
     3.0000
Wq =
     0
P =
     0.2388
     0.3582
     0.2687
     0.1343
```

【例 11.6-7】 例 11.5-3 续：$M/M/c/\infty/m$ 排队模型。这里仍考虑例 11.5-3，调用自编的 QueuingSystem 函数求解排队系统的主要运行指标。

```
>> c = 3;                                                % 服务台数目
>> m = 20;                                               % 顾客源数目
>> lambda = 1/60;                                        % 平均到达率
>> mu = 1/6;                                             % 平均服务率
>> [Ls,Lq,Ws,Wq,P] = QueuingSystem(lambda,mu,[c,inf,m])  % 模型求解
Ls =
     2.1262
Lq =
     0.3389
```

```
Ws =
    7.1375
Wq =
    1.1375
P =
    0.1362
    0.2725
    0.2589
    0.1553
    0.0880
    0.0469
    0.0235
    0.0110
    0.0047
    0.0019
    0.0007
    0.0002
```

11.7　排队模型的随机模拟

在实际应用中,当顾客流不是泊松流,或者服务时间不服从负指数分布时,排队模型的求解将变得异常困难,此时可用蒙特卡洛(Monte Carlo)随机模拟方法求出排队模型的近似解。本节将通过一个简单的排队模型介绍随机模拟的原理。

【例 11.7-1】 考虑一个单服务台排队模型 $M/G/1$。顾客到达服从泊松分布,顾客到达率 $\lambda=1/6$(人/min),服务时间 τ(单位:min)服从[3,6]上的均匀分布。试求该排队系统的主要运行指标。

11.7.1　随机模拟的原理

假设顾客相继到达的间隔时间 $T \sim F_1(t)$,服务时间 $\tau \sim F_2(t)$,用计算机生成大量服从 $F_1(t)$ 分布的随机数,来模拟顾客到达的时间间隔,再用计算机生成相同数量的服从 $F_2(t)$ 分布的随机数,来模拟顾客接受服务的时长,然后根据这些随机数计算排队系统的运行指标的近似值,经过多次模拟,可以得到较为精确的结果。

11.7.2　随机模拟的步骤

假设顾客到达时间间隔和系统服务时间分别服从 $F_1(t)$ 和 $F_2(t)$ 分布,用蒙特卡洛随机模拟方法求解排队模型的步骤如下。

(1) 生成 n 个服从 $F_1(t)$ 分布的随机数 $x_1,x_2,\cdots,x_n$,用来模拟 n 个顾客相继到达的时间间隔。

(2) 生成 n 个服从 $F_2(t)$ 分布的随机数 $y_1,y_2,\cdots,y_n$,用来模拟 n 个顾客接受服务的时长。

(3) 计算第 i 个顾客的到达时刻 $c_i = \sum_{j=1}^{i} x_j$。

(4) 计算第 i 个顾客开始接受服务的时刻 b_i 和结束服务的时刻 e_i。当 $i=1$ 时,$b_i=c_i$,

$e_i = b_i + y_i$；当 $i > 1$ 时，$b_i = \max(c_i, e_{i-1})$，$e_i = b_i + y_i$。

（5）计算第 i 个顾客的逗留时间 $ws_i = e_i - c_i$，以及等待时间 $wq_i = b_i - c_i$。

（6）计算第 i 个顾客到达时已服务完的顾客数 $m_i = \max\{j \mid e_j \leqslant c_i\}$。

（7）计算第 i 个顾客到达时的队长 $ls_i = i - 1 - m_i$。

（8）计算第 i 个顾客到达时的等待队长 $lq_i = \max(0, ls_i - 1)$。

（9）计算 $ws_i, wq_i, ls_i, lq_i (i = 1, 2, \cdots, n)$ 的平均值。

11.7.3　随机模拟的程序实现

对于例 11.7-1，用蒙特卡洛随机模拟方法求解排队模型的代码如下：

```matlab
>> lambda = 1/6;                          % 平均到达率
>> numCust = linspace(50,5000,100);       % 顾客总数向量,包含 100 个值
>> [Ls,Lq,Ws,Wq] = deal(zeros(100,50));   % 批量赋初值
% 对提前设定的顾客总数进行循环
>> for i = 1:numel(numCust)
    n = numCust(i);                       % 第 i 个顾客总数
    % 对每一个指定的顾客总数,重复 50 次模拟
    for j = 1:50
        x = exprnd(1/lambda,1,n);         % n 个顾客到达间隔
        y = unifrnd(3,6,1,n);             % n 个顾客的服务时间
        c = cumsum(x);                    % n 个顾客的到达时间
        b = zeros(1,n);                   % n 个顾客开始服务的时间
        e = b;                            % n 个顾客结束服务的时间
        ws = b;                           % n 个顾客的逗留时间
        wq = b;                           % n 个顾客的排队等待时间
        ls = b;                           % 各时刻的队长
        % 通过循环计算每个时刻(或每位顾客)的相关指标
        for k = 1:numel(x)
            if k == 1
                b(k) = c(k);              % 计算第 k 个顾客开始服务的时间
            else
                b(k) = max(c(k),e(k-1));
            end
            e(k) = b(k) + y(k);           % 计算第 k 个顾客结束服务的时间
            ws(k) = e(k) - c(k);          % 计算第 k 个顾客的逗留时间
            wq(k) = b(k) - c(k);          % 计算第 k 个顾客排队等待的时间
            ls(k) = k - 1 - sum(e(1:k) <= c(k));   % 计算各时刻的队长
        end
        lq = max([ls-1;zeros(1,n)]);      % 计算各时刻的等待队长

        Ls(i,j) = mean(ls(11:end));       % 计算第 i 个顾客总数的第 j 次模拟的平均队长
        Lq(i,j) = mean(lq(11:end));       % 计算第 i 个顾客总数的第 j 次模拟的平均等待队长
        Ws(i,j) = mean(ws(11:end));       % 计算第 i 个顾客总数的第 j 次模拟的平均逗留时间
        Wq(i,j) = mean(wq(11:end));       % 计算第 i 个顾客总数的第 j 次模拟的平均等待时间
    end
end
% 模拟结果的可视化
>> figure
>> subplot(2,1,1)
>> plot(numCust,mean(Ls,2))               % 绘制平均队长曲线
```

```
>> xlabel('到达的顾客总数'); ylabel('平均队长 Ls'); grid on
>> subplot(2,1,2)
>> plot(numCust,mean(Ws,2))              % 绘制平均逗留时间曲线
>> xlabel('到达的顾客总数'); ylabel('平均逗留时间 Ws'); grid on
```

模拟结果如图 11.7-1 所示。由图 11.7-1 可知,随着到达的顾客总数的增加,平均队长稳定在 1.9 附近,平均逗留时间稳定在 11.5 附近。

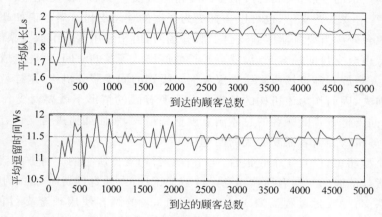

图 11.7-1　排队模型的蒙特卡洛随机模拟

由于本例涉及的是一个 $M/G/1$ 排队模型,可以调用自编的 QueuingSystem 函数求理论解。由服务时间 τ 的分布可得 τ 的数学期望和方差分别为:

$$E(\tau) = \frac{3+6}{2} = 4.5, \quad D(\tau) = \frac{(6-3)^2}{12} = 0.75$$

从而可知平均服务率 $\mu = \dfrac{1}{4.5}$,方差 $\sigma^2 = 0.75$。基于这些参数,调用自编的 QueuingSystem 函数求理论解的代码及结果如下:

```
>> lambda = 1/6;                          % 平均到达率
>> mu = 1/((3 + 6)/2);                     % 平均服务率
>> VarT = (6 - 3)^2/12;                    % 服务时间的方差
% 调用自编的 QueuingSystem 函数求理论解
>> [Ls2,Lq2,Ws2,Wq2,P0] = QueuingSystem(lambda,mu,[1,inf,inf],VarT)
Ls2 =
    1.9167
Lq2 =
    1.1667
Ws2 =
    11.5000
Wq2 =
    7.0000
P0 =
    0.2500
```

由以上结果可知平均队长的理论值为 $L_s = 1.9167$,等待队长的理论值为 $L_q = 1.1667$,平均逗留时间的理论值为 $W_s = 11.5$,平均等待时间的理论值为 $W_q = 7$,系统空闲的概率为 $P_0 = 0.25$。这与随机模拟的结果是一致的。

11.8 建模案例选讲——超市收银台支付方式的优化模型

11.8.1 问题描述

随着互联网技术的发展，人们日常消费的支付方式发生了很大的变化，人们可以选择传统的现金支付、银行卡或支票支付，也可以选择更为便捷的移动支付。对于诸如超市等一些顾客流量较大而收银台较少需要排队等候支付的服务场所，由于使用银行卡或支票支付比较耗时，对移动支付或持现金支付的顾客来说，就会延长他们排队等候的时间，因此造成他们情绪的不满，甚至一部分人会放弃到该场所来接受服务而转投别的同类服务机构，这样就势必给服务机构造成一定的损失，因而作为该机构的负责人在资源有限的情形下就要对支付方式进行结构调整，以保证不同支付方式的顾客的总体满意度达到最大，然而如何进行支付方式结构的合理调整，一直是服务机构经营者需要解决的问题。

现有一个小型超市，设有 4 个收银台，每个收银台均支持所有的支付方式。每个收银台为一位顾客计算货款的时间与顾客所购得商品件数成正比（大约每件费时 2s），约有 15% 的顾客用银行卡或支票支付，支付过程需要 1.5min；约有 5% 的顾客使用现金支付，支付过程需要 0.75min；约有 80% 的顾客使用移动支付，支付过程仅需 0.3min。为了使顾客的总体满意程度达到最大，有人倡议将其中一个收银台设为专用通道，专为使用银行卡或支票支付的顾客服务，指定另外三个收银台为快速支付通道，只支持现金支付和移动支付业务。假设顾客到达的平均时间间隔是 0.5min，顾客购买商品的件数满足如表 11.8-1 所示分布。

表 11.8-1 顾客购买商品件数的频率分布

件　　数	≤8	9～19	20～29	30～39	40～49	≥50
频　　率	0.12	0.10	0.18	0.28	0.20	0.12

请在合理的假设下，利用数学建模方法，对现有的支付系统和倡议的支付系统进行比较，为超市经营者提供合理建议。

11.8.2 问题分析

从理论上来说，超市现有的收银台服务系统是一个具有 4 个服务台的排队系统（$M/M/4$），其顾客源是无限的，顾客选完商品后，按照先到先服务的规则排成 1 队等待去空闲收银台支付货款。从顾客进入等待队列到支付完毕表示服务完成，即离开排队系统。而实际上，顾客可以随机到任意收银台前排队，且入队后不再换队，此时会有 4 个几乎等长的队列，因此超市现有的收银台服务系统是由 4 个单服务台排队子系统构成的排队系统，每个子系统具有相同的参数。

倡议的收银台服务系统同样是由 4 个单服务台排队子系统构成的排队系统。根据倡议，在 4 个收银台中，有 1 个收银台为专用通道，专为使用银行卡或支票支付的顾客服务，另外 3 个收银台为快速支付通道，只支持现金支付和移动支付业务，因此专用通道子系统与快速支付通道子系统具有不同的参数。

假设系统的顾客流为泊松流,各服务台相互独立,单个服务台的服务时间服从负指数分布,则根据已有数据不难计算两种排队系统的各项指标(例如队长 L_s 和等待时间 W_q),从而可以比较现有支付系统和倡议支付系统的优劣。

11.8.3 模型假设与符号说明

针对每个排队子系统,模型假设如下。

(1) 顾客流为泊松流,第 i 个子系统的平均到达率记为 λ_i,$i=1,2,3,4$,这里 $\lambda_i>0$ 表示单位时间内平均到达的顾客数,$1/\lambda_i$ 表示顾客相继到达的平均时间间隔。

(2) 各收银台相互独立,第 i 个收银台对每个顾客的平均服务时间服从参数为 μ_i 的负指数分布,这里 $\mu_i>0$ 表示平均服务率,即单位时间内接受完服务的顾客平均数,$1/\mu_i$ 表示一个顾客的平均服务时间。

(3) 假设等待的人数及空间在理论上是无限制的,即排队系统没有容量限制。

(4) 对现有的支付系统,服务规则为先到先服务(FCFS)。

建模过程中用到的符号如表 11.8-2 所列。

表 11.8-2 符号列表

符　　号	符　号　说　明
λ	整个系统的顾客平均到达率
λ_i	第 i 个子系统的顾客平均到达率
μ_i	第 i 个子系统的平均服务率
ρ_i	第 i 个子系统的服务强度
$P_{i,k}$	稳态下第 i 个子系统内有 k 个顾客的概率
$L_{i,s}$	第 i 个子系统的平均队长
$L_{i,q}$	第 i 个子系统的平均等待队长
$W_{i,s}$	第 i 个子系统的平均逗留时间
$W_{i,q}$	第 i 个子系统的平均等待时间
n_0	每位顾客平均购买商品件数
t	服务台为每位顾客服务的平均时间
t_0	服务台为每位顾客计算货款的平均时间
t_1	每位顾客用银行卡或支票支付的平均时间
t_2	每位顾客用现金支付的平均时间
t_3	每位顾客用移动支付的平均时间
r_1	用银行卡或支票支付的顾客比例
r_2	用现金支付的顾客比例
r_3	用移动支付的顾客比例

11.8.4 模型建立

1. 现有支付系统

根据分析,现有支付系统是由 4 个单服务台排队子系统构成的排队系统,每个子系统具有相同的参数，其顾客平均到达率为 $\lambda_i = \dfrac{\lambda}{4}$，平均服务率为 μ_i，服务强度 $\rho_i = \dfrac{\lambda_i}{\mu_i} = \dfrac{\lambda}{4\mu_i}$。每个子系统的状态概率的稳态方程为：

$$\begin{cases} -\lambda_i P_{i,0} + \mu_i P_{i,1} = 0 \\ \lambda_i P_{i,n-1} - (\lambda_i + \mu_i) P_{i,n} + \mu_i P_{i,n+1} = 0, \quad n \geqslant 1. \end{cases}$$

求解稳态方程可得子系统的稳态概率为：

$$\begin{cases} P_{i,0} = 1 - \rho_i \\ P_{i,n} = (1 - \rho_i)\rho_i^n, \quad n \geqslant 1. \end{cases}$$

基于稳态概率可得子系统的主要运行指标如下：

$$L_{i,s} = \frac{\lambda_i}{\mu_i - \lambda_i}, \quad L_{i,q} = \frac{\rho_i \lambda_i}{\mu_i - \lambda_i}, \quad W_{i,s} = \frac{1}{\mu_i - \lambda_i}, \quad W_{i,q} = \frac{\rho_i}{\mu_i - \lambda_i} \quad (11.8\text{-}1)$$

接下来计算子系统参数，根据已知条件，$\lambda = 1/0.5 = 2$，$\lambda_i = \lambda/4 = 0.5$，$t_1 = 1.5$，$t_2 = 0.75$，$t_3 = 0.3$，$r_1 = 0.15$，$r_2 = 0.05$，$r_3 = 0.8$，于是：

$$t = t_0 + r_1 t_1 + r_2 t_2 + r_3 t_3 = \frac{n_0}{30} + 0.5025, \quad \mu_i = \frac{1}{t} = \frac{30}{n_0 + 15.075}$$

其中，n_0 是每位顾客平均购买商品的件数，可根据表 11.8-1 进行计算。将表 11.8-1 中各区间取其中间值，特别地，$\leqslant 8$ 取为 5，$\geqslant 50$ 取为 55，可得：

$$n_0 = 5 \times 0.12 + 14 \times 0.1 + 24.5 \times 0.18 + 34.5 \times 0.28 + 44.5 \times 0.2 + 55 \times 0.12 = 31.57$$

从而 $\mu_i = 0.6432$，$\rho_i = \dfrac{\lambda_i}{\mu_i} = 0.7774$。将 λ_i，μ_i，ρ_i 的值代入式（11.8-1）可得：

$$L_{i,s} = 3.4927, \quad L_{i,q} = 2.7153, \quad W_{i,s} = 6.9854, \quad W_{i,q} = 5.4306 \quad (11.8\text{-}2)$$

2. 倡议支付系统

根据分析，倡议支付系统是一个如图 11.8-1 所示的混合排队系统，包括 4 个单服务台排队子系统（$M/M/1$）。

图 11.8-1　混合排队系统示意图

对于收银台 1（第一个子系统），可对其应用单服务台的排队模型，利用式（11.8-1）计算系统指标。由于它专为使用银行卡或支票支付的顾客服务，其子系统参数可以通过下列式子进行计算：

$$t = t_0 + t_1 = \frac{n_0}{30} + 1.5, \quad \mu_1 = \frac{1}{t} = \frac{30}{n_0 + 45} = 0.3918$$

$$\lambda_1 = r_1 \lambda = 0.3, \quad \rho_1 = \frac{\lambda_1}{\mu_1} = 0.7657$$

将 λ_1，μ_1，ρ_1 的值代入式（11.8-1）可得：

$$L_{1,s}=3.2680, \quad L_{1,q}=2.5023, \quad W_{1,s}=10.8934, \quad W_{1,q}=8.3411 \quad (11.8\text{-}3)$$

对于收银台 2、3 和 4，它们是具有相同参数的子系统，其参数可以通过下列式子进行计算：

$$t=t_0+\frac{r_2t_2+r_3t_3}{r_2+r_3}=\frac{n_0}{30}+\frac{r_2t_2+r_3t_3}{r_2+r_3}=1.3788, \mu_{2,3,4}=\frac{1}{t}=0.7253$$

$$\lambda_{2,3,4}=\frac{(1-r_1)\lambda}{3}=0.5667, \quad \rho_{2,3,4}=\frac{\lambda_{2,3,4}}{\mu_{2,3,4}}=0.7813$$

将 λ_1,μ_1,ρ_1 的值代入式（11.8-1）可得：

$$L_{2,3,4,s}=3.5729, \quad L_{2,3,4,q}=2.7916, \quad W_{2,3,4,s}=6.3052, \quad W_{2,3,4,q}=4.9264$$

$$(11.8\text{-}4)$$

3. 两种支付系统的对比

为方便比较现有支付系统和倡议支付系统的优劣，将以上结果进行整理，如表 11.8-3 所示。

表 11.8-3　两种支付系统的计算结果

指　标	现有支付系统	倡议支付系统	
		专用通道	快速支付通道
平均队长 L_s	3.4927	3.2680	3.5729
平均等待队长 L_q	2.7153	2.5023	2.7916
平均逗留时间 W_s	6.9854	10.8934	6.3052
平均等待时间 W_q	5.4306	8.3411	4.9264

由表 11.8-3 可知，两种系统的平均队长和平均等待队长均没有显著差异，倡议支付系统的专用通道的平均等待时间比现有支付系统的平均等待时间多 2.9min，而快速支付通道的平均等待时间比现有支付系统的平均等待时间少 0.5min，考虑到专用通道的顾客比例只有 15%，并且他们使用银行卡或支票进行支付，对长时间的等待有一定的心理预期，因此倡议支付系统能够在一定程度上减少顾客抱怨，提高顾客满意度。

11.8.5　模型求解代码

本案例模型求解代码如下：

```
% 1.现有支付系统
>> ni = [5, 14, 24.5, 34.5, 44.5, 55];              % 购买商品件数向量
>> pri = [0.12,0.1,0.18,0.28,0.2,0.12]';            % 各件数区间对应频率
>> n0 = ni * pri;                                   % 每位顾客平均购买商品件数
>> ri = [0.15,0.05,0.8];                            % 各支付方式所占比例
>> ti = [1.5,0.75,0.3]';                            % 各支付方式所用时间
>> t = n0/30 + ri * ti;                             % 每位顾客的平均服务时间
>> lambda = 2/4;                                    % 平均到达率
>> mu = 1/t;                                        % 平均服务率
>> [Ls,Lq,Ws,Wq] = QueuingSystem(lambda,mu,[1,inf,inf]);   % 模型求解

% 2. 倡议支付系统
% 收银台 1:专用通道
```

```
>> t1 = n0/30 + 1.5;                                              % 每位顾客的平均服务时间
>> lambda1 = 2 * 0.15;                                            % 平均到达率
>> mu1 = 1/t1;                                                    % 平均服务率
>> [Ls1,Lq1,Ws1,Wq1] = QueuingSystem(lambda1,mu1,[1,inf,inf]);   % 模型求解

% 收银台 2、3 和 4:快速支付通道
>> t2 = n0/30 + (0.05 * 0.75 + 0.8 * 0.3)/0.85;                  % 每位顾客的平均服务时间
>> lambda2 = 2 * 0.85/3;                                          % 平均到达率
>> mu2 = 1/t2;                                                    % 平均服务率
>> [Ls2,Lq2,Ws2,Wq2] = QueuingSystem(lambda2,mu2,[1,inf,inf]);   % 模型求解

>> result = [Ls,Lq,Ws,Wq;Ls1,Lq1,Ws1,Wq1;Ls2,Lq2,Ws2,Wq2]';     % 把计算结果整理为矩阵
>> VarNames = {'现有支付系统','专用通道','快速支付通道'};          % 定义表格变量名
>> RowNames = {'队长','等待队长','逗留时间','等待时间'};           % 定义表格行名
% 将计算结果矩阵转为表格
>> result = array2table(result,'VariableNames',VarNames,...
       'RowNames',RowNames)

result =

                现有支付系统      专用通道      快速支付通道
               _____    _____    _____

    队长           3.4927        3.268        3.5729
    等待队长       2.7153        2.5023       2.7916
    逗留时间       6.9854       10.893        6.3052
    等待时间       5.4306        8.3411       4.9264
```

第12章 多指标综合评价方法

在社会生产和日常生活中,人们总是会遇到多指标综合评价问题,就是从多方面比较某种事物,评价其优劣好坏。例如在选购某种商品的时候,人们总是货比三家;在公务员的考核选拔中,上级部门总是遵循择优录用的原则。由于同一事物具有多重性,或受多种因素的影响,因此在对某个事物进行评价时,应兼顾多个方面,这就是综合评价问题。

本章介绍两种常用的综合评价方法:层次分析法和模糊综合评价法。

12.1 层次分析法

层次分析法(the Analytic Hierarchy Process,AHP),在20世纪70年代中期由美国运筹学家托马斯·塞蒂(T. L. Saaty)正式提出。它是一种定性和定量相结合的、系统化、层次化的分析方法。它在处理复杂的决策问题上的实用性和有效性,使其很快在世界范围得到重视。它的应用已遍及经济计划和管理、能源政策和分配、行为科学、军事指挥、运输、农业、教育、人才、医疗和环境等领域。

12.1.1 层次分析法的原理与步骤

1. 层次分析法的原理

层次分析法根据问题的性质和要达到的总目标,将问题分解为不同的组成因素,并按照因素间的相互关联影响以及隶属关系将因素按不同层次聚集组合,形成一个多层次的分析结构模型,从而使问题归结为最低层(供决策的方案、措施等)相对于最高层(总目标)的相对重要权值的确定或相对优劣次序的排定。

2. 层次分析法的基本步骤

运用层次分析法建模的基本步骤如下。

(1) 建立层次结构模型。

(2) 构造判断矩阵(两两比较矩阵)。

(3) 层次单排序与一致性检验。

(4) 层次总排序与决策。

12.1.2 建立层次结构模型

分析系统中各因素之间的关系,建立层次结构模型。层次结构模型通常包含以下三个层次。

目标层(最高层):指决策的目的、要解决的问题。

准则层(中间层):指考虑的因素、目标决策的准则。

方案层(最低层):指决策的备选方案。

【例 12.1-1】 旅游地点选择问题。

假期旅游,很多人都做过艰难的抉择,是去风光秀丽的苏杭,还是去迷人的北戴河,或者是去山水甲天下的桂林?大多数人都会综合考虑景色、费用、居住、饮食、旅途等因素做出选择。

本问题是根据多个因素(指标)进行综合评价并做出决策的问题,决策的目的是选择合适的旅游地点,考虑的因素有景色、费用、居住、饮食、旅途,备选的方案有苏杭、北戴河、桂林。描述目的、因素和方案之间关系的层次结构模型如图 12.1-1 所示。

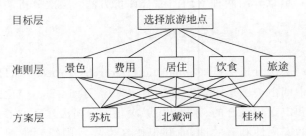

图 12.1-1 旅游地点选择问题的层次结构图

12.1.3 构造判断矩阵

对同一层次的各因素相对于上一层中某一准则的重要性进行两两比较,构造判断矩阵(两两比较矩阵)。若要比较同一层上的 n 个因素 $A_1, A_2, \cdots, A_n$ 相对于上一层(如目标层)的重要性,设因素相对于目标的权重分别为 $w_1, w_2, \cdots, w_n$,对任意两个因素 A_i 和 A_j,用 $a_{ij} = \dfrac{w_i}{w_j}$ 表示 A_i 和 A_j 对目标的重要程度之比,a_{ij} 的取值用 Saaty 的 1~9 标度法给出,如表 12.1-1 所示。

表 12.1-1 构造判断矩阵的 1~9 标度法

标度 a_{ij}	含　义
1	A_i 和 A_j 的重要性相同
3	A_i 比 A_j 稍微重要
5	A_i 比 A_j 明显重要
7	A_i 比 A_j 重要得多
9	A_i 比 A_j 极端重要
2,4,6,8	A_i 与 A_j 的重要性之比介于上述两个相邻等级之间
1/2,⋯,1/9	$a_{ji} = 1/a_{ij}$

需要说明的是,当相比较的因素(准则)多于9个时,可将因素分为若干个子层。

令 $A = (a_{ij})_{n \times n}$,称 A 为**判断矩阵**,由表 12.1-1 可知:

$$a_{ij} > 0, a_{ji} = 1/a_{ij}, \quad a_{ii} = 1, i, j = 1, 2, \cdots, n$$

因此,又称判断矩阵 A 为**正互反矩阵**。

从理论上来说,判断矩阵 A 的元素还应具有传递性,即满足:

$$a_{ik} a_{kj} = a_{ij}, \quad i, j, k = 1, 2, \cdots, n$$

满足传递性的矩阵称为**一致性矩阵**,简称为**一致阵**。

【**例 12.1-2**】 旅游地点选择问题(续 1)。

这里仍考虑例 12.1-1 的旅游地点选择问题,将决策目标(选择旅游地点)记为 O,将景色、费用、居住、饮食、旅途 5 个因素分别记为 $A_1^1, A_2^1, \cdots, A_5^1$,将苏杭、北戴河、桂林 3 个备选地点分别记为 B_1^2, B_2^2, B_3^2。

(1) 先考虑 $A_1^1, A_2^1, \cdots, A_5^1$ 对 O 的重要程度,旅游者会权衡这些准则在自己的心目中各占多大比重,经济宽绰、醉心旅游的人可能更看重景色,而平素俭朴或手头拮据的人则会优先考虑费用,中老年旅游者还会对居住、饮食等条件给予较大关注。这里根据对若干旅游者的问卷调查结果构造如下判断矩阵:

$$A = \begin{matrix} & 景色 & 费用 & 居住 & 饮食 & 旅途 \\ & \begin{pmatrix} 1 & 1/2 & 4 & 3 & 3 \\ 2 & 1 & 7 & 5 & 5 \\ 1/4 & 1/7 & 1 & 1/2 & 1/3 \\ 1/3 & 1/5 & 2 & 1 & 1 \\ 1/3 & 1/5 & 3 & 1 & 1 \end{pmatrix} & \begin{matrix} 景色 \\ 费用 \\ 居住 \\ 饮食 \\ 旅途 \end{matrix} \end{matrix} \tag{12.1-1}$$

(2) 接下来分别对每个因素进行考虑,将各个旅游地点进行比较,构造判断矩阵。

① 考虑景色(A_1^1),对 3 个地点(B_1^2, B_2^2, B_3^2)的景色进行比较,构造判断矩阵:

$$B_1 = \begin{matrix} & 苏杭 & 北戴河 & 桂林 \\ & \begin{pmatrix} 1 & 2 & 5 \\ 1/2 & 1 & 2 \\ 1/5 & 1/2 & 1 \end{pmatrix} & \begin{matrix} 苏杭 \\ 北戴河 \\ 桂林 \end{matrix} \end{matrix} \tag{12.1-2}$$

② 考虑费用(A_2^1),对 3 个地点的费用进行比较,构造判断矩阵:

$$B_2 = \begin{matrix} & 苏杭 & 北戴河 & 桂林 \\ & \begin{pmatrix} 1 & 1/3 & 1/8 \\ 3 & 1 & 1/3 \\ 8 & 3 & 1 \end{pmatrix} & \begin{matrix} 苏杭 \\ 北戴河 \\ 桂林 \end{matrix} \end{matrix} \tag{12.1-3}$$

③ 考虑居住(A_3^1),对 3 个地点的居住条件进行比较,构造判断矩阵:

$$B_3 = \begin{matrix} & 苏杭 & 北戴河 & 桂林 \\ & \begin{pmatrix} 1 & 1 & 3 \\ 1 & 1 & 3 \\ 1/3 & 1/3 & 1 \end{pmatrix} & \begin{matrix} 苏杭 \\ 北戴河 \\ 桂林 \end{matrix} \end{matrix} \tag{12.1-4}$$

④ 考虑饮食(A_4^1),对 3 个地点的饮食条件进行比较,构造判断矩阵:

$$B_4 = \begin{matrix} & 苏杭 & 北戴河 & 桂林 \\ & \begin{pmatrix} 1 & 3 & 4 \\ 1/3 & 1 & 1 \\ 1/4 & 1 & 1 \end{pmatrix} & \begin{matrix} 苏杭 \\ 北戴河 \\ 桂林 \end{matrix} \end{matrix} \tag{12.1-5}$$

⑤ 考虑旅途(A_5^1),对 3 个地点的旅途条件进行比较,构造判断矩阵:

$$\begin{array}{ccc} \text{苏杭} & \text{北戴河} & \text{桂林} \end{array}$$

$$\boldsymbol{B}_5 = \begin{pmatrix} 1 & 1 & 1/4 \\ 1 & 1 & 1/4 \\ 4 & 4 & 1 \end{pmatrix} \begin{array}{l} \text{苏杭} \\ \text{北戴河} \\ \text{桂林} \end{array} \qquad (12.1\text{-}6)$$

12.1.4 层次单排序与一致性检验

通常情况下,人为构造的判断矩阵不一定是一致矩阵,即不一定满足传递性。例如式(12.1-1)中的判断矩阵 $\boldsymbol{A}$,由于 $a_{21}=2, a_{13}=4, a_{23}=7$,可知 $a_{21}a_{13} \neq a_{23}$,故 $\boldsymbol{A}$ 不是一致的。在实际应用中,不必要求判断矩阵的一致性绝对成立,只需将不一致的程度(一致性比率指标)控制在容许的范围内即可。下面介绍权重向量的求解方法,以及一致性检验的步骤。

1. 权重向量的求解方法

若要比较同一层上的 n 个因素 $A_1, A_2, \cdots, A_n$ 相对于上一层(如目标层)的重要性,设因素相对于目标的权重分别为 $w_1, w_2, \cdots, w_n$,对任意两个因素 A_i 和 A_j,用 $a_{ij} = \dfrac{w_i}{w_j}$ 表示 A_i 和 A_j 对目标的重要程度之比,于是可得判断矩阵:

$$\boldsymbol{A} = \begin{pmatrix} \dfrac{w_1}{w_1} & \dfrac{w_1}{w_2} & \cdots & \dfrac{w_1}{w_n} \\ \dfrac{w_2}{w_1} & \dfrac{w_2}{w_2} & \cdots & \dfrac{w_2}{w_n} \\ \vdots & \vdots & \cdots & \vdots \\ \dfrac{w_n}{w_1} & \dfrac{w_n}{w_2} & \cdots & \dfrac{w_n}{w_n} \end{pmatrix}$$

显然,$\boldsymbol{A}$ 为一致性正互反矩阵。令权重向量 $\boldsymbol{W} = (w_1, w_2, \cdots, w_n)^\mathrm{T}$,则有:

$$\boldsymbol{A} = \boldsymbol{W} \left(\dfrac{1}{w_1}, \dfrac{1}{w_2}, \cdots, \dfrac{1}{w_n} \right)$$

从而:

$$\boldsymbol{AW} = \boldsymbol{W} \left(\dfrac{1}{w_1}, \dfrac{1}{w_2}, \cdots, \dfrac{1}{w_n} \right) \boldsymbol{W} = n\boldsymbol{W} \qquad (12.1\text{-}7)$$

由式(12.1-7)可知权重向量 $\boldsymbol{W}$ 是判断矩阵 $\boldsymbol{A}$ 的特征向量,对应的特征值为 n,也是 $\boldsymbol{A}$ 的最大特征值。

上述推导过程中给出了一种求解权重向量的最常用的方法——**特征根法**。在实际应用中,首先用 1~9 标度法构造判断矩阵 $\boldsymbol{A}$,然后求解其最大特征值对应的特征向量 $\boldsymbol{W}$,最后将 $\boldsymbol{W}$ 作归一化处理就可得到同一层上的诸因素相对于上一层的权重向量。确定权重向量的过程称为**层次单排序**,即根据权值对同一层的各因素的重要性进行排序。

2. 一致性检验

由线性代数知识可知 n 阶正互反矩阵 $\boldsymbol{A}$ 为一致性矩阵的充要条件是其最大特征值$\lambda_{\max}=$

n。基于此结论,对判断矩阵进行一致性检验的步骤如下。

(1) 计算一致性指标:$CI = \dfrac{\lambda_{\max} - n}{n-1}$。显然,$CI$ 越接近于 0,A 的一致性越强,反之一致性越弱。

(2) 计算随机一致性指标:RI。为衡量 CI 的大小,引入随机一致性指标 RI,首先随机构造 1000 个两两比较矩阵 $A_1, A_2, \cdots, A_{1000}$,计算它们的一致性指标 $CI_1, CI_2, \cdots, CI_{1000}$,则相应的随机一致性指标为:

$$RI = \frac{1}{1000} \sum_{i=1}^{1000} CI_i$$

常用的 $1 \sim 16$ 阶正互反矩阵的随机一致性指标值如表 12.1-2 所示。

表 12.1-2 常用的 $1 \sim 16$ 阶正互反矩阵的随机一致性指标值

矩 阵 阶 数	1	2	3	4	5	6	7	8
RI	0	0	0.52	0.89	1.12	1.26	1.36	1.41
矩 阵 阶 数	9	10	11	12	13	14	15	16
RI	1.46	1.49	1.52	1.54	1.56	1.58	1.59	1.60

(3) 计算一致性比率指标:$CR = \dfrac{CI}{RI}$。当 $CR < 0.1$ 时,认为判断矩阵的一致性是可以接受的,否则需要对判断矩阵作适当的修正。

【例 12.1-3】 旅游地点选择问题(续 2)。

这里仍考虑例 12.1-1 的旅游地点选择问题,根据式(12.1-1)~式(12.1-6)中的判断矩阵求解各因素对应的权重向量,并进行一致性检验。

(1) 准则层对目标层。

```
% 定义判断矩阵
>> A = [1,1/2,4,3,3;2,1,7,5,5;1/4,1/7,1,1/2,1/3;1/3,1/5,2,1,1;1/3,1/5,3,1,1];
>> [V,L] = eig(A,'vector');         % 求判断矩阵的特征值与特征向量
>> L = real(L);                      % 特征值取实部,避免复数结果
>> [Lmax,id] = max(L)                % 求最大特征值及其序号
Lmax =
    5.0721
id =
    1

>> CI = (Lmax-5)/(5-1)               % 计算一致性指标
CI =
    0.0180

>> RI = 1.12;                        % 查表确定随机一致性指标
>> CR = CI/RI                        % 计算一致性比率指标
CR =
    0.0161

>> W = V(:,id);                      % 最大特征值对应的特征向量
>> W = W/sum(W)                      % 特征向量归一化,即权重向量
W =
```

```
          0.2636
          0.4758
          0.0538
          0.0981
          0.1087
```

由以上结果可知,A 的最大特征值为 $\lambda_{\max}=5.0721$,一致性比率指标 CR$=0.0161<0.1$,这表明判断矩阵 A 通过了一致性检验。景色、费用、居住、饮食、旅途 5 个因素相对于目标的权重向量为 $\boldsymbol{W}=(0.2636,0.4758,0.0538,0.0981,0.108)^{\mathrm{T}}$,权重向量反映了旅游者在选择旅游地点时最看重费用因素,其次是景色,再次是旅途和饮食,最后是居住。

(2) 方案层对准则层。

首先编写层次单排序与一致性检验的通用函数,源代码如下:

```
function [Lmax,CI,CR,W] = AHP(A)
% 层次分析法
%  [Lmax,CI,CR,W] = AHP(A)
%      A:判断矩阵(两两比较矩阵)
%      Lmax:A 的最大特征值
%      CI:一致性指标
%      CR:一致性比率指标
%      W:权重向量
%
% Example:
%      A = [1 2 3;1/2 1 4;1/3 1/4 1];
%      [Lmax,CI,CR,W] = AHP(A)

Lmax = [ ]; CI = [ ]; CR = [ ]; W = [ ];
[m,n] = size(A);
if m ~ = n
    warning('判断矩阵应为方阵')
    return
end
id = tril(true(m), - 1);
aij = A(id);
B = A';
bij = B(id);
if any(abs(aij. * bij-1)>1e-10)
    warning('判断矩阵应为正互反矩阵')
    return
end
% 内置的随机一致性指标
RI_Vec = [0,0,0.52,0.89,1.12,1.26,1.36,1.41,...
    1.46,1.49,1.52,1.54,1.56,1.58,1.59,1.60];
% 若判断矩阵的阶数小于17,则用内置的随机一致性指标,否则重新计算
if m < 17
    RI = RI_Vec(m);
else
    RI = MyRI(m);                              % 调用自编函数计算随机一致性指标
end
[V,L] = eig(A, 'vector');                       % 求判断矩阵的特征值与特征向量
L = real(L);                                    % 特征值取实部
[Lmax,id] = max(L);                             % 最大特征值
```

```
CI = (Lmax - m)/(m - 1);        % 计算一致性指标
CR = CI/RI;                     % 计算一致性比率指标
W = V(:,id);                    % 最大特征值对应的特征向量
W = W/sum(W);                   % 特征向量归一化,即权重向量
if CR < 0.1
    disp('通过一致性检验')
else
    disp('未通过一致性检验')
end
```

然后调用层次单排序与一致性检验的通用函数对 $B_1, B_2, \cdots, B_5$ 进行分析,代码及结果如下:

```
>> B1 = [1,2,5;1/2,1,2;1/5,1/2,1];
>> [L1,CI1,CR1,W1] = AHP(B1)
通过一致性检验
L1 =
    3.0055
CI1 =
    0.0028
CR1 =
    0.0053
W1 =
    0.5954
    0.2764
    0.1283


>> B2 = [1,1/3,1/8;3,1,1/3;8,3,1];
>> [L2,CI2,CR2,W2] = AHP(B2)
通过一致性检验
L2 =
    3.0015
CI2 =
    7.7081e - 04
CR2 =
    0.0015
W2 =
    0.0819
    0.2363
    0.6817


>> B3 = [1,1,3;1,1,3;1/3,1/3,1];
>> [L3,CI3,CR3,W3] = AHP(B3)
通过一致性检验
L3 =
    3.0000
CI3 =
   - 1.1102e - 15
CR3 =
   - 2.1350e - 15
W3 =
    0.4286
    0.4286
    0.1429
```

```
>> B4 = [1,3,4;1/3,1,1;1/4,1,1];
>> [L4,CI4,CR4,W4] = AHP(B4)
通过一致性检验
L4 =
    3.0092
CI4 =
    0.0046
CR4 =
    0.0088
W4 =
    0.6337
    0.1919
    0.1744

>> B5 = [1,1,1/4;1,1,1/4;4,4,1];
>> [L5,CI5,CR5,W5] = AHP(B5)
通过一致性检验
L5 =
    3.0000
CI5 =
   -4.4409e-16
CR5 =
   -8.5402e-16
W5 =
    0.1667
    0.1667
    0.6667
```

将以上结果整理成表格,如表 12.1-3 所示。显然,$B_1,B_2,\cdots,B_5$ 均通过了一致性检验。

表 12.1-3　层次单排序的权重向量与一致性检验的结果

B_j	B_1	B_2	B_3	B_4	B_5
	0.5954	0.0819	0.4286	0.6337	0.1667
W_j	0.2764	0.2363	0.4286	0.1919	0.1667
	0.1283	0.6817	0.1429	0.1744	0.6667
λ_j	3.0055	3.0015	3	3.0092	3
CI_j	0.0028	0.0008	0	0.0046	0
CR_j	0.0053	0.0015	0	0.0088	0
RI_j	0.52	0.52	0.52	0.52	0.52
是否通过一致性检验	通过	通过	通过	通过	通过

12.1.5　层次总排序与决策

由层次单排序的权重向量计算方案层对目标层的组合权重(即各方案得分)的过程称为**层次总排序**。组合权重反映了各方案对决策目标的重要性,通过组合权重对各方案进行排序,就可做出决策。

1. 计算方案层对目标层的组合权重

如图 12.1-2 所示,设准则层中有 n 个因素,它们对目标层的权重向量为 $\boldsymbol{W} = (w_1, w_2, \cdots, w_n)^{\mathrm{T}}$,其中,$w_j$ 是准则层中的第 j 个因素对目标的权重。设方案层中有 m 个方案,它们对准则层中第 j 个因素的权重向量为 $\boldsymbol{W}_j = (w_{1j}, w_{2j}, \cdots, w_{mj})^{\mathrm{T}}$,其中,$w_{ij}$ 是方案层中的第 i 个方案对准则层中的第 j 个因素的权重。则方案层中的第 i 个方案对目标层的组合权重(得分)为:

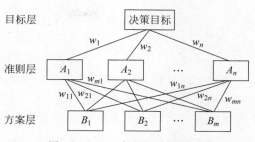

图 12.1-2　一般的层次结构图

$$Y_i = \sum_{j=1}^{n} w_j w_{ij}, \quad i = 1, 2, \cdots, m \tag{12.1-8}$$

为便于理解,将以上运算过程整理成如表 12.1-4 所示内容。

表 12.1-4　层次总排序的组合权重

A / B	A_1 w_1	A_2 w_2	$\cdots$	A_n w_n	组合权重(各方案得分)
B_1	w_{11}	w_{12}	$\cdots$	w_{1n}	$Y_1 = \sum_{j=1}^{n} w_j w_{1j}$
B_2	w_{21}	w_{22}	$\cdots$	w_{2n}	$Y_2 = \sum_{j=1}^{n} w_j w_{2j}$
$\cdots$	$\cdots$	$\cdots$	$\cdots$	$\cdots$	$\cdots$
B_m	w_{m1}	w_{m2}	$\cdots$	w_{mn}	$Y_m = \sum_{j=1}^{n} w_j w_{mj}$

2. 层次总排序的一致性检验

在层次单排序与一致性检验中,设方案层对准则层中的第 j 个因素 A_j 的层次单排序一致性指标为 CI_j,随机一致性指标为 RI_j,则层次总排序的一致性比率为:

$$\mathrm{CR} = \frac{w_1 CI_1 + w_2 CI_2 + \cdots + w_n CI_n}{w_1 RI_1 + w_2 RI_2 + \cdots + w_n RI_n}$$

当 CR<0.1 时,认为层次总排序的一致性是可以接受的,否则需要对一致性比率高的判断矩阵作适当的修正。

【例 12.1-4】　旅游地点选择问题(续 3)。

这里仍考虑例 12.1-1 的旅游地点选择问题,根据层次单排序的结果求层次总排序的组合权重并进行一致性检验,最后做出决策。

```
>> CIj = [CI1,CI2,CI3,CI4,CI5];          % 层次单排序的一致性指标
>> RIj = [0.52,0.52,0.52,0.52,0.52];     % 层次单排序的随机一致性指标
>> CR = CIj * W/(RIj * W)                 % 层次总排序的一致性比率
CR =
    0.0030
```

```
>> Wj = [W1,W2,W3,W4,W5];                    % 层次单排序的权重
>> Y = Wj * W                                % 层次总排序的组合权重(各方案得分)
Y =
    0.2993
    0.2453
    0.4554
```

由以上结果可知,层次总排序的一致性比率 CR＝0.003＜0.1,说明层次总排序通过了一致性检验。层次总排序的组合权重(各方案得分)为 $\boldsymbol{Y}=(0.2993,0.2453,0.4554)^{\mathrm{T}}$,根据各方案得分从高到低对三个旅游地点进行排名:桂林 ＞ 苏杭 ＞ 北戴河,故应选择去桂林旅游。

12.2 模糊综合评价法

模糊综合评价法是一种基于模糊数学的综合评价方法,它根据模糊数学的隶属度理论把定性评价转化为定量评价,即用模糊数学对受到多种因素制约的事物或对象做出一个总体的评价。它具有结果清晰、系统性强的特点,能较好地解决模糊的、难以量化的问题。

12.2.1 模糊综合评价的原理与步骤

1. 模糊综合评价的原理

将评价目标看成是由多种因素组成的模糊集合(称为因素集),再设定这些因素所能选取的评价等级,组成评语的模糊集合(称为评语集、评判集、评价集或决策集),分别求出各单一因素对各个评价等级的归属程度(称为模糊矩阵),然后根据各个因素在评价目标中的权重分配,通过计算(称为模糊矩阵合成),求出评价的定量解值。上述过程即为模糊综合评价。

2. 模糊综合评价的步骤

(1) 确定被评价对象的因素集 $U=\{u_1,u_2,\cdots,u_n\}$;

(2) 建立由若干种不同等级评语构成的评语集 $V=\{v_1,v_2,\cdots,v_m\}$;

(3) 用专家评分法或其他方法得到模糊评价矩阵 $\boldsymbol{R}=(r_{ij})_{n\times m}$;

(4) 选择合适的模糊算子,对模糊评价矩阵与因素的权重向量进行模糊运算并进行归一化处理,得到模糊综合评价结果。

12.2.2 常用的模糊算子

设模糊评价矩阵为 $\boldsymbol{R}=(r_{ij})_{n\times m}$,因素的权重向量为 $\boldsymbol{A}=(a_1,a_2,\cdots,a_n)$,模糊算子记为"∘"。用该算子对模糊评价矩阵与因素的权重向量进行模糊运算,得到的模糊综合评价结果记为:

$$\boldsymbol{B}=\boldsymbol{A}\circ\boldsymbol{R}=(b_1,b_2,\cdots,b_m)$$

则常用的模糊算子及运算原理如下。

1. $M(\cdot,+)$算子

$M(\cdot,+)$为加权求和算子,"·"和"+"分别表示"乘"和"加"运算。基于此算子可得:

$$b_j = \sum_{i=1}^{n} a_i r_{ij}, \quad j = 1, 2, \cdots, m$$

2. $M(\wedge, \vee)$ 算子

$M(\wedge, \vee)$ 算子中的"$\wedge$"和"$\vee$"分别表示"取小"和"取大"运算。基于此算子可得：

$$b_j = \bigvee_{i=1}^{n} (a_i \wedge r_{ij}) = \max_i \{\min(a_i, r_{ij})\}, \quad j = 1, 2, \cdots, m$$

3. $M(\cdot, \vee)$ 算子

$M(\cdot, \vee)$ 算子的运算原理为：

$$b_j = \bigvee_{i=1}^{n} (a_i, r_{ij}) = \max_i \{a_i r_{ij}\}, \quad j = 1, 2, \cdots, m$$

4. $M(\wedge, \oplus)$ 算子

$M(\wedge, \oplus)$ 算子的运算原理为：

$$b_j = \min\left\{1, \sum_{i=1}^{n} \min(a_i, r_{ij})\right\}, \quad j = 1, 2, \cdots, m$$

5. $M(\cdot, \oplus)$ 算子

$M(\cdot, \oplus)$ 算子的运算原理为：

$$b_j = \min\left\{1, \sum_{i=1}^{n} a_i r_{ij}\right\}, \quad j = 1, 2, \cdots, m$$

在以上 5 个算子中，$M(\cdot, +)$ 和 $M(\cdot, \oplus)$ 为加权平均型算子，不仅考虑了所有因素的影响，而且保留了单因素评价的全部信息，是比较常用的算子；$M(\wedge, \vee)$ 是一种制约性主因素突出型算子，不宜应用于因素太多或太少的情况；与 $M(\wedge, \vee)$ 相比，$M(\cdot, \vee)$ 和 $M(\wedge, \oplus)$ 能较好地反映单因素评价结果和因素的重要程度。

12.2.3 一级模糊综合评价

在实际应用中，根据多个因素之间的层级关系，模糊综合评价可分为一级评价和多级评价，下面结合实例逐一介绍。

【例 12.2-1】 某服装厂生产并销售某种服装，现要调查该服装受欢迎的程度。已知这种服装是否受欢迎与多种因素有关，如花色、式样、耐穿性、价格、舒适度等，试根据这些因素对该服装受欢迎的程度做出综合评价。

1. 确定因素集和评语集

由问题描述可建立因素集 U 和评语集 V 如下：

$$U = \{花色 \; u_1, 式样 \; u_2, 耐穿性 \; u_3, 价格 \; u_4, 舒适度 \; u_5\}$$
$$V = \{很欢迎 \; v_1, 欢迎 \; v_2, 不太欢迎 \; v_3, 不欢迎 \; v_4\}$$

2. 构造模糊评价矩阵

通过市场调查得到用户对各因素 u_i 的模糊评价向量 r_i，$i=1,2,\cdots,5$ 如下：

$$r_1 = (0.2 \quad 0.5 \quad 0.3 \quad 0.0), \quad r_2 = (0.1 \quad 0.3 \quad 0.5 \quad 0.1)$$
$$r_3 = (0.0 \quad 0.4 \quad 0.5 \quad 0.1), \quad r_4 = (0.0 \quad 0.1 \quad 0.6 \quad 0.3)$$
$$r_5 = (0.5 \quad 0.3 \quad 0.2 \quad 0.0)$$

将这些模糊评价向量综合到一起，构成的模糊评价矩阵如下：

$$R = \begin{bmatrix} r_1 \\ r_2 \\ r_3 \\ r_4 \\ r_5 \end{bmatrix} = \begin{bmatrix} 0.2 & 0.5 & 0.3 & 0 \\ 0.1 & 0.3 & 0.5 & 0.1 \\ 0 & 0.4 & 0.5 & 0.1 \\ 0 & 0.1 & 0.6 & 0.3 \\ 0.5 & 0.3 & 0.2 & 0 \end{bmatrix}$$

模糊评价矩阵第 i 行第 j 列的元素 r_{ij} 表示第 i 个因素对第 j 个评语的归属程度。

3. 确定各因素的权重

由于不同类型的顾客对各因素的关注度有所不同，故在作综合评价之前还需确定各因素的权重。这里通过市场调查和专家打分等方式得到某类顾客对这些因素的权重，如表 12.2-1 所示。

表 12.2-1　各因素的权重

因　　素	花色	式样	耐穿性	价格	舒适度
权　　重	0.1	0.1	0.3	0.15	0.35

由表 12.2-1 构造权重向量 $A = (0.1 \quad 0.1 \quad 0.3 \quad 0.15 \quad 0.35)$。

4. 选择合适的模糊算子

若选择 $M(\cdot, +)$ 算子，可得模糊综合评价结果为：

$$B = A \cdot R = (0.205 \quad 0.32 \quad 0.39 \quad 0.085)$$

这里的 B 已经是归一化的向量，这表明这种服装在所调查的顾客中，20.5% 的人"很欢迎"，32% 的人"欢迎"，39% 的人"不太欢迎"，8.5% 的人"不欢迎"。

若选择 $M(\wedge, \vee)$ 算子，可得模糊综合评价结果为：

$$B = A \cdot R = (0.35 \quad 0.3 \quad 0.3 \quad 0.15)$$

将 B 归一化可得判别向量 $(0.32 \quad 0.27 \quad 0.27 \quad 0.14)$，这表明这种服装在所调查的顾客中，32% 的人"很欢迎"，27% 的人"欢迎"，27% 的人"不太欢迎"，14% 的人"不欢迎"。

求解本例的 MATLAB 代码及相应结果如下：

```
>> A = [0.1,0.1,0.3,0.15,0.35];          % 各因素权值向量
>> R = [0.2,0.5,0.3,0;                    % 模糊评价矩阵
        0.1,0.3,0.5,0.1;
        0,0.4,0.5,0.1;
        0,0.1,0.6,0.3;
        0.5,0.3,0.2,0];
```

```
% 选择加权求和算子
>> B1 = A * R
B1 =
    0.2050    0.3200    0.3900    0.0850


% 选择最小最大算子
>> A2 = repmat(A',[1,size(R,2)])          % 把A复制成和R同样大小的矩阵
A2 =
    0.1000    0.1000    0.1000    0.1000
    0.1000    0.1000    0.1000    0.1000
    0.3000    0.3000    0.3000    0.3000
    0.1500    0.1500    0.1500    0.1500
    0.3500    0.3500    0.3500    0.3500
>> B2 = max(min(A2,R))                     % 作最小最大运算
B2 =
    0.3500    0.3000    0.3000    0.1500


>> B2 = B2/sum(B2)
B2 =
    0.3182    0.2727    0.2727    0.1364
```

12.2.4　多级模糊综合评价

在多因素综合评价中,由于要考虑的因素很多,各个因素通常具有不同的层次,并且许多因素还具有很强的模糊性,这时需要用多级模糊综合评价方法对待评对象进行评价。

【例 12.2-2】　某化工厂在使用某种剧毒液体氰化钠时不慎将其流入河中,河中的鱼虾大批死亡,且危害了下游人民的生命安全,因此受到起诉。法院受理了这一案件并用模糊评判方法研究其中的犯罪事实。

1．确定因素集和评语集

考虑犯罪的因素集:
$$U = \{污染程度\ u_1,污染范围\ u_2,危害程度\ u_3\}$$
而其中的每个因素 $u_i, i=1,2,3$ 又由更基本的因素所决定。

对于污染程度 u_1,其因素集与评语集分别为:
$$U_1 = \{生物需氧量\ u_{11},化学需氧量\ u_{12},氨氮\ u_{13},溶解氧\ u_{14}\}$$
$$V_1 = \{严重\ v_{11},中等\ v_{12},轻度\ v_{13},清洁\ v_{14}\}$$

对于污染范围 u_2,其因素集与评语集分别为:
$$U_2 = \{分子量\ u_{21},溶解度\ u_{22},颗粒附着性\ u_{23},水流速\ u_{24}\}$$
$$V_2 = \{很远\ v_{21},远\ v_{22},较远\ v_{23},近\ v_{24}\}$$

对于危害程度 u_3,其因素集与评语集分别为:
$$U_3 = \{人身危害\ u_{31},社会经济损失\ u_{32},厂家经济损失\ u_{33}\}$$
$$V_3 = \{很严重\ v_{31},严重\ v_{32},较严重\ v_{33},一般\ v_{34}\}$$

以上各因素的层级关系如图 12.2-1 所示。

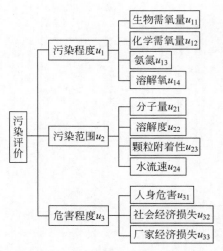

图 12.2-1　各因素的层级关系图

2. 一级评价

对于因素 u_1，经专家打分得到 U_1 隶属于 V_1 的模糊评价矩阵如下：

$$\boldsymbol{R}_1 = \begin{bmatrix} 0.81 & 0.19 & 0 & 0 \\ 0.79 & 0.2 & 0.01 & 0 \\ 0.88 & 0.09 & 0.03 & 0 \\ 0 & 0.01 & 0.49 & 0.5 \end{bmatrix}$$

设 U_1 中各因素对应的权重向量为：

$$\boldsymbol{A}_1 = (0.2 \quad 0.57 \quad 0.21 \quad 0.02)$$

选择 $M(\wedge, \vee)$ 算子，可得因素 u_1 的第一级评价结果为 $\boldsymbol{B}_1 = \boldsymbol{A}_1 \circ \boldsymbol{R}_1 = (0.57 \quad 0.2 \quad 0.03 \quad 0.02)$，归一化后得 $\boldsymbol{B}_1 = (0.7 \quad 0.24 \quad 0.04 \quad 0.02)$。

对于因素 u_2，经专家打分得到 U_2 隶属于 V_2 的模糊评价矩阵如下：

$$\boldsymbol{R}_2 = \begin{bmatrix} 0.1 & 0.7 & 0.2 & 0 \\ 0.2 & 0.6 & 0.1 & 0.1 \\ 0 & 0.2 & 0.2 & 0.6 \\ 0 & 0.4 & 0.5 & 0.1 \end{bmatrix}$$

设 U_2 中各因素对应的权重向量为：

$$\boldsymbol{A}_2 = (0.6 \quad 0.1 \quad 0.1 \quad 0.2)$$

选择 $M(\wedge, \vee)$ 算子，可得因素 u_2 的第一级评价结果为 $\boldsymbol{B}_2 = \boldsymbol{A}_2 \circ \boldsymbol{R}_2 = (0.1 \quad 0.6 \quad 0.2 \quad 0.1)$，归一化后得 $\boldsymbol{B}_2 = (0.1 \quad 0.6 \quad 0.2 \quad 0.1)$。

对于因素 u_3，经专家打分得到 U_3 隶属于 V_3 的模糊评价矩阵如下：

$$\boldsymbol{R}_3 = \begin{pmatrix} 0 & 0.1 & 0.2 & 0.7 \\ 0.5 & 0.4 & 0.1 & 0 \\ 0.4 & 0.5 & 0.1 & 0 \end{pmatrix}$$

设 U_3 中各因素对应的权重向量为：

$$\boldsymbol{A}_3 = (0.1 \quad 0.6 \quad 0.3)$$

选择 $M(\wedge, \vee)$ 算子，可得因素 u_3 的第一级评价结果为 $\boldsymbol{B}_3 = \boldsymbol{A}_3 \circ \boldsymbol{R}_3 = (0.5 \quad 0.4 \quad 0.1 \quad 0.1)$，归一化后得 $\boldsymbol{B}_3 = (0.46 \quad 0.36 \quad 0.09 \quad 0.09)$。

3. 二级评价

根据上述第一级评价结果得到第二级模糊评价矩阵为：

$$\boldsymbol{R} = \begin{pmatrix} \boldsymbol{B}_1 \\ \boldsymbol{B}_2 \\ \boldsymbol{B}_3 \end{pmatrix} = \begin{pmatrix} 0.7 & 0.24 & 0.04 & 0.02 \\ 0.1 & 0.6 & 0.2 & 0.1 \\ 0.46 & 0.36 & 0.09 & 0.09 \end{pmatrix}$$

设 U 中各因素对应的权重向量为：

$$\boldsymbol{A} = (0.5 \quad 0.3 \quad 0.2)$$

选择 $M(\wedge, \vee)$ 算子，可得第二级评价结果为 $\boldsymbol{B} = \boldsymbol{A} \circ \boldsymbol{R} = (0.5 \quad 0.3 \quad 0.2 \quad 0.1)$，归一化

后得：

$$\boldsymbol{B} = (0.4545 \quad 0.2727 \quad 0.1818 \quad 0.0909)$$

若三个一级评语集 V_1, V_2, V_3 均相同，则最终的评价结果的评语集也与之相同。而本例的三个一级评语集 V_1, V_2, V_3 均不相同，因此最终的评价结果的评语集可以根据它们的实际意义解释为：

$$V = \{污染严重\ v_1, 污染较严重\ v_2, 污染较轻\ v_3, 没有污染\ v_4\}$$

由上述结果可知，V 中各评语（结果）对应的隶属度分别为 $0.4545, 0.2727, 0.1818$ 和 0.0909，因此可以认定污染犯罪事实。

求解本例的 MATLAB 代码及相应结果如下：

```
>> Mfun = @(x,y)max(min(repmat(x',[1,size(y,2)]),y));    % 模糊算子
>> A1 = [0.2,0.57,0.21,0.02];                            % U1 中各因素的权重向量
>> R1 = [0.81,0.19,0,0;                                  % U1 对 V1 的一级模糊评价矩阵
        0.79,0.2,0.01,0;
        0.88,0.09,0.03,0;
        0,0.01,0.49,0.5];
>> B1 = Mfun(A1,R1)                                      % 污染程度 u1 的第一级评价结果
B1 =
    0.5700    0.2000    0.0300    0.0200

>> B1 = B1/sum(B1)                                       % 归一化
B1 =
    0.6951    0.2439    0.0366    0.0244

>> A2 = [0.6,0.1,0.1,0.2];                               % U2 中各因素的权重向量
>> R2 = [0.1,0.7,0.2,0;                                  % U2 对 V2 的一级模糊评价矩阵
        0.2,0.6,0.1,0.1;
        0,0.2,0.2,0.6;
        0,0.4,0.5,0.1];
>> B2 = Mfun(A2,R2)                                      % 污染范围 u2 的第一级评价结果
B2 =
    0.1000    0.6000    0.2000    0.1000

>> B2 = B2/sum(B2)                                       % 归一化
B2 =
    0.1000    0.6000    0.2000    0.1000

>> A3 = [0.1,0.6,0.3];                                   % U3 中各因素的权重向量
>> R3 = [0,0.1,0.2,0.7;                                  % U3 对 V3 的一级模糊评价矩阵
        0.5,0.4,0.1,0;
        0.4,0.5,0.1,0];
>> B3 = Mfun(A3,R3)                                      % 危害程度 u3 的第一级评价结果
B3 =
    0.5000    0.4000    0.1000    0.1000

>> B3 = B3/sum(B3)                                       % 归一化
B3 =
    0.4545    0.3636    0.0909    0.0909

>> A = [0.5,0.3,0.2];                                    % U 中各因素的权重向量
>> R = [B1;B2;B3];                                       % U 对 V 的二级模糊评价矩阵
>> B = Mfun(A,R)                                         % 第二级评价结果(总的评价结果)
B =
```

```
        0.5000      0.3000      0.2000      0.1000
>> B = B/sum(B)                                          % 归一化
B =
        0.4545      0.2727      0.1818      0.0909
```

12.3 建模案例选讲——公务员招聘问题

12.3.1 问题描述

某市直属单位因工作需要,拟向社会公开招聘 8 名公务员,具体的招聘办法和程序如下。

(一)公开考试:凡是年龄不超过 30 周岁,大学专科以上学历,身体健康者均可报名参加考试,考试科目有:综合基础知识、专业知识和行政职业能力测验三部分,每科满分为 100 分。根据考试总分的高低排序按 1 : 2 的比例(共 16 人)选择进入第二阶段的面试考核。

(二)面试考核:面试考核主要考核应聘人员的知识面、对问题的理解能力、应变能力、表达能力等综合素质。按照一定的标准,面试专家组对每个应聘人员的各方面都给出一个等级评分,从高到低分成 A、B、C、D 四个等级,具体结果如表 12.3-1 所列。

(三)由招聘领导小组综合专家组的意见和笔试成绩确定录用名单。

针对专家组的意见,若该单位比较看重应聘人员的理解能力和表达能力,其次是知识面,最后是应变能力,请根据表 12.3-1 中的数据信息对 16 名应聘人员做出综合评价,确定录用名单。

表 12.3-1 招聘公务员笔试成绩及专家面试评分

应聘人员	笔试成绩	专家组对应聘者特长的等级评分			
		知 识 面	理 解 能 力	应 变 能 力	表 达 能 力
人员 1	290	A	A	B	B
人员 2	288	A	B	A	C
人员 3	288	B	A	D	C
人员 4	285	A	B	B	B
人员 5	283	B	A	B	C
人员 6	283	B	D	A	B
人员 7	280	A	B	C	B
人员 8	280	B	A	A	C
人员 9	280	B	B	A	B
人员 10	280	D	B	B	C
人员 11	278	D	C	B	A
人员 12	277	A	B	C	A
人员 13	275	B	C	D	A
人员 14	275	D	B	A	B
人员 15	274	A	B	B	B
人员 16	273	B	A	B	C

注:此题来源于 2004 高教社杯全国大学生数学建模竞赛 D 题——公务员招聘。

12.3.2 问题分析

本问题是一个半定量半定性、多因素的综合选优排序问题,需要根据多个因素进行综合评价并做出决策,可用层次分析法进行建模求解。本问题涉及的因素有 5 个:笔试成绩、知识面、理解能力、应变能力和表达能力,决策的目的是选择优秀的人员,备选的方案有 16 个。

为了进行定量分析,首先将知识面、理解能力、应变能力和表达能力的评分进行量化,把 A、B、C、D 四个等级分别量化为 95、85、75 和 65 分,16 个人的量化分数如表 12.3-2 所列(见数据文件"公务员招聘.xlsx")。其中,P_i 表示第 i 个人员,$t_{i,j}$ 表示第 $i(i=1,2,\cdots,16)$ 个人的第 $j(j=1,2,3,4,5)$ 个因素得分。

表 12.3-2 16 名应聘人员的量化分数表

应聘人员 P_i	笔试成绩 $t_{i,1}$	知识面 $t_{i,2}$	理解能力 $t_{i,3}$	应变能力 $t_{i,4}$	表达能力 $t_{i,5}$
P_1	290	95	95	85	85
P_2	288	95	85	95	75
P_3	288	85	95	65	75
P_4	285	95	85	85	85
P_5	283	85	95	85	75
P_6	283	85	65	95	85
P_7	280	95	85	75	85
P_8	280	85	95	95	75
P_9	280	85	85	95	85
P_{10}	280	65	85	95	75
P_{11}	278	65	75	85	95
P_{12}	277	95	85	75	95
P_{13}	275	85	75	65	95
P_{14}	275	65	85	95	85
P_{15}	274	95	85	75	85
P_{16}	273	85	95	85	75

12.3.3 模型假设

(1)假设笔试成绩和面试总成绩对人员评价具有相同的重要性。

(2)假设理解能力和表达能力对人员评价具有相同的重要性。

(3)在人员评价中,按重要性从大到小排序,各因素依次为笔试成绩、理解能力和表达能力、知识面、应变能力。

(4)假设表 12.3-2 中的量化分数能够充分反映出每个人的实力。

12.3.4 模型建立

1. 建立层次结构

如图 12.3-1 所示,本问题描述目标、因素和方案之间关系的层次结构模型共分为三层,第一层为目标层:选择优秀人员;第二层为准则层:5 个因素;第三层为方案层:16 名应聘人员。

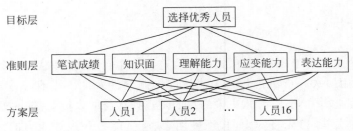

图 12.3-1　公务员招聘问题的层次结构图

2. 确定准则层对目标层的权重

根据模型假设,5 个因素的重要性排序依次为笔试成绩、理解能力和表达能力、知识面、应变能力,可将它们的重要性分别量化为 9、3、3、2、1,从而构造判断矩阵如下:

$$
\begin{array}{cccccc}
 & \text{笔试} & \text{知识} & \text{理解} & \text{应变} & \text{表达} \\
\boldsymbol{A}= &
\begin{bmatrix}
1 & 9/2 & 9/3 & 9/1 & 9/3 \\
2/9 & 1 & 2/3 & 2/1 & 2/3 \\
3/9 & 3/2 & 1 & 3/1 & 3/3 \\
1/9 & 1/2 & 1/3 & 1 & 1/3 \\
3/9 & 3/2 & 3/3 & 3/1 & 1
\end{bmatrix} &
\begin{matrix}
\text{笔试} \\
\text{知识} \\
\text{理解} \\
\text{应变} \\
\text{表达}
\end{matrix}
\end{array}
$$

$\boldsymbol{A}$ 是一个 5 阶正互反矩阵,经计算得其最大特征值为 $\lambda_{\max}=5$,相应的归一化特征向量为:

$$\boldsymbol{W}_1 = (0.5000, 0.1111, 0.1667, 0.0556, 0.1667)^{\text{T}}$$

对应的一致性指标 $CI=0$,一致性比率指标 $CR=0<0.1$,这表明判断矩阵 $\boldsymbol{A}$ 通过了一致性检验。因此可以将 $\boldsymbol{W}_1$ 作为笔试成绩、理解能力、表达能力、知识面和应变能力 5 个因素相对于目标的权重向量。

3. 确定方案层对准则层的权重

接下来分别对每个因素,将 16 个人员的量化分数进行比较,构造判断矩阵。第 j 个因素对应的判断矩阵记为:

$$
\boldsymbol{B}_j =
\begin{bmatrix}
1 & t_{1,j}/t_{2,j} & \cdots & t_{1,j}/t_{16,j} \\
t_{2,j}/t_{1,j} & 1 & \cdots & t_{2,j}/t_{16,j} \\
\vdots & \vdots & \cdots & \vdots \\
t_{16,j}/t_{1,j} & t_{16,j}/t_{2,j} & \cdots & 1
\end{bmatrix}_{16 \times 16}, \quad j=1,2,\cdots,5
$$

记 $\boldsymbol{B}_j$ 的最大特征值为 $\lambda_{\max j}$,相应的归一化特征向量为 $\boldsymbol{W}_{2,j}$,一致性指标为 CI_j,随机一致性指标为 RI_j,一致性比率指标为 CR_j。经计算得方案层对准则层的权重向量与一致性检验的结果如表 12.3-3 所示。

表 12.3-3　方案层对准则层的权重向量与一致性检验的结果

$\boldsymbol{B}_j$	$\boldsymbol{B}_1$	$\boldsymbol{B}_2$	$\boldsymbol{B}_3$	$\boldsymbol{B}_4$	$\boldsymbol{B}_5$
	0.0646	0.0699	0.0693	0.063	0.0639
$\boldsymbol{W}_{2,j}$	0.0642	0.0699	0.062	0.0704	0.0564
	0.0642	0.0625	0.0693	0.0481	0.0564

续表

B_j	B_1	B_2	B_3	B_4	B_5
	0.0635	0.0699	0.062	0.063	0.0639
	0.063	0.0625	0.0693	0.063	0.0564
	0.063	0.0625	0.0474	0.0704	0.0639
	0.0624	0.0699	0.062	0.0556	0.0639
	0.0624	0.0625	0.0693	0.0704	0.0564
	0.0624	0.0625	0.062	0.0704	0.0639
$W_{2,j}$	0.0624	0.0478	0.062	0.0704	0.0564
	0.0619	0.0478	0.0547	0.063	0.0714
	0.0617	0.0699	0.062	0.0556	0.0714
	0.0613	0.0625	0.0547	0.0481	0.0714
	0.0613	0.0478	0.062	0.0704	0.0639
	0.061	0.0699	0.062	0.0556	0.0639
	0.0608	0.0625	0.0693	0.063	0.0564
$\lambda_{\max j}$	16	16	16	16	16
CI_j	0	0	0	0	0
CR_j	0	0	0	0	0
RI_j	1.60	1.60	1.60	1.60	1.60
是否通过一致性检验	通过	通过	通过	通过	通过

4. 确定方案层对目标层的组合权重

记 $W_2 = (W_{2,1}, W_{2,2}, W_{2,3}, W_{2,4}, W_{2,5})_{16 \times 5}$，则方案层对目标层的组合权重为：

$$Y = W_2 W_1 = (y_1, y_2, \cdots, y_{16})^T \tag{12.3-1}$$

层次总排序的一致性比率为：

$$CR = \frac{(CI_1, CI_2, CI_3, CI_4, CI_5) W_1}{(RI_1, RI_2, RI_3, RI_4, RI_5) W_1} = 0$$

因此层次总排序通过了一致性检验，可根据组合权重 Y 对 16 名应聘人员做出综合评价并排序。

5. 综合排序

式(12.3-1)中的 $y_i (i=1,2,\cdots,16)$ 是第 i 名应聘人员相对于目标层的组合权重，它反映了第 i 名应聘人员的综合实力，其值越大，综合实力越强。经计算，16 名应聘人员的组合权重与排名如表 12.3-4 所示。

表 12.3-4　16 名应聘人员的组合权重与排名

人员	P_1	P_2	P_3	P_4	P_5	P_6	P_7	P_8
组合权重	0.065769	0.063488	0.062653	0.063996	0.06292	0.060935	0.063027	0.062997
排名	1	4	9	2	8	13	6	7
人员	P_9	P_{10}	P_{11}	P_{12}	P_{13}	P_{14}	P_{15}	P_{16}
组合权重	0.063034	0.060146	0.060802	0.063946	0.061279	0.060843	0.062359	0.061806
排名	5	16	15	3	12	14	10	11

由表 12.3-4 可知,16 名应聘人员的综合实力的排序依次为:

$$P_1 > P_4 > P_{12} > P_2 > P_9 > P_7 > P_8 > P_5 > P_3 > P_{15} > P_{16} >$$

$$P_{13} > P_6 > P_{14} > P_{11} > P_{10}$$

因此被录用的 8 名人员分别为 $P_1, P_4, P_{12}, P_2, P_9, P_7, P_8, P_5$。

12.3.5 模型求解代码

本案例模型求解代码如下:

```
>> x = [9; 2; 3; 1; 3];                      % 因素重要性量化值
>> A = x./x';                                % 准则层对目标层的判断矩阵
>> [Lmax,CI,CR,W1] = AHP(A);                 % 求解准则层对目标层的权重

>> data = xlsread('公务员招聘.xlsx','量化分数');  % 读取量化分数
>> [m,n] = size(data);                       % 获取 data 的行数(人数)和列数(因素数)
>> W2 = zeros(m,n);                          % 定义 m 行 n 列的零矩阵
>> for j = 1:n                               % 通过循环计算方案层对准则层的权重
     xj = data(:,j);                         % 第 j 个因素的量化分数
     Bj = xj./xj';                           % 第 j 个因素对应的判断矩阵
     [Lmaxj,CIj,CRj,Wj] = AHP(Bj);           % 计算 16 名人员在第 j 个因素上的权重
     W2(:,j) = Wj;                           % 构造方案层对准则层的权重矩阵
   end
>> Y = W2 * W1;                              % 计算方案层对目标层的组合权重
>> RowNames = "P" + (1:16)';                 % 定义字符串向量作为表格的行名
% 将组合权重转为表格,并指定变量名和行名
>> T = array2table(Y,'VariableNames',{'组合权重'},...
     'RowNames',RowNames);
>> T = sortrows(T,1,'descend');              % 将组合权重按降序排列
>> T = addvars(T,(1:16)','NewVariableNames','排名')  % 向表格中增加新变量"排名"
T =
           组合权重        排名
           _____       ____

    P1     0.065769      1
    P4     0.063996      2
    P12    0.063946      3
    P2     0.063488      4
    P9     0.063034      5
    P7     0.063027      6
    P8     0.062997      7
    P5     0.06292       8
    P3     0.062653      9
    P15    0.062359      10
    P16    0.061806      11
    P13    0.061279      12
    P6     0.060935      13
    P14    0.060843      14
    P11    0.060802      15
    P10    0.060146      16
```

图像在人们的日常生活中扮演着非常重要的角色,俗话说"眼见为实""百闻不如一见",人们通过自己的眼睛所见来获取信息,认知周围的一切。在这个过程中,人们的大脑时刻保持高速运转,进行着图像的分析与处理。随着计算机技术的快速发展,基于计算机的数字图像处理技术也得到了发展,人们开始利用计算机处理图像信息,例如进行图像特征提取、静态和动态(视频)图像的分割、模式识别、图像压缩等。MATLAB 中有一个功能非常强大的图像处理工具箱,本章将结合数学建模应用介绍 MATLAB 常用图像处理方法。

13.1 图像的基本类型

在计算机中,按照颜色和灰度的多少可以将图像分为如下四种基本类型:索引图像、真彩图像、灰度图像和二值图像。

13.1.1 索引图像

索引图像是由索引矩阵和颜色映像矩阵共同组成的一种图像,其数据结构如图 13.1-1 所示。索引图像的颜色映像矩阵是一个多行 3 列的矩阵,每一行代表一种颜色,每一行上的 3 个元素分别表示红、绿、蓝三原色的灰度值。索引图像的索引矩阵用来指定各像素点的颜色索引序号,例如索引矩阵第 i 行第 j 列的元素值为 5,就表示图像上第 i 行第 j 列的那个像素点的颜色是颜色映像矩阵的第 5 行所对应的颜色。

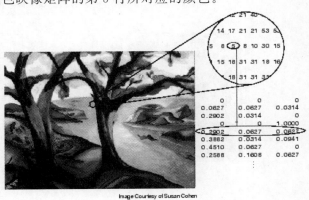

图 13.1-1　索引图像的数据结构

13.1.2　真彩图像

真彩图像又称为 RGB 图像,是由红色灰度值矩阵、绿色灰度值矩阵和蓝色灰度值矩阵共同组成的一种图像,其数据结构如图 13.1-2 所示。在 MATLAB 中真彩图像被存储为一个 $m \times n \times 3$ 的三维数组,其中,m 和 n 分别是图像上像素点的行数和列数。从第三维度(页维)上看,数组的第一页是红色灰度值矩阵,第二页是绿色灰度值矩阵,第三页是蓝色灰度值矩阵。

彩色图片

图 13.1-2　真彩图像的数据结构

13.1.3　灰度图像

灰度图像就是只有明暗强度信息,而没有颜色信息的图像,其数据结构如图 13.1-3 所示。在 MATLAB 中灰度图像被存储为一个 $m \times n$ 的灰度值矩阵,其中,m 和 n 分别是图像上像素点的行数和列数。灰度值矩阵的元素值表示从暗(黑色)到亮(白色)过度的强度信息。

图 13.1-3　灰度图像的数据结构

13.1.4　二值图像

二值图像又称为黑白图像，即只有黑白两种颜色的图像，其数据结构如图 13.1-4 所示。在 MATLAB 中二值图像被存储为一个 $m \times n$ 的矩阵，其元素值仅取 0 或 1，其中，0 表示黑色，1 表示白色。二值图像可看作是特殊的灰度图像。

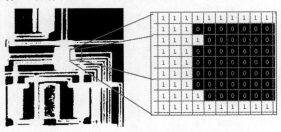

图 13.1-4　二值图像的数据结构

13.1.5　图像类型的转换

不同类型的图像之间可以进行转换，MATLAB 图像处理工具箱中提供的图像类型转换函数如表 13.1-1 所示。

表 13.1-1　MATLAB 图像类型转换函数

函　数　名	说　　明	函　数　名	说　　明
ind2rgb	索引图像转真彩图像	gray2ind	灰度图像转索引图像
ind2gray	索引图像转灰度图像	im2bw	普通图像转二值图像
rgb2ind	真彩图像转索引图像	imbinarize	灰度图像转二值图像
rgb2gray	真彩图像转灰度图像	mat2gray	数值矩阵转灰度图像

13.2　图像的读写与显示

MATLAB 中用于读写与显示图像的函数如表 13.2-1 所示。

表 13.2-1　MATLAB 读写与显示图像的函数

函　数　名	说　　明	函　数　名	说　　明
imread	读取图像文件	imfinfo	获取图像文件信息
nitfread	读取 NITF 格式图像	nitfinfo	获取 NITF 格式文件信息
dpxread	读取 DPX 格式图像	dpxinfo	获取 DPX 格式文件信息
dicomread	读取 DICOM 格式图像	dicominfo	获取 DICOM 格式文件信息
hdrread	读取高动态范围（HDR）图像	imwrite	写数据到图像文件
VideoReader	读取视频文件	VideoWriter	写数据到视频文件
imshow	显示图像	montage	显示多幅图像
immovie	动态显示多幅图像	implay	播放电影、视频或图像序列
warp	纹理映射	imtool	图像显示工具

【例 13.2-1】　读取并显示图像，如图 13.2-1 所示。

```
>> I = imread('MyHandwriting.jpg');          % 读取一幅 jpeg 格式图像
>> figure;                                    % 新建图窗
>> imshow(I);                                 % 显示图像
```

图 13.2-1　读取并显示图像

【例 13.2-2】　播放动画、视频或图像序列，如图 13.2-2 所示。

```
>> figure;                                    % 新建图窗
>> implay('rhinos.avi');                      % 播放动画
```

【例 13.2-3】　写数据到图像文件，如图 13.2-3 所示。

```
>> bingdundun;                                % 调用自编函数绘制冰墩墩图像
>> frame = getframe;                          % 抓取图像作为电影帧
>> I = frame2im(frame);                       % 把电影帧转为图像
>> imwrite(I,'冰墩墩.jpg')                    % 写数据到图像文件
```

图 13.2-2　播放动画、视频示意图

【例 13.2-4】　读取视频文件。

```
>> v = VideoReader('rhinos.avi');             % 创建一个视频读取对象
>> I = readFrame(v);                          % 读取一帧图像
>> figure                                     % 新建图窗
>> imshow(I)                                  % 显示图像
```

VideoReader 函数用来创建一个视频读取对象，readFrame 函数用来读取视频中的一帧图像，反复调用 readFrame 函数可以读取多帧图像。

图 13.2-3　写数据到图像文件

13.3　图像的几何变换与增强

13.3.1　图像缩放

MATLAB 图像处理工具箱中的 imresize 函数用来对图像进行放大或缩小,其常用调用格式如下:

```
>> B = imresize(A,scale,method)
>> B = imresize(A,[numrows, numcols],method)
```

其中,输入参数 A 是待缩放的图像数据,可以是真彩图像(三维数组)、灰度图像或二值图像(矩阵)。scale 为标量,用来指定缩放比例。[numrows, numcols]用来指定缩放后图像的大小,numrows 为行数,numcols 为列数。method 为字符串,用来指定图像缩放的插值方法。输出参数 B 为缩放后的图像数据。

【例 13.3-1】　分别按比例和固定大小缩放图像,如图 13.3-1 所示。

```
>> I = imread('football.jpg');            % 读取一幅真彩图像
>> L1 = imresize(I,0.5,'bilinear');       % 按比例 0.5 进行双线性插值缩放,即缩小一半
>> L2 = imresize(I,[120,150],'bilinear'); % 按大小[120,150]进行缩放
>> figure                                  % 新建图窗
>> imshowpair(L1,L2,'montage')            % 成对显示图像,以对比两者的区别
```

图 13.3-1　图像缩放

13.3.2　图像旋转

MATLAB 图像处理工具箱中的 imrotate 函数用来对图像进行旋转,其常用调用格式如下:

```
>> J = imrotate(I,angle,method,bbox)
```

其中,输入参数 I 是待旋转的图像数据,可以是真彩图像(三维数组)、灰度图像或二值图像(矩阵)。angle 为标量,用来指定旋转角度(单位:°)。method 为字符串,用来指定图像旋转的插值方法。bbox 为字符串,用来指定图像裁切方法,可以控制输出图像的大小。输出参数 J 为旋转后的图像数据。

【例 13.3-2】　按指定角度旋转图像,如图 13.3-2 所示。

```
>> I = imread('football.jpg');          % 读取一幅真彩图像
>> J = imrotate(I,30,'bilinear','crop'); % 逆时针旋转30°,并进行裁切
>> figure                                % 新建图窗
>> imshowpair(I,J,'montage')             % 成对显示图像,以对比两者的区别
```

图 13.3-2　图像旋转

13.3.3　对比度增强

对比度增强是一种简单实用的图像增强方法,通过对比度增强可以改变图像灰度值的动态范围,从而使图像的前景和背景对比更为强烈。MATLAB 中的 imadjust 函数用来对图像进行对比度增强。

【例 13.3-3】　通过对比度增强方法调整图像灰度值范围,如图 13.3-3 所示。

```
>> I = imread('dd.png');          % 读取一幅图像
>> J = imadjust(I);               % 对比度增强
>> figure                         % 新建图窗
>> imshowpair(I,J,'montage')      % 成对显示图像,以对比两者的区别
```

13.3.4　直方图均衡

直方图均衡也是一种常用的图像增强方法。图像的灰度直方图能给出图像的大致描述,如图像的灰度值范围、灰度值的分布、整幅图像的平均亮度等,通过调整直方图的形状能够达到图像增强的目的。MATLAB 中的 histeq 函数用来对图像进行直方图均衡。

【例 13.3-4】 通过直方图均衡方法调整图像灰度值范围,如图 13.3-4 所示。

```
>> I = imread('jj.png');                % 读取一幅图像
>> J = histeq(I);                       % 直方图均衡
>> figure                               % 新建图窗
>> imshowpair(I,J,'montage')            % 成对显示图像,以对比两者的区别
```

图 13.3-3　对比度增强

图 13.3-4　直方图均衡

13.4　图像去噪

由于图像采集设备的原因,图像中含有噪声信号是一个普遍的现象,如何去除图像中的噪声是一个非常值得研究的课题。目前有很多图像去噪的方法,例如均值滤波、中值滤波、锐化滤波、傅里叶变换低通滤波、小波变换滤波等。

13.4.1　锐化滤波

锐化滤波是将图像的低频部分减弱或去除,保留图像的高频部分,即图像的边缘信息。

【例 13.4-1】 锐化滤波,如图 13.4-1 所示。

```
>> I1 = imread('moon.tif');             % 读取一幅图像
>> h = fspecial('unsharp');             % 预定义锐化滤波器
>> I2 = imfilter(I1,h);                 % 锐化滤波
>> figure                               % 新建图窗
>> imshowpair(I1,I2,'montage')          % 成对显示图像,以对比两者的区别
```

13.4.2　中值滤波

中值也称为中位数,是概率意义上处于中间的数,也就是说低于中位数和高于中位数的数据各占一半。中值滤波法是一种非线性平滑技术,它将每一像素点的灰度值设置为该点某邻域窗口内的所有像素点灰度值的中值。

【例 13.4-2】 中值滤波,如图 13.4-2 所示。

```
>> I = imread('硬币.tif');              % 读取一幅图片
>> J = imnoise(I,'salt & pepper',0.02); % 添加椒盐噪声
>> K = medfilt2(J);                     % 二维中值滤波
>> figure                               % 新建图窗
>> imshowpair(J,K,'montage')            % 成对显示图像,以对比两者的区别
```

图 13.4-1　锐化滤波

图 13.4-2　中值滤波

13.4.3　傅里叶变换低通滤波

傅里叶变换可将时间域(时域)或空间域(空域)上的信号变为频率域(频域)上的信号,频域反映了图像在空域中灰度变化的剧烈程度,也就是图像灰度的变化速度,即图像的梯度大小。对图像而言,其边缘部分是突变部分,变化较快,因此反映在频域上就是高频分量,图像的噪声大部分情况下是高频部分,图像上平缓变化的部分则为低频分量。也就是说,傅里叶变换提供了另外一个角度来观察图像,可以将图像从灰度分布转化到频率分布上来观察图像的特征。在频域中,通过去除高频部分的信号,就能达到降噪的目的。反之,去掉低频部分的信号,可实现对图像的锐化。

【例 13.4-3】　傅里叶变换低通滤波,如图 13.4-3 所示。

(a) 加噪图像　　　　　　　　(b) 振幅谱图像

(c) 去噪后振幅谱图像　　　　(d) 去噪后图像

图 13.4-3　傅里叶变换低通滤波

1. 读取图像

这里读取一幅 MATLAB 自带的真彩图像,并添加 2% 的椒盐噪声信号。

```
>> I = imread('football.jpg');              % 读取一幅图像
>> J = imnoise(I,'salt & pepper',0.02);     % 添加 2% 的椒盐噪声
```

```
>> figure                              % 新建图窗
>> subplot(2,2,1)                      % 绘制子图
>> imshow(J)                           % 显示加噪图像
>> xlabel('(a)加噪图像')               % x轴标签
```

2. 傅里叶变换

```
>> F1 = fftn(J);                       % 对加噪后图像进行快速傅里叶变换
>> F2 = fftshift(F1);                  % 将低频分量平移到图像的中心位置
>> S1 = uint8(20 * log(abs(F2)));      % 计算振幅,取对数并放大 20 倍,转为 8 位无符号整型
>> subplot(2,2,2)                      % 绘制子图
>> imshow(S1)                          % 显示振幅谱图像
>> xlabel('(b)振幅谱图像')             % 
```

加噪图像是真彩图像,上面调用 fftn 函数对其进行快速傅里叶变换,得到频谱图像 F1。在 F1 中,低频分量在四个角,而不在频谱图像的中心,通常需要调用 fftshift 函数将低频分量平移到图像的中心位置。代码"S1＝uint8(20 * log(abs(F2)))"的作用是计算振幅,之所以取对数并放大 20 倍,是因为若直接用傅里叶变换的结果计算振幅,得到的数值会比较小,在图像中很难看到元素值的差别。振幅谱图像反映了信号能量的分布,一般来说图像的能量都集中在低频分量上,因此在振幅谱图像上,低频分量对应的区域就会更亮。

3. 低通滤波

下面构造低通滤波器对加噪图像进行去噪,所谓的低通滤波器就是一个与原始图像大小相同的逻辑数组,与低频分量区域相对应的元素值为 1,其他区域对应的元素值为 0。

```
>> [m,n,k] = size(F2);                           % 返回图像的大小,即行数 m,列数 n,页数 k
>> [x,y] = meshgrid(-1:2/(n-1):1,-1:2/(m-1):1);  % 生成网格矩阵
>> r = 0.3;                                       % 低频分量区域半径
>> id = sqrt(x.^2 + y.^2) <= r;                   % 低通区域标识矩阵
>> id = repmat(id,[1,1,k]);       % 通过将 id 复制 k 页构造低通区域标识数组
>> F2 = F2.* id;                                  % 低通滤波,将高频部分频谱设为 0
>> S2 = uint8(20 * log(abs(F2)));                 % 计算去噪后振幅谱图像
>> subplot(2,2,3)                                 % 绘制子图
>> imshow(S2)                                     % 显示去噪后振幅谱图像
>> xlabel('(c)去噪后振幅谱图像')                  % x轴标签
```

4. 逆傅里叶变换

接下来对去噪后的频谱数据执行反平移变换和逆傅里叶变换,便可得到去噪后的图像。

```
>> F3 = ifftshift(F2);                 % 反平移变换
>> K = uint8(real(ifftn(F3)));         % 逆傅里叶变换,然后转为无符号 8 位整型图像
>> subplot(2,2,4)                      % 绘制子图
>> imshow(K)                           % 显示去噪后图像
>> xlabel('(d)去噪后图像')             % x轴标签
```

5. 低通区域半径对去噪效果的影响

在傅里叶变换低通滤波过程中,需要保留的低频分量区域的大小可通过半径 r 进行控制,r

值越大,通过的信号越多,去除的噪声信号越少。不同的 r 值对应的去噪效果如图 13.4-4 所示。

(a) $r=0.1$ (b) $r=0.3$

(c) $r=0.6$ (d) $r=0.9$

图 13.4-4　低通区域半径对去噪效果的影响

13.5　图像分割与区域分析

图像分割就是把图像中感兴趣的区域从图像中分割出来,以便进行后续的处理。常用的图像分割方法有阈值分割法、纹理分割法、灰度值聚类法、区域生长法等。

13.5.1　阈值分割

阈值分割又分为全局阈值分割和自适应阈值分割。

【例 13.5-1】　全局阈值分割,如图 13.5-1 所示。

```
>> I = imread('ct001.JPG');              % 读取一幅图像
>> BW = im2bw(I,0.3);                     % 设置全局阈值 0.3,将图像转为二值图像
>> figure;                                % 新建图窗
>> imshowpair(I,BW,'montage');            % 成对显示图像,以对比两者的区别
```

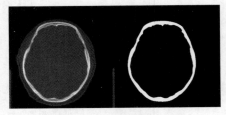

图 13.5-1　全局阈值分割

这里的 0.3 为相对阈值,图中灰度值高于阈值的部分变为白色,低于阈值的部分变为黑色。

13.5.2　自适应阈值分割

对于各部分明暗程度不一致的图像,全局阈值分割往往得不到好的分割效果,此时应采用

自适应阈值分割,针对不同的光照条件选取不同的阈值。

【例 13.5-2】 自适应阈值分割。待分割的图像是一幅印刷作品,如图 13.5-2 所示。由于光照的原因,图像的左半部分出现大块的阴影,无法看清背后的文字,需要通过自适应阈值分割将文字分割出来。

```matlab
>> I = imread('printedtext.png');          % 读取一幅图片
>> figure;                                  % 新建图窗
>> imshow(I);                               % 显示原图
>> BW = imbinarize(I,'adaptive',...
     'ForegroundPolarity','dark',...
     'Sensitivity',0.4);
>> figure
>> imshow(BW);
```

自适应阈值分割算法中需要设置敏感性参数,代码中取为 0.4。另外由于感兴趣的文字部分为黑色,故将 ForegroundPolarity 参数值设为 dark。分割效果如图 13.5-3 所示。

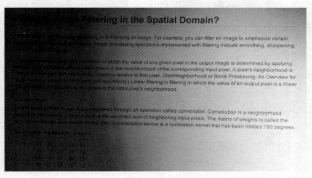

图 13.5-2 自适应阈值分割原图

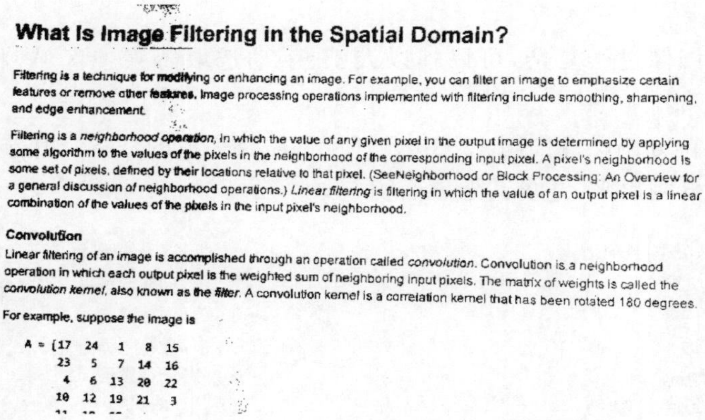

图 13.5-3 自适应阈值分割效果图

13.5.3 指定灰度值范围进行图像分割

对于具有独特颜色特征的图像,可以指定灰度值范围进行图像分割。

【**例 13.5-3**】 如图 13.5-4 所示,待分割的图像中包含一个苹果,需要将苹果从中分割出来。

```
>> I = imread('apple.bmp');              % 读取一幅图像
>> figure                                % 新建图窗
>> imshow(I)                             % 显示原图
>> id = (I(:,:,1)-I(:,:,2))>10;          % 计算红色值比绿色值大 10 的区域
>> I(repmat(~id,[1,1,3])) = 0;           % 将感兴趣之外的区域的灰度值设为 0,即黑色
>> figure
>> imshow(I);                            % 显示分割效果图
```

由于苹果的颜色是偏红色的,与背景颜色区别较大,此时可以根据红色灰度值矩阵进行分割。上面代码中根据红色灰度值与绿色灰度值的对比计算出了待分割的区域,分割效果如图 13.5-5 所示。

图 13.5-4 待分割原图

图 13.5-5 分割效果图

13.5.4 手动选取感兴趣区域

如果待分割的图像过于复杂,可以辅以人工,手动选取感兴趣区域,将复杂的图像变得简单。

【**例 13.5-4**】 待分割图像如图 13.5-6(a)所示,需要完成的任务:把待分割图像中椭圆区域内的白色絮状物分割出来,并求其像素面积。

```
>> I = imread('0514.bmp');               % 读取一幅图像
>> I = rgb2gray(I);                      % 真彩图形转灰度图像
>> figure                                % 新建图窗
>> subplot(2,2,1)                        % 绘制子图
>> h_im = imshow(I);                     % 显示图像
>> xlabel('(a)原始图像')                  % x 轴标签

>> h = imellipse;                        % 手动选择椭圆(或圆)区域
>> wait(h);                              % 等待用户双击
>> id = ~createMask(h,h_im);             % 根据感兴趣区域创建掩膜图形
>> I(id) = 0;                            % 去除感兴趣区域之外的图像
>> subplot(2,2,2)                        % 绘制子图
>> imshow(I)                             % 显示图像
>> xlabel('(b)感兴趣区域图像')            % x 轴标签
```

```
>> BW = im2bw(I,0.7);                          % 图像二值化,全局阈值分割
>> subplot(2,2,3)                              % 绘制子图
>> imshow(BW);                                 % 显示图像
>> xlabel('(c)二值化图像')                       % x轴标签

>> BW = bwareaopen(BW,5000);                    % 去除面积低于5000的干扰点
>> subplot(2,2,4)                              % 绘制子图
>> imshow(BW);                                 % 显示图像
>> xlabel('(d)去除干扰点后的二值化图像')

>> S = regionprops(BW,'Area');                  % 计算图像中连通区域的面积
>> Area = S(1).Area                            % 查看计算结果
Area =
        11862
```

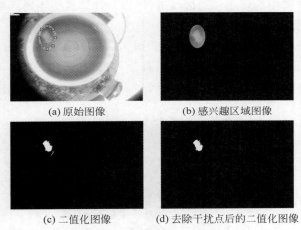

(a) 原始图像　　　　　　　(b) 感兴趣区域图像

(c) 二值化图像　　　　(d) 去除干扰点后的二值化图像

图 13.5-6　手动选取感兴趣区域

上述代码中调用了 imellipse 函数,运行后图像将处于交互式状态,此时用户可拖动鼠标,选择椭圆形区域,双击后会执行后续的操作。与 imellipse 功能类似的还有 imrect、impoly 和 imfreehand 函数,分别用来交互式选取矩形、多边形和自由区域。在 MATLAB 未来的版本中,这些函数有可能会被淘汰,取而代之的是 drawellipse、drawcircle、drawrectangle、drawpolygon、drawfreehand、drawassisted 等函数。

13.5.5　边缘检测

MATLAB 图像处理工具箱中的边缘检测函数包括：edge、bwboundaries、bwtraceboundary 和 bwperim,其中,edge 函数用来对灰度图像进行边缘检测,后三个函数用来对二值图像进行边缘检测。

【例 13.5-5】　边缘检测,如图 13.5-7 所示。

```
>> I = imread('rice.png');                      % 读取一幅图像
>> BW = edge(I,'Sobel');                        % 利用sobel算子进行边缘检测
>> figure                                      % 新建图窗
>> imshowpair(I,BW,'montage');                  % 成对显示图像,以对比两者的区别
```

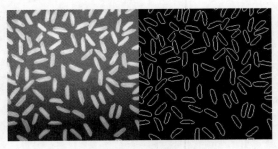

图 13.5-7　边缘检测

13.5.6　区域分析

区域分析就是对图像中的多个连通区域进行处理,计算这些连通区域的几何特征,例如面积、周长,直径、中心位置,等等。

【例 13.5-6】　某工厂加工一种机械零件,如图 13.5-8 所示。加工过程中需要实时对零件上的钻孔进行测量,测量指标包括:孔洞数目、直径、面积和圆心坐标。本例基于图像利用区域分析方法进行测量。

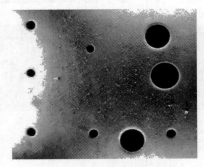

图 13.5-8　机械零件样图

1. 自适应阈值分割

在测量之前,首先需要将孔洞从原始图像中分割出来。根据图像特点,可以采用全局阈值分割或自适应阈值分割。

```
>> I = imread('区域分析.png');            % 读取一幅图像
>> BW = imbinarize(I,'adaptive',...        % 自适应阈值分割
   'ForegroundPolarity','dark',...
   'Sensitivity',0.05);
>> BW = ~BW;                               % 对二值图像作非运算,即黑白反色处理
>> BW = bwareaopen(BW,50);                 % 按面积去除干扰点
>> BW = imfill(BW,'holes');                % 填充连通区域内部的孔洞
>> figure                                  % 新建图窗
>> imshow(BW)                              % 显示分割后图像
```

2. 区域分析

经过图像分割之后,零件上的孔洞变成了相互分离的连通区域,下面就可以调用

regionprops 函数进行区域分析了,相应的代码及结果如下,区域分析效果如图 13.5-9 所示。

```
% 调用 regionprops 函数计算各孔洞的直径、面积和圆心坐标,以表格形式显示计算结果
>> stats = regionprops('table',BW, 'EquivDiameter',...
    'Area','centroid')

stats =
  9 × 3 table
    Area(面积)    Centroid(圆心)        EquivDiameter(直径)

    _____    _____  _____     _____

      434      51.809    43.159          23.507
      380      51.655    175.58          21.996
      401      51.616    340.99          22.596
      314      210.98    109.18          19.995
      426      218.55    346.65          23.289
      3159     322.27    366.04          63.421
      3326     391.19    75.586          65.075
      4385     410.37    185.52          74.721
      457      426.44    347.31          24.122
```

```
>> centers = stats.Centroid;          % 提取圆心坐标
>> diameters = stats.EquivDiameter;   % 提取直径
>> r = diameters/2;                   % 计算圆半径
>> figure                             % 新建图窗
>> imshow(BW);                        % 显示孔洞图像
>> hold on;                           % 图形保持
>> viscircles(centers,r);             % 批量画圆
```

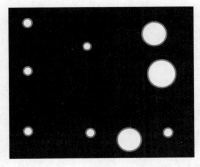

图 13.5-9　区域分析效果图

13.6　建模案例选讲——基于图像资料的数据重建与拟合

13.6.1　案例描述

【例 13.6-1】　这里有一幅图像资料,如图 13.6-1 所示,图像文件名为 FittingLine. bmp。由于原始资料遗失,手头已经没有作图的原始数据,只有这幅图像,从图像上能看出图中曲线方程为:

$$f = A + \frac{B}{2}(x - 0.17)^2 + \frac{C}{4}(x - 0.17)^4$$

但是其中的参数 A、B 和 C 都是未知的,现在需要根据这幅图像重建绘图的原始数据,并求出图中曲线的方程。

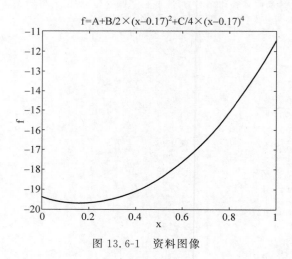

图 13.6-1　资料图像

13.6.2　重建图像数据

重建图像数据的步骤如下。
- 读入图像数据。
- 去除坐标框。
- 提取图中曲线上点的像素坐标。
- 将像素坐标转换为实际坐标。

1. 读入图像数据

将文件 FittingLine.bmp 放到 MATLAB 路径下,利用 MATLAB 图像处理工具箱中的 imread 函数读入图像数据,命令如下:

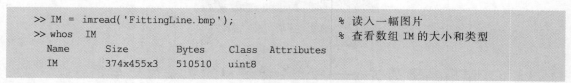

```
>> IM = imread('FittingLine.bmp');        % 读入一幅图片
>> whos IM                                 % 查看数组 IM 的大小和类型
  Name       Size         Bytes    Class    Attributes
  IM         374x455x3    510510   uint8
```

调用 imread 函数读入 MATLAB 工作空间的图像数据 IM 是一个 3 维数组,共有 374 行, 455 列,3 页,对应图像上 374×455 个像素点的红、绿、蓝三原色的灰度值。第 1 页上的 374 行 455 列的矩阵是图像的红色灰度值矩阵,每一个元素表示图像上一个像素点的红色灰度值,第 2 页上的矩阵是图像的绿色灰度值矩阵,第 3 页上的矩阵是图像的蓝色灰度值矩阵。IM 的数据类型为 8 位无符号整型,取值范围从 $0 \sim 2^8 - 1$,纯白色像素点的红、绿、蓝三原色的灰度值均为 255,纯黑色像素点的红、绿、蓝三原色的灰度值均为 0,红色像素点的红、绿、蓝三原色的灰度值分别为 255、0 和 0,绿色像素点的红、绿、蓝三原色的灰度值分别为 0、255 和 0,蓝色像素点的红、绿、蓝三原色的灰度值分别为 0、0 和 255,其他不再一一列举。通过对数组 IM 进行操作,可以重建绘制曲线的原始数据。

2. 去除坐标框

图 13.6-1 中坐标框是黑色或接近黑色的线,线上像素点的红色灰度值均为 0 或接近于 0,将图像的红色灰度值矩阵每行上的元素相加,得到一个列向量,通过查找其最小和次小元素所在的行(即包含黑色像素点最多的行),即可定位上、下坐标边框的位置;将图像的红色灰度值矩阵每列上的元素相加,得到一个行向量,通过查找其最小和次小元素所在的列(即包含黑色像素点最多的列),即可定位左、右坐标边框的位置。具体实现这一过程的 MATLAB 命令为:

```
>> Red = IM(:,:,1);                 % 提取红色灰度值矩阵
>> Rrow = sum(Red,2);               % 将红色灰度值矩阵每行上的元素相加,得到列向量 Rrow
 % 返回 Rrow 中最小和次小元素所在的行号,即可定位上、下坐标框位置
>> [~,idrow] = mink(Rrow,2)
idrow =
   341
    25

>> Rcol = sum(Red);                 % 将红色灰度值矩阵每列上的元素相加,得到行向量 Rcol
 % 返回 Rcol 中最小和次小元素所在的列号,即可定位左、右坐标框位置
>> [~,idcol] = mink(Rcol,2)
idcol =
   449      46

% 提取坐标框内部的图像数据
>> I = IM(min(idrow):max(idrow),min(idcol):max(idcol),:);
>> m = size(I, 1)                   % 查看 I 的行数
m =
   317

>> n = size(I, 2)                   % 查看 I 的列数
n =
   404
>> figure;                          % 新建图窗
>> imshow(I)                        % 显示处理后图像
```

以上命令通过红色灰度值矩阵来定位坐标框位置,其实通过绿色或蓝色灰度值矩阵同样可以定位坐标框位置,只需用命令“Green=IM(:,:,2)”或“Blue=IM(:,:,3)”换掉“Red=IM(:,:,1)”,用 Green 或 Blue 换掉变量 Red 就行了。

定位坐标框位置后,就可以把坐标框内部的图像数据提取出来,即新数组 I,它是一个 317 行,404 列,3 页的数组,后续的处理都是基于 I 进行的。最后一条命令 imshow(I)用来显示处理后图像,如图 13.6-2 所示。

从图 13.6-2 可以看出,虽然坐标框依然保留,但坐标框外面的部分已经被去除了,接下来就可以提取曲线上点的像素坐标了。

3. 提取图中曲线上点的像素坐标

注意到曲线上点的颜色均为蓝色,而蓝色像素点的红、绿、蓝三原色的灰度值分别为 0、0 和 255,于是可以利用如下程序提取曲线上点的像素坐标。

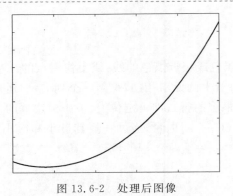

图 13.6-2　处理后图像

```
% 定位蓝色像素点
>> BluePoints = (I(:,:,1) == 0 & I(:,:,2) == 0 & I(:,:,3) == 255);
>> [ypixel,xpixel] = find(BluePoints);% 得到曲线上点的像素坐标
>> size(xpixel)                        % 查看 x 的大小,即可知从曲线上提取到的点的个数
ans =
   458    1
```

　　BluePoints 是一个与数组 I 具有相同行数和列数的逻辑型矩阵,其元素非 0 即 1,图 13.6-2 中蓝色曲线上的像素点对应 BluePoints 中的 1 元素。find 函数用来定位一个数组中的非零元素的位置,可以返回数组中非零元素所在的行标和列标。利用 find 函数查找 BluePoints 矩阵中非零元素所在的行标和列标,就得到了蓝色曲线上像素点的像素坐标,从上面结果可知总共提取到 458 个点的像素坐标。

　　4. 将像素坐标转换为实际坐标

　　从图 13.6-1 可以看出,真实的横坐标的取值范围是 0～1,纵坐标的取值范围是 −20～ −11,注意到数组 I(坐标框内图像数据)有 317 行,404 列,即可换算出水平方向和竖直方向上一个像素所代表的实际尺寸,从而可以将像素坐标 xpixel 和 ypixel 转换成真实的坐标。

```
>> x_xishu = 1/(n-1);                  % 水平方向上一个像素所代表的实际尺寸
>> y_xishu = 9/(m-1);                  % 竖直方向上一个像素所代表的实际尺寸
>> xreal = (xpixel-1) * x_xishu;       % 曲线上点的真实的横坐标
>> yreal = -11-(ypixel-1) * y_xishu;   % 曲线上点的真实的纵坐标
```

13.6.3　曲线拟合

　　有了曲线上点的真实坐标后,就可以通过一元非线性回归拟合的办法,求出曲线的方程,命令如下:

```
% 定义回归方程对应的匿名函数
>> fun = @(a,x)[a(1) + a(2)/2 * (x-0.17).^2 + a(3)/4 * (x-0.17).^4];
% 作非线性回归,求回归方程中的未知参数
>> a = nlinfit(xreal,yreal,fun,[0, 0, 0])
a =
  -19.6749    22.2118    5.0905
```

上面先定义了一个匿名函数 fun,它是回归方程所对应的函数,fun 是一个函数句柄,把它作为 nlinfit 函数的输入。nlinfit 函数至少有 4 个输入,前两个是真实的横坐标和纵坐标数据,第 4 个输入是参数的初值,随便指定一个包含 3 个元素的向量即可。由参数估计结果做出重建的曲线图形,如图 13.6-3 所示。

```
>> yp = fun(a, xreal);                          % 计算 xreal 对应的纵坐标的估计值
>> figure;                                      % 新建图窗
>> plot(xreal,yp);                              % 作出重建的曲线图形
>> xlabel('X');                                 % 为 x 轴加标签
>> ylabel('Y = f(X)');                          % 为 y 轴加标签
% 在图形上点(0.05, -12)处添加曲线方程
>> text('Interpreter', 'latex',...
    'String',[' $ $ - 19.6749 + \frac{22.2118}{2}(x - 0.17)^2'...
    ' + \frac{5.0905}{4}(x - 0.17)^4 $ $ '], 'Position',[0.05, - 12],...
    'FontSize',12);
```

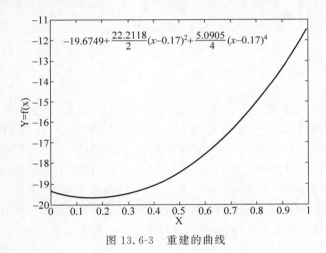

图 13.6-3 重建的曲线

Simulink 是集成在 MATLAB 中的一种建模仿真工具,它为用户提供了一个可视化的框图设计环境,用户可以像组装电路板一样创建自己的模型,交互式地实现动态系统建模、仿真和分析。Simulink 被广泛应用于线性系统、非线性系统、数字控制及数字信号处理的建模和仿真中。

14.1　Simulink 简介

14.1.1　何为 Simulink

Simulink 是 MATLAB 最重要的组件之一,是 MATLAB 软件的扩展,是实现动态系统建模和仿真的一个软件包。它依赖于 MATLAB 环境,不能独立运行。Simulink 与 MATLAB 的主要区别在于,它与用户的交互接口是基于 Windows 的模型化图形输入,从而使得用户可以把更多的精力投入到系统模型的构建而非语言的编程上。Simulink 的前身是 MathWorks 软件公司于 1990 年为 MATLAB 提供的控制系统模型化图形输入与仿真工具 SIMULAB,以工具库的形式挂接在 MATLAB 3.5 版上。于 1992 年正式将该软件更名为 Simulink,使得仿真软件进入了模型化图形组态阶段,并在 MATLAB 4.2x 版时期,Simulink 的名称广为人知。Simulink 的两大主要功能是 Simu(仿真)和 Link(模型连接),它为动态系统的建模、仿真和综合分析提供了集成环境。在该环境中,无需书写大量程序,而只需要通过简单直观的鼠标操作,就可构造出复杂的系统,然后利用 Simulink 提供的功能来对系统进行仿真和分析。

14.1.2　Simulink 的启动

由于 Simulink 是基于 MATLAB 环境之上的高性能的系统级仿真设计平台,因此启动 Simulink 之前必须首先运行 MATLAB,然后才能启动 Simulink 并建立系统模型。启动 Simulink 有以下两种方式。

(1) 用命令行方式启动 Simulink,即在 MATLAB 的命令窗口中直接键入如下命令:

```
>> simulink
```

（2）使用工具栏按钮启动 Simulink，即单击 MATLAB 工具栏中的 Simulink ⬈ 按钮。

这两种启动方式均会打开如图 14.1-1 所示的 Simulink 开始页面，名称为 Simulink Start Page。

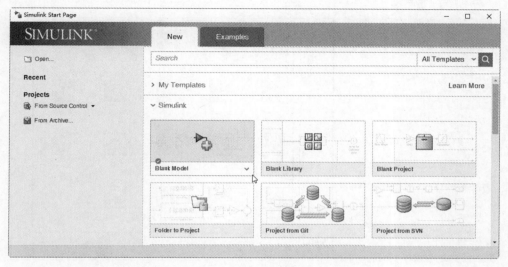

图 14.1-1　Simulink 开始页面

Simulink 开始页面上有 New 和 Examples 两个标签页，New 标签页用来创建新的 Simulink 模型，Examples 标签页用来查看 MATLAB 自带的 Simulink 样例。单击 New 标签页上的 Blank Model 图标 ⬈ 可以打开 Simulink 模型编辑器，并新建一个空白的 Simulink 模型，如图 14.1-2 所示。

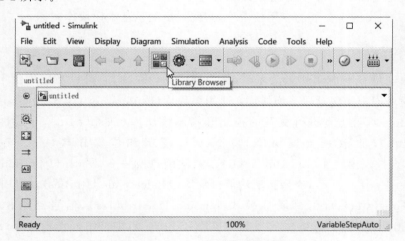

图 14.1-2　Simulink 模型编辑器

14.1.3　Simulink 的模块库

为了使用户能够快速构建自己所需的动态系统，Simulink 提供了大量以图形方式给出的内置系统模块，使用这些内置模块可以快速方便地设计出特定的动态系统。单击 Simulink 模型编辑器工具栏里的 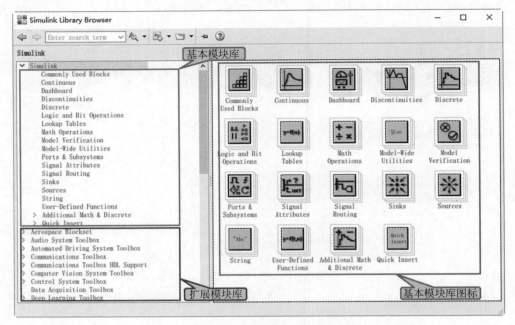 图标可打开 Simulink 模块库浏览器,如图 14.1-3 所示。

图 14.1-3　Simulink 模块库浏览器

　　Simulink 的模块库浏览器能够对系统模块进行有效的组织与管理,用户可以按照类型选择合适的系统模块、获得系统模块的简单描述以及查找系统模块等,并且可以直接将模块库中的模块拖动或者复制到 Simulink 模型编辑器中。在图 14.1-3 中,左侧上方列出的是基本模块库,左侧下方列出的是扩展的专用模块库,右侧列出的是基本模块库图标。

　　1. 基本模块库

　　基本模块库是 Simulink 中最为基础、最为通用的模块库,它可以被应用到不同的专业领域中。基本模块库中又包括以下模块库:通用模块库(Commonly Used Blocks),连续系统模块库(Continuous),与仿真进行交互的控制和指示模块库(Dashboard),非线性系统模块库(Discontinuities),离散系统模块库(Discrete),逻辑和位操作模块库(Logic and Bit Operations),查找表模块库(Lookup Tables),数学函数模块库(Math Operations),模型检测模块库(Model Verification),模型扩展功能模块库(Model-Wide Utilities),端口和子系统模块库(Port & Subsystems),信号属性模块库(Signal Attributes),信号路由模块库(Signal Routing),输出池模块库(Sinks),信号源模块库(Sources),字符串操作模块库(String),自定义函数模块库(User-Defined Functions),附加的数学和离散函数模块库(Additional Math and Discrete),由建模常用模块构成的快速插入模块库(Quick Insert)。以上各个基本模块库中又都包括了若干子模块,限于篇幅,这里只介绍通用模块库中的子模块。

　　2. 通用模块库

　　通用模块库是由使用频率较高的模块组成的库,其子模块如图 14.1-4 所示。

　　其中,Integrator: 连续时间积分器模块,对输入信号关于连续时间积分。Discrets-Time

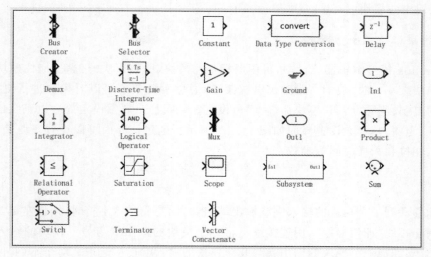

图 14.1-4　通用模块库

Integrator：离散时间积分器模块。Constant：常数模块，输出一个常数。Gain：增益模块，将输入信号乘上一个倍数输出。Sum：求和模块。Product：乘积运算模块。Relational Operator：关系运算模块。Logical Operator：逻辑运算模块。Switch：开关模块。Scope：示波器模块，显示输入信号的波形图。Data Type Conversion：数据类型转换模块。Saturation：饱和模块，用来限制输出信号的范围。Delay：延迟采样模块。In1：输入端口模块。Out1：输出端口模块。Mux：将相同数据类型的输入信号合并为向量。Demux：与 Mux 进行相反操作，将复合信号转化为多路信号。Bus Creator：基于输入信号创建总线信号。Bus Selector：从总线中选择信号。Vector Concatenate：串联相同数据类型的输入信号以生成连续输出信号。Ground：接地线模块，将未连接的输入端口接地。Terminator：终止模块。Subsystem：子系统模块。

14.2　Simulink 动态系统建模与仿真

14.2.1　我的第一个 Simulink 模型

【例 14.2-1】　对正弦信号积分，用示波器查看波形。

1. 新建 Simulink 模型

在如图 14.1-1 所示的 Simulink 开始页面上单击 Blank Model 图标 ，新建一个空白的 Simulink 模型，如图 14.1-2 所示。

2. 选择合适的模块

从模块库中选择合适的模块，拖动到空白模型窗口中，具体操作如下。

（1）从信号源模块库（Sources）中选择一个 Sine Wave 模块。

（2）从连续系统模块库（Continuous）中选择一个 Integrator 模块。

（3）从输出池模块库（Sinks）中选择两个 Scope 模块。

3．对模块进行调整

在 Simulink 模型编辑器窗口中，可用鼠标拖动模块，调整模块的位置，拖住模块的四个角可以调整模块大小，在模块上右击弹出右键菜单，通过右键菜单可以对模块进行更多的操作，包括模块的复制、删除、转向、模块命名、颜色设定、参数设定、属性设定等。以正弦信号源模块（Sine Wave）为例，其参数设置界面如图 14.2-1 所示。通过该界面可以设置正弦信号的幅值、偏移、频率、相位和采样时间等参数。

4．连接模块

把光标移动到一个模块的输入端或输出端，当光标变成"＋"字符时，按住左键，拖曳鼠标，就可以绘制连接线（即信号线），用连接线可将一个模块的输出端与另一模块的输入端连接起来，也可用分支线把一个模块的输出端与几个模块的输入端连接起来。对于本例，四个模块的连接方式如图 14.2-2 所示。

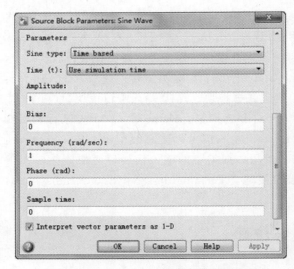

图 14.2-1　Sine Wave 模块参数设置界面

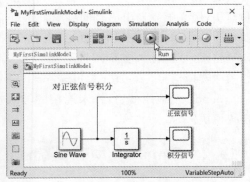

图 14.2-2　我的第一个 Simulink 模型

5．保存模型

单击模型编辑器窗口的保存按钮 🖫，把模型保存为 Simulink 模型文件"MyFirstSimulinkModel.slx"。

6．设置模型求解参数

单击模型编辑器窗口 Simulation 菜单下的 Model Configuration Parameters 选项，将弹出模型求解参数配置界面，如图 14.2-3 所示。

7．系统仿真

单击模型编辑器窗口 Simulation 菜单下的 Run 选项，或者单击"运行"图标 ▶，可以启动

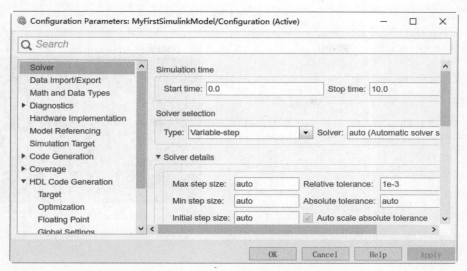

图 14.2-3 模型求解参数配置界面

系统仿真。

8. 查看仿真结果

双击模型中的示波器模块即可查看仿真结果,如图 14.2-4 所示。

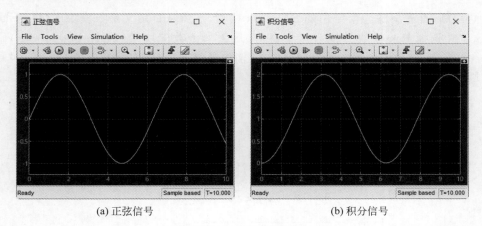

(a) 正弦信号 (b) 积分信号

图 14.2-4 模型仿真结果

9. 调整积分器模块参数

仔细观察不难发现,上述仿真结果是不对的,因为 $\int \sin(x)\,\mathrm{d}x = -\cos(x)$,在零时刻积分信号的值应该是 $-\cos(0) = -1$,而不是 0。错误的原因是积分模块(Integrator)的参数不正确。双击积分模块打开其参数设置界面,如图 14.2-5 所示。将模块的初始条件(Initial condition)由 0 改为 -1 即可解决问题,正确的仿真结果如图 14.2-6 所示。

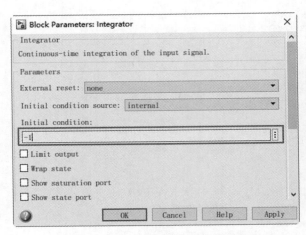

图 14.2-5　Integrator 模块参数设置界面

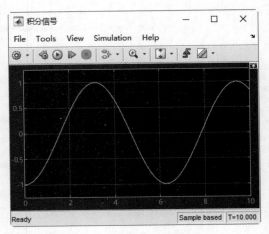

图 14.2-6　正确的积分信号

14.2.2　用 Simulink 模型解方程

【例 14.2-2】　搭建 Simulink 模型,求方程 $x^2-x-2=0$ 的根。

1. 搭建模型

如同前例,首先新建一个空白的 Simulink 模型,然后从自定义函数模块库(User-Defined Functions)中选择 Fcn 模块并拖入模型窗口,从数学函数模块库(Math Operations)中选择 Algebraic Constraint 模块并拖入模型窗口,从输出池模块库(Sinks)中选择 Display 模块并拖入模型窗口,然后按照如图 14.2-7 所示方式连接各模块。

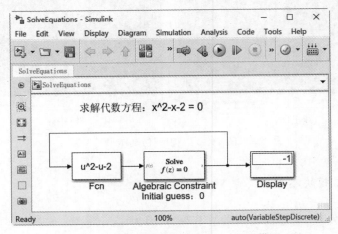

图 14.2-7　求解代数方程的 Simulink 模型

2. 设置模块参数

双击 Fcn 模块,在 Expression 编辑框中输入方程左端项 u^2−u−2,这里的 u 为模块的输入,即待解的变量 x。双击 Algebraic Constraint 模块,在 Initial guess 编辑框中输入变量初始值,默认初值为 0。初值对求解结果会有影响,若方程有多个解,不同的初值可能对应不同的解。

3. 模型求解

单击模型窗口工具栏中的运行图标 ⏵ ,即可完成模型求解,可在 Display 模块中查看求解结果。方程 $x^2-x-2=(x+1)(x-2)=0$ 理论上有两个解 $x_1=-1$,$x_2=2$,在默认初值条件下,模型只求出 $x=-1$,若把初值改为 5,则可求出另一个解。

14.3　建模案例选讲——猫追老鼠的 Simulink 动画仿真

14.3.1　问题描述

数学建模中有一个非常经典的问题:猫追老鼠问题(或海上缉私问题)。为了更加形象,这里从猫追老鼠的角度来描述这个问题。一只猫凭着敏锐的视觉发现其正东方向 c 米处有一只老鼠,该老鼠正沿着墙根以 b m/s 的速度向正北方向奔跑,猫立即以最大速度 a m/s 前往追捕。在猫追捕老鼠的过程中,猫前进的速度方向始终保持指向老鼠。对于这样一个有趣的数学建模问题,本节将建立它的微分方程模型,然后通过 Simulink 仿真的方式求解此模型,并用动画模拟猫追老鼠的全过程。

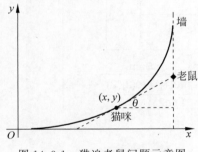

图 14.3-1　猫追老鼠问题示意图

14.3.2　建立数学模型

如图 14.3-1 所示,以猫的初始位置为原点,以猫和老鼠的初始位置的连线为 x 轴建立平面直角坐标系。设任意 t 时刻猫所在位置的坐标为 (x,y),此时老鼠所在位置的坐标为 (c,bt)。由于猫前进的速度方向始终保持指向老鼠,设 t 时刻猫的前进方向与 x 轴的夹角为 θ,则:

$$\frac{\mathrm{d}x}{\mathrm{d}t}=a\cos\theta, \qquad \frac{\mathrm{d}y}{\mathrm{d}t}=a\sin\theta$$

由几何关系可知:

$$\cos\theta=\frac{c-x}{\sqrt{(c-x)^2+(bt-y)^2}}$$

$$\sin\theta=\frac{bt-y}{\sqrt{(c-x)^2+(bt-y)^2}}$$

从而得到此问题的微分方程模型如下:

$$\begin{cases} \dfrac{\mathrm{d}x}{\mathrm{d}t}=\dfrac{a(c-x)}{\sqrt{(c-x)^2+(bt-y)^2}} \\[4mm] \dfrac{\mathrm{d}y}{\mathrm{d}t}=\dfrac{a(bt-y)}{\sqrt{(c-x)^2+(bt-y)^2}} \\[4mm] x(0)=0, \quad y(0)=0 \end{cases} \tag{14.3-1}$$

14.3.3 建立 Simulink 模型

Simulink 可用于求解式(14.3-1)所示的微分方程组模型。在 MATLAB 的 Simulink 环境下把求解微分方程组所用到的模块用线条连接起来，建立式(14.3-1)对应的 Simulink 模型，如图 14.3-2 所示。

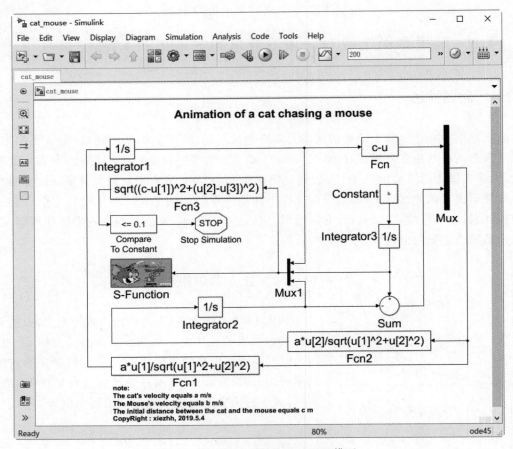

图 14.3-2　猫追老鼠的 Simulink 模型

在图 14.3-2 中，Integrator1 和 Integrator2 是积分器模块。将式(14.3-1)的第一个方程的右端项作为积分器模块 Integrator1 的输入端信号，这样该积分器模块的输出端信号就是 t 时刻猫所在位置的横坐标 $x(t)$。同样的，将式(14.3-1)的第二个方程的右端项作为积分器模块 Integrator2 的输入端信号，由该积分器模块的输出端可得 t 时刻猫所在位置的纵坐标 $y(t)$。积分器模块 Integrator1 的输出信号 $x(t)$ 经过函数模块 $c-u$ 的作用得到信号 $c-x$。常数 b 经过积分器模块 Integrator3 得到时间序列信号 bt。积分器模块 Integrator2 的输出信号 $y(t)$ 与时间序列信号 bt 经过求和模块得到信号 $bt-y$。把 $c-x$ 和 $bt-y$ 分别作为混路器模块的两个输入端信号，其输出端信号为混路后的向量信号，该向量信号再经过两个函数模块，分别得到式(14.3-1)中两个方程的右端项，然后再把这两个右端项分别作为积分器模块 Integrator1 和 Integrator2 的输入端信号，从而构成一个完整的回路。

【说明】 图 14.3-2 中已经标出了每个模块的名称，读者可以在模块库中找到这些模块，尝试搭建模型。在如图 14.1-3 所示的 Simulink 模块库浏览器界面左上角的搜索框中输入模块名称，可以快速查找相应模块。

14.3.4 设置模型求解参数

建立 Simulink 模型之后，还要设置模型求解参数，例如仿真起始时间、终止时间、迭代步长、模型求解算法等，这些参数均可通过界面操作完成。

单击模型编辑器窗口 Simulation 菜单下的 Model Configuration Parameters 选项，将弹出模型求解参数配置界面，如图 14.3-3 所示。

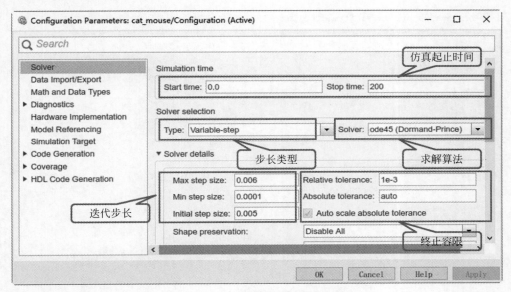

图 14.3-3 模型求解参数配置界面

14.3.5 编写动画模拟的 S-Function

为了实现动画模拟猫追老鼠的全过程，在图 14.3-2 所示的 Simulink 模型中加入 S-Function(S-函数)模块。

1. 什么是 S-Function

S-Function 是系统函数(system function)的简称，是指采用非图形化的方式(即计算机语言，区别于 Simulink 的系统模块)描述的一个功能块。通常可以采用 MATLAB 代码、C、C++、Fortran 或 Ada 等语言编写 S-Function。S-Function 由一种特定的语法构成，用来描述并实现连续系统、离散系统以及复合系统等动态系统；S-Function 能够接收来自 Simulink 求解器的相关信息，并对求解器发出的命令做出适当的响应，这种交互作用非常类似于 Simulink 系统模块与求解器的交互作用。

2. 什么情况下使用 S-Function

什么情况下才需要使用 S-Function 呢？当用户所要实现的任务或者功能不能通过现有模块库中的模块来实现，且即使组合现有模块也不能实现想要的功能时，就需要用户通过自己编写 S-Function 来封装自己的 C 语言算法或 M 语言算法，以非图形化的方式描述出一个自定义功能模块。

3. 编写 S-Function 的规则

编写 S-Function 有一套固定的规则，在 MATLAB 命令窗口运行命令 open sfuntmpl 可以打开 MATLAB 自带的 S-Function 模板 sfuntmpl.m，其源码如下：

```matlab
function [sys,x0,str,ts,simStateCompliance] = sfuntmpl(t,x,u,flag,p1,p2...)
% 一个 S-function 基本结构如下:
switch flag,                                    % 标志位作为开关条件
    case 0,                                      % Initialization %
        [sys,x0,str,ts,simStateCompliance] = mdlInitializeSizes;
    case 1,                                      % Derivatives %
        sys = mdlDerivatives(t,x,u);
    case 2,                                      % Update %
        sys = mdlUpdate(t,x,u);
    case 3,                                      % Outputs %
        sys = mdlOutputs(t,x,u);
    case 4,                                      % GetTimeOfNextVarHit %
        sys = mdlGetTimeOfNextVarHit(t,x,u);
    case 9,                                      % Terminate %
        sys = mdlTerminate(t,x,u);
    otherwise                                    % Unexpected flags %
        DAStudio.error( 'Simulink:blocks:unhandledFlag', num2str(flag));
end


% ================================================================
% mdlInitializeSizes 子函数
% 返回 S-function 的 sizes,初始条件和采样时间
% ================================================================
%
function [sys,x0,str,ts,simStateCompliance] = mdlInitializeSizes
% 调用 simsizes 来初始化 sizes 结构, 然后再转换成 sizes 数组
sizes = simsizes;                               % 获得系统默认的系统参数变量 sizes

sizes.NumContStates  = 0;                        % 连续状态的个数
sizes.NumDiscStates  = 0;                        % 离散状态的个数
sizes.NumOutputs     = 0;                        % 输出变量的个数
sizes.NumInputs      = 0;                        % 输入变量的个数
sizes.DirFeedthrough = 1;                        % 布尔变量,表示有无直接馈通,0 表示没有,1 表示有
sizes.NumSampleTimes = 1;                        % 至少需要一个采样时间,支持多采样系统

sys = simsizes(sizes);                           % 将结构体 sizes 赋值给 sys

x0  = [ ];                                        % 初始状态变量
str = [ ];                                        % 系统保留值,总为空矩阵
```

```
ts     = [0 0];                              % 初始化采样时间数组

% 模块 simStateComliance 的说明及允许取值如下:
%    'UnknownSimState', < 默认设置;预告和假定为 DefaultSimState
%    'DefaultSimState', < 与内联模块仿真状态相同
%    'HasNoSimState',  < 无仿真状态
%    'DisallowSimState'< 保存或恢复模型仿真状态时发生错误
simStateCompliance = 'UnknownSimState';

% =========================================================================
% mdlDerivatives 连续状态变量的更新子函数
% 返回连续状态的微分
% =========================================================================

function sys = mdlDerivatives(t,x,u)
sys = [ ];


% =========================================================================
% mdlUpdate 离散状态变量的更新子函数
% 处理离散状态更新,采样时间点,主时间步
% =========================================================================

function sys = mdlUpdate(t,x,u)
sys = [ ];


% =========================================================================
% mdlOutputs 系统结果输出子函数
% 返回模块输出
% =========================================================================

function sys = mdlOutputs(t,x,u)
sys = [ ];


% =========================================================================
% mdlGetTimeOfNextVarHit 计算下一个采样点的绝对时间的子函数
% 返回模块的下一个时间点,结果是绝对时间,只有在变采样时间时,这个函数才被调用,也就是当
% 初始化子函数中 ts = [-2 0]时,此子函数才起作用
% =========================================================================

function sys = mdlGetTimeOfNextVarHit(t,x,u)

sampleTime = 1;                              % 比如,设置下一个采样时间点为 1 秒以后
sys = t + sampleTime;


% =========================================================================
% mdlTerminate 结束仿真子函数
% 完成仿真结束需处理的任务
% =========================================================================

function sys = mdlTerminate(t,x,u)
sys = [ ];
```

该模板是由一个主函数和若干子函数构成的,主函数中通过 switch-case 结构自动选择需要调用的子函数,有关子函数的说明如表 14.3-1 所示。S-Function 的工作流程如图 14.3-4 所示。

表 14.3-1   S-Function 的回调方法及其子函数说明

仿真阶段	S-Function 回调方法	子 函 数	函 数 作 用
初始化阶段	初始化	mdlInitializeSizes	定义 S-Function 模块的基本特性,包括采样时间、连续或离散状态的初始条件和 sizes 数组
运行阶段	计算下一个采样点	mdlGetTimeofNextVarHit	计算下一个采样点的绝对时间,即在 mdlInitializeSizes 里说明了一个可变的离散采样时间
	计算输出	mdlOutputs	计算 S-Function 的输出
	更新离散状态	mdlUpdate	更新离散状态、采样时间和主时间步的要求
	计算导数	mdlDerivatives	计算连续状态变量的微分方程
	结束仿真	mdlTerminate	实现仿真任务的结束

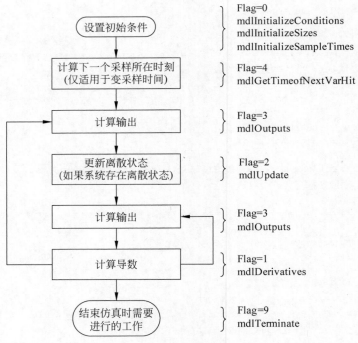

图 14.3-4   S-Function 的工作流程

S-Function 有多个输入参数和多个输出参数,它们的含义分别如表 14.3-2 和表 14.3-3 所示。

表 14.3-2   S-Function 输入参数及其说明

输 入 参 数	说 明
t	当前仿真时间。通常用于决定下一个采样时刻,或者在多采样速率系统中,用来区分不同的采样时刻点,并据此进行不同处理
x	状态向量。即使在系统中不存在状态时,这个参数也是必需的
u	输入向量
flag	标识符。控制在每个仿真阶段调用哪一个子函数,由 Simulink 在调用时自动取值
p1,p2…	可选参数。这是由用户根据功能需要,自动添加提供给 S-Function 的,可用于任何一个子函数中

表 14.3-3　S-Function 输出参数及其说明

输　出　参　数	说　　　　明
sys	通用的返回参数,其返回值的意义取决于 flag 的值
x0	初始状态值
str	保留值,必须设为空矩阵
ts	采样周期变量,两列分别表示采样时间间隔和偏移,即[Tperiod, Toffset]
simStateCompliance	当保存或恢复模型全部仿真状态时,说明如何处理这个 S-函数模块。其取值及说明见模板文件

4. 模拟猫追老鼠过程的 S-Function

对于如图 14.3-2 所示的 Simulink 模型,S-Function 模块是整个 Simulink 动态系统的核心。在 S-Function 模块上双击,将弹出 S-Function 模块的参数设置界面,如图 14.3-5 所示。

在 S-Function 模块的参数设置界面中,可以指定 S-Function 模块所对应的 S-Function 及其额外的参数。这里指定 S-Function 的函数名为 sfun_catmouse,其流程图如图 14.3-6 所示,源代码如下:

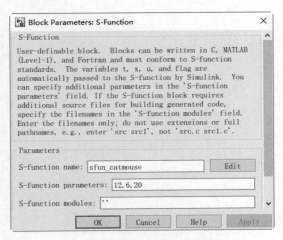

图 14.3-5　S-Function 模块参数设置界面

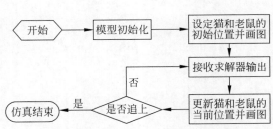

图 14.3-6　S-Function 的流程图

```
function [sys,x0,str,ts] = sfun_catmouse(t,x,u,flag,a,b,c)
% 猫追老鼠的 Simulink 仿真
% 绘制演示动画的 S-Function
% 2019.5.4 修改,xiezhh(谢中华)
% a:猫的速度,b:老鼠的速度,c:猫鼠初始距离
switch flag
    case 0
        [sys,x0,str,ts] = mdlInitializeSizes(a,b,c);        % 初始化
    case 3
        sys = mdlOutputs(t,x,u,c);
    case 9
        sys = mdlTerminate;
    case { 1, 2, 4 }
        sys = [ ];
```

```
        otherwise
            error('Unhandled flag');
end

function [sys,x0,str,ts] = mdlInitializeSizes(a,b,c)
%  初始化子函数
sizes = simsizes;
sizes.NumContStates   = 0;
sizes.NumDiscStates   = 0;
sizes.NumOutputs      = 0;
sizes.NumInputs       = -1;
sizes.DirFeedthrough = 1;
sizes.NumSampleTimes = 1;
sys = simsizes(sizes);
str = [ ];
x0 = [ ];
ts  = [-1 0];
if a < b                                    %  如果猫没有老鼠跑得快,则不进行模拟
    return
end
maxy = 0.85 * b * c/(a - b);
%  图形初始化
OldHandle = findobj('Type','figure','Tag','catmouse');
if ishandle( OldHandle )
    close( OldHandle );
end
fig = figure('units','normalized',...
    'position',[0.25,0.2,0.5,0.6],...
    'name','猫追老鼠的 Simulink 仿真',...
    'numbertitle','off',...
    'color',[0.8 0.8 0.8],...
    'tag','catmouse');
ax = axes('parent',fig,...
    'position',[0.03 0.1 0.8 0.8]);
hpoint1 = line(0,0,'Color',[0 0 1],...
    'Marker','.',...
    'MarkerSize',40,...
    'parent',ax);
hpoint2 = line(c,0,'MarkerFaceColor',[0 1 0],...
    'Marker','h',...
    'MarkerSize',15,...
    'parent',ax);
hline = line(0,0,'Color',[1 0 0],...
    'linewidth',2,...
    'parent',ax);
line([c,c],[0,maxy],'LineWidth',2);
hcat = text(-0.8,0,'猫','FontSize',12);
hmouse = text(c+0.3,0,'鼠','FontSize',12);
uicontrol(fig,'style','text',...
    'units','normalized',...
    'position',[0.81 0.2 0.15 0.05],...
```

```
    'string','时间:','fontsize',13,...
    'fontweight','bold',...
    'backgroundcolor',[0.8 0.8 0.8],...
    'HorizontalAlignment','left');
hedit = uicontrol(fig,'style','edit',...
    'units','normalized',...
    'position',[0.81 0.1 0.15 0.08],...
    'fontsize',13,'string','0 秒',...
    'backgroundcolor',[1 1 1]);
axis equal
axis([0,c+1,0,maxy])
title('猫追老鼠的动画演示','FontSize',15,...
    'FontWeight','Bold')
xlabel('X');
ylabel('Y');
setappdata(fig,'handles',...
    [hpoint1,hpoint2,hline,hcat,hmouse,hedit]);
setappdata(fig,'xdata',0);
setappdata(fig,'ydata',0);
drawnow;

function sys = mdlOutputs(t,~,u,c)
sys = [];
fig = findobj('Type','figure',...
    'Tag','catmouse');
if ~isempty(fig)
    h = getappdata(fig,'handles');
    hpoint1 = h(1);
    hpoint2 = h(2);
    hline = h(3);
    hc = h(4);
    hm = h(5);
    hedit = h(6);
    xdata = [getappdata(fig,'xdata');u(1)];
    ydata = [getappdata(fig,'ydata');u(3)];
    set(hpoint1,'xdata',u(1),'ydata',u(3));
    set(hpoint2,'xdata',c,'ydata',u(2));
    set(hline,'xdata',xdata,'ydata',ydata);
    set(hc,'position',[u(1)-0.8,u(3),0]);
    set(hm,'position',[c+0.3,u(2),0]);
    set(hedit,'string',[num2str(t),'秒']);
    setappdata(fig,'xdata',xdata);
    setappdata(fig,'ydata',ydata);
    drawnow;
else
    return;
end

function sys = mdlTerminate
sys = [];
```

14.3.6 模型求解与实时仿真

完成以上工作之后,就可进行模型的求解和实时仿真了。模型中涉及 3 个参数:猫的速度 a(m/s)、老鼠的速度 b(m/s)、猫与老鼠的初始距离 c(m)。这里假定 $a=12$,$b=6$,$c=20$,在 MATLAB 命令行窗口运行如下命令:

```
>> a = 12;b = 6;c = 20;
```

然后在 MATLAB 的 Simulink 环境下对如图 14.3-2 所示的 Simulink 模型进行仿真,即可求得任意 t 时刻猫和老鼠所在位置的坐标,并以动画形式对猫追老鼠的过程进行仿真。这里给出仿真过程中不同时刻的几张截图,如图 14.3-7 所示。图 14.3-7(d)给出了猫追老鼠过程中猫和老鼠的行走轨迹,可以看出,在 $a=12$,$b=6$,$c=20$ 的假定下,猫用时 2.207s 成功追上了老鼠。

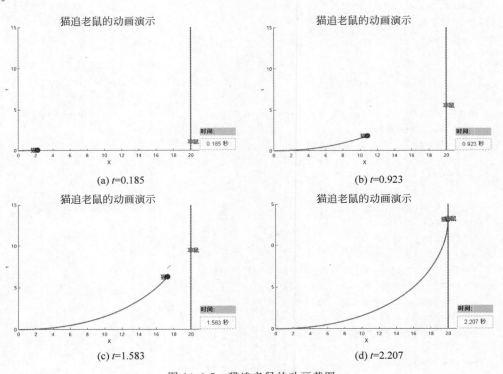

图 14.3-7   猫追老鼠的动画截图

14.3.7 总结

本案例建立了猫追老鼠的微分方程模型,在 MATLAB 软件的 Simulink 环境下构建了此微分方程模型所对应的 Simulink 模型,并进行了动画仿真。相对于微分方程组的其他数值解法(参见 6.3.1 节),利用 Simulink 模型进行仿真求解具有快速、准确和直观的优点,并且仿真的过程是实时的、可控的。

几乎每一个人在学习数学类课程的时候,都会有一定的疑惑:数学挺难,学习数学有什么用? 数学的难体现在大多数的数学知识都很抽象,让人很难联系实际。其实数学正是来源于实际,是从实际中抽象出来的。如果能够尝试用抽象的数学知识去解决实际问题,一切将变得具象起来,数学会变得更有意思,数学的学习也会更简单,这也正是数学建模课程所要达到的目标。本章的主要任务是带领大家用数学知识去解决全国大学生数学建模竞赛赛题中给出的实际问题,限于篇幅,本章只介绍其中的两个真题,更多的数学建模竞赛赛题可从"全国大学生数学建模竞赛"官网下载。

15.1 储油罐的变位识别与罐容表标定

这是 2010 年全国大学生数学建模竞赛 A 题。

15.1.1 问题描述

通常加油站都有若干储存燃油的地下储油罐,并且一般都有与之配套的"油位计量管理系统",采用流量计和油位计来测量进/出油量与罐内油位高度等数据,通过预先标定的罐容表(即罐内油位高度与储油量的对应关系)进行实时计算,以得到罐内油位高度和储油量的变化情况。

许多储油罐在使用一段时间后,由于地基变形等原因,使罐体的位置会发生纵向倾斜和横向偏转等变化(以下称为变位),从而导致罐容表发生改变。按照有关规定,需要定期对罐容表进行重新标定。图 15.1-1 是一种典型的储油罐尺寸及形状示意图,其主体为圆柱体,两端为球冠体。图 15.1-2 是其罐体纵向倾斜变位的示意图,图 15.1-3 是罐体横向偏转变位的截面示意图。

请你们用数学建模方法研究解决储油罐的变位识别与罐容表标定的问题。

(1)为了掌握罐体变位后对罐容表的影响,利用如图 15.1-4 所示的小椭圆形储油罐(两端平头的椭圆柱体),分别对罐体无变位和倾斜角为 $\alpha=4.1°$ 的纵向变位两种情况做了实验,实验数据为"问题 A 附件 1:实验采集数据表"(见配套资源)。请建立数学模型研究罐体变位后对罐容表的影响,

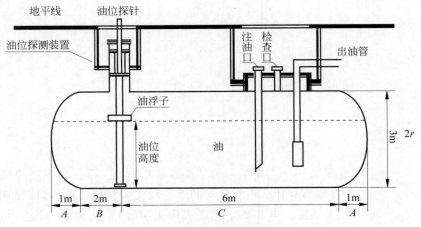

图 15.1-1　储油罐正面示意图

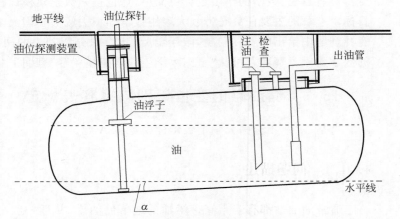

图 15.1-2　储油罐纵向倾斜变位后示意图

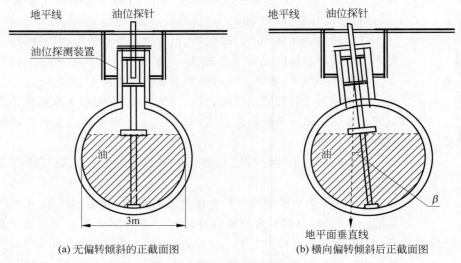

(a) 无偏转倾斜的正截面图　　　　　(b) 横向偏转倾斜后正截面图

图 15.1-3　储油罐截面示意图

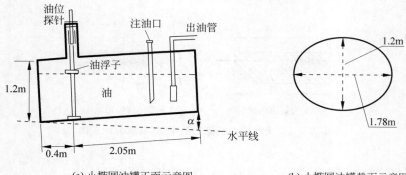

(a) 小椭圆油罐正面示意图　　　　　(b) 小椭圆油罐截面示意图

图 15.1-4　小椭圆形油罐形状及尺寸示意图

并给出罐体变位后油位高度间隔为 1cm 的罐容表标定值。

（2）对于如图 15.1-1 所示的实际储油罐，试建立罐体变位后标定罐容表的数学模型，即罐内储油量与油位高度及变位参数（纵向倾斜角度 α 和横向偏转角度 β）之间的一般关系。请利用罐体变位后在进/出油过程中的"问题 A 附件 2：实际采集数据表"（见配套资源），根据你们所建立的数学模型确定变位参数，并给出罐体变位后油位高度间隔为 10cm 的罐容表标定值。进一步利用"问题 A 附件 2：实际采集数据表"（见配套资源）来分析检验你们模型的正确性与方法的可靠性。

15.1.2　问题分析

针对问题一，罐体无变位是一种比较理想化的情况，建模相对简单。首先建立空间直角坐标系，然后利用微元法，建立罐体内油的容积关于油位高度的一重积分模型。当罐体有纵向变位时，需要对油位高度分情况讨论，因为不同的油位高度对应的油体形状存在较大的差异，最终可建立油的容积关于油位高度及纵向倾斜角度的二重积分模型。

针对问题二，先只考虑纵向倾斜，将倾斜后罐体内的油量分为罐左（左球冠）、罐中（圆柱体）、罐右（右球冠）三部分考虑。在空间直角坐标系中，建立曲面方程，利用微元法求出各部分油的体积，然后再考虑横向偏转对测量高度的影响。最后得到储油罐内的总油量与油位高度、纵向倾斜角度、横向偏转角之间的关系模型。最后利用"问题 A 附件 2：实际采集数据表"（见配套资源），用数据拟合的方法求出纵向倾斜角度和横向偏转角。

15.1.3　问题一模型建立

1. 无变位情形

如图 15.1-5 所示，以过椭圆形油罐正中心，平行于罐体的直线为 x 轴，以过油位探针的直线为 y 轴，建立空间直角坐标系。xOy 平面如图 15.1-5(a) 所示，z 轴垂直于 xOy 平面并满足右手系法则。

油罐的侧壁为一椭圆柱面，其方程为 $\dfrac{y^2}{b^2}+\dfrac{z^2}{a^2}=1$。当油位高度为 h 时，如图 15.1-5(b) 所示的横向截面中阴影区域的面积为 $2a\displaystyle\int_{-b}^{h-b}\sqrt{1-\dfrac{y^2}{b^2}}\,\mathrm{d}y$，从而可得油罐内油的容积为：

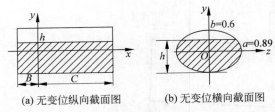

(a) 无变位纵向截面图　　　　(b) 无变位横向截面图

图 15.1-5　无变位小椭圆形油罐纵、横截面示意图

$$V(h) = 2a(B+C)\int_{-b}^{h-b} \sqrt{1 - \frac{y^2}{b^2}}\,\mathrm{d}y \tag{15.1-1}$$

2. 有纵向变位情形

如图 15.1-6(a)所示，当椭圆形油罐存在纵向变位时，分油量适中、油量过少和油量过多三种情况计算油量。

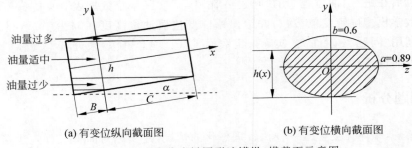

(a) 有变位纵向截面图　　　　(b) 有变位横向截面图

图 15.1-6　有变位小椭圆形油罐纵、横截面示意图

（1）油量适中时。

如图 15.1-7(a)所示，当有纵向变位小椭圆形油罐内油量适中时，有 $C\tan\alpha \leqslant h \leqslant 2b - B\tan\alpha$。在任意 x 处（$-B \leqslant x \leqslant C$）用垂直于 x 轴的平面去截油罐体，所得截面如图 15.1-6(b)所示，x 处对应的油位高度为 $h(x) = h - x\tan\alpha$，从而可得油罐内油的容积为：

$$V(h,\alpha) = 2a\int_{-B}^{C}\mathrm{d}x\int_{-b}^{h-x\tan\alpha-b} \sqrt{1 - \frac{y^2}{b^2}}\,\mathrm{d}y \tag{15.1-2}$$

（2）油量过少时。

如图 15.1-7(b)所示，当油量过少时，有 $0 \leqslant h \leqslant C\tan\alpha$，只需将式(15.1-2)中外层积分的积分上限修改为 $h\cot\alpha$ 即可，此时油罐内油的容积为：

$$V(h,\alpha) = 2a\int_{-B}^{h\cot\alpha}\mathrm{d}x\int_{-b}^{h-x\tan\alpha-b} \sqrt{1 - \frac{y^2}{b^2}}\,\mathrm{d}y \tag{15.1-3}$$

（3）油量过多时。

如图 15.1-7(c)所示，当油量过多时，有 $2b - B\tan\alpha \leqslant h \leqslant 2b$，此时油罐左侧将有一部分处于充满油的状态，这部分的形状为椭圆柱体，其底面积为 πab，高度为 $B - (2b-h)\cot\alpha$。因此可得此时油罐内油的容积为：

$$V(h,\alpha) = \pi ab(B - (2b-h)\cot\alpha) + 2a\int_{(h-2b)\cot\alpha}^{C}\mathrm{d}x\int_{-b}^{h-x\tan\alpha-b} \sqrt{1 - \frac{y^2}{b^2}}\,\mathrm{d}y \tag{15.1-4}$$

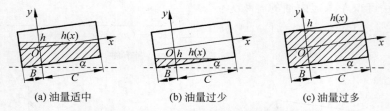

图 15.1-7 有变位小椭圆形油罐不同油量示意图

(a) 油量适中　　　　(b) 油量过少　　　　(c) 油量过多

15.1.4 问题二模型建立

将罐体内燃油分为罐左(左球冠)、罐中(圆柱体)和罐右(右球冠)三部分,分别计算油量,然后累加。计算过程中先考虑纵向倾斜,再考虑横向偏转。

1. 纵向倾斜

首先考虑只有纵向倾斜角 α 时,储油罐内总油量 V 与油位高度 h 和纵向倾斜角 α 之间的关系模型 $V=V(h,\alpha)$。

(1) 罐中油量。

罐中部分是一个圆柱体,油量计算方法与问题一类似,计算公式如下。

① 油量适中时,$C\tan\alpha \leqslant h \leqslant 2r-B\tan\alpha$:

$$V_m(h,\alpha) = 2\int_{-B}^{C} \mathrm{d}x \int_{-r}^{h-x\tan\alpha-r} \sqrt{r^2-y^2}\,\mathrm{d}y \tag{15.1-5}$$

② 油量过少时,$0 \leqslant h \leqslant C\tan\alpha$:

$$V_m(h,\alpha) = 2\int_{-B}^{h\cot\alpha} \mathrm{d}x \int_{-r}^{h-x\tan\alpha-r} \sqrt{r^2-y^2}\,\mathrm{d}y \tag{15.1-6}$$

③ 油量过多时,$2r-B\tan\alpha \leqslant h \leqslant 2r$:

$$V_m(h,\alpha) = \pi r^2(B-(2r-h)\cot\alpha) + 2\int_{(h-2r)\cot\alpha}^{C} \mathrm{d}x \int_{-r}^{h-x\tan\alpha-r} \sqrt{r^2-y^2}\,\mathrm{d}y \tag{15.1-7}$$

(2) 左球冠油量。

① 油量适中或过少时,如图 15.1-8 所示,将原空间直角坐标系进行平移,并使 xOy 平面绕 z 轴顺时针旋转 α 角,得到新坐标平面 $x'Oy'$,z' 轴垂直于 $x'Oy'$ 平面并满足右手系法则。由球冠尺寸可得球冠所在球面半径为 $R=\dfrac{A}{2}+\dfrac{r^2}{2A}$,在 xOy 平面内球心坐标为 $(x_0,y_0)=$ $\left(\dfrac{r^2}{2A}-\dfrac{A}{2}-B,0\right)$,由坐标旋转公式可知,在 $x'Oy'$ 平面内球心坐标为 $(x'_0,y'_0)=(x_0+B,y_0+$ $r)\begin{pmatrix}\cos\alpha & \sin\alpha \\ -\sin\alpha & \cos\alpha\end{pmatrix}$,即:

$$x'_0 = \left(\frac{r^2}{2A}-\frac{A}{2}\right)\cos\alpha - r\sin\alpha, \quad y'_0 = \left(\frac{r^2}{2A}-\frac{A}{2}\right)\sin\alpha + r\cos\alpha$$

可得球面方程为 $(z'-z'_0)^2 + (x'-x'_0)^2 + (y'-y'_0)^2 = R^2$。在新坐标系中,过原点与原坐标系的 xOy 平面平行的平面方程为 $y'=-x'\cot\alpha$。

在任意 y' 处 $(0 \leqslant y' \leqslant h\cos\alpha + B\sin\alpha)$ 用垂直于 y' 轴的平面截球冠,得截面图形如图 15.1-9

所示。由微元法可得左球冠内油的容积为：

$$V_l(h,\alpha) = 2\int_0^{h\cos\alpha+B\sin\alpha} \mathrm{d}y' \int_{x'_0-\sqrt{R^2-(y'-y'_0)^2}}^{-y'\tan\alpha} \sqrt{R^2-(x'-x'_0)^2-(y'-y'_0)^2}\,\mathrm{d}x'$$

(15.1-8)

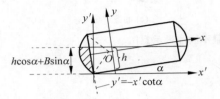

图 15.1-8　左球冠油量示意图

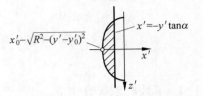

图 15.1-9　左球冠俯视图

② 油量过多时，左球冠充满燃油，此时左球冠内油量为：

$$V_l(h,\alpha) = \pi A^2\left(R - \frac{A}{3}\right) = \pi A^2\left(\frac{A}{6} + \frac{r^2}{2A}\right)$$

(15.1-9)

（3）右球冠油量。

① 油量适中或过多时，如图 15.1-10 所示，将原空间直角坐标系进行平移，并使 xOy 平面绕 z 轴顺时针旋转 α 角，得到新坐标平面 $x'Oy'$，z' 轴垂直于 $x'Oy'$ 平面并满足右手系法则。由球冠尺寸可得球冠所在球面半径为 $R = \dfrac{A}{2} + \dfrac{r^2}{2A}$，在 xOy 平面内球心坐标为 $(x_0, y_0) = \left(C + \dfrac{A}{2} - \dfrac{r^2}{2A}, 0\right)$，由坐标旋转公式可知，在 $x'Oy'$ 平面内球心坐标为 $(x'_0, y'_0) = (x_0 - C, y_0 + r)\begin{pmatrix} \cos\alpha & \sin\alpha \\ -\sin\alpha & \cos\alpha \end{pmatrix}$，即：

$$x'_0 = \left(\frac{A}{2} - \frac{r^2}{2A}\right)\cos\alpha - r\sin\alpha, \quad y'_0 = \left(\frac{A}{2} - \frac{r^2}{2A}\right)\sin\alpha + r\cos\alpha$$

可得球面方程为 $(z'-z'_0)^2 + (x'-x'_0)^2 + (y'-y'_0)^2 = R^2$。在新坐标系中，过原点与原坐标系的 xOy 平面平行的平面方程为 $y' = -x'\cot\alpha$。

在任意 y' 处（$0 \leqslant y' \leqslant h\cos\alpha - C\sin\alpha$）用垂直于 y' 轴的平面截球冠，得截面图形如图 15.1-11 所示。由微元法可得右球冠内油的容积为：

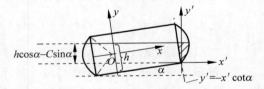

图 15.1-10　右球冠油量示意图

$$V_r(h,\alpha) = 2\int_0^{h\cos\alpha-C\sin\alpha} \mathrm{d}y' \int_{-y'\tan\alpha}^{x'_0+\sqrt{R^2-(y'-y'_0)^2}} \sqrt{R^2-(x'-x'_0)^2-(y'-y'_0)^2}\,\mathrm{d}x'$$

(15.1-10)

② 油量过少时，右球冠内没有燃油，此时右球冠内油量 $V_r(h,\alpha)=0$。

（4）总油量。

若只考虑纵向倾斜，储油罐内总油量 V 与油位高度 h 和纵向倾斜角 α 之间的关系模型为：

$$V(h,\alpha) = V_l(h,\alpha) + V_m(h,\alpha) + V_r(h,\alpha)$$

(15.1-11)

2. 横向偏转

在纵向倾斜的基础上，考虑横向偏转角 β 对油位计读数的影响。如图 15.1-12 所示，记有横向偏转角 β 时油位计读数为 h'，实际油位高度记为 h，则有 $\dfrac{h-r}{h'-r}=\cos\beta$，于是：

$$h = r + (h' - r)\cos\beta \tag{15.1-12}$$

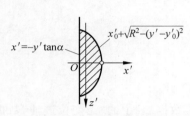
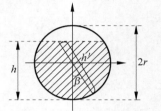

图 15.1-11　右球冠俯视图　　　　　　图 15.1-12　横向偏转示意图

将式(15.1-12)带入式(15.1-5)～式(15.1-12)中，得到同时考虑纵向倾斜和横向偏转的储油量模型如下：

$$V(h', \alpha, \beta) = V_l(h', \alpha, \beta) + V_m(h', \alpha, \beta) + V_r(h', \alpha, \beta) \tag{15.1-13}$$

15.1.5　问题一模型求解

1. 编写通用函数

当椭圆型储油罐的纵向倾斜角 $\alpha = 0$ 时，模型式(15.1-2)和模型式(15.1-1)是一致的，因此可将无变位情形看作是有变位情形的特殊情况。下面根据有变位情形下的油量与油位高度及纵向倾斜角的关系模型编写 MATLAB 函数，代码如下：

```
function V = OilVolumnFun1(Alp,h,a,b,B,C)
% 第一问:有变位时油量与倾斜角度及油位高度的关系函数,针对小椭圆形储油罐(两端平头的椭圆柱体)
% Alp ---- 纵向倾斜角度(单位为°)
% h ---- 油位高度(单位:m)
% a ---- 油罐截面椭圆长半轴(单位:m)
% b ---- 油罐截面椭圆短半轴(单位:m)
% B ---- 探针位置参数B(单位:m)
% C ---- 探针位置参数C(单位:m)
% V ---- 油罐内油量(单位:m³)

tcot = cotd(Alp);
ttan = tand(Alp);

V = zeros(size(h));
for i = 1:numel(h)
    if h(i) >= 0 && h(i) <= C * ttan
        % 油量过少时的油量计算方法
        V(i) = 2 * a * integral2(@(x,y)sqrt(1 - y.^2/b^2),...
            - B,h(i) * tcot, - b,@(x)h(i) - x * ttan - b);
```

```
    elseif h(i) > C * ttan && h(i) <= 2 * b - B * ttan
        % 油量适中时的油量计算方法
        V(i) = 2 * a * integral2(@(x,y)sqrt(1 - y.^2/b^2),...
            - B,C, - b,@(x)(h(i) - x * ttan) - b);
    elseif h(i) > 2 * b - B * ttan && h(i) <= 2 * b
        % 油量过多时的油量计算方法
        V(i) = pi * a * b * (B - (2 * b - h(i)) * tcot) + ...
            2 * a * integral2(@(x,y)sqrt(1 - y.^2/b^2),...
            (h(i) - 2 * b) * tcot,C, - b,@(x)h(i) - x * ttan - b);
    end
end
V = V(:);
```

2. 无变位情形

对于无变位情形,读取"问题 A 附件 1:实验采集数据表"中的"无变位进油"数据,把相关参数及读取的油位高度值代入油量计算函数可得不同油位高度对应的油量,然后通过图形比较真实油量与理论值的差异。相应的 MATLAB 代码如下:

```
>> Alp = 0;                                              % 纵向倾斜角
>> a = 0.89;                                             % 油罐截面椭圆长半轴
>> b = 0.6;                                              % 油罐截面椭圆短半轴
>> B = 0.4;                                              % 探针位置参数 B
>> C = 2.05;                                             % 探针位置参数 C
>> data = xlsread('问题 A 附件 1:实验采集数据表.xls',1);   % 读取数据
>> h = data(:,4)/1000;                                   % 油位高度
>> Vreal = data(:,3) + 262;                              % 油量(实测值)
>> Vcal = 1000 * OilVolumnFun1(Alp,h,a,b,B,C);           % 油量(理论值)

>> figure;                                               % 新建图窗
>> plot(h,Vreal, 'k');                                   % 真实油量曲线
>> hold on;                                              % 图形保持
>> plot(h,Vcal, 'k-- ');                                 % 理论油量曲线
>> legend('实测值','理论值','Location','NorthWest');      % 图例
>> title('无变位油罐油位高度与罐容关系曲线');              % 标题
>> xlabel('油位高度 h/m');                               % x 轴标签
>> ylabel('油量/L');                                     % y 轴标签
```

真实油量与理论值的差异如图 15.1-13(a)所示。

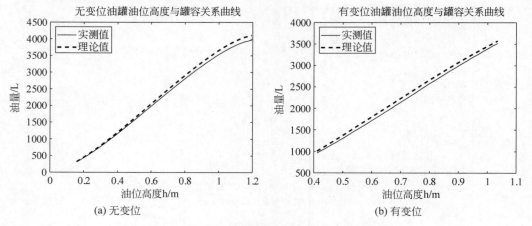

(a) 无变位　　　　　　　　　　　　　　　(b) 有变位

图 15.1-13　小椭圆形储油罐罐容与油位高度的关系曲线

3. 有纵向变位情形

对于有纵向变位情形,读取"问题 A 附件 1:实验采集数据表"中的"倾斜变位进油"数据,把相关参数及附件中读取的油位高度值代入油量计算函数可得不同油位高度对应的油量,然后通过图形比较真实油量与理论值的差异(如图 15.1-13(b)所示)。相应的 MATLAB 代码如下:

```
>> Alp = 4.1;                                          % 纵向倾斜角
>> a = 0.89;                                           % 油罐截面椭圆长半轴
>> b = 0.6;                                            % 油罐截面椭圆短半轴
>> B = 0.4;                                            % 探针位置参数 B
>> C = 2.05;                                           % 探针位置参数 C
>> data = xlsread('问题 A 附件 1:实验采集数据表.xls',3);     % 读取数据
>> h = data(:,4)/1000;                                 % 油位高度
>> Vreal = data(:,3) + 215;                            % 油量(实测值)
>> Vcal = 1000 * OilVolumeFun1(Alp,h,a,b,B,C);         % 油量(理论值)

>> figure;                                             % 新建图窗
>> plot(h,Vreal,'k');                                  % 真实油量曲线
>> hold on;                                            % 图形保持
>> plot(h,Vcal,'k--');                                 % 理论油量曲线
>> legend('实测值','理论值','Location','NorthWest');    % 图例
>> title('有变位油罐油位高度与罐容关系曲线');             % 标题
>> xlabel('油位高度 h/m');                              % x 轴标签
>> ylabel('油量/L');                                   % y 轴标签
```

15.1.6　问题二模型求解

1. 编写通用函数

类似于问题一,首先根据总油量 V 与油位计读数 h'、纵向倾斜角 α 和横向偏转角 β 之间的关系模型(式(15.1-5)~式(15.1-13))编写计算油量的通用函数。

```
function V = oilVolumnFun2(Alp,Bet,h,r,A,B,C)
% 第二问:有变位时油量与变位角度及油位高度的关系函数,针对实际储油罐(两端为球冠的圆柱体)
%  Alp ---- 纵向倾斜角度(单位为°)
%  Bet ---- 横向偏转角度(单位为°)
%  h   ---- 油位计显示的油位高度(单位:m)
%  r   ---- 油罐截面圆半径(单位:m)
%  A   ---- 球冠高度(单位:m)
%  B   ---- 探针位置参数 B(单位:m)
%  C   ---- 探针位置参数 C(单位:m)
%  V   ---- 油罐内油量(单位:m³)

R = A/2 + r^2/(2 * A);                      % 球冠所在球面半径
a1 = (R - A) * cosd(Alp) - r * sind(Alp);   % 左球冠球心坐标
b1 = (R - A) * sind(Alp) + r * cosd(Alp);   % 左球冠球心坐标
a2 = (A - R) * cosd(Alp) - r * sind(Alp);   % 右球冠球心坐标
b2 = (A - R) * sind(Alp) + r * cosd(Alp);   % 右球冠球心坐标

V = zeros(size(h));
for i = 1:numel(h)
```

```
    H = r + (h(i) - r) * cosd(Bet);                    % 实际油位高度
    % 左球冠油量
    if H >= 0 && H <= 2 * r - B * tand(Alp)
        % 油量适中或过少时
        Vleft = 2 * integral2(@(y,x)sqrt(R^2 - (x - a1).^2 - (y - b1).^2),...
            0,H * cosd(Alp) + B * sind(Alp),...
            @(y)a1 - sqrt(R^2 - (y - b1).^2),@(y) - y * tand(Alp));
    elseif H > 2 * r - B * tand(Alp) && H <= 2 * r
        % 油量过多时
        Vleft = pi * A^2 * (A/6 + r^2/(2 * A));
    end
    % 右球冠油量
    if H >= 0 && H <= C * tand(Alp)
        % 油量过少时
        Vright = 0;
    elseif H > C * tand(Alp) && H <= 2 * r
        % 油量适中或过多时
        Vright = 2 * integral2(@(y,x)sqrt(R^2 - (x - a2).^2 - (y - b2).^2),...
            0,H * cosd(Alp) - C * sind(Alp),...
            @(y) - y * tand(Alp),@(y)a2 + sqrt(R^2 - (y - b2).^2));
    end
    % 中间油量
    Vmid = OilVolumnFun1(Alp,H,r,r,B,C);
    V(i) = Vleft + Vmid + Vright;                       % 总油量
end
V = V(:);
```

2. 求解纵向倾斜角度和横向偏转角度

"问题 A 附件 2：实际采集数据表"中给出的是有变位的实际储油罐在进/出油过程中的实际检测数据，包括 $n = 600$ 个时刻的进油量、出油量和油位显示高度等数据。这里用 h_1，$h_2, \cdots, h_n$ 表示各时刻油位计显示的油位高度，用 $u_1, u_2, \cdots, u_n$ 表示各时刻的实际出油量，把 $h_1, h_2, \cdots, h_n$ 代入式（15.1-13）可得各时刻的理论油量 $V(h_1, \alpha, \beta), V(h_2, \alpha, \beta), \cdots, V(h_n, \alpha, \beta)$，从而可得各时刻（从第二个时刻开始）的理论出油量如下：

$$\Delta V_i(\alpha, \beta) = V(h_{i-1}, \alpha, \beta) - V(h_i, \alpha, \beta), \quad i = 2, 3, \cdots, n$$

确定纵向倾斜角度 α 和横向偏转角度 β，应使理论出油量与实际出油量相吻合，从而建立求解 α 和 β 的最优化模型如下：

$$\min Q(\alpha, \beta) = \sum_{i=2}^{n} \left[\Delta V_i(\alpha, \beta) - u_i \right]^2 \tag{15.1-14}$$

将"问题 A 附件 2：实际采集数据表"中的数据分为两部分，补充进油之前的 300 组数据用来求解 α 和 β 的估计值，补充进油之后的 300 组数据用来对模型进行检验。将补充进油之前的 300 组 h_i 和 u_i 的数据代入式（15.1-14），调用 fminunc 函数求解 α 和 β，相应的 MATLAB 代码及结果如下：

```
>> A = 1;                                              % 球冠高度
>> B = 2;                                              % 探针位置参数 B
>> C = 6;                                              % 探针位置参数 C
>> r = 1.5;                                            % 油罐截面圆半径
>> data = xlsread('问题 A 附件 2:实际采集数据表.xls',1);    % 读取数据
>> h = data(:,5)/1000;                                 % 油位计显示的油位高度
```

```
>> u = data(1:end,4)/1000;                              % 出油量数据
>> h_top = h(1:301);                                    % 前 301 个油位高度
>> u_top = u(2:301);                                    % 前 300 个出油量
>> Vfun = @(Alp,Bet)OilVolumnFun2(Alp,Bet,h_top,r,A,B,C);   % 理论油量
>> DV = @(Alp,Bet) − diff(Vfun(Alp,Bet));               % 理论出油量
>> ObjFun = @(Angle)sum((DV(Angle(1),Angle(2)) − u_top).^2); % 目标函数
>> [Alp_Bet,fval] = fminunc(ObjFun,[2,2])               % 求解最优化问题
Alp_Bet =
    2.1275    4.2520
fval =
    2.4467e − 04
```

由以上结果可知 $\alpha \approx 2.13°,\beta \approx 4.25°$。

3. 绘制储油量与油位高度的关系曲线

下面绘制油位计显示的储油量与油位高度的关系曲线，以及理论计算的储油量与油位高度的关系曲线，如图 15.1-14 所示。

```
>> hnew = linspace(0,3,60);                             % 定义新的油位高度向量
% 计算理论油量
>> Vnew = 1000 * OilVolumnFun2(Alp_Bet(1),Alp_Bet(2),hnew,r,A,B,C);
>> V = data(:,6);                                       % 数据表中给出的显示油量
>> [hs,id] = sort(h);                                   % 对油位高度值进行排序
>> figure;                                              % 新建图窗
>> plot(hs,V(id),'k',hnew,Vnew, 'k − − ')               % 绘制油位高度曲线
>> xlabel('油位高度 h/m');                              % x 轴标签
>> ylabel('储油量 V/L');                                % y 轴标签
>> legend('显示油量', '理论油量', 'Location', 'NorthWest')  % 图例
```

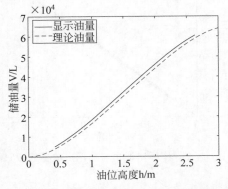

图 15.1-14　有变位实际储油罐罐容与油位高度的关系曲线

4. 模型及结果的检验

将 α,β 的估计值及"问题 A 附件 2：实际采集数据表"中补充进油之后的 300 组 h_i 代入式(15.1-13)可得每个 h_i 对应的理论油量 $V(h_i,\alpha,\beta)$，对 $V(h_i,\alpha,\beta)$ 作差分可得理论出油量 ΔV_i，然后将补充进油之后的 300 组实际出油量 u_i 与理论出油量作比较，从而对模型做出检验。

```
>> h_bottom = h(303:end);                          % 后 301 个油位高度
>> u_bottom = 1000 * u(304:end);                   % 后 300 个出油量
>> Alp = Alp_Bet(1);                               % 纵向倾斜角度 alpha
>> Bet = Alp_Bet(2);                               % 横向偏转角度 beta
>> Vhat = 1000 * OilVolumnFun2(Alp,Bet,h_bottom,r,A,B,C);  % 理论油量
>> uhat = - diff(Vhat);                            % 理论出油量
>> R = corr(u_bottom,uhat)                         % 实际出油量与理论出油量之间的相关系数
R =
    0.9999


% 计算实际出油量与理论出油量之间的均方根误差
>> RMSE = sqrt(sum((u_bottom - uhat).^2)/numel(uhat))
RMSE =
    0.9882


>> figure                                          % 新建图窗
% 绘制实际出油量与理论出油量的回归图
>> plot(u_bottom,uhat, ' + ')                      % 绘制实际出油量与理论出油量的散点图
>> hline = refline([1,0]);                         % 过原点斜率为 1 的参考线
>> set(hline,'Color','r')                          % 设置参考线颜色为红色
>> xlabel('实际出油量(L)');                        % x 轴标签
>> ylabel('理论出油量(L)');                        % y 轴标签
>> title(['相关系数 R = ',num2str(R)])            % 标题
```

由以上结果可知补充进油之后的实际出油量与理论出油量之间的相关系数为 $R = 0.9999$，均方根误差 RMSE＝0.9882(L)，实际出油量与理论出油量之间的散点图如图 15.1-15 所示。这充分说明了模型计算结果是非常精确的。

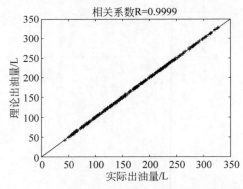

图 15.1-15　实际出油量与理论出油量的回归图

5. 模型参数的灵敏度分析

下面对模型参数 α,β 进行灵敏度分析,考察参数的变化对计算结果的影响,评价指标是实际出油量与理论出油量之间的均方根误差 $\mathrm{RMSE}＝\sqrt{\dfrac{1}{n}\sum\limits_{i=1}^{n}(\Delta V_i - u_i)^2}$。

（1）α 的灵敏度分析。

在区间[0,5]内等间隔选取 30 个点作为不同的 α 值,记为 $\alpha_1,\alpha_2,\cdots,\alpha_{30}$,取 $\beta_1＝2,\beta_2＝4,\beta_3＝6$,针对不同的 α_i 和 β_j 分别计算实际出油量与理论出油量之间的均方根误差,然后绘

制 α 与均方根误差的关系曲线,如图 15.1-16(a)所示。

```matlab
>> u_all = 1000 * u([2:301,304:end]);                  % 实际出油量
>> RmseFun = @(x,y)sqrt(sum((x - y).^2)/numel(x));      % 均方根误差函数
>> Alpi = linspace(0,5,30);                             % alpha 值向量
>> Betj = [2,4,6];                                      % beta 向量
>> RMSE = zeros(30,3);                                  % 均方根误差初始值
% 通过循环计算均方根误差
>> for i = 1:30
    for j = 1:3
        % 计算进油前理论油量
        V_top = 1000 * OilVolumnFun2(Alpi(i),Betj(j),h_top,r,A,B,C);
        % 计算进油后理论油量
        V_bottom = 1000 * OilVolumnFun2(Alpi(i),Betj(j),h_bottom,r,A,B,C);
        uij = -[diff(V_top);diff(V_bottom)];           % 理论出油量
        RMSE(i,j) = RmseFun(u_all,uij);                % 均方根误差
    end
end
>> figure
% 绘制纵向倾斜角 alpha 与均方根误差的关系曲线
>> plot(Alpi,RMSE(:,1),'r',Alpi,RMSE(:,2),'g-- ',Alpi,RMSE(:,3),'b:')
>> xlabel('纵向倾斜角/alpha');
>> ylabel('均方根误差/L');
>> legend('\beta = 2°','\beta = 4°','\beta = 6°','Location','NorthWest')
```

(2) β 的灵敏度分析。

在区间$[1,8]$内等间隔选取 30 个点作为不同的 β 值,记为 $\beta_1,\beta_2,\cdots,\beta_{30}$,取 $\alpha_1=2.0$, $\alpha_2=2.1,\alpha_3=2.2$,针对不同的 β_i 和 α_j 分别计算实际出油量与理论出油量之间的均方根误差,然后绘制 β 与均方根误差的关系曲线,如图 15.1-16(b)所示。

```matlab
>> Beti = linspace(1,8,30);                             % beta 值向量
>> Alpj = [2.0,2.1,2.2];                                % alpha 值向量
>> RMSE = zeros(30,3);                                  % 均方根误差初始值
% 通过循环计算均方根误差
>> for i = 1:30
    for j = 1:3
        % 计算进油前理论油量
        V_top = 1000 * OilVolumnFun2(Alpj(j),Beti(i),h_top,r,A,B,C);
        % 计算进油后理论油量
        V_bottom = 1000 * OilVolumnFun2(Alpj(j),Beti(i),h_bottom,r,A,B,C);
        uij = -[diff(V_top);diff(V_bottom)];           % 理论出油量
        RMSE(i,j) = RmseFun(u_all,uij);                % 均方根误差
    end
end
>> figure
% 绘制横向偏转角 beta 与均方根误差的关系曲线
>> plot(Beti,RMSE(:,1),'r',Beti,RMSE(:,2),'g-- ',Beti,RMSE(:,3),'b:')
>> xlabel('横向偏转角/beta');
>> ylabel('均方根误差/L');
>> legend('\alpha = 2.0°','\alpha = 2.1°','\alpha = 2.2°','Location','NorthWest')
```

由图 15.1-16 可知,纵向倾斜角 α 比横向偏转角 β 对罐容的影响更为显著。

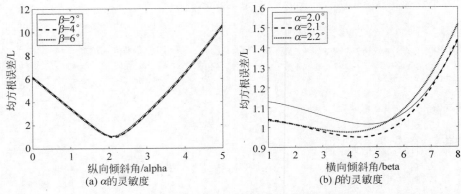

图 15.1-16　模型参数的灵敏度分析图

15.2　创意平板折叠桌

这是 2014 年全国大学生数学建模竞赛 B 题。

15.2.1　问题描述

某公司生产一种可折叠的桌子,桌面呈圆形,桌腿随着铰链的活动可以平摊成一张平板(如图 15.2-1 所示)。桌腿由若干木条组成,分成两组,每组各用一根钢筋将木条连接,钢筋两端分别固定在桌腿各组最外侧的两根木条上,并且沿木条有空槽以保证滑动的自由度(如图 15.2-2 所示)。桌子外形由直纹曲面构成,造型美观。

图 15.2-1　平板折叠桌示意图

试建立数学模型讨论下列问题。

(1) 给定长方形平板尺寸为 $120\text{cm} \times 50\text{cm} \times 3\text{cm}$,每根木条宽 2.5cm,连接桌腿木条的钢筋固定在桌腿最外侧木条的中心位置,折叠后桌子的高度为 53cm。试建立模型描述此折叠桌的动态变化过程,在此基础上给出此折叠桌的设计加工参数(例如,桌腿木条开槽的长度等)和桌脚边缘线(图 15.2-3 中粗线)的数学描述。

(2) 折叠桌的设计应做到产品稳固性好、加工方便、用材最少。对于任意给定的折叠桌高度和圆形桌面直径的设计要求,讨论长方形平板材料和折叠桌的最优设计加工参数,例如,平板尺寸、钢筋位置、开槽长度等。对于桌高 70cm,桌面直径 80cm 的情形,确定最优设计加工参数。

(3) 公司计划开发一种折叠桌设计软件,根据客户任意设定的折叠桌高度、桌面边缘线的形状大小和桌脚边缘线的大致形状,给出所需平板材料的形状尺寸和切实可行的最优设计加

图 15.2-2 木条上的空槽示意图

图 15.2-3 桌脚边缘线示意图

工参数,使得生产的折叠桌尽可能接近客户所期望的形状。团队的任务是帮助给出这一软件设计的数学模型,并根据所建立的模型给出几个自己设计的创意平板折叠桌。要求给出相应的设计加工参数,画出至少 8 张动态变化过程的示意图。

15.2.2 问题分析

1. 问题一的分析

创意平板折叠桌初始状态是由若干木条组成的长方形平板,各木条可以在外力的作用下进行一定程度的自由折叠和伸展。由长方形平板的尺寸及折叠后的桌子的高度,可计算出桌面直径、木条数量及各木条的长度等。以桌面下表面圆心为原点建立三维空间直角坐标系,求出最外侧的木条与水平面的夹角,经一系列空间几何分析计算,求出在折叠过程中由桌脚边缘线的运动轨迹所形成的曲面方程,然后取任意一条桌腿上的任意一点,求出由桌腿所组成的直纹曲面的方程。桌脚边缘线是以上两个曲面的交线,联立两个曲面方程即可求出桌脚边缘线的方程。

折叠桌处于平展状态时,钢筋在木条上的位置即为开槽的一端,桌子折叠完成后钢筋在木条上的位置即为开槽的另一端,由此可求出各木条的开槽位置坐标,两者相减所得的长度即为开槽的长度。

2. 问题二的分析

对于任意给定的折叠桌高度和圆形桌面直径,讨论长方形平板材料和折叠桌的最优设计加工参数。折叠桌的设计应做到产品稳固性好、加工方便、用材最少,除此之外,还要尽可能美观、实用,所以应该从以下五方面进行分析建模。

(1)稳固性。稳固性的考虑又包括以下三方面。

转动惯量:以最外侧的两个桌腿触地点的连线为轴,从另一侧用力推折叠桌,转动惯量越大,小桌就越难被推倒,折叠桌的稳固性就越好。

角度:需要对桌腿与桌面的夹角做出限制。

支撑:只让最外侧桌腿的桌脚着地。

(2)加工方便。出于加工方便的考虑,应使开槽长度总和达到最小。

(3)用材最少。在满足折叠桌尺寸要求的前提下,为了使用材最少,需要对长方形木板的长度及厚度做出限制,尽可能让它们达到最小。

(4)美学考虑。为了让折叠桌看上去更为美观,需要对木条的数量、宽度和厚度做出一定的限制。

（5）实用考虑。为了实用，桌子应该可折叠，并且折叠完成后桌腿不应该超过桌面的外边缘。

3. 问题三的分析

根据客户任意设定的折叠桌高度、桌面边缘线的形状大小和桌脚边缘线的大致形状，给出所需平板材料的形状尺寸和切实可行的最优设计加工参数。可借鉴问题二的模型，做几个具体的算例。

15.2.3　模型假设

假设折叠桌所用木条的材质是一致的，不考虑原材料（木条、钢筋、铰链等）本身的质量对折叠桌性能的影响。假设每根木条质地均匀，且木条的线密度为 1。假设放置折叠桌的地面是平整的，不会影响桌子的稳固性。

15.2.4　符号说明

建模过程中用到的符号如表 15.2-1 所示。

表 15.2-1　符号列表

符　　号	符　号　说　明
L	木板长度的一半
R	木板宽度的一半，即桌面圆的半径
w	木条半宽
t	木条厚度
h	折叠后的桌子的高度（不包含桌面厚度）
$f(x)$	桌面边缘线函数
y_s	木条开槽起点的 y 坐标
y_e	木条开槽终点的 y 坐标
L_c	某根木条的开槽长度
L_c^{total}	总开槽长度
a	桌面上最外侧木条的一半长
b	最外侧木条的外端点（即桌脚）到钢筋的距离
d_x	中心线横坐标为 x 的木条上铰链结合点到钢筋的距离
θ	最外侧木条与水平面的夹角
β	任意一根木条与桌面的夹角
B	任意一根木条上的任意一点，坐标为 (x,y,z)
n	木条的个数
i	木条的编号，某一侧从外侧向里侧编号依次增大
x_i	第 i 根木条的中心线横坐标
o_i	第 i 根木条铰链结合点
d_i	第 i 根木条上铰链结合点到钢筋的距离
A_i	第 i 根木条远离铰链一端的端点，坐标为 (A_{ix},A_{iy},A_{iz})

符　　号	符 号 说 明
β_i	第 i 根木条与桌面的夹角
G_i^l	第 i 根木条上左侧桌腿的质心
G_i^m	第 i 根木条上桌面部分的质心
G_i^r	第 i 根木条上右侧桌腿的质心
r_i^l	第 i 根木条上左侧桌腿的质心到转轴的距离
r_i^m	第 i 根木条上桌面部分的质心到转轴的距离
r_i^r	第 i 根木条上右侧桌腿的质心到转轴的距离
D_i	第 i 根木条上三部分的质心到转轴的垂线与转轴的交点
J	转动惯量

15.2.5　问题一模型建立

如图 15.2-4 所示，以折叠桌下底面圆心为原点建立空间直角坐标系，其中，垂直于木条的直线为 x 轴，平行于木条的直线为 y 轴，z 轴垂直于桌面（即 xOy 平面）并满足右手系法则。折叠桌的平展状态俯视图如图 15.2-5 所示，折叠状态侧视图如图 15.2-6 所示。

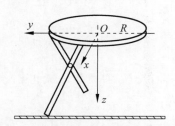

图 15.2-4　平板折叠桌的空间直角坐标系

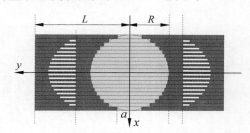

图 15.2-5　折叠桌的平展状态俯视图

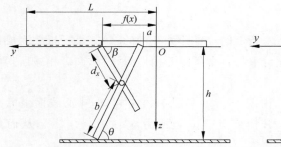

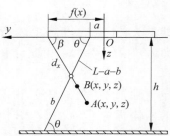

图 15.2-6　折叠桌的折叠状态侧视图

1. 求桌脚边缘线方程

设桌面半径为 R，桌面边缘线函数为 $y=f(x)$，平板长为 $2L$，桌面上最短木条长为 $2a$，最外侧木条与地面夹角为 θ，其外端点与钢筋的距离记为 b，桌高记为 h。中心线横坐标为 x 的木条上铰链结合点到钢筋的距离记为 d_x，该木条与桌面夹角记为 β。设木条厚度为 t，宽度为 $2w$，则 $a=f(R-w)$。

为了一般化,任取一根木条,设该木条的中心线横坐标为 x,其外端点(即桌脚)为 $A(x,y,z)$,由图 15.2-6 所示几何关系可知:

$$\sin\theta = \frac{h}{L-a}, \quad \cos\theta = \frac{\sqrt{(L-a)^2-h^2}}{L-a}$$

由余弦定理可得:

$$d_x^2 = (f(x)-a)^2 + (L-a-b)^2 - 2(f(x)-a)(L-a-b)\cos\theta$$

$$\cos\beta = \frac{(f(x)-a)^2 + d_x^2 - (L-a-b)^2}{2(f(x)-a)d_x}$$

该木条外端点 A 的坐标满足:

$$\begin{cases} x = x \\ y = f(x) - (L - f(x))\cos\beta \\ z = (L - f(x))\sin\beta \end{cases} \tag{15.2-1}$$

由木条的任意性及式(15.2-1)可得,在折叠过程中,所有木条外端点扫过的曲面方程为:

$$z = \sqrt{(L-f(x))^2 - (y-f(x))^2} \tag{15.2-2}$$

在折叠桌折叠的过程中,由桌腿上所有点组成的曲面称为直纹面。为推导直纹面的方程,在所考虑的木条上任取一点 $B(x,y,z)$,由图 15.2-7 所示几何关系可得直纹面方程为:

$$\frac{z}{f(x)-y} = \tan\beta \Rightarrow z = (f(x)-y)\tan\beta \tag{15.2-3}$$

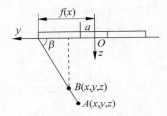

图 15.2-7　简化侧视图

在折叠过程中,所有木条外端点扫过的曲面与直纹面的交线便是图 15.2-3 中粗线所示的桌脚边缘线,因此,联立两个曲面方程式(15.2-2)和式(15.2-3)即可求出桌脚边缘线的方程为:

$$\begin{cases} z = \sqrt{(L-f(x))^2 - (y-f(x))^2} \\ z = (f(x)-y)\tan\beta \end{cases} \tag{15.2-4}$$

2. 求开槽位置与开槽长度

折叠桌处于平展状态时,钢筋在木条上的位置即为开槽的一端,桌子折叠完成后钢筋在木条上的位置即为开槽的另一端,由此可求出各木条的开槽位置坐标,两者相减所得的长度即为开槽的长度。

考虑偏向 y 轴正向一侧的桌腿,由图 15.2-5 和图 15.2-6 可知,中心线横坐标为 x 的桌腿上开槽起点的 y 坐标为 $y_s = L - b$,开槽终点的 y 坐标为 $y_e = d_x + f(x)$,从而可得开槽长度为:

$$L_c = |y_e - y_s| = |d_x + f(x) - (L-b)| \tag{15.2-5}$$

15.2.6　问题二模型建立

对于任意给定的圆形折叠桌高度 H,如图 15.2-8 所示,讨论长方形平板材料和折叠桌的最优设计加工参数。折叠桌的设计应做到产品稳固性好、加工方便、用材最少,除此之外,还要尽可能美观、实用。

1. 稳固性

稳固性是设计折叠桌首要考虑的目标,稳固性的考虑又包括以下三个方面。

(1) 转动惯量:在折叠状态下,以 y 轴正向一侧的最外侧的两个桌腿触地点 A_1 和 A_n 的连线为轴,从另一侧用力推折叠桌,转动惯量越大,折叠桌就越难被推倒,折叠桌的稳固性就越好。

质量为 m 的质点绕轴旋转的转动惯量为 $J = mr^2$,其中,r 是质点到转轴的垂直距离。如图 15.2-9 所示,将每根木条分为左、中、右三部分,分别当作质点计算其转动惯量。左侧部分表示 y 轴正向一侧的桌腿,中间部分为桌面,右侧部分为 y 轴负向一侧的桌腿。假设木条的线密度为 1,各部分的长度即为其质量,根据每一部分的两端点坐标可以确定其质心位置。记第 i 根木条的中心线横坐标为 x_i,与桌面夹角为 β_i,其左、中、右三部分的质心分别为 G_i^l, G_i^m, G_i^r,从三个质心分别向旋转轴 A_1A_n 作垂线,交于 D_i 点,G_i^l, G_i^m, G_i^r 与 D_i 的距离分别记为 r_i^l, r_i^m, r_i^r。由图 15.2-8 可知第 i 根木条上左、中、右三部分的长度分别为 $l_i^l = L - f(x_i)$,$l_i^m = 2f(x_i), l_i^r = L - f(x_i)$。基于以上记号可得整个折叠桌的转动惯量为:

$$\max J = \sum_{i=1}^{n} \left[L - f(x_i) \right] (r_i^l)^2 + 2\sum_{i=1}^{n} f(x_i)(r_i^m)^2 + \sum_{i=1}^{n} \left[L - f(x_i) \right] (r_i^r)^2$$

$$(15.2\text{-}6)$$

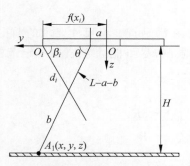

图 15.2-8　任意高度圆形折叠桌的折叠状态侧视图

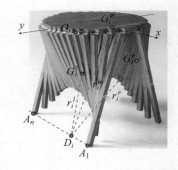

图 15.2-9　求转动惯量示意图

计算转动惯量的关键在于计算 G_i^l, G_i^m, G_i^r 与 D_i 点的坐标。由图 15.2-8 和图 15.2-9 可知 D_i 点的坐标为 $\left(x_i, a + \sqrt{(L-a)^2 - H^2}, H \right)$,$G_i^m$ 点的坐标为 $(x_i, 0, -t/2)$。下面介绍 G_i^l, G_i^r 的坐标计算方法。

平展状态下,G_i^l 的坐标为 $\left(x_i, \dfrac{L + f(x_i)}{2}, -\dfrac{t}{2} \right)$,折叠状态下,需将 G_i^l 点在 yOz 平面内绕铰链结合点 $o_i(x_i, f(x_i), 0)$ 逆时针旋转 $\pi - \beta_i$ 角。由三维坐标旋转公式可得折叠状态下 G_i^l 点的坐标为:

$$(x_i, f(x_i), 0) + \left(0, \frac{L - f(x_i)}{2}, -\frac{t}{2} \right) \begin{pmatrix} 1 & 0 & 0 \\ 0 & \cos(\pi - \beta_i) & \sin(\pi - \beta_i) \\ 0 & -\sin(\pi - \beta_i) & \cos(\pi - \beta_i) \end{pmatrix}$$

同理可得 G_i^r 点的坐标为:

$$(x_i, -f(x_i), 0) + \left(0, \frac{f(x_i) - L}{2}, -\frac{t}{2}\right) \begin{pmatrix} 1 & 0 & 0 \\ 0 & \cos(\pi + \beta_i) & \sin(\pi + \beta_i) \\ 0 & -\sin(\pi + \beta_i) & \cos(\pi + \beta_i) \end{pmatrix}$$

（2）角度：需要对桌腿与桌面的夹角做出限制，β_i 与 θ 应满足如下约束：

$$0 \leqslant \theta \leqslant \frac{\pi}{2}, \quad 0 \leqslant \beta_i \leqslant \frac{\pi}{2}, \quad i = 2, 3, \cdots, n-1, \quad \beta_{\lceil n/2 \rceil} = \theta \qquad (15.2\text{-}7)$$

这里的 $\beta_{\lceil n/2 \rceil}$ 为最中间的桌腿与桌面的夹角，$\beta_{\lceil n/2 \rceil} = \theta$ 就保证了最中间的桌腿与最外侧的桌腿构成等腰三角形结构的支撑。

（3）支撑：只让最外侧桌腿的桌脚着地，即

$$A_{1z} = \max_i A_{iz}, \quad i = 1, 2, \cdots, n-1 \qquad (15.2\text{-}8)$$

2. 加工方便

加工方便是设计折叠桌次要考虑的目标。出于加工方便的考虑，应使开槽长度总和达到最小，即

$$\min L_c^{\text{total}}(L, b) = \sum_{i=1}^{n} L_{ci} = \sum_{i=1}^{n} \left[|d_i + f(x_i) - (L - b)| \right] \qquad (15.2\text{-}9)$$

其中，d_i 是第 i 根木条上铰链结合点到钢筋的距离。

3. 用材最少

用材最少同样是设计折叠桌次要考虑的目标。在满足折叠桌尺寸要求的前提下，为了使用材最少，需要对长方形木板的长度及厚度做出限制，尽可能让它们在一定范围内达到最小，即

$$\begin{cases} \min L, \quad \min t \\ a + H < L < L_{\max} = 5R \\ a + b < L < L_{\max} = 5R \end{cases} \qquad (15.2\text{-}10)$$

4. 美学考虑

为了让折叠桌看上去更为美观，需要将木条的数量、宽度和厚度控制在一定范围内，即

$$n_{\min} \leqslant n = \frac{R}{w} \leqslant n_{\max}, \quad w_{\min} \leqslant w \leqslant w_{\max}, \quad 2w \approx t \qquad (15.2\text{-}11)$$

其中，$n_{\min}, n_{\max}, w_{\min}, w_{\max}$ 是根据经验确定的合理的控制限，例如 $n_{\min} = 10$，$n_{\max} = 30$，$w_{\min} = 2$，$w_{\max} = 3$。

5. 实用考虑

为了实用，桌子应该可折叠（钢筋不能紧贴桌面边缘），并且折叠完成后桌腿不应该超过桌面的外边缘，即

$$L - b \geqslant t + \max_i f(x_i), \quad \frac{a + R}{2} < |A_{1y}| < R + t \qquad (15.2\text{-}12)$$

综上，联立式（15.2-6）～式（15.2-12），便是求解平板折叠桌最优加工参数 (L, b) 的多目标规划模型。

15.2.7   问题三模型建立

根据客户任意设定的折叠桌高度、桌面边缘线的形状大小和桌脚边缘线的大致形状,给出所需平板材料的形状尺寸和切实可行的最优设计加工参数。

在问题一和问题二的建模过程中,为了一般化,设桌面边缘线函数为 $y = f(x)$,很显然,$y = f(x)$ 可以是任意函数。因此,问题三可借鉴问题一和问题二的模型,只需做几个具体的算例即可。

15.2.8   问题一模型求解

由问题一中给定的条件可知 $2L = 120, 2R = 50, t = 3, 2w = 2.5, H = 53 - t = 50$,将它们代入式(15.2-1)~式(15.2-5)即可求出此折叠桌的设计加工参数,并可用图形动态展示折叠的过程。

1. 编写通用绘图函数

为了求解折叠桌的设计加工参数,并用图形动态展示折叠的过程,首先编写通用绘图函数,源代码如下:

```
function Result = PlotGateLegTable(R,L,H,w,t,EdgeFun,b)
% 绘制折叠桌折叠的动画效果图,并计算各木条开槽长度
% 坐标原点在桌子的下表面
% R:桌子半径
% L:平板半长
% H:桌子展开后高度(桌子的厚度不计算在内)
% w:木条半宽
% t:桌子的厚度
% EdgeFun:桌子边缘函数
% b:钢筋位置参数(最外侧木条外端点到钢筋的距离)
% Result:开槽起点,开槽终点,开槽长度
xi = -(R-w):2*w:R-w;                         % 木条中心线 x 坐标
yi = real(EdgeFun(xi));                      % 桌面边缘 y 坐标
a = yi(1);                                   % 桌面上最外侧木条的一半长
if nargin < 7
    b = (L-a)/2;                             % 默认的 b 参数
end
% 若没有输出,则绘制折叠桌折叠过程动态效果图
if ~nargout
    figure('name','折叠桌折叠过程动态效果图','numbertitle','off');
end

n = numel(xi);                               % 木条个数
fac = [1 2 3 4;2 6 7 3;4 3 7 8;1 5 8 4;1 2 6 5;5 6 7 8]; % 构成木条各个面的顶点编号
verti1 = cell(1,n);                          % 桌面上各木条的顶点坐标
verti2 = verti1;                             % 左侧桌腿的顶点坐标
verti3 = verti1;                             % 右侧桌腿的顶点坐标
h1 = zeros(1,n);
h2 = h1;
```

```matlab
for i = 1:n
    vx = xi(i) + w*[-1 1 1 -1 -1 1 1 -1]';              % 顶点 x 坐标
    vz = t*[-1 -1 -1 -1 0 0 0 0]';                      % 顶点 z 坐标
    vy1 = yi(i)*[1 1 -1 -1 1 1 -1 -1]';                 % 顶点 y 坐标
    vy2 = [L,L,yi(i),yi(i),L,L,yi(i),yi(i)]';           % 顶点 y 坐标
    verti1{i} = [vx,vy1,vz];                            % 桌面上各木条的顶点坐标
    patch('faces',fac,'vertices',verti1{i},'FaceColor',[1,1,0]);  % 画桌面木条
    verti2{i} = [vx,vy2,vz];                            % 左侧桌腿的顶点坐标
    % 画左侧桌腿
    h1(i) = patch('faces',fac,'vertices',verti2{i},'FaceColor',[0,0,1]);
    verti3{i} = [vx,-vy2,vz];                           % 右侧桌腿的顶点坐标
    % 画右侧桌腿
    h2(i) = patch('faces',fac,'vertices',verti3{i},'FaceColor',[0,0,1]);
end
view([-60,24]);                                         % 设置视点位置
xlabel('x');ylabel('y');zlabel('z');                   % 坐标轴标签
axis equal; axis([-R,R,-L,L,-5,H+5]);                  % 设置坐标轴显示属性
set(gca,'ZDir','reverse','color','none');              % 设置 z 轴正向向下
hold on;                                               % 图形保持
% 画桌脚边缘线
hline = plot3(xi,L*ones(size(xi)),zeros(size(xi)),'r','linewidth',3);

hei = linspace(0,H,24);                                % 定义桌高向量
hei(hei>(L-a)) = [];                                   % 去除不合理桌高
m = numel(hei);                                        % 桌高个数
xTop = zeros(m,n);
yTop = xTop;
zTop = xTop;
D = xTop;
if ~nargout, f = getframe(gca); Frame = repmat(f.cdata,[1,1,1,m]);end
% 通过循环更新木条位置
for j = 1:m                                            % 对桌高进行循环
    for k = 1:n                                        % 对木条进行循环
        [CosBetai,di] = SubFcn(yi(k),hei(j));          % 计算夹角余弦及 di
        SinBetai = real(sqrt(1-CosBetai^2));           % 夹角正弦
        Oi = repmat([xi(k),yi(k),0],[8,1]);            % 左侧铰链结合点坐标
        Rot = [1,0,0;0,CosBetai,SinBetai;0,-SinBetai,CosBetai];  % 旋转矩阵
        vert_Rot = (verti2{k}-Oi)*Rot+Oi;              % 求左侧桌腿旋转后顶点坐标
        set(h1(k),'vertices',vert_Rot);                % 更新左侧桌腿的顶点坐标
        xTop(j,k) = xi(k);                             % 桌脚边缘线 x 坐标
        yTop(j,k) = yi(k)+(L-yi(k))*CosBetai;          % 桌脚边缘线 y 坐标
        zTop(j,k) = (L-yi(k))*SinBetai;                % 桌脚边缘线 z 坐标
        D(j,k) = di;
        % 更新桌脚边缘线的三维坐标
        set(hline,'XData',xTop(j,:),'YData',yTop(j,:),'ZData',zTop(j,:))
        Oi = repmat([xi(k),-yi(k),0],[8,1]);           % 右侧铰链结合点坐标
        Rot = [1,0,0;0,CosBetai,-SinBetai;0,SinBetai,CosBetai];  % 旋转矩阵
        vert_Rot = (verti3{k}-Oi)*Rot+Oi;              % 求右侧桌腿旋转后顶点坐标
        set(h2(k),'vertices',vert_Rot);                % 更新右侧桌腿的顶点坐标
    end
    if j == 1
        % 绘制桌脚边缘线滑过的曲面
        hsurf = mesh(xTop([j;j],:),yTop([j;j],:),zTop([j;j],:),'FaceAlpha',0);
    else
        % 更新桌脚边缘线滑过的曲面
```

```
            set(hsurf,'XData',xTop(1:j,:),'YData',yTop(1:j,:),'ZData',zTop(1:j,:));
        end
        if ～nargout, f = getframe(gca); Frame(:,:,:,j) = f.cdata;end
        pause(0.3);
        drawnow;
    end


    % 平展状态下各木条开槽起点和终点的 y 坐标
    yNotch = [(L - b) * ones(n,1),(D(end,:) + yi)'];
    Result1 = [yNotch,abs(diff(yNotch,1,2))];                % 开槽起点,开槽终点,开槽长度
    if nargout
        Result = Result1;                                   % 输出开槽起点,开槽终点,开槽长度结果
    else
        % 绘制各木条开槽位置示意图
        figure('name','各木条开槽位置示意图','numbertitle','off');
        for i = 1:n
            vert = verti1{i}(5:8,:);
            % 绘制桌面木条投影
            patch('faces',1:4,'vertices',vert,'FaceColor',[0.5,0.5,0.5]);
            vert = verti2{i}(5:8,:);
            % 绘制左侧桌腿投影
            patch('faces',1:4,'vertices',vert,'FaceColor',[1,1,1]);
            vert = verti3{i}(5:8,:);
            % 绘制右侧桌腿投影
            patch('faces',1:4,'vertices',vert,'FaceColor',[1,1,1]);
        end
        view(2);
        hold on;
        plot(xi,yi,'r','linewidth',2);                      % 绘制桌面边缘线
        plot(xi, - yi,'r','linewidth',2);                   % 绘制桌面边缘线
        plot(xi,[yNotch, - yNotch],'r','linewidth',2);      % 绘制开槽位置线
        xlabel('x'); ylabel('y');                           % 坐标轴标签
        axis equal;   axis([ - R,R, - L,L]);                % 设置坐标轴显示属性


        % 绘制折叠桌动态变化过程的示意图(抓取 9 幅静态图片)
        figure('name','折叠桌动态变化过程的示意图');
        id = round(linspace(1,m,16));
        montage(Frame(:,:,:,id),'Size',[3,3]);
        % 将计算结果写入 excel 文件
        Result2 = [{'开槽起点','开槽终点','开槽长度'};num2cell(Result1)];
        xlswrite('各木条开槽起点和终点的 y 坐标.xlsx',Result2);
    end


% -------------------------------------------------------------
% 子函数
% -------------------------------------------------------------
function [CosBeta,d] = SubFcn(y,z)
    % 求各木条旋转角度的余弦值;
    CosTheta = sqrt((L - a)^2 - z^2)/(L - a);
    d = sqrt((y - a)^2 + (L - a - b)^2 - 2 * (y - a) * (L - a - b) * CosTheta);
    if y == a
        CosBeta = CosTheta;
    else
        CosBeta = - ((y - a)^2 + d^2 - (L - a - b)^2)/(2 * (y - a) * d);
    end
end
end
```

2. 调用通用绘图函数求解问题一

调用通用绘图函数 PlotGateLegTable 求解问题一的代码如下：

```
>> R = 25;                               % 桌面半径
>> L = 120/2;                            % 木板长度的一半
>> w = 2.5/2;                            % 木条宽度的一半
>> t = 3;                                % 木条厚度
>> H = 53 - t;                           % 桌高(不包含桌面厚度)
>> EdgeFun = @(x)sqrt(R^2 - x.^2);       % 桌子边缘线函数
>> PlotGateLegTable(R,L,H,w,t,EdgeFun);  % 用图形动态展示折叠的过程
```

运行以上代码可得折叠效果图如图 15.2-11 所示，描述动态折叠过程的效果图如图 15.2-10 所示。

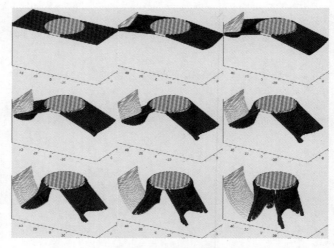

图 15.2-10　问题一圆形折叠桌动态折叠过程图

同时计算出的开槽位置及开槽长度如表 15.2-2 所示，开槽位置示意图如图 15.2-12 所示。

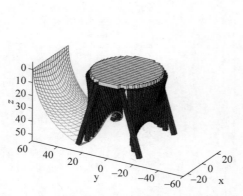

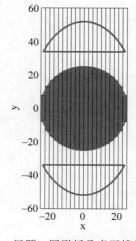

图 15.2-11　问题一圆形折叠桌折叠效果图　　图 15.2-12　问题一圆形折叠桌开槽位置示意图

表 15.2-2 问题一中圆形折叠桌的开槽位置及开槽长度 （cm）

表 15.2-2 问题一中圆形折叠桌的开槽位置及开槽长度 （cm）

开槽起点	开槽终点	开槽长度	开槽起点	开槽终点	开槽长度
33.90	33.90	0.00	33.90	51.78	17.87
33.90	38.26	4.36	33.90	51.43	17.53
33.90	41.57	7.66	33.90	50.75	16.84
33.90	44.27	10.37	33.90	49.71	15.80
33.90	46.50	12.59	33.90	48.30	14.39
33.90	48.30	14.39	33.90	46.50	12.59
33.90	49.71	15.80	33.90	44.27	10.37
33.90	50.75	16.84	33.90	41.57	7.66
33.90	51.43	17.53	33.90	38.26	4.36
33.90	51.78	17.87	33.90	33.90	0.00

15.2.9 问题二模型求解

1. 编写通用优化问题函数

对于任意给定的折叠桌高度和圆形桌面直径的设计要求,15.2.6 节中建立了求解折叠桌的最优设计加工参数的多目标规划模型。为了求解方便,可将多目标优化问题转化为如下的单目标优化问题:

$$\min L_c^{\text{total}}(L,b)/J(L,b)$$

$$\text{s.t.}\begin{cases} 0 \leqslant \theta \leqslant \dfrac{\pi}{2}, \quad 0 \leqslant \beta_i \leqslant \dfrac{\pi}{2}, \quad i=2,3,\cdots,n-1, \quad \beta_{\lceil n/2 \rceil}=\theta \\ A_{1z} = \max_i A_{iz}, \quad i=1,2,\cdots,n-1 \\ L-b \geqslant t + \max_i f(x_i), \quad \dfrac{a+R}{2} < |A_{1y}| < R+t \\ a+H < L < L_{\max}=5R, \quad a+b < L < L_{\max}=5R \end{cases} \quad (15.2\text{-}13)$$

下面编写式(15.2-13)对应的通用优化问题的 MATLAB 函数,源代码如下:

```
function Problem = MakeObjFun(R,H,w,t,EdgeFun)
% 计算长方形平板材料和圆形折叠桌的最优设计加工参数
% R:桌子半径
% L:平板半长
% H:桌子折叠后高度(桌子的厚度不计算在内)
% w:木条半宽
% t:桌子的厚度
% EdgeFun:桌子边缘函数
% Problem:优化问题
%    目标函数:min 开槽长度 & max 转动惯量
%    约束条件:
%      a + H < L < 5R
%      a + b < L < 5R
%      0 < Theta < pi/2
%      0 < Beta  < pi/2
%      (a + R)/2 < yA1 < R        % yA1 是最外侧木条外端点 A 的 y 坐标
%      zAi < zA1                  % zAi 是第 i 根木条外端点 A 的 z 坐标
```

```
    xi      = -(R-w):2*w:R-w;                     % 木条中心线 x 坐标
    yi      = real(EdgeFun(xi));                  % 桌面边缘 y 坐标
    a       = yi(1);                              % 桌面上最短木条一半长
    ymaxi   = max(yi);                            % yi 最大值
    n       = numel(xi);                          % 木条数目
    h       = H;                                  % 桌高(不考虑桌子厚度)
    Problem.objective = @ObjFcn;                  % 设置目标函数
    Problem.nonlcon   = @NlinConFcn;              % 设置非线性约束函数
    Problem.x0 = [H+a,H+a-ymaxi];                 % 设置初值
    Problem.Aineq = [-1,0;1,0;-1,1];              % 线性不等式约束系数矩阵
    Problem.bineq = -[a+h;-5*R;ymaxi+t];          % 线性不等式约束常数向量
    Problem.Aeq = [];                             % 线性等式约束系数矩阵
    Problem.beq = [];                             % 线性等式约束常数向量
    Problem.lb  = [max([R,h+a]);0];               % 变量下界
    Problem.ub  = [];                             % 变量上界
    Problem.solver = 'fmincon';                   % 设置求解器函数
    Problem.options = '';                         % 设置优化参数


    function fval = ObjFcn(Lb)
    % 目标函数:min 开槽长度/转动惯量
    % Lb = [L,b]
    % L:平板半长
    % b:钢筋位置参数

    L = Lb(1);
    b = Lb(2);
    J = 0;   % 转动惯量初始值
    yz0 = [a+sqrt((L-a)^2-h^2),h];   % 转轴的 yz 坐标
    D = zeros(1,n);
    for k = 1:n
        J = J + sum((yz0-[0,-t/2]).^2)*2*yi(k);    % 桌面上各木条的转动惯量
        % 平展状态下 y 轴正向一侧桌腿两端坐标
        verti2 = [xi(k),L,-t/2;xi(k),yi(k),-t/2];
        % 计算第 k 根桌腿与桌面夹角余弦及铰链到钢筋的距离
        [CosBetai,d] = SubFcn(yi(k),h,L,b);
        SinBetai = sqrt(1-CosBetai^2);                      % 夹角正弦
        Ai = repmat([xi(k),yi(k),0],[2,1]);                 % 旋转点(铰链处)坐标
        Rot = [1,0,0;0,CosBetai,SinBetai;0,-SinBetai,CosBetai]; % 旋转矩阵
        % 计算第 k 根桌腿旋转后两端点坐标
        vert_Rot = (verti2-Ai)*Rot+Ai;
        xyzLeft = mean(vert_Rot);                           % 第 k 根桌腿重心坐标
        J = J + sum((yz0-xyzLeft(2:3)).^2)*(L-yi(k));       % y 轴正向一侧桌腿的转动惯量
        D(k) = d;
        % 以下计算 y 轴负向一侧桌腿的转动惯量
        verti2 = [xi(k),-L,-t/2;xi(k),-yi(k),-t/2];
        Ai = repmat([xi(k),-yi(k),0],[2,1]);
        Rot = [1,0,0;0,CosBetai,-SinBetai;0,SinBetai,CosBetai];
        vert_Rot = (verti2-Ai)*Rot+Ai;
        xyzRight = mean(vert_Rot);
        J = J + sum((yz0-xyzRight(2:3)).^2)*(L-yi(k));
    end
```

```
Li = abs(D - (L - b - yi));                        % 各木条的开槽长度
Ltotal = sum(Li);                                  % 开槽总长度
fval = Ltotal/J;                                   % 目标函数值:开槽总长度/转动惯量
end


% ------------------------------------------------------------
%   子函数
% ------------------------------------------------------------
function [CosBeta, d] = SubFcn(y, z, L, b)
    % 求各木条旋转角度的负余弦值
    CosTheta = sqrt((L - a)^2 - z^2)/(L - a);
    d = sqrt((y - a)^2 + (L - a - b)^2 - 2 * (y - a) * (L - a - b) * CosTheta);
    if y == a
        CosBeta = CosTheta;
    else
        CosBeta = - ((y - a)^2 + d^2 - (L - a - b)^2)/(2 * (y - a) * d);
    end
end

function [C, Ceq] = NlinConFcn(Lb)
    % 非线性约束函数
    L = Lb(1);                                     % 桌子半长
    b = Lb(2);                                     % 钢筋位置参数
    [CosBeta, di] = SubFcn(EdgeFun(0), h, L, b);   % 旋转角度的负余弦值
    Beta = acos( - CosBeta);                       % 旋转角度
    SinTheta = h/(L - a);                          % theta 角的正弦值
    Theta = asin(SinTheta);                        % theta 角
    yA1 = a + (L - a) * cos(Theta);                % 最外侧木条外端点 A 的 y 坐标(a + R)/2 < yA1 < R + t
    Ceq = di - (L - a - b);                        % 非线性等式约束(等腰三角形结构)
    C = [ - Beta; Beta - pi/2; - Theta; Theta - pi/2; yA1 - R; (a + R)/2 - yA1]; % 非线性不等式约束
    zLeftbottom = zeros(1, n);
    % 通过循环计算各桌脚的 z 坐标
    for k = 1:n
        [CosBetai, di] = SubFcn(yi(k), h, L, b);
        SinBetai = sqrt(1 - CosBetai^2);
        zLeftbottom(k) = (L - yi(k)) * SinBetai;
    end
    % 非线性不等式约束
    C = [C; max(zLeftbottom(2:end - 1)) - zLeftbottom(1); di' + yi' - L];
    end
end
```

2. 求解问题二

对于给定桌高(70cm)和桌面直径(80cm)的圆形折叠桌,求解最优设计加工参数的代码如下:

```
>> R = 40;                                         % 桌面半径
>> w = 2.5/2;                                      % 木条半宽
>> t = 3;                                          % 木条厚度
>> H = 70 - t;                                     % 桌高(不包含桌子厚度)
>> EdgeFun = @(x)sqrt(R^2 - x.^2);                 % 桌面边缘线函数
>> Problem = MakeObjFun(R, H, w, t, EdgeFun);      % 构造优化问题
>> [Lb, fval] = fmincon(Problem)                   % 求解非线性优化问题
```

```
Lb =
    83.2387   36.2819
fval =
    2.4354e - 05

>> L = Lb(1);                              % 最优加工参数 L(平板半长)
>> b = Lb(2);                              % 最优加工参数 b(钢筋位置参数)
>> PlotGateLegTable(R,L,H,w,t,EdgeFun,b);  % 求解开槽位置和开槽长度,并绘图
```

运行以上代码求出的最优加工参数为 $L \approx 83.24\text{cm}, b \approx 36.28\text{cm}$,开槽位置和开槽长度如表 15.2-3 所示。

表 15.2-3　问题二中圆形折叠桌的开槽位置及开槽长度　　　　　　　　(cm)

开 槽 起 点	开 槽 终 点	开 槽 长 度	开 槽 起 点	开 槽 终 点	开 槽 长 度
46.96	46.96	0.00	46.96	77.01	30.05
46.96	51.70	4.74	46.96	76.79	29.83
46.96	55.49	8.54	46.96	76.35	29.39
46.96	58.81	11.86	46.96	75.68	28.73
46.96	61.77	14.82	46.96	74.79	27.84
46.96	64.43	17.47	46.96	73.68	26.72
46.96	66.79	19.84	46.96	72.32	25.37
46.96	68.89	21.93	46.96	70.73	23.77
46.96	70.73	23.77	46.96	68.89	21.93
46.96	72.32	25.37	46.96	66.79	19.84
46.96	73.68	26.72	46.96	64.43	17.47
46.96	74.79	27.84	46.96	61.77	14.82
46.96	75.68	28.73	46.96	58.81	11.86
46.96	76.35	29.39	46.96	55.49	8.54
46.96	76.79	29.83	46.96	51.70	4.74
46.96	77.01	30.05	46.96	46.96	0.00

静态及动态折叠效果图与问题一中的图比较相似,这里略去。

15.2.10　问题三模型求解

本节考虑一个唇形平板折叠桌的最优设计问题,桌面边缘线函数为 $y = 20 - 15\sin\left(6e^{-\frac{|x|}{25}}\right)$,折叠后桌子的高度为 83cm,桌面宽度为 80cm,假设木条厚度为 3cm,宽度为 2.5cm,求最优设计加工参数。

这里仍沿用问题二中的非线性最优化模型,只需代入已知量进行求解即可,相应的代码如下:

```
>> R = 40;                                         % 桌面宽度
>> w = 2.5/2;                                       % 木条半宽
>> t = 3;                                           % 木条厚度
>> H = 83 - t;                                      % 桌高(不包含桌子厚度)
>> EdgeFun = @(x)20 - 15 * sin(6 * exp( - abs(x/25))); % 桌面边缘线函数
>> Problem = MakeObjFun(R,H,w,t,EdgeFun);           % 构造优化问题
>> [Lb,fval] = fmincon(Problem)                     % 求解非线性优化问题
Lb =
    89.1824   51.1987
```

```
fval =
    1.6880e-05

>> L = Lb(1);                                    % 最优加工参数 L(平板半长)
>> b = Lb(2);                                    % 最优加工参数 b(钢筋位置参数)
>> PlotGateLegTable(R,L,H,w,t,EdgeFun,b);        % 求解开槽位置和开槽长度,并绘图
```

运行以上代码求出的最优加工参数为 $L \approx 89.18\text{cm}$, $b \approx 51.20\text{cm}$, 开槽位置和开槽长度如表 15.2-4 所示。

表 15.2-4　问题三中唇形折叠桌的开槽位置及开槽长度　　　　　（cm）

开槽起点	开槽终点	开槽长度	开槽起点	开槽终点	开槽长度
37.98	37.98	0.00	37.98	61.83	23.85
37.98	37.66	0.32	37.98	69.59	31.60
37.98	37.52	0.46	37.98	71.87	33.89
37.98	37.64	0.35	37.98	69.25	31.27
37.98	38.09	0.10	37.98	63.68	25.70
37.98	39.00	1.02	37.98	57.19	19.20
37.98	40.55	2.56	37.98	51.21	13.23
37.98	42.94	4.95	37.98	46.43	8.44
37.98	46.43	8.44	37.98	42.94	4.95
37.98	51.21	13.23	37.98	40.55	2.56
37.98	57.19	19.20	37.98	39.00	1.02
37.98	63.68	25.70	37.98	38.09	0.10
37.98	69.25	31.27	37.98	37.64	0.35
37.98	71.87	33.89	37.98	37.52	0.46
37.98	69.59	31.60	37.98	37.66	0.32
37.98	61.83	23.85	37.98	37.98	0.00

动态折叠过程图如图 15.2-13 所示,静态折叠效果图如图 15.2-14 所示,开槽位置示意图如图 15.2-15 所示。

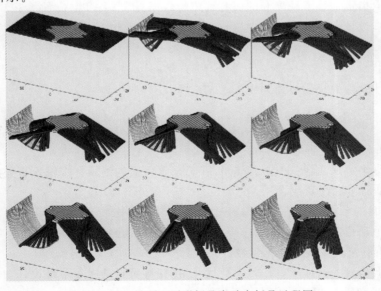

图 15.2-13　问题三唇形折叠桌动态折叠过程图

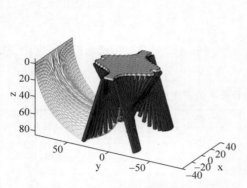
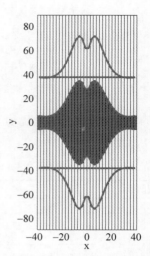

图 15.2-14　问题三唇形折叠桌折叠效果图　　　图 15.2-15　问题三唇形折叠桌开槽位置示意图

15.2.11　折叠桌设计软件

作为数学建模的拓展,本节基于 MATLAB 图形用户界面(GUI)编程开发一种折叠桌设计软件,该软件具有简单易用的人机交互界面,用户可交互式地输入折叠桌高度、桌面边缘线函数、桌半宽、桌子厚度、木条宽度等参数,通过点击按钮自动求解折叠桌最优设计加工参数,并且以动画的形式全方位动态展示折叠桌的空间形态,以列表的形式给出开槽位置和开槽长度。

1. 打开软件

折叠桌设计软件对应的 m 文件为 MyGateLegTableGui. m,限于篇幅,源代码从略,读者可从本书扉页中指定地址下载配套的所有程序与数据。在 MATLAB 命令窗口运行如下命令即可打开折叠桌设计软件:

```
>> MyGateLegTableGui
```

折叠桌设计软件的操作界面如图 15.2-16 所示。

2. 软件使用介绍

(1) 输入折叠桌尺寸参数。

用户可在桌半宽 R、桌高 H、桌厚 t、木条宽 w 等后面的编辑框中输入折叠桌的尺寸参数。

(2) 输入桌面边缘线函数。

用户可在"f(x)=@(x)"下方的编辑框中输入桌面边缘线函数,也可单击"手绘"按钮,然后在坐标系中手动绘制桌面边缘曲线,以上两种方式均可自定义桌面形状。

(3) 求解折叠桌最优设计加工参数。

在完成以上步骤的前提下,单击"参数优化"按钮即可自动求解最优设计加工参数,结果自动写入板半长 L 和轴位置 b 后面的编辑框中。

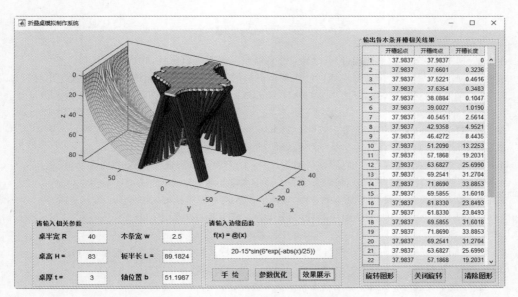

图 15.2-16　折叠桌设计软件的操作界面

（4）绘制折叠过程动画。

在完成以上步骤的前提下，单击"效果展示"按钮即可绘制折叠过程动画，并将开槽位置和开槽长度数据自动写入界面右侧的列表中。

（5）右键菜单功能。

在坐标系中右击将弹出右键菜单，通过右键菜单可实现以下功能：画网格和清除网格；设置线宽；复制、保存、打印当前图像。

（6）开启和关闭图形旋转功能。

单击"旋转图形"按钮可开启图形旋转功能，此时可在坐标系中用鼠标旋转图形。单击"关闭旋转"可关闭图形旋转功能。

（7）清除图形。

单击"清除图形"按钮可清除坐标系中的图形。

参考文献

[1] 谢中华. MATLAB 与数学建模[M]. 北京：北京航空航天大学出版社，2019.

[2] 谢中华. MATLAB 统计分析与应用：40 个案例分析[M]. 2 版. 北京：北京航空航天大学出版社，2015.

[3] 谢中华，李国栋，刘焕进，等. 新编 MATLAB/Simulink 自学一本通[M]. 北京：北京航空航天大学出版社，2018.

[4] 姜启源. 数学模型[M]. 4 版. 北京：高等教育出版社，2011.

[5] 姜启源，邢文训，谢金星，等. 大学数学实验[M]. 北京：清华大学出版社，2005.

[6] 叶其孝. 大学生数学建模竞赛辅导教材[M]. 长沙：湖南教育出版社，1993.

[7] 薛毅，陈立萍. 统计建模与 R 软件[M]. 北京：清华大学出版社，2007.

[8] 韩中庚. 数学建模方法及其应用[M]. 2 版. 北京：高等教育出版社，2009.

[9] 吴孟达，成礼智，吴翊，等. 数学建模教程[M]. 北京：高等教育出版社，2011.

[10] 林健良. 运筹学及实验[M]. 广州：华南理工大学出版社，2006.

[11] 赵静，但琦，严尚安，等. 数学建模与数学实验[M]. 4 版. 北京：高等教育出版社，2014.

[12] 胡良剑，孙晓君. MATLAB 数学实验[M]. 2 版. 北京：高等教育出版社，2014.

[13] 李继成. 数学实验[M]. 2 版. 北京：高等教育出版社，2014.

[14] 郭科. 数学实验数学软件教程[M]. 北京：高等教育出版社，2010.

[15] 王海英，黄强，李传涛，等. 图论算法及其 MATLAB 实现[M]. 北京：北京航空航天大学出版社，2010.

[16] 谢金星，薛毅. 优化建模与 LINDO/LINGO 软件[M]. 北京：清华大学出版社，2005.

[17] 史峰，王辉，郁磊，等. MATLAB 智能算法 30 个案例分析[M]. 北京：北京航空航天大学出版社，2011.

[18] MATLAB 技术联盟，高飞. MATLAB 智能算法超级学习手册[M]. 北京：人民邮电出版社，2014.

[19] 温正. 精通 MATLAB 智能算法[M]. 北京：清华大学出版社，2015.

[20] 杜建卫，王若鹏. 数学建模基础案例[M]. 北京：化学工业出版社，2012.

[21] 蒋金山，何春雄，潘少华. 最优化计算方法[M]. 广州：华南理工大学出版社，2007.

[22] 李柏年. 模糊数学及其应用[M]. 合肥：合肥工业大学出版社，2007.

[23] 卓金武，王鸿钧. MATLAB 数学建模方法与实践[M]. 3 版. 北京：北京航空航天大学出版社，2018.

[24] 周志华. 机器学习[M]. 北京：清华大学出版社，2016.

[25] 焦李成，赵进，杨淑媛，等. 深度学习、优化与识别[M]. 北京：清华大学出版社，2016.

[26] 阎平凡，张长水. 人工神经网络与模拟进化计算[M]. 2 版. 北京：清华大学出版社，2005.

[27] MATLAB 中文论坛. MATLAB 神经网络 30 个案例分析[M]. 北京：北京航空航天大学出版社，2010.

[28] 吴鹏. MATLAB 高效编程技巧与应用：25 个案例分析[M]. 北京：北京航空航天大学出版社，2010.

[29] 盛骤，谢式千，潘承毅. 概率论与数理统计[M]. 2 版. 北京：高等教育出版社，2008.

[30] 王学民. 应用多元分析[M]. 4 版. 上海：上海财经大学出版社，2014.

[31] 何晓群. 多元统计分析[M]. 北京：中国人民大学出版社，2008.

[32] 王星. 非参数统计[M]. 北京：中国人民大学出版社，2005.

[33] 黄燕，吴平. SAS 统计分析及应用[M]. 北京：机械工业出版社，2006.

[34] 薛定宇，陈阳泉. 高等应用数学问题的 MATLAB 求解[M]. 3 版. 北京：清华大学出版社，2013.

[35] 张志涌. 精通 MATLAB R2011a[M]. 北京：北京航空航天大学出版社，2011.

[36] 秦襄培. MATLAB 图像处理与界面编程宝典[M]. 北京：电子工业出版社，2009.

[37] 马逢时，周暐，刘传冰. 六西格玛管理统计指南——MINITAB 使用指南[M]. 北京：中国人民大学出版社，2007.